Die Montage im flexiblen Produktionsbetrieb

Springer-Verlag Berlin Heidelberg GmbH

Hans-Jürgen Warnecke (Hrsg.)

Die Montage im flexiblen Produktionsbetrieb

Technik, Organisation, Betriebswirtschaft

Mit 297 Abbildungen

 Springer

Herausgeber:

Professor Dr.-Ing. Dr. h.c. mult. H. J. Warnecke
Institut für Industrielle Fertigung und Fabrikbetrieb,
Universität Stuttgart

Redaktion:

Dipl.-Kfm. Jürgen Greschner
Betriebswirtschaftliches Institut, Universität Stuttgart

Dr.-Ing. Karl-Heinz Hirschmann
Dipl.-Ing. Karl Heusel
Institut für Maschinenelemente, Universität Stuttgart

Dipl.-Ing. Lothar Kaiser
Institut für Steuerungstechnik der Werkzeugmaschinen
und Fertigungseinrichtungen, Universität Stuttgart

Dipl.-Ing. Günter Pavel
Institut für Industrielle Fertigung und Fabrikbetrieb,
Universität Stuttgart

Dipl.-Ing. Frank Richter
Institut für Werkzeugmaschinen, Universität Stuttgart

ISBN 978-3-642-79964-8   ISBN 978-3-642-79963-1 (eBook)
DOI 10.1007/978-3-642-79963-1

Die Deutsche Bibliothek – Cip-Einheitsaufnahme

Die Montage im flexiblen Produktionsbetrieb : Technik, Organisation, Betriebswirtschaft / Hans-Jürgen Warnecke (Hrsg.). – Berlin ; Heidelberg ; New York ;
Barcelona ; Budapest ; Hongkong ; London ; Mailand ; Paris ; Tokio : Springer, 1996

NE: Warnecke, Hans J. [Hrsg.]

Satz: Reproduktionsfertige Vorlage des Herausgebers
SPIN: 10478255   62/3020 - 5 4 3 2 1 0 - Gedruckt auf säurefreiem Papier

Geleitwort

Die Universität Stuttgart kann mit Stolz darauf verweisen, daß sie bei den deutschen Hochschulen eine führende Rolle bei der Einwerbung von Drittmitteln einnimmt.

Diese Drittmittel müssen durch intensive Akquisition eingeworben werden. Sie stammen aus Forschungsprogrammen wie Verbundprojekten, Schwerpunktprogrammen, Einzelanträgen, Graduiertenkollegs, Sonderforschungsbereichen und schließlich auch aus Industrieprojekten mit der Privatwirtschaft. Zu einem der wichtigsten Bausteine der Forschungsförderung durch die Deutsche Forschungsgemeinschaft haben sich die Sonderforschungsbereiche an deutschen Universitäten entwickelt. Diese schaffen die Möglichkeit einer grundlagenorientierten Bearbeitung von sowohl anwendungsorientierten als auch erkenntnisorientierten Forschungsthemen. Die übliche Laufzeit von zwölf Jahren schafft die Möglichkeit, eine sehr weitreichende Zielsetzung vorzugeben und die Bearbeitung unter fachlich sehr unterschiedlichen Aspekten durchzuführen. Die Vielfalt von Fakultäten an den Universitäten ermöglicht damit eine interdisziplinäre Zusammenarbeit von Forschern unterschiedlicher Fachrichtung über einen längeren Zeitraum hinweg.

Für die beteiligten Wissenschaftlern bedeutet die Mitarbeit im Sonderforschungsbereich eine längerfristige Tätigkeit in einem Forschungsgebiet, so daß ein Thema auch umfassend bearbeitet werden kann und in der Regel mit einer Dissertation abgeschlossen wird. Durch die interdisziplinäre Zusammenarbeit in einem Forscherteam ist damit ein hochqualifizierter Wissenschaftler ausgebildet worden, der nun auch für Führungsaufgaben in der Industrie zur Verfügung steht und sein spezielles Know-how in die Firma einbringt.

Für die beteiligten Institute bedeutet die Mitarbeit im Sonderforschungsbereich eine Kontinuität der Forschungsarbeiten. Andere im Institut laufende Forschungen können mit den Themen des Sonderforschungsbereiches abgestimmt und eventuell flankierend eingesetzt werden, so daß ein Synergieeffekt bewirkt wird. Die Erkenntnisse aus den Forschungsarbeiten fließen auch in die Vorlesungen und Seminare der Institute ein, ebenso werden die Studenten durch Studien- und Diplomarbeiten an den Arbeiten des Sonderforschungsbereiches aktiv beteiligt.

Die Universität ihrerseits unterstützt die Arbeiten des Sonderforschungsbereiches durch das Bereitstellen einer Grundausstattung, d. h. die Institute stellen den Sonderforschungsbereichen Laboratorien, Geräte, Werkstätten, Maschinen, Rechnernetze und zusätzliche Wissenschaftler zeitweilig für die Forschungsarbeiten zur Verfügung. Für spezielle Investitionen stellt auch das Land zusätzliche Mittel zur Verfügung, die die Grundausstattung der Institute stärken.

Die in diesem Buch behandelte Thematik der Montage im flexiblen Produktionsbetrieb beschreibt ein generelles und facettenreiches Problem der produzierenden Industrie. Sie hat sich logisch aus der Bearbeitung des früheren Sonderforschungsbereiches 155 *Flexible Fertigungssysteme* heraus entwickelt.

Einzelne Betriebe können und wollen die hier dargestellte Problematik nicht in der Breite und Tiefe behandeln, wie sie vom Sonderforschungsbereich aufgegriffen und aufgearbeitet wurde. Durch die von der Deutschen Forschungsgemeinschaft geforderte Praxis, den Forschungsantrag einem Gutachterkreis aus Fachkollegen an anderen deutschen Hochschulen und einigen Fachleuten aus der Industrie zur Begutachtung vorzulegen, wurde sichergestellt, daß die Breite der Problematik erkannt wurde. Durch die im dreijährigen Zyklus wiederkehrende, kritische Begutachtung wurde die Tiefe der Behandlung gewährleistet. Die nun erarbeiteten Ergebnisse sind als neue Methoden, Modelle, Verfahren oder auch als Pilotanlagen verfügbar. In zahlreichen Veröffentlichungen, verschiedenen Industriekolloquien und jetzt in Form dieses Buches werden sie der Öffentlichkeit zugänglich gemacht

Wir danken der Deutschen Forschungsgemeinschaft für die Einrichtung und Förderung des Sonderforschungsbereiches 158 *Die Montage im flexiblen Produktionsbetrieb* an der Universität Stuttgart und hoffen, daß möglichst viele Industriebetriebe seine Ergebnisse aufgreifen und für ihre betrieblichen Belange modifiziert und nutzbringend einsetzen.

Prof. Dr. Heide Ziegler
Rektorin der Universität Stuttgart

Vorwort

Der sich mit dem Beginn der 80er Jahre immer deutlicher abzeichnende Wandel vom Herstellermarkt zum Käufermarkt hatte starke Auswirkungen auf die gesamte industrielle Produktion.

So führten Veränderungen wie die Entwicklung neuer Technologien, kürzer werdende Innovationszyklen und sinkende Produktlebenszeiten, spezifischen Kundenwünsche, kürzere Lieferzeiten bei erhöhten Qualitätsansprüchen, steigender Konkurrenzdruck durch die stärker werdende Globalisierung des Marktes und damit auch erhöhter Kostendruck zu neuen und extremen Herausforderungen an unsere Industrieunternehmen.

Um die internationale Wettbewerbsfähigkeit weiterhin erhalten und ausbauen zu können, müssen die Industrieunternehmen sich den rasch wechselnden Marktgegebenheiten anpassen können und auf häufigen Produktwechsel, größer werdende Zahl von Varianten, geringer werdende Stückzahlen je Typ und kleiner werdende Losgrößen flexibel und ohne aufwendige Produktionsumstellungen reagieren können. Die genannten Anforderungen gelten für alle Bereiche eines Industrieunternehmens gleichermaßen. Es war jedoch zum damaligem Zeitpunkt erkennbar, daß gerade im Bereich der Montage noch große Rationalisierungsreserven sowohl im technischen wie im organisatorischen Bereich vorhanden waren, die es galt, durch neue Entwicklungen besser auszuschöpfen.

Durch zahlreiche Industrieprojekte, die wir am Fraunhofer-Institut für Produktionstechnik und Automatisierung durchgeführt hatten, wurde die Problematik im Bereich der Montage besonders unterstrichen. Lösungen, die wir dort erarbeiten konnten, waren jedoch auf die spezifischen Probleme der jeweiligen Firmen zugeschnitten und es wurde erkennbar, daß hier ein großer Forschungsbedarf für verallgemeinerbare Aussagen sowohl im technologischen wie im organisatorischen Bereich vorhanden war. Die Notwendigkeit, diese Problemstellungen mit wissenschaftlichen Methoden zu bearbeiten und durch grundlegende interdisziplinäre Forschungsarbeiten zu analysieren und grundsätzliche und umfassende Lösungen zu erarbeiten, wurde erkannt.

Für die Bearbeitung solcher Aufgabenstellungen sind Sonderforschungsbereiche hervorragend geeignet, da sie per Definition an einem Hochschulstandort Wissenschaftler aus verschiedenen Fachrichtungen für einen längeren Zeitraum an ein Kernthema binden, das sie jeweils gemäß den Aspekten ihrer Fachrichtung gemeinsam bearbeiten. So wurde das Thema *Die Montage im flexiblen Produktionsbetrieb* von zehn Instituten der Universität Stuttgart und zwei Fraunhofer-Instituten 1984 als Sonderforschungsbereich beantragt und nach Anpassungen aufgrund von Gutachterempfehlungen schließlich Mitte 1984 genehmigt. Die Arbeiten gliedern sich in die folgenden vier Projektbereiche:

- Montagetechnik,
- Qualitätsgerechte Montage,
- Logistik,
- Personal- und Betriebswirtschaft

Diese Aufteilung unterstreicht die Breite der Themenfelder, die bearbeitet werden, wobei die Montage stets im Zusammenhang mit den vor- und nachgelagerten Bereichen betrachtet wird.

Die an diesem Forschungsprojekt beteiligten Wissenschaftler kommen aus den Bereichen Maschinenbau, Elektrotechnik, Physik, Mathematik, Informatik, Kybernetik, Wirtschaftswissenschaften, Pädagogik und Soziologie. Durch die interdisziplinäre Zusammenarbeit können vielfältige Synergie-Effekte erzielt werden. Die Kooperation der Universitäts-Institute mit zwei Fraunhofer-Instituten, deren Forschungsarbeiten stark anwendungsorientiert sind, erleichtert es für das Gesamtprojekt, sowohl die Aufgabenstellungen als auch erarbeitete Lösungen an den aktuellen Problemen der Industrieunternehmen zu messen. So konnten im Verlauf der Bearbeitung vorhandene Lücken erkannt, beziehungsweise neu auftauchende Fragestellungen aufgenommen und in die Arbeiten miteinbezogen werden.

Große Unterstützung erfuhr das Forschungsprojekt auch durch Industriebetriebe, die uns Werkstücke bzw. ganze Werkstückserien in verschiedenen Varianten zur Verfügung stellten, an denen neue flexible Automatisierungstechnik erprobt werden konnte. Andere Betriebe stellten vorhandene Montageszenarien zur Erfassung von technisch-organisatorischen und betriebswirtschaftlichen Daten zur Verfügung, die es uns ermöglichten, neue Logistik-Konzepte, Gruppenarbeits-Konzepte und betriebswirtschaftliche Plansysteme mit realistischen Daten zu erproben.

Für die großzügige Unterstützung möchte ich mich bei diesen Firmen bedanken. Auch der Deutschen Forschungsgemeinschaft sei an dieser Stelle für die Förderung der Arbeit des Sonderforschungsbereiches über mehr als 10 Jahre herzlich gedankt. Schließlich danke ich allen Wissenschaftlern die am Forschungsprojekt mitgearbeitet haben und den Mitgliedern des Sonderforschungsbereiches, die mit ihren Ideen, Anregungen und der Führung der Teilprojekte entscheidenden Einfluß auf den Ablauf und auf die Ergebnisse des Forschungsprojektes ausgeübt haben.

Das Forschungsprojekt wird zum 31. Dezember 1995 abgeschlossen. Die Ergebnisse liegen nun in Form von Pilotanlagen, Verfahren, Modellen und Methoden vor und werden in zahlreichen Veröffentlichungen und auch Kolloquien der Fachwelt vorgestellt. Schließlich soll das vorliegende Buch die wesentlichen Gesamtergebnisse des Forschungsprojektes präsentieren.

Viele Einzelergebnisse wurden bereits mit Industriebetrieben in die Praxis umgesetzt, wobei jeweils noch Entwicklungsaufwand erforderlich war. Ziel ist nun, größere Ergebnisblöcke für den industriellen Einsatz nutzbar zu machen. Hierfür ist eine enge Kooperation von Industriebetrieben mit den Instituten erforderlich, um diese Umsetzung zu erreichen. Wir hoffen, daß dazu auch eine weitere Förderung und projektbezogene finanzielle Unterstützung erreicht werden kann. Entsprechende Überlegungen werden gegenwärtig mit der Deutschen Forschungsgemeinschaft angestellt.

Prof. Dr.-Ing. Dr. h.c. mult. Hans-Jürgen Warnecke
Sprecher des Sonderforschungsbereiches 158

Mitglieder des Sonderforschungsbereiches 158
Die Montage im flexiblen Produktionsbetrieb

Prof. Dr.-Ing. Dr. h.c. mult. Hans-Jürgen Warnecke
Sprecher des Sonderforschungsbereiches 158
Institut für Industrielle Fertigung und Fabrikbetrieb, Universität Stuttgart
Universität Stuttgart in Kooperation mit dem Fraunhofer-Institut für
Produktionstechnik und Automatisierung

Prof. Dr.-Ing. habil. Prof. E.h. Dr.h.c. Hans-Jörg Bullinger
Institut für Arbeitswissenschaft und Technologiemanagement,
Universität Stuttgart in Kooperation mit dem Fraunhofer-Institut für
Arbeitswissenschaft und Organisation

Prof. Dr.-Ing. habil. Hartmut Enderlein
Fachbereich Maschinenbau II
Bereich Arbeitswissenschaft, Universität Chemnitz

Prof. Dr.-Ing. Hans-Joachim Gutt
Institut für Elektrische Maschinen und Antriebe, Universität Stuttgart

Prof. Dr.-Ing. Dr. h.c. Uwe Heisel
Institut für Werkzeugmaschinen, Universität Stuttgart
ab 1.04.1988

Prof. Dr. rer. pol. habil. Peter Horvath
Betriebswirtschaftliches Institut, Universität Stuttgart
Lehrstuhl Controlling

Prof. Dr.-Ing. Konrad Langenbeck
Institut für Maschinenkonstruktion und Getriebebau, Universität Stuttgart

Prof. Dr.-Ing. Gisbert Lechner
Institut für Maschinenelemente, Universität Stuttgart

Prof. Dr.-Ing. Dr. h.c. Günter Pritschow
Institut für Steuerungstechnik der Werkzeugmaschinen und
Fertigungseinrichtungen, Universität Stuttgart

Prof. Dr. phil. Hans Tiziani
Institut für Technische Optik, Universität Stuttgart

Prof. DTech. h.c. Dipl.-Ing. Karl Tuffentsammer (†)
Institut für Werkzeugmaschinen, Universität Stuttgart
bis 16.04.1987

Prof. Dr.-Ing. habil. Johannes Volmer
Lehrstuhl für Getriebetechnik, Technische Universität Chemnitz

Prof. Dr. rer. pol. habil. Erich Zahn
Betriebswirtschaftliches Institut, Universität Stuttgart
Lehrstuhl für Betriebswirtschaftliche Planung

Inhaltsverzeichnis

Teil A. Problemstellung

1 Ausgangslage

Ausgangspunkt für die Themenstellung des Sonderforschungsbereiches 158 waren die Ergebnisse einer Studie, die im Auftrag des Bundesministeriums für Forschung und Technologie im Jahre 1983, deren Inhalt die Untersuchung der Einsatzmöglichkeiten von flexibel automatisierten Montagesystemen in der industriellen Produktion unter Beachtung der technischen, arbeitsorganisatorischen und sozialen Voraussetzungen einer menschengerechten Gestaltung der Arbeit war. Die dabei entstandene *Montagestudie* wurde im Februar 1984 veröffentlicht.[1.1]

In dieser Montagestudie wurden umfangreiche Erhebungen über den Istzustand der Montage im nationalen und internationalen Raum durchgeführt. Unter Montage wird hierbei der Zusammenbau von Einzelteilen, Baugruppen und formlosen Baugruppen zu höherwertigen Baugruppen oder Endprodukten verstanden. In den einzelnen Industriezweigen und Branchen werden dabei sehr unterschiedliche Tätigkeiten und Montageabläufe durchgeführt. Im Rahmen der Untersuchungen wurden nur solche Industriezweige näher betrachtet, die vorwiegend Serienmontage betreiben. Nicht miteinbezogen wurden Industriezweige, bei denen vorwiegend *Baustellenmontage* betrieben wird, wie z.B. Fertighausbau oder Schiffsbau. Ebenfalls nicht berücksichtigt wurden branchenspezifische Montagetechnologien mit speziellen Sondermaschinen, wie z.B. Bestückungsautomaten.

1.1 Zielsetzungen der Montagestudie

In der Studie wurden die Tätigkeiten, die Arbeitsabläufe und die zu montierenden Produkte im Montagebereich untersucht, um daraus Rückschlüsse auf die Einsatzmöglichkeiten und Erfordernisse von flexibel automatisierten Montagesystemen abzuleiten. Bei der Analyse wurden technische, arbeitsorganisatorische und soziale Vorraussetzungen für eine menschengerechte Gestaltung der Arbeit aufgezeigt. Insbesondere wurde ermittelt:

- Stand der nationalen und internationalen Entwicklung sowie erkennbare Entwicklungstendenzen
- Welche Rationalisierungsstrategien werden künftig im Montagebereich verfolgt und welche Bedeutung kommt dabei der flexiblen Automatisierung zu?
- Welche Entwicklungen und Maßnahmen zur Unterstützung der flexiblen Automatisierung und zur Sicherung der Wettbewerbsfähigkeit sind dabei notwendig?
- Umfang und Art der sozialen Auswirkungen im Hinblick auf Beschäftigung, Qualifikation und Beanspruchung. Es ist dabei zu unterscheiden, welche Auswirkungen von der flexiblen Automatisierung und welche von anderen Rationalisierungsstrategien ausgehen.
- Möglichkeiten der menschengerechten Gestaltung der Arbeit. Besondere Bedeutung kommen hier den vielschichtigen Zusammenhängen zwischen Automatisierung und Arbeitsstrukturierung zu.

1.2 Angewandte Methoden der Datenerhebung

Bei der Durchführung der Montagestudie wurden entsprechende Methoden angewandt, die es ermöglichten, folgende Kriterien zu erfüllen:

- praxisnahe und repräsentative Informationen zur flexiblen Montageautomatisierung
- Informationen über mittel- und längerfristige Entwicklungstendenzen
- Informationen über die Bereitschaft von Industriebetrieben, neue Technologien zu erproben, um flexible Automatisierung voranzutreiben.

Bei der Datenerhebung wurden folgende Methoden angewandt:

- Literaturanalyse
- Repräsentativerhebung mit Fragebogen an 5.500 Betriebe
- Expertengespräche, Delphi-Befragung mit Herstellern, Anwendern und verschiedenen Institutionen, wie Verbänden und Instituten
- Fallstudien an Montagesystemen, an Arbeitsplätzen und Baugruppen
- Workshops.

1.3 Istzustand in der Montage entsprechend der Montagestudie 1983

Produkte und Branchen mit Serienmontage

Der Bereich der Serienmontage ist sehr breit gestreut und vielschichtig, wodurch allgemeingültige Aussagen sehr schwierig sind. Entsprechend den Hauptunterscheidungsmerkmalen Produktgruppen, Branchen und der Zahl der Teile kann eine grobe Einteilung vorgenommen werden. Die Abb. 1.1 stellt diese Einteilung nach Produktgruppen und Branchen dar.

Bei Betrieben, die hauptsächlich Produkte der Gruppe III produzieren, werden sehr häufig die Produkte der Gruppen I und II als Zulieferteile bezogen.

Produktgruppen	Gruppe I	Gruppe II	Gruppe III
Branchen	einfache Produkte <= 30 Teile	31-500 Teile	komplexe Prod. > 500 Teile
	↳ zunehmende Teilezahl (Komplexität)		
Maschinenbau	Lager	Getriebe	Landw. Maschinen
Fahrzeugbau	Kfz.- Zulieferteile	Motoren	Fahrzeuge
Elektrotechnik	Leiterplatten, Lampen, Elektromotoren, elektr. Schalt- u. Bedienelemente	Klein - Hausgeräte Meß- und Regelgeräte	Rundfunk-, Fernseh- und Phototechn. Geräte, Hausgeräte
Feinmechanik, Optik, Uhren	mech. Meß- und Regelgeräte	Fotogeräte	Uhren, Projektionsgeräte
Büromaschinen, EDV - Geräte	Schreibgeräte	Taschenrechner	

Abb.1.1. Produktgruppen und die wichtigsten Branchen in der Serienmontage.

Personal und Belastung

In 6 Hauptbranchen der industriellen Serienmontage sind ca. 665.000 Arbeitskräfte beschäftigt. Sie gliedern sich nach folgenden Branchen auf:

- Elektrotechnik   286.000   Mitarbeiter
- Maschinenbau   186.000   Mitarbeiter
- Straßenfahrzeugbau   129.000   Mitarbeiter
- Eisen-, Blech-, Metallwaren   53.000   Mitarbeiter
- Feinmechanik, Optik, Uhren   28.000   Mitarbeiter
- Büromaschinen, EDV   16.000   Mitarbeiter

Das Montagepersonal ist insgesamt jünger als im Betriebsdurchschnitt und Montagearbeit ist überwiegend Frauenarbeit mit Ausnahme des Maschinen- und Fahrzeugbaus. Auch der Ausländeranteil ist in den Montageabteilungen deutlich höher als im Gesamtbetrieb. Im Maschinenbau dominiert der Facharbeiteranteil gegenüber Un- und Angelernten.

Im Fahrzeugbau und in der elektrotechnischen Industrie liegt eine starke Taylorisierung vor mit einer entsprechenden Organisationsstruktur. Der Anteil der Un- und Angelernten Mitarbeiter beträgt 80-88%. Der Anteil des Einschichtbetriebs liegt bei 68%, der des Zweischichtbetriebs bei 36%.

Die Arbeitsbelastung der in der Montage tätigen Mitarbeiter ist durch die Arbeit am bewegten Montageobjekt an der Montagelinie oft sehr hoch. Sie ist gekennzeichnet durch die enge Zeitbindung und kurze Taktzeiten unter 1,5 min.

Die Hälfte der Vorgabezeiten fallen auf die eigentliche Fügeoperation, die andere Hälfte entfällt auf Zubringe-, Kontroll- und Justiertätigkeiten. Es bestehen erhebliche Defizite bei der Arbeitsstrukturierung. In vielen Großbetrieben wurden häufig Insellösungen installiert und nicht der gesamte Montagebereich erfaßt.
Bei Klein- und Mittelbetrieben haben nur wenige Betriebe Arbeitsstrukturierungsmaßnahmen durchgeführt.

Stand der Montagetechnik

Die überwiegende Zahl der im Montagebereich tätigen Mitarbeiter arbeiten in *manuellen Montagesystemen*. Häufig sind ungeordnete Materialbereitstellung, wie Kisten oder Greifbehälter, und einfache Verkettungseinrichtungen, wie Schiebetisch, Transportband oder Drehtellermagazin, anzutreffen. Montagehilfsmittel, wie Pressen, Vorrichtungen oder Sonderwerkzeuge, dienen einer unmittelbaren Montageoperation.

Daneben gibt es eine Vielzahl von *teilautomatisierten Montagesystemen*. In den darin enthaltenen Automatikstationen werden überwiegend Verschraubungs-, Prüf- und Justageoperationen durchgeführt, während das Ordnen und Fügen der Teile manuell durchgeführt wird.

Bei den *vollautomatischen Montagesystemen* handelt es sich meist um produktspezifische Einzweckanlagen, die für unterschiedliche Produktgrößen und Fügetechnologien angeboten werden. Diese Einzweckmontagemaschinen werden auch in Form von Baukastensystemen aufgebaut. Sie ermöglichen jedoch häufig keine Flexibilität bezüglich Produktänderung oder Variantenfertigung und sind deshalb nur für die Großserie geeignet.

Eine *flexibel automatisierte Montage* ist in zunehmenden Maße durch folgende Techniken möglich:

- Einsatz von mikroelektronischen Komponenten bei der Teilebereitstellung, der Überwachung und Prozeßsteuerung, vorzugsweise durch intelligente Sensorik
- programmierbare NC- Achsen
- Industrieroboter
- flexible Verkettungsmittel (z.B. sensorgeführte Flurförderfahrzeuge)

Bezüglich der Entwicklung und dem Einsatz von Montagerobotern hat Deutschland gegenüber Japan und USA einen erheblichen Rückstand.

Die Einführung flexibel automatisierter Montagesysteme stellt an den betrieblichen Planungsprozeß erhöhte Anforderungen. Besondere Schwierigkeiten hatte der potentielle Anwender bei folgenden Gesichtspunkten:

- systematische Auswahl und Abgrenzung des zu automatisierenden Bereiches und der Festlegung des Produktspektrums
- Integration des Montagerobotersystems in den Material- und Informationsfluß (Teilebereitstellung, Fertigungssteuerung)
- Flexible Gestaltung der Peripherie, wie Greifer, Vorrichtungen, Magazine
- Technische und wirtschaftliche Bewertung der häufig hohen Investitionen unter Berücksichtigung der nicht quantifizierbaren Kriterien, wie Flexibilität, Wiederverwendbarkeit, Aufwand für Programmerstellung oder Lebensdauer der Einrichtungen.

Über alle untersuchten Branchen hinweg wurde festgestellt, daß die Konstruktions- und Entwicklungsabteilungen, in denen ca. 80 % der Herstellkosten festgelegt werden, noch viel zu wenig am Planungsprozeß für Montagesysteme beteiligt sind.

Im Durchschnitt werden die Betriebe ca. 30% ihrer Gesamtinvestitionen im Montagebereich tätigen, davon entfallen 50% auf die Montageautomatisierung.

Neben der flexiblen Automatisierung werden noch weitere Rationalisierungsmöglichkeiten für sehr wichtig gehalten:

- montagegerechte Produktgestaltung
- Überprüfung und Veränderung der Arbeitsabläufe, -organisation und Arbeitsstrukturierung
- Einführung neuer Fertigungs- und Fügetechnologien.

Der Maschinenbau setzt das höchste Einsparungspotential bei der Optimierung der Arbeitsorganisation an, die Elektrotechnik hingegen bei der Mechanisierung und Automatisierung.

Einsatzhemmnisse für flexible Automatisierung

Als vorrangiges Hemmnis für die Montageautomatisierung werden von vielen Betrieben (70%) geringe Losgrößen und viele Varianten/Typen benannt. Die für diese Problembereiche geeigneten Montageroboter oder Baukasten-Montageautomaten werden als flexible Automatisierungsmittel nur sehr zögerlich eingesetzt. Hier herrscht noch ein großes Defizit bei der Umsetzung dieser neuen Technologien in die Praxis.

Ein weiteres Einführungshemmnis liegt in der unzulänglichen Flexibilität der Peripherie. Das schnelle Umrüsten scheitert oft auch bei flexiblen Montagesystemen an der starren, produktbezogenen Peripherie.

Das über alle Branchen hinweg am häufigsten genannte Automatisierungshemmnis ist die nicht vorhandene montagegerechte Produktgestaltung, die sich in den folgenden vier Kriterien darstellt:

- schlechte Handhabung der Einzelteile
- hoher Anteil der Anpaß- und Montagetätigkeiten
- Sichtprüfung während des Montagevorgangs notwendig
- zu geringe Fertigungsgenauigkeit der Einzelteile.

Da der Einsatz von flexiblen Montagesystemen höhere Anforderungen bezüglich Bedienung, Instandhaltung und Programmierung an das Personal stellt, wird auch die unzureichende Qualifikation des Personals als Automatisierungshemmnis angegeben.

2 Forschungsbedarf und daraus resultierende Forschungsthemen

Die Gesamtsituation für die deutschen Industrieunternehmen ist durch starke Veränderungen der wirtschaftlichen Rahmenbedingungen gekennzeichnet. Die zunehmende Internationalisierung der Märkte und der daraus resultierende verstärkte Wettbewerb, die durch individuelle Kundenwünsche erzeugte Variantenvielfalt und damit sinkende Serienstückzahlen und sinkende Produktlebenszeiten, die steigenden Kundenansprüche an die Produktqualität bei komplexer werdenden Produkten und bei zunehmendem Kostendruck durch kürzer werdende Arbeitszeiten und höheren Lohnkosten stellen extreme Anforderungen an die Unternehmen. Nur durch höchste Flexibilität bei größtmöglicher Wirtschaftlichkeit und Produktivität kann ein Unternehmen diesen Herausforderungen des Marktes begegnen und seine Marktposition behaupten oder gar ausbauen.

Bei kritischer Bewertung des beschriebenen Erkenntnisstandes ist ein deutliches Defizit an theoretischen Grundlagen und wissenschaftlicher Durchdringung sowohl im technologischen Bereich als auch im organisatorischen und betriebswirtschaftlichen Bereich erkennbar. Diese Lücke gilt es für den Sonderforschungsbereich mit umfangreichen interdisziplinären Forschungsarbeiten zu schließen, um die Problemstellung der Industrie nunmehr mit einem systematischen fundierten Ansatz angehen zu können. Einer Akzentverschiebung der Problemsituation in den Unternehmen im Verlauf der Forschungsjahre wird durch eine Modifikation der Forschungsthemen entsprechend Rechnung getragen.

Die Gesamtziele, die der Sonderforschungsbereich sich dabei gesetzt hat und die er durch neue Lösungsansätze in Form von Modellen, Methoden, Verfahren und auch in exemplarischen Pilotrealisierungen erreichen möchte, sind die folgenden:

- marktgerechte und kundenspezifische Auftragsabwicklung durch flexible Auftragsbearbeitung
- Erhöhen der Wirtschaftlichkeit durch Produktivitätssteigerung insbesondere durch Steigern des Automatisierungsgrades in der Montage
- Minimieren der Durchlaufzeiten

- Integrieren der Informationsverarbeitung über alle Funktionsbereiche hinweg, besonders aber hinsichtlich montagebezogener Informationen
- Qualitätssteigerung und Qualitätskostensenkung durch den Aufbau effizienter Qualitätsregelkreise
- optimale Einbeziehung des Menschen in Montageabläufe.

Abb. 2.1 zeigt die Einbindung der Montage in den flexiblen Produktionsbetrieb mit den verschiedenen vor- und nachgelagerten Bereichen, die Einflüsse auf den Produktionsbetrieb durch das Produkt, den Markt und das Personal, die angestrebten Zielsetzungen, sowie die im Sonderforschungsbereich behandelten Schwerpunktthemen, die zur Erreichung dieser Ziele bearbeitet werden.

Im Teil B des Buches werden einzelne Forschungsprojekte ausführlich dargestellt. Die Integration der entwickelten Methoden und Werkzeuge wird anwendungsbezogen in Form einer Pilot- und Modellanlage in Teil C dargestellt. Der Teil D geht auf zukünftige Forschungsarbeiten ein.

Im folgenden werden zunächst die einzelnen Forschungsbereiche kurz charakterisiert.

2.1 Erhöhung des Automatisierungsgrades in der flexiblen Montage

Eine wesentliche Voraussetzung für die Erhöhung des Automatisierungsgrades in der Montage ist die Bereitstellung von flexiblen Montagetechniken. Montageanlagen müssen schnell und ohne großen Aufwand an Umrüstung an sich ändernde Produkte und Produktionsabläufe angepaßt werden können. Hierbei ist die Entwicklung von Komponenten, wie neue integrierte hochkompakte Antriebssysteme für Roboterachsen und Roboterwerkzeuge notwendig. Flexible Montagewerkzeuge, die mit integrierten Sensoren und Stellsystemen eine wesentliche Steigerung der Anpassungsfähigkeit erzielen und so einen häufigen Greiferwechsel vermeiden sind zu entwickeln. Für die Überwachung von Fügefunktionen sind neue leistungsfähige berührungslose Sensorsysteme erforderlich.

Am Beispiel der Getriebemontage werden allgemeingültige konstruktive Lösungsmöglichkeiten zur Auslegung und Optimierung flexibler Montageanlagen und -werkzeuge systematisch analysiert und dargestellt. Eine Pilotanlage zur Montage und Justage von Schneckengetrieben wird aufgebaut.

Um den universellen Einsatz eines flexiblen Roboters realisieren zu können, wird ein modulares Robotersystem nach Art eines Baukastensystems konzipiert, aufgebaut und im Einsatz erprobt. Hierfür werden neue geräte- und steuerungstechnische Komponenten entwickelt. Die Schnittstellen für austauschbare Roboterachsen werden neu definiert. Für die häufig in der Montage verwendeten Fügetechnologien werden flexibel automatisierte Lösungen erarbeitet und in Pilotan-

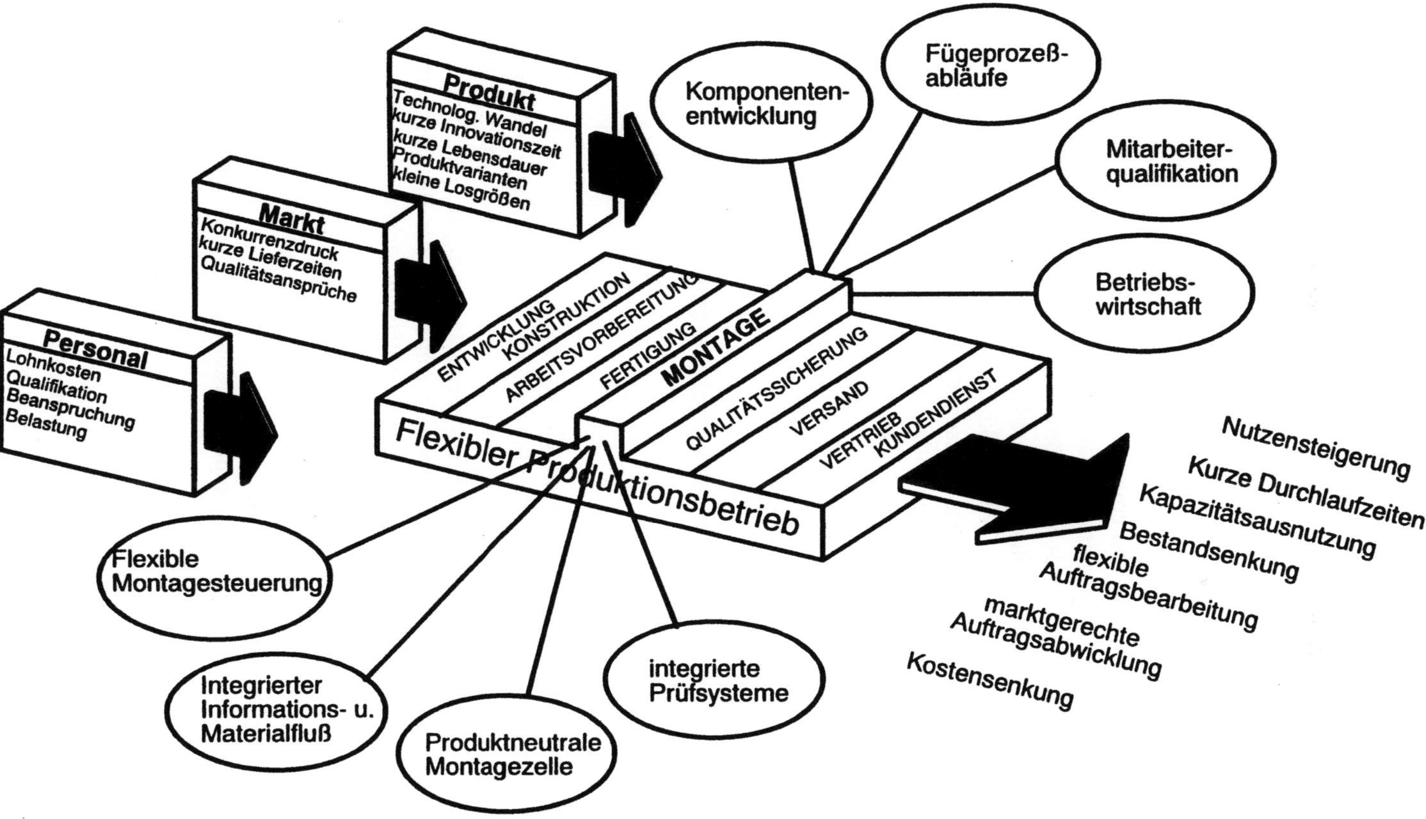

Abb.2.1. Einbindung der Montage in den flexiblen Produktionsbetrieb

wendungen erprobt. Flexibel automatisierte Fügeverfahren, wie das Schrauben, Bestücken elektronischer Bauelemenete, Montieren von biegeschlaffen Teilen (Schläuche oder O-Ringe), Einpressen, Fügen von Teilen mit engen Passungstoleranzen, das Einkämmen von Verzahnungen und das Durchsetzfügen werden untersucht. Die Übertragbarkeit der Ergebnisse auf andere Fügeaufgaben wird nachgewiesen.

Zum Nachweis der erreichten hohen Flexibilität wird schließlich eine produktneutrale Montagezelle aufgebaut, in der neue Strategien und Techniken zur chaotischen nicht disponierenden Auftragsdurchsetzung in kooperierenden Multirobotersystemen entwickelt und erprobt werden kann. Hierbei sind insbesondere Fragestellungen wie Arbeitsraumüberwachung und Koordination bei überlappenden Arbeitsräumen, Auftrags- und Störmanagement, Verfahren zur Off-Line-Programmierung und schließlich verbesserte Methoden zur Industrieroboterkalibrierung zu behandeln. Für die Werkstückbereitstellung sind neue Strategien und technische Lösungen zu erarbeiten, insbesondere soll eine Trennung zwischen der Materialbereitstellung und dem eigentlichen Montageprozeß erreicht werden. Hierzu wird eine autonome flexible Ordnungs- und Kommissionierzelle entwickelt und aufgebaut.

2.2 Neue Methoden für die organisatorische und technische Montagesteuerung

Für die mittel- und kurzfristige dezentrale Montagesteuerung werden Methoden und Verfahren entwickelt, die Auftragsabwicklung und -durchsetzung erheblich erleichtern und eine bessere Anpassung an sich stark ändernde Eingangsparameter ermöglichen. Neben einer flexiblen Personaleinsatzplanung für den Betrieb von Montagesystemen wird eine prozeßgeregelte Anpassung der Planungsparameter bei Störungen wie Kapazitätsausfall oder Qualitätseinbrüchen erarbeitet. Neue Wege zur montagesynchronen Zulieferung werden untersucht.

Für den praktischen Betrieb wird eine aufgabenorientierte Programmierung von Robotern in der Montage entwickelt, um geänderte Aufgaben schnell und wirtschaftlich programmieren zu können.

Zur technischen Steuerung von komplexen Montagezellen ist sowohl ein adaptierbares Leitsystem, eine effektive Prozeßüberwachung und ein Störmanagement notwendig. Für die Erprobung der Steuerung vor und während der Inbetriebnahme des Montagesteuerungssystems wird eine Testumgebung entwickelt, auf der das Montagesystem durch ein Simulationsmodell nachgebildet ist, so daß Fehler im Steuerungssystem schon im Vorfeld eliminiert werden können.

Zur Planung und Betriebsoptimierung von Montageanlagen werden Simulationsmethoden als Hilfsmittel angepaßt und eingesetzt.

2.3 Aufbau eines integrierten Qualitätssicherungssystems in der Montage

Für den Aufbau von Qualitätsmanagementsystemen wurden in den vergangenen Jahren vermehrt Methoden entwickelt und eingesetzt, die es ermöglichten, die Lösung spezifischer Problemstellungen innerhalb einzelner Bereiche in geeigneter Weise zu unterstützen. Was bisher jedoch fehlte, war das durchgängige Bereitstellen und Nutzen von produkt- und prozeßbezogenen Informationen auch aus den vor- und nachgelagerten Bereichen.

Für die Integration aller am Montageprozeß beteiligten Bereiche werden qualitätsorientierte Schnittstellen geschaffen oder schon vorhandene standardisierte Schnittstellen um Qualitätsdaten erweitert. Qualitätsrelevante Daten werden frühestmöglich erfaßt. Sie sind teils durch die Konstruktion, teils durch die Montageplanung, teils durch die Qualitätsplanung vorgegeben. Hierdurch werden sowohl Produktdaten als auch Montageprozeßdaten in den Planungsprozeß einbezogen.

Zur Realisierung einer effektiven Qualitätsregelung werden Methoden und Werkzeuge zur Dynamisierung von Planungsvorgaben und Prüfabläufen entwickkelt. Durch diese durchgängige Vernetzung über ein Qualitätsinformationssystem wird eine Qualitätsregelung mit kurzen Reaktionszeiten auf allen Ebenen ermöglicht. Durch den Aufbau eines Off-Line-Programmiermoduls kann das Prüfplanungssystem mit den Prüfsystemen gekoppelt werden.

Zur Umsetzung bei der Prüfdurchführung wird die Sensor- und Prüftechnik durch intelligente und lernfähige Prüfsysteme erweitert. Ein Schwerpunkt der Entwicklung und Einsatzerprobung liegt hier bei neuen optischen 3-D-Sensoren für Montage, Justage und Qualitätsprüfung.

Weitere Möglichkeiten zur Steigerung der Produktqualität werden durch die Entwicklung von Strategien für die selektive Montage sowie durch neue funktionsorientierte Justagestrategien ausgeschöpft.

2.4 Entwicklung neuer Formen der Arbeitsorganisation und der dazu erforderlichen Qualifizierungsmaßnahmen für die flexible Montage

Die vor allem in der Klein- und Mittelserienmontage vorherrschende Mischform von teilautomatischen und rein manuellen Arbeitsplätzen macht es erforderlich, neue Formen der Arbeitsorganisation zu entwickeln. Um die Mitarbeiter effektiver in den Montageprozeß zu integrieren und qualifizierte und motivierte Mitarbeiter zur Verfügung zu haben, sind entsprechende personalorientierte Organisationsstrukturen zu schaffen.

Ein erfolgversprechendes Organisationskonzept wird in den dezentralen Montageinseln gesehen. Der hierbei ansteigende Anteil an dispositiven und administrativen Tätigkeiten des Montagepersonals bedingt auch spezielle Anforderungen an die Informations- und Kommunikationsfähigkeit dieses Personals. Abgeleitet aus den Anforderungen des Montagesystems und der Arbeitsplätze wird ein Eignungsprofil der Mitarbeiter erstellt. Daraus werden Qualifizierungsprogramme entwickelt und schließlich eine Organisationsentwicklung in der Montage erreicht.

Ein weiterer Themenschwerpunkt in diesem Zusammenhang sind die Probleme der Einführung von Gruppenarbeit. Die derzeitige Situation in der betrieblichen Praxis ist gekennzeichnet durch ein sehr heterogenes Bild über Aufgaben, Ziele und Strukturen von Arbeitsgruppen. Je nach Branchen und Betrieben sind sehr unterschiedliche Zielvorstellungen und Realisierungsformen vorzufinden. Hier sollen durch umfangreiche Arbeitsanalysen in unterschiedlichen Montagesystemen Gestaltungs- und Einführungsempfehlungen abgeleitet werden. Die sich abzeichnende Entwicklung einer Verschiebung der Altersstruktur zu einem insgesamt höheren Alter des Montagepersonals schon zur Jahrtausendwende macht es erforderlich, die betrieblichen Folgen dieser Entwicklung zu ermitteln und hieraus Gestaltungsvorschläge für Montagesysteme zu machen, die von altersstrukturell verändertem Montagepersonal betrieben werden können, und zu ermitteln, welche Qualifizierungs- und Personalentwicklungsstrategien hierfür notwendig sind.

2.5 Entwicklung montagespezifischer betriebswirtschaftlicher Planungsinstrumentarien und Kostenrechnungsmodelle

Technische und organisatorische Veränderungen im komplexen Feld der Montage haben wegen der Interdependenz des vorhandenen Beziehungsgefüges vielfältige und weitreichende Auswirkungen auf die Wirtschaftlichkeit des gesamten Produktionssystems. Entscheidungen in diesem Feld sind stets strategischer Natur und können nur durch entsprechend sorgfältige und systematische Vorbereitungen getroffen werden.

Die hierzu erforderlichen leistungsfähigen Instrumente zur Entscheidungsunterstützung werden in diesem Projekt entwickelt. Auf der Basis von Simulationsmodellen werden theoretische Analysen und Praxisstudien auf dem Gebiet der flexibel automatisierten Montage durchgeführt. Neben der Entwicklung und Implementierung von Montagestrategien ist auch die Identifikation und Abbildung von montagespezifischem Wissen bezüglich der Flexibilitätsgeneratoren Logistik, Personal und Betriebsmittel von großer Bedeutung. Zur Unterstützung strategischer Montageentscheidungen der Führungskräfte sind wissensbasierte Simulationsmodelle zu entwickeln und im Rahmen von Praxisprojekten zu evaluieren. Auf den Simulationsmodellen aufbauende Lernmodelle sollen der Verbreitung strategischen Wissens im Unternehmen dienen.

Eine weitere wichtige Zielsetzung ist die Entwicklung einer aussagekräftigen Kostenrechnung für flexible Montagesysteme. Durch die weiter steigende Diversifizierung des Produktionsprogrammes steigen die Gemeinkosten in den indirekten Montagebereichen. Sie erfordern eine differenziertere Aufschlüsselung in Planungs-, Steuerungs- und Dispositionskosten. Werden diese Kosten nur über Gemeinkostenzuschläge berücksichtigt, steigt das Risiko von strategischen Fehlentscheidungen dramatisch an. Es ist also eine ursachengerechte strategische Kalkulation mit Hilfe der Prozeßkostenrechnung für die flexible Montage zu entwickeln, mit der sowohl operative Steuerungsinformationen als auch notwendige strategische Entscheidungsinformationen zur Verfügung stehen, und die schließlich zu einem Gesamtsystem der Montagekosten- und Erlösrechnung vervollständigt wird.

Literatur

1.1   Bundesministerium für Forschung und Technologie (BMFT). Studie zur Untersuchung der Einsatzmöglichkeiten von flexibel automatisierten Montagesystemen in der industriellen Produktion unter Beachtung der technischen, arbeitsorganisatorischen Voraussetzungen einer menschengerechten Gestaltung der Arbeit (Montagestudie). Förderkennzeichen FhG 01 VC 312-8. Stuttgart. 1984

Autor

Dipl.-Ing. Günter Pavel
Institut für Industrielle Fertigung und Fabrikbetrieb (IFF),
Universität Stuttgart

Teil B. Lösungen für Montageprobleme

1 Flexible Montagetechnik

Komplexe Produkte mit hoher Variantenvielfalt stellen hohe Anforderungen an die Flexibilität von Komponenten und Systemen in automatisierten Montageanlagen. Bei immer kürzeren Produktlebensdauern müssen diese Montageanlagen zudem schnell an sich ändernde Produkte und Produktionsabläufe angepaßt werden können. Hierzu werden im folgenden Lösungen für die Hauptkomponenten flexibler, automatisierter Montageanlagen beschrieben: Flexible Robotersysteme, off-line orientierte Programmierumgebung, integrierte Antriebssysteme, flexible Montagewerkzeuge, sensorisierte Fügemechanismen und intelligente Steuerungsperipherie.

Anwendungsbeispiele aus der Montage zeigen Strategien, Verfahren und flexible Werkzeuge, mit deren Hilfe eine wirtschaftliche Automatisierung komplexer Montagevorgänge möglich ist. Innovative Strategien zur Werkstückbereitstellung, -ordnung und -handhabung bieten weitere Lösungsmöglichkeiten für eine flexible Materialflußstruktur.

1.1 Flexible Robotersysteme

1.1.1 Problemstellung

Die Flexibilität im Produktionsbereich bestimmt die Anpassungsfähigkeit eines Unternehmens an sich ändernde Absatz- und Arbeitsmärkte und damit seine Wettbewerbsfähigkeit.

Dies setzt unter anderem voraus, daß im Produktionsbetrieb eine hohe Fertigungsflexibilität vorhanden ist: Produktionsanlagen müssen bei einem Minimum an Umrüst- und Investitionsaufwand neuen Forderungen an das Produkt, wie Größe und Gestalt, Qualität, Eigenschaften unter Berücksichtigung daraus resultierender neuer Fertigungsverfahren und -abläufen, gerecht werden.

Im fertigungsnahen Bereich wird die Flexibilität durch die Eigenschaften und die Gestaltung von Maschinen, Werkzeugen, Transporteinrichtungen usw. bestimmt. Die Zerlegung von komplexen Anlagen in überschaubare, autonome Komponenten in Form von sogenannten Baukastensystemen wird mit dem Ziel durchgeführt, Strukturen und Eigenschaften von Fertigungseinrichtungen neuen Erfordernissen wirtschaftlich anpassen zu können. Produktionseinrichtungen sind i.a. so zu gestalten, daß sie Produkte mit unterschiedlicher Typen- und Variantenvielfalt überdauern.

Die Akzeptanz von Baukastensystemen bzw. damit aufgebauten Fertigungseinrichtungen hängt davon ab, wie sich die Kosten für diese Systeme in einer Wirtschaftlichkeitsrechnung niederschlagen. Diese Kosten sind unter Berücksichtigung der flexiblen Einsatzmöglichkeiten und der Wiederverwendbarkeit bei Umrüstungen oder bei Umstrukturierungen einer Produktionsanlage zu bestimmen.

Industrieroboter, die mit dem Ziel, eine flexible, freiprogrammierbare für unterschiedliche Einsatzzwecke einsetzbare Maschine zu schaffen, entwickelt wurden, entsprechen diesen Anforderungen bis heute nur teilweise. Ist ein Roboter einmal für eine bestimmte Fertigungsaufgabe ausgewählt worden, erfüllt er zwar diese, ist aber für andere Aufgaben und Anforderungen oft nicht mehr einsetzbar.

Die Konzeption eines modularen Robotersystems verlangt die Entwicklung gerätetechnischer und steuerungstechnischer Komponenten sowie Hilfsmittel zur Einsatzplanung und Dimensionierung der Komponenten.

1.1.2 Flexibilitätsmerkmale von Robotersystemen

Der Begriff "Robotersystem" faßt hierbei im wesentlichen folgende Funktionen zusammen:

- Steuerung,
- Prozeßführung,
- Programmierung,
- Endeffektor und
- Gerätetechnik.

Eine weitere Aufgliederung der Merkmale wird in Abb. 1.1 gegeben. Sie bestimmen im wesentlichen den zeitlichen und finanziellen Aufwand für die Anpassung an wechselnde Aufgaben. Die Steuerung und die Möglichkeiten der Prozeßführung stehen in enger Wechselwirkung mit der Gerätetechnik, wenn diese modular gestaltet ist.

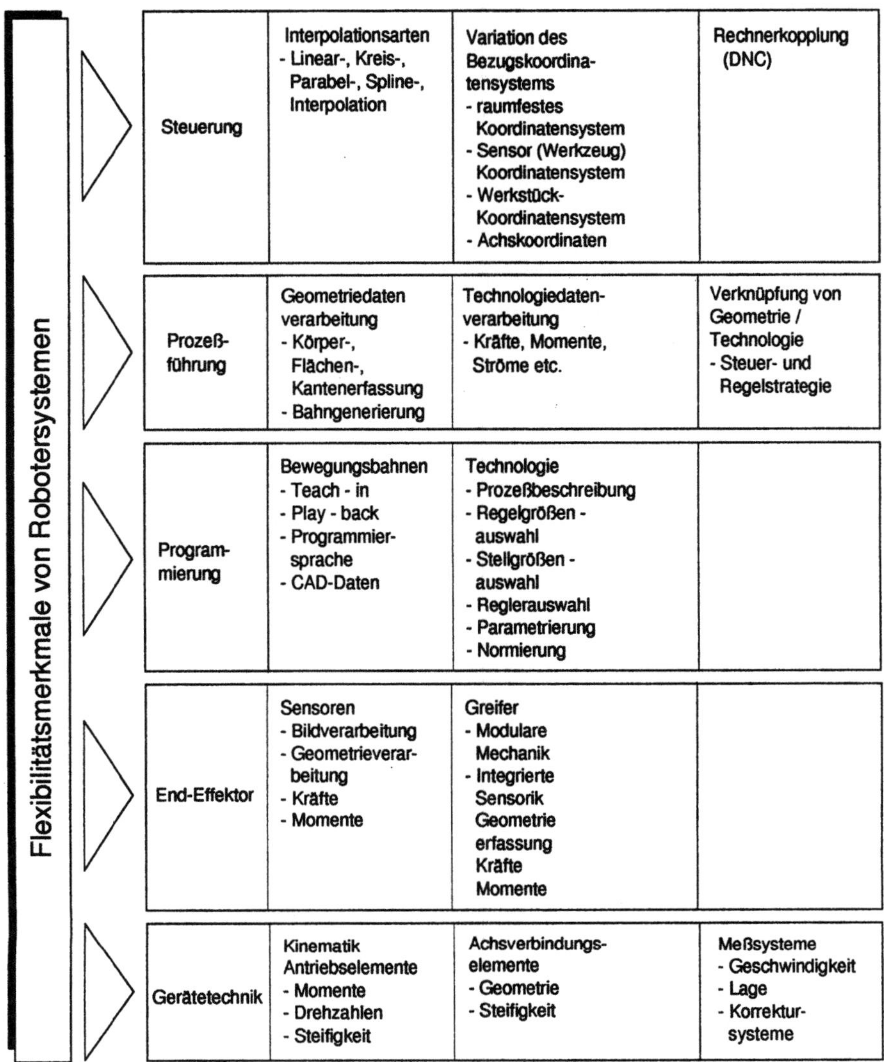

Abb.1.1. Flexibilitätsmerkmale von Robotersystemen

1.1.3 Auswahlkriterien für Industrieroboter

Durch unterschiedliche Einsatzgebiete für Industrieroboter, wie

- Handhabung,
- Montage und
- Bearbeitung

werden unterschiedlich gewichtete, gerätetechnische Eigenschaften von der Robotermechanik gefordert. Maßgebliche Kriterien bei Handhabungsaufgaben sind die *Traglast* des Geräts und der *Arbeitsraum*, der mit einem vorgegebenen kinematischen Aufbau erreichbar ist. Die Traglast ergibt sich aus dem Werkstück- oder Werkzeuggewicht sowie Kräften und Momenten aus dem Bearbeitungsprozeß. Die Robotermechanik hat diesen Belastungen standzuhalten. Im Bereich der Montage und Bearbeitung sind weitere Forderungen an erreichbare *Bahn-* oder *Achsgeschwindigkeiten* zu stellen, um kurze *Taktzeiten* oder aus technologischen Gründen definierte Vorschubgeschwindigkeiten zu erzielen. Die *Positioniergenauigkeit* ist besonders bei Montageaufgaben von Bedeutung. Prozeßbedingt können auch Anforderungen an die mechanische *Steifigkeit* des Roboters und die *Dynamik* der Antriebsachsen gestellt werden. Die vom Roboter durchzuführende Bewegung legt die Mindestanzahl der Freiheitsgrade der *Roboterkinematik* fest. Konstruktive Änderungen an marktgängigen Industrierobotern bzw. deren aufgabenbezogenen Entwicklung sind sehr kostenintensiv und deshalb oft unwirtschaftlich.

Aus den angegebenen Auswahlkriterien läßt sich ableiten, daß ein für eine Aufgabe ausgewähltes Gerät nur diese Aufgabe optimal erfüllen kann. Bei geänderten Randbedingungen ist im ungünstigsten Fall ein neues Gerät anzuschaffen. Es ist deshalb erforderlich, Industrieroboter aus einem Baukastensystem aufzubauen, mit dessen Komponenten unterschiedliche Eigenschaften entsprechend den Auswahlkriterien erreichbar sind.

1.1.4 Anforderungen aus der Montage

Für die relevanten Kenngrößen der Robotermechanik

- Arbeitsraum,
- Positioniergenauigkeit,
- Werkstückgewicht,
- Roboterkinematik und
- Taktzeit

lassen sich folgende, derzeit gültige Richtwerte angeben [1.1]:

Arbeitsraum. Die notwendigen Arbeitsräume sind durch die Werkstück- und Baugruppen branchenabhängig. Aber auch beim einzelnen Anwender ergeben sich bei einer Produktänderung durch eine geänderte Teilebereitstellung wechselnde Arbeitsräume. Faßt man den Arbeitsraum in einen quaderförmigen Aufbau (LxBxH), dann ergibt sich für den Fahrzeug- und Getriebebau (L=1000–2000 mm, B=500–1000 mm und H~200 mm) der prozentual am häufigsten geforderte Arbeitsraum. In der Elektrotechnik und in der Feinmechanik liegen die Größen bei (L=400–800 mm, B=400–800 mm und H~200 mm).

Positioniergenauigkeit. Erforderliche Positioniergenauigkeiten werden im Bereich von 0,02 mm bis mehrere Millimeter angegeben, wobei in der Praxis generell unter dieser Größe die Wiederholgenauigkeit beim Positionieren verstanden wird. Als problematisch erweist sich demgegenüber die Angabe der absoluten Genauigkeit, die prozeßbedingt in der gleichen Größenordnung liegen sollte wie die angegebenen Positioniergenauigkeiten. Strukturbedingte Einflüsse wie Verformungen von Roboterarmen, Nachgiebigkeiten in den Antriebssystemen und Fehler durch die kinematische Beschreibung werden deshalb häufig durch optische und kraftgeregelte Fügehilfen eliminiert und Lage- und Bahnfehler durch Zusatzkinematiken ausgeglichen.

Werkstückgewichte. Mit Ausnahme der in den Branchen Fahrzeug- und Getriebebau zu montierenden Werkstücke liegt derzeit das durchschnittliche Werkstückgewicht bei weniger als 5 kg. Durch stark variierende Arbeitsraumanforderungen ergeben sich aber dennoch differenzierte Anforderungen an die verfügbaren Antriebsmomente von Industrierobotern und an die Steifigkeit der Geräte.

Roboterkinematik. Im Bereich der elektro- und feinwerktechnischen Industrie treten schräge Fügebewegungen im Raum mit einem hohen prozentualen Anteil von durchschnittlich 30% auf, d.h. hier sind Roboter mit 6 Freiheitsgraden erforderlich. Mit 4-achsigen Standardgeräten sind diese Aufgaben nur mit einem in den Montagevorrichtungsbau verlagerten Aufwand zu bewältigen.

Taktzeit. Die kürzesten Taktzeiten liegen mit weniger als 1 Sekunde ebenfalls in den Branchen Elektrotechnik und Feinwerktechnik vor, womit Richtgrößen für maximale Achsgeschwindigkeiten gegeben sind.

1.1.5 Konzeption von modular gestalteten Robotersystemen

Um die geforderte Produkt- und Fertigungsflexibilität bei Robotersystemen zu erreichen, sind die Teilkomponenten des Systems wie Steuerung, Robotermechanik und Antriebe sowie periphere Einrichtungen selbst flexibel und modular zu gestalten. Die geringste Flexibilität ist derzeit im mechanischen Aufbau und in den Antrieben eines Industrieroboters zu sehen. Ein einmal für eine Aufgabe dimensioniertes Gesamtgerät kann nur als solches komplett verwendet werden. Dies führt i.a. dazu, daß Industrieroboter für ihre Aufgaben aus Vorsicht überdimensioniert werden. Konstruktive Änderungen an einem Geräteaufbau sind in der Regel unwirtschaftlich.

Diese Situation ist darauf zurückzuführen, daß bisherige Roboterkonstruktionen als Sonderkonstruktionen einzuordnen sind. Hierbei werden zur Bewegungs- und Kraftübertragung Hohlwellen, Zahnriemen, Schubstangen oder Spindeln eingesetzt. Eine Vielzahl der Ausführungsformen von Gelenkantrieben verwendet Motor-Getriebe-Kombinationen, die mit hohem Platzbedarf am Gelenk angeflanscht sind. Diese Gestaltung ist für einen modularen Aufbau von Industrierobotern ungeeignet.

Es sind deshalb Komponenten zu entwickeln, die in einer Einheit alle für die Bewegung erforderlichen Teile wie Motor, Meßsystem, Bremse, Getriebe und Lager beinhalten. Die Verbindung der einzelnen Achsen erfolgt dann mit den sogenannten Achsverbindungselementen, die aufgrund der Konzentration der bewegungserzeugenden Teile konstruktiv und geometrisch einfach gestaltet werden können.

Der Grundgedanke des modularen Industrieroboters besteht somit darin, den Gesamtaufbau in Antriebskomponenten und Achsverbindungselemente zu zerlegen. Die Antriebselemente müssen in der Lage sein, kinematische Freiheitsgrade für rotatorische und translatorische Bewegungen zu erzeugen. Durch unterschiedliche Baugrößen sind die Antriebsmomente und Drehzahlen bzw. Kräfte und Geschwindigkeiten anpaßbar. Mit den Achsverbindungselementen sind verschiedene Achsabstände und -winkel realisierbar und somit die Größe des Arbeitsraumes zu gestalten. Ferner ist durch die Dimensionierung und Wahl des Werkstoffes die Steifigkeit des Achsverbindungselements und damit der Robotermechanik insgesamt zu beeinflussen. [1.2]

1.1.6 Analyse der Kinematik von Industrierobotern

Die Einteilung in bewegungserzeugende und passive Komponenten wurde im letzten Abschnitt durchgeführt. Die Zahl der Freiheitsgrade, die dabei in einem Antriebsmodul vereint sind, und die Art und Weise wie diese Elemente konstruktiv zu gestalten sind, ist dabei noch nicht festgelegt.

Die Kinematik eines Industrieroboters wird in Hauptachsen und Nebenachsen eingeteilt. Mit den Hauptachsen wird weitgehend die Position und mit den Nebenachsen die Orientierung des Effektors eingestellt. Die Untersuchung des kinematischen Aufbaus kann deshalb separat für Haupt- und Nebenachsen betrachtet werden.

Die rotatorischen Freiheitsgrade sind in Dreh- und Schwenkbewegungen zu unterscheiden. Bei Drehbewegungen folgt das nächste Achsverbindungselement in Verlängerung der Drehachse. Beim Schwenken wird das nachfolgende Achsverbindungselement senkrecht zur Schwenkachse angeordnet.

Eine Analyse der kinematischen Anordnungsmöglichkeiten von rotatorischen (R) und translatorischen (T) Achstypen ergibt 8 Kombinationsmöglichkeiten für die ersten 3 Hauptachsengelenke:

RRR, RRT, RTR, RTT, TRR, TRT, TTR, TTT.

Wählt man den Kreuzungswinkel zwischen benachbarten Achsen 0° oder 90°, so ergeben sich 20 sinnvolle Grundachsenkinematiken, mit denen eine Position im Raum erreichbar ist, Abb. 1.2.

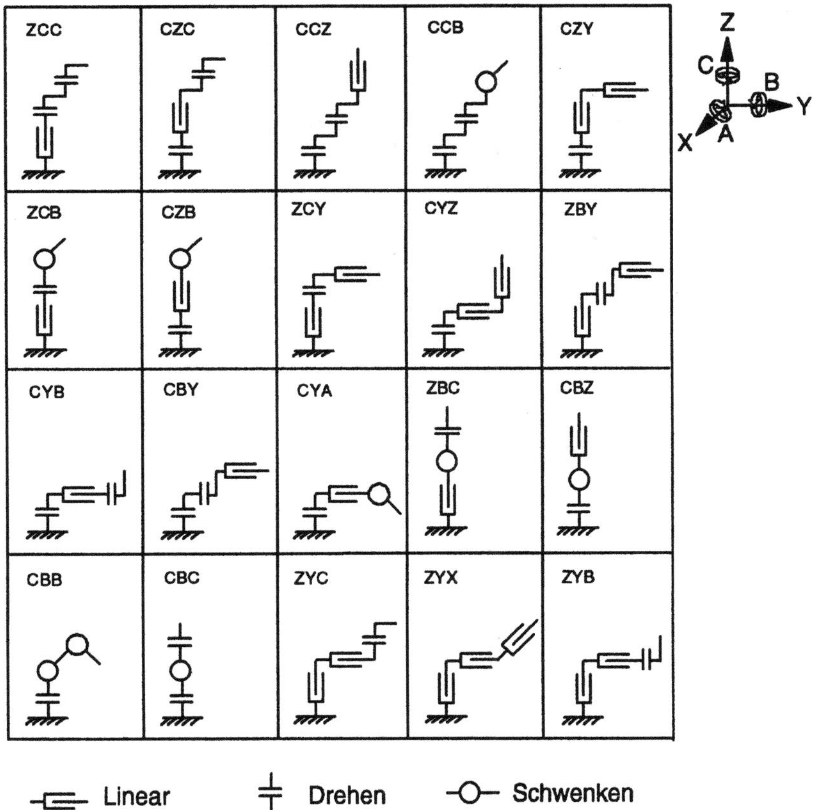

Abb.1.2. Kinematiken für Robotergrundachse

Ungünstige Kombinationen der Kreuzungswinkel können zum Verlust von Freiheitsgraden führen und sind deshalb in den Betrachtungen ausgeschlossen. Die erste Achse wird in z-Richtung, die zweite in y-Richtung in einem kartesischen Koordinatensystem angeordnet. Linearachsen werden mit X, Y, Z und rotatorische Achstypen mit A, B, C bezeichnet. Zyklisches Vertauschen der Achsbezeichnungen ändert zwar die Lage der kinematischen Struktur, aber nicht Form und Größe des Arbeitsraums, d.h. es entstehen kinematisch gleichwertige Strukturen.

Eine vollständige Beschreibung verlangt die Angabe des Kreuzungsabstandes von benachbarten Achsen. Er kann entweder verschwinden (0) oder eine positve Größe (1) annehmen. Die durch diese Anordnungen entstehenden Arbeitsraumformen sind zylinder-, quader-, torus-, kugel- oder scheibenförmig, Abb. 1.2. Die Auswirkungen unterschiedlicher Kreuzungsabstände sind in [1.3] ausführlich dargestellt.

Die Nebenachsen eines Industrieroboters ermöglichen die Orientierung des Effektors. Die Orientierung eines Objektes kann nur durch rotatorische Achsen erfolgen. Die Nebenachsen bestehen deshalb aus 3 aufeinanderfolgenden rotatorischen Gelenken, Abb. 1.3.

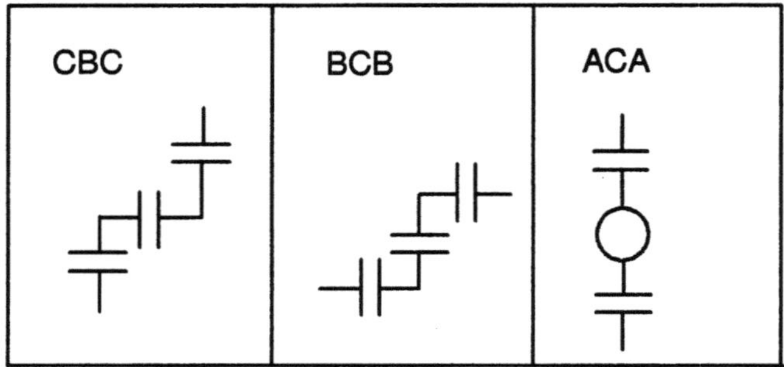

Abb.1.3. Kinematiken für Roboterhandachsen.

Variiert man die Kreuzungsabstände zwischen den Achsen, so ergeben sich insgesamt 12 sinnvolle Nebenachsstrukturen [1.3]. Aus steuerungstechnischen Gesichtspunkten ist es günstig, wenn bei Änderung der Orientierung die Hauptachsenstruktur keine Bewegung ausführt. Bei vielen ausgeführten Handachsenstrukturen verschwinden deshalb die Kreuzungsabstände zwischen den Achsen. Ein weiterer Grund ist die explizite Lösbarkeit der kinematischen Transformation.

Der Aufbau einer Kinematik kann im einfachsten Fall aus Modulen mit jeweils einem Freiheitsgrad erfolgen. Bei weiterer Analyse zeigt sich, daß sich Achsen innerhalb der Kinematiken zu Baugruppen mit zwei Freiheitsgraden sinnvoll zusammenfassen lassen. Wiederkehrende Anordnungen sind dabei die Bewegungen Linear/Drehen und Drehen/Schwenken, sowohl in den Grund- wie auch in den Handachsenstrukturen.

In [1.1] wird eine Vorgehensweise gewählt, die sich an den am Markt verfügbaren Kinematiken für Industrieroboter orientiert. Eine Analyse zeigt, daß über 80% der erhältlichen Robotertypen auf 8 verschiedene Kinematiken zurückzuführen sind, Abb. 1.4.

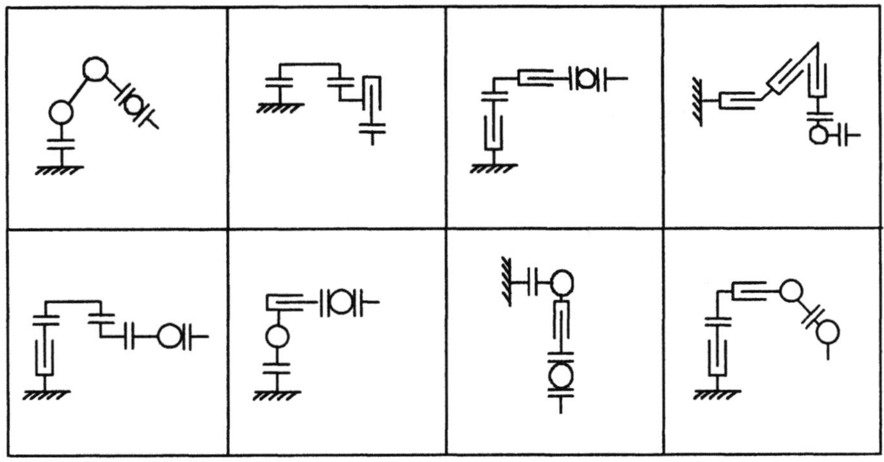

Abb.1.4. Marktgängige Industrieroboterkinematiken

Diese Strukturen besitzen 4 oder 6 Freiheitsgrade. Sie werden mit Hilfe verschiedener Antriebsmodule und Achsverbindungselemente nachgebildet, Abb. 1.5.

Abb.1.5. Elemente des Roboterbaukastens

Die aufgeführten Module erlauben die Bewegungsmöglichkeiten Drehen, Schwenken und Linear. Die Antriebsmodule weisen einen oder zwei Freiheitsgrade auf. Jedes Element ist in verschiedenen Baugrößen mit unterschiedlicher Nennleistung ähnlich realisierbar.

1.1.7 Konstruktiver Aufbau von Antriebsmodulen

Grundlage aller Antriebsmodule ist, die für eine Bewegung erforderlichen Elemente in einer Komponente zusammenzufassen. Dies sind bei allen Modulen Elektromotoren, Meßsysteme, Bremsen, Endschalter und Referenzschalter. Beispielhaft sei dies an einem Dreh-/Schwenkantrieb dargestellt.

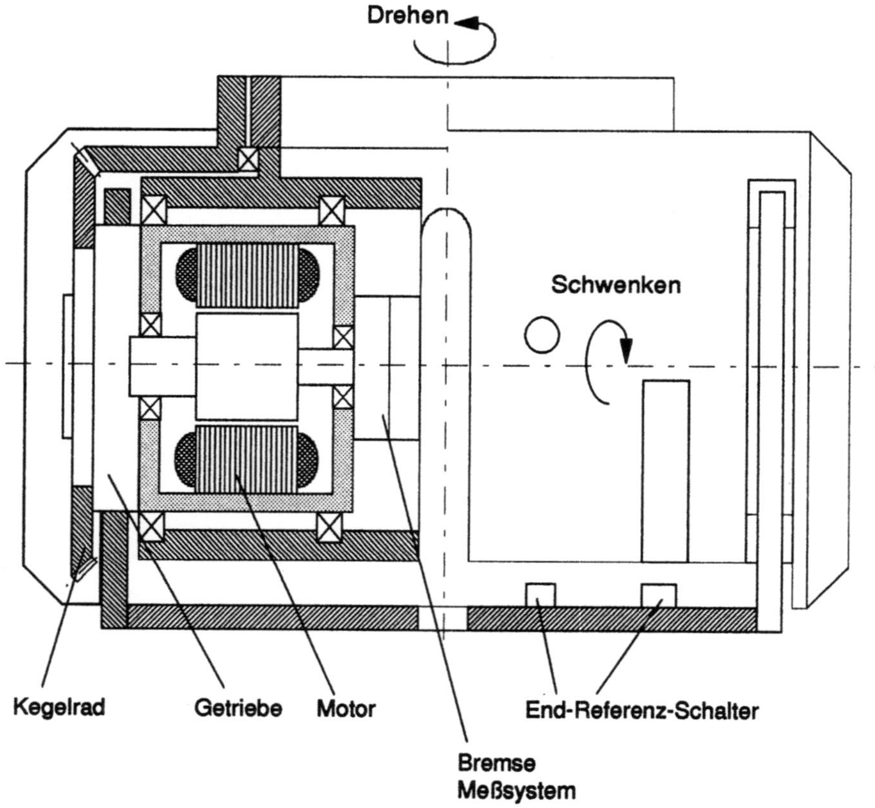

Abb.1.6. Prinzipieller Aufbau eines Dreh-/Schwenkmoduls

Die Dreh- und Schwenkbewegung erhält man durch Überlagerung der beiden Motorbewegungen an einem Differentialgetriebe. Hochübersetzende Getriebe erzeugen aus dem Motormoment das Antriebsmoment für die Kegelräder. Als Motoren werden verschleißfreie, bürstenlose Gleichstrom-, Synchron- oder Asynchronmotoren eingesetzt. Synchronmotoren sind aufgrund ihrer geringeren Verlustleistung –insbesondere bei kleinen Bauformen– Asynchronmotoren vorzuziehen.

Die im Motor umgesetzte Verlustleistung muß über das Gehäuse an die Umgebung abgeführt werden, damit keine Wärmespannungen in den Gehäuseteilen, den Lagern sowie in der Robotermechanik auftreten.

Zur Lage- und Geschwindigkeitsmessung des Motors werden Lagemeßsysteme verwendet, die die Motorposition relativ oder absolut erfassen. Bei Synchronmotoren sind zur Kommutierung der Motorströme zyklisch absolutmessende Resolver erforderlich. Zum Fixieren der Gelenkfreiheitsgrade werden Permanentmagnetbremsen eingesetzt.

Ersetzt man die Kegelräder durch einen starren Bügel, entfällt der Drehfreiheitsgrad und die Schwenkbewegung wird durch zwei parallel geschaltete Motoren bewirkt.

Auf der Basis dieses Konzepts sind bisher Antriebsmodule mit Nennmomenten zwischen 20 Nm und 1200 Nm realisiert worden. Die Gelenke sind als Haupt- oder Nebenachsen einsetzbar.

1.1.8 Gestaltung von Achsverbindungselementen

Die Achsverbindungselemente aus Abb. 1.7 stellen die Verbindung zwischen den einzelnen Gelenkeinheiten her. Sie können durch geometrisch einfache Bauteile realisiert werden, womit sich folgende Vorteile verbinden:

- Einfache Berechnungsverfahren zur Dimensionierung der Elemente hinsichtlich Masse und Steifigkeit,
- geringer Fertigungsaufwand beim Einsatz konventioneller Werkstoffe,
- freie Wahl des Werkstoffs (Al, St, CFK) [1.4],
- Bauteil, das vom Industrieroboteranwender selbst herstellbar, modifizierbar und kostengünstig ist,
- einfache Anpassung der Geometrie der Elemente an den geforderten Arbeitsraum.

Für die Herstellung der Achsverbindungselemente kommen verschiedene Fertigungsverfahren in Betracht:

- Gußbauteil mit angegossenen Adaptern,
- Halbzeug mit geklebten, geschweißten oder geschraubten Adaptern,
- Faserverbundbauteil mit geklebten oder geschraubten Adaptern oder
- Kastenbauweise aus lasergeschweißten Stahlblechen.

Die Form der Achsverbindungselemente erlaubt unterschiedliche Gelenk- bzw. Kreuzungswinkel innerhalb einer kinematischen Struktur.

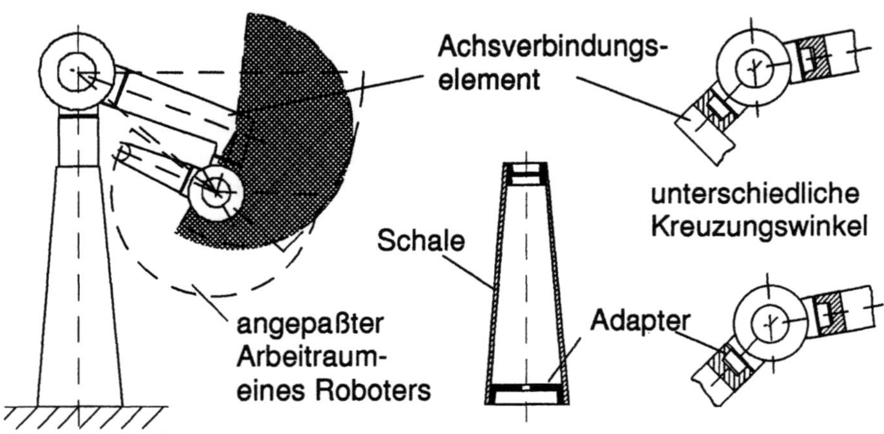

Abb.1.7. Bauformen von Achsverbindungselementen

1.1.9 Gestaltung der Modulschnittstellen

Die Enden der Achsverbindungselemente bzw. der Antriebsmodule sind mit Schnittstellen zur Informations- und Energieübertragung sowie zum mechanischen Verbinden der Komponenten auszuführen. Die Konfigurierbarkeit der Elemente zu unterschiedlichen Kinematiken ist dabei stets zu gewährleisten.

Mechanische Schnittstelle

Ziel der mechanischen Schnittstelle ist es, zwei Module in einer definierten Lage und Orientierung zu verbinden und die während des Betriebs auftretenden Kräfte und Momente zu übertragen. Das Ausrichten erfolgt z.B. durch kegelförmige Flansche und einen Zentrierstift, womit die 6 Freiheitsgrade zwischen den Modulen festgelegt sind.

Die Befestigung der Komponenten kann durch einfache Verschraubungen oder Verschlußmechanismen, wie sie bei Greiferwechselsystemen üblich sind, realisiert werden. Wichtig ist dabei, daß die Steifigkeit der Verbindung zwischen den Modulen sehr hoch ist, um eine hohe Gesamtsteifigkeit der Robotermechanik zu erzielen.

Da die Lage und Orientierung der Moduladapter durch Fertigungstoleranzen variiert, ist es sinnvoll, jede Komponente vor ihrem Einsatz zu vermessen, um die Istabmessungen zu ermitteln. Bei zunehmend leistungsfähigeren Robotersteuerungen wird es ferner möglich sein, die kinematischen Abweichungen in der Koordinatentransformation des Roboters zu berücksichtigen und damit Positionsfehler des Roboters zu reduzieren. Eine weitere Möglichkeit ist, daß in Störfallsituationen einzelne Komponenten ausgewechselt werden und, falls erforderlich, die kinematischen Parameter entsprechend dem Meßprotokoll der Komponenten in den Maschinenparametern korrigiert werden.

Elektrische Schnittstelle

Aus dem Prinzipbild des Dreh-/Schwenk-Moduls wird deutlich, daß eine Vielzahl von Aktoren und Sensoren in einem Modul enthalten sind. Geht man von der bei Industrierobotern und Werkzeugmaschinen üblichen Gerätetechnik aus, so sind die o.g. Aktoren und Sensoren mit den entsprechenden Stellgliedern und Auswerteeinheiten, die im Schaltschrank untergebracht sind, zu verbinden. Dies erfordert bei einem 2-achsigen Modul ca. 40 Leitungen. Bei einer roboterinternen Kabelführung sind die Kabel einer starken mechanischen Beanspruchung durch Biegung und Torsion ausgesetzt. Für Greifer und deren Wechselsysteme sind zusätzliche Leitungen anwendungsspezifisch zu führen. Steckverbindungen an den Modulschnittstellen führen zu großen und hochpoligen Steckerfeldern. Eine weitere Einschränkung ergibt sich aus der Anforderung, daß die Komponenten sich beliebig innerhalb einer kinematischen Kette anordnen lassen sollten. Die aufgeführten Einschränkungen der konventionellen Geräte- und Verkabelungstechnik machen deutlich, daß andere steuerungstechnische Strukturen erforderlich sind. Dezentrale Steuerungsstrukturen sind hier besonders geeignet, siehe Kap. 1.1.11.

1.1.10 Dimensionierung von modular aufgebauten Robotern

Modular aufgebaute Roboter können für ihre Aufgabe und die hieraus resultierenden Anforderungen optimiert werden. Durch Kombination verschiedener Komponenten können unterschiedliche Geräteeigenschaften erzielt werden. Die Zahl der auszuwählenden Komponenten ist dabei wesentlich größer als beim Einsatz eines Komplettgerätes. Um die angebotenen Freiheitsgrade zu nutzen, sind dem Anwender Dimensionierungs- und Auswahlprogramme in die Hand zu geben, die die aufgabenspezifische Auswahl und Optimierung der Antriebskomponenten und Achsverbindungselemente vornehmen. Die Anforderungen werden vom Anwender durch Vorgabe von zu erreichenden Arbeitsraumpositionen, Traglasten, Bahngeschwindigkeiten und Prozeßkräften definiert. Die Kinematik des Roboters ist durch eine modulspezifische [1.5] oder allgemeine Beschreibungssprache [1.6] vorzugeben. Durch einen iterativen Prozeß werden rechnerunterstützt Elemente ausgewählt und daraufhin überprüft, ob die gestellten Anforderungen erfüllt sind, Abb. 1.8. Als Nebenbedingung wird versucht, den Roboter so klein wie möglich aufzubauen. Daraus folgt, daß die Antriebskomponenten mit dem kleinstnötigen Antriebsmoment ausgewählt werden und somit kostengünstige Gerätekomponenten zum Einsatz kommen.

Innerhalb des Optimierungsprozesses wird zunächst versucht die kinematischen Anforderungen der Aufgabe zu erfüllen. Es werden die erforderlichen Achsabstände und der Aufstellungsort ermittelt.

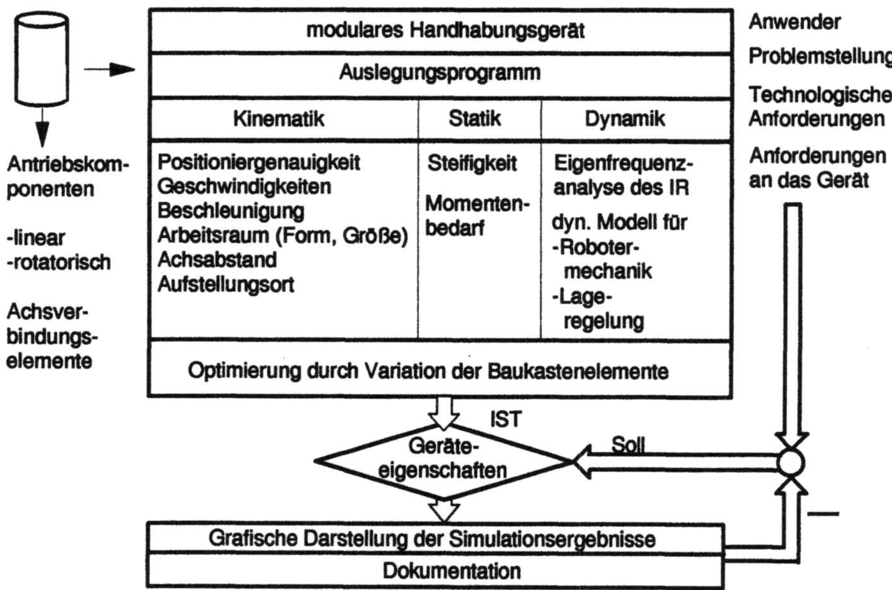

Abb.1.8. Auswahl- und Dimensionierungsprogramm

Hieraus lassen sich die erreichbaren Bahngeschwindigkeiten bzw. umgekehrt die erforderlichen Achsgeschwindigkeiten ermitteln. Unter Berücksichtigung der gewünschten Traglast werden Komponenten aus den Moduldateien ausgewählt, die der Belastung standhalten. Werden vom Bearbeitungsprozeß besondere Anforderungen an die Steifigkeit der Robotermechanik gestellt, so sind steifere Einzelkomponenten auszuwählen. Aus den Massen der Komponenten und der Steifigkeit der Roboterstruktur lassen sich die mechanischen Eigenfrequenzen berechnen und Rückschlüsse auf die erreichbare Dynamik im Lageregelkreis ziehen. Auf der Basis von mechanischen Ersatzmodellen für die Robotermechanik und Antriebe sind detaillierte Untersuchungen des dynamischen Verhaltens der Lageregelung möglich. Verbesserungen des dynamischen Verhaltens können erzielt werden, wenn in den Komponenten direkte Meßsysteme eingesetzt und durch die Steuerung eine Zustandsregelung realisiert wird.

1.1.11 Dezentrale Steuerungsstruktur für Roboterkomponenten

Die elektrische und mechanische Schnittstelle der Baukastenelemente ist für die Konfigurierbarkeit der Antriebskomponenten und Achsverbindungselemente von entscheidender Bedeutung. Beschränkt sich die Modularität allein auf die

Robotermechanik und nicht auf die zugehörige Steuerungstechnik, wäre das Ziel eines modularen Robotersystems nur teilweise erfüllt.

Die Gerätetechnik, wie sie bei Werkzeugmaschinen und Industrierobotern bisher eingesetzt wird, ist mit einer aufwendigen Verkabelung der einzelnen Antriebe verbunden. Grundgedanke einer dezentralen Steuerungsstruktur ist, daß die Robotersteuerung über ein gemeinsames serielles Bussystem Informationen mit den jeweiligen Antriebsverstärkern austauscht und diese durch eine gemeinsame Energieversorgung gespeist werden, [1.7]. Die Leistungselektronik muß in die Gelenkeinheiten integriert werden. Die Aufteilung der Funktionen, die auf der Robotersteuerung bzw. den Antriebsverstärkern realisiert werden können, sind von der Leistungsfähigkeit des seriellen Bussystems und der Gelenkregelung abhängig. Die Grundstruktur des damit entstandenen Steuerungssystems ist in Abb. 1.9 dargestellt.

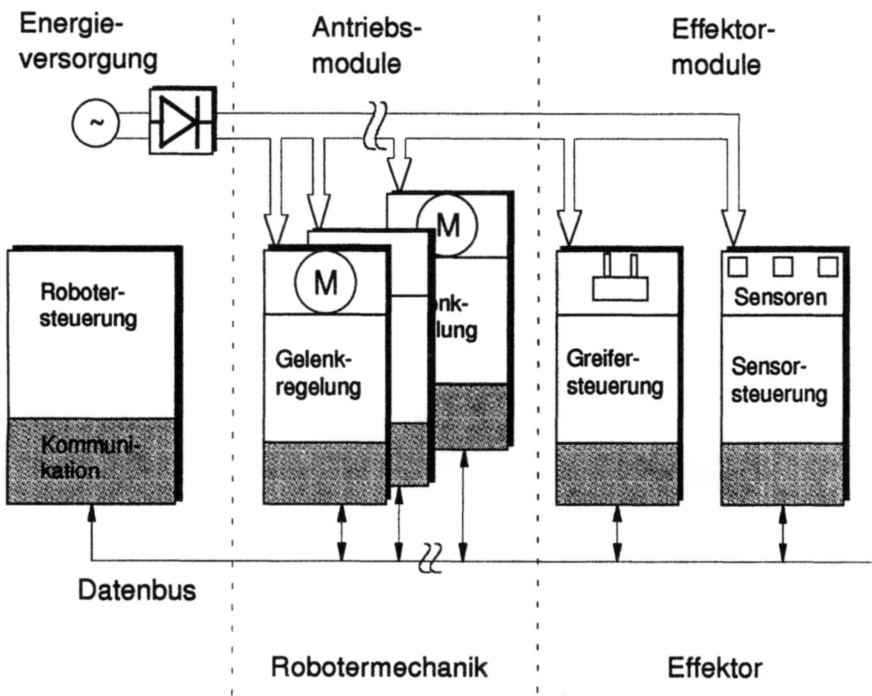

Abb.1.9. Dezentrale Steuerungsstruktur für modulare Robotersysteme

Kommunikationsschnittstelle

Durch die Strukturen wie sie bei Lageregelkreisen an Werkzeugmaschinen und Industrierobotern eingesetzt werden, ergeben sich 3 mögliche Schnittstellen zwischen Steuerung und Gelenkregelung:

- Lage-,
- Geschwindigkeits- oder
- Momentensollwertschnittstelle.

Durch die Art des Sollwerts sind die Regelalgorithmen, die steuerungs- und gelenkseitig zu realisieren sind, festgelegt. Der Datenaustausch erfolgt dabei zyklisch. Aus regelungstechnischen Gesichtspunkten nehmen die Zeitanforderungen für die Datenübertragung von den Lage- zu den Momentensollwerten zu. Da die Übertragungsdauer als Totzeit im Regelkreis auftritt und damit die Dynamik bzw. Stabilität des Regelkreises bestimmt sowie die erreichbare Übertragungsrate begrenzt ist, ist die Lagesollwertschnittstelle besonders geeignet.

Eine weitere wichtige Voraussetzung an das Kommunikationsinterface ist, daß die Sollwerte synchron in allen Gelenkregelungen aufgeschaltet werden. Dies erfordert eine gleichzeitige Bereitstellung der Sollwerte und die Möglichkeit Synchronisationstelegramme über das Bussystem abzusetzen. Die Robotersteuerung benötigt zur Überwachung und für übergeordnete Regelkreise (z.B. Sensordatenverarbeitung) die Istposition der Gelenke. Da hierbei jedes Gelenk das Bussystem benutzt, ist eine effiziente Buszugriffsverwaltung erforderlich. Ein Kommunikationszyklus kann wie in Abb. 1.10 dargestellt aussehen.

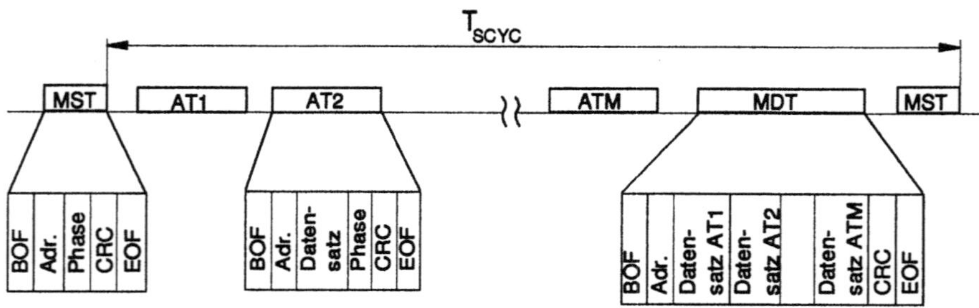

BOF Startfeld Adr Adreßfeld CRC Prüfsummenfeld EOF Endefeld

Abb.1.10. Kommunikationszyklus

Zu Beginn des Kommunikationszyklus empfangen alle Antriebe von der Steuerung ein Synchronisationstelegramm (MST). Danach erhalten alle

Busteilnehmer jeweils einen Zeitschlitz zum Senden ihrer Istwerte (AT). Darauf folgen die Sollwerte für alle Antriebe in einem Telegramm (MDT).

Neben der zyklischen Übertragung von Sollwerten sind zur Konfiguration oder Parametrierung zusätzliche Daten zu übertragen. Diese können asynchron übertragen und gegebenenfalls auf mehrere Telegramme verteilt werden.

Vergleicht man auf dem Markt befindliche Bussysteme wie PROFIBUS, Interbus-S, CAN und SERCOS, so sind diese Anforderungen nur von SERCOS [1.8] erfüllt. Dies ist nicht verwunderlich, da dieses Bussystem für Vorschub- und Hauptantriebe an Werkzeugmaschinen entwickelt wurde.

An modulare Robotersysteme sind darüber hinaus weitere Anforderungen zu stellen. Die Integration von intelligenten Effektoren in das dezentrale Steuerungssystem erfordert die Einführung zusätzlicher Telegramme, die es erlauben z.B. Sensorwerte wie Kräfte und Abstände unterschiedlicher Anzahl an die Steuerung zu übertragen. Effektoren sind i.a. über Werkzeugwechselsysteme mit der Robotermechanik verbunden und können während des Betriebs ausgetauscht werden. Ordnet man den Komponentenrechner dem Effektor zu, so ist dieser bei einem Effektorwechsel vom Bussystem abzukoppeln. Da das Bussystem auf einer optischen Ringstruktur basiert (Abb. 1.9), ist dafür zu sorgen, daß das Bussystem durch den letzten Gelenkrechner intern geschlossen wird. Die optische Übertragung zwischen den Gelenken sorgt für eine Potentialtrennung und bietet eine bessere Sicherheit gegenüber elektromagnetischen Störungen. In [1.1] werden Zusatzmeßsysteme zur Erhöhung der Positioniergenauigkeit eingesetzt. Die anfallenden Meßwerte können über die Gelenkregelung eines Antriebs erfaßt und über die Steuerung an einen anderen Antrieb weitergeleitet werden. Damit ist eine Kommunikation zwischen Gelenkrechnern möglich.

Gelenkregelung

Die von der Steuerung vorgegebenen Lagesollwerte werden durch die Gelenkregelung in die entsprechende Istposition umgesetzt. Die konventionelle Regelstruktur für Roboterantriebe beinhaltet eine Lage-, Geschwindigkeits- und Stromregelung für den Motor. Fortschrittliche Regelverfahren berücksichtigen zur Verbesserung der Positioniergenauigkeit und Dynamik die Gelenkposition und -geschwindigkeit mit Hilfe eines direkten Lagemeßsystems. Die Regelalgorithmen werden durch Signalprozessoren ausgeführt, die kurze Abtastzeiten erlauben. Ziel sollte es dabei sein, eine Abtastzeit von 1 ms bis 0.2 ms für die Lage und Geschwindigkeitsregelung und $100\,\mu s$ bis $40\,\mu s$ für die Stromregelung zu realisieren, um eine hohe Regelgüte zu erreichen. Die Stellgröße wird direkt an die Leistungselektronik des Antriebsverstärkers ausgegeben. Die Leistungsbrücke kann in Hybridtechnik besonders kompakt aufgebaut werden. Die entstehende Verlustleistung ist durch Kühlkörper an die Umgebung abzuführen.

Weitere Aufgaben des Gelenkrechners bestehen darin, die Inbetriebnahme und Überwachung von Gelenkfunktionen durchzuführen. Die Referenzpunktfahrt eines Gelenks wird durch einen Befehl von der Robotersteuerung selbsttätig ausgeführt. Die Gelenktemperatur und die Endschalter werden während des Betriebs ständig überwacht und an die Steuerung weitergemeldet.

Kinematische Übertragungsfehler von Getrieben werden durch Berücksichtigung von achsspezifischen Korrekturwerten vom jeweiligen Gelenkrechner steuerungstechnisch kompensiert.

Um die Reglerparameter für die Gelenkregelung zu bestimmen bzw. zu optimieren, wird durch den Gelenkrechner die Identifikation der Regelstrecke und deren Parameter unterstützt. Hierzu sind auf dem Gelenkrechner Algorithmen zur Signalgenerierung und -erfassung abgelegt. Auf einem übergeordneten Rechner kann dann die Regleroptimierung erfolgen.

Robotersteuerung

Die Steuerung stellt das Bindeglied zwischen Anwender und Robotersystem dar. Die Software der Steuerung für modular aufgebaute Systeme hat der Konfigurierbarkeit der einzelnen Systemkomponenten Rechnung zu tragen, d.h. die Software selbst ist als Systemkomponente zu betrachten. Die Software läßt sich in verschiedene Funktionseinheiten gliedern, Abb. 1.11.

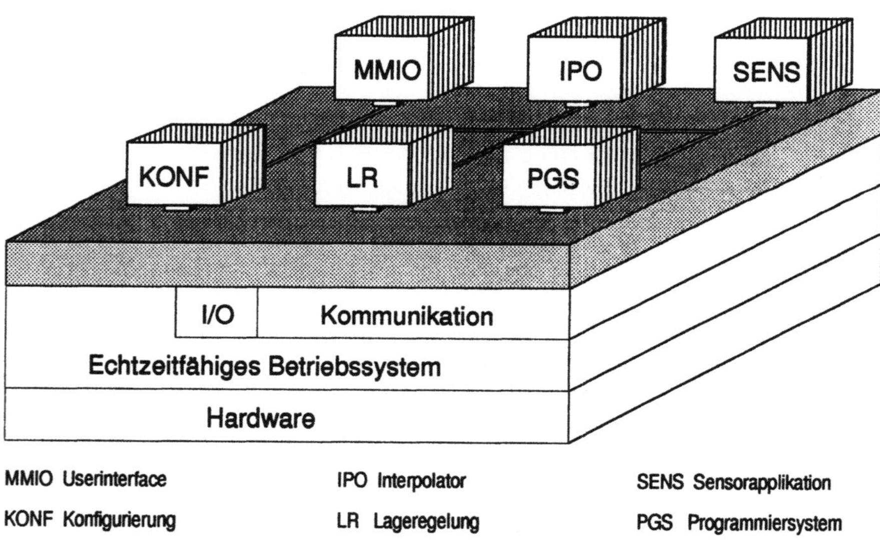

Abb.1.11. Funktionen innerhalb einer Robotersteuerung

Im Funktionsblock MMIO werden alle Ein- und Ausgabebefehle bearbeitet. Eingaben von steuerungsexternen Geräten (z.B. Terminals, Handbediengeräten, Schaltinformationen) werden an die betroffenen Funktionen über das Betriebssystem weitergeleitet. Ausgaben können auf Bedienterminals, Effektoren oder an die übergeordnete Zellensteuerung erfolgen. Die Einbindung von peripheren

Geräten wie Zuführeinrichtungen kann durch standardisierte Schnittstellen wie z.B. den Interbus-S erfolgen.

Das Programmiersystem (PGS) erlaubt es, Anwenderprogramme in einer textuellen Programmiersprache zu erstellen und in einen genormten Zwischencode (IRDATA) zu übersetzen. Dieser Zwischencode wird beim Ausführen eines Programms von einem Interpreter während der Programmausführung abgearbeitet und entsprechende Verfahrbefehle (linear, zirkular, Punkt zu Punkt) in Raum- oder Maschinenkoordinaten an den Interpolator weitergegeben. Der Interpolator sorgt dafür, daß die vorgegebene Bahn zwischen Start- und Endpunkt mit definierter Geschwindigkeit abgefahren wird. Bei Bewegungsvorgaben in Raumkoordinaten werden die Maschinenkoordinaten durch eine Koordinatentransformation berechnet. Die Koordinatentransformation ist abhängig von der gewählten Roboterkinematik und den Achsabständen und deshalb immer gerätespezifisch bereitzustellen. Die Maschinenkoordinaten werden über die Kommunikationsschnittstelle an die Gelenkregelung weitergegeben.

Im Block 'Sensordatenverarbeitung' werden Signale von Sensoren, die über das Bussystem mit der Steuerung verbunden sind, oder externe Signale verarbeitet. Sensorsignale können entweder in digitaler oder analoger Form vorliegen.

Das Gesamtsystem der Funktionen setzt auf einem Betriebssystem auf, das es erlaubt, die genannten Funktionen in Tasks zu verwalten. Der Austausch von Daten zwischen den Tasks erfolgt über Message Queues. Die Tasks werden entweder bei Bedarf oder zyklisch gestartet. Zyklisch wird beispielsweise der Interpolator abgearbeitet. Die Task des Programmiersystems wird nur aktiviert, wenn Programme editiert oder übersetzt werden. Das Betriebssystem muß gewährleisten, daß kurze Verzögerungszeiten bei Taskwechseln auftreten.

Der Einsatz eines Multitasking-Betriebssystems und die Gliederung der Software in Funktionsblöcke erleichtert die Konfiguration des Steuerungssystems. Während der Hochlaufphase der Steuerung werden die einzelnen Funktionen durch eine Konfigurationstask mit aktuellen Daten versorgt und somit die Funktion der Blöcke bestimmt.

Das konfigurierbare Steuerungssystem bildet eine wichtige Voraussetzung, um die modulare Gerätetechnik für Fertigungseinrichtungen effizient nutzbar einzusetzen.

Integration von Effektoren

Effektoren stellen das Bindeglied zwischen Robotermechanik und Bearbeitungsaufgabe dar. Der Effektor umfaßt das Bearbeitungswerkzeug und die zugehörigen Sensoren. Er besteht somit im allgemeinen ebenso aus Sensorik und Aktorik wie die Gelenkantriebe des Roboters selbst. Werkzeuge werden durch binäre oder analoge Signale angesteuert und sind mit Energie zu versorgen (elektrisch, pneumatisch). Sensoren werden zur Überwachung des Bearbeitungsprozesses eingesetzt und liefern Signale an die Steuerung. Eine Integration dieser Komponenten in das dezentrale Steuerungssystem ist deshalb unter Berücksichtigung des Systemgedankens sinnvoll und erforderlich.

Werkzeuge im Bereich der Montage sind von der eingesetzten Fügetechnologie gemäß DIN 8593 abhängig. Häufig auftretende Verfahren, die mit Industrierobotern ausgeführt werden, sind das Zusammensetzen und das An- und Einpressen.

Greifersysteme werden zum Zusammensetzen und Handhaben von Teilen eingesetzt. Entsprechend der Vielfalt der Teile sind die Greifereigenschaften, wie Greifkraft, -hub und -last dem Problem anzupassen. Das Anpassen erfolgt durch Wechsel des Greiferwerkzeugs, der Greiferbacken (Wirkstelle) oder durch multifunktionale Werkzeuge, Abb. 1.12.

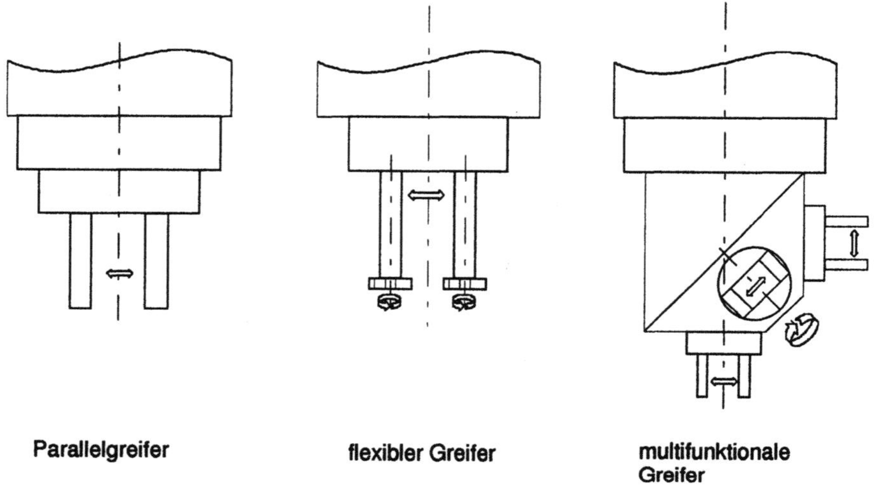

Abb.1.12. Greifervarianten

Die einfachste Funktion eines Greifers besteht im Öffnen und Schließen der Greiferbacken. Der Antrieb ist i.a. pneumatisch oder elektrisch. Die Greifkraft wird bei peumatischen Greifern durch Druckregelventile und bei elektrischen durch Regelung des Motorstroms eingestellt. Die Stellung der Greiferfinger kann durch Lagemeßsysteme über den gesamten Hub oder durch Schalter an einzelnen Stellungen des Greifers überwacht werden.

Beim Wechseln von Greifern mit unterschiedlichen Eigenschaften sind die Schnittstellen zur Steuerung ebenfalls anzupassen. Bei einer konventionellen Gerätetechnik wird dies mit einer Vielzahl von Leitungen zwischen Robotersteuerung und Greifer realisiert.

Bei flexiblen Greifern sind die Greiferbacken mit verschiedenen Wirkstellen versehen, d.h. durch Ändern der Backenstellung können verschiedene Teile gegriffen werden. Um die Backen zu verstellen, sind im Greifer weitere Stellglieder und Sensoren notwendig. Die Ansteuerung des Greifers erfolgt durch die Robotersteuerung oder eine separate Greifersteuerung. Die Zahl der Leitungen zwischen Greifer und Steuerung ist entsprechend hoch.

Bei einem multifunktionalen Greifersystem werden unterschiedliche Greifer mit Hilfe eines Werkzeugrevolvers in der Fügeposition ausgetauscht. Die Wechselzeiten sind erheblich geringer als bei flexiblen Greifern. Der Verkabelungsaufwand nimmt hier enorm zu. Eine Greifersteuerung übernimmt die Koordination des Revolverkopfs und der Werkzeuge.

Ergänzt man das dezentrale Steuerungskonzept, wie es bei den Gelenkmodulen der Robotersteuerung verwendet wird, um ein Greifermodul mit eigenem Komponentenrechner mit Kommunikationsschnittstelle und Energieversorgung, vereinfacht sich die Ankopplung unterschiedlicher Greifersysteme.

Beim Fügen von Teilen treten häufig Schraubverbindungen auf. Um diesen Vorgang zu automatisieren, werden Schraubwerkzeuge eingesetzt, die es erlauben, Schraubzyklen mit unterschiedlichem Drehwinkel-, Drehzahl- und Drehmomentenverlauf programmgesteuert durchzuführen. Im Einsatz werden diese Zyklen durch die Robotersteuerung angesprochen und von der Schraubsteuerung überwacht. Fehlermeldungen werden z.B. ausgegeben, wenn das maximale Anzugsmoment nicht erreicht wird.

Die Schraubsteuerung ist im Aufbau und in der Funktion mit der Regelung der Gelenkantriebe vergleichbar. Integriert man die Schraubsteuerung wie bei den Gelenkmodulen in das Schraubwerkzeug, so ist ein Datenaustausch mit der Steuerung über das roboterinterne Bussystem und die Energieversorgung über die Zwischenkreisspannung der Gelenkantriebe möglich. Die Parametrierung der Schraubzyklen erfolgt über die Robotersteuerung. Bei der Programmausführung werden die einzelnen Zyklen nur noch aufgerufen. Das Schraubmodul läßt sich problemlos in ein dezentrales Steuerungskonzept einbinden.

Fügemechanismen werden bei der Montage mit Robotern zum Ausgleich von Positionsabweichungen der zu fügenden Teile eingesetzt. Die Nachgiebigkeit der Fügehilfe erlaubt eine Korrekturbewegung des Greifers und verringert damit die auftretenden Fügekräfte. Passive Fügehilfen besitzen eine definierte Nachgiebigkeit, die entsprechend der auftretenden Lasten und Abweichungen gewählt werden muß. Sie können deshalb nicht an unterschiedliche Aufgaben angepaßt werden. Aktive Fügemechanismen besitzen Sensoren zum Erfassen von Kräften, Momenten oder Verformungen sowie Stellglieder mit denen die Rückstellkraft und damit die Nachgiebigkeit beeinflußbar ist. Durch die einstellbare Nachgiebigkeit und mögliche Ausgleichsbewegungen sind diese Fügemechanismen an verschiedene Aufgaben anpaßbar. Die eingesetzte Sensorik und Aktorik ist allerdings auch mit einer aufwendigen Verkabelung verbunden. Die Nachgiebigkeitskennlinie wird durch eine separate Steuerung realisiert. Die erforderliche Ausgleichsbewegung des Roboters wird aus den Sensorwerten bestimmt. Für diese Aufgabe ist eine dezentrale Datenverarbeitung und -erfassung besonders geeignet, so daß das Prinzip der dezentralen Steuerung für Gelenkmodule ebenfalls anwendbar ist.

Sensorik im Effektor

Zum Prüfen von Teilen und zur Überwachung des Montageprozesses werden
Sensoren eingesetzt, die die Erfassung unterschiedlicher Eigenschaften zulassen
und auf verschiedenen physikalischen Wirkprinzipien aufbauen. Bei Montageaufgaben ist häufig die Geometrie der zu fügenden Teile zu prüfen, um z.B. die
tatsächliche Lage einer Bohrung festzustellen. Einfache Sensoren kontrollieren
das Vorhandensein von Teilen. Hierzu können Sensoren zur Abstandsmessung
verwendet werden. Sie liefern entweder ein abstandsproportionales oder ein bi-
näres Ausgangssignal, wenn das Teil vorhanden und im Meßbereich des Sensors
liegt. Zur Messung können optische, induktive oder kapazitve Sensoren verwendet werden.

Bei größeren Abständen kommen nur noch optische Meßsysteme in Frage, die
bezüglich Meßgenauigkeit und Meßbereich an unterschiedliche Aufgabenstellungen angepaßt werden können.

Als optische Meßprinzipien werden die Triangulation-, Phasenlaufzeit- und
Helligkeitsmessung zur Abstandsmessung eingesetzt, [1.9]. Zusammen mit einer
Scaneinrichtung kann der Meßstrahl in der Ebene positioniert und der Abstand
von verschiedenen Meßorten bestimmt werden. Die Antriebe des Scanners sind
hierzu lagegeregelt. Jeder Meßwert besteht aus 3 Positionskoordinaten. Durch die
Scanbewegung ist es außerdem möglich, die Oberfläche eines Werkstücks
abzutasten.

Die erfaßten Meßpunkte werden zur Bestimmung von Merkmalen der Oberflä-
chenkontur herangezogen. Die Meßdatenaufbereitung liefert dann detaillierte
Angaben über die Lage z.B. einer Aussparung, einer Kante oder das Zentrum
einer Bohrung. Diese Auswertung erfolgt rechnergestützt. Für den Montageablauf sind nur die Ergebnisse von Bedeutung.

Analysiert man die Schnittstellen der Sensoren, so sind bei abstandsmessenden
Sensoren -unabhängig vom Meßprinzip- analoge Schnittstellen vorhanden.
Durch eine analog-digital Wandlung wird das Signal in die Steuerung eingelesen
und steht zur Weiterverarbeitung bereit. Wird bei optischen Meßsystemen eine
Scaneinheit verwendet, sind die Antriebe des Scanners anzusteuern und die
Istposition zeitgleich mit dem Meßabstand zu erfassen. Die Anzahl der Meßwerte
nimmt dabei mit steigender Auflösung zu. Wird der Sensor an das Busssystem
der Gelenkantriebe angeschlossen, ist eine hohe Übertragungsrate erforderlich,
um in Echtzeit die Daten auf der Steuerung auszuwerten. Es ist deshalb
notwendig, die Datenaufbereitung und Sensoransteuerung dezentral im Effektor
durchzuführen, so daß eine niedrige Übertragungsrate erforderlich ist. Eine Sen-
sordatenvorverarbeitung erlaubt eine Reduktion der anfallenden Meßdaten auf
einzelne Merkmale oder Meßpunkte. Um die Aufbereitung der Daten in Echtzeit
durchzuführen, ist eine ausreichende Rechenleistung des Sensorrechners
notwendig. Ist dies gewährleistet, können auch aufwendige Sensorsysteme in das
dezentrale Steuerungssystem integriert werden.

Die Untersuchungen zeigen, daß das dezentrale Steuerungskonzept für Gelenkantriebe auch für die Anbindung unterschiedlicher Effektorensysteme an die Steuerung geeignet ist. Für Montageaufgaben sind dies

- *Werkzeuge*, wie einfache und multifunktionale Greifer, Schrauber, Rüttler usw.,
- *Sensoren* zur Abstandsmessung mit optischem, induktivem oder kapazitivem Meßprinzip,
- *sensorisierte aktive Fügehilfen*, zum Ausgleich von Fügetoleranzen.

1.1.12 Wirtschaftlichkeit von modularen Robotersystemen

Modulare Robotersysteme sind nur dann sinnvoll einsetzbar, wenn sie die Funktions- und Leistungsfähigkeit von auf dem Markt erhältlichen Standardrobotersystemen aufweisen und eine wirtschaftliche Alternative hierzu darstellen. Der Anwender wird ein Standardrobotersystem nach den technischen Daten der

- Robotermechanik (z.B. Traglast, Arbeitsraum, Geschwindigkeit, Genauigkeit, Steifgkeit)
- Robotersteuerung (Programmiersystem, Interpolationsarten, Sensor-Aktorschnittstellen)

und nach den anfallenden Kosten für

- Inbetriebnahme,
- Wartung,
- Dienstleistungangebot (Schulung) und
- der zu erwartenden Kosten im Betrieb

beurteilen. Bei einem modularen Robotersystem sind weitere Faktoren zu bewerten. Der Anwender muß in der Lage sein, aus den Komponenten für die Robotermechanik die geeignetste Konfiguration entsprechend o.g. Anforderungen auszuwählen. Hierzu ist eine Unterstützung durch Auslegungs- und Optimierungsprogramme notwendig und es sind, falls erforderlich, Schulungsprogramme vorzusehen. Des weiteren muß der Anwender die Möglichkeit haben, die erforderliche Steuerungssoftware und -hardware für das Gerät zu konfigurieren, d.h.

- Anpassung an die Art der Kinematik,
- Anzahl und Art der Achsen,
- Schnittstellen zu den Antrieben und
- Wahl von Schnittstellen zur Peripherie

selbst festzulegen. Dies kann vom Anwender nur durchgeführt werden, wenn die Schnittstellen der Mechanik, der Antriebs- und Steuerungstechnik standardisiert und offen sind, andernfalls wird jedes modulare Gerät zu einer Sonderkonstruktion. Dies soll aber gerade durch ein Baukastensystem vermieden werden. Ziel muß es sein, vom Hersteller in Funktion und Belastbarkeit geprüfte Komponenten zu erhalten. Da die Module in Serienfertigung hergestellt werden, ergibt sich ein Kostenvorteil gegenüber einer Sonderkonstruktion. Die Inbetriebnahmezeit des Gesamtgerätes wird aufgrund der Kenntnis der einzelnen Module verkürzt. Module können wegen ihrer standardisierten Schnittstellen bei Störfällen leicht ausgetauscht werden (Erhöhung der Verfügbarkeit) und können nach Ende der Nutzungszeit für andere Aufgaben weiter verwendet werden. Betrachtet man den Ablauf einer Investition [1.10], so können drei Phasen unterschieden werden:

- Beschaffungsphase,
- Amortisationsphase und
- Gewinnphase.

Die anfallenden Kosten für die alternativen Sonder-, Standard- und modulare Roboter sind in Abb. 1.13 schematisch dargestellt.

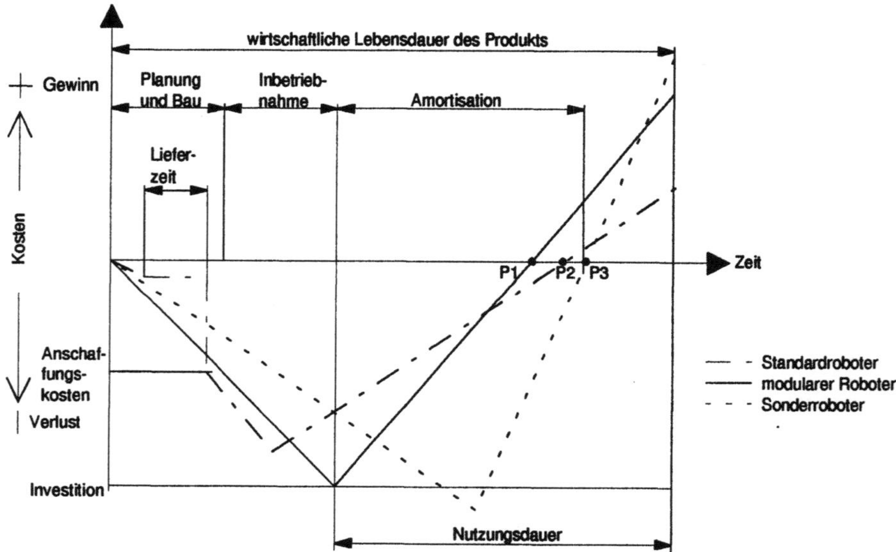

Abb.1.13. Ablauf einer Investition für unterschiedliche Robotersysteme

Betrachtet man die Kosten für modulare und Standardroboter, so zeigt sich, daß die Gewinnschwelle (P1, P2, P3) um so früher erreicht wird, je geringer die Investitionskosten und je höher die Produktivität des Gerätes ist. Bei zunehmender Produktlebensdauer bzw. höheren Stückzahlen wird die Sondermaschine durch ihre größere Produktivität wirtschaftlicher. Der Verlauf der Kostenkurve muß in Abhängigkeit vom Einsatzfall der Geräte ermittelt werden, d.h. prinzipiell ist ein modulares Gerät nicht rentabler als ein Standard- oder Sondergerät.

1.1.13 Beispielhafte Realisierung eines Roboters für die Montage von Schneckengetrieben

Im Rahmen der Forschungsaktivitäten wurde exemplarisch ein modular aufgebauter Roboter für die Montage von Schneckengetrieben dimensioniert. Als Anforderungsprofil ergeben sich dafür die in Tabelle 1.1 aufgeführten Daten:

Tabelle 1.1. Anforderungsprofil

Kriterien	*Daten*
Werkstück- und Greifergewicht	max. 21 kg
Wiederholgenauigkeit	0.1 mm
Geschwindigkeit	möglichst hoch
Taktzeit	gering
Steifigkeit	beliebig, bzw. über Fügehilfe anpaßbar
Sensorik	Kraftsensor, optische Sensoren
Steuerung	Interpolation: Bahn- und Achskoordinaten
Hilfsenergie für Effektor	elektrisch, pneumatisch

Eine Analyse des Montageablaufs zeigt, daß ausschließlich lineare Fügebewegungen in vertikaler Richtung notwendig sind, wenn das Getriebegehäuse in einer Montagevorrichtung gedreht wird. Diese Einschränkungen erlauben es, einen Industrieroboter mit weniger als 6 Achsen zu verwenden. Um ein Bauteil in der Ebene zu positionieren und zu orientieren sind 4 Freiheitsgrade ausreichend. Da die Fügebewegungen in vertikaler Richtung erfolgen sind Kinematiken mit einer Linearachse in Z-Richtung zu bevorzugen. Geht man von den in 1.1.6 angegebenen Grundstrukturen aus, ergeben sich 13 Kinematiken, die als erste, zweite oder dritte Achse eine Linearachse besitzen. Untersucht man diese Kinematiken hinsichtlich den zu bewegenden Achsen, der Größe des Aufstellraums und der Belastung der Achsen durch das Eigengewicht, stellt sich die Kinematik CCZ als geeignet dar. Als Handachse wird eine Drehachse (C) eingesetzt. Diese Kinematik wird auch als SCARA-Kinematik bezeichnet. Um diese Struktur mit Baukastenelementen zu realisieren sind 3 Module notwendig:

- Schwenkmodule,
- Linear/ Drehmodul.

Nach der Auswahl der Baukastenelemente sind die Achsabstände und die erforderlichen Antriebsmomente festzulegen. Die Achsabstände richten sich nach der Größe des erforderlichen Arbeitsraumes. Im Arbeitsraum des Roboters müssen dabei folgende Bereiche enthalten sein:

– die Palette auf der Montageanlage,
– das Magazin für die Werkzeuge und
– der Arbeitsbereich vor der Schwenkeinheit.

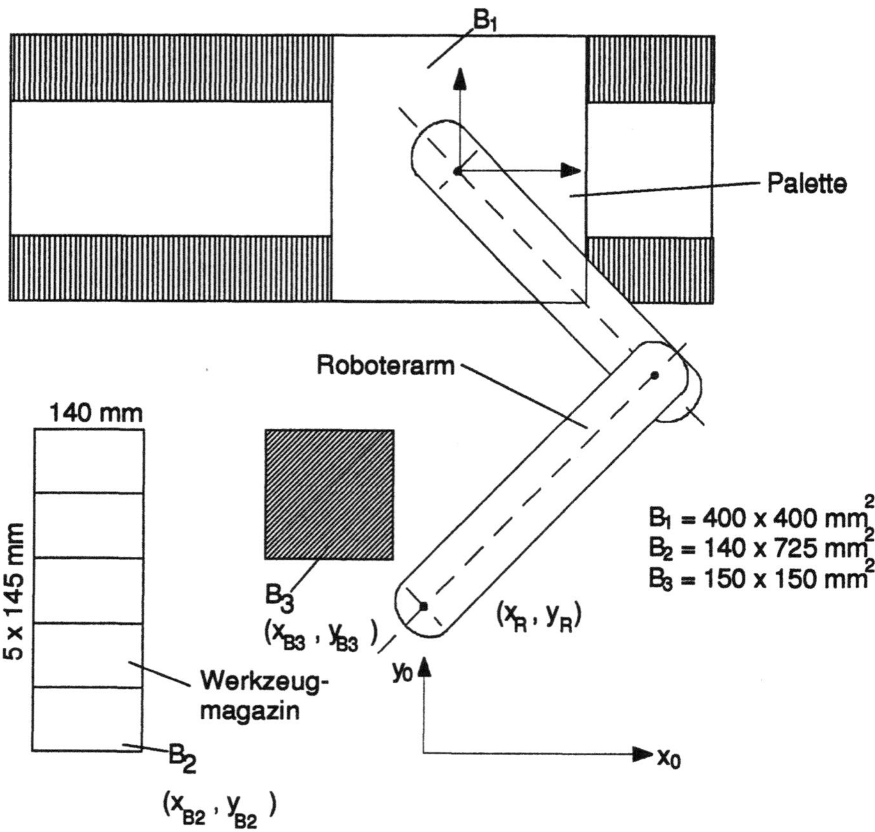

Abb.1.14. Arbeitsbereich des Montageroboters

Die Lage der Arbeitsbereiche ist so zu wählen, daß der Roboter bei minimalen Armlängen und Schwenkwinkeln alle Arbeitspunkte erreicht. Es ist darauf zu achten, daß kein Arbeitspunkt in der Nähe der Strecklage des Roboters liegt. Wie man aus Abb. 1.14 erkennt, werden die Armlängen auch durch die Wahl des Aufstellungsorts beeinflußt. Durch die gestellten Anforderungen ergeben sich Armlängen zu 510 und 400 mm. Die Schwenkwinkel betragen ±110 Grad.

Diese kinematischen Abmessungen und die erforderliche Traglast können von am Markt erhältlichen Robotersystemen nur teilweise erzielt werden. Roboter, die die kinematischen Anforderungen erfüllen, weisen kleinere Traglasten auf. Geräte mit ausreichender Traglast haben größere Achslängen und besitzen einen für die Aufgabe zu großen Arbeitsraum, was sich letztendlich in höheren Gerätekosten niederschlägt.

Die Dimensionierung der Mechanik erfolgt hinsichtlich der mechanischen Eigenfrequenzen, die sich aus der Massenverteilung und den Getriebesteifigkeiten ergeben. Die Antriebsmomente bestimmen sich aus den statischen und dynamischen Belastungen. Aufgrund der Bauweise werden die Schwenk- und Drehachsen nur dynamisch belastet. Die Kenndaten können wie folgt zusammengefaßt werden:

Tabelle 1.2. Kennwerte des modularen Roboters

Kriterium	*Daten*
Reichweite	910 mm
Hub	250 mm
Traglast	300 N
Achsgeschwindigkeiten	180 °/s, 150 °/s, 420 mm/s, 2250 °/s
kleinste mech. Eigenfrequenz	18 Hz

Die Gelenkmodule und das Greifermodul sind mit einer dezentralen Steuerung nach 1.1.11 ausgeführt. Die Gelenkregelung wird durch einen Signalprozessor mit Fließkommaarithmetik ausgeführt. Für ein Gelenkmodul mit zwei Antrieben ist eine digitale Strom-, Drehzahl- und Lageregelung möglich. Die Abtastzeiten betragen 50 μs im Strom- und 500 μs im Drehzahl- und Lageregelkreis. Das Einlesen der analogen Stromistwerte, der digitalen Meßsysteme sowie der Referenz- und Endschalter erfolgt über separate Ein-/ Ausgabekarten. Die Kommunikation mit der übergeordneten Robotersteuerung übernimmt ein weiterer Mikrocontroller mit serieller Schnittstelle. Die Übertragungsrate beträgt 2 MBaud. Das Kommunikationsprotokoll wurde in Anlehnung an die SERCOS-Spezifikation realisiert und um roboterspezifische Funktionen erweitert. Die Übertragung zwischen den Gelenkeinheiten und der Steuerung erfolgt über Lichtwellenleiter. Die Zykluszeit beträgt 5 ms. Zwischen Steuerung und Gelenkregelung werden zyklisch Lagesoll- und -istwerte ausgetauscht. Die Sollwerte werden im Raster des Lageregelkreises feininterpoliert.

Die Software der Robotersteuerung wurde auf einer Rechnerkarte mit echtzeitfähigem Multitasking Betriebssystem implementiert. Die Strukturierung der Tasks erfolgt entsprechend Abb. 1.11. Die im Interpolator zyklisch erzeugten Lagesollwerte werden über eine Kommunikationskarte an die Antriebe übertragen. Die Datenübertragung vom und zum Greifermodul erfolgt zyklisch und bedarfsgesteuert, abhängig von der Art der Daten. Die Programmierung des Roboters erfolgt über die genormte Programmiersprache IRL.

Die realisierten Gelenkmodule und das Greifermodul, die für den beschriebenen Roboter in SCARA- Bauweise benötigt werden, sind in Abb. 1.15

als Einzelkomponenten dargestellt. Die einzelnen Module werden über Klemmringe miteinander verbunden. Die Schnittstellen für die Informations- und Energieübertragung sind in den Moduladaptern integriert, Abb. 1.16a. Ein Vergleich (Abb. 1.16b) zeigt, daß sich durch die dezentrale Steuerungsstruktur die Schnittstellen vereinfachen lassen und die bei einer konventionellen Verkabelung auftretenden aufwendigen Steckverbindungen vermieden werden. Der aus den Einzelkomponenten zusammengesetzte Roboter ist in Abb. 1.17 dargestellt.

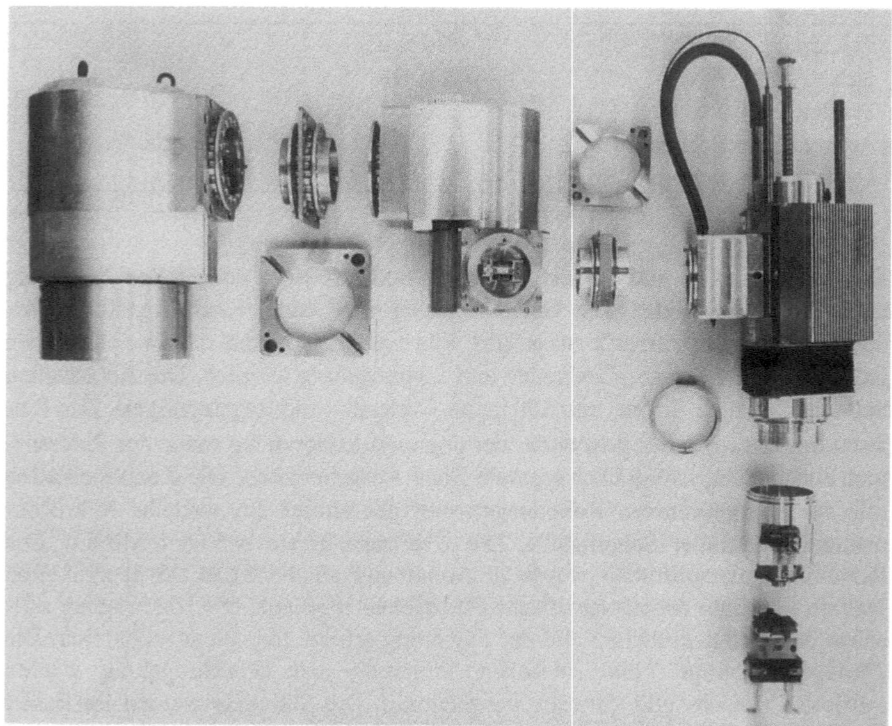

Abb.1.15. Komponenten des Roboters

a zentral   **b** dezentral

Abb.1.16. Elektromechanische Schnittstellen von Gelenkantrieben

Abb.1.17. Modular aufgebauter Industrieroboter

1.1.14 Zusammenfassung und Einordnung der Ergebnisse

Die Entwicklung und Konstruktion von Industrierobotern hatte zunächst das Ziel, eine freiprogrammierbare Maschine mit sechs Freiheitsgraden zu schaffen. Es entstanden Roboter mit festgelegten Eigenschaften wie Traglast, Arbeitsraum und Steifigkeit, die jeweils nur für bestimmte Aufgaben optimal einsetzbar waren. Um unterschiedlichen Aufgabenstellungen in einer flexiblen Produktion durch eine kostengünstige Produktionstechnik gerecht zu werden, sind flexible, an die Aufgabenstellung anpaßbare Robotersysteme erforderlich. Dies setzt bei Industrierobotern zunächst eine konfigurierbare Robotermechanik voraus und im weiteren eine der Gerätetechnik angepaßte Steuerungstechnik. Die hier vorgestellte Konzeption eines modularen Industrieroboters geht davon aus, daß alle bewegungserzeugenden Komponenten in einer Einheit integriert und diese über passive Achsverbindungselemente verbunden werden. Die Antriebskomponenten erlauben rotatorische und translatorische Freiheitsgrade. Mit den Achsverbindungselementen können unterschiedliche Achsabstände und -winkel bei gleichzeitiger Berücksichtigung der Steifigkeit realisiert werden. Unterschiedliche Baugrößen der Module erlauben unterschiedliche Kenngrößen. Die Schnittstelle zwischen den Modulen muß einheitlich gestaltet sein, um Probleme mit der Verkabelung zu vermeiden. Es ist sinnvoll ein dezentrales Steuerungskonzept einzusetzen, bei dem die Antriebsmodule die Gelenkregelung und die Antriebsverstärker enthalten. Durch ein roboterinternes Bussystem für die Energie- und Informationsübertragung ergibt sich eine Lösung, die den Anforderungen einer modularen Gerätetechnik gerecht wird. Eine konfigurierbare Mechanik und Antriebstechnik erfordert eine Steuerung, die an unterschiedliche kinematische Strukturen anpaßbar ist. Die Strukturierung der Software in Funktionsmodule, die aufgabenspezifisch geändert bzw. ergänzt werden können, ist eine Grundvoraussetzung hierzu.

Die Entwicklungen in den Bereichen Industrieroboter, Antriebstechnik und numerische Steuerungen bestätigen den eingeschlagenen Weg. Die Antriebe (Getriebe und Elektromotor) von Industrierobotern sind zunehmend in einzelnen Gelenkeinheiten untergebracht. Die Antriebsverstärker werden kompakt und modular aufgebaut und versorgen sich aus einer gemeinsamen Zwischenkreisspannung. Die konventionelle analoge Drehzahlschnittstelle wird durch verschiedene Feldbusse ersetzt. Feldbusse werden außerdem zur Vernetzung von Automatisierungskomponenten, die im Bereich der Roboterzelle verwendet werden, eingesetzt. Offene numerische Steuerungssysteme werden auch von Werkzeugmaschinenherstellern gefordert, um die Besonderheiten von unterschiedlichen Maschinentypen oder Kundenwünschen zu berücksichtigen. Das spezielle Wissen soll dabei in der Firma bleiben. Diese Tendenzen zeigen, daß zukünftig das Konzept eines modularen Roboterssystems realisierbar ist.

1.2 Integrierte Antriebssysteme für die Montagetechnik

1.2.1 Aufgabenstellung und Anforderungen

Elektrische Antriebe in Robotern und Montagesystemen werden als Stellantriebe eingesetzt, um das Verfahren von Roboterachsen durchzuführen. Dabei sind die Roboterachsen auf bestimmten Bahnkurven in möglichst kurzen Zeiten zu bewegen und mit einer hohen Genauigkeit in ihre Endlage zu positionieren. Die Achsantriebe der Roboter werden heute fast ausschließlich von *Elektromotoren* angetrieben, außerdem auch viele Roboterwerkzeuge und abgestimmte Einheiten in der Peripherie. Im wesentlichen sind drei Gründe für diese Wahl zu nennen:

- Elektrische Energie ist praktisch überall und jederzeit verfügbar, umweltfreundlich sowie problemlos und nahezu trägheitslos zuführ- und dosierbar.
- Dieselbe elektrische Energieform wird zur Informationserfassung und -verarbeitung, d.h. zum Messen und Regeln der Elektroantriebe verwendet. Daher bestehen hierfür praktisch keine Schnittstellenprobleme.
- Die Erzeugung, Zuführung, Dosierung und Umwandlung elektrischer in mechanische Energie und umgekehrt erfolgt verlustarm, d.h. mit vergleichsweise hohem Wirkungsgrad und dementsprechend geringer Verlustwärme.

Diesen ausschlaggebenden Vorzügen steht der Nachteil gegenüber, daß elektrische Energiewandler eine relativ geringe Energiedichte mit dementsprechend größerem Masse- und Volumenbedarf besitzen als beispielsweise pneumatische Aktoren. Hochtourige Elektromotoren sind jedoch kleiner und leichter und lassen sich mit mechanischen Wandlern kombinieren, so daß hier eine Optimierung des Gewichtes des Gesamtantriebs möglich ist.[1.11]

Zum Einsatz elektrischer Maschinen in Systemen für die flexible Montage werden weitreichende Forderungen gestellt:

- sehr hohe Zuverlässigkeit und Verfügbarkeit, d.h. Wartungsfreiheit
- kleine und leichte, aber dabei vorübergehend hoch überlastbare Elektroantriebe
- gute Anpaßbarkeit sowohl in den Abmessungen als auch in der Größe des Drehzahl- und Momentenstellbereiches
- hohe Dynamik, d.h. möglichst geringe elektrische und mechanische Zeitkonstanten, möglichst geringe Massenträgheitsmomente
- möglichst geringe Verlustwärme, d.h. kleinstmögliche Verluste, entsprechend sehr hohe Wirkungsgrade
- hohe Positioniergenauigkeit, d.h. möglichst geringe Momentenwelligkeit insbesondere bei niedrigsten Drehzahlen.

Elektrische Maschinen lassen sich vom Prinzip her sehr gut den vielfältigen Anforderungen anpassen. Anhand dieses Anforderungskatalogs können schon einige grundlegende Entscheidungen getroffen werden. Andererseits enthält er auch Forderungen, die konträren Charakter haben. Zum Beispiel widersprechen sich die Forderungen nach hohem Wirkungsgrad und nach sehr guter Materialausnutzung.

Hier sind zum Teil sehr komplexe Überlegungen notwendig, um für einen speziellen Einsatzfall den optimalen Motor zu entwerfen.[1.12] Wie unterschiedlich die Anforderungen an Elektromotoren beim Einsatz in der flexiblen Montage sein können, zeigen die später behandelten Beispiele.

Der Bereich für das Bemessungsdrehmoment reicht von 0,2 bis 40 Nm bei Drehzahlen zwischen 30 und 10.000 min^{-1}. Damit ergibt sich ein relevanter Leistungsbereich zwischen 0,1 und 10 kW.

1.2.2 Vergleich und Bewertung unterschiedlicher bürstenloser Antriebskonzepte

Die Forderung nach sehr hoher Zuverlässigkeit und Verfügbarkeit schließt von vornherein bürstenbehaftete Motoren aus. Gleichstrommotoren finden zwar als Achsantrieb für Roboteraufbauten Verwendung, jedoch wirken sich die zyklischen Wartungsarbeiten aufgrund der bürstenbehafteten Kommutierungseinrichtung nachteilig aus; genauso die Tatsachen, daß sehr geringe Drehzahlen und die Abgabe eines Drehmoments bei Stillstand sehr problematisch sind. Der Wartungsaufwand widerspricht auch direkt der Forderung nach hoher baulicher Integrierbarkeit der Motoren, da beträchtliche Montagezeiten anfallen können.

Bei den *bürstenlosen* Motoren lassen sich zunächst zwei Hauptgruppen unterscheiden: Maschinen mit *aktivem* und *passivem* Läufer. Aktive Läufer besitzen entweder Felderregerelemente oder Elemente des Hauptstromkreises, während passiven Läufern beide Merkmale fehlen. Bei den Maschinen mit aktivem Läufer unterscheidet man zwei Haupttypen.

Asynchronmaschinen. Diese besitzen schlupfbedingte Läuferverluste und damit prinzipbedingt eine höhere Ständerstromaufnahme. Die Magnetisierungsleistung muß voll aus dem speisenden Drehstromnetz gedeckt werden. Dieser Nachteil kann durch extrem kleine Luftspalte und Streureaktanzen bei Stromrichterspeisung etwas gemildert, nicht aber vermieden werden.

Synchronmaschinen. Sie sind mit dauermagneterregtem Läufer und damit bürstenlos ausgeführt. Die Bauform entspricht zusammen mit einem Drehstromständer einer Synchronmaschine, jedoch erfolgt die Bestromung der Maschine vom ständerspeisenden Umrichter in Abhängigkeit von der Läuferstellung. Der Durchflutungswinkel kann sich nicht belastungsabhängig einstellen, was das charakteristische Merkmal der Synchronmaschine ist. Daher soll die Maschine besser als elektronisch kommutierte Maschine oder EC-Motor bezeichnet werden. Das Betriebsverhalten entspricht praktisch dem einer Gleichstrom-Nebenschlußmaschine.

Reluktanzmotoren. Durch ihren unerregten Läufer haben sie eine prinzipiell geringere Ausnutzung als Asynchron- bzw. Synchronmaschinen, da bei ihnen nur die halbe Amplitude der Induktion bis zum Sättigungswert nutzbar ist, und der höhere

Magnetisierungsbedarf infolge der Pollücken nur durch höhere Ständerströme mit Speisung aus entsprechend größeren Umrichtern gedeckt werden kann.

Homopolarmotoren. Sie decken ihren Erregerbedarf durch ein zusätzliches Gleichfeldsystem im Ständer. Sie haben jedoch ebenfalls nur die halbe Amplitude der Induktion bis zum Sättigungswert verfügbar. Auch diese Maschinen weisen prinzipiell geringere Materialausnutzungen gegenüber Asynchron- und Synchronmotoren auf.

Homopolar- und Reluktanzmotoren sind Maschinen mit passivem Läufer. Sie sind somit aufgrund ihrer geringen Ausnutzung nicht geeignet für hochwertige Roboterantriebe, da sie bei gleicher Drehzahl und gleicher Leistung größer und schwerer werden als Maschinen mit aktivem Läufer und der sehr wichtigen Hauptforderung nach geringem Gewicht widersprechen. Asynchronmotoren sind trotz ihrer relativ niedrigen Motorkosten ebenfalls nur wenig verbreitet unter den Roboterachsantrieben. Im wesentlichen beruht das auf der erforderlichen, aufwendigen Regelung und dem im Vergleich zum permanentmagnetisch erregten Motor erhöhten Umrichteraufwand. Des weiteren ergeben sich Probleme bei höheren Stillstandsdrehmomenten aufgrund der unvermeidbaren Schlupfverluste im Rotor. Hieraus resultieren beträchtliche thermische und auch regelungstechnische Probleme. Bei den untersuchten Baugrößen im Leistungsbereich von 0,1 bis 10 kW bedingen die Schlupfverluste im Läufer eine im Vergleich zum EC-Motor geringere Ausnutzung für die Asynchronmaschine.[1.13]

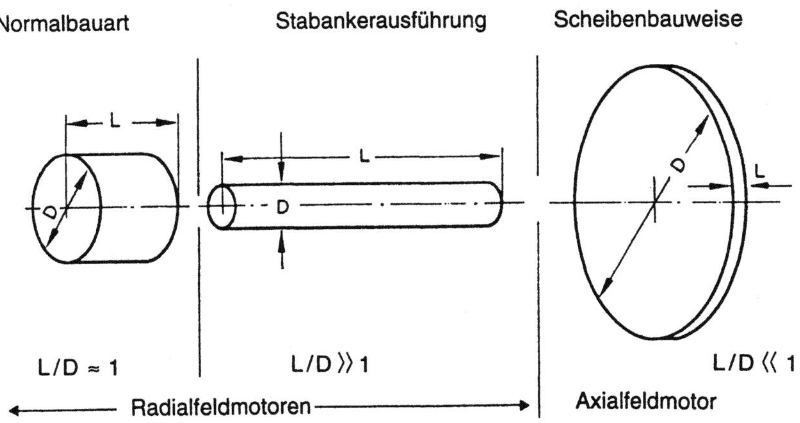

Abb.1.18. Bauformen, Radial-, Axialfeldmotor

Als Hauptvorteil der EC-Maschine stellt sich damit die läuferseitige verlustlose Erregung heraus. Auch regelungstechnisch und vor allem im Umrichteraufwand bietet diese Variante entscheidende Vorteile. Deshalb konzentrieren sich die folgenden ausgeführten Beispiele auf diesen Motortyp. Der permanenterregte elektronisch kommutierte Motor (PMEC-Motor) ist auch nicht zuletzt deshalb ein sehr gut geeigneter Motor für die flexible Montage, da er in sehr unterschiedlichen Bauformen einsetzbar ist. Abbildung 1.18 zeigt diese Bauformen. Die Ausrichtung des Erregerfeldes ergibt ein wichtiges Ordnungskriterium: Bei einer Flußrichtung senkrecht zur Maschinenwelle spricht man von einem *Radialfeldmotor,* während man Maschinen mit einem Feld in Richtung der Welle als *Axialfeldmotoren* bezeichnet. Außerdem lassen sich auch zwei prinzipiell unterschiedliche Bauarten des Stators unterscheiden: Er kann wahlweise nutenlos oder genutet ausgeführt werden. Die nutenlose Variante, die im Schnittbild 1.19 mit der genuteten verglichen wird, ist für hochtourige Anwendungen besonders geeignet.

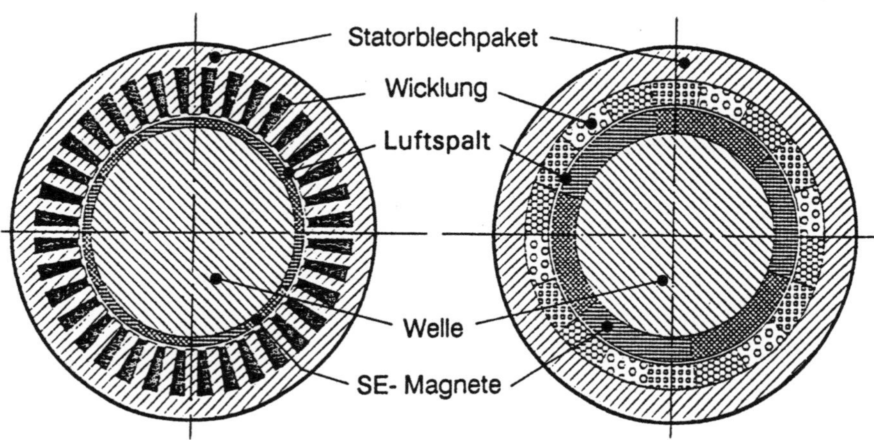

Abb.1.19. Nutenlose und genutete Statorbauform

Durch den Fortfall jeglicher Nutung in Ständer und Läufer fällt auch die nutungsbedingte magnetische Leitfähigkeitsschwankung weg. Folglich treten auch keine Induktionsschwankungen auf, die einerseits in den elektrisch recht gut leitenden Seltenerd-Magnetmaterialien bei hohen Drehzahlen erhebliche Wirbelstromverluste hervorrufen können. Andererseits werden zugleich die nutungsbedingten Energie- und daraus resultierenden Momentenpulsationen vermieden. Allerdings erhöht sich die magnetisch wirksame Luftspalthöhe bei dieser Variante um den Anteil, in dem die Wicklung untergebracht ist. Man spricht daher von einer *Luftspaltwicklung.* Die damit einhergehende Minderung der Ausnutzung der Maschine muß durch eine Erhöhung des Magnetmaterialvolumens kompensiert werden. Andererseits steht das freigewordene Volumen der Ständerzähne für die Ständerwicklung zur Verfügung, was sich ausnutzungssteigernd auswirkt.

Damit existieren zahlreiche mögliche Varianten. Je nach speziellen Anforderungen muß die geeignetste ausgesucht und speziell weiterentwickelt werden. Das zeigt sich anhand konkreter Beispiele im folgenden Abschnitt.

1.2.3 Auswahlkriterien und typische Beispiele aus der flexiblen Montage

Komponenten des Roboter-Stellantrieb-Systems

Die elektrischen Komponenten für ein Roboterstellantrieb-System bestehen aus Führungs-, Regelungs-, Leistungs- und Motor-Einheit. Abbildung 1.20 zeigt die Struktur des Grundaufbaus. Der dreisträngige PMEC-Motor ist die Basis für unterschiedliche Antriebslösungen in der flexiblen Montage.

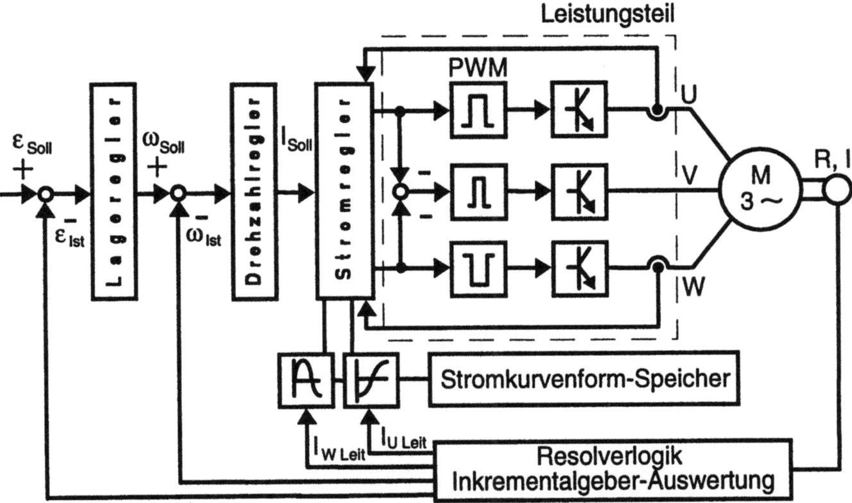

Abb.1.20. Grundstruktur der elektrischen Antriebseinheit

Bei allen betrachteten Beispielen ist die Reglerstruktur und der Umrichter als Leistungsverstärker prinzipiell gleich ausgeführt. Es handelt sich um einen kaskadenförmigen Regleraufbau. Der innere Regelkreis ist der Stromregler, dem der Drehzahlregler überlagert ist. Die äußerste Regelschleife bildet der Lageregler. Als Leistungverstärker kommen ausschließlich Pulswechsel-Umrichter in Transistortechnologie mit Spannungszwischenkreis zum Einsatz. Über eine Pulsweitenmodulation gesteuert, stehen am Ausgang variable Spannung und Frequenz zur Verfügung. Das Umrichtersystem zeichnet sich dadurch aus, beliebige Stromkurvenformen ausgeben zu können. Unterschiede bei den einzelnen Beispielen gibt es bezüglich der Ausführung der Regler (analog oder digital) und des Führungssystems. Häufig kommen dabei Microcontroller oder sogar Signalprozessoren zum Einsatz. Außerdem verfügt das System über unterschiedliche Sensoren. Mindestens erforderlich für die Regelung ist die Rückführung der Läuferlage. Für analoge Drehzahlregelungen wird auch ein Drehzahlistwert benötigt. Zusätzlich muß auch der Umrichter die Information der Läuferlage erhalten. Davon abhängig wird dann die Bestromung der Maschinenstränge gesteuert. Auf die jeweiligen Besonderheiten wird im entsprechenden Unterabschnitt zu einem ausgeführten Antrieb eingegangen.

Die folgenden Abschnitte enthalten eine kurze Darstellung der Pflichtenhefte für die einzelnen Anwendungen und daraus resultierende Lösungsansätze bezüglich der oben aufgezeigten Einheiten. Grundsätzlich werden die wichtigsten Bemessungsgrößen angegeben. Als Ordnungskriterium für die Beispiele soll die Bauform des Motors dienen.

Nutenloser Radialfeldmotor

Diese Motorvariante kommt als Hubachsenantrieb in einem SCARA-Roboter und als Schraubspindelantrieb in einem Roboterwerkzeug zum Einsatz. Sie wurde aufgrund des hohen Drehzahlniveaus gewählt, um die hohen Eisenverluste im Ständer und im Läufer (Magnetmaterial) zu verringern. Durch den nutenlosen Ständer werden permanentmagnetische Rastmomente bei beliebiger Läufergeometrie, Magnetisierungsart und Polpaarzahl vermieden. Aufgabe des elektronischen Führungssystems ist es, die zeitlichen Stromverläufe so zu steuern, daß das elektromagnetisch ausgeübte Drehmoment - resultierend aus allen m Strängen - zeitlich absolut konstant ist. Dieses Drehmoment ist der Summe aller Produkte aus induzierter Strangspannung und den zugehörigen Strangströmen proportional und muß gemäß Forderung zeitlich konstant sein. Die Idee des hier verwendeten Führungsverfahrens ist, die tatsächlichen induzierten Spannungen zu messen, und mit Hilfe eines *Microcontrollers* die zugehörigen Strangströme zu berechnen, so daß die Forderung erfüllt wird. Bei den hier verwendeten dreisträngigen Maschinen wird gefordert, daß die Summe aller Augenblickswerte der Strangströme gleich Null ist und Symmetrie herrschen muß. Damit der Motor für die geforderte Leistung auf ein Minimum an Volumen und Masse reduziert werden kann, müssen seine Ständerwicklungsverluste ein Minimum erreichen. Tabelle 1.3 gibt die Bemessungssowie Maximalwerte für zwei realisierte Motoren an.[1.14]

Tabelle 1.3. Wichtigste Daten der nutenlosen Radialfeldmotoren

Hubachsen-Motor:

-	Nennmoment, max.	24 Ncm, 87 Ncm
-	Nenndrehzahl, max.	10.500 1/min, 15.000 1/min
-	Magnetmaterial	$SmCo_5$
-	Massenträgheitsmoment	$40,0 \cdot 10^{-6}\ kgm^2$
-	Drehbeschleunigung	$22.000\ 1/s^2$
-	Polpaarzahl	$p = 2$

Schraubspindel-Motor:

-	Nennmoment, max.	54 Ncm, 190 Ncm
-	Nenndrehzahl, max.	6.000 1/min, 10.000 1/min
-	Magnetmaterial	Sm_2Co_{17}
-	Massenträgheitsmoment	$35,5 \cdot 10^{-6}\ kgm^2$
-	Polpaarzahl	$p = 2$

Positioniergeschwindigkeit und Wiederholgenauigkeit konnten in Kombination mit einem angepaßten Getriebe im Vergleich zu einem bestehenden Gleichstromantrieb, der die Bezugswerte liefert, erheblich gesteigert werden. Zugleich konnte die Beschleunigung um etwa 250%, die maximale Verfahrgeschwindigkeit um 46% gesteigert werden, was bei Maximalhub (240 mm) einer Taktreduzierung von 34% entspricht.

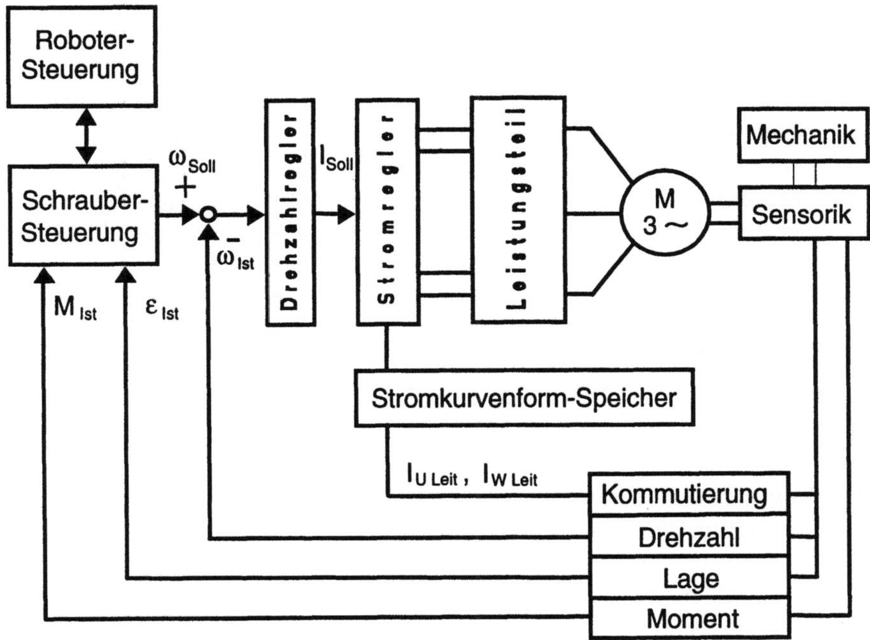

Abb.1.21. Blockschaltbild des Schrauber-Antriebs

Bei der Schraubstation bestand vor allem die Forderung nach Kompatibilität mit einer käuflichen Schraubersteuerung und dem Einbau des Motors in ein bestehendes Gehäuse. Durch das neuartige Motorenkonzept konnte bei dieser Anwendung eine Verbesserung der Dynamik (s.o.) sowie eine deutliche Steigerung des Wirkungsgrades des Antriebs erzielt werden. So wurden bei der Neuentwicklung 90% Wirkungsgrad gemessen im Vergleich zu 78% beim käuflichen Motor. Die Schraubersteuerung übernimmt in Verbindung mit einem Drehmomentsensor die Aufgabe der Lage- und Momentenregelung und die Kommunikation mit der übergeordneten Robotersteuerung. Drehzahl- und Stromregler können aus käuflichen analogen Standardprodukten bestehen, wenn sie über entsprechende Schnittstellen verfügen. Eine Führungsgrößensteuerung der Stromleitwertfunktionen kann analog zum Beispiel Hubachsenantrieb durch Einsatz eines Microcontrollers erfolgen.

Abbildung 1.21 zeigt schematisch das Blockschaltbild des Schraubspindelantriebs-systems für eine flexible Montagezelle.[1.15]

Genuteter Radialfeldmotor als Gelenkarmmotor

Zum Einsatz in einem neu entwickelten Robotergelenk für das modulare Roboter-konzept sollten in Frage kommende Motorvarianten hinsichtlich der gestellten An-forderungen untersucht und daraus resultierend die leistungsfähigste Variante auf-gebaut werden. Eine Hauptanforderung an Achsantriebe für Industrieroboter ist die axiale Begrenzung der Baulänge des Motors. Die zweite Hauptanforderung ist maximales Leistungsgewicht. Dies erzwingt eine möglichst gute Materialausnut-zung bei der Bemessung des Antriebs. Bei konventionellen Antriebsaufgaben wer-den deshalb Motoren eingesetzt, die an den Grenzen der Materialbelastung arbei-ten. Servoantriebe werden beispielsweise mit stationären Übertemperaturen bis zu 120 K betrieben. Beim Einsatz eines elektrischen Antriebs als integrierte Bauein-heit einer Roboterachse mußten jedoch andere, stark einschränkende Bemessungs-kriterien berücksichtigt werden. Es tritt eine drastische Einschränkung der zulässi-gen Erwärmung von z. B. 150 °C auf 60 °C auf. Des weiteren bedingen konstruk-tive Vorgaben für den Bauraum der Motoren neue Ansätze für deren Optimierung. Um hierfür geeignete Antriebe zu entwickeln, wurden sämtliche in Frage kom-mende Alternativen verglichen und unter Berücksichtigung neuer Forschungser-gebnisse (z. B. Entwicklung neuer Materialien) neue Lösungen gesucht.[1.16]

Neue Magnetmaterialien, Halbleiterbauelemente. Durch die Begrenzung der Mo-torübertemperatur auf 30 K ist der Einsatz von Magneten auf der Basis von Neo-dym-Eisen-Bor (NdFeB) mit Energiedichten bis 300 kJ/m^3 hier problemlos mög-lich. Der Nachteil dieser energetisch höchst interessanten NdFeB-Magnete ist nämlich der große negative Temperaturkoeffizient ihrer Koerzitivfeldstärke. Dies bedeutet, daß die Grenzfeldstärke bis zur irreversiblen Entmagnetisierung der Ma-gnete stark von der Temperatur beeinflußt wird. Es ist deshalb noch nicht möglich, thermisch hochausgenutzte Motoren mit den energetisch besten NdFeB-Magneten zu realisieren.

Gleichzeitig eröffnete sich durch die zunehmende Miniaturisierung und damit Verbilligung von Halbleiter-Leistungsschaltern die Möglichkeit, elektronisch kommutierte Motoren zu konkurrenzfähigen Preisen anzubieten. Außerdem erge-ben sich sehr kompakte Möglichkeiten, den Aktor, notwendige Sensoren und die Leistungselektronik aufzubauen.

Numerische Feldberechnung. Für die Berechnung der Robotergelenkantriebe müs-sen neben der überschlägigen analytischen Methode auch genauere numerische Berechnungsverfahren angewandt werden. Ändert sich wie im vorliegenden Fall die Maschinengeometrie hin zu axial kurzen Maschinen oder müssen Scheibenläu-fermotoren berechnet werden, so genügt die 2-dimensionale numerische Feldbe-rechnung nicht mehr. Bei diesen Geometrien ist der Einfluß der dritten Dimension nicht mehr zu vernachlässigen, da beispielsweise der Wickelkopfbereich großen

Einfluß auf das Gesamtverhalten des Motors gewinnt. Aufgrund dieser Tatsachen ist für die Berechnung der verschiedenen Motoralternativen ein 3-dimensionales Berechnungsprogramm auf Basis der Finiten-Elemente-Methode erforderlich.[1.17], [1.18]

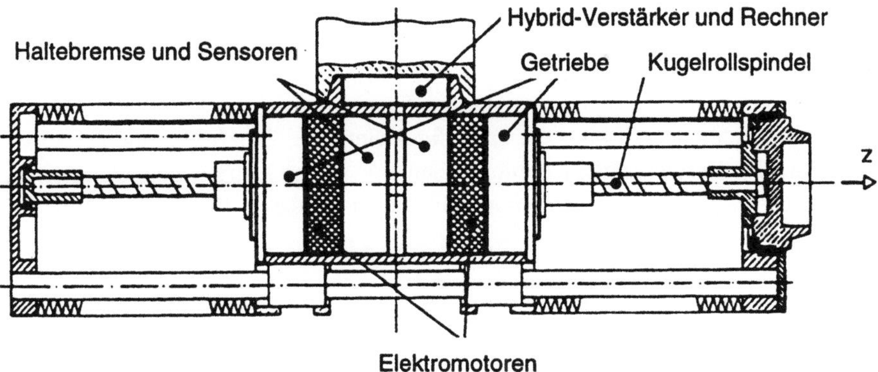

Abb.1.22. Linear-Dreheinheit des modularen SCARA-Roboters

Tabelle 1.4. Wichtigste Daten des Gelenkarmmotors

Abmessungen der Motoren:	
- Gesamtlänge incl. Wickelköpfe	40 mm
- Statoraußendurchmesser	115 mm
- Rotorinnendurchmesser (Hohlwelle)	60 mm
Nenndaten der Motoren und Maximalwerte:	
- Nennmoment, max.	60 Ncm, 260 Ncm
- Nenndrehzahl, max.	1.500 1/min, 2.500 1/min
- Nennstrom des Leistungsverstärkers, max.	8 A, 15 A
- Zwischenkreisspannung des Verstärkers	330 V
Optimierungskriterien:	
- Die Übertemperatur des Gelenkes darf im Dauerbetrieb nicht mehr als 30 K betragen	
- Die Masse des Motors soll möglichst gering sein	
Zusätzliche Festlegungen:	
- Zur Lageerfassung und Kommutierung wird ein Inkrementalgeber in Kombination mit Hallsensoren eingesetzt	
- Um den thermischen Zustand der Motoren zu überwachen, müssen geeignete temperaturempfindliche Widerstände eingebaut werden	

Pflichtenheft. Das Roboterachsmodul wurde als z-Achseneinheit für einen modular aufgebauten SCARA-Roboter entwickelt und ermöglicht Linear- und Drehbewegungen der z-Hubachse. Der Modulantrieb wird von zwei Antriebseinheiten gebildet, die über eine zentral geführte Kugelrollspindel mechanisch gekoppelt sind. Jede Antriebseinheit besteht aus den Komponenten Motor-, Getriebe-, Bremsen- und Sensorikteil. Die beiden Motoren jeder Doppeleinheit sind baugleich, so daß pro Gelenkbaugröße nur eine Motorengröße benötigt wird. Im vorliegenden Fall wird die Drehbewegung der z-Achse durch den Motor direkt auf die Kugelrollspindel aufgebracht, die Linearbewegung aufgrund des großen geforderten Handhabungsgewichtes jedoch über ein einstufiges Getriebe. Durch Variation des Getriebes und der mechanischen Kopplung kann eine solche Antriebsdoppeleinheit an verschiedenste Antriebsaufgaben innerhalb des modularen Roboterbaukastensystems angepaßt werden.

Auswahl der optimalen Motorbauform. Prinzipiell war zunächst insbesondere die Frage zu beantworten, ob ein Motor in Radial- oder in Axialfeld-Bauweise für die vorliegende Antriebsaufgabe die optimale Lösung darstellt. In Robotersystemen werden in der Regel axial kurze, im Durchmesser jedoch große Antriebe benötigt. Dies wird durch ein kleines Längen/Durchmesserverhältnis λ, das bei diesen Motoren im Bereich von etwa 0,2 bis 0,4 liegt, verdeutlicht. Bei herkömmlichen Motoren liegt dieser Wert zwischen 1 und 2. Bei Roboterantrieben wird deshalb der Einsatz von Axialfeldmotoren, welche prinzipbedingt ein geringes λ aufweisen, interessant. Heute übliche Robotersysteme sind aus diesem Grund häufig mit Gleichstromkommutatormotoren in Axialfeldbauweise ausgestattet. Die Entscheidung, ob ein Motor in Radial- oder Axialfeldbauweise günstiger ist, wird durch den in Relation zum maximal verfügbaren Außendurchmesser großen Hohlwellendurchmesser bestimmt. Es geht für den Axialfeldmotor zuviel aktive Fläche verloren, zumal die Ausladung der Wickelköpfe ebenfalls radialen Bauraum belegt. So ergibt sich, daß in diesem speziellen Fall trotz der kurzen Motorbauform der Radialfeldmotor die deutlich höhere Ausnutzung erbringt.

Damit muß zwischen nutenlosem und genutetem Radialfeldmotor ausgewählt werden. Als wichtige Nebenkriterien bei dieser Auswahl sind das Massenträgheitsmoment des Läufers und die Kosten und Menge der verwendeten Magnetmasse zu nennen. Durch das niedere Drehzahlniveau des Motors kommen die Vorzüge der ungenuteten Variante hier nicht zum Tragen. Aufgrund des prinzipiell hohen magnetischen Luftspalts ergibt sich bei gleicher Momentenausbeute ein höheres Magnetvolumen, was sich auch deutlich beim Massenträgheitsmoment aufgrund des größeren Läuferdurchmessers auswirkt. Daher zeigen schließlich die Berechnungen, daß im vorliegenden Fall der genutete Radialfeldmotor mit hochenergetischem Neodym-Eisen-Bor-Magnetmaterial im Läufer und mit Hochfrequenzblechen im Ständer die besten Resultate ergibt. Er ist 10-polig ausgeführt.[1.19]

Einbauumgebung Robotergelenk. Technisch sehr interessant ist der Aufbau der Gelenk- bzw. Achselemente. Außer den Antriebsmotoren, den Getrieben, Haltebremsen und der zugehörigen Sensorik sind auch die Leistungsverstärker in *Hybridbau*weise sowie die Achsrechner baulich integriert (vgl. Abb. 1.22).[1.20] Gespeist werden die Elemente erstens aus dem Gleichspannungszwischenkreis, der durch den gesamten Roboter geführt wird. Über ein optisches Bussystem erhalten sie zweitens Befehle von der übergeordneten Robotersteuerung, über das zugleich die Sensorrückmeldungen erfolgen. Drittens wird Druckluft durch den Roboter geführt, da einige Roboterwerkzeuge pneumatisch arbeiten. Druckluft kann beispielsweise auch zur Kühlung der Gelenk-Antriebseinheit eingesetzt werden.

Genuteter Radialfeldmotor als Direktantrieb

Gestiegene Anforderungen an die Dynamik, sowie an die Bahn- und Positioniergenauigkeit von Industrierobotern können mit konventionellen Roboterantriebssystemen (hochtouriger Motor mit Untersetzungsgetriebe) aufgrund systembedingter Nachteile der verwendeten Getriebe zum Teil nur ungenügend erfüllt werden. Die technische Entwicklung hat deshalb zu hochpoligen langsamlaufenden Antrieben geführt, die das auf der Abtriebsseite benötigte Drehmoment direkt, d.h. getriebelos erzeugen. Die Anwendung solcher Antriebe ist wegen der erforderlichen hohen Motorkräfte bzw. Momente, und der deswegen im Vergleich zum Getriebemotor wesentlich größeren Baugröße und Masse, auf Grundachsenantriebe beschränkt. Für die hier untersuchten rotatorischen Grundachsenantriebe von Montagerobotern wird abhängig von deren Kinematik, Achszahl und Handhabungsgewicht ein Motornennmoment von etwa 40 bis 200 Nm benötigt. Die Motordrehzahl ist im Vergleich zu bisher üblichen Motordrehzahlen (3.000–4.500 min^{-1}) sehr niedrig (30 bis etwa 60 min^{-1}).

Um hohe Bahngenauigkeiten zu erreichen, muß die Roboterachse eine möglichst hohe Gleichlaufgenauigkeit aufweisen. Die zulässige Drehzahlschwankung des Motors ist wegen des vorherrschenden Drehzahlniveaus und des geforderten Drehzahlstellbereichs auf extrem niedrige Werte begrenzt. Eine der wichtigsten Voraussetzungen zur Erfüllung dieser Anforderungen ist, daß das vom Motor entwickelte Drehmoment im stationären Betrieb nur geringsten Schwankungen unterliegt.[1.21]

Regelungstechnische und kompensatorische Methoden. Es wird eine digitale Lage- und Drehzahlregelung realisiert. Die Stromregelung ist analog ausgeführt, wobei auch hier der Trend zur digitalen Realisierung geht. Damit ist eine Veränderung der Schnittstellen zwischen den einzelnen Komponenten verbunden. Neue antriebstechnische Methoden, wie der untersuchte getriebelose Robotergrundachsenantrieb für einen Montageroboter, setzen eine hohe Rechenleistung des digitalen Reglers voraus. Sie können nur durch den Einsatz moderner, leistungsfähiger Microrechnersysteme realisiert werden. Die digitale Signalverarbeitung schafft die Voraussetzung für den Einsatz erweiterter Reglerstrategien und neuer Konzepte, wie das untersuchte Verfahren zur Kompensation von Drehmomentschwankungen.

Systemauswahl und -konzept. Der Versuchsantrieb wird von einem 10 kVA, 16 kHz IGBT-Pulsumrichter gespeist. Damit kann eine kurze Stromanregelzeit, d.h. eine hohe Bandbreite der Stromregelung (etwa 1–4 kHz) erreicht werden. Digitale *Signalprozessoren* (DSP), die mit 32 Bit und Floating Point Arithmetik zur Verfügung stehen, bieten für den Einsatz als digitaler Regler und zur Meßwertverarbeitung eine hohe Rechenleistung und einen hohen Datendurchsatz. Im Versuchsaufbau kommt der DSP TMS320C30 von Texas Instruments als Führungssystem zum Einsatz.

Der Antrieb selbst besteht aus folgenden Komponenten:

– hochpoliger permanenterregter Synchronmotor in genuteter Radialfeldbauweise
– inkrementelles Präzisonswinkelmeßsystem
– modularer Pulsumrichter mit integrierten Meßelementen zur potentialfreien Strom- und Spannungsmessung
– Meßsignalvorverarbeitung (Verstärkung und Filterung der Meßgrößen Drehmoment, Phasenspannungen und -ströme)
– PC486/DSP Multiprozessorsystem.

Meßtechnische Methoden und Besonderheiten. Im Gegensatz zur reinen Flankenauswertung, bei der nur 4 diskrete Positionen innerhalb einer Hell-/Dunkelperiode des optischen Gebers aufgelöst werden, sind bei einer analogen Auswertung der beiden sinusförmigen Gebersignale theoretisch beliebig viele Zwischenwerte bestimmbar. Die Auflösung wird jedoch aufgrund von systematischen Meßfehlern auf 8 Bit begrenzt. Im Drehgeber-RAM können die in einer Lernphase bestimmten Abweichungen der Gebersignale von der Sinusform und deren Offset korrigiert werden. Weitere Kurvenspeicher enthalten Stromleitwertfunktionen (Phasenstromsollwerte). Die Kommutierung wird von einem Resolversystem gesteuert. Damit steht ein Präzisionswinkelmeßsystem zur hochauflösenden Lage- bzw. Drehwinkelmessung (4,2 Mio Impulse/Umdrehung) zur Verfügung.

Tabelle 1.5. Wichtigste Daten des Grundachsenantriebs-Motors

Läufer:		
-	Magnetmaterial	Sm_2Co_{17}, ca. 1,8 kg
-	Massenträgheitsmoment	$23{,}2 \cdot 10^{-3}\,\mathrm{kgm^2}$
-	Polpaarzahl	$p = 6$
Nenndaten des Motors und Maximalwert:		
-	Nennmoment, max.	40 Nm, 220 Nm
-	Nennstrom des Motors, max.	11,5 A, 63 A
-	Zwischenkreisspannung des Verstärkers	300 V
Einsatzfall:		
-	erste Drehachse eines 4-achsigen Horizontalschwenkarmroboters	

Die Signalform ist im betrachteten Drehzahlbereich bis 60 min^{-1} praktisch konstant (3 dB Grenzfrequenz bei 2.200 min^{-1}). Mit dem verwendeten Meßsystem wird eine Auflösung von 0,31 Winkelsekunden erreicht. Die Genauigkeit beträgt +/- 5 Winkelsekunden. Die Bestimmung des Drehzahlistwertsignals erfolgt durch Differenzenbildung aus dem Lagesignal. Durch die Anbindung der Meßglieder an den DSP können die im Reglerbetrieb benötigten Stromverläufe in einer vorherigen Lernphase bestimmt und anschließend in den Kurvenspeichern abgelegt werden. Zur Messung des positionsabhängigen Drehmomentenverlaufs von Robotermotoren wurde ein Drehmomentenprüfstand aufgebaut. Die Verarbeitung der Meßdaten erfolgt ebenfalls durch den DSP.

Drehmomentschwankungen und Kompensation von Pulsationsmomenten. Bei getriebelosen Grundachsenantrieben wirken sich selbst geringe Drehmomentschwankungen wegen der niedrigen Drehzahl störend auf die Gleichlaufgenauigkeit des Roboters aus. Die Maximaldrehzahl der Motoren beträgt häufig weniger als 60 Umdrehungen pro Minute. Wegen des hohen erforderlichen Drehzahlstellbereichs (1:500) müssen beim langsamen Verfahren im Bahnbetrieb ruckarme Bewegungen mit Drehzahlen weit unter einer Umdrehung pro Minute realisiert werden. Des weiteren ist das Trägheitsmoment einer direkt angetriebenen Robotergrundachse wesentlich geringer als das einer mit Getriebemotor angetriebenen Roboterachse (Faktor 0,1–0,5).
Zusätzlich zu den elektromagnetisch bedingten Pulsationsmomenten, die auch bei den nutenlosen Motoren auftreten, müssen bei der genuteten Variante die permanentmagnetischen Rastmomente kompensiert werden. Es wurde deshalb untersucht, wie Oberwellendrehmomente durch Speisung der Maschine mit einem eingeprägten, oberschwingungsbehafteten Drehstromsystem kompensiert werden können. Die Vorgehensweise entspricht grundlegend derjenigen bei nutenloser Maschine, es kommen allerdings auch beim stromabhängigen Momentenbeitrag Einflüsse der Nutung hinzu. Die Kompensation lageabhängiger Momentenanteile kann dann durch Variation der Stromamplitude mit einer ebenfalls lageabhängigen Kompensationsfunktion erfolgen. Somit wird das permanentmagnetische Rastmoment, das ja ebenfalls durch die Nutung bedingt ist, kompensiert. Es kann ein zugehöriger Kompensationsstrom berechnet und auf das ursprüngliche Stromsystem aufgeschaltet werden. Das Produkt der auf diese Weise bestimmten Strang- und Kompensationsfunktion wird im Speicher des DSP abgelegt. Die Ausgabe der Stromsollwerte an den Umrichter erfolgt in einem Zeitraster von 80 μs.

Meßergebnisse. Abbildung 1.23 zeigt zwei bei Nennmoment aufgenommene Drehmomentenspektren. Dabei wurde einmal entsprechend dem derzeitigen Stand der Technik mit blockförmigen Strömen gespeist (oben), während im anderen Fall die zuvor beschriebene Kompensationsmethode angewandt wurde (unten). Der Vergleich der beiden Spektren zeigt die deutliche Verringerung der Oberwellenmomente durch das neu entwickelte Verfahren.

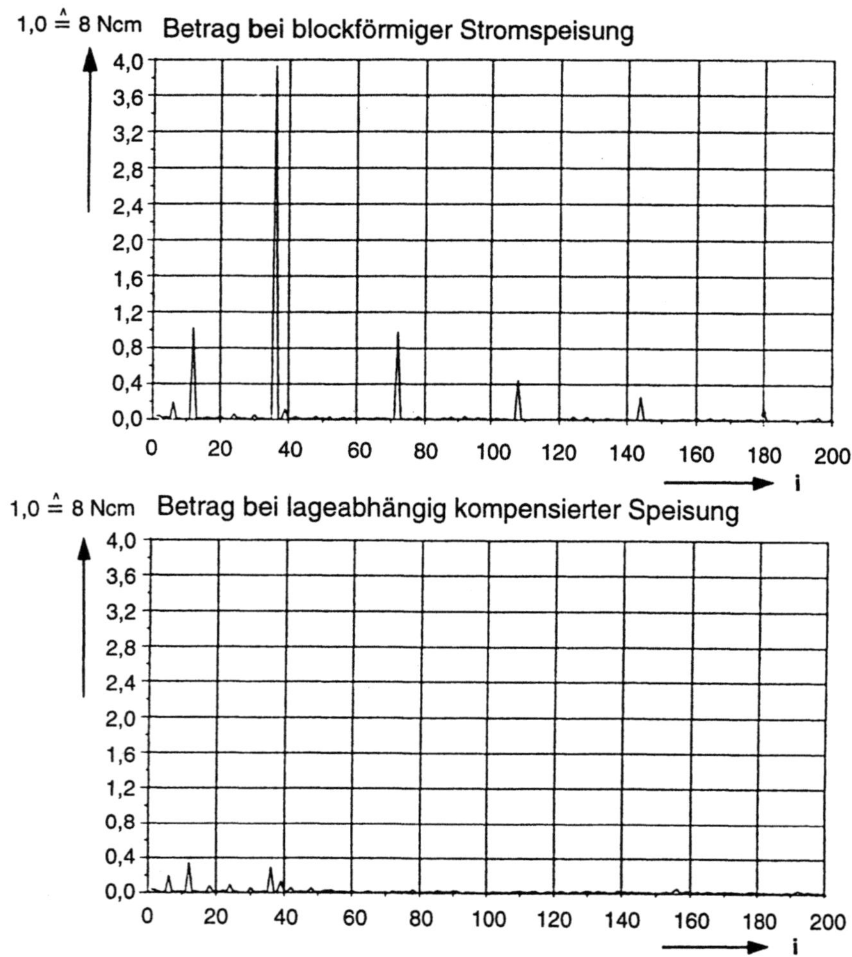

Abb.1.23. Kompensationsmethode für Drehmomentoberschwingungen

1.2.4 Einsatz eines Direktantriebs zum schnellen und hochgenauen Positionieren

Der im letzten Abschnitt vorgestellte Antrieb soll hier mit einem Getriebeantrieb verglichen und der reale Einsatzfall anhand von Meßergebnissen dokumentiert werden.[1.22]

Getriebelose Grundachsenantriebe

Europäische Hersteller haben bis vor etwa zwei Jahren fast ausschließlich Gleichstrommotoren in Verbindung mit einstufigen Präzisionsgetrieben eingesetzt. Da die Drehzahlregelung analog erfolgte, wurde in den Motor ein Tachogenerator zur Drehzahlistwerterfassung eingebaut. Die Position einer Roboterachse wurde indirekt, das heißt nicht direkt am Arm, sondern am Motor mit einem optischen Winkelmeßsystem mittlerer Auflösung (Inkrementalgeber mit 500–2000 Strichen) erfaßt. Die besonderen Eigenschaften getriebeloser Antriebe werden besonders deutlich, wenn man ihre technischen Daten mit denen konventioneller Antriebe vergleicht (Tabelle 1.6). Durch den Verzicht auf ein Untersetzungsgetriebe muß das abtriebsseitige Drehmoment direkt vom Motor aufgebracht werden. Der Direktantrieb muß deshalb ein erheblich höheres Motormoment aufweisen. Aufgrund des physikalischen Zusammenhangs zwischen Volumen und Drehmoment ist der Motor wesentlich schwerer und größer als ein vergleichbarer Getriebeantrieb.

Tabelle 1.6. Eigenschaften eines Direktantriebs im Vergleich zum Getriebeantrieb

	Direktantrieb	*Verhältnis Direkt/Getriebeantrieb*
Motornennmoment	40–100 Nm	20–40
Motordrehzahl	30–90 min^{-1}	1/50–1/100
Gewicht	25–75 kg	5–10

Bei dem obigen Vergleich wurde unterstellt, daß der Getriebeantrieb beschleunigungsoptimal bemessen wurde und der Getriebewirkungsgrad bei etwa 80% liegt. Bei der beschleunigungsoptimalen Bemessung wird das Getriebe-Übersetzungsverhältnis (unter Berücksichtigung des Getriebewirkungsgrads) so gewählt, daß das auf die Lastseite übersetzte motorseitige Trägheitsmoment gleich dem Lastträgheitsmoment ist. Im Vergleich hierzu ist das um etwa zwei Zehnerpotenzen kleinere Trägheitsmoment des direkt antreibenden Motors praktisch vernachlässigbar. Im Falle des Getriebeantriebs muß deshalb die doppelte träge Masse beschleunigt werden. Bei gleicher lastseitiger Beschleunigung ist der Direktantrieb also lediglich für die Hälfte des abtriebsseitigen Drehmoments des Getriebeantriebs zu bemessen.

**Grenzen der Dynamik und Positioniergenauigkeit von Getriebe
und Direktantrieb**

Dynamik. Die einstellbare Regelkreisverstärkung des Lagereglers und damit die bei einem Positioniervorgang erreichbare Beschleunigung und Verfahrgeschwindigkeit wird durch die mechanische Steifigkeit der schwingungsfähigen Roboterkinematik begrenzt. Dabei bestimmt das Antriebselement mit der geringsten Federsteifigkeit in Verbindung mit den zu beschleunigenden Massen die niedrigste mechanische Eigenfrequenz. Typische Armsteifigkeiten liegen mit 100–1.000 kNm/rad etwa um den Faktor 4–8 höher als die Federsteifigkeiten von Präzisionsgetrieben. Die niedrigste mechanische Eigenfrequenz wird also im Falle eines Getriebeantriebs durch die Federsteifigkeit des Getriebes festgelegt. Sie beträgt nur etwa das 0,3–0,5-fache der Armeigenfrequenz. Bei Direktantrieben wird die antriebsseitige Steifigkeit durch die Bauart und konstruktive Gestaltung der Lagerung bestimmt. Mit geeigneten Lagern, zum Beispiel Kreuzrollenlagern in Verbindung mit eng tolerierten Lagersitzen und mechanischer Vorspannung, werden Werte erreicht, die über den genannten Armsteifigkeiten liegen (700–1.400 kNm/rad). Die niedrigste mechanische Eigenfrequenz liegt demnach im Bereich der Arm-Eigenfrequenz.

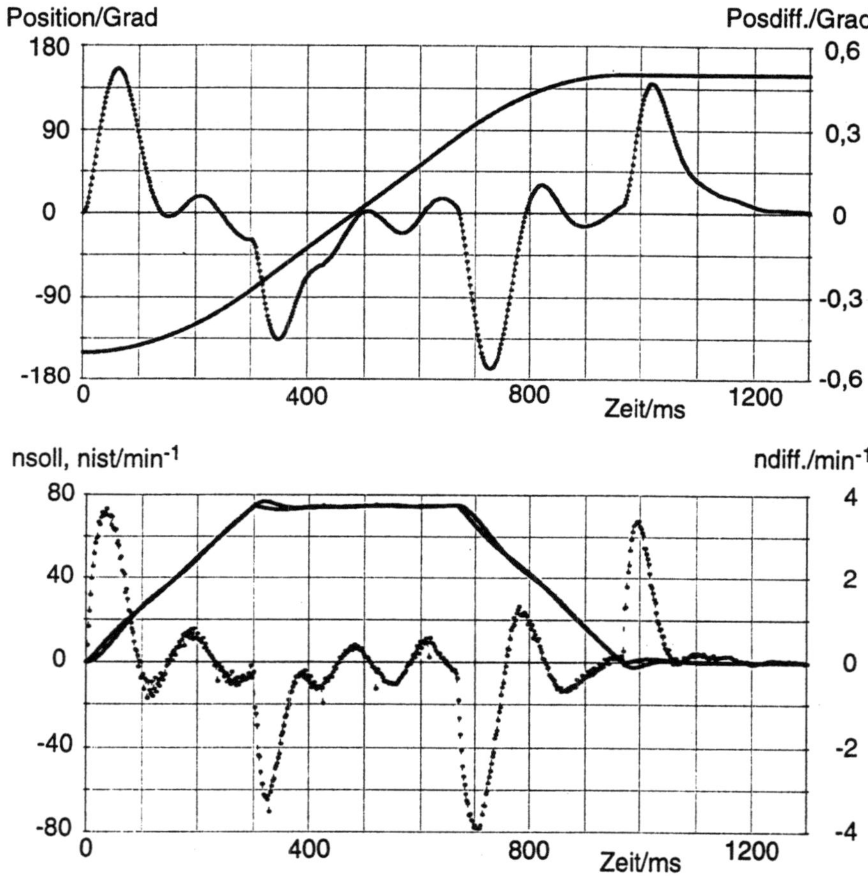

Abb.1.24. Positionierverhalten des getriebelosen Grundachsenantriebs

Positionier- und Wiederholgenauigkeit. Die Grenzen der erreichbaren Positionier- und Wiederholgenauigkeit werden beim Getriebeantrieb durch das Getriebespiel und die Verzahnungsgenauigkeit festgelegt. Übliche Präzisionsgetriebe für Roboter weisen in optimierter Bauart ein Spiel von 3 Winkelminuten, in Sonderbauart von 10 Winkelsekunden auf. Die Wiederhol- und Positioniergenauigkeiten (Werte in Klammern) dieser Getriebe betragen in optimierter Bauart +/- 1 (2), bzw. +/- 0,25 (0,5) Winkelminuten. Zur Beurteilung der sich unter dem Einfluß aller Systemkomponenten ergebenden Genauigkeit, wurde die Wiederholgenauigkeit der Grundachse des Roboters in gestreckter Armstellung (Armlänge 600 mm) gemessen. Mit dem Getriebeantrieb wurde ein Wert von +/- 0,04 mm erreicht. Die Wiederholgenauigkeit des Direktantriebs beträgt dagegen +/- 0,01 mm. Die Genauigkeit der getriebelos angetriebenen Grundachse ist um den Faktor vier höher als mit einem Getriebeantrieb.

Abbildung 1.24 zeigt einen Positioniervorgang über einen Verfahrwinkel von minus nach plus 150 Grad bei Nennlast (5 kg). Es dokumentiert die hervorragenden dynamischen Eigenschaften des Direktantriebs. Im oberen Teil sind die Verläufe des Soll- und Istwerts der Position und die zwischen ihnen bestehende Regelabweichung dargestellt. Der untere Teil zeigt die entsprechenden Größen des Drehzahlreglers. Der dynamische Positionsfehler (Schleppabstand) ist betragsmäßig kleiner als 0,6 Grad. Die Lageregelung ist überschwingungsfrei eingestellt. Die Anregelzeit auf 0,1 Grad Endlagegenauigkeit beträgt bei maximalem Verfahrweg eine Sekunde. Die Beschleunigung weist mit 1.500 Grad/s^2 den doppelten, die Verfahrdrehzahl mit 75 min^{-1} den 1,7-fachen Wert des Getriebeantriebs auf.

1.2.5 Sensorlose Online-Überwachung des thermischen Zustands von Antrieben

Die Erwärmung des elektrischen Antriebs stellt in den meisten Fällen einen limitierenden Faktor für dessen Betrieb dar:

- Bei Überschreitung der zulässigen Temperatur drohen Schäden an der Isolation oder irreversible Arbeitspunktänderungen des magnetischen Kreises (z. B. bei NdFeB als Magnetmaterial)
- Infolge der Wechselwirkungen mit anderen Baugruppen von Handhabungseinrichtungen ist der Wärmeübergang auf diese Baugruppen und damit die Übertemperatur des Antriebs in manchen Applikationen begrenzt.

Der thermische Zustand des Antriebs wird konventionell mit in den Antrieb eingebauten Kaltleiter-Widerständen überwacht. Diese fungieren als Grenzwertgeber, d.h. bei Überschreiten einer Grenztemperatur wird ein Alarmsignal gesetzt. Dadurch wird von der Überwachungslogik nicht nur der überlastete Antrieb sondern das komplette Handhabungsgerät außer Betrieb gesetzt. Da die Folgen eines solchen Ausfalls für den Produktionsprozeß in der Regel gravierend sind, werden häufig die Antriebe bei der Projektierung soweit überdimensioniert, daß ein Ausfall nicht zu befürchten ist. Ein solches Vorgehen führt jedoch zu einem Antrieb, der in Bezug auf Einbauraum und Ausnutzung nicht optimiert ist.

Konzeption und Ziele

Als Alternative zu dem eben genannten Vorgehen wurde ein Konzept entwickelt, das es gestattet, den thermischen Zustand des Antriebs online zu modellieren. In Verbindung mit einem solchen Konzept kann eventuell ein Antrieb kleinerer Leistung verwendet und dessen hohe temporäre Momentenüberlastbarkeit gezielt ausgenutzt werden. Über die Möglichkeiten der Temperaturüberwachung per Kaltleiter hinaus, können folgende Systemeigenschaften erzielt werden:

- Die Entwicklung des thermischen Zustandes kann kontinuierlich kontrolliert werden, so daß jederzeit erkennbar ist, wie weit sich die Temperatur des Antriebs einer gegebenen Grenztemperatur genähert hat.
- Unter der Voraussetzung, daß der jeweilige Lastfall konstant bleibt (also derselbe Verfahrzyklus bei gleichen beschleunigten Massen durchfahren wird), ist über den momentanen Zustand hinaus auch eine Prädiktion des thermischen Zustands möglich. Dies gestattet es einem Leitrechner rechtzeitig Reaktionsstrategien gegen eine drohende thermische Überlastung einzuleiten (bspw. die Zykluszeit für den Verfahrzyklus zu erhöhen) und so nicht erst auf eine Fehlermeldung reagieren zu müssen.
- Es können mehrere Bereiche innerhalb desselben Antriebs modelliert werden. Dies ist besonders bei Antrieben relevant, die nur über ihre Oberfläche Wärme abführen können, bei denen aber andererseits die Temperatur der Welle limitiert ist.

Der ohnehin für das Führungssystem eingesetzte Microrechner soll die Temperatursimulation mit übernehmen. Um den vom Online-Temperaturüberwachungssystem herrührenden Aufwand möglichst gering zu halten, müssen folgende Bedingungen eingehalten werden:

- Trotz der Online-Fähigkeit muß die Rechenzeit gering bleiben, damit nicht eine zusätzliche CPU erforderlich wird. Das Temperaturmodell muß also eine möglichst einfache Struktur besitzen.
- Zur Orientierung des Überwachungssystems sollen ausschließlich Klemmengrößen verwendet werden, die ohnehin für Zwecke der Regelung erfaßt werden. Zusätzliche Sensoren sind zu vermeiden.
- Die Modellparameter sind in einem Lernprozeß soweit wie möglich automatisch zu bestimmen.

Modellansatz

Zur Verwirklichung des Überwachungssystems wurde ein dreistufiges Konzept realisiert:

- In einer ersten Stufe werden die Meßwerte eines Verfahrzyklusses für Drehzahl- und Ständerstrom-Istwert in einem Transientenspeicher aufgezeichnet sowie daraus die Mittel- und Effektivwerte über den Verfahrzyklus gebildet.
- Mit Hilfe der Zyklusmittelwerte werden in einem zweiten Schritt die Verlustleistungen für die zu modellierenden Bereiche der Maschine berechnet („Verlustmodell").
- Im dritten Schritt werden die Temperaturen mit Hilfe eines Wärmequellennetzwerkes auf der Basis der in Schritt 2 berechneten Verlustleistungen berechnet. Je nach Art der dominierenden Wärmeabfuhrmechanismen sind verschiedene Ansätze für die Wärmequellennetzwerke sinnvoll („Temperaturmodell").

Die Bestimmung der Parameter des Verlustmodells erfolgt auf dem Prüfstand durch Bilanzierung der einzelnen Verlustanteile in Abhängigkeit von Ständerstrom und Drehzahl. Grundlage zur Identifikation der Parameter des Wärmequellennetzwerkes für das Temperaturmodell bildet ein Erwärmungsversuch, bei dem der Antrieb vorübergehend mit Temperaturfühlern ausgestattet wird. Dieser Versuch kann bei Stillstand des Antriebs durch Gleichstrom-Erwärmung der Wicklung erfolgen.

Beispiel, Rechenzeiten

Abbildung 1.25 stellt die Leistungsfähigkeit des entwickelten Online-Temperaturüberwachungssystems exemplarisch für einen Servoantrieb mit Nennmoment 1 Nm und Nenndrehzahl 3.000 min^{-1} dar. Dabei wurden die Maschinenbereiche 'Ständerblechpaket' (Kurve 4), 'Ständerwicklung' (Kurve 5) und 'Läufermagnet' (Kurve 6) modelliert und den zugehörigen Meßwertverläufen (Kurven 1 - 3, durchgezogen gezeichnet) gegenübergestellt.

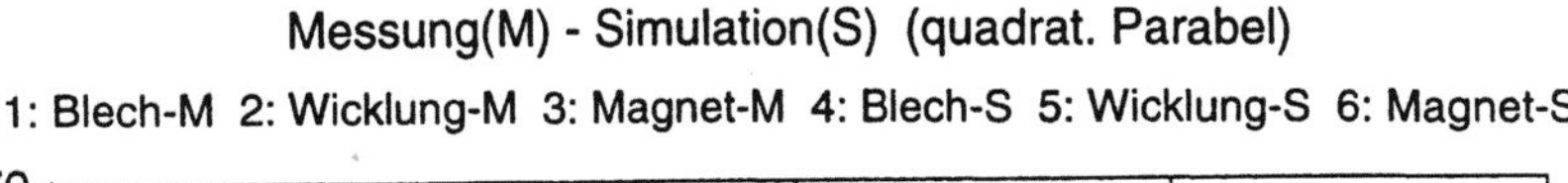
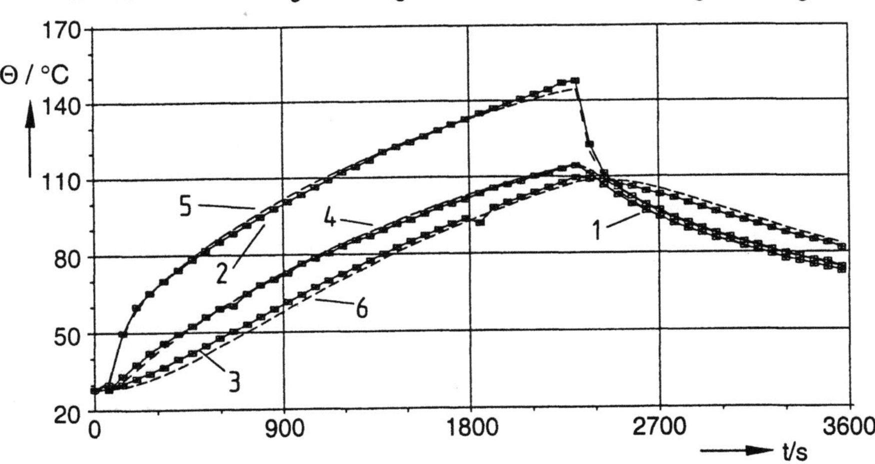

Abb.1.25. Temperaturverläufe von Messung und Online-Temperaturmodell

Als Verfahrzyklus wurde ein Verfahrweg von 15 rad bei einer quadratischen Parabel als Weg-Zeit-Gesetz und einer Frequenz von 6 Positioniervorgängen je Sekunde gewählt. Als Last war eine Schwungmasse mit dem 5-fachen Motor-Trägheitsmoment angekuppelt. Wie Abb. 1.25 zeigt, bleiben die modellierten Temperaturen sowohl für den Erwärmungs- wie auch für den Abkühlvorgang innerhalb eines Intervalls von 3 Kelvin um die Meßwerte.

Das Temperaturmodell wurde auf dem 16-Bit-Microcontroller SAB 80C166 implementiert. Das beschriebene 3-Körpermodell benötigt (bei $f = 40$ MHz und einem Waitstate) ca. 0,8 ms Rechenzeit. Für eine Integrationszeit von einer Sekunde und einen Prädiktionszeitraum von einer Minute resultiert eine zusätzliche CPU-Belastung durch das Temperaturmodell von 1,04%, wenn die Vorausberechnung alle 5 Sekunden aktualisiert wird. Das Temperaturmodell kann also auf dem Regelrechner mit implementiert werden, ohne dessen CPU-Auslastung nennenswert zu erhöhen.

Reaktionsstrategien

Diagnostiziert die Temperaturprädiktion eine drohende Übertemperatur, so kann dieses Wissen dazu genutzt werden, um frühzeitig eine Reaktion einzuleiten, mit der ein eingeschränkter Betrieb des Gerätes unter Einhaltung der Temperaturgrenzwerte beibehalten werden kann. Dazu bestehen prinzipiell die folgenden Möglichkeiten:

- Eine Verlängerung der Verfahrzeiten führt direkt zu einer Verringerung der Verfahrgeschwindigkeit. Diese Strategie bietet das stärkste Einflußpotential, um die im Antrieb auftretenden Verluste zu vermindern. Für einen EC-Motor, bei dem der Ständerstrom im wesentlichen proportional zum Drehmoment ist, fällt bei gleichem Bewegungsprofil der Ständerstrom umgekehrt proportional zur Verfahrzeit bei statischer Last beziehungsweise quadratisch reziprok zu diesen bei reinen Beschleunigungsantrieben. Damit fallen die Kupferverluste je nach Lastverhältnissen mit zweiter bis vierter Potenz reziprok zur steigenden Verfahrzeit.
- Die Pausenzeiten zwischen zwei Verfahrvorgängen können erhöht werden. Hier sinken die Verluste in erster Näherung proportional zum Verhältnis von eingefügter Pausenzeit zur um die Pausenzeit verlängerten Verfahrzeit. Damit ist diese Maßnahme zwar weniger effektiv wie die vorgenannte, sie kann jedoch auch dann verwendet werden, wenn prozeßbedingt minimale Verfahrgeschwindigkeiten nicht unterschritten werden dürfen.
- Eine Änderung des Bewegungsprofils kann vorgenommen werden. Neben Verfahrweg und -zeit besitzt das Bewegungsprofil einen nicht unerheblichen Einfluß auf die Maschinenverluste. Für einen mit einem EC-Motor realisierten Beschleunigungsantrieb variieren z.B. die Kupferverluste zwischen den Profilen „Rampe" und „Polynom 5.Grades (VDI 2143)" im Verhältnis 1:1,43. Damit kann in manchen Fällen auch mittels eines alternativen Bewegungsprofiles die Übertemperatur reduziert werden.

1.3 Flexible Montagewerkzeuge

Montagewerkzeuge stellen das Verbindungsglied zwischen Handhabungseinrichtung und zu montierendem Werkstück dar. Die Anforderungen an Montagewerkzeuge ergeben sich in erster Linie aus den Werkstückeigenschaften und den Merkmalen des Fügeprozesses. Um der steigenden Variantenvielfalt und der immer komplexer werdenden Produktkonstruktion gerecht zu werden, müssen Montagewerkzeuge flexibel ausgelegt werden.

Fügemechanismen werden eingesetzt, um Positions- und Orientierungsabweichungen zwischen den zu montierenden Werkstücken auszugleichen. Sensorisierte Fügemechanismen ermöglichen es, die charakteristischen Eigenschaften dieses Ausgleichselements, wie Steifigkeit in einzelnen Achsen, an die Anforderungen des jeweiligen Fügeprozesses anzupassen.

Im folgenden wird anhand von Beispielen das Vorgehen bei der Auslegung von flexiblen Montagewerkzeugen und die Entwicklung sensorisierter Fügemechanismen beschrieben.

1.3.1 Auslegung von flexiblen Montagewerkzeugen

Montagewerkzeuge und Greifer sind wichtige Komponenten in flexiblen, automatisierten Montagezellen. Obwohl sie nur einen geringen Anteil zu den Investitionskosten beitragen [1.23], beeinflussen sie die Produktivität einer Anlage erheblich. Greiferwechsel oder Einstellvorgänge an Montagewerkzeugen verursachen hohe Nebenzeiten und verringern dadurch die Produktivität einer Montagezelle. Störungen an Montagewerkzeugen führen zu Unterbrechungen des Montageablaufs und, im schlimmsten Fall, zum Stillstand der gesamten Montageanlage.

Bei der Konstruktion von Montagewerkzeugen und Greifern müssen diese Zusammenhänge und Wechselwirkungen bereits berücksichtigt werden. Neben den geometrischen Anforderungen der zu handhabenden Werkstücke und den prozeßspezifischen Anforderungen des Fügevorgangs müssen wichtige ablauforientierte Ziele, wie kurze Taktzeiten und hohe Ausfallsicherheit, angestrebt werden. Im folgenden wird anhand von Beispielen eine Vorgehensweise zur Auslegung flexibler Montagewerkzeuge und Greifer dargestellt und es werden Möglichkeiten zur Bewertung konstruktiver Lösungen unter Berücksichtigung der Produktivität vorgeschlagen.

Systemmodell einer flexiblen Montagezelle

Die Zuordnung und sinnvolle Zusammenfassung von Montagefunktionen in Teilsystemen und Komponenten ist eine Voraussetzung für die Auslegung von flexibel automatisierten Montagezellen. Die folgende allgemeine Funktionsfolge für einen Handhabungs- oder Montagevorgang verdeutlicht die mögliche Gliederung einer Montagezelle in verschiedene Teilsysteme.

Bei einem abgeschlossenen Handhabungs- oder Montagevorgang wird das Fügeteil von einer Bereitstellungseinrichtung zugeführt und gehalten. Eine Greifeinrichtung spannt das Werkstück, danach kann es von der Bereitstellungseinrichtung getrennt werden. Nach dem Orientieren und Positionieren relativ zu einem Basisteil mit Hilfe einer Handhabungseinrichtung werden Werkstück und Basisteil gefügt – das Basisteil wird dabei wiederum von einer Bereitstellungseinrichtung gehalten – und die Greifeinrichtung kann sich vom Fügeteil lösen.

Grundsätzlich können alle komplexen Demontage- und Montagevorgänge auf diese elementare Prozeßkette von Handhabungs- und Fertigungsfunktionen zurückführt werden, auch wenn kein spezieller Fügeprozeß ausgeführt wird und Teile nur aus einer bestimmten Position und Orientierung in eine andere gehandhabt werden. Anhand dieser Prozeßkette können auch die vier Teilsysteme einer Montagezelle und deren Hauptfunktionen abgeleitet werden:

- *Greifsystem*; Halten und Lösen des Fügeteils beim Trennen vom Bereitstellungssystem und beim Fügen mit dem Basisteil
- *Fügesystem*; Fügen von Fügeteil und Basisteil
- *Handhabungssystem*; Orientieren und Positionieren des Fügeteils vor dem Fügen
- *Bereitstellungssystem;* Halten des Basisteils beim Fügen, Speichern, Zuführen, Halten und Lösen des Fügeteils vor der Übergabe an das Greifsystem

Wichtigste Teilsysteme für die Montage und Demontage von Produkten sind das Fügesystem und das Greifsystem. Das Fügesystem hat die Funktion Fügeprozesse durchzuführen und muß demnach eine erforderliche Fügekraft aufbringen oder eine bestimmte Fügebewegung ermöglichen. Das Greifsystem hingegen hat die Hauptfunktionen, Teile zu greifen, diese beim Fügen sicher zu halten und sich nach dem Fügen vom Teil zu lösen.

Bei einfachen Fügeaufgaben, wie dem Zusammensetzen von Teilen, werden die Funktionen des Füge- und Handhabungssystems meist von einem Industrieroboter durchgeführt. Als Greifsystem wird ein Standard Zwei- oder Dreifingergreifer eingesetzt. Erst bei komplexeren Fügeprozessen, bei denen hohe Fügekräfte und komplizierte Fügebewegungen erforderlich sind, wird das Fügesystem in Werkzeugen realisiert, die vom Handhabungsystem getrennt sind. Diese Werkzeuge werden als *Montagewerkzeuge* bezeichnet [1.24]. Beispiele hierfür sind unter anderem Schraubsysteme [1.36], Umformwerkzeuge [1.37], Einpresswerkzeuge [1.25] und Hammerwerkzeuge [1.37]. Bei diesen Systemen dient der Industrieroboter als Handhabungssystem zum Bewegen des Werkzeugs, während das Füge- und Greifsystem zu einer Einheit zusammengefaßt sind. Fügeprozesse, bei denen spezielle thermische oder chemische Verfahren eingesetzt werden, wie Schweißprozesse, werden in der Regel immer mit robotergeführten Spezialwerkzeugen durchgeführt.

Das Greifsystem kann in Anlehnung der VDI-Richtlinie 2740 "Greifer für Handhabungsgeräte und Industrieroboter" weiter in folgende Teilsysteme unterteilt werden:

- Das *Trägersystem* verbindet das Greifsystem mit dem Fügesystem.
- Mit dem *Antriebssystem* wird die Energie zur Erzeugung der Greifkraft aufgebracht.
- Die Antriebsenergie wird mit Hilfe des *Übertragungssystems* (kinematisches System) gewandelt und an das Wirksystem weitergeleitet.
- Das *Wirksystem* überträgt die Greifkraft auf das Greifobjekt.
- Ein *Informationsverarbeitungssystem* dient zur Sensordatenverarbeitung und dezentralen Steuerung des Greifsystems.

Das Wirksystem steht in unmittelbarem Kontakt zum Greifobjekt und ist deshalb das wichtigste Teilsystem eines Greifsystems. Das Wirksystem besteht aus einer bestimmten Zahl von *Wirkorganen*, an denen ein oder mehrere *Wirkelemente* angebracht sind. Diese Wirkelemente können in verschiedenen Formen gestaltet werden. Die Flächen eines Wirkelements, die später mit der Oberfläche eines Greifobjekts in Berührung kommen, werden als *Wirkflächen* bezeichnet. In Kombination mit der Form des Greifobjekts ergeben sich beim Greifen eine oder mehrere *Wirkstellen* auf den Wirkflächen der Wirkelemente.

Vorgehen bei der Konstruktion

Bei der Auslegung von flexiblen Montagewerkzeugen sollte grundsätzlich die in VDI-Richtline 2221 beschriebene, allgemeine Konstruktionsmethodik angewandt werden. Dabei wird als Konstruktionsziel eine hohe Flexibilität und damit verbunden eine hohe Funktionsdichte für die Montagewerkzeuge oder Greifer angestrebt. Als Bewertungsmaßstab für die Flexibilität dient die Anzahl der zu handhabenden Fügeteile, die sich hinsichtlich der Form und Größe unterscheiden. Für das Fügesystem von flexiblen Montagewerkzeugen ist die Prozeßflexibilität, zum Beispiel hinsichtlich Kraft, Bewegung oder anderen Prozeßparametern, wichtig.

Zur Lösung dieser Konstruktionsaufgabe werden zunächst alle Anforderungen und Randbedingungen erfaßt. Dabei können die vier Teilsysteme des Systemmodells genutzt werden, um die Anforderungen zu gliedern und die Aufgabenstellung präzise zu formulieren. In Abb. 1.26 sind die wichtigsten technischen Anforderungen an Montagewerkzeuge zusammengefaßt. Wie aus der Bewertung der Einflüsse auf Greif- und Fügesystem ersichtlich ist, müssen bei der Konstruktion des Greifsystems vor allem die Gestaltmerkmale des Fügeteils und die Merkmale der Bereitstellung berücksichtigt werden. Die Auslegung des Fügesystems wird im wesentlichen von den Merkmalen des Fügeprozesses und der vorhandenen Handhabungseinrichtung bestimmt.

Bereich	Merkmal	Anforderung	GS	FS
Fügeteil	Gestalt	Form	●●●	○○○
		Größe	●●●	○○○
		Toleranzen	●○○	●●●
		Struktursteifigkeit	●●●	●●○
		Schwerpunktlage	●●●	○○○
		Lage/Anzahl der Griffflächen	●●●	○○○
	Material	Gewicht	●●●	○○○
		Elastizität	●●●	○○○
		Porösität	●○○	○○○
		Elektrische Leitfähigkeit	●○○	○○○
		Magnetisierbarkeit	●●●	○○○
	Oberfläche	Rauheit	●●○	○○○
		Empfindlichkeit	●●○	○○○
		Reflexionsverhalten	●○○	○○○
		Farbe	●○○	○○○
	Allgemeiner Zustand	Temperatur	●●○	○○○
		Verschmutzung	●○○	○○○
Fügeprozeß	Fügebewegung	Ablauf	○○○	●●○
		Genauigkeit	●○○	●●●
		Geschwindigkeit	○○○	●●●
		Reaktion auf Störungen	○○○	●●●
	Fügekraft	Verlauf	●○○	●●○
		Genauigkeit	●○○	●●●
		Reaktion auf Störungen	○○○	●●●
	Sonstige Prozesse	Verlauf Prozeßparameter	○○○	●●●
		Reaktion auf Störungen	○○○	●●●
Umfeld (Handhabung u. Bereitstellung)	Bereitstellung Fügeteil	Zugänglichkeit	●●●	○○○
		Genauigkeit	●●○	○○○
		Nachgiebigkeit	●●○	○○○
		Umgebungsbedingungen	●○○	○○○
	Bereitstellung Basisteil	Zugänglichkeit	●●●	○○○
		Genauigkeit	●●○	●●○
		Nachgiebigkeit	●●○	●●○
		Umgebungsbedingungen	●○○	●○○
	Handhabungsgerät	Kinematik	○○○	●●●
		Arbeitsraum	●●●	●●○
		Traglast	●●○	●●○
		Genauigkeit	●●○	●●○
		Zugänglichkeit	●●○	○○○
		Bewegungssteuerung	●○○	●●●

Abb. 1.26. Direkte technische Anforderungen für die Auslegung von Montagewerkzeugen und Greifern und deren Einfluß auf die Gestaltung des Greifsystems *GS* und des Fügesystems *FS* (● - viel Einfluß, O - wenig Einfluß).

Neben den werkstückspezifischen Anforderungen an das Greifsystem und den prozeßspezifischen Anforderungen an das Fügesystem werden qualitative Anforderungen an ein Montagewerkzeug als Ganzes gestellt, wie z.B. Flexibilität, Produktivität und Zuverlässigkeit. Allgemein wird unter der Flexibilität von Komponenten in Montagesystemen die Fähigkeit zur Anpaßbarkeit an Änderungen bei den zu produzierenden Produkten, an Änderungen der

Produktionsanforderungen oder Änderungen der Produktionsbedingungen verstanden. Von verschiedenen Autoren wurden in der Vergangenheit detaillierte Definitionen verschiedener Flexibilitätsarten vorgeschlagen [1.33, 1.34, 1.35]. Diese beschreiben meist mit welchen Mitteln die Flexibilität erreicht wird und die Reaktionsmöglichkeiten des Systems bei Änderungen, z.B. bei Umrüstvorgängen.

Bei der Konstruktion von flexiblen Montagewerkzeugen werden nicht unterschiedlich flexible Komponenten verglichen, sondern Komponenten mit gleichen Anforderungen hinsichtlich des zu montierenden Produktspektrums. In einer flexiblen Montageanlage können mehrere Produktvarianten oder unterschiedliche Baugrößen montiert werden. Diese Flexibilität hinsichtlich des Produktspekrums kann jedoch in zwei getrennten Montagezellen auf unterschiedliche Art und Weise, d. h. durch entsprechende Konstruktion der Komponenten der Anlagen, erreicht werden. Die Produktivität und Zuverlässigkeit der Anlagen können sich jedoch erheblich unterscheiden.

Flexibilität bei Montagewerkzeugen und Greifern

Für den Konstrukteur von Montagewerkzeugen und Greifern ist es demnach wichtig, die unterschiedlichen Möglichkeiten der flexiblen Gestaltung von Montagezellen und Montagewerkzeugen zu kennen, um diese zur Lösung der Konstruktionsaufgabe nutzen zu können. In Abb. 1.27 sind prinzipielle Möglichkeiten dargestellt, wie Flexibilität hinsichtlich Produkten und Prozessen bei Montagewerkzeugen oder anderen Komponenten einer Montageanlage erreicht werden kann.

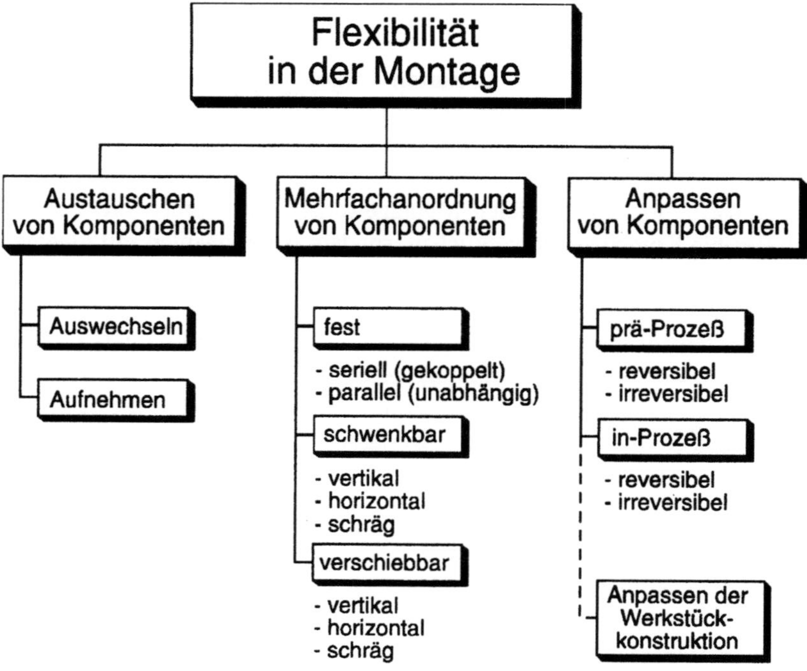

Abb.1.27. Lösungsprinzipien und Möglichkeiten zur Erhöhung der Flexibilität von Montagewerkzeugen und Greifern.

Komponenten einer Montagezelle oder eines Montagewerkzeugs können grundsätzlich entweder ausgetauscht oder angepaßt werden, um ein bestimmtes Maß an Flexibilität zu erreichen. Dabei kann das Austauschen oder Anpassen manuell oder automatisch durchgeführt werden.

Beim *Austauschen* von Komponenten kann wiederum auf zwei Arten verfahren werden. Einerseits können Werkzeuge komplett gegen andere ausgewechselt werden. Dieses Verfahren wird in flexiblen Montagezellen häufig angewandt, zum Beispiel werden verschiedene Greifer mit Hilfe von Greiferwechselsystemen ausgetauscht. Dabei werden nicht mehr benötigte Funktionsträger durch neue ersetzt. Andererseits können zusätzliche Komponenten, wie andere Montagewerkzeuge oder besondere Greifbacken, von einem Montagewerkzeug oder Greifer aufgenommen werden. Dadurch wird die Funktion eines Werkzeugs erweitert, ohne jedoch eine Erhöhung der Funktionsdichte zu erreichen. In beiden Fällen entstehen im allgemeinen hohe Nebenzeiten durch die geringe Funktionsdichte der Werkzeuge. Der hohe Wechselzeitanteil wiederum führt dazu, daß die Taktzeiten steigen und der erzielbare Durchsatz sinkt. Nachteilig wirkt sich auch ein hoher Platzbedarf durch einen hohen Werkzeugbestand aus. Der technische Aufwand für entsprechende Wechselvorrichtungen an den Schnittstellen steigt.

Ein wichtiger Vorteil von Wechselsystemen ist die einfache und schnelle Möglichkeit zur Erweiterung des Funktionsumfangs einer Montagezelle bei Änderungen des Produktspektrums oder der Produktionsbedingungen. Wenn weitere Werkzeuge benötigt werden, dann können diese, mit entsprechenden Schnittstellen ausgestattet, ohne großen Umrüstaufwand integriert werden.

Bei der *Mehrfachanordnung* werden Komponenten im weitesten Sinne ebenfalls ausgetauscht. Jedoch bleiben in diesem Fall alle Funktionsträger fest miteinander verbunden. Der jeweils benötigte Funktionsträger wird durch Verschieben oder Schwenken in die erforderliche Position gebracht. Dadurch wird für Montagewerkzeuge und Greifer eine wesentlich höhere Funktionsdichte erreicht und Taktzeiten reduziert. Häufig verwendete Wechselmechanismen sind Revolvermechanismen, bei denen der entsprechende Greifer eingeschwenkt wird.

Einen Sonderfall bilden Werkzeuge mit festen Mehrfachanordnungen von Funktionsträgern. Dabei sorgt das Handhabungssystem dafür, daß die gerade benötigte Komponente zum Greifen eines Fügeteils eingesetzt werden kann. Diese Anordnung ist am günstigsten und wird bei flexiblen Montagewerkzeugen in der Regel immer angestrebt, da geringe Wechselzeiten erreicht werden und gleichzeitig der technische Aufwand für Schnittstellen minimiert wird.

Bei der festen Mehrfachanordnung können die Wirksysteme seriell oder parallel angeordnet sein. Die serielle Anordnung erlaubt jeweils nur den Einsatz eines von mehreren Wirksystemen. Ein Greifer mit gestuften Wirkelementen kann jeweils nur ein Fügeteil greifen und handhaben.

Demgegenüber können bei der parallelen Anordnung von Wirksystemen mehrere Fügeteile gleichzeitig gehandhabt und montiert werden. So zum Beispiel bei Montagewerkzeugen mit mehreren Greifsystemen, mit denen nacheinander mehrere Fügeteile aufgenommen werden können. Durch diese parallele Anordnung können weitere Taktzeitverkürzungen erreicht werden, da Handhabungswege zwischen dem Bereitstellungsort der Fügeteile und dem Montageort am Basisteil minimiert werden. Das häufigste Einsatzhemmnis der Mehrfachwerkzeuge ist jedoch das hohe Gewicht, der große Bauraum und die damit verbundene schlechte Zugänglichkeit dieser Konstruktionen.

Als weitere Maßnahme zur Erhöhung der Flexibilität von Montagewerkzeugen steht das *Anpassen* von Komponenten zur Verfügung. Komponenten können dabei in-Prozeß oder prä-Prozeß an Fügeteile oder -prozesse angepaßt werden. Prä-Prozeß Anpassung wird erreicht, indem das Montagewerkzeug entsprechend den Anforderungen des Fügeteils und des Fügeprozesses vor der eigentlichen Montage angepaßt wird. Die Wirkelemente eines Greifers werden zum Beispiel an einem Modell des Fügeteils angepaßt oder ein Fügeverlauf wird fest in eine Gerätesteuerung programmiert. Bei der in-Prozeß Anpassung werden Komponenten direkt am Fügeteil oder während des Fügeprozesses angepaßt. Dazu sind im allgemeinen aufwendige Sensorsysteme notwendig.

Letztendlich kann die Flexibilität von Montagewerkzeugen auch dadurch erhöht werden, daß Werkstücke oder Fügeprozesse selbst angepaßt werden. Zum Beispiel könnten Fügeteile mit standardisierten Griffflächen versehen werden. Damit würde sich die Anzahl der handhabbaren Fügeteile für ein Montagewerkzeug, also die Flexibilität hinsichtlich der Fügeteile, ebenfalls erhöhen. Diese Möglichkeit und eine greif- und fügegerechte Gestaltung der Produkte sollte immer zuerst beachtet werden, wenn die produktgegebenen Anforderungen dadurch nicht beeinflußt werden und ein guter Informationsaustausch zwischen der Produktkonstruktion und der Betriebsmittelkonstruktion gegeben ist.

Produktivität, Wirtschaftlichkeit und Zuverlässigkeit

Bei der Auslegung der Montagewerkzeuge muß der Einfluß der gewählten Funktionsträger auf die Zielgrößen Produktivität, Wirtschaftlichkeit und Zuverlässigkeit berücksichtigt werden [1.25]. Die Bewertung dieser Ziele ergibt sich aus Kriterien mit unterschiedlichen Einflußbereichen, die in Abb. 1.28 zusammengefaßt sind.

Im allgemeinen beschreibt die Produktivität das Verhältnis der Produktionsmenge zur Menge der eingesetzten Produktionsfaktoren. Höhere Produktionsmengen, und damit eine höhere Produktivität, können durch größeren Durchsatz ohne zusätzlichen Kapitaleinsatz erreicht werden. Ein wichtiger Schritt in Richtung Durchsatzerhöhung ist deshalb die Verringerung von Nebenzeiten. In automatisierten Montagezellen treten als Nebenzeiten vor allem Wechselzeiten, beim automatischen Austauschen oder Anpassen von Komponenten, und Umrüstzeiten, beim manuellen Umrüsten oder Umprogrammieren einer Anlage, auf.

Um die Produktivität einer flexiblen, automatisierten Montagezelle zu erhöhen müssen die Montagewerkzeuge so ausgelegt werden, daß Wechselzeiten minimiert werden. Das kann erreicht werden, indem eine hohe Funktionsdichte und modulare Schnittstellen angestrebt werden. Zusätzlich können durch parallele Anordnung von Funktionsträgern, durch kompakte Baugröße und durch geringen Platzbedarf in einer Montagezelle Wege bei Handhabungsvorgängen eingespart werden.

Bewertungskriterium	P	W	Z	Gestaltungsregeln
Funktionsdichte	⊕	⊕	⊝	hohe Funktionsdichte reduziert Wechselzeiten
Rüstzeit	⊕	⊕	○	kurze Rüstzeiten erhöhen Nutzungsgrad
Parallelarbeit	⊕	⊕	○	Parallelarbeit erhöht Durchsatz, verkürzt Taktzeiten
Speicherbedarf	⊕	⊕	○	geringer Speicherbedarf ermöglicht kurze Wege
Größe	⊕	⊕	⊕	geringe Baugröße verbessert Zugänglichkeit von Füge- und Bereitstellungsort
Gewicht	⊕	⊕	○	geringes Gewicht ermöglicht hohe Beschleunigungen und leichte Roboterbauart
Komplexität	⊕	⊝	⊝	große Komplexität erhöht Entwicklungs- und Betriebskosten
Standardbaugruppen	⊕	⊕	⊕	viele Standardbaugruppen verringern Entwicklungskosten und verbessern Mögl. zur Ersatzbeschaffung
Aufwand Wirksystem	⊕	⊝	⊕	großer technischer Aufwand erhöht Entwicklungs- und Betriebskosten
Aufwand Wechselsystem	⊕	⊝	⊕	
Aufwand Steuerung	⊕	⊝	⊕	
Aufwand Antriebssystem	⊕	⊝	⊕	
Sensorik für Werkstückanwesenheit	⊕	○	⊕	Werkstückanwesenheitssensor erhöht Prozeßsicherheit
Sensorik für Fügeprozeßzustand	⊕	○	⊕	Überwachung des Fügeprozeßzustands ermöglicht genaue Qualitätsaussagen
Toleranzausgleich	⊕	○	⊕	Toleranzausgleich erlaubt Positionierfehler
Robustheit	⊕	○	⊕	Robustheit sichert Funktion nach Kollisionen
Störkanten	⊕	○	⊕	wenig Störkanten vermeiden Kollisionen

P	Produktivität	⊕	positiver Einfluß
W	Wirtschaftlichkeit	⊝	negativer Einfluß
Z	Zuverlässigkeit	○	kein Einfluß

Abb.1.28. Auswahl wichtiger Bewertungkkriterien für flexible Montagewerkzeuge und Greifer und deren Einfluß auf Produktivität, Wirtschaftlichkeit und Zuverlässigkeit.

Es müssen jedoch auch wirtschaftliche Kriterien berücksichtigt werden. Standardbaugruppen sollten nach Möglichkeit verwendet werden, um den Entwicklungsaufwand gering zu halten. Auch der technische Aufwand für das Wirksystem, die Wechseleinrichtungen, die Steuerung und das Antriebssystem sollten nach Möglichkeit gering gehalten werden. Die Investitionskosten für Montagewerkzeuge sind jedoch im allgemeinen gering im Vergleich zu den Kosten der restlichen Anlage, z.B. des Industrieroboters und aufwendiger Peripheriegeräte [1.37].

Die Zuverlässigkeit eines Montagewerkzeugs wird durch robuste Konstruktion und durch Vermeiden von Störkanten am Werkzeug erhöht. Kompakte und gut zugängliche Greif- und Fügesysteme helfen Kollisionen zu vermeiden. Aktive oder passive Toleranzausgleichssysteme können Positionierfehler des gesamten Systems ausgleichen und führen daher zu höherer Verfügbarkeit der Gesamtanlage. Zusätzliche Sensorik zur Werkstückanwesenheit oder zur Erkennung des Fügezustands erhöhen einerseits die Prozeßsicherheit. Andererseits wird das Montagewerkzeug komplexer und damit unter Umständen wieder unzuverlässiger. In diesem Fall sollten einfache und robuste Sensoren zum Einsatz kommen.

In Abb. 1.28 sind außer den Bewertungskriterien und deren Einfluß auf die Zielgrößen Produktivität, Wirtschaftlichkeit und Zuverlässigkeit auch die wichtigsten Gestaltungsregeln aufgeführt, die zu einer an den Zielgrößen ausgerichteten Konstruktion des Montagewerkzeugs führen sollen.

Beispiele flexibler Montagewerkzeuge

Zwei Konstruktionen, dargestellt in Abb. 1.29, sollen im folgenden als Anwendungsbeispiele die Vorgehensweise bei der Konstruktion von Montagewerkzeugen und Greifern und deren Zusammenhänge mit den Zielgrößen Produktivität, Zuverlässigkeit und Wirtschaftlichkeit verdeutlichen.

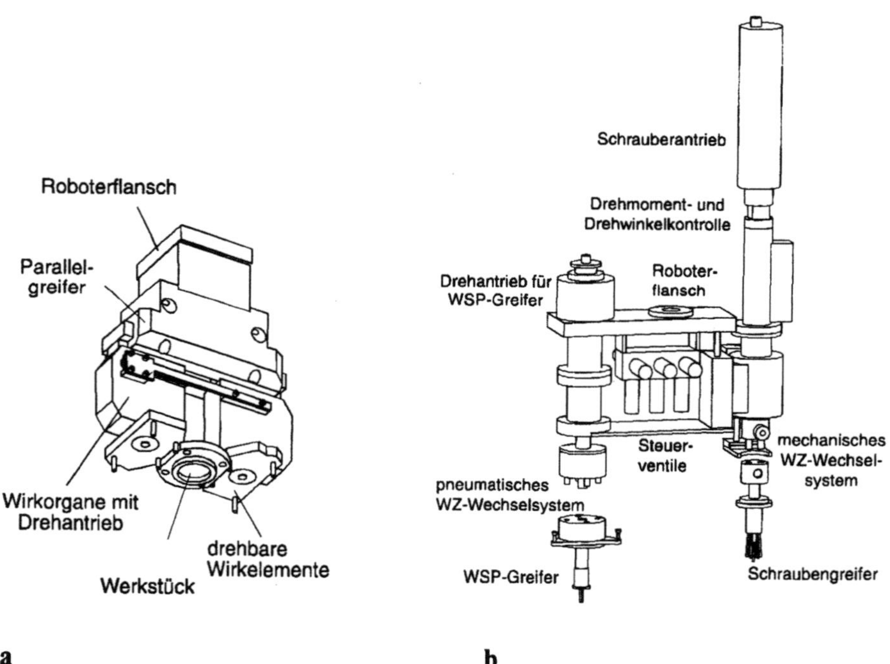

Abb. 1.29. Beispiele für flexible Montagewerkzeuge und Greifer **a.** Drehbackengreifer in einer Montagezelle für Schneckengetriebe. **b.** Aufbau eines Wechselwerkzeugs für Wendeschneidplatten an Zerspanungswerkzeugen.

Im ersten Beispiel wird die Taktzeitverkürzung durch Einsatz eines Greifers mit drehbaren Wirkelementen anstelle eines Greiferwechselsystems beschrieben. Das zweite Beispiel zeigt die Konzeption eines multifunktionalen, robotergeführten Werkzeugs zum Auswechseln, Drehen und Wenden von Wendeschneidplatten an Zerspanungswerkzeugen.

Drehbackengreifer zur Getriebemontage

In einer flexibel automatisierten Montagezelle werden Schneckengetriebe an einer autarken Roboterstation komplett montiert. Dabei muß für 44 Füge- und Handhabungsvorgänge 34 mal auf das zentrale Werkzeugmagazin und 24 mal auf verschiedene Kleinteilemagazine zugegriffen werden. Mit zunächst fünf Greifern und Montagewerkzeugen, die über ein Wechselsystem automatisch von Roboter gewechselt werden, wurde bei vormontierten Getriebewellen eine Taktzeit von ca. 15 Minuten erreicht [1.26, 1.27, 1.28, 1.29]. Eine Zeitanalyse ergab, daß für Greiferwechsel annähernd 30 Prozent der gesamten Montagezeit aufgewandt werden mußten. Um diese Wechselzeiten zu reduzieren und kürzere Taktzeiten zu erreichen wurde ein flexibler Greifer konzipiert, mit dem die Greiferanzahl verringert werden sollte. Als Konstruktionsaufgabe wurde dabei formuliert, ein flexibles Montagewerkzeug zum Greifen und Fügen zylindrischer Teile verschiedener Schneckengetriebegrößen unterschiedlicher Abmessungen und Eigenschaften zu entwickeln. Dazu müssen zunächst die Anforderungen an das Montagewerkzeug untersucht werden, die durch die Eigenschaften der Fügeteile, der Fügeprozesse und des Umfelds gegeben sind.

Bei der Montage des Schneckengetriebes wird das Getriebegehäuse mit Hilfe einer Drehvorrichtung auf einer Transportpalette gehalten und beim Montieren der Fügeteile von vier Seiten in die jeweils richtige Orientierung gedreht. Alle Fügeteile werden vertikal von oben in das Getriebegehäuse als Basisteil gefügt. Dabei werden, bis auf die geschraubten Getriebedeckel, die Füge- und Basisteil durch *Zusammensetzen* gefügt (Spiel- und Übergangspassungen). Die Fügeteile sind alle zylindrisch geformt, besitzen jedoch unterschiedliche Gewichte und Struktursteifigkeiten. Die vormontierten Wellen müssen an den Wellenenden und an den aufgepreßten Kugellagern gehalten werden. Die maximale Masse dieser Baugruppe beträgt dabei ca. 5,2 kg. Die Paßscheiben, die an den Lagerstellen zur Korrektur der Wellenlage und des Lagerspiels eingesetzt werden, sind ringförmig mit einer minimalen Dicke von 0,1 mm und einer Masse von wenigen Gramm. Die Durchmesser der Fügeteile reichen von 14 mm bei den Wellen bis zu 148 mm bei den Getriebedeckeln.

Die Anforderungen der Fügeteile und der zugehörigen Fügeprozesse zeigen, daß beim Greifen der Fügeteile nur die Wirkelemente und das Regelungs- und Steuerungssystem angepaßt oder ausgetauscht werden müssen. Die Wirkelemente müssen an die verschiedenen Größen und Griffflächen der Fügeteile angepaßt werden. Das Regelungs- und Steuerungssystem muß die zum Greifen der unterschiedlich stabilen Fügeteile aufzubringenden Kräfte entsprechend anpassen und ggf. die Greifweite einstellen können.

Berücksichtigt man die in Abb. 1.27 dargestellten Möglichkeiten zur Flexibilisierung, dann liegt es aufgrund der oben dargestellten Anforderungen nahe, die Wirkstellen austauschbar anzuordnen. Dabei sollte eine Mehrfachanordnung bevorzugt werden, um Wechselzeiten zu vermeiden. Aufgrund der Werkstückmassen und der geringen möglichen Traglast des eingesetzten Industrieroboters wird eine serielle Anordnung gewählt, bei der jeweils nur ein Fügeteil aufgenommen wird. Eine feste Mehrfachanordnung, z.B. in Form von gestuften Greiferbacken, scheidet wegen der schlechten Zugänglichkeit der Fügeteilbereitstellung und der Fügestelle am Basisteil aus.

Drehbare Wirkelemente ermöglichen eine hohe Funktionsdichte bei gleichzeitig geringem Bauvolumen. Dabei wird ein zusätzlicher Antrieb zum Einschwenken der jeweiligen Wirkfläche und ein Verriegelungsmechanismus für jedes einzelne Wirkorgan benötigt. Die übrigen Komponenten des Greifsystems, wie Antrieb, Ausgleichssystem, Übertragungsystem und Trägersystem, können aus bereits vorhandenen Greiferlösungen übernommen werden, um den Entwicklungsaufwand gering zu halten. Abbildung 1.29a zeigt den Greifer beim Einsatz in der Montagezelle für Schneckengetriebe.

Das gesamte Wirksystem des Greifers ist modular aufgebaut. Als Grundmodul wird ein Standard Zweifinger-Parallelgreifer verwendet. In diesem Grundmodul oder Greifergrundkörper sind das Antriebssystem und das Übertragungssystem zusammengefaßt. Roboterseitig kann ein Ausgleichsmodul und eine Adapterplatte zum Greiferwechselsystem des Roboters angebracht werden.

Die Wirkorgane des Greifers sind über anpaßbare Adapter an dem Greifergrundkörper befestigt. In den Wirkorganen sind der Drehmechanismus für die Wirkelemente und der Verriegelungsmechanismus untergebracht. Um einen zusätzlichen Antrieb für die 90 Grad Drehbewegung der Wirkelemente einzusparen und damit eine sehr kompakte Baugröße zu erhalten, wird die Greifbewegung zum Weiterschalten der Wirkelemente (Wirkplatte) ausgenutzt. Dazu werden die beiden Wellen der Wirkplatten über ein Zahnstange-Ritzel Getriebe und einen Zug-/Druckstab miteinander gekoppelt. Zusätzlich dient eine Kupplung zum Ein- und Auskuppeln dieser Verbindung. Im entkoppelten Zustand ist die Wirkplatte in einer Stellung verriegelt, und die Greiforgane können pneumatisch geöffnet und geschlossen werden. Wenn die Welle und die Wirkplatte gekoppelt werden, dann dreht sich die Platte beim Öffnen oder Schließen des Greifers um 90 Grad. Dadurch wird die nächste Wirkfläche in Greifposition gebracht. Mehrmaliges Betätigen des Greifers im gekoppelten und entkoppelten Zustand erlaubt das Einschwenken der gewünschten Wirkfläche.

An den drehbaren Wirkelementen können bei einer 90 Grad Teilung vier unterschiedliche Wirkflächen angebracht werden, z.B. Prismen zum Greifen von zylinderförmigen Fügeteilen. Zusätzliche Wirkflächen oder Wirkelemente können in einer zweiten Ebene unterhalb der Wirkplatte angeordnet werden, z.B. mit Zylinderstiften oder Saugelementen. Damit können die Wirkelemente mit verschiedenen Wirkprinzipien ausgestattet werden (mechanisch, pneumatisch, magnetisch, usw.). Änderungen des Fügeteilspektrums oder neue Teilevarianten erfordern durch den modularen Aufbau des Greifers nur die Neukonstruktion der drehbaren Wirkelemente und sind daher schnell und einfach durchführbar.

Durch den Einsatz des beschriebenen Greifers können Wechselzeiten bei gleichbleibenden Investitionskosten erheblich reduziert werden. Gleichzeitig ergibt sich die Möglichkeit, das Schraubwerkzeug ebenfalls in diese eine Konstruktion zu integrieren, was beim Einsatz mehrerer Greifer nicht möglich wäre. In dieser Anordnung würden sämtliche Wechselzeiten entfallen und die Taktzeit könnte um insgesamt 30 Prozent verringert werden.

Wechselwerkzeug für Wendeschneidplatten

Im Werkzeugrüstbereich der spanenden Fertigung verlagern sich die Tätigkeiten durch den Einsatz neuer Schneidstoffe und Werkzeugkonstruktionen in Form von auswechselbaren Wendeschneidplatten hin zu Demontage-, Montage- und Handhabungsaufgaben [1.30, 1.31, 1.32]. Diese bisher vorwiegend manuell durchgeführten Arbeiten bieten, vor allem in Großserienfertigungen mit einem entsprechend hohen Umsatz an Wendeschneidplatten, ein hohes Rationalisierungspotential durch den Einsatz von automatisierten Anlagen. Das Auswechseln von Wendeschneidplatten an Zerspanungswerkzeugen stellt jedoch durch einen komplizierten Demontage-, Montage- und Handhabungsablauf und eine Vielzahl von Werkzeug- und Wendeschneidplattenformen als auch Spannsystemen hohe Anforderungen an Füge- und Greifsysteme.

Um das Rationalisierungspotential in diesem Bereich der mechanischen Fertigung zu untersuchen, wurde eine automatisierte Wendeschneidplatten-Rüstzelle konzipiert und Komponenten für Versuche unter praxisnahen Bedingungen entwickelt. Zentraler Bestandteil dieser Rüstzelle ist ein robotergeführtes Wechselwerkzeug für Wendeschneidplatten.

Folgende Konstruktionsaufgabe wurde formuliert: Es soll ein robotergeführtes Werkzeug konstruiert werden, mit dem Wendeschneidplatten unterschiedlicher Größen, die mit unterschiedlichen Spannsystemen befestigt sind, automatisiert gewechselt werden können. Aus dem Ablauf des Wechselvorgangs und der Gestaltung der Platten und Spannmechanismen ergeben sich dabei die Funktionen des Werkzeugs.

Um eine Wendeschneidplatte bei einem Zerspanungswerkzeug auszuwechseln muß zunächst der Spannmechanismus gelöst werden. In der Mehrzahl der in diesem Anwendungsfall vorliegenden Werkzeuge werden Schrauben zur Befestigung der Wendeschneidplatte eingesetzt (z. B. ISO-S System). Die Schraube wird durch Aufbringen eines bestimmten Lösemoments herausgedreht. Danach muß die Schraube mit einem Greifsystem gehalten und aus der Wendeschneidplattenbohrung entnommen werden. Die Platte liegt danach ohne Befestigung im Plattensitz und kann von einem anderen Greifsystem entnommen werden. Je nach Art der Wendeschneidplatte und Anzahl der Einsätze in der Fertigung muß die Platte um einen bestimmten Winkel gedreht oder um 180 Grad gewendet werden. Verschlissene Platten müssen abgelegt und durch neue Platten ersetzt werden. Sämtliche Fügebewegungen müssen mit einer hohen Genauigkeit ausgeführt werden, um zu vermeiden, daß die Wendeschneidplatten bei der Montage im Plattensitz verkanten.

Durch eine große Vielfalt unterschiedlicher Größen und Formen von Wendeschneidplatten und Schrauben mit unterschiedlichen Schlüsselweiten müssen die Greifsysteme zum Greifen der Schrauben und der Platten austauschbar gestaltet werden. Das Fügesystem kann dagegen in Mehrfachanordnung realisiert werden.

Beim Fügen der Wendeschneidplatte übernimmt ein Roboter die Fügebewegung. Zum Ein- und Ausschauben der Spannschraube wird ein regelbares elektrisches Schraubwerkzeug eingesetzt. Damit ist es möglich unterschiedliche Anzugsmomente zu erreichen, um den Schraubprozeß beim Ein- und Ausschrauben an die Prozeßanforderungen anzupassen. Handhabungsfunktionen werden weitgehend vom Roboter übernommen. Eine Wendevorrichtung für Platten wird als Peripheriekomponente konzipiert. Dagegen können die Wendeschneidplatten mit Hilfe einer getakteten Drehvorrichtung direkt im Wechselwerkzeug, d. h. wenn sie aus dem Schneidwerkzeug entnommen wurden und sich noch im Greifer befinden, um 90 Grad oder 120 Grad gedreht werden.

Zusammenfassung

Bei der Konstruktion von Montagewerkzeugen muß großer Wert auf die Zuordnung der Funktionen auf einzelne Funktionsträger gelegt werden. Besonders bei hohen Anforderungen an die Flexibilität von Montagewerkzeugen muß berücksichtigt werden, daß durch unvorteilhafte Anordnung von Wechselsystemen die Produktivität von gesamten Montageanlagen verringert wird.

Bei flexiblen, automatisierten Montagezellen, d. h. wenn große Montageinhalte an einer Roboterstation realisiert werden sollen und hohe Variantenvielfalt bei Größe und Form der Fügeteile sowie bei Ablauf und Art der Fügeprozesse bestehen, müssen kurze Taktzeiten, geringer Platzbedarf der Einzelkomponenten und hohe Wiederverwendbarkeit der Komponenten durch geeignete konstruktive Lösungen angestrebt werden. Wichtigste Komponenten dabei sind Montagewerkzeuge und Greifer, da ihre Konstruktion direkt von der Vielfalt der Fügeteile und Fügeprozesse beeinflußt wird.

Die Konstruktion flexibler Montagewerkzeuge und Greifer erfordert daher ein methodisches Vorgehen und ganzheitliches Systemdenken. Das vorgeschlagene Systemmodell für Montagezellen unterstützt dieses Vorgehen, da es zu einem systematischen Aufarbeiten der Konstruktionsaufgabe und umfassenden Anforderungsprofilen führt. Möglichkeiten zur Flexibilisierung bestehen vor allem durch Austauschen oder Anpassen der Wirkelemente, des Greifsystems oder des Fügesystems. Dabei müssen die Auswirkungen der Art der Flexibilisierung auf die Zielgrößen Produktivität, Wirtschaftlichkeit und Zuverlässigkeit mit in die Lösungsfindung einbezogen werden.

1.3.2 Sensorisierte Fügemechanismen

Stand und Ziel der Entwicklung von Fügemechanismen

Das automatische Fügen von Teilen erfordert bekanntlich den Ausgleich der unvermeidbaren Abweichungen beim Positionieren der Fügepartner. Durch Positionierungenauigkeiten der Montagemaschinen, Toleranzen von Greifern und Wechselsystemen sowie Greiffehlern können Positionsfehler im Millimeterbereich auftreten. Ein automatisches Fügen - vor allem bei kleinem Fügespiel - ist ohne aktive Ausgleichsbewegungen nur begrenzt möglich. Zum Ausgleich der Winkel- und Lagefehler wurden die verschiedensten Fügemechanismen mit aktiven und passiven Ausgleichsgliedern entwickelt. [1.38]

Die größte Bedeutung bei der Montageautomatisierung haben Ungesteuerte Fügemechanismen (UFM) - auch als passive Fügehilfen bezeichnet - und Sensorisierte Fügemechanismen (SFM) als UFM in Verbindung mit Sensoren erlangt. Trotz vielfältiger Entwicklungsarbeiten auf diesem Gebiet sind die Probleme des Positionsfehlerausgleichs im Hinblick auf eine störungsfreie automatische Montage noch nicht optimal gelöst. Den Fügemechanismen der bekannten Bauarten mit passiven Ausgleichsgliedern haften Einschränkungen und Nachteile an. Einige der entscheidenden sind:

- Fehlerausgleich nur in begrenzter, berechenbarer Größe und
- Notwendigkeit des Anpassens der Fügemechanismen an die jeweilige Montageaufgabe, also mehrfaches Wechseln und damit Erhöhung der Montagezykluszeit und der Produktkosten.
- Fügemechanismen bisheriger Bauarten mit Federgelenken, auch die mit Sensoren, sind um die Fügeachse und in Fügerichtung elastisch nachgiebig und enthalten zu ihrem Schutz beim unzulässigen Ansteigen der Fügekräfte und -momente Anschläge, die aber die Funktion des Mechanismus außer Kraft setzen.
- SFM bekannter Bauarten haben unveränderbare Steifigkeiten, so daß sie entweder nur für robuste oder nur für empfindliche Fügeoperationen verwendbar sind und
- fehlende Ausweichbewegungen in Fügemechanismen mit Verformungskörpern und Dehnmeßstreifen als Sensoren führen auf Grund des nicht möglichen schlagartigen Stoppens der Antriebe zum Nachlauf der in Bewegung befind- lichen Massen und dadurch zu Störungen.

Eine flexible Montagetechnik erfordert Aktoren, die sich durch eine hohe Wiederverwendbarkeit auszeichnen, da sie die bestimmenden Elemente für Produktivität, Wirtschaftlichkeit und Zuverlässigkeit in automatischen Montagesystemen sind. [1.39] Bei den Fügemechanismen sind es die Sensorisierten Fügemechanismen (SFM) als Mechanismen veränderbarer Struktur [1.40] in Kopplung mit Signalgebern (Sensoren) und aktiven programmierbaren Bewegungs- und Kraftelementen.

Die von Sensorisierten Fügemechanismen (SFM) zu erfüllenden wesentlichen
Forderungen sind

– Anpaßbarkeit an die jeweilige Fügeaufgabe,
– die beim Fügen auftretenden Kräfte und Kraftmomente in vorgebbaren Grenzen zu halten,
– Ausgleichsbewegungen zu ermöglichen und zur Unterstützung des Fügevorganges zu aktivieren sowie
– Havariesituationen zu erkennen und durch Ausweichbewegungen Crash zu
  vermeiden.

Grundstrukturen von Sensorisierten Fügemechanismen (SFM)

Ein Fügeteil wird durch die Montageeinrichtung im allgemeinen mit 5 Positions-
fehlern (3 Winkel- und 2 Lagefehler) gegenüber dem Fügepartner, dem Basisteil,
positioniert. Die Fehler müssen vom SFM durch 5 Ausgleichsbewegungen (AG)
kompensiert werden, d.h., der SFM muß den Freiheitsgrad F=5 besitzen.
Die 6. Freiheit (Beweglichkeit) ist als Fügebewegung meist eine Schiebung (1S).
Sie ist, wie auch die Drehbewegung um die Fügeachse, mit einer Ausweichbewegung (AW) als Havarieschutz gepaart.
  SFM-Ausführungen zeigt Abb. 1.30. In der Vergangenheit wurden SFM in
Modulbauweise bevorzugt angewendet. [1.41],[1.42] Je nach Fügeaufgabe kamen
nur die dafür notwendigen Module zum Einsatz. Für eine flexible automatische
Montage wird eine Kompaktbauweise gewählt, in der alle Funktionen von SFM
integriert sind.

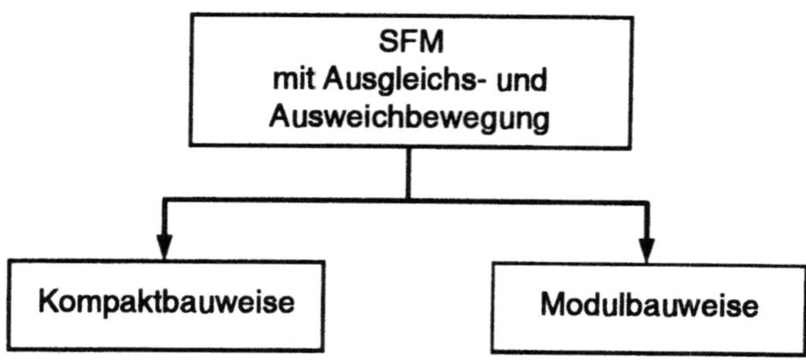

Abb.1.30. SFM-Ausführungen

Um die oben formulierten Forderungen an SFM erfüllen zu können, müssen
alle F Beweglichkeiten (Freiheiten) unabhängig voneinander verfügbar, aber
auch beeinflußbar sein. Durch eine Strukturveränderung, z.B. beim Rückstellen
(Zentrieren) des Mechanismus oder beim Steifschalten der Drehbeweglichkeit um
die Fügeachse oder der Beweglichkeit in Fügerichtung, ändert sich der Freiheits-

grad F des SFM. Die Strukturveränderung wird durch installierte Organe mit einstellbaren oder programmierbaren Kennlinien erreicht.

Aufbauelemente von Sensorisierten Fügemechanismen (SFM)

Die meisten der bekannten Fügemechanismen enthalten Federelemente aus Stahl oder Elastomeren, die sich beim Ausgleich der Lageabweichungen verformen. Die Orientierungsbewegungen werden durch das Kraftfeld bei der Berührung von Fügeteil und Basisteil erzwungen. [1.48] Die Verformungen und die daraus resultierenden Kräfte beeinflussen entscheidend die aufzubringende Fügekraft. Durch die Verformungskräfte wirken Normalstützkräfte auf das Basisteil senkrecht zur Fügerichtung, die beim Fügen zusätzlich zu überwindende Reibkräfte hervorrufen. Um die Verformungskräfte auszuschalten und damit die Fügekräfte zu reduzieren, wurden Möglichkeiten des Lage- und Winkelfehlerausgleichs ohne Verformung von Bauteilen untersucht.

Geradlinige Ausgleichsbewegungen zum Lagefehlerausgleich werden mit Gleitgelenken, Wälzgelenken und Geradführungsgetrieben (Koppelgetrieben) [1.43] erzeugt und beim Auftreffen des Fügeteils auf die Fase des Basisteils erzwungen.

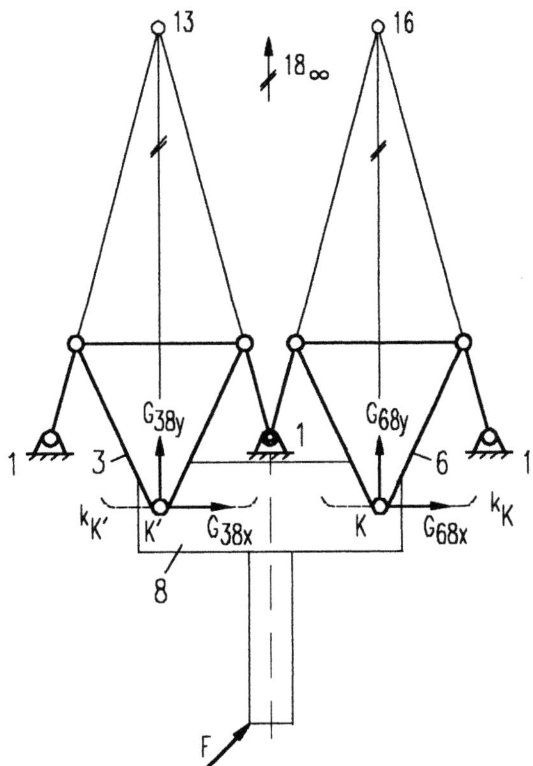

Abb.1.31. Geradführungsgetriebe (Roberts-Lenker) zum Lagefehlerausgleich

Niedrige Reibkräfte und eine große Kraftkomponente in Ausgleichsrichtung sind mit Geradführungsgetrieben zu erreichen, speziell mit dem Roberts-Lenker. [1.44] Die Koppelpunkte K bzw. K' der zweifach angeordneten Roberts-Lenker zur Erzielung der geraden Parallelführung des Gliedes 8 beschreiben angenähert Geraden (Abb. 1.31). Schon sehr kleine Kräfte G_{38x} und G_{68x} bewirken eine Geradverschiebung aufgrund der geringen Lagerreibung in den Drehgelenken. Da die Wirkungslinien der Kräfte G_{38y} und G_{68y} etwa durch den jeweiligen Momentanpol 18 der Koppel verlaufen, sind theoretisch unendlich große Fügekräfte übertragbar.

Der Ausgleich der Lageabweichung im Raum wird durch eine zweifache, orthogonale Anordnung der Mechanismen erreicht. Abb. 1.32 zeigt eine Möglichkeit der konstruktiven Anordnung der Roberts-Lenker.

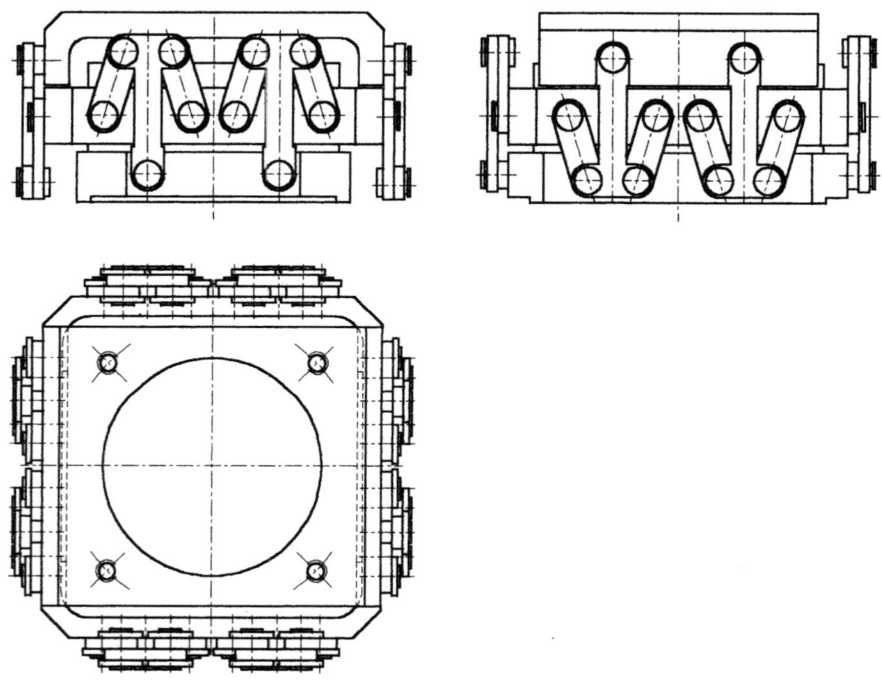

Abb.1.32. Anordnung der Geradführungsgetriebe zum Lagefehlerausgleich

Auch Winkelfehler können ohne Verformungskräfte, d.h. ohne Rückstellkräfte, mit Koppelgetrieben ausgeglichen werden, z.B. mit 2 hintereinandergeschalteten Koppelgetrieben (Abb. 1.33). [1.45]

Abhängig von den verschiedenen Auftreffvarianten des Fügeteiles FT auf das Basisteil BT müssen die Mechanismen ihre Struktur ändern, so daß der Momentanpol 34 in verschiedenen Bereichen bezüglich des Fügeteiles liegt und damit die erforderliche Drehrichtung erreicht wird. Nach der Strukturänderung durch Blockieren von Beweglichkeiten (s. Symbol) entsteht ein zwangläufiges Getriebe mit dem Getriebefreiheitsgrad $F=1$. Wegen der zweifachen Anordnung der Mechanismen kompliziert sich die konstruktive Gestaltung.

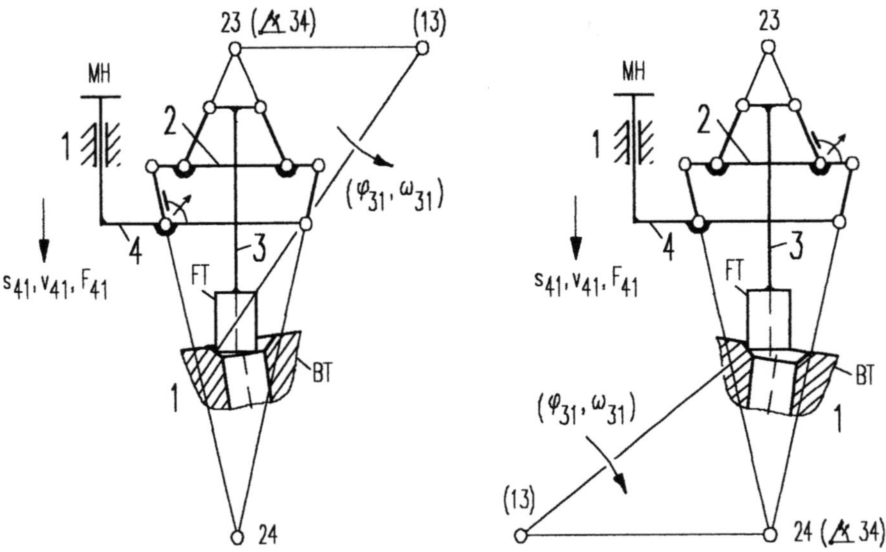

Abb.1.33. Koppelgetriebe für den Winkelfehlerausgleich

Die Änderungen der Mechanismenstruktur, die Veränderung der Steifigkeit und die Einstellbarkeit übertragbarer Kräfte und Kraftmomente sowie die Vorgabe von Fügekraftgrößen wird durch Druckkrafterzeuger in Form von pneumatisch beaufschlagten Kissen und Schläuchen realisiert. Die Einstellung gewünschter vorgebbarer Kraft- und Momentengrößen erfolgt durch Steuerung des Luftdruckes.

Die für das Fügen wichtige Einstellbarkeit des Widerstandes gegen das Ausweichen, das durch die Fügekraftgröße erzwungen wird, liegt in Druckkrafterzeugern, die jedem Ausgleichselement zugeordnet sind. Diese Druckkrafterzeuger besitzen geeignete Kennlinien und sind einzeln steuerbar. Damit ist es möglich, die Empfindlichkeit der einzelnen Ausgleichselemente unabhängig voneinander zu steuern, beispielsweise ist eine vorgebbare definierte Grenzkraft für jede Ausweichbewegung einzustellen. Die Reihenfolge des Ausgleichs von Winkel- und Lagefehlern kann über die Größe der einzustellenden Grenzkräfte gewählt werden. Mit Hilfe der Druckkrafterzeuger und Anschläge ist eine Zentrierung aller Ausgleichselemente möglich, so daß die definierte Ausgangsstellung erreicht wird. Die Druckkrafterzeuger haben also folgende Aufgaben zu erfüllen:

– Zulassen von Ausweich- und Ausgleichsbewegungen,
– Zentrierung des Fügemechanismus,
– Veränderung der Steifigkeiten des Systems.

Durch Veränderung des pneumatischen Druckes dehnen sich die Kissen und Schläuche aus. Die dadurch auf die Nachbarteile wirkenden Kräfte führen zur Veränderung der Steifigkeit des Fügemechanismus und/oder zu Bewegungen.

Die Auslegung der Druckkrafterzeuger erfolgt nach der wirksamen Oberfläche, dem Druck, dem Werkstoff, den Abmessungen und dem vorgesehenen, vorgebbaren Verformungsweg. Eine vorgebbare Krafteinstellung ist nur möglich, wenn die Konstruktion so ausgeführt ist, daß die wirksame Oberfläche des Druckkrafterzeugers bei jedem Druck konstant bleibt.

Jeder Druckkrafterzeuger hat auf Grund seines spezifischen Materials und seiner geometrischen Abmessungen ein Kennlinienfeld im Weg-Kraft-Diagramm (Abb. 1.34).

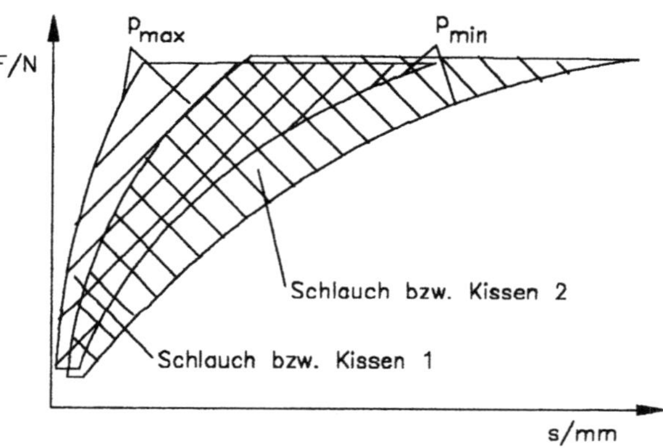

Abb.1.34. Weg-Kraftkennlinie von Druckkrafterzeugern

Im Bereich zwischen den extremen Druckwerten p_{min} und p_{max} ist die Steifigkeit durch stufenlose Veränderung des Druckes frei programmierbar und an die jeweilige Situation anpaßbar.

Die Sensoren an den Ausgleichselementen und/oder Durckkrafterzeugern geben ständig Informationen über den Zustand des SFM und damit über den Fügevorgang an den Steuerrechner, der die Signale in einem Programm für die jeweilige Fügeaufgabe auswertet und entsprechende Reaktionen, wie Einstellung der Druckkrafterzeuger und z.B. Nachführbewegungen des Manipulatorarmes, einleitet.

Abbildung 1.35 zeigt den SFM im Montagesystem im Zusammenwirken mit dem Montagemanipulator und seiner Steuerung, die mit einem Personalcomputer (Steuerrechner) gemäß Abb. 1.36 gekoppelt ist.

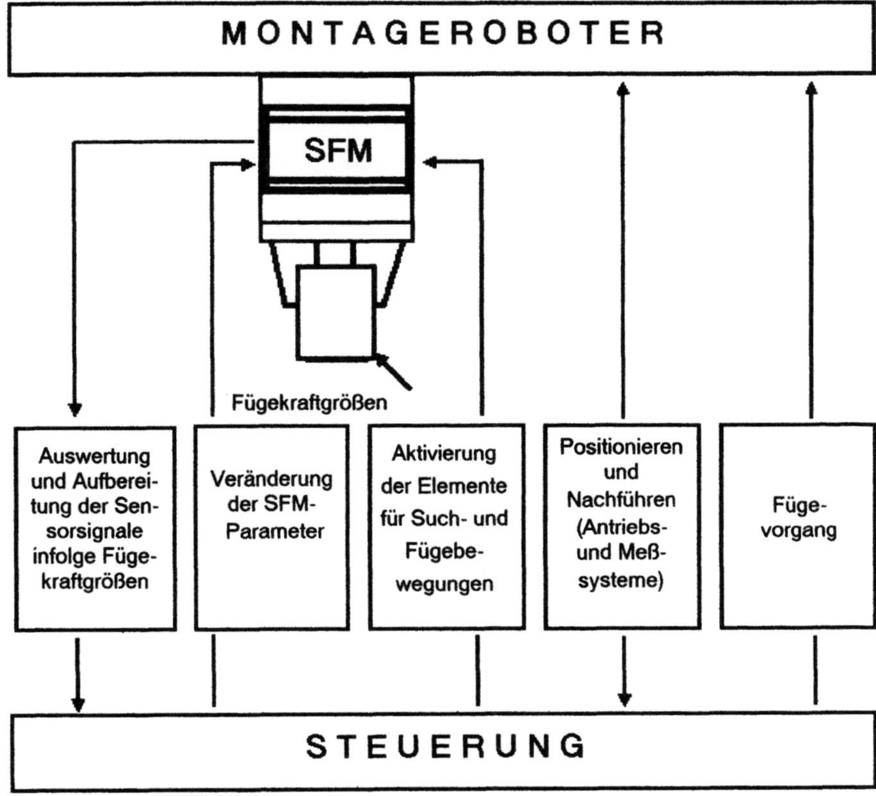

Abb.1.35. Funktionsschema des Sensorisierten Fügemechanismus

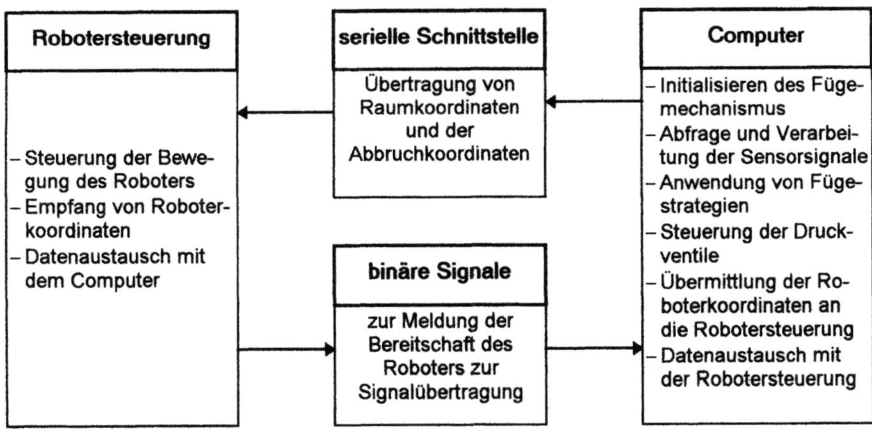

Abb.1.36. Kopplung von Personalcomputer und Robotersteuerung

Sensorisierte Fügemechanismen (SFM) in Kompaktbauweise

Besondere Anforderungen an die konstruktive Gestaltung ergeben sich daraus, daß die einzelnen Ausweichbewegungen voneinander unabhängig, also auch steif- zuschalten sind, d.h. als Beweglichkeit aus der Struktur eliminierbar sein müssen, ohne die Funktion der anderen Ausweichelemente zu beeinträchtigen.

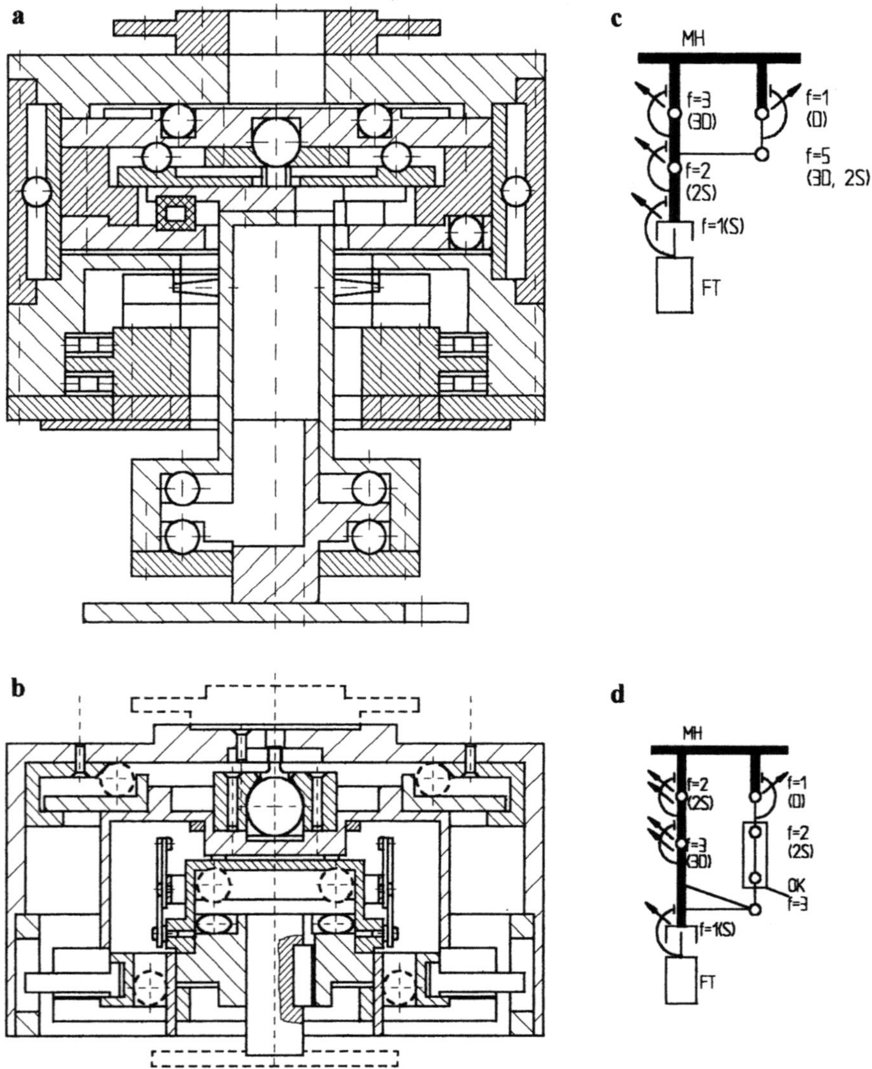

Abb.1.37. Kompakt-SFM **a)** mit Wälzführung, **b)** mit Doppel-Roberts-Lenker, **c)** und **d)** Strukturbilder (offene kinematische Kette) [1.45]
MH Manipulatorhand, *FT* Fügeteil, *S* Schiebung, *D* Drehung, *f* Gelenkfreiheitsgrad

Das bedeutet, daß beispielsweise bei vollzogenem Fehlerausgleich durch 2 Verschiebungen und 2 Drehungen um die x- und y-Achse noch die korrekte Funktion des Winkelfehlerausgleichs um die z-Achse gewährleistet sein muß. Diese Drehbewegung wird beim SFM-Typ in Abb. 1.37a über eine Gliederkette (Abb. 1.37c, schmale Linien), die eine modifizierte Oldham-Kupplung OK (Doppelschleife) und einen programmierbaren Anschlag zum Gestell MH geführt, ohne die anderen Ausgleichsbewegungen zu beeinflussen. Außerdem ist kleinster Bauraum anzustreben.

Die in Abb. 1.37 dargestellten 2 SFM-Prototypen haben eine ähnliche, universelle Grundstruktur. Die jeweils zum Positionsfehlerausgleich notwendigen 2 Schiebungen und 3 Drehungen werden durch Wälzführungen (Abb. 1.37a) bzw. Doppel-Roberts-Lenker (Abb. 1.37b) und ein Kugelgelenk realisiert.

Computersimulation, Sensorik und PC-Steuerung des Fügevorganges

Der Fügemechanismus enthält 10 zweiwertige Zustandssensoren; 4 Sensoren für die Erkennung von Lagefehlern, 3 für die Feststellung von Winkelfehlern, 2 für die Überwachung des vorgebbaren Moments um die Fügeachse und einen Sensor für die Überwachung der Fügekraft. Beim Auftreffen des Fügeteiles auf das Basisteil geben infolge der Positionsabweichungen entsprechende Sensoren Signale ab. Der aktuelle Zustandsvektor der Sensoren charakterisiert die jeweilige Fügesitution und wird im folgenden als Sensorbild bezeichnet. Jedem Sensorbild ist eine genaue Fügestrategie zugeordnet, die den schnellen Fortgang des Fügens mit niedrigen Kräften garantiert.

Kraft und/oder Momentenbegrenzungssensoren sind prinzipiell nicht für den Positionsfehlerausgleich geeignet, so daß für den Ausgleich der Positionsfehler nur die Lage- und Winkelsensoren ausgewertet werden müssen. Die Anzahl aller möglichen Sensorbilder beträgt $2^7 = 128$. Da sich gewisse Signale von Sensoren gegenseitig ausschließen, wie beispielsweise ein gleichzeitiges Signal der Lagesensoren in positiver und negativer x-Richtung, müssen letztlich 72 Sensorbilder für den Positionsfehlerausgleich ausgewertet werden. Jedes dieser Sensorbilder beschreibt eindeutig einen bestimmten Zustand des Fügemechanismus, so daß gezielte Ausgleichsbewegungen möglich sind.

Die entwickelte Fügestrategie dient dem gezielten Ausgleich der Positionsfehler anhand der Sensorbilder, so daß jede Fügesituation eine eindeutige Ausgleichsbewegung zur Folge hat. Dabei besteht das Problem, daß jedes Sensorbild aus verschiedenen Positionsabweichungen entstehen kann. Die eingesetzten Sensoren sind Zustandssensoren, d.h., es werden nur die Richtungen und nicht die genaue Größe der Abweichungen angezeigt. Es müssen deshalb i.a. nacheinander mehrere Ausgleichsbewegungen stattfinden, bis der vollständige Positionsausgleich erfolgt ist.

Lage- und Winkelfehler werden nicht gleichzeitig ausgeglichen. Winkelfehlerausgleichsbewegungen erfolgen erst, wenn der Lagefehlerausgleich vollständig abgeschlossen ist. Anderenfalls könnten durch die Lagefehlerkorrektur Vergrößerungen der Winkelabweichungen hervorgerufen werden. Lageausgleichsbewegungen erfolgen durch Nachführung des Roboters oder, ungesteuert, durch die Auslenkung der Geradführungsgetriebe es SFM. Winkelausgleichsbewegungen werden mit Hilfe der Luftkissen des Fügemechanismus bewirkt.

Für die simultane grafische Ablaufkontrolle des Fügevorganges am PC steht ein Programm zur Verfügung. Es werden die gewonnenen Sensorbilder und die daraus berechneten Steuersignale angezeigt. Letztere werden der Robotersteuerung vom PC zur Ausführung von Bewegungen übermittelt. Das bedeutet, daß alle für den Fügevorgang wichtigen Operationen im PC mit der dafür entwickelten Software ablaufen. Damit ist eine große Anpaßbarkeit des Fügemechanismus und der für ihn angefertigten Software an verschiedene Roboter mit unterschiedlichen Robotersteuerungen erreicht. Die Anpassung erfolgt über eine Zusatzsoftware für die jeweilige eingesetzte Robotersteuerung. Der notwendige Datenaustausch zwischen Robotersteuerung und PC wird über eine serielle Schnittstelle durchgeführt (s. Abb. 1.36).

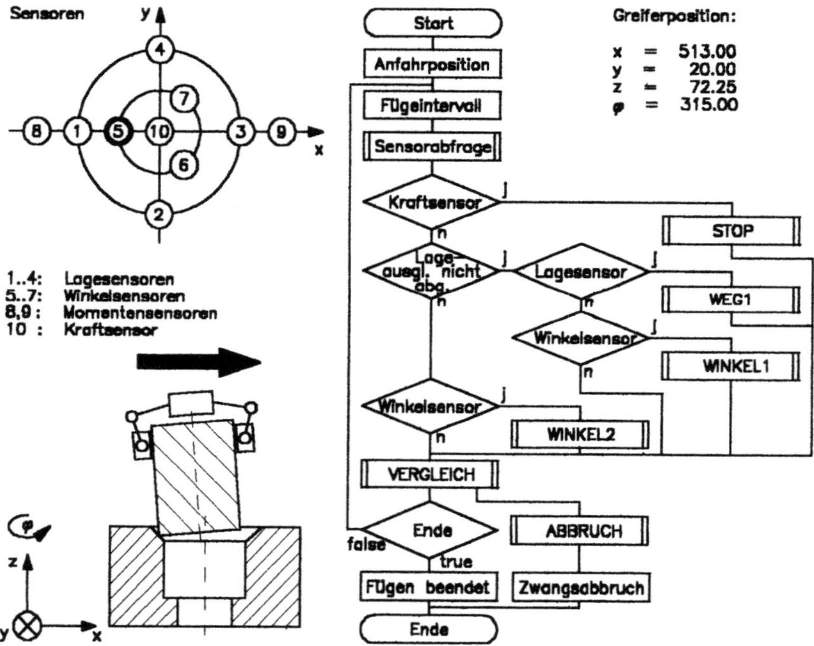

Abb.1.38. Simulation des Fügens mit SFM, Monitor mit Sensorbild (links oben), Fügeablauf (links unten) und Programmablauf (rechts)

Der Ablauf des Fügevorganges wird auf dem PC grafisch abgebildet. Dazu werden die Greiferposition, das Sensorbild und der Programmablauf auf dem Monitor dargestellt (Abb. 1.38). Durch die vom Fügemechanismus gewonnenen Sensorsignale entsteht das Sensorbild. Die durch die entwickelte Fügestrategie bedingten

Ausgleichsbewegungen werden auf dem Monitor dargestellt, bevor sie ausgeführt werden. Das Simulationsprogramm ermöglicht eine Kontrolle des Fügevorganges in seinen einzelnen Etappen.

Versuchstechnik und Versuche

Das Kernstück des Versuchsstandes (Abb. 1.39) zur Erprobung der SFM-Prototypen ist ein SCARA-Roboter (Abb. 1.40). Dieser SCARA-Roboter ist ein Horizontal-Knickarmroboter, der drei rotatorische Achsen und eine Schubachse besitzt. Mit dieser kinematischen Roboterstruktur kann der Arbeitspunkt (Tool Center Point TCP) in jeden Punkt des Arbeitsraumes des Roboters positioniert werden.

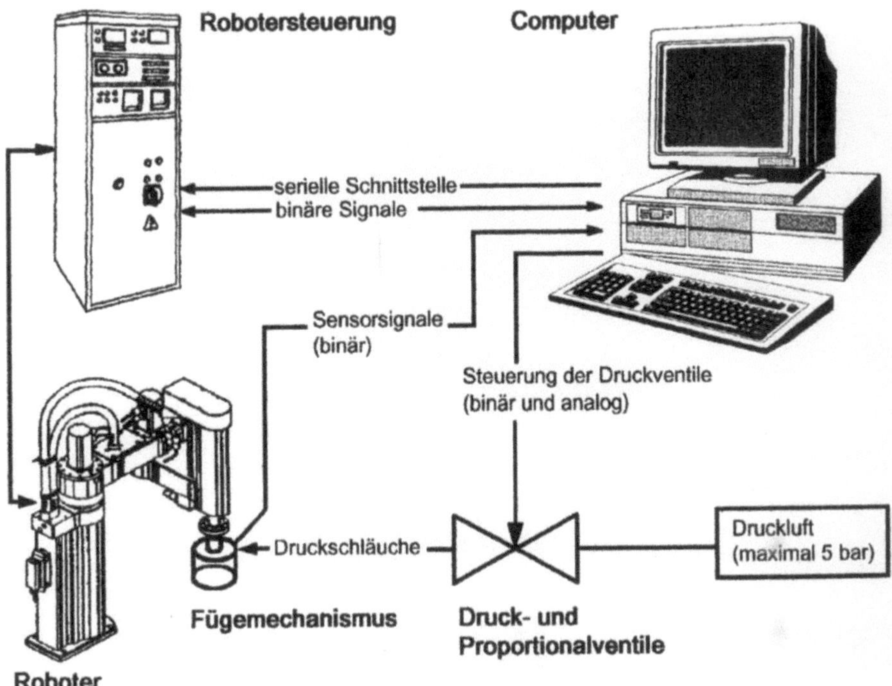

Abb.1.39. Aufbau des Versuchsstandes

Die Anzahl der Freiheiten ist 4. Die Bewegungen des Roboters werden über dessen Steuerung kontrolliert, über die im Automatikbetrieb ein Bewegungs- und Fügeprogramm abläuft. Für den Datenaustausch mit anderen Geräten stehen serielle Schnittstellen sowie binäre Ein- und Ausgänge zur Verfügung.

Die zentrale Steuerung des Fügeprozesses erfolgt in einem PC als Steuerrechner. Seine Aufgaben sind:

- Initialisierung des Fügemechanismus,
- Auswertung der Sensorsignale,
- Anwendung der Fügestrategien,
- Steuerung der Pneumatikventile und
- Datenaustausch mit der Robotersteuerung durch Übermittlung der anzufahrenden Roboterkoordinaten und verschiedenen Synchronisiersignale.

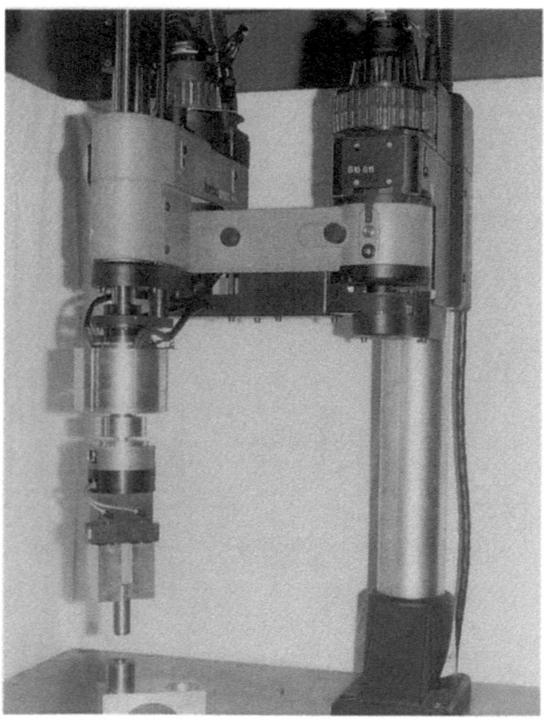

Abb.1.40. Scara-Roboter mit SFM von Abb. 1.37a

Für diese Aufgaben ist der Computer durch zusätzliche Erweiterungskarten ausgerüstet. Die Ausgleichsbewegungen des Fügemechanismus sowie dessen Ansprechverhalten werden über die Veränderung des Luftdruckes in den verschiedenen Schläuchen und Kissen beeinflußt (Abb. 1.41). Das wird durch Wege- und Proportionalventile erreicht, die über den PC angesteuert werden.

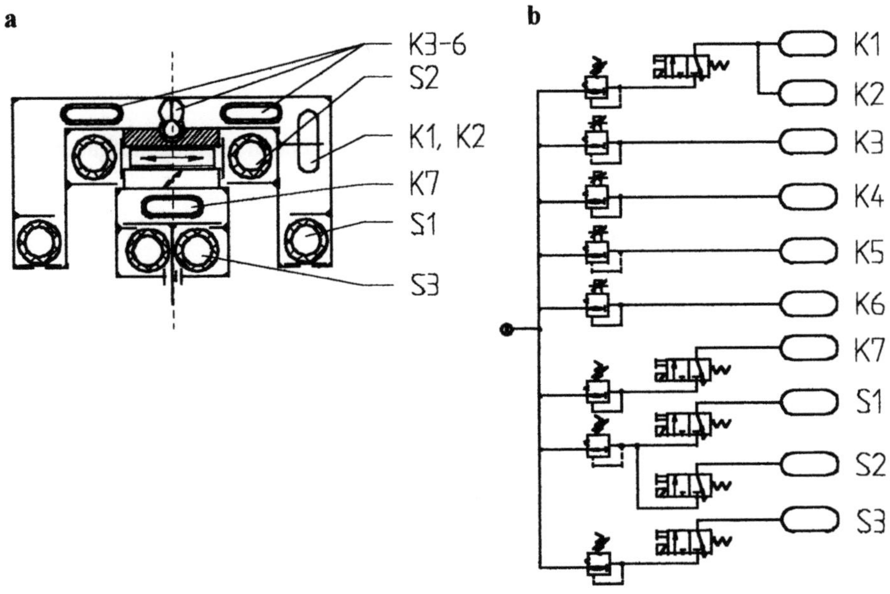

Abb.1.41. Pneumatikelemente für SFM **a)** SFM mit Kissen *K* und Schläuchen *S* **b)** Pneumatikschaltplan

Erprobung der SFM bei der automatischen Montage eines Schneckengetriebes

In Auswertung der automatischen Montage eines Schneckengetriebes zeigte sich folgendes:

Von 5 eingesetzten Greifern waren 4 mit passiven Fügehilfen ausgestattet, die entweder laterale oder angulare bzw. beide Fehler ausgleichen können. Trotz der überzeugenden Ergebnisse waren folgende Problembereiche bzw. Schwachstellen bei den Fügehilfen erkennbar:

– Jeder Greifer war mit einer speziellen Fügehilfe ausgerüstet.
– Bei Überlastung der Fügehilfen traten oftmals Schäden auf. Die Fügehilfen waren jeweils nur für einen Fügevorgang optimal ausgelegt, so daß der entsprechende Greifer bei Verwendung für andere Montagevorgänge weniger gut geeignet war.

Als Forderungen an Fügehilfen (Fügemechanismen) ergab sich daraus, daß zukünftig möglichst

– nur eine am Roboterhandgelenk angebrachte Fügehilfe verwendet wird, die nicht dem Wechselprozeß unterliegt,
– die Fügehilfen steifschaltbar sein müssen,
– an die auszuführenden Aufgaben anpaßbar sind und
– eine Überlastsicherung besitzen, d.h. zum Schutz vor Schäden Ausweichbewegungen ausführen können.

Das sind genau die Anforderungen, die an die Entwicklung von Sensorisierten Fügemechanismen gestellt werden.

Die Erprobung des SFM-Prototypes erfolgte an folgenden Montageaufgaben:

– Fügen der Lagerringe und der Deckel in das Getriebegehäuse,
– Fügen der Schneckenradwelle in das Gehäuse und
– Fügen der Verzahnungen.

Die Lösung dieser Aufgaben erfordert die Kopplung eines Fügemechanismus (SFM) und eines Schlagmechanismus bzw. Schraubers.

Die Versuchstechnik besteht aus einem SCARA-Roboterarbeitsplatz, auf dem die Schneckenwelle und Schneckenradwelle vormontiert werden, und einer Montagezelle mit Montagearbeitsplatz für die Ausführung der verbleibenden Montageschritte.

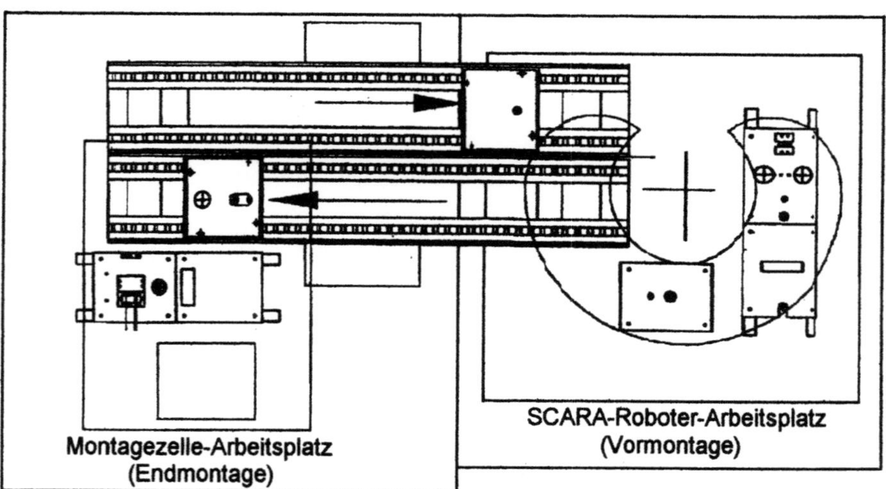

Abb.1.42. Arbeitsplätze Schneckengetriebe-Montage [1.46]

Beide Arbeitsplätze sind durch ein Karree-Transportsystem miteinander verbunden (Abb. 1.42).

Das Layout der Getriebemontage und die Versuchseinrichtungen sind für vertikales Fügen aller Teile ausgelegt. Deshalb ist das Getriebegehäuse am Endmontageplatz auf einer von einem ebenen Schrittgetriebe angetriebenen Wendevorrichtung (Abb. 1.43) angebracht. Der Schrittwinkel des Schrittgetriebes beträgt 90°. Das Getriebegehäuse ist somit in 4 Lagen zu positionieren, so daß ein Fügen von oben in vertikaler Richtung immer gewährleistet ist.

Abb.1.43. Schneckengetriebe-Wendevorrichtung [1.47]

Beim Fügen mit dem SFM wird eine wesentliche Verminderung der Fügekraft erreicht. Abb. 1.44 zeigt mit Kurve 1 den typischen Verlauf der Fügekraft F über der Fügetiefe l mit ungesteuerten Fügemechanismen (UFM). Der Verlauf läßt die 3 bekannten Fügephasen erkennen. Mit der Kombination von Fügemechanismus und Sensorik können durch die Auswertung der Sensorsignale für das Nachführen des Roboterhandgelenkes die Fügekraftgrößen wesentlich gesenkt und ihre Spitzen abgebaut werden. [1.43] Mit den Sensorisierten Fügemechanismen (SFM) in Kompaktbauweise in den Ausführungen von Abb. 1.37 wurden Fügekräfte gemessen, die einen Fügekraftverlauf nach Kurve 2 ergeben. Dieser Verlauf zeigt, daß ein Fügen mit sehr geringen Fügekräften gewährleistet ist, d.h., daß ein nahezu vollständiger Positionsfehlerausgleich ohne Verformungskräfte erfolgt.

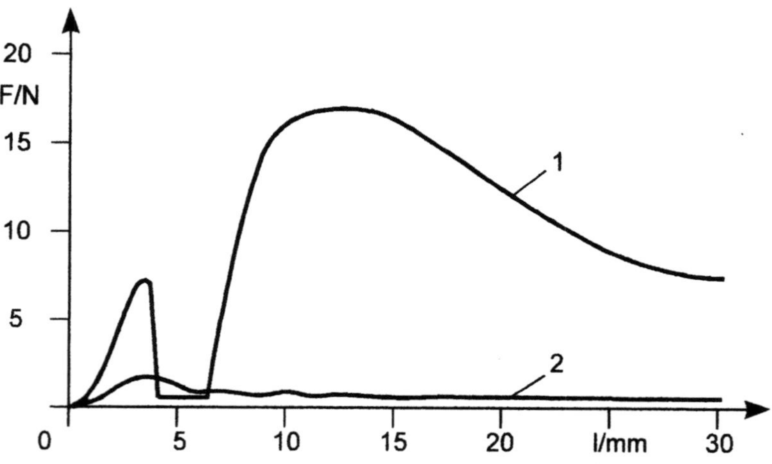

Abb.1.44. Fügekraftverlauf 1 beim UFM, 2 beim SFM (F Fügekraft, l Fügetiefe)

Die Erprobung zeigt, daß die genannten Ziele mit den entwickelten Sensorisierten Fügemechanismen erreicht werden. Mit diesen SFM können sehr lange, aber auch kurze Teile ohne einen Wechsel des Fügemechanismus gefügt werden. Durch die Möglichkeit des Steifschaltens lassen sich Fügeoperationen ausführen, bei denen Nachgiebigkeiten den Prozeß beeinträchtigen würden. Havarien werden durch Ausweichbewegungen vermieden.

Die Versuche haben bestätigt, daß es Auftreffvarianten von Füge- und Basisteil gibt, die zu Klemmstellungen führen. Diese Stellungen können ungesteuert durch Kraftwirkung in Fügerichtung nicht verlassen werden und sind nur durch Aktivierung des Winkelfehlerausgleichs zu beseitigen. Deshalb vollzieht sich der Fügevorgang in zwei Etappen. Nach dem Ausgleich von Lage- wird der Winkelfehler ausgeglichen. Mit den entwickelten SFM-Prototypen (Bild 1.37) erfolgt der Positionsfehlerausgleich beim automatischen Fügen ohne Weg-, Winkel- und Kraftmessungen.

1.4 Anwendungsbeispiele

1.4.1 Schlauchschellenmontage

Schlauchschellen werden vor allem in der Automobilindustrie und in der Weiße-Ware-Industrie eingesetzt. Beim PKW dienen sie u.a. zur Sicherung der Heizungs- und Kühlwasserschläuche, zur Befestigung von Schläuchen am Bremssystem und diversen anderen Aggregaten. Hier werden vor allem Formschläuche aus Kautschuk auf Schlauchstutzen befestigt [1.49]. Bei Wasch- und Geschirr-spülmaschinen werden vielfach Endlosschläuche von der Rolle verarbeitet und mit Schlauchschellen auf dem Nippel befestigt. Hier befinden sich PVC-, PE- und Kautschukschläuche im Einsatz.

Schlauchschellen werden immer dann eingesetzt, wenn eine Schlauch-Stutzen-Verbindung sicher und druckfest abgedichtet werden muß.

Montage von Schlauchschellen

Zur Ermittlung der Automatisierungshemmnisse bei der Montage von Schlauch-schellen wurde im Rahmen einer Umfrage zur Herstellung und Montage biege-schlaffer Teile [1.50] nach Gründen gefragt, die eine Automatisierung verhindern. Es zeigte sich, daß die geschlossene Form von Schlauchschellen und die notwen-dige Kombination von Schlauch und Schlauchschelle bei der Montage, als elemen-tare Hemmnisse bei der Schlauchschellenmontage angesehen werden (Abb. 1.45).

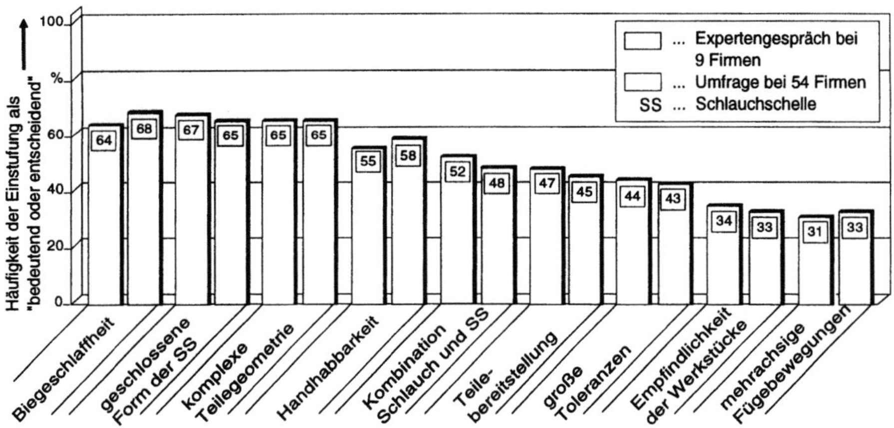

Abb.1.45. Automatisierungshemmnisse bei der Schlauchschellenmontage aus Sicht der Anwender

Die Vorrichtungen bei der Montage von Schlauch-Stutzen-Verbindungen unterteilen sich in die Teilaufgaben

— Schlauchmontage,
— Schlauchschellenmontage,
— Handhabung der Fügeteile,
— Schlauch mit Gleitmittel versehen und
— sonstige vorbereitende Tätigkeiten.

Abbildung 1.46 zeigt die Verteilung der Montagezeiten am Beispiel der Kühlerschlauchmontage. Es wird deutlich, daß die Montagezeit für die Schlauchschelle bei 60 % der gesamten Montagezeit für die Schlauch-Stutzen-Verbindung liegt. Dieses Beispiel ist repräsentativ für die Schlauchschellenmontage in Mittel- und Großserien und verdeutlicht den Rationalisierungsbedarf vor allem im Bereich der Schlauchsicherungstechnik.

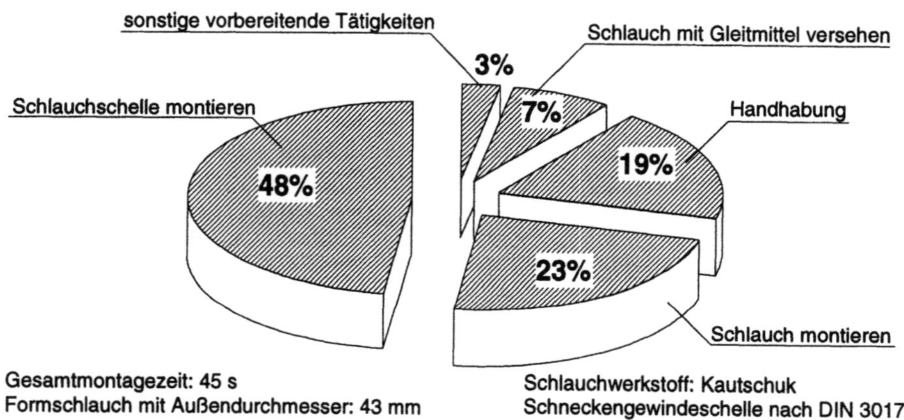

Abb.1.46. Montagezeiten bei der Kühlerschlauchmontage

Im weiteren soll am Beispiel einer Schlauchschellenmontage für Schneckengewindeschellen die spezifische Problematik bei dieser Verbindungsform dargestellt werden.

Zelle zur Montage von Schneckengewindeschellen

Ein Werkzeug zur flexibel automatisierten Montage von Schneckengewindeschellen ist durch die Teilfunktionen

— Bereitstellen/Speichern der Schneckengewindeschellen,
— Umschlingen der Fügestelle,
— Einfädeln der Bandspitze im Gehäuse der Schneckengewindeschelle,
— Festschrauben der Schneckengewindeschelle auf dem Schlauch und

– Überwachung/Steuerung der einzelnen Teilprozesse

gekennzeichnet. Jede dieser Teilfunktionen wird durch ein Teilsystem des Werkzeugs ausgeführt. Abbildung 1.47 zeigt die notwendigen Werkzeugteilsysteme und deren Aufgaben im Überblick.

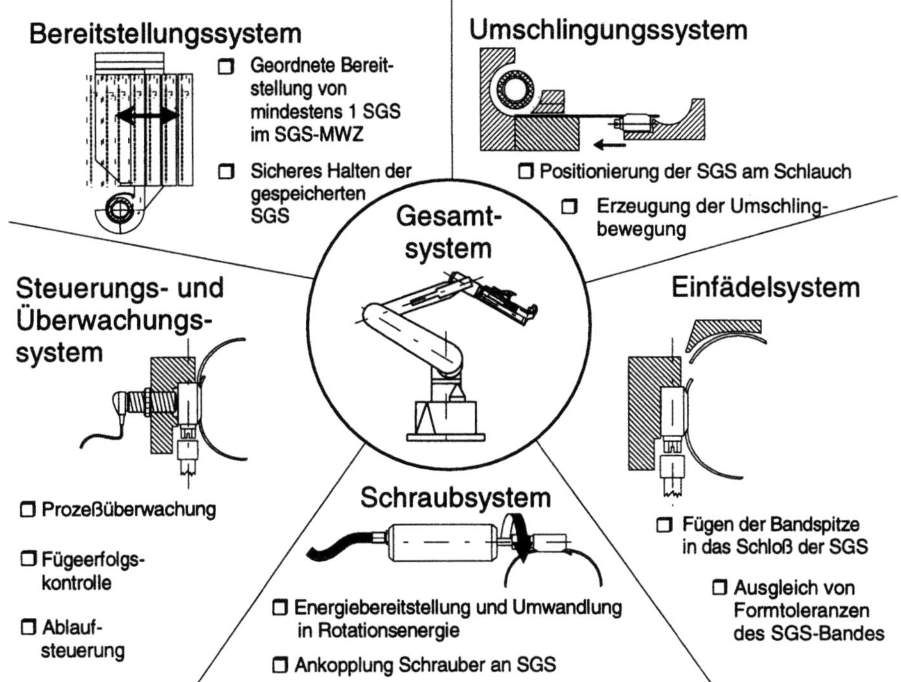

Abb.1.47. Teilsysteme eines Schneckengewindeschellen-Montagewerkzeugs

Das konzipierte sequentielle Montageverfahren mit einem Industrieroboter und einem Schneckengewindeschellen-Montagewerkzeug (SGS-MWZ) kann in 5 Fügephasen unterteilt werden (Abb. 1.48).

Die einzelnen Fügephasen müssen in chronologischer Reihenfolge durchgeführt werden, um eine Schneckengewindeschelle auf einer Schlauch-Stutzen-Verbindung zu fixieren und durch Aufpressen des Schlauches auf den Stutzen eine druckdichte Verbindung herzustellen.

Die *Orientierungsphase* leitet den Montageprozeß ein. Das Schneckengewindeschellen-MWZ wird mit Hilfe eines Montageroboters zur Fügestelle bewegt und dort in geöffnetem Zustand in der Arbeitsposition fixiert. Um ein Umschlingen der Fügepartner Schlauch und Stutzen zu ermöglichen, wird das Wirksystem des Schneckengewindeschellen-MWZ durch eine Bewegung des Montageroboters so

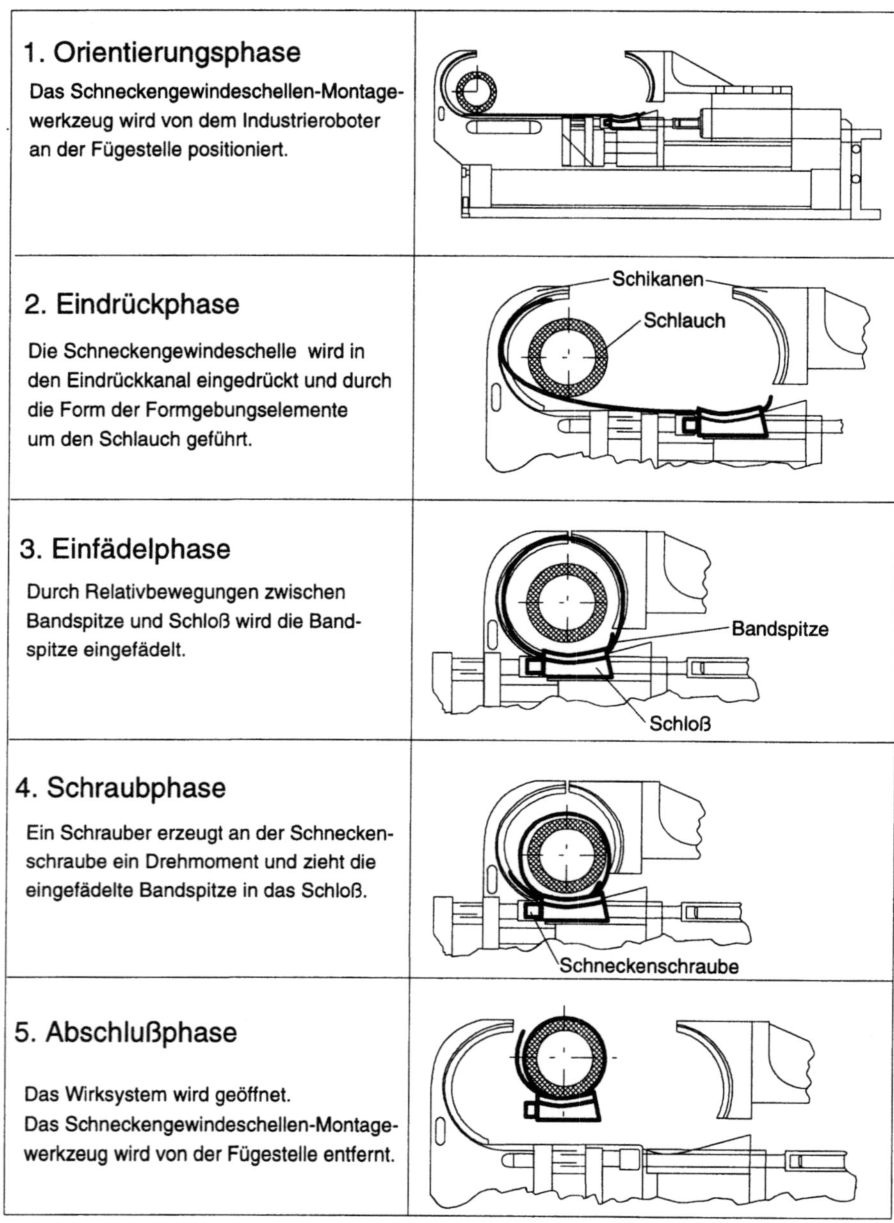

Abb.1.48. Fügephasen bei der Montage von Schneckengewindeschellen

am Schlauch positioniert, daß im nächsten Schritt im Schneckengewindeschellen-
Magazin eine Schneckengewindeschelle in Fügeposition gebracht und die *Ein-
drückphase* gestartet werden kann. Die Schneckengewindeschelle wird mit einem
Pneumatikzylinder in einen Eindrückkanal gedrückt und durch die Schikanenform

nach dem Prinzip des Rollbiegens um den Schlauch geführt. Die Eindrückphase mündet zu dem Zeitpunkt in die *Einfädelphase*, wenn die Schneckengewindeschellen-Bandspitze das Schneckengewindeschellen-Schloß oder das Hilfselement zum Einfädeln berührt. Während der Einfädelphase wird die Schneckengewindeschellen-Bandspitze durch eine passiv oder aktiv erzeugte Relativbewegung zwischen Schloß und Bandspitze gefügt. Sobald die Schneckenschraube die Riffelung am Schneckengewindeschellen-Band erfaßt hat und eine Zugkraft auf das Band ausübt, beginnt die *Schraubphase*, während dieser das Schneckengewindeschellen-Band durch das Schloß bewegt wird, bis ein vorher definiertes Anziehdrehmoment der Schneckengewindeschelle erreicht ist. Zur Freigabe der Fügestelle wird in der *Abschlußphase* das Schneckengewindeschellen-MWZ durch Öffnen der Schikane und durch Verfahren des Montageroboters vom Montageort entfernt. Nach Ablauf aller Fügephasen ist der Fügeprozeß für eine Schneckengewindeschelle beendet und die nächste Schneckengewindeschelle kann gefügt werden.

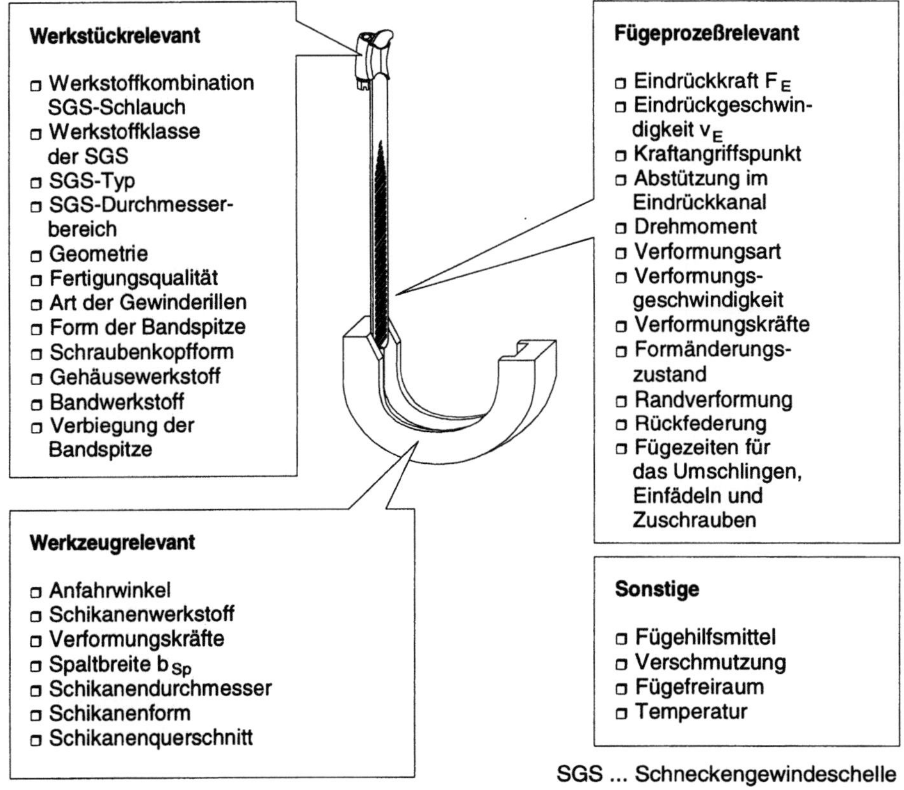

Abb.1.49. Einflußfaktoren auf den Fügeprozeß von Schneckengewindeschellen

Die Faktoren und ihre Wechselwirkungen, die den größten Einfluß auf die Montage der Schneckengewindeschellen nach dem Prinzip des Rollbiegens haben, wurden theoretisch und experimentell untersucht. Um die gegenseitige Abhängigkeit zwischen Eindrückkraft, Eindrückgeschwindigkeit, Eindrückweg und Eindrückzeit zu ermitteln, wurde zunächst eine theoretische Betrachtung des Fügeprozesses durchgeführt.

Um die Einflußfaktoren auf das Rollbiegen einer Schneckengewindeschelle ermitteln zu können, wurden anhand praktischer Vorversuche die wesentlichen Einflußfaktoren abgeleitet. Abbildung 1.49 zeigt die wichtigsten Einflußfaktoren bei der automatischen Montage von Schneckengewindeschellen.

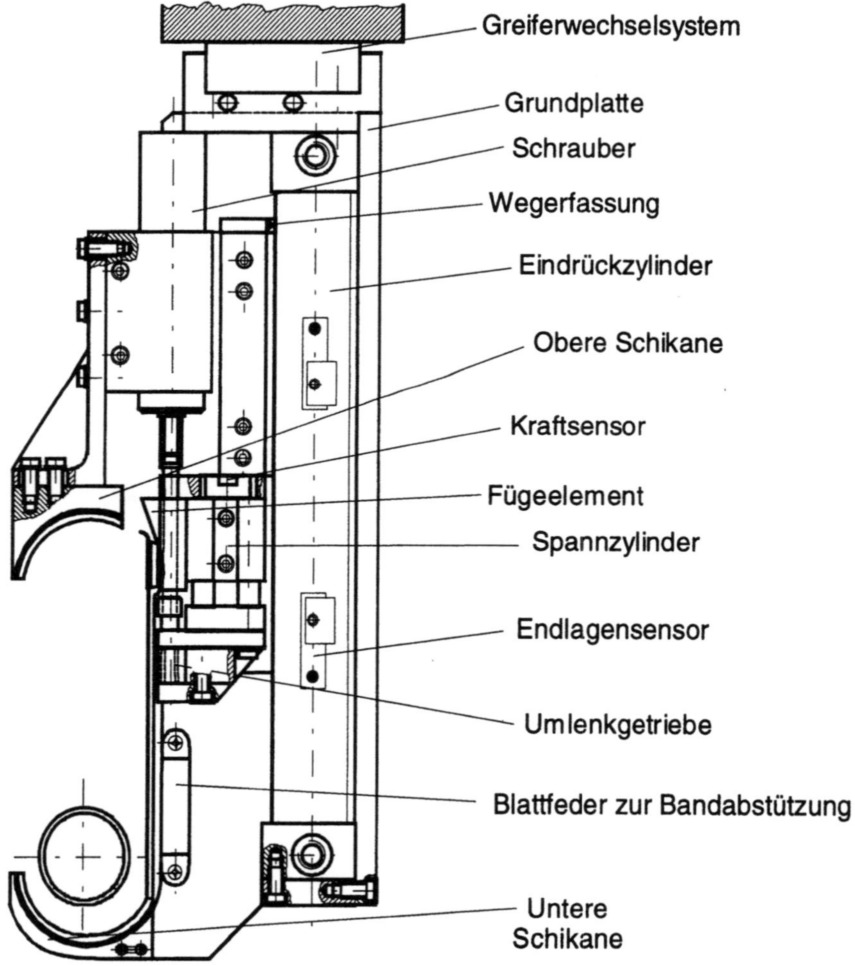

Abb.1.50. Aufbau des Schneckengewindeschellen-Montagewerkzeugs

Pilotmontagezelle

Zur Erprobung der entwickelten Verfahren und Werkzeuge für die flexibel automatisierte Montage von Schneckengewindeschellen wurde am Beispiel der Montage einer Laugenpumpe eine Pilotmontagezelle realisiert. Die realisierte Gesamtanlage arbeitet mit einer sequentieller Montagereihenfolge.

Zur Handhabung des Schneckengewindeschellen-Montagewerkzeugs, zum Zuführen der Fügeteile und zum Abstützen der auftretenden Fügekräfte und -momente wurde ein Vertikalknickarmroboter eingesetzt.

Mit dem entwickelten Montagewerkzeug (Abb. 1.50) können Schneckengewindeschellen von unterschiedlichen Herstellern bis zu einer maximalen Länge von $l_1 = 188$ mm montiert werden.

Das Schneckengewindeschellen-Montagewerkzeug besteht aus folgenden Hauptkomponenten:

— Spannzylinder zum Fixieren der Schneckengewindeschelle in der Eindrückposition,
— Vorschubzylinder zur Erzeugung der Eindrück- und Umformbewegung,
— untere und obere Schikane als Umformwerkzeuge und Formgebungselemente,
— Schrauber und Getriebe zur Erzeugung der Schraubbewegung und des erforderlichen Anziehdrehmomentes und
— Sensoren zur Erfassung des Eindrückweges, der Eindrückgeschwindigkeit und des Anziehdrehmomentes.

Die Bereitstellung der Laugenpumpen und der Faltenbalgschläuche erfolgt in Magazinform (Abb. 1.51). In der realisierten Pilotmontagezelle können zwei Pumpen komplett montiert werden.

Das Schneckengewindeschellen-Montagewerkzeug und der programmierbare Greifer sind in Werkzeugablagen, die im Arbeitsraum des Roboters installiert sind, bereitgestellt und werden entsprechend dem Montageablauf automatisch eingewechselt.

Die Haltevorrichtung zur Fixierung der Laugenpumpe während der Schlauch- und Schneckengewindeschellenmontage besteht aus einem pneumatischen Parallelgreifer. Die Greiferbacken des programmierbaren Greifers werden mit Hilfe eines fliegenden Greiferbackenwechselsystems eingewechselt. Alle Peripheriekomponenten sind in Abb. 1.51 dargestellt.

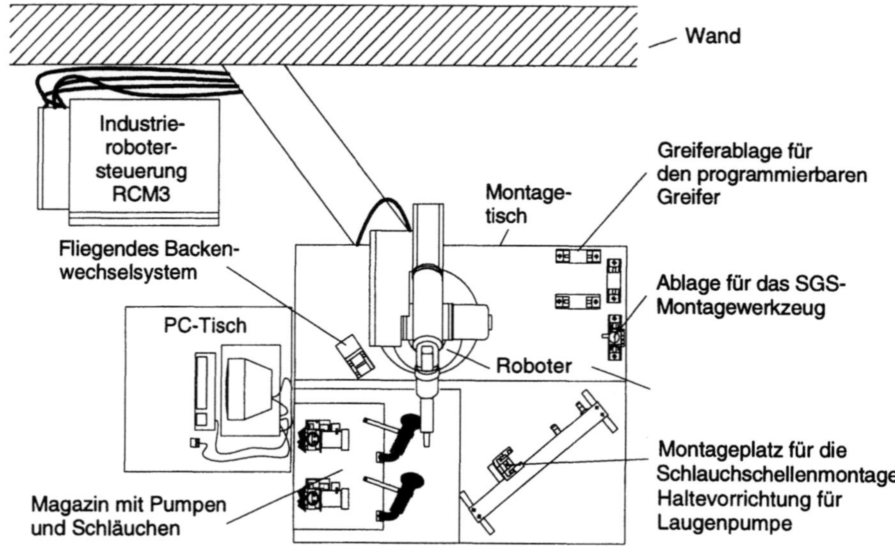

Abb.1.51. Draufsicht der Pilotmontagezelle

Folgerungen aus den Versuchen

Die Versuchsergebnisse zeigen, daß der Einsatz des neu entwickelten Montage-
verfahrens "Rollbiegen von Schneckengewindeschellen" in Verbindung mit einem
Industrieroboter technisch machbar ist und die vollautomatische Komplettmontage
von Schlauch-Stutzen-Verbindungen ermöglicht. Das entwickelte Montagewerkzeug arbeitet mit großer Zuverlässigkeit.

Die Versuche beweisen, daß beim Einsatz des entwickelten Verfahrens die
Montage von Schneckengewindeschellen zeitlich und räumlich getrennt von der
Schlauchmontage durchgeführt werden kann und dadurch wesentliche Automatisierungshemmnisse bei der Montage von Schneckengewindeschellen beseitigt
werden können.

1.4.2 Montage hochpoliger Rundkabel

Der automatischen Montage von biegeschlaffen Teilen sind heute noch enge Grenzen gesetzt, da insbesondere für die Handhabung der Teile technische Lösungen am Markt fehlen. Nur wenige Problemstellungen wie z.B. in [1.49], [1.51], [1.52] und [1.53] beschrieben, sind bisher gelöst. Teilverrichtungen in der Kabelsatzmontage werden noch zu 100% manuell durchgeführt. Eine Höherautomatisierung der Montage von Kabelsätzen wird weitgehend durch:

- biegeschlaffes Verhalten der Kabel und deren Adern,
- fehlende gerätetechnische Lösungen,
- fehlende automatisierungsgerechte Produktgestaltung,
- Miniaturisierung der Fügeteile,
- hohe Typen- und Variantenvielfalt und
- kleine Losgrößen

erschwert (Abb. 1.52).

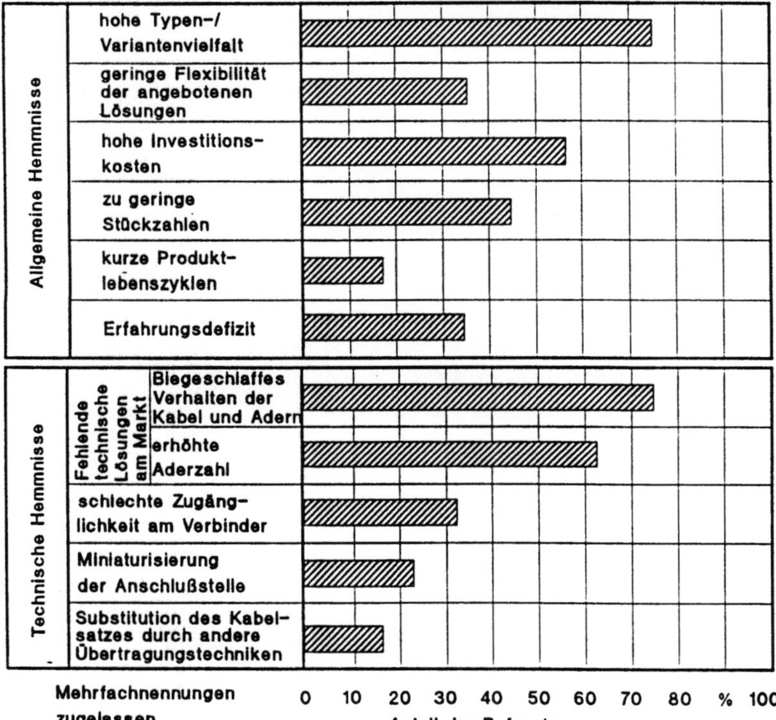

Abb.1.52. Ergebnisse einer Repräsentativumfrage

Es existieren Konfektioniermaschinen zur Verarbeitung von 2- und 3-poligen Netzkabeln, die jedoch nur für ein eng eingegrenztes Produktspektrum in hohen Stückzahlen und großen Losgrößen zugeschnitten sind. Anlagen zur flexiblen Montage von Kabelsätzen hochpoliger Rundkabel sind aufgrund fehlender gerätetechnischer Lösungen am Markt nicht verfügbar.

Pilotanlage zur Montage von Rundkabeln

Im Rahmen des Sonderforschungsbereichs 158 wurde die automatische Montage von biegeschlaffen Rundkabeln gelöst und eine Pilotanlage entwickelt, aufgebaut und getestet (Abb. 1.53).

Abb.1.53. Pilotanlage zur automatischen Montage von Rundkabeln

Der Montageablauf ist wie folgt:

– Die bereits abgemantelten Kabelenden werden auf einem Werkstückträger durch Zwangsklemmung fixiert und in der Station 1 bereitgestellt.
– Mit einem Vereinzelungswerkzeug werden die Adern beider Kabelseiten nacheinander vereinzelt und positioniert.
– In der gleichen Station werden durch Zustellung der Identifikationseinrichtung sämtliche Einzeladern identifiziert und dem jeweiligen zweiten Ende zugeordnet.

- Beide Werkstückträger werden durch Positionierung der Transfereinheit in die Station 2 gefahren.
- In der Station 2 werden sämtliche Adern auf gleiches Längenniveau abgelängt.
- Die Adern werden nach einem Werkzeugwechsel, der zeitlich parallel zur Identifikation ausgeführt wird, wahlfrei gegriffen und in der 90°-versetzten Kontaktierstation sequentiell am Steckverbinder montiert.
- Der Steckverbinder wird nach der Bestückung in die Prüfstation weitergetaktet.
- In der Prüfstation wird der Kabelsatz auf richtige Polarität geprüft.
- Der geprüfte Kabelsatz wird aus der Prüfstation manuell entnommen.

Auf vorgelagerte Prozeßschritte wie das Ablängen und Abmanteln der Kabel wurde hier verzichtet, da solche Systeme bereits am Markt bezogen werden können. Als exemplarische Verbindungstechnik wurde die montagefreundliche Schneidklemmtechnik ausgewählt. Das System setzt sich aus folgenden Werkzeugen und Vorrichtungen zusammen:

- Vereinzelungswerkzeug angeflanscht an ein Handhabungsgerät und mit Hilfe eines standardisierten Werkzeugwechselsystems wechselbar,
- modulare Werkstückträgerelemente,
- Transfereinheit bestehend aus einem Pneumatikzylinder und einer Führungseinheit zum Transport der Werkstückträger in die entsprechende Station,
- Identifikationseinrichtung mit pneumatisch zustellbaren Kontaktiernadeln,
- Ablängeinheit,
- Kontaktiereinheit zum Kontaktieren der Einzeladern an einem Steckverbinder in Schneidklemmtechnik,
- Prüfmodule zur Polaritätsprüfung und
- Greifer.

Steuerungskonzept der Anlage

Um einen eventuellen Ausbau der Pilotanlage auch unter steuerungstechnischen Gesichtspunkten zu ermöglichen, wurde eine modulare Steuerungsstruktur implementiert. Sämtliche Funktionen lassen sich drei Hauptebenen zuordnen:

- Eingabe- und Verwaltungsebene
- Steuerungsebene
- Prozeßebene

Die hierarchische Struktur läßt ein schnelles Anpassen von Änderungen auf allen drei Ebenen durch klare Schnittstellendefinition zu. Der Industrieroboter, die Werkzeuge sowie die Peripheriekomponenten sind mit ihren Aktoren und Sensoren auf der Prozeßebene angesiedelt. Die funktionalen Abläufe werden auf der Steuerungsebene mit Ablaufprogrammen gesteuert.

Ausgehend von der Zielsetzung unterschiedliche Handhabungsgeräte verwenden zu können, wird die Robotersteuerung autark eingesetzt. Die Kommunikation mit der übrigen Steuerung findet durch eine 'Master/Slave'-Beziehung im 'Handshake'-

Verfahren statt. Hier werden auf unterster Steuerungsebene Ein-/Ausgangssignale ausgetauscht.

Controler-Area-Network (CAN) ist ein Steuerungskonzept auf Basis einer Mehrprozessorsteuerung mit Netzkommunikation. Mit Hilfe der benutzerfreundlichen Programmiersprache MCL (Machine Control Language) werden sämtliche Prozeßabläufe in Hochsprachenform programmiert. Durch zusätzliche Steuerungsmodule können beliebige Anlagenerweiterungen ohne Veränderung der Grundstruktur realisiert werden. Über Achsregelkarten, Ein-/Ausgangskarten, Motorkarten und D/A - A/D-Wandler wird direkt auf die Elemente der Prozeßebene zugegriffen. Die vom Bediener eingegebenen Stamm- und Produktionsdaten werden über ein koaxiales Interface dem CAN-Steuerungsmodul übermittelt. Die im PC-AT integrierte Mastercard übernimmt die Verwaltung der unterschiedlichen CAN-Module im Netzbetrieb.

Konzeption produktorientierter Montagesysteme

Für die unter technischen Gesichtspunkten kritischen Teilsysteme wie das Vereinzeln, Identifizieren und Sortieren (Handhaben) der Adern wurden Verfahren und Werkzeuge zur Lösung der genannten Problemstellungen entwickelt. Die Einzelfunktionalitäten wurden mit Hilfe realisierter Versuchswerkzeuge in zahlreichen Versuchsreihen nachgewiesen. Zur Montage eines kompletten Kabelsatzes ist die Integration der neuentwickelten Teilsysteme sowie der Teilsysteme, die bereits am Markt erhältlich sind, zu einem Gesamtsystem erforderlich.

Die Planung eines Montagesystems zur Montage von Rundkabeln basiert auf modularen Baukästen der einzelnen Teilverrichtungen. Dabei ist prinzipiell zu unterscheiden zwischen branchenneutralen Teilsystemen, die unabhängig vom Produktspektrum eingesetzt werden können und Teilsystemen, deren Notwendigkeit vom Produkt oder deren Sortierstrategie von produktspezifischen Einflußparametern wie der Verbindungstechnik und Anschlußgeometrie abhängt.

Für die optimale Auslegung einer Anlage ist die Konzeption eines produktorientierten Gesamtsystems nach der in Abb. 1.54 beschriebenen Vorgehensweise erforderlich. Nach der Erfassung der Montageaufgabe bezüglich

— Produktspektrum,
— Montagevorgänge,
— produktspezifischer Randbedingungen sowie
— betrieblicher Randbedingungen

werden die Anforderungen an das Gesamtsystem (Montageinhalte, Ausbringung, Flexibilität) und an die einzelnen Teilsysteme (Adernzahl, Adernquerschnitt, Abmantellängen) in Form eines Lastenheftes spezifiziert.

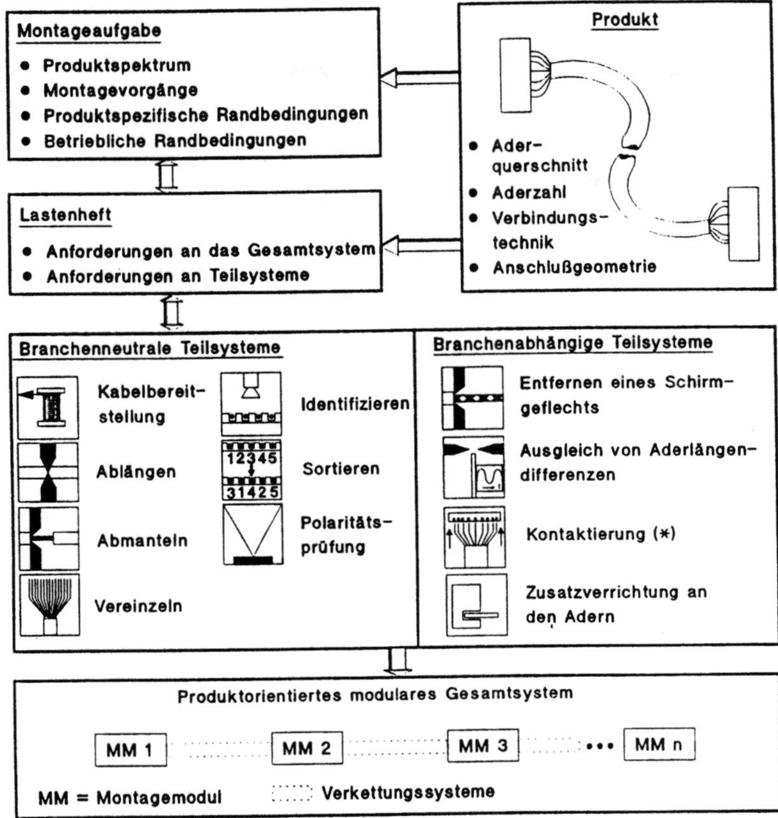

Abb.1.54. Konzeption produktorientierter Gesamtsysteme

Gesamtsystem zur Montage hochpoliger Rundkabel

Bei der Planung eines Montagesystems zur Montage hochpoliger Rundkabel ist sowohl ein optimales organisatorisches als auch technisches Systemprinzip auszuwählen. Es müssen alternative Gesamtsystemvarianten konzipiert werden, die je nach geforderter Ausbringung, Flexibilität und produktspezifischen Randbedingungen zum Einsatz kommen können. Organisatorische Systemprinzipien werden in Ein- und Mehrplatzsysteme, Parallel- und Liniensysteme, loses und starres Verkettungsprinzip untergliedert. Ein mögliches Layout einer Anlage zur Montage von hochpoligen Rundkabeln ist in Abb. 1.55 dargestellt. Das flexible Baukastensystem ist durch eine Linienstruktur mit loser Verkettung gekennzeichnet. Aufgrund der losen Verkettung können jederzeit zusätzliche Montagemodule zur Produktion einer neuen Serie von Kabelsätzen mit erweiterten Funktionalitäten in das System integriert werden.

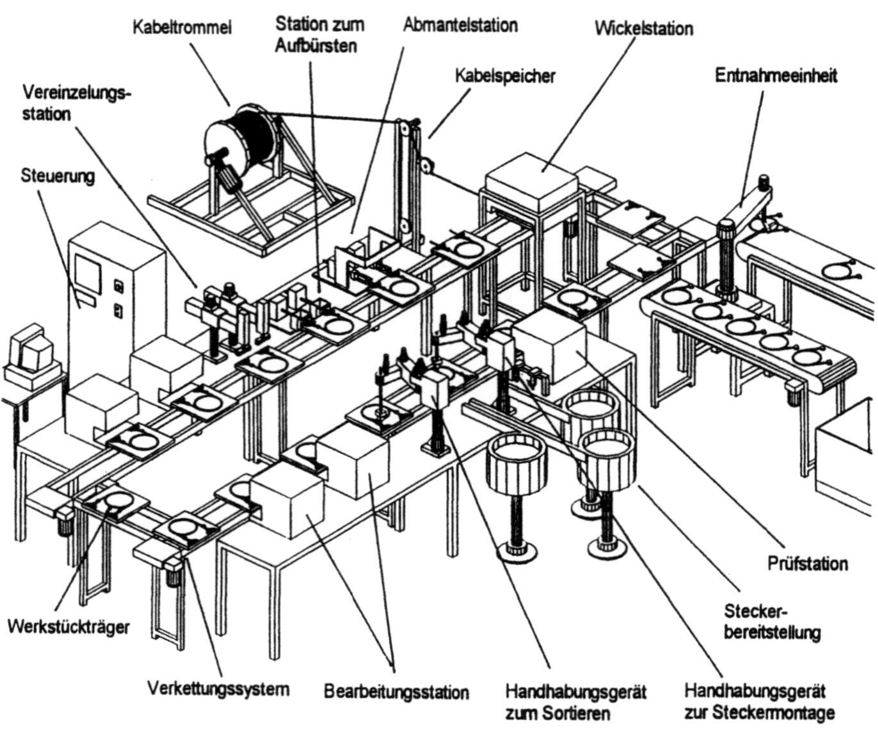

Abb.1.55. Layout-Alternative eines Gesamtsystems zur Montage von Kabelsätzen

Auch die Einbindung von manuellen Montagearbeitsplätzen bei vor- und nach-geschalteten Pufferstrecken ist möglich. So können beispielsweise Werkstück-träger mit fehlerhaft eingelegten Einzeladern (durch integrierte Prozeßüber-wachung erfasst) in einen Nacharbeitsplatz ausgeschleust und anschließend wieder in die Hauptstrecke eingeschleust werden. Die organisatorische Struktur des Systems ist verrichtungsorientiert, so daß die Werkzeuge und Vorrichtungen der einzelnen Station zeitlich gut ausgelastet sind. Die Kabel werden auf eine definierte Länge aktiv gewickelt und in gleichsinniger Anordnung auf einem umlaufenden Werkstückträger bereitgestellt. Durch den Einsatz von Industrierobo-tern können Steckertypen mit verschiedenen Anschlußgeometrien durch Aufruf der spezifischen Ablaufprogramme montiert werden. Mit dieser Systemvariante, welche sich insbesondere durch eine Beherrschung einer hohen Typen- und Variantenvielfalt auszeichnet, können Kabel hoher Aderzahl und größerer Längen bei mittleren Stückzahlen von 50-150 Stck/h montiert werden.

1.4.3 Automatisiertes Einkämmen von Verzahnungen

Zahnradgetriebe sind die am häufigsten eingesetzten Maschinenelemente zur Wandlung von Drehmomenten und Drehzahlen oder zur räumlichen Umlenkung und Übertragung von Drehbewegungen. Sie eignen sich für alle Achslagen, Leistungen, Drehzahlen oder Übersetzungen und besitzen die Vorteile großer Betriebssicherheit, kleiner Baugröße und hoher Wirkungsgrade. Sie werden daher praktisch in allen Bereichen des Maschinenbaus in den unterschiedlichsten Formen eingesetzt.

Im Bereich der Fertigung von Getriebekomponenten stehen heute leistungsfähige, CNC-gesteuerte Maschinen und Bearbeitungszentren zur Verfügung, die eine flexible, automatisierte Herstellung der einzelnen Teile erlauben. Eine durchgehende Automatisierung der Montage dagegen scheitert jedoch vielfach am automatisierten Fügen der Radpaarungen. Hier müssen die Zähne eingekämmt und gleichzeitig die Welle in die Lagerung gefügt werden. Dadurch kann es hier zu einem Mehrstellenkontakt kommen, der zu einem Verklemmen der Welle führen kann. Kommen zudem noch ungünstige Gehäuseverhältnisse mit mangelnder Zugänglichkeit der Fügestellen sowie geringem Bewegungsfreiraum, so können daraus komplexe Fügebewegungen resultieren. Weiterhin zeigt sich, daß die zu montierenden Produkte vielfach nur unzureichend den Anforderungen automatisierter Montageprozesse gerecht werden. Deshalb stellt die montagegerechte Konstruktion eine unabdingbare Voraussetzung für eine wirtschaftliche Automatisierung der Montage von Verzahnungsbaugruppen dar.

Das automatisierte Einkämmen der Verzahnungen erfordert die genaue Orientierung der Fügeteile zueinander, d.h. es ist die genaue rotatorische Positionierung der Verzahnungsgeometrien sicherzustellen. Zum wirtschaftlichen Einsatz solcher Verfahren muß daher ein schnelles und zuverlässiges Erkennen der Orientierung und ggf. die Neupositionierung der Zahnräder gewährleistet sein. Neben dieser Forderung und dem Wunsch nach einer hohen Verfügbarkeit derartiger Verfahren muß

- bezüglich der Verzahnungsart und den Abmessungen eine hohe Variantenvielfalt möglich sein,
- kleine und mittlere Losgrößen müssen wirtschaftlich montiert werden können und
- kleine Modulen dürfen kein Hindernis darstellen.

Weiterhin müssen sich diese Konzepte leicht in vorhandene Montageanlagen integrieren lassen.

Im folgenden werden nun Strategien zum automatisierten Einkämmen von Verzahnungen sowie die erforderlichen Sensorkonzepte vorgestellt und hinsichtlich der oben aufgeführten Anforderungen bewertet.

Verfahrensabgrenzung

Prinzipiell lassen sich Verzahnungen radial oder axial fügen oder einkämmen. Welche Strategie angewendet wird, hängt im wesentlichen von der Verzahnungsart ab. So lassen sich z.B. Pfeil- oder Doppelschrägverzahnungen aufgrund der geometrischen Gegebenheiten nur radial fügen, während Geradverzahnungen sowohl axial als auch radial gefügt werden können.

Um die Orientierung der Verzahnungen festzustellen, stehen verschieden Konzepte zur Verfügung (Abb. 1.56), die sich hinsichtlich der eingesetzten Sensorik unterscheiden.

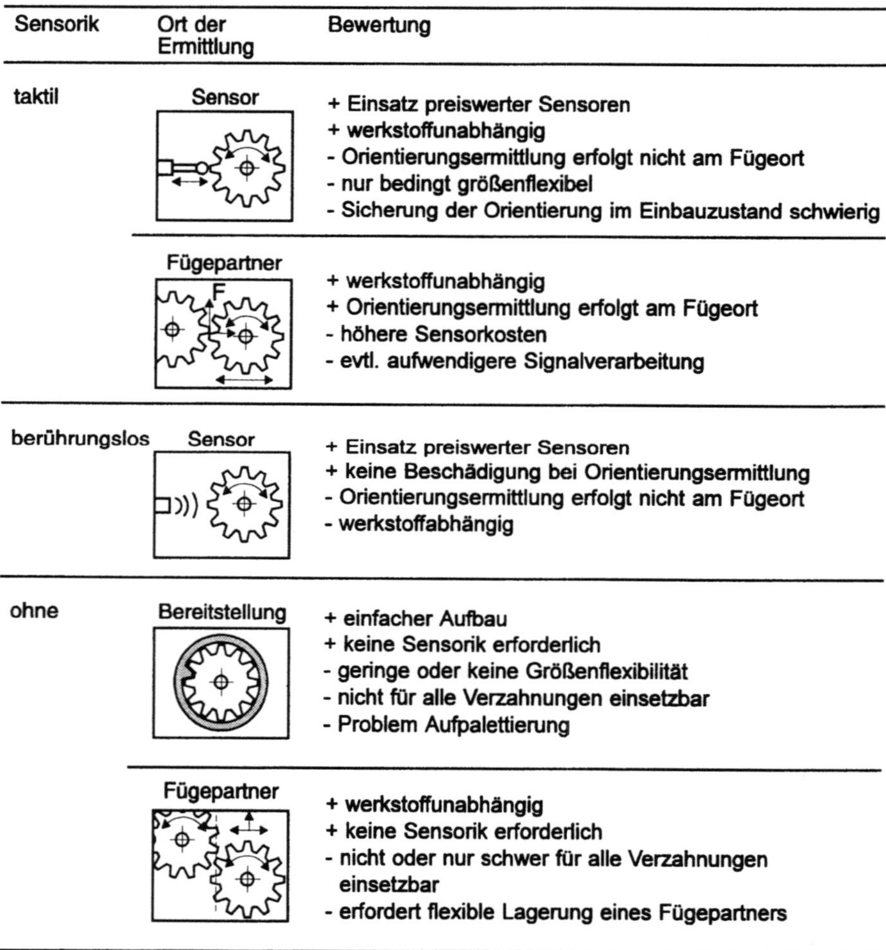

Abb. 1.56. Verfahren zur Ermittlung der Zahnorientierung

Bei den taktilen Verfahren kann zum einen die Ermittlung an einem taktil arbeitenden Sensor erfolgen, mit dem die Lage von Zahnlücke bzw. Zahnkopf durch Abtasten der Verzahnungsgeometrie ermittelt wird. Auf der anderen Seite kann die Orientierung auch während des eigentlichen Fügevorganges durch Anfahren an die Verzahnungsgeometrie des Fügepartners, Ermittlung eventueller Kollisionskräfte mit Hilfe eines am Handhabungsgerät integrierten Kraft-/Momentensensors und anschließender Auswertung bestimmt werden.

Im Einsatz berührungslos arbeitender Sensoren zur Ermittlung der Zahnorientierung besteht eine andere Möglichkeit. Hierbei erfolgt die Ausrichtung des Zahnprofile immer vor dem eigentlichen Einkämmen der Räder. Vorteil aller berührungslos arbeitender Verfahren ist die Vermeidung möglicher Beschädigungen der Verzahnung durch Kollision der Zahngeometrien, da hier bereits vor dem Fügevorgang die Räder lagerichtig ausgerichtet werden.

Weitere Möglichkeiten sind durch den Verzicht auf jegliche Sensorik gekennzeichnet. Zum einen kann bereits eine definierte Bereitstellung durch eine Zwangsorientierung bei der Magazinierung erfolgen. Zum anderen besteht die Möglichkeit, durch eine Bewegung entlang der Wälzgeraden die Verzahnung einzukämmen. Voraussetzung hierfür ist, daß einer der beiden Fügepartner bei entsprechender Kollision eine rotatorische und ggf. eine Ausweichbewegung Richtung des Kollisionsvektors durchführen kann. Dies bedingt ein entsprechendes Fügewerkzeug, das diese Bewegung ermöglicht. Dieses Verfahren eignet sich jedoch nur für einige achsparallele Räderpaarungen. Bei sich kreuzenden oder schneidenden Achsen ergeben sich Montageschwierigkeiten, die in der Gehäusebauform bzw. der Wellenlagerung derartiger Getriebe begründet sind.

Taktile Verfahren

Taktil arbeitende Sensoren liefern durch physischen Kontakt Informationen eines bestimmten Zustandes. Ihr Vorteil liegt darin, daß sie unmittelbar und ohne Störung repräsentative Daten über das Objekt liefern. Das gemessene Sensorsignal ist dabei unabhängig von Material, Farbe und Oberflächenzustand des Objektes. Es gibt, verglichen mit optischen Sensoren, keine Beleuchtung, keine Reflexe, keine Schatten und keinen Bildhintergrund im Sensorsignal. Die vom Sensor gelieferten Daten sind daher ohne eine weitere Verarbeitung direkt der Tastfläche des berührenden Objektes proportional. Die mit Hilfe eines entsprechenden Sensors gemessenen Kräfte und Momente in Verbindung mit den räumlichen Koordinaten stellen somit ein Abbild der jeweiligen Fügesituation dar. Dabei verarbeiten die meisten industriell eingesetzten Systeme die von taktilen Sensoren gelieferten Daten so, daß vorgegebene Funktionen oder Bewegungsabläufe beeinflußt oder korrigiert werden. Hierbei werden bei den Handhabungssystemen teilespezifische Programmverzweigungen ausgelöst oder bei Montagewerkzeugen Kräfte und Momente zur Korrektur der Werkzeug- oder Greiferbewegungen ausgewertet. Über diese situationsabhängige Bewegungsbeeinflussung kann der Fügevorgang durchgeführt werden.

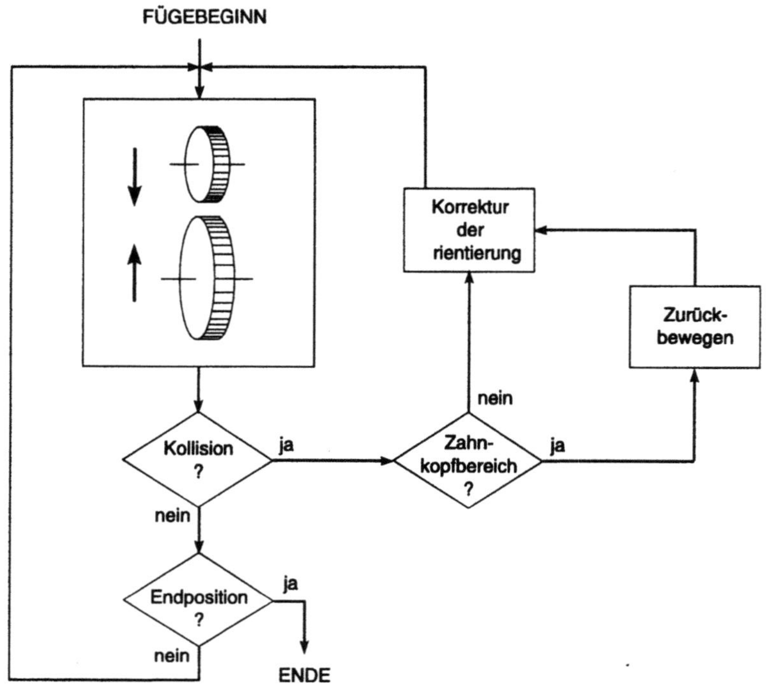

Abb. 1.57. Schematische Darstellung des Fügeablaufes mit taktiler Erkennung
der Zahnorientierung

Für die Montage von Verzahnungen bieten die taktilen Verfahren die Möglichkeit, die Zahnräder in beliebiger Orientierung bereitzustellen. Ebenso kann eine
Verzahnungsbaugruppe ohne vorherige Orientierungsermittlung im Gehäuse
montiert werden. Das eigentliche Einkämmen der Verzahnung erfolgt dann durch
Auswertung eventuell auftretender Kollisionskräfte beim Fügen der Gegenver-
zahnung. Hierin liegt der wesentliche Vorteil der taktilen Verfahren gegenüber
berührungslos arbeitenden Verfahren, da hier die Orientierung unmittelbar während des Einkämmens ermittelt wird. Somit werden sämtliche Störungen, die
während der Montage der ersten Verzahnung möglicherweise auftreten, kompensiert und haben somit keinen Einfluß auf das Ergebnis der Montage. Der Fügeablauf für ein Getriebe ist in Abb. 1.57 dargestellt. Die Rückbewegung im Falle
einer Kollision im Zahnkopfbereich verhindert eine Beschädigung der Zahnkopffläche bei einer Neuorientierung eines der Fügepartner.

Bei der Betrachtung des gesamten Orientierungsablaufes (Fügeablaufes) ist zu
erkennen, daß im Falle einer "falschen Orientierung" eines Teiles diese nicht
explizit bestimmt, sondern Schritt für Schritt als Tatsache festgestellt und iterativ
korrigiert wird, bis sie die Fügeendbedingung, hier das Erreichen des Achsabstan-
des, erfüllt. Kommt es nun zu einer Kollision der Zahngeometrien während des

Einkämmens, so lassen sich die dabei auftretenden Kraftverläufe prinzipiell in drei verschiedene Fälle unterscheiden (Abb. 1.58). Dabei ist die Fügerichtung parallel zur Richtung der y-Kraft (z-Kraft aus räumlicher Einkämmbewegung).

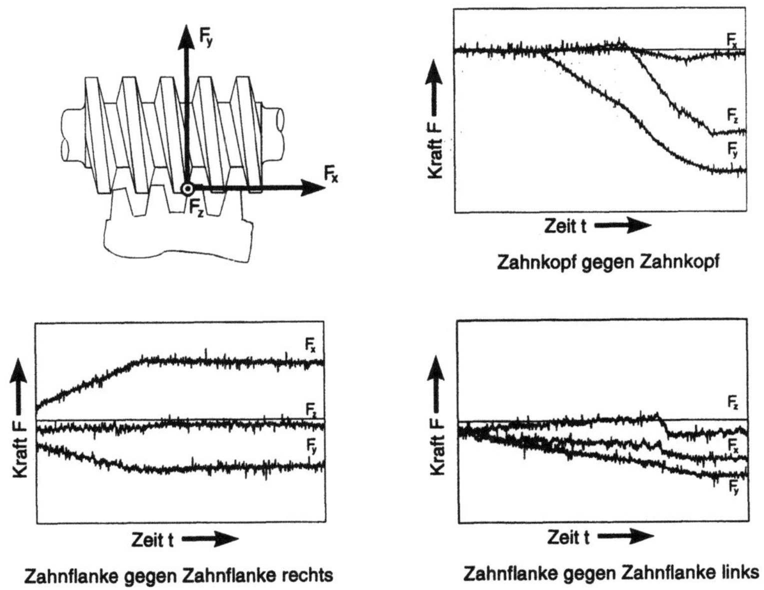

Abb. 1.58. Mögliche Kollisionskräfteverläufe beim Einkämmen von Verzahnungen am Beispiel einer Schneckenverzahnung

Tritt im wesentlichen nur die y-Komponente der Kollisionskraft auf, so zeigt dies eine Kollision der Zahnkopfflächen an, während sich aus dem unterschiedlichen Verlauf der Kraft in x-Richtung eine Berührung der linken oder rechten Flanke ableiten läßt. Die Größe des maximal auszuführenden Korrekturwinkels läßt sich angenähert folgendermaßen berechnen:

Kopf - Kopf: $\alpha_{Kopf} = 180°/z$
Flanke - Flanke: $\alpha_{Kopf} = 180°/z - 2s_a/d_a \cdot 180 /\pi$

z: Zähnezahl, s_a: Zahnkopfbreite, d_a: Kopfkreisdurchmesser

Mit abnehmendem Fügeweg nimmt im Falle einer Kollision auch der auszuführende Korrekturwinkel bei Flankenberührung ab. Die maximal zulässige Kollisionskraft und damit der Schwellwert, der bei Überschreitung die Korrektur der Orientierung einleitet, wird durch den Werkstoff und die Oberflächenbeschaffenheit der Zahnräder begrenzt.

Berührungslose Verfahren

Prinzipiell ist es möglich, Bildverarbeitungssysteme zur Erkennung der Zahnrad-orientierung einzusetzen. Sie weisen jedoch zu den Nachteilen aller berührungslo-sen Verfahren wie Sicherung der Orientierung bereits montierter Wellen oder Ermittlung an beiden Verzahnungen zusätzlich noch weitere Nachteile auf: Be-leuchtungsprobleme, Anlagekosten, Rechenzeit und dergleichen. Daher werden im folgenden Low-Cost-Lösungen im Bereich der Sensorik auf ihren Einsatz in flexiblen, automatisierten Montageanlagen hin untersucht und bewertet.

Grundsätzlich eigenen sich zur berührungslosen Objekterkennung Verfahren, die auf den physikalischen Effekten der Induktivität, der Kapazität und des Mag-netismuses sowie der Reflexion von Licht, Luft und Schall beruhen. Wichtigstes Auswahlkriterium ist dabei die erforderliche Mindestabtastfläche, bei Zahnrädern z. B. die Zahnkopffläche, von der auf den kleinsten erfaßbaren Modul geschlossen werden kann. Für kleine Module sind daher kapazitive Sensoren und Ultraschall-sensoren aufgrund der erforderlichen Größe der Abtastfläche ungeeignet. Desweite-ren sind der Schalt- oder Meßabstand für den praktischen Einsatz der Sensoren von großer Bedeutung. Bei der automatischen Orientierung mit Hilfe von Robo-tern sollte der Schaltabstand größer als die Positionier- bzw. Wiederholgenauig-keit des Handhabungsgerätes sein. Hier kann es sonst zu Kollisionen und damit zu Beschädigungen der Sensoren kommen. Welches Prinzip am geeignetsten ist, hängt vom Anwendungsfall ab. Hierbei sind Art und Beschaffenheit des zu erfas-senden Materials, notwendiger Schaltabstand, Größe des zu erfassenden Objektes, Umweltbedingungen am Einsatzort usw. zu berücksichtigen.

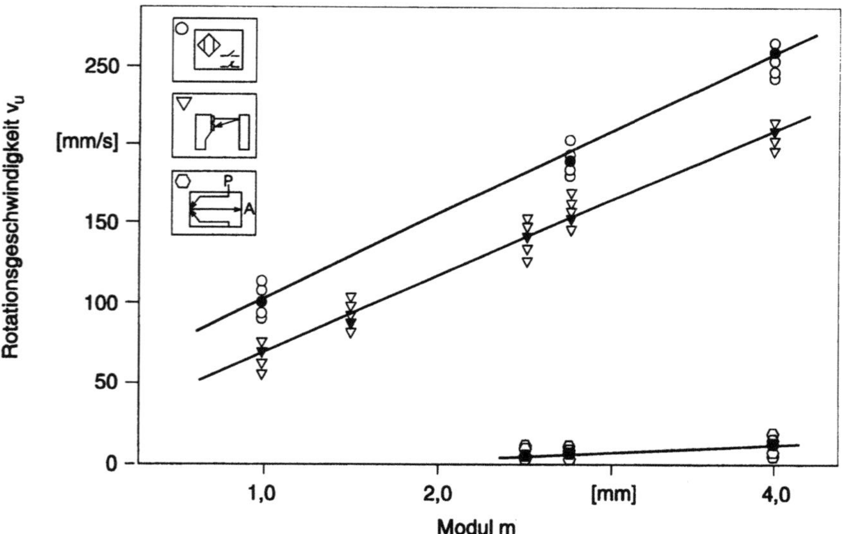

Abb. 1.59. Erzielbare Rotationsgeschwindigkeiten

Ein wichtiges Kriterium für den wirtschaftlichen Einsatz flexibler, automatisierter Montageanlagen ist die erzielbare Taktzeit. In Abb. 1.59 sind die erzielbaren Rotationsgeschwindigkeiten bei der Orientierungsermittlung für drei unterschiedliche Sensoren dargestellt. Im einzelnen handelt es sich dabei um einen induktiven, einen opto-elektronischen und einen pneumatisch arbeitenden Sensor.

Diese Rotationsgeschwindigkeit, d.h. die Relativgeschwindigkeit zwischen Zahnrad und Sensor bei der Orientierung der Zahnstellung, ist neben der Abtastfläche ein wesentlicher Einflußparameter auf das Ansprechverhalten der Sensoren. Damit eng verbunden ist die Abtastfrequenz und damit die Auflösung der jeweiligen Sensoren. Abb. 1.60 zeigt die Auflösung am Radumfang bezogen auf die Abtastfrequenz und die Orientierungs- bzw. Umfangsgeschwindigkeit. Daraus läßt sich die Mindestpositioniergenauigkeit ermitteln. So ist z.B. mit einem induktiven Sensor bei einer Umfangsgeschwindigkeit von 50 mm/s und einer Grenzfrequenz von 1000 Hz eine Auflösung am Umfang von 0.05 mm zu erreichen. Bei einem Zahnrad von 100 mm Kopfkreisdurchmesser entspricht dies einem Winkel von 0,06°.

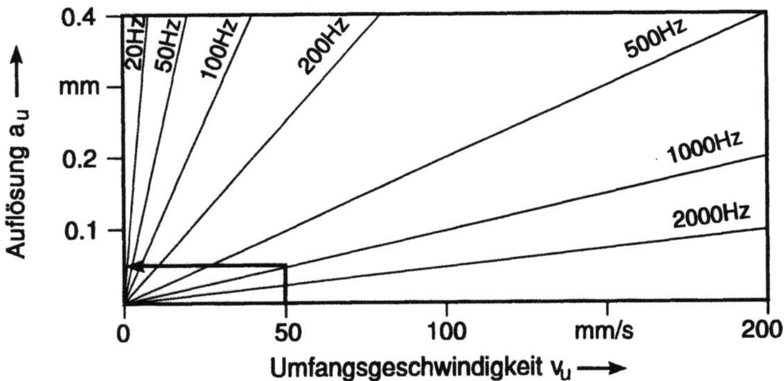

Abb. 1.60. Auflösung in Abhängigkeit der Umfangsgeschwindigkeit

Mit diesen Sensoren werden bestimmte Geometriemerkmale erkannt und bei Überschreitung des Schwellwertes als binäre Ja-Nein-Entscheidung weiterverarbeitet. Diese rein binäre Signalform läßt sich sehr einfach in der Steuerung von Handhabungsgeräten verarbeiten, da diese in den meisten Fällen über entsprechende Eingänge verfügen. Damit ist auch die Integration dieser Sensoren in bestehende Anlagen mit nur geringem Aufwand verbunden.

Definierte Bereitstellung

Soll eine Automatisierung des Einkämmvorganges durchgeführt werden, so entscheidet sich der Einsatz von Sensoren wirtschaftlich im Vergleich zum Aufwand für die zwangsorientierte Bereitstellung, die ein Einkämmen ohne Sensorüberwachung ermöglicht. Bei den Sensorlösungen können die Teile auf "neutralen" Flachpaletten (Abb. 1.61) ohne festgelegte Orientierung bereitgestellt werden, die Orientierung mit Hilfe von Sensoren ermittelt und die Teile anschließend exakt gefügt werden. Je nach Art der Sensoren lassen sich mit ihnen neben dem eigentlichen Einkämmvorgang auch weitere Montagevorgänge überwachen. Somit können im Bedarfsfall Störungen im Montageablauf sofort sensorisch erfaßt und entsprechende Störungsstrategien eingeleitet werden.

"Neutraler" Werkstückträger

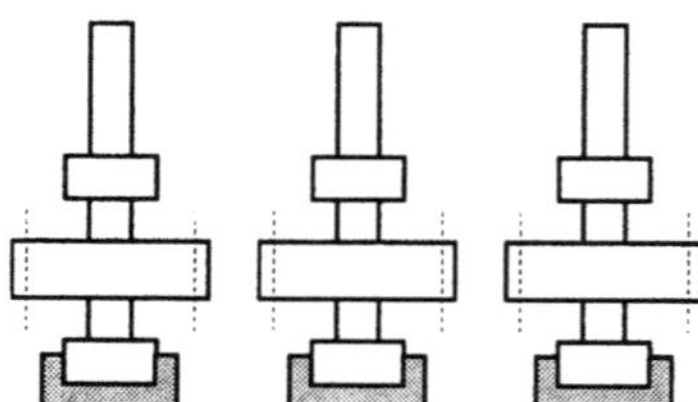

Modul: m1 ≠ m2 ≠ m3
Magazin: k1 = k2 = k3
WS-Lage: definiert
Zahnorientierung: nicht definiert

Angepaßter Werkstückträger

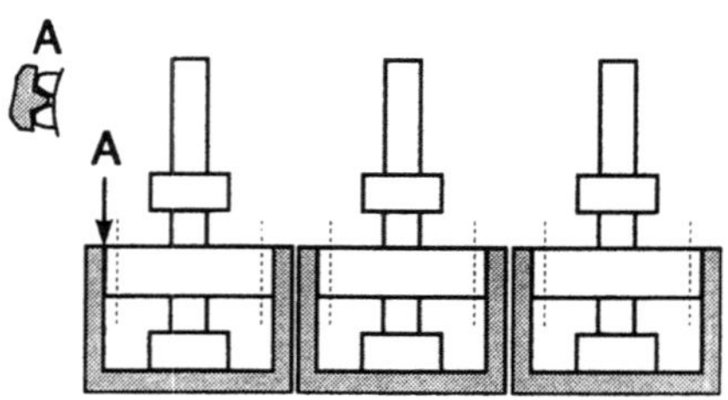

Modul: m1 ≠ m2 ≠ m3
Magazin: k1 ≠ k2 ≠ k3
WS-Lage: definiert
Zahnorientierung: definiert

Abb. 1.61. Vergleich zwischen neutraler und definierter Bereitstellung

Es ist allerdings auch möglich, die Teile in werkstückangepaßten Paletten (Formpaletten) lage- und orientierungsgenau bereitzustellen. Durch die damit verbundene Zwangsausrichtung der Zahngeometrie ist ein Einkämmen der Zähne ohne zusätzliche Sensorik möglich, d.h. durch die bekannte Orientierung können die Verzahnungsbaugruppen ohne weitere Sensorisierung von der Palette genommen und eingekämmt werden. In diesem Fall ist die Palette jedoch nur für einen Teiletyp bzw. Modul oder ein stark eingeschränktes Teilespektrum verwendbar. Dabei muß der hohe Ordnungszustand auch während des Transportes aufrechterhalten bleiben. Die damit verbundenen Kosten für Spezialpaletten, Aufpalletierung, Palettenbereitstellung, -lagerung, und -rückführung sind hier zu berücksichtigen. Zudem lassen sich auftretende Störungen durch das Fehlen von entsprechender Sensorik nicht erfassen und können somit zu einer Beschädigung der einzelnen Teile oder gar zu Ausfall der gesamten Anlage führen.

Vergleich der Verfahren

Bei der automatisierten Montage von Getrieben können für die beim Einkämmen
der Räder erforderliche Ermittlung der Verzahnungsorientierung sowohl kostengünstige, berührungslos arbeitende Sensoren als auch taktile Sensorsysteme zum
Einsatz kommen. Sie liefern unter Berücksichtigung der spezifischen Einsatzpa-
ramenter exakte und reproduzierbare Ergebnisse, die einen zuverlässigen Montageprozeß ermöglichen.

Erfordert der Montageprozeß aufgrund z. B. konstruktionsbedingter Gegebenheiten des Gehäuses ein axiales Einkämmen, beispielsweise bei Zahnradpumpen,
so ist eine Ausrichtung der Zahngeometrien vor dem Fügen fast immer erforderlich. In diesem Fall lassen sich berührungslos arbeitende Sensoren vorteilhaft
einsetzen. Jedoch kann sich die fehlende Sicherung der Orientierung bereits ein-
gebauter Verzahnungen negativ auf die Prozeßzuverlässigkeit auswirken. Betrachtet man dagegen nicht nur den eigentlichen Einkämmvorgang, sondern auch die
vor- und nachgelagerten Handhabungsbewegungen, so liegen die Vorteile bei den
taktilen Verfahren mit am Handhabungsgerät integrierter Sensorik zur Kraft- und
Momentenmessung. Dadurch, daß hier die Orientierung erst unmittelbar während
des Einkämmens ermittelt wird, haben Ungenauigkeiten und auftretende Abweichungen während des Montagevorganges keinen oder nur geringen Einfluß auf
den Einkämmvorgang selbst. Zudem lassen sich weitere Montagevorgänge mit
dieser Sensorik überwachen, so daß eine umfangreiche Prozeßkontrolle mit einem
derartigen Sensor möglich ist.

Einbindung in Montageanlagen

Programmgesteuerte Montageautomaten wie Industrieroboter sind ohne ein an die
jeweilige Aufgabe angepaßtes Sensorsystem in der Lage, den durch eine vorgegebene Programmierung festgelegten Bewegungsablauf beliebig oft mit einer gerä-
teeigenen Genauigkeit zu wiederholen. In Zeit und Ort bei der Programmierung
nicht vorherbestimmbare Ereignisse oder nicht vorherbestimmbare Einflußparameter, die eine Korrektur des Bewegungsablaufes oder der Bewegungsbahn erforderlich machen, bleiben jedoch unberücksichtigt. Erst durch den Einsatz von Sensoren und ihrer hard- und softwaremäßigen Kopplung mit der Gerätesteuerung
wird es möglich, veränderte Situationen und Parameter ad hoc zu erfassen, auszuwerten und auf sie situationsgerecht zu reagieren. Regelungstechnisch gesehen
wird die offene Handhabungskette, die durch die zu handhabenden Objekte, dem
Greifer, dem Roboterarm, der Robotersteuerung und dem Bewegungsprogramm
gebildet wird, durch die sensorische Rückkopplung in einem Kreis geschlossen
(Abb. 1.62).

Für die Übertragung der vom Sensor ermittelten Signale an die ausführenden
Systeme, z.B. an den Roboter, ist eine Berücksichtigung der jeweils bereits vorhandenen Schnittstellen der Handhabungssysteme erforderlich. Die Ausgabe der
vom Sensorsystem ermittelten Daten bzw. Signale muß daher in einem Format
erfolgen, das vom Hersteller des Handhabungssystems für die Aufnahme ähnli-

cher Daten bereits vorgesehen ist. Hierzu eignen sich neben Schnittstellen zur Übernahme von Sensorsignaldaten auch binäre Ein- und Ausgänge, so daß eine Neudefinition einer solchen Schnittstelle nicht erforderlich ist.

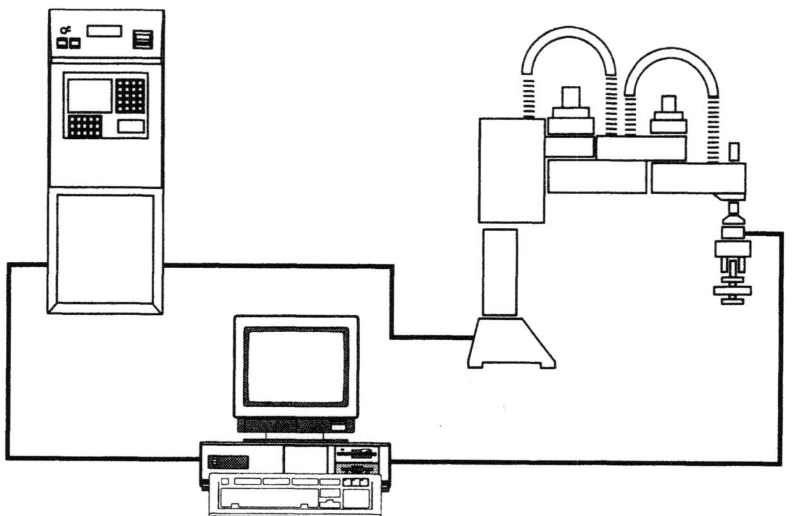

Abb. 1.62. Sensorischer Regelkreis eines Handhabungsgerätes

Die sensorgeführte Steuerung einer Handhabungseinrichtung setzt voraus, daß die von den Sensoren aus dem Prozeß aufgenommenen Meßgrößen zu geeignetem Zeitpunkt und an bestimmter Stelle in den Steuerungsablauf einbezogen werden können. Der Steuerungsablauf selbst kann dabei entweder zunächst in sensorunabhängiger Form vorgegeben sein und erst anschließend modifiziert werden, oder er wird durch Auswertung der Sensordaten überhaupt erzeugt. Die Art der Sensorführung einer Steueroperation hängt unter anderem von der technischen Ausführung der Steuerung selbst sowie von charakteristischen Eigenschaften des zugrundeliegenden Montageprozesses ab. Dabei bestehen bestimmte Wechselwirkungen und gegenseitige Abhängigkeiten, die die Auswahl geeigneter Strategien beeinflussen.

1.4.4 Automatisierte Montage von Normteilen

Maschinen und Geräte in der Feinwerktechnik und im Maschinenbau bestehen durchschnittlich zu 60% aus Normteilen und Normalien, wie z.B. Schrauben, Lager, Scheiben oder Sicherungsringe [1.10]. Trotz dieses hohen Anteils stellen sie bei Serienprodukten oftmals wegen ihrer großen Typen- und Variantenvielfalt ein Hemmnis bei der flexiblen, automatisierten Montage dar. Insbesondere bei der Wellenkomplettierung erreichen die dort eingesetzten verketteten Montageanlagen aufgrund mangelnder Verfügbarkeit flexibler Montageeinrichtungen nicht die geforderte Flexibilität. Die hier vorgestellten Baugruppen und Vorrichtungen, ebenso wie die beschriebenen robotergeführten Montagewerkzeuge sind in der Lage, diese Lücke bei der flexiblen Montage von Normalien zu schließen. Sie erfüllen die Forderung nach Montierbarkeit eines großen Spektrums bezüglich Größen- als auch Typenvielfalt der zu montierenden Teile und lassen sich sowohl in verketteten Anlagen als auch in robotergestützten Montagezellen einsetzen. Einige Teile wie Lager oder Zahnräder erfordern bei entsprechenden Welle-Nabe-Verbindungen Montagekräfte, die von Handhabungsgeräten im Normalfall nicht aufgebracht werden können. Hier kommen separate Montagestationen wie z.B. Pressen zu Einsatz, wobei der Roboter hier lediglich Zuführfunktion hat. Bei anderen Normteilen wie Sicherungsringe oder Paßscheiben können diese Handhabungsgeräte in Verbindung mit entsprechenden Greifern oder Montagewerkzeugen direkt den Montage- bzw. Fügevorgang durchführen.

Beispiele

Neben der Fügekraft und den zum Fügen notwendigen Positioniergenauigkeiten, die sich aus der Art der zu fügenden Teile und den Fertigungstoleranzen ergeben, ist die Anzahl der notwendigen Bereitstellungs- und Fügeachsen das Hauptkriterium für die Montagegerechtheit einer Fügeverbindung. Der Grundgedanke dabei ist, daß eine Verbindung um so montagegerechter ist, je geringer sich der technische Aufwand zur ihrer Montage in Bezug auf die notwendigen Bewegungen/Achsen sowie deren technische Ausführung bezüglich der Kräfte und Genauigkeiten darstellt. So wirkt sich die Anzahl der notwendigen Bewegungen zum Bereitstellen und Fügen direkt auf die Anzahl der vorzusehenden translatorischen oder rotatorischen Achsen der Montageeinheiten und damit auf die Wirtschaftlichkeit aus. Dasselbe gilt für Fügekräfte und die Fügetoleranzen, die sich auf die Steifigkeit und die Positioniergenauigkeit, unter Umständen sogar auf das Konzept der Montageeinrichtung auswirkten. Ebenfalls von entscheidendem Einfluß auf das Konzept einer Montageeinrichtung ist die Anzahl gleichzeitig zu montierender Einzelteile. Ein charakteristisches Beispiel hierfür sind geteilte und geschlitzte Naben. Bei ihnen müssen Welle, Nabe und zwei Schrauben (geschlitzte Naben) oder sogar Welle, zwei Nabenhälften und zwei Schrauben (geteilte Naben) gleichzeitig montiert werden. Bei der Montage derartiger Welle-Nabe-Verbindungen müssen alle Teile gleichzeitig genau orientiert und positioniert werden, was die gleichzeitige Verwendung von zwei Montagevorrichtungen oder

Greifern erfordert. Der technische Aufwand zur Durchführung derartiger Montageaufgaben hat zur Folge, daß Welle-Nabe-Verbindungen, bei denen mehrere Teile gleichzeitig zu montieren sind, von vornherein als nicht montagegerecht angesehen werden müssen. Dies gilt insbesondere im Sinne einer flexiblen, automatisierten Montage.

Sicherungsringmontage

Die Konzeption eines flexiblen Montagewerkzeuges für Sicherungsringe [1.54] basiert auf der Forderung des Fügens von in Größe und Typ unterschiedlichen Ringen in den verschiedenen Varianten eines Produktes. Manuelle Montageverfahren wie Konus- und Zangenmontage kommen für einen Automatisierungsansatz nicht oder nur sehr eingeschränkt in Frage. Zum einen kommen beim Verfahren der Konusmontage ausschließlich Einzweckvorrichtungen zur Anwendung, die bezüglich der Flexibilität einen hohen Umrüstaufwand verursachen. Dieser Aufwand berücksichtigt jedoch nur unzureichend Punkte wie Variantenvielfalt oder Taktzeit. Zum anderen lassen sich mit der Zangenmontage lediglich Ringe mit Montagebohrungen fügen. Dabei verschiebt sich das Ringzentrum bezüglich der Kraftangriffspunkte bei entsprechender Verformung. Durch die zulässigen Toleranzen der Ringe läßt sich das Ringzentrum dadurch nicht mehr zentrisch zur Bohrungsachse des Basisteils positionieren. Dies ist aber eine unabdingbare Voraussetzung für einen zuverlässigen automatisierten Fügeablauf.

Der konstruktive Aufbau eines flexiblen Werkzeuges für die Montage von Sicherungsringen (Abb. 1.64) beruht auf der zentrischen Durchmesserveränderung eines Sechsbackenfutters. Die eigentliche Durchmesserverstellung erfolgt über einen Drehstrom-Servomotor mit vorgeschaltetem Getriebe. Nach Greifen des Sicherungsringes durch Verfahren der Backen auf Fügedurchmesser und Positionierung des Werkzeuges am Fügeort wird der Ring über einen Pneumatikzylinder eingepreßt. Prinzipiell läßt sich der Pneumatikzylinder auch durch einen geregelten, elektrischen Linearantrieb ersetzen.

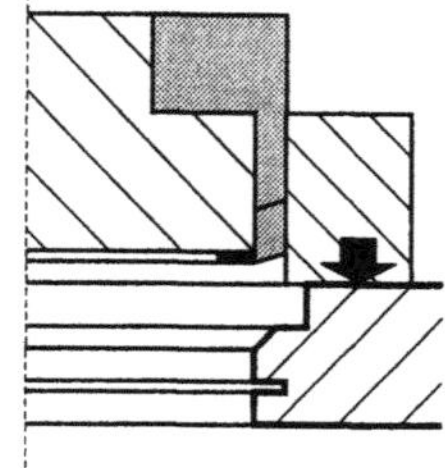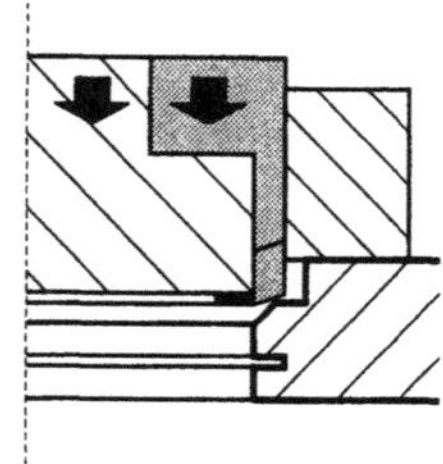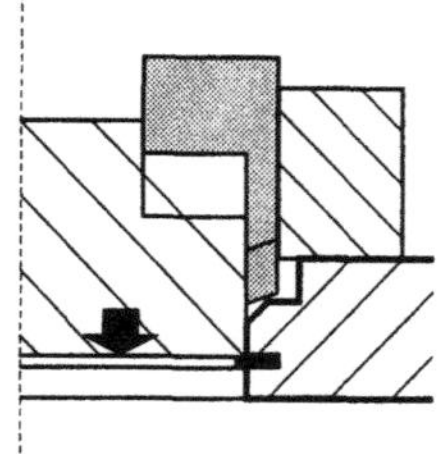

Abb.1.63. Segmentierung der Backen

Da zum Fügen das Werkzeug auf die Basisteiloberfläche aufgesetzt werden muß, sind die verschiedenen Oberflächenkonturen durch die Haltebacken so nachzuformen, daß der Ring im gespannten Zustand bis an die Bohrungskante transportiert werden kann. Dies wird durch eine Segmentierung der einzelnen Backen erreicht (Abb. 1.63). Durch diese Konzeption wird eine Flexibilität sowohl hinsichtlich verschiedener Ringgrößen als auch verschiedener Ringtypen erreicht. Das Greifen eines vereinzelten Rings von einem Aufnahmepunkt erlaubt einen Variantenwechsel innerhalb eines Arbeitstaktes.

Abb. 1.64. Flexibles Werkzeug für die Montage von Sicherungsringen

Profilverbindungen

Das charakteristische Merkmal aller Profilverbindungen, die parallel zur Wellenachse angeordneten Wirkflächen (Mitnehmer), führt zu der in Abbildung 1.65 dargestellten Unterteilung des Montageprozesses. Die Hauptfügebewegung von Profilverbindungen ist, wie bei allen Welle-Nabe-Verbindungen, die Vorschubbewegung in der Wellenachse. Die Voraussetzung ist aber, daß die Profile von Welle und Nabe zur Überdeckung gebracht werden. Dies wird bei zentrischen

Fügepartnern durch eine Drehbewegung eines oder beider Partner erreicht. Sind beide Profile in Überdeckung, so kann die Nabe auf die Welle aufgeschoben werden, wobei die axiale Lage entweder durch das Wegmeßsystem (bei frei positionierter Nabe) oder durch ein Kraftmeßsystem (beim Fügen auf Anschlag) bestimmt wird. Die Fügekraft der Nabe ist dabei abhängig von den verwendeten Profilen, im allgemeinen aber vernachlässigbar.

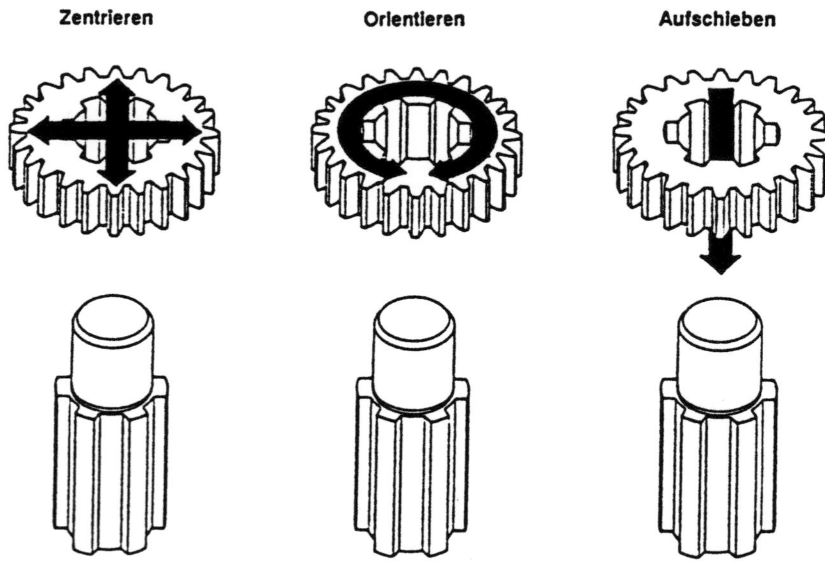

Abb.1.65. Funktionen bei der Montage von Profilverbindungen [1.55]

Durch die sehr engen Toleranzen von Profilverbindungen erfordert die Montage dieser Verbindungen eine sehr genaue Positionierung und Orientierung der Fügeteile. Fügehilfen wie Fasen oder Radien an den Profilen können diesen Vorgang stark vereinfachen, sie erfordern jedoch einen zusätzlichen Arbeitsgang in der Fertigung.

Relativ einfach zu realisieren ist eine genaue Zentrierung der Fügeteile. Dies kann in Montageanlagen durch selbstzentrierende Greifeinrichtungen oder durch spezielle Zentriereinrichtungen bzw. bei der Montage mit Robotern durch die Handhabungseinrichtungen selbst erreicht werden. Zusätzlich erlaubt das Anbringen von Fasen an der Welle oder Nabe eine Feinzentrierung noch während des Fügens. Die radiale Lageabweichung kann hierbei im Extremfall bis zur Fasenbreite kompensiert werden, wenn entsprechende Ausgleichsmechanismen auf der Greiferseite vorhanden sind, die ein Verkanten der Teile verhindern. Wesentlich schwieriger ist dagegen die Orientierung der Fügeteile. Fügehilfsflächen müssen in diesem Fall an den Wirkflächen der Mitnehmerelemente angebracht sein und können daher erst nach der Fertigung der Profile angebracht werden. Sie sind relativ teuer und können auch nicht so großflächig ausgeführt werden wie Zentrierflächen.

Ein Sensor, mit dem die genaue Übereinstimmung der Profile erfaßt werden kann, greift auf eine Eigenschaft zurück, die allen Profilverbindungen gemeinsam ist: Bringt man die Profile von Welle und Nabe in z-Richtung annähernd in Fügeposition, so entsteht in axialer Richtung ein Spalt zwischen den zu fügenden Profilen (Abb.1.66).

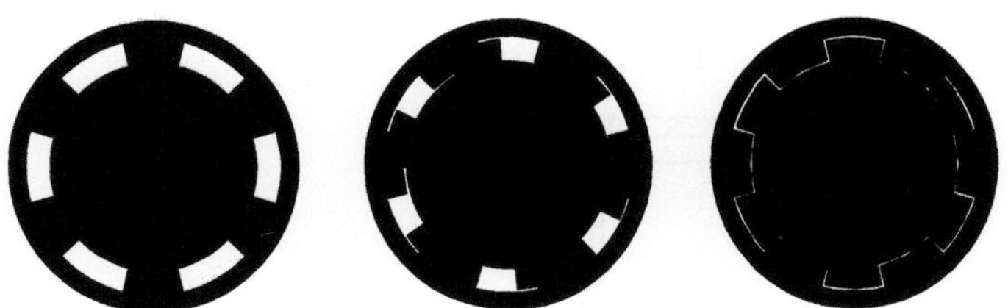

Abb.1.66. Lichtspalt aus der Sicht des Sensors [nach 1.56]

Bei Drehung eines Fügepartners wird der Spalt ständig kleiner bzw. größer und erreicht ein Minimum, wenn die Profile genau überdecken, die Fügeposition also erreicht ist. Der Sensor basiert auf der Messung dieses Spaltes zwischen Welle und Nabe durch Messung des durchfallenden Lichtes. Die Messung des Lichtflusses erfolgt durch eine handelsübliche Photozelle, welche ein dem Lichtdurchsatz entsprechendes Signal abgibt. Dieses Signal wird dann mittels einer speziellen Auswerteelektronik aufbereitet. Mit ihr wird das Signal zuerst verstärkt und gefiltert, dann differenziert und schließlich getriggert (Abb.1.67).

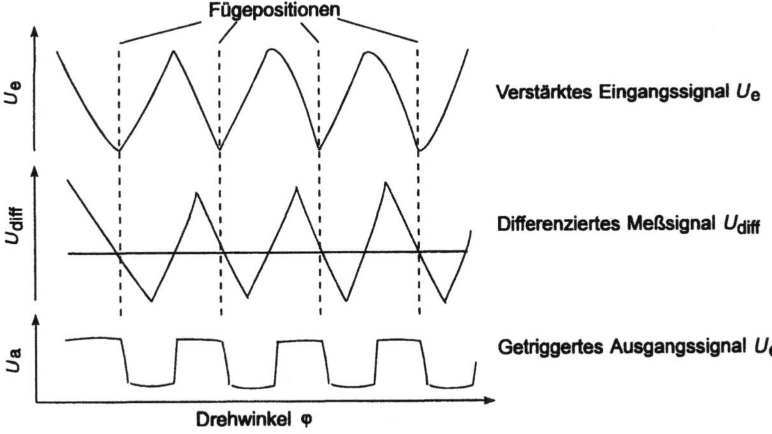

Abb.1.67. Veränderung des Eingangsignals bei der elektronischen Verarbeitung [1.55]

Als Ergebnis erhält man ein Rechtecksignal, welches mit abfallender Flanke die Fügeposition anzeigt. Das Kriterium für die Fügeposition ist dabei nicht der Absolutwert des Signals, sondern das Minimum bzw. die Minima bei mehreren Fügepositionen, wobei der Absolutwert selbst keine Rolle spielt. Damit sind aber auch die verschiedenen Einflüsse auf den Absolutwert, wie Art und Größe der Welle-Nabe-Verbindung, Spaltbreite, Intensität der Beleuchtung, usw., ohne nennenswerte Bedeutung.

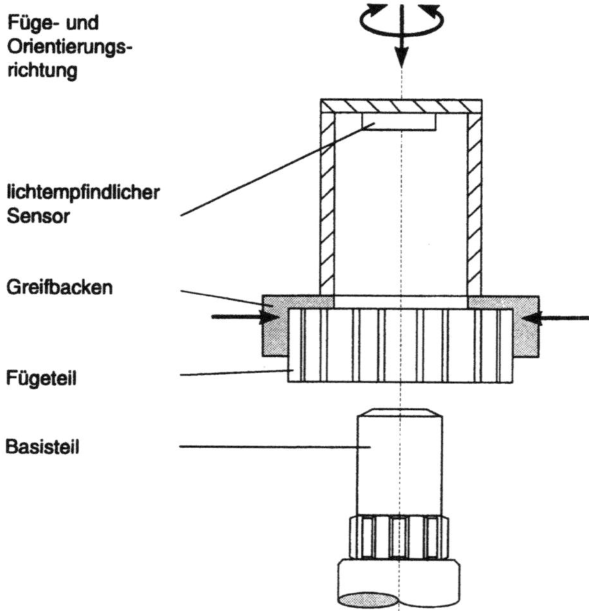

Abb.1.68. Prinzipdarstellung für sensorisiertes Fügewerkzeug für Profilverbindungen

Abbildung 1.68 zeigt den prinzipiellen Aufbau eines mit einem lichtempfindlichen Sensor ausgestatteten Werkzeuges zum Fügen von Profilverbindungen. Dieser Aufbau kann sowohl in Montagevorrichtungen als auch bei robotergeführten Fügewerkzeugen zum Einsatz kommen.

Längspreßverbände

In Abhängigkeit von der Höhe der Fügekräfte können Preßverbände direkt durch einen Roboter montiert werden oder aber durch Einpreßstationen mit entsprechend flexiblen Werkzeugen oder Vorrichtungen. Die Montage kann dann von Robotern durchgeführt werden sofern für die Fügekraft F_{Fmax} gilt:

$F_{Fmax} \leq F_{IR}$ und $a_{rzul} \leq a_{IRmax}$

F_{fmax}: max. Fügekraft, F_{IR}: Fügekraft des Robters,
a_{rzul}: zulässige radiale Lageabweichung, a_{IRmax}: möglicher Ausgleich des Roboters

Die Fügekraft F_{IR} des Roboters darf hier allerdings nicht mit dem Handhabungsgewicht verwechselt werden. Untersuchungen von Schweizer und Würtz [1.57] zeigen, daß die kurzzeitig erreichbare Fügekraft von Robotern deutlich über dem entsprechenden Handhabungsgewicht liegt. Die zulässige radiale Lageabweichung a_{rzul} ergibt sich dagegen unabhängig vom Roboter aus den vorhandenen Fügehilfsflächen wie Radien oder Fasen, die den Einfädelvorgang begünstigen.

Werden dagegen höhere Fügekräfte F_F notwendig, die mit Robotern nicht mehr beherrschbar sind, müssen Einpreßvorrichtungen mit entsprechend steifem Aufbau vorgesehen werden. In diesem Fall ergeben sich zwei Vorgehensweisen zum größenflexiblen Fügen von Längspreßverbänden bei vertikaler Welle:

1. Auflegen des Lagers auf den Wellensitz und Aufpressen mittels eines verstellbaren oder einwechselbaren Stempels.
2. Eingeben des Lagers in die Greifvorrichtung einer Montagevorrichtung und Aufpressen mittels in der Vorrichtung integrierter Stempel.

Bei der ersten Montagevariante (Abb.1.69) wird das Lager nach der Vereinzelung mit einem Außengreifer gegriffen und auf den Wellensitz aufgelegt. Das Handhabungsgerät muß das Lager dabei ausreichend genau positionieren, um ein Verkanten des Lagers beim Aufpressen zu verhindern. Durch die Positionierungenauigkeiten der Handhabungsgeräte sind jedoch Preßverbände ohne Fügehilfe nicht realisierbar. Durch die im allgemeinen vorhandenen Radien und Fasen an Welle und Nabe kann durch Ausgleichsmechanismen in den Greifern ein Verkanten sowie radiale Lageabweichungen ausgeglichen werden.

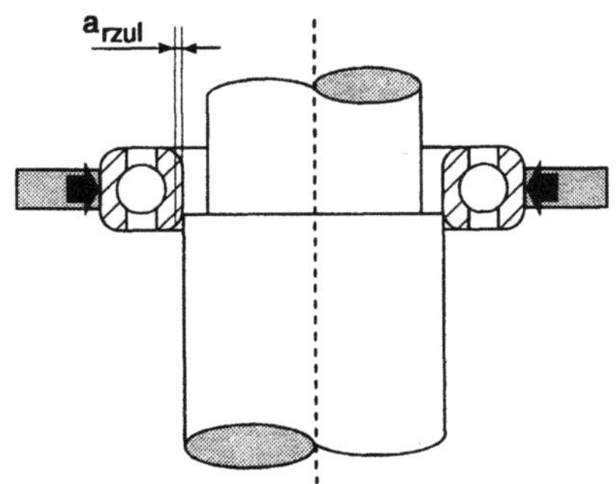

1. Auflegen der Nabe durch
den Roboter (Greifer)

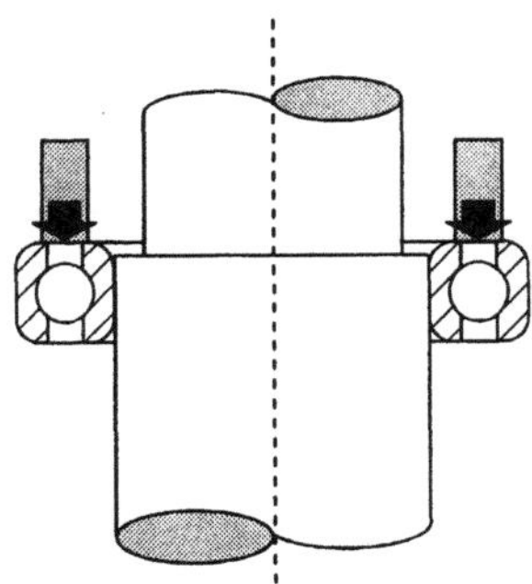

2. Aufpressen der Nabe
durch Aufpreßstempel

Abb.1.69. Fügen von Preßverbänden

Das größte Problem stellt die axiale Positionierungenauigkeit beim Absetzen der Nabe auf der Welle dar. Wird die Nabe zu hoch über der Sollablegeposition von Roboter abgelegt, so besteht die Gefahr, daß das Lager verrutscht. Fährt dagegen der Roboter zu weit vor, so müssen wiederum Ausgleichsmechanismen vorgesehen werden, die ein gewisses Nachgeben erlauben und somit Schäden verhindern. Neben der Positionierunsicherheit des Roboters sind auch weiterhin die Lageabweichung der Nabe im Greifer sowie, wenn auch von geringerer Bedeutung, Fertigungstoleranzen zu beachten.

Bei der zweiten Variante (Abb.1.70) wird das Lager zuerst in die Montagevorrichtung eingegeben, die sich neben den verstellbaren Stempeln vor allem durch die Greifeinrichtung auszeichnet. Hier kann die Greifeinrichtung das Lager zentrieren, was eine relativ ungenaue und damit einfache Eingabe der Teile erlaubt. Nach der Eingabe des Lagers erfolgt der Aufpreßvorgang über den Innenring mit Hilfe von Aufpreßstempeln. Durch die in der Wellenachse angebrachte Montagevorrichtung entfallen dabei sowohl die Positionier- als auch die Synchronisationsprobleme.

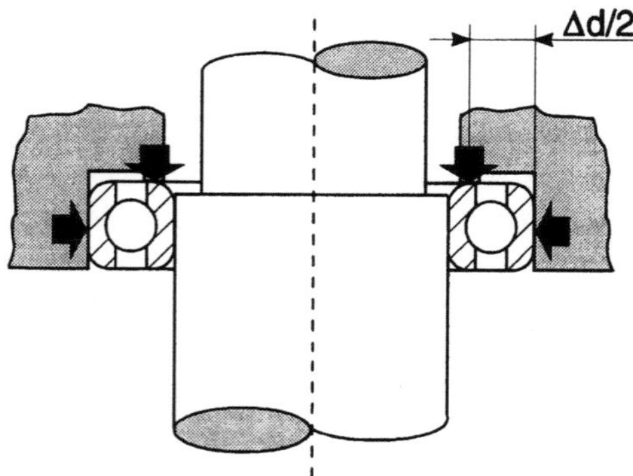

Abb.1.70. Fügen von Preßverbänden mittels einer Montagevorrichtung mit integrierter Greifeinrichtung

Problematisch ist bei dieser Vorgehensweise die, abhängig von verschiedenen Lagergrößen und -baureihen, unterschiedliche Durchmesserdifferenz Δ_d zwischen Innen- und Außenring. Da die Greifflächen am Außenring, die Aufpreßfläche jedoch am Innenring ist, erfordert dies bei großen Δ_d-Werten eine Durchmesseranpassung, die sich als zusätzlicher Konstruktionsaufwand darstellt und somit die Kosten erhöht.

Paßscheiben

Paßscheiben finden ihren Einsatz bei der Justage des Axialspiels bzw. der Tragbildeinstellung von Wellen in Getrieben. Prinzipiell lassen sie sich ähnlich wie Sicherungsringe an ihrem Umfang greifen (vergl. Sicherungsringmontage). Dies führt jedoch bei sehr dünnen Scheiben zu plastischen Verformungen, die einem sicheren und zuverlässigen Prozeßablauf im Wege stehen. Als eine mögliche Lösungsvariante zum Greifen der Paßscheiben bietet sich daher der Einsatz von Vakuumgreifern an.

Beim Arbeiten mit Vakuum im Bereich der Handhabung gilt eine Grundvoraussetzung immer: Die Größe des zu erzeugenden Vakuums und die Anpassung der mechanischen Hilfsmittel wie Saugnäpfe usw. an die zu handhabenden Teile müssen aufeinander abgestimmt sein. Dabei spielt es keine Rolle, ob das Vakuum von einer elektrischen Pumpe oder von einer druckluftbetriebenen Vakuumdüse, die nach dem Ejektorprinzip arbeitet, erzeugt wird. Die Funktionsweise dieses Greifprinzips basiert auf einem Unterdruck in einem abgeschlossenen Raum, der durch das Handhabungsobjekt und den Sauger gebildet wird. Die erforderliche Haltekraft wird hierbei rein kraftschlüssig zwischen Greifer und Werkstück übertragen.

Bei dem in Abb.1.72 dargestellten flexiblen Vakuumgreifer [1.58] befinden sich auf der Unterseite zwei Saugblöcke mit jeweils vier Saugnäpfen, an denen über eine einfache Ejektordüse der Unterdruck erzeugt wird. Diese Saugnäpfe sind so angeordnet, daß sie immer auf der gemeinsamen Überdeckungsfläche aller Scheiben liegen.

Um nun den Greifbereich dem jeweiligen Durchmesser der zu handhabenden Scheibe anzupassen, ist einer der Saugblöcke mit Hilfe zweier Pneumatikzylinder linear über den Greifbereich beweglich. Neben den Saugnäpfen befindet sich ein induktiver Nährungsschalter, der nach Anfahren und Zustellen auf den jeweiligen Magazindorn die maximale Absenkung über das Magazin überwacht (vergl. Abb.1.71).

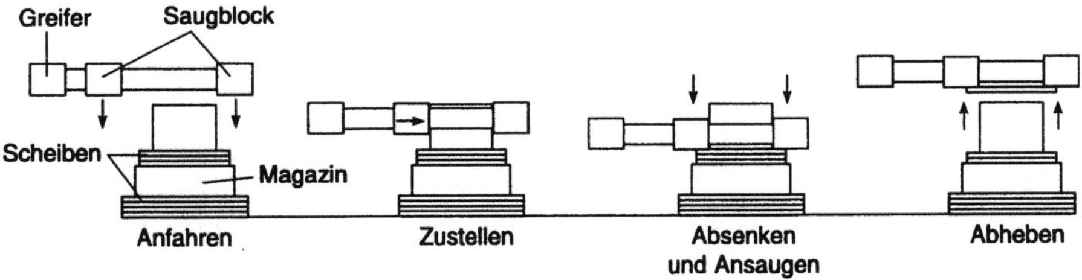

Abb.1.71. Aufnehmen einer Scheibe vom Magazindorn

Abb.1.72. Flexibler Vakuumgreifer für Paßscheiben

Taucht nun die oberste Scheibe in das induktive Wechselfeld, wird der Absenk-
vorgang gestoppt und gleichzeitig durch Druckbeaufschlagung der Ejektordüse
ein Vakuum erzeugt. Somit kann die Scheibe vom Magazindorn abgehoben und
in das Getriebe eingelegt werden. Durch neben den Saugnäpfen angebrachte einstellbare Abstandsstifte kann ein zu starkes Ansaugen der Scheiben verhindert und
damit ein besseres Ablösen beim Einlegen der Paßscheiben erreicht werden.

Die im Getriebebau häufig eingesetzten Papierdichtungen lassen sich ebenfalls
mit diesem Vakuumgreifer aufnehmen und fügen. Lediglich die Bereitstellung der
einzelnen Dichtungen bzw. die einzusetzende Sensorik muß dem Werkstoff Papier angepaßt werden.

1.4.5 Durchsetzfügen als Fügeverfahren für Blechteile

Beim Fügen von Blechen stellt das *Durchsetzfügen* eine immer häufiger eingesetzte wirtschaftliche Alternative zu konventionellen Anwendungen dar. Bei dieser in DIN 8593 festgehaltenen Verbindungstechnik werden ohne die Verwendung von zusätzlichen Fügehilfsmitteln (Schrauben, Nieten, Klebstoff usw.) beachtliche Haltekräfte erreicht.

Das Durchsetzfügen ist dadurch gekennzeichnet, daß Fügeelemente unmittelbar aus dem Werkstoff der zu verbindenden Blechteile hergestellt werden. Durch einen lokalen Umformvorgang mit einem genau abgestimmten Stempel und Matrizenpaar entsteht die kraft- und formschlüssige Verbindung (siehe Abb. 1.73).

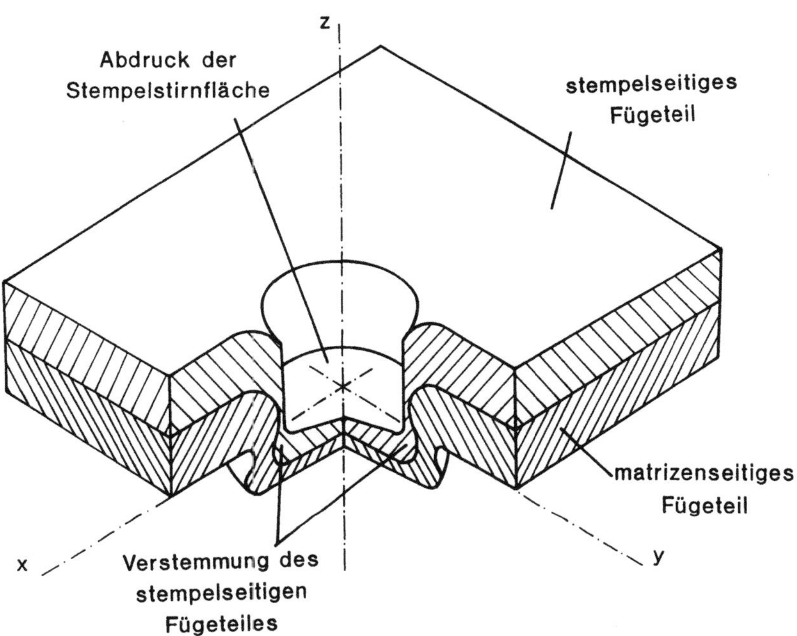

Abb.1.73. Verformung beim Durchsetzfügen

Die Entwicklung auf dem Gebiet des Durchsetzfügens ist in den letzten Jahren so schnell verlaufen, daß die ursprüngliche, in der DIN 8593 festgehaltene Definition eines *Durchsatz/Schneid-Stauchvorgangs* durch einen *Durchsetz/Einsenk–Stauchvorgan* erweitert werden mußte. Durch den Wegfall des Schneidanteils bei rotationssymmetrischen Fügeelementen eröffneten sich weitere Anwendungsgebiete. Das Durchsetzfügen kann z.B. auch dann verwendet werden, wenn die Verbindung flüssigkeits– bzw. gasdicht sein muß.

Prinzip des Durchsetzfügens

Beim Durchsetzfügen werden die Fügeelemente in einem einzigen, ununterbrochenen Fügeschritt hergestellt. Dazu stehen Werkzeugsätze (Stempel und Matrizen) zur Verfügung, mit deren Hilfe Fügeelemente mit und ohne Schneidanteil erzeugt werden können.

Ein zum Durchsetzfügen benötigter Werkzeugsatz besteht aus einem Stempel und einer Matrize. Die Matrize ist ihrerseits aus einem festen Amboß und aus seitlich nachgebenden Federlamellen bzw. Schiebestücken zusammengesetzt. Der Einsatz federnd nachgebender Matrizenteile gewährleistet die Unempfindlichkeit der Werkzeugsätze gegenüber Blechdickenschwankungen, Schmierstoffen und anderen prozeßbegleitenden Verunreinigungen wie Abrieb von Aluminium– oder Zinkpartikeln.

Der Vorgang des Durchsetzfügens mit Schneidanteil läßt sich so auffassen, als würde er aus einer Durchsetz–/Schneid– und einer Stauch–/Schneidphase bestehen, wobei der Schneidanteil durch Änderungen an der Werkzeuggeometrie gezielt beeinflußt werden kann.

Zum Beginn der ersten Fügephase wird der Fügestempel auf die Matrize zubewegt und die auf den Federlamellen aufliegenden Blechteilen beim Aufsetzen des Stempels gegen die Matrize gepreßt. Im weiteren Verlauf der Stempelbewegung wird ein stegförmiger Volumenbereich zwischen den Werkzeugschneidkanten aus der Blechebene herausgedrückt.

Mit Beginn der zweiten Phase des Fügevorgangs (Stauch–/Schneidphase) setzt der Steg auf dem Amboß auf, wo er zwischen Stempeldruckfläche und bombierter Amboßfläche durch Kaltstauchen umgeformt wird. Gleichzeitig wird der Steg mit den schrägstehenden Schneidkanten sowohl stempel– als auch matrizenseitig weiter ausgeschnitten. Die Breitung des Stegs erfolgt gegen den Widerstand der Schneidlamellen. Damit entsteht die formschlüssige Blechverbindung.

Durch Veränderungen an der Werkzeuggeometrie des Stempels kann der Schneidvorgang dahingehend beeinflußt werden, daß erst zum Ende der Stauch–/Schneidphase das Trennen nur des matrizenseitigen Bleches erfolgt. Das stempelseitige Blech wird nicht geschnitten.

Analog zum Durchsetzfügen mit Schneidanteil werden die Bleche auch beim Durchsetzfügen ohne Schneidanteil mit dem Aufsetzen des Stempels auf der Blechoberfläche zunächst gespannt und dann elastisch gebogen. Mit weiterer Relativbewegung des Stempels in Richtung Matrize setzt die plastische Verformung ein. Dabei wird aus dem Blechabschnitt solange ein nunmehr zylindrischer Napf durchgesetzt, bis der Napfboden den Amboß berührt.

Im Verlauf des sich anschließenden Stauchvorganges wird der Blechwerkstoff zwischen Stempeldruckfläche und Amboß so umgeformt, daß durch Verringerung der Bodendicke der Durchmesser des durchgesetzten Blechvolumens zunimmt. Kurz vor dem Ende des Stauchvorgangs setzt der Stempelbund auf der Blechoberfläche auf und planiert bei weiterer Verringerung der Bodendicke den Umgebungsbereich des Fügeelements.

Vorteile des Durchsetzfügens

Die Problematik des Bereitstellens, Ordnens und Zuführens der Fügehilfsteile, wie z.B. beim Schrauben, Nieten, Kleben etc., entfällt. Im Vergleich mit dem Punktschweißen zeigen sich ebenfalls wesentliche Vorteile des Durchsetzfügens. Ein Verzug durch Wärmeeinwirkung tritt nicht mehr auf. Ebenso können beschichtete Bleche, Bleche mit unterschiedlicher Dicke aus unterschiedlichen Materialien ohne Oberflächenvorbehandlung miteinander verbunden werden. Die Verbindungsqualität kann zerstörungsfrei geprüft werden.

Die wesentlichen Merkmale sind:

— Fügehilfsteile überflüssig,
— ein Arbeitsgang (bei einstufigem Verfahren),
— keine thermische Materialbeanspruchung beim Fügen,
— geringer Energieaufwand,
— keine Transformatoren oder Kühlleitungen am Werkzeug,
— unterschiedliche Blechdicken können verbunden werden,
— Fügen unterschiedlicher Werkstoffe ist möglich (St–Al),
— keine Oberflächenvorbehandlung nötig,
— Verwendung von beschichteten und unbeschichteten Blechen,
— wasser– und luftdichte Verbindungsstelle,
— kein Spananfall,
— sehr gute Reproduzierbarkeit der Verbindung,
— zerstörungsfreie Kontrolle der Verbindungsstellen,
— hohe dynamische Belastung der Verbindung im Vergleich zum Punktschweißen,
— keine Korrosion an der Fügestelle,
— hohe Standzeit der Werkzeuge,
— einfacher Aufbau der Werkzeuge,
— einfache Wartung der Werkzeuge,
— umweltfreundlich am Arbeitsplatz.

Anwendung des Durchsetzfügens

Das Durchsetzfügen wird dort angewendet, wo die bisher bekannte Verbindungstechniken an Grenzen stoßen. Durchsetzfügen ermöglicht auch im Zusammenwirken mit eingeführten Fügeverfahren neue und kostengünstige Fertigungsabläufe, z.B. dann, wenn es beim Kleben zum Fixieren der Teile oder möglicherweise auch zum Anpressen während der Aushärtezeit dient. Schließlich wird das Durchsetzfügen in solchen Fällen eingesetzt, in denen das oberflächenschonende Fügen ohne Fügehilfsteile zu einer fertigungstechnisch eleganten Lösung führt. Somit findet die Durchsetztechnik in weiten Bereichen der blechverarbeitenden Industrie Anwendung.

Durchsetzfügen im flexibel automatisierten Umfeld

Für den Einsatz in automatisierten Fertigungssystemen wurde im Rahmen einer Kooperationsentwicklung mit einem Anbieter von Komplettlösungen für Durchsetzfügeanwendungen eine robotergerechte, freiprogrammierbare Druckfügezange entwickelt (siehe Abb. 1.74).

Mit dieser bereits ausgetesteten und am Markt angebotenen Zange können bis zu 60 kN Fügekraft aufgebracht werden. Das Zangengewicht liegt nur bei ca. 30 kg. Die konstruktiven Schwerpunkte bei der Entwicklung der Druckfügezange waren vor allem die Kompensation der Zangenaufbiegung und der schnelle automatische Stempel– und Matrizenwechsel.

Die Kompensation der Zangenaufbiegung bringt beim Robotereinsatz entscheidende Vorteile. Die bei konventionell aufgebauten C-Bügelzangen extrem steif gehaltenen Zangenarme können bei der neuen Zangengeneration wesentlich schwächer dimensioniert werden, was erhebliche Gewichtseinsparungen zur Folge hat. Auch bei der maximalen Fügekraft behalten Stempel und Matrize immer ihre Ausrichtung senkrecht zur Blechoberfläche bei. Das neue Zangenkonzept ist besonders bei zunehmender Ausladung der Zangenarme interessant. So beträgt die Gewichtseinsparung bei einer Ausladung von 250 mm bereits 50 % gegenüber konventionell gebauten C-Bügelzangen.

Abb.1.74. Zange zum Durchsetzfügen

Mit Hilfe des ebenfalls neuen Werkzeug–Wechselprinzips ist es möglich, die für die jeweilige Fügeaufgabe benötigten Werkzeugeinsätze – Stempel und Matrize – automatisch einzuwechseln. So können Bauteile mit unterschiedlichen Blechdicken- und Werkstoffkombinationen gefügt werden, ohne daß dabei die gesamte Zange gewechselt werden muß. Sowohl der Wechseleinsatz als auch der Grundkörper der Zange sind in C-Form mit gegeneinander verschiebbaren Armen aufgebaut. Stempel und Matrize behalten auch in abgelegtem Zustand ihre einmal am Werkzeug-Voreinstellplatz eingestellte Ausrichtung bei. Die Werkzeugeinsätze werden vom Roboter automatisch aus einem Wechselmagazin entnommen.

Festigkeitsparameter beim Durchsetzfügen

Für die Festigkeit der Verbindung ist einerseits die Stegbreite am stempelseitigen Blechteil (Scherzugfestigkeit) und andererseits das Maß der Hinterschneidung (Kopfzugfestigkeit) ausschlaggebend.

Aufgrund des begrenzten, für die Verformung zur Verfügung stehenden Materials sind diese Größen gegenläufig, d.h. bei einer großen Hinterschneidung ergibt sich zwangsläufig ein dünner Steg. Wird die Werkzeuggeometrie so ausgelegt, daß ein dicker Steg entsteht, ist nicht mehr genügend Material für einen großen Hinterschnitt vorhanden. Es muß somit ein an den jeweiligen Anwendungsfall angepaßtes Optimum beider Größen gefunden werden.

Berechnung des Fließverhaltens mit der Finite-Elemente Methode

Bisher durchgeführte Optimierungen an der Stempel- und Matrizengeometrie beschränkten sich auf Untersuchungen experimenteller Art. Ausgehend von einem vorgebenen Anwendungsfall (Blechdicke, Blechmaterial, Oberflächenbeschaffenheit, Belastung) müssen durch Variation von Prozeßparametern (u. a. Durchmesserverhältnis von Stempel und Matrize, Eindringtiefe des Stempels in das Blech, Tiefe der Matrizengravur) in aufwendigen Versuchsreihen die optimalen Festigkeitsresultate ermittelt werden.

Am Bildschirm der Werkzeugüberwachung kann im Gegensatz dazu das Fließverhalten der Blechwerkstoffe beobachtet werden. Dadurch ergeben sich neue Möglichkeiten für die Ermittlung der optimalen Werkzeuggeometrie. Mit Hilfe der Finite-Elemente-Methode (FEM) kann durch einfache Variation der Geometriedaten von Stempel und Matrize das Fließverhalten gezielt simuliert werden, so daß das optimale Verhältnis von Stegdicke und Hinterschneidung erreicht wird.

Aufgrund der zur FE-Berechnung notwendigen hohen Rechnerleistung ist die Reduzierung des Modells auf ein notwendiges Mindestmaß anzustreben. Dies wird z.B. durch die Beachtung von Symmetrieeigenschaften ermöglicht. Bei rotationssymmetrischen Modellen reicht es aus, ein zweidimensionales Modell, das dem halben Querschnitt des tatsächlichen Gebildes entspricht, zu erstellen.

Es ist notwendig, die auf der Rotationsachse (X–Achse) befindlichen Knoten aller modellierten Teile in Y–Richtung festzuhalten. Ohne diese Randbedingung würden sich die Knoten während der Berechnung auch in die negative Y-Richtung bewegen, was einen negativen Radius für die Knoten zur Folge hätte und zum Programmabbruch führen würde.

Als weitere Randbedingung ist es notwendig die Bleche sowie die Matrizenteile in ihrer ursprünglichen Position festzuhalten. Daher werden bei den Blechen die am weitesten vom Stempel entfernten Knoten sowohl in X– als auch in Y–Richtung festgehalten. Diese Modellierung entspricht einer festen Einspannung der Bleche in großer Entfernung von der Umformzone. Ebenfalls werden Matrizenoberteil und Matrizenboden als fest eingespannt betrachtet.

Für den vorliegenden Anwendungsfall wurden Elemente vom Typ 10 der *MARC* Elemente Bibliothek verwendet. Dieses sind Elemente erster Ordnung (4 Knoten, 4 Integrationspunkte), denen ein rotationssymmetrischer Verschiebungsansatz bezüglich der X–Achse zugrundeliegt. Für Probleme mit hohem Umformgrad weisen sie deutliche Vorteile gegenüber Elementen höherer Ordnung auf, da sie gegen Verdrehungen unempfindlicher sind.

Bei den durchgeführten Untersuchungen wurde die Geometrie der Matrize zunächst so gewählt, daß sich das Material ungehindert verformen kann. Zur Ausformung des Fügeelements muß die Matrize teilbar sein. Die gewählte Modellierung bietet den Vorteil, dem umzuformenden Material ein Maximum an Freiraum zur Verfügung zu stellen, um nach erfolgter Verformung die Matrizengeometrie bzw. die Matrizenkinematik der optimalen Verbindung anzupassen. Durch Variation von Stempel und Matrizengeometrie konnten die jeweiligen Auswirkungen auf das Fließverhalten ermittelt werden.

Im vorliegenden Anwendungsfall reichten die ursprünglichen Lösungsansätze der FE-Methode nicht mehr aus. In der Praxis werden viele Probleme durch starke Vereinfachungen linearisiert, obwohl in der Realität meist kein linearer Zusammenhang vorliegt. Prinzipiell kann man bei FE–Berechnungen in 3 Arten von Nichtlinearitäten unterscheiden:

— geometrische Nichtlinearitäten,
— nichtlineares Werkstoffverhalten,
— nichtlineare Randbedingungen/Belastungen.

Geometrische Nichtlinearitäten treten durch den nichtlinearen Zusammenhang zwischen den berechneten Verschiebungen im FE–Netz und den daraus ermittelten Dehnungsanteilen auf. Durch eventuell auftretende Rotationen von Elementen ist der Dehnungstensor für lineare Probleme nicht in der Lage die Dehnung korrekt zu beschreiben. Das Verwenden des Dehnungstensors nach *Green-Lagrange* ermöglicht auch in diesem Fall eine exakte Berechnung der Dehnung. Der nichtlineare Zusammenhang zwischen Kraft und *wahrer Spannung* (k_f, Cauchy Spannung) wird durch die Einführung eines Verformungstensors nach *Cauchy-Green* berücksichtigt.

Von besonderer Bedeutung wird dies bei der Simulation des *nichtlinearen Werkstoffverhaltens*, welches bei metallischen Werkstoffen durch Überschreiten der Streckgrenze zustandekommt. Wird bei herkömmlichen Berechnungen das Plastifizieren des Bauteiles bereits als Versagen betrachtet, so wird im Zuge der elastisch–plastischen Festigkeitsberechnung diese *Reserve* des Bauteiles in die Betrachtungen einbezogen. Beim Durchsetzfügen ist gerade der plastische Bereich einer Werkstoffcharakteristik von entscheidendem Interesse.

Nichtlineare Randbedingungen können sowohl durch Reibung als auch durch Kontakt zwischen Körpern zustandekommen.

Nichtlineare Belastungen treten durch eine Abhängigkeit der Belastung von der Zeit oder durch starke Verformungen während einer Berechnung auf.

Für die Berechnung des Durchsetzfügevorgangs wurde der sogenannte *Updated– Lagrange– Approach* (ULA) im FE–Programm *MARC* angewendet. Dieser Ansatz wurde aus einem Lagrange–Ansatz für das Prinzip der virtuellen Arbeit entwickelt und beinhaltet Formulierungen zur Berücksichtigung von elastisch–plastischem Materialverhalten. Durch die Aufspaltung des Fügeablaufs in einzelne Inkremente besteht mit diesem Ansatz die Möglichkeit, große Verformungen zuzulassen.

Ein wesentlicher Aspekt des ULA besteht darin, den berechneten Zustand am Ende eines jeden Inkrementes auf das FE–Netz zu übertragen. Der ermittelte Zustand wird dann als Ausgangsbasis für die Berechnung des nächsten Inkrementes verwendet. Dies führt allerdings dazu, daß bei großen Verformungen das stark verzerrte Netz den Referenzzustand der weiteren Berechnung bildet. Aufgrund lokaler Verzerrungen kann dann ein Abbruch der Berechnung erfolgen oder aber die Qualität der Ergebnisse stark nachlassen.

Die in MARC zur Verfügung gestellte Option *Rezoning* ermöglicht es, den physikalische Zustand des letzten fehlerfreien Inkrementes auf ein neues, intaktes FE–Netz zu übertragen. Dabei wird auch der Werkstoffzustand nach der erfolgten Verformung berücksichtigt. So geht z.B. die aus dem hohen Umformgrad der Bleche resultierende Werkstoffverfestigung mit in die weitere Berechnung ein. Ein wesentlicher Vorteil des *Rezoning* besteht darin, daß das Netz in den stark beanspruchten Bereichen auch verfeinert werden kann. Durch konsequente Nutzung kann somit zu Beginn der Untersuchung eine relativ grobe Modellierung verwendet werden, die im Laufe der Berechnung an den erforderlichen Stellen verfeinert wird.

Da ein nichtlinearer Sachverhalt nicht durch lineare Gleichungen fomuliert werden kann, sind iterative Lösungsmethoden notwendig, die zu einer Näherungslösung führen. Für die vorgestellte Untersuchung wurde das Iterationsverfahren nach *Newton-Raphson*, die *Full Newton-Raphson* Iteration angewendet. Als Abbruchkriterium wird eine relative Fehlergrenze für die ermittelten Verschiebungen definiert, unterhalb der die gefundene Lösung als konvergent betrachtet wird. Die nach erfolgreicher Iteration noch vorhandenen Restanteile einer Belastung werden damit sie sich im Lauf der Berechnung nicht aufaddieren können, beim nächsten Inkrement als zusätzliche äußere Belastung berücksichtigt (*residual load correction*).

Die errechneten Werte für die Verschiebungen, Vergleichsspannung nach *Von Mises*, die plastische Dehnung und die Reaktionskräfte können mit Hilfe des FE–Pre–/Postprozessor *MENTAT* dargestellt werden. Durch Speichern dieser inkrementellen Ereignisse auf einer videotauglichen Bildplatte (z.B. VHS) wird eine kontinuierliche Betrachtung der Abläufe während eines Fügevorganges möglich. Dem Hersteller von Durchsetzfügewerkzeugen werden hiermit völlig neue Möglichkeiten zur Optimierung und Berurteilung von Fügeelementen eröffnet.

Qualitätssicherung beim Durchsetzfügen mit Industrierobotern

Um die Qualität der gefertigten Durchsetzfügungen zu sichern und mögliche Störungen nach ihrer Ursache zu erfassen, wurde die Zange in eine besondere, für die Anforderungen beim freiprogrammierbaren Durchsetzfügen ausgelegte On-line–Überwachung einbezogen. Angepaßt an den flexiblen Gebrauch der Roboterdurchsetzfügezange können bei der PAD–R–Prozeßüberwachungseinheit je nach Fügeaufgabe nicht nur unterschiedliche Durchsetzfügeverfahren, sondern auch in bezug auf das Werkstück unterschiedliche Anordnungen von Stempel und Matrize, also die Fügeelementlage, berücksichtigt werden.

Die Überwachungsstrategie basiert auf der Kenntnis des für die Durchsetzfügeaufgabe typischen Kraft–Weg–Verlaufs. Während des Einrichtebetriebs der Fügeparameter werden an den unterschiedlichen Fügepositionen unter Berücksichtigung des vorgesehenen Werkzeugeinsatzes unterschiedliche Referenzkurven aufgenommen und je nach Qualitätsanforderung mit prozeßtypischen, enger– oder weitergefaßten Toleranzfenstern versehen. Im automatischen Fertigungsablauf lassen sich die jeweiligen Referenzkurven an den unterschiedlichen Fügepositionen laden. Dadurch kann der Fügeprozeß vollständig überwacht werden. Vollständiges Überwachen bedeutet, daß das System nicht nur Werkzeugbruch und Werkzeugverschleiß erkennt, sondern auch abweichende Fertigungssituationen bei den zu fügenden Werkstücken registriert.

Wirtschaftlichkeitsbetrachtungen

Neben den technischen Vorteilen gegenüber anderen Verbindungsverfahren ist die Durchsetzfügetechnik auch aus wirtschaftlicher Hinsicht interessant. So zeigt der Kostenvergleich zwischen dem Durchsetzfügen und dem Widerstandspunktschweißen, daß nicht nur durch den Fortfall der erforderlichen lohnintensiven Vor- und Nachbehandlung der Fügebereiche Kosteneinsparungen auftreten, sondern daß z.B. beim Verbinden von Aluminiumhalbzeugen enorme Einsparungen an Werkzeug– und nicht zuletzt auch an Energiekosten zu erzielen sind.

Unter Berücksichtigung bestimmter Voraussetzungen ist festzustellen, daß die jährlichen Fügekosten beim Widerstandspunktschweißen um bis zu 111 % über den Fügekosten beim Durchsetzfügen liegen, dies gilt insbesondere beim Einsatz von beschichteten Blechen und Blechen aus Aluminium. Dabei sind Sekundärkosten, wie sie durch die Beschädigung etwaiger Beschichtungen beim Punktschweißen entstehen, noch nicht berücksichtigt.

1.5 Innovative Strategien der Werkstückbereitstellung

1.5.1 Programmierbare Zuführsysteme

Die deutsche Industrie erhält ihre Wettbewerbsfähigkeit durch verbesserte und innovative Produkte. Diese Produkte sind zunehmend dadurch gekennzeichnet, daß sie in großer Variantenvielfalt auftreten, jedoch eine kurze Lebensdauer besitzen. Diese Entwicklung erfordert notwendigerweise eine flexible Produktion, die erst bei schmaler Auslegung, sowohl der Materialflußstruktur, als auch der technischen Komponenten wirtschaftlich eingesetzt werden kann. Die damit verbundene fortschreitende flexible Automatisierung der Mittel- und Kleinserienfertigung erfordert im Bereich der Montage innovative Lösungen für die Materialbereitstellung.

Flexible Vibrationswendelförderer

Das Ergebnis der Modifikation herkömmlicher Bereitstellungseinrichtungen, wie Vibrationswendelförderer und Linearförderer, ermöglicht die Bereitstellung von bis zu 30 Werkstücken mit einer Bereitstellungseinrichtung. Dabei umfaßt die Modifikation einerseits das Ersetzen formatabhängiger mechanischer Vorrichtungen durch optische Sensoren, andererseits die Entwicklung von formatneutralen Einfach- und Mehrfachaustragsschienen, die ein sicheres Bereitstellen der Werkstücke zum Abgreifen mit einem Industrieroboter ermöglichen.

Die Werkstücke werden als Schüttgut über einen Vibrationswendelförderer einem computergeregelten Förderband zugeführt. Beim Übergang vom Vibrationswendelförderer auf das Förderband werden die Werkstücke leicht auseinandergezogen. Senkrecht zur Laufrichtung des Förderbandes befindet sich, hinter einer geschlitzten Anlageschiene geschützt, ein Zeilensensor mit bis zu 2048 Fotodioden. Ein Werkstück bewegt sich mit einer konstanten Geschwindigkeit auf dem Förderband an dem Zeilensensor vorbei, so werden in bestimmter zeitlicher Abfolge je nach Werkstückgeometrie entsprechende Fotodioden hell bzw. dunkel. Die aufgenommenen Sensordaten entsprechen dem Schattenriß des Werkstückes. Das durchlaufende Schattenbild des Werkstückes wird in Scheiben abgebildet, deren Breite von der jeweiligen Bandgeschwindigkeit abhängt. Wenn die so gewonnenen Daten des Werkstücks nicht mit den gelernten Referenzdaten übereinstimmen, wird das Teil in den Vibrationswendelförderer zurückgeblasen. Durch die Möglichkeit der optischen Erkennung von Werkstücken kann somit gänzlich auf mechanische Schikanen für die Werkstückauswahl verzichtet werden. Nach der Auswahl eines Werkstückes bewegt es sich auf einer Austragsschiene zur Entnahmeposition.

Abb. 1.75 zeigt die Realisierung einer Einfachaustragsschiene, die über die Steuerung des Vibrationswendelförderers in der Breite und in der Länge stufenlos entsprechend der jeweiligen Werkstückgeometrie programmiert werden kann. Durch die seitliche Führung der Werksücke in der Austragsschiene ist eine definierte Werkstücklage an der Entnahmeposition gewährleistet.

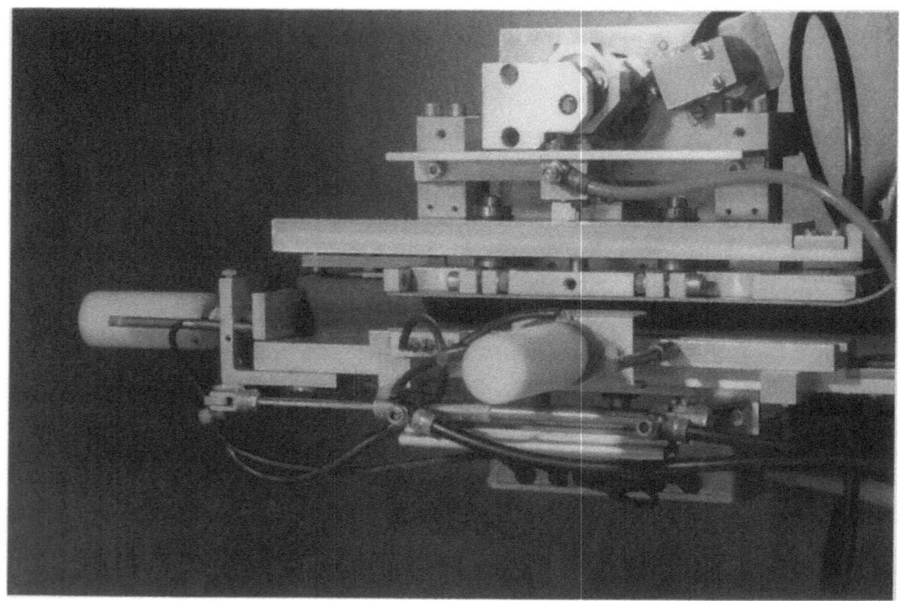

Abb. 1.75. Vibrationswendelförderer mit werkstückspezifisch programmierbarer Einfachaustragsschiene

Ein völlig neues Prinzip stellt die in Abb. 1.76 dargestellte Mehrfachaustragsschiene dar. Sie besteht aus einer Sortierweiche und drei Staustrecken zur Pufferung von Werkstücken. Diese technische Auslegung ermöglicht eine gleichzeitige Austragung von bis zu drei geometrisch unterschiedlichen Werkstücken. Nach der Erkennung des jeweiligen Werkstücktyps erfolgt über die Steuerung des Vibrationswendelförderers die Ansteuerung der Sortierweiche so, daß der Werkstücktyp ohne Veränderung seiner Orientierung in die vorgewählte Austragsschiene gelenkt wird. Alle Austragsschienen sind wie im Falle der Einfachaustragsschiene auf die Werkstückgeometrien programmierbar.

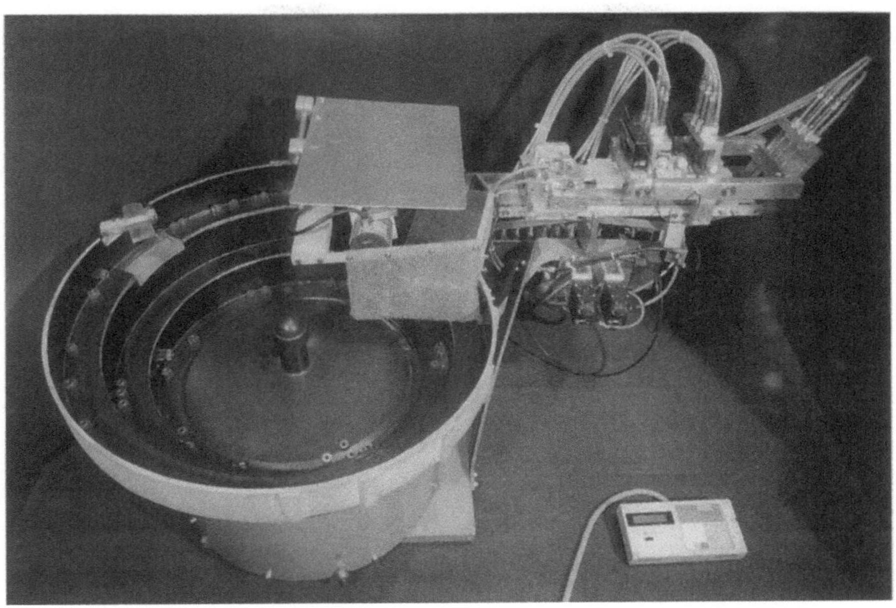

Abb. 1.76. Vibrationswendelförderer mit werkstückspezifisch programmierbarer Mehrfachaustragsschiene

Aufbau eines APOS-Systems

Das APOS-System verfügt über einen Puffer für Leermagazine, die selbständig zur Befüllung in das System eingeschleust werden. In der Vibrationseinheit wird das Magazin gespannt und schräg gestellt. Die Werkstücke werden aus einem Behälter auf ein schräg gestelltes, unter Schwingung gesetztes Magazin geschüttet und gelangen nach dem Auswahlprinzip in die entsprechend ausgelegten Magazinformnester (siehe Abb. 1.77).

Nach Ablauf der Überschüttungsdauer werden nicht magazinierte Werkstücke mit Druckluft in den Teilerückführbehälter geblasen und die Schwingung abgeschaltet.

Das so befüllte Magazin wird automatisch aus dem System ausgeschleust. Die Gesamtzeit für das Befüllen eines Magazins ist abhängig von der Werkstückgeometrie und -größe und beträgt zwischen 60 und 180 sec. bei einer Anzahl von 30 bis ca. 250 Werkstücken pro Magazin.

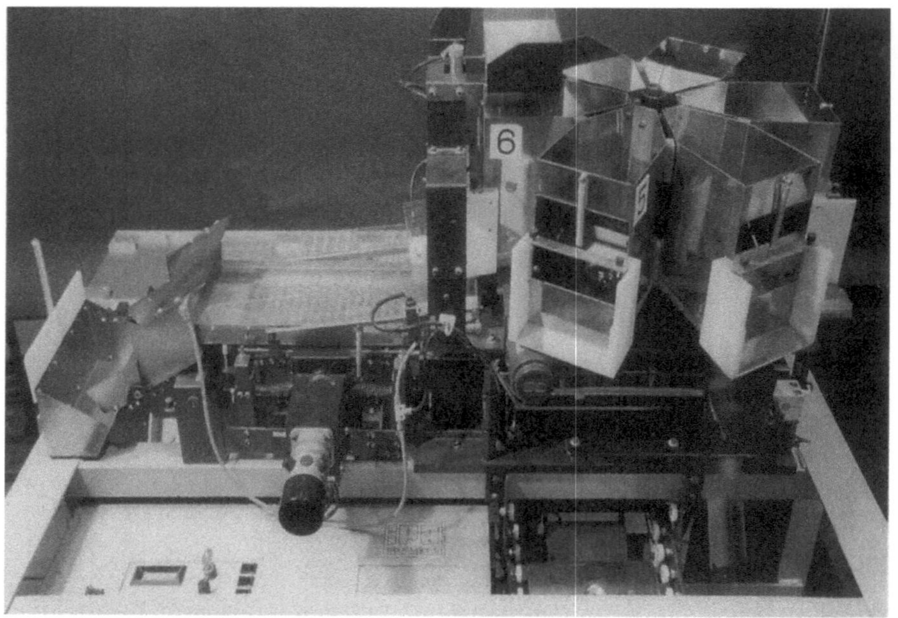

Abb. 1.77. Magazinbefüllvorgang im Sony-APOS

Werkstückbereitstellung mit visiongesteuertem Roboter

Roboter in Verbindung mit Bildverarbeitungssystemen werden eingesetzt, um auf Werkstücke, die nicht exakt vorpositioniert sind, zugreifen zu können. Es werden meist 2D-Grauwertsysteme eingesetzt, die jedoch mit folgenden Problemen behaftet sind:

- Beleuchtungsverhältnisse,
- Verschmutzung der Werkstücke,
- Kontrast von Objekt und Hintergrund,
- Auflösung.

Ein genereller Ansatz zur Vermeidung der oben beschriebenen Probleme ist der Übergang zu 3D-Verfahren.

Ein Industrieroboter erhält über ein 3D-Bildverarbeitungssystem Informationen über die Lage und Orientierung teilgeordneter, d.h. sich berührender und überlappender Werkstücke in Flachbehältern. Die hierfür entwickelten Akquisitionsverfahren und Auswertealgorithmen erlauben ein zuverlässiges Greifen der Werkstücke. Abb. 1.78 zeigt die berechneten topologischen Bilddaten einer Werkstückszene und die ausgewerteten Lagen der Werkstücke in Form der Normalen- und Orientierungsvektoren. Das daraus erstellte Ablaufprogramm für den Industrieroboter orientiert sich an der ermittelten Prioritätenliste (I. Werkstück, II. Werkstück, etc.).

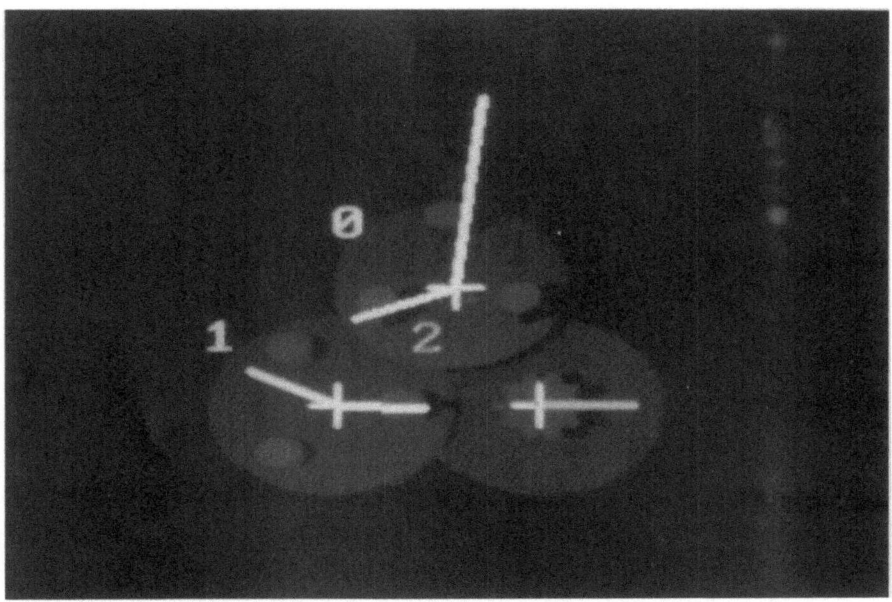

Abb. 1.78. Topologische Bildaufnahme und Auswertung einer Werkstückszene

Die mit dem entwickelten System erzielbaren Eigenschaften sind:

- X; Y; Z - Meßbereich: 250x200x100 mm,
- Auflösung bei 700 mm Meßabstand:
  0,3 mm in X, Y-Richtung
  0,5 mm in Z-Richtung,
- Akquisitionszeit der topologischen Rohbilddaten in 5 sec.,
- Bildauswertezeit (Normalen- und Orientierungsvektor) abhängig von der Anzahl der Werkstücke in ca. 6 sec.,
- Robuste Bildauswertung bei schwankender Umgebungsbeleuchtung,
- Robuste Auswertung bei unterschiedlichen Reflexionseigenschaften der Werkstückoberflächen.

1.5.2 Strategien der Werkstückbereitstellung in der flexiblen Montage

Integration flexibler Zuführsysteme in Montagestationen

Bei der Integration flexibler Zuführsysteme in Montagezellen ist die Aufbaustruktur der Montagezelle konventionell, d. h. die Zuführ- und Ordnungseinrichtungen sind in dem Arbeitsraum eines Industrieroboters integriert. Ein Beispiel hierfür ist in Abb. 1.79 dargestellt.

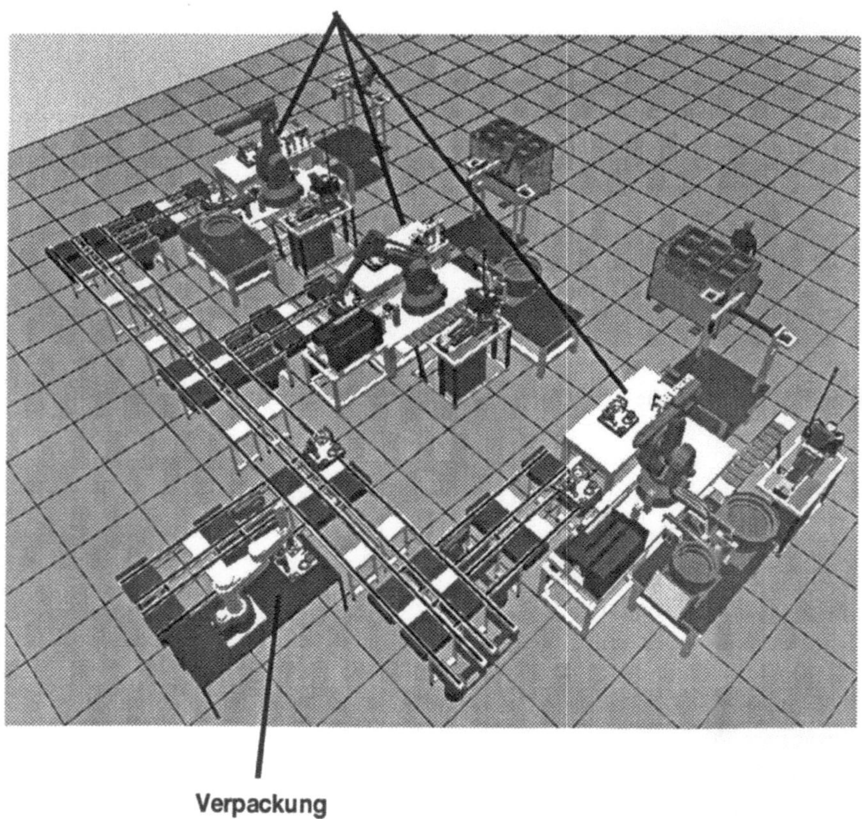

Abb. 1.79. Montagelinie mit integrierter Werkstückbereitstellung

Der Industrieroboter wird als zentrale, flexible Handhabungsvorrichtung eingesetzt. Ziel ist es dabei, die dem Roboter gegebene Flexibilität für die unterschiedlichen Aufgabenbereiche wie Teilebereitstellung, Teilehandhabung, Montage und Rüstvorgänge zu nutzen und so wenig wie möglich durch variantenspezifische Peripheriekomponenten einzuschränken. Um dies zu erreichen und gleichzeitig eine hohe Variantenflexibilität zu erzielen, sind alle variantenrelevanten Komponenten modular aufgebaut. Das Konzept des Werkzeugwechsels am Industrieroboter, das mittlerweile breiten Einsatz findet, kann auch auf die tischfesten Montagekomponenten übertragen werden. Sowohl das Greifersystem des Roboters, als auch die entsprechenden Peripherieeinheiten verfügen dabei über einen variantenunabhängigen Grundaufbau und variantenspezifische Werkzeugeinsätze, die bei Variantenwechsel ausgetauscht werden.

Typische Problemfelder solcher Montagezellen sind die Häufung von Funktionen. Dies bedingt einen komplexen Anlagenaufbau, aus dem folgende Problempunkte folgen:

– Multiplikation der technischen Verfügbarkeit der Einzelkomponenten,
– geringere technische Verfügbarkeit des Gesamtsystems,
– Störanfälligkeit,
– Anlagenproduktivität,
– Umbauflexibilität (Produktneutralität).

Funktionale Trennung von Materialbereitstellung und Montageprozeß

Die Strategien der funktionalen und lokalen Trennung von Materialbereitstellung und Montageprozeß verfolgen das Ziel der Entkopplung von Materialbereitstellungskomponenten und Montagezelle. Dabei bilden die Zuführsysteme eine, der Montagezelle vorgeschaltete, autonome Zuführ- und Kommissionierzelle, die die Aufgabe hat, un- bzw. teilgeordnete Werkstücke zu ordnen und auf Magazinen kommissioniert bereitzustellen. Der Transport der Magazine von der Zuführ- und Kommissionierzelle zur Montagezelle kann anschließend manuell oder automatisch erfolgen (siehe Abb. 1.80).

Die wesentlichen Vorteile sind:

– Reduzierung der Anzahl von Ordnungs- und Zuführkomponenten,
– Schlankere Auslegung der Gesamtanlage,
– Schnelle Anpassung an kurze Produktinnovationszyklen durch modulare
  Anlagenstruktur,
– geordnete Werkstückbereitstellung an Montagezellen in standardisierten
  Werkstückträgern,
– weitgehend universell einsetzbare, flexible Montagezellen (produktneutral),
– Störungsentkopplung von Materialbereitstellung und Montageprozeß,
– hohe technische Verfügbarkeit der Montagezellen,
– Produktivität der Montagezellen,

- effiziente Kapazitätsausnutzung der Werkstückbereitstellung bei redundanten
  Montagezellen,
- Bereitstellung von kostenintensiven Montagewerkzeugen.

Welche der beiden oben beschriebenen Strategien bei der Realisierung von
flexiblen Montagesystemen sinnvoll eingesetzt werden kann, muß aus technischen und wirtschaftlichen Aspekten von Einsatzfall zu Einsatzfall geprüft
werden. Abb. 1.81 zeigt qualitativ den möglichen Einsatzbereich der beiden
Strategien.

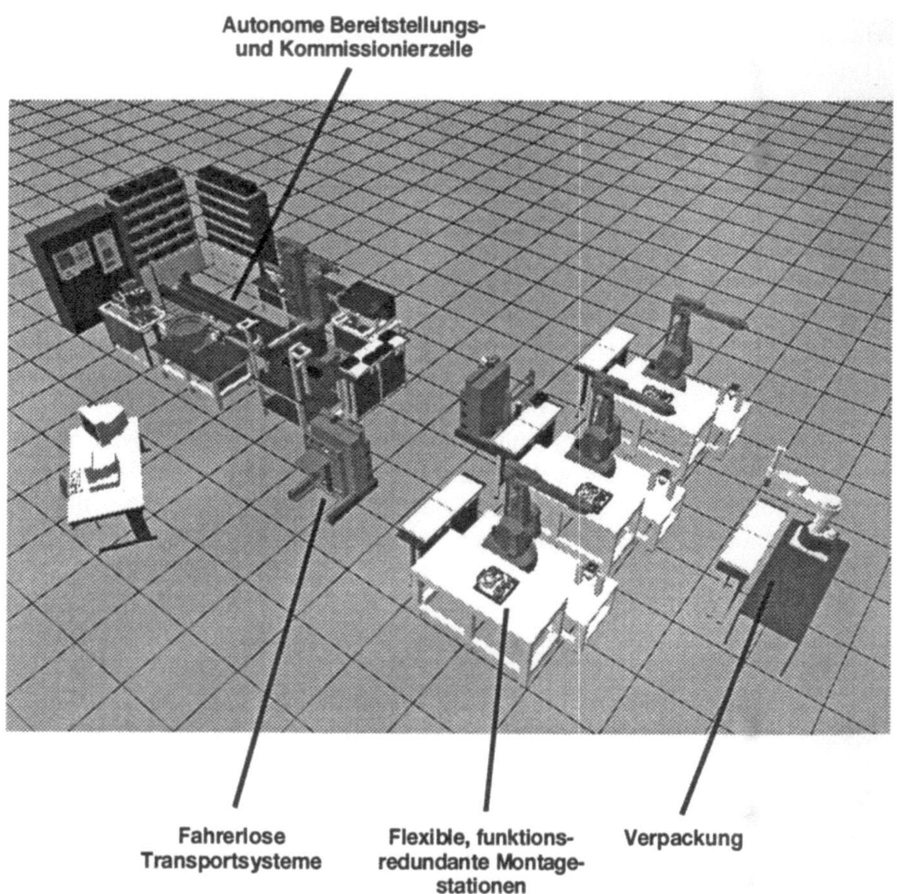

Abb. 1.80. Modulare Montagestationen mit autonomer flexibler Werkstückbereitstellung

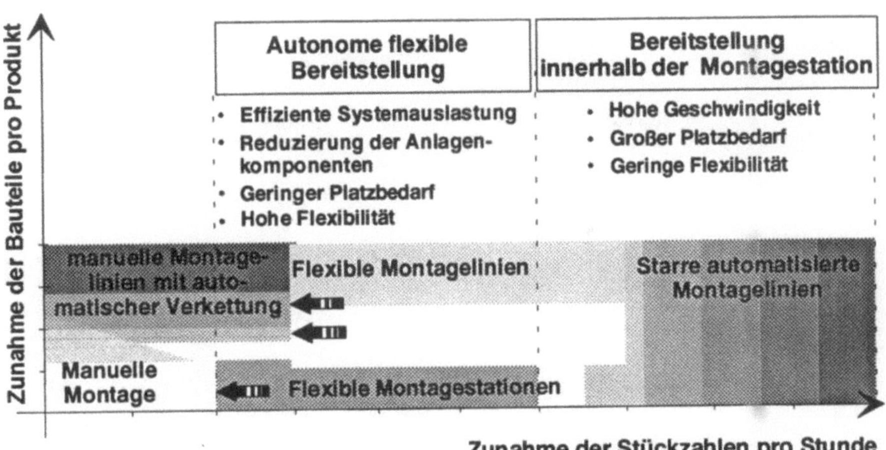

Abb. 1.81. Strategien der Werkstückbereitstellung

1.5.3 Autonome flexible Ordnungs- und Kommissionierzelle

In Abb. 1.82 ist eine autonome flexible Ordnungs- und Kommissionierzelle dargestellt. Die materialflußtechnische Integration der Bereitstellungskomponeten erfolgt über einen 7-achsigen Industrieroboter. Ausgerüstet mit unterschiedlichen Greifsystemen übernimmt der Roboter das Befüllen der Zuführkomponenten mit Werkstücken aus dem Regallager, das Abgreifen der Werkstücke aus den Entnahmepositionen der Bereitstellungseinrichtungen und das Handhaben der Werkstückträger. Die Greifersysteme und der zu bestückende Werkstückträger sind in das Robotersystem integriert, so daß die Wechsel- und Ablagezeiten minimiert werden.

Zur steuerungstechnischen Integration der Bereitstellungseinrichtungen in eine autonome Zelle sind die Einzel-SPS-Steuerungen der Bereitstellungseinrichtungen durch die entsprechenden Schnittstellenentwicklungen mit dem übergeordneten Zellenrechner verbunden, wodurch die Programmierung der Komponenten über einen PC realisiert werden kann. Die Steuerung erlaubt das Betreiben der Zelle in zwei Betriebsmodi. Zum einen kann auf ein stand-alone Modus geschaltet werden, der es dem Benutzer erlaubt, individuelle Aufträge über eine Windows-Oberfläche einzugeben. Zum anderen kann die Zelle an ein übergeordnetes Leitsystem angebunden werden, das eine Auftragsgenerierung vornimmt. In beiden Fällen werden die Aufträge ereignisgesteuert durch die Zellensteuerung abgearbeitet.

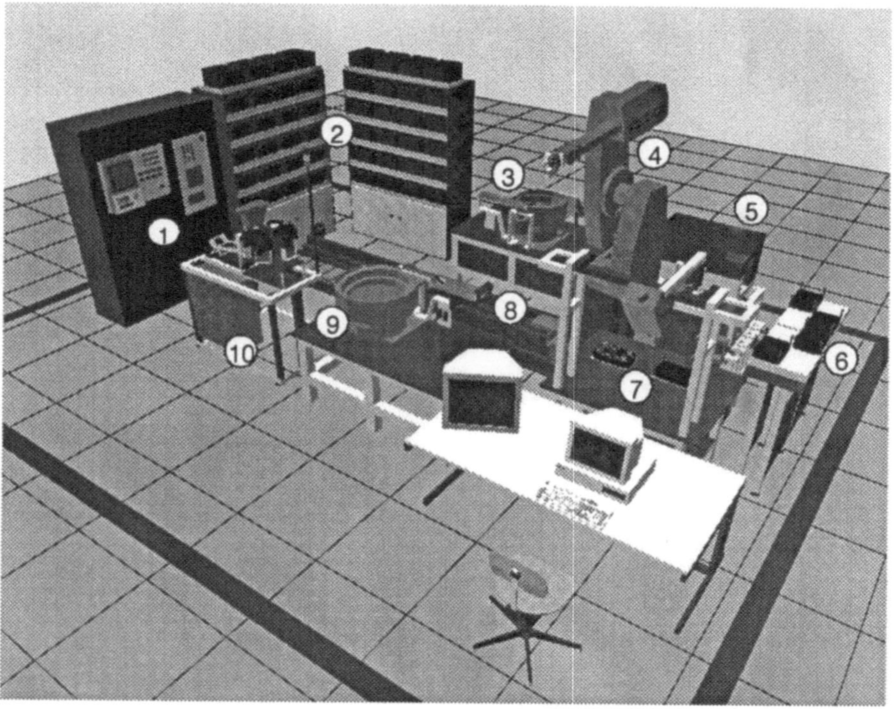

❶ Robotersteuerung

❷ Regallager

❸❾ Vibrationswendelförderer mit
opt. Sensor und
progr. Austrageschienen

❹ Roboter

❺ Linearförderer mit opt. Sensor
und Progr. Austrageschiene

❻ Palettenbahnhof

❼ 3D-Bildverarbeitungssystem

❽ Roboterlinearachse

❿ APOS (Fa. Sony)

Abb. 1.82. Pilotanlage einer autonomen flexiblen Ordnungs- und Kommissionierzelle

1.5.4 Wirtschaftlichkeitsaspekte

Eine flexibel automatisierte Fertigung hat natürlich auch Auswirkungen auf die
Kostenstruktur der Unternehmen. Die fixen Kosten nehmen bei einer flexiblen
Automatisierung tendenziell zu, während die variablen Kosten abnehmen.

Die Hauptursache für diese Tendenzen sind:

- zunehmender Kapitalbedarf für Maschinenperipherie und Transportsysteme,
- höhere Aufwendungen für Steuerung und Softwareentwicklung,
- steigende Aufwendungen für Wartung und Instandhaltung,
- abnehmende Rüstkosten,
- geringere Umlaufbestände,
- reduzierte Personalkosten,
- weniger Ausschuß und Nacharbeit.

Die sich unter Gesichtspunkten der Wirtschaftlichkeit ergebenden Hauptvorteile der Erhöhung des Flexibilitätsgrades von Ordnungseinrichtungen ergeben sich zu:

- Nutzungsgrad von Montageanlagen,
- Wiederverwendbarkeit von Systemen,
- Einbindung von Qualitätsprüfungsvorgängen in den Zuführprozeß,
- Verfügbarkeit von Montageanlagen,
- Bedienerfreundlichkeit.

Der Nutzungsgrad von Monatgeanlagen läßt sich bei einer Variantenfertigung durch den Einsatz *rüstflexibler* Peripheriekomponenten erhöhen. Daraus resultiert einerseits die Möglichkeit einer wirtschaftlichen Automatisierung von Kleinserienfertigungen und andererseits eine zunehmend an Bedeutung gewinnende hohe Lieferbereitschaft.

Der Investitionsbedarf für flexible Ordnungs- und Zuführkomponenten ist zwar höher als derjenige für konventionelle Komponenten, diesem Umstand steht jedoch der Vorteil der Wiederverwendbarkeit bei Produktwechsel gegenüber. Es sei in diesem Zusammenhang angemerkt, daß bei flexiblen Komponenten in der Regel eine längere Abschreibungsdauer angesetzt wird.

Beim Einsatz von optischen Erkennungssystemen kann deren Funktionsspektrum, wenn auch mit Einschränkungen behaftet, auf den Bereich Qualitätsprüfung ausgedehnt werden.

Die Durchführung einer integrierten *Qualitätsprüfung* hat direkt die Erhöhung der Verfügbarkeit von Montageanlagen zur Folge, da durch Schlechtteile verursachte Störungen im Bereich der Teilezuführung vermieden werden. Zur Programmierung und Bedienung der Systeme über einen Zellenrechner mit entsprechend komfortabler Bedienoberfläche sind keine programmiertechnischen oder systemspezifischen Kenntnisse mehr erforderlich.

1.6 Literatur

1.1   Wurst, K.-H.: Flexible Robotersysteme: Konzeption und Realisierung modularer Roboterkomponente. Berlin [u.a.]: Springer, 1991. Univ. Stuttgart, Diss., 1991.

1.2   Pritschow, G.: A new modular robot system. In: CIRP-Annals 1986, S.89-92.

1.3   Schopen, M.: Die Auswahl von Handhabungsgeräten aufgrund der charakteristischen Merkmale ihrer kinematischen Struktur. Düsseldorf: VDI-Verl., 1987.

1.4   Ahrendts, F.-J.; Pritschow, G.; Nohr, M.; Wurst, K.-H.: Der Einsatz von faserverbundwerkstoffen im Rahmen eines Roboterbaukastensystems. In: Robotersysteme (1988) 4, S.73-86.

1.5   N.N.: Die Montage im flexiblen Produktionsbetrieb. In: Ergebnisbericht SFB 158, 1987-89.

1.6   Bauder, M.: Konfigurierbare Robotersteuerung mit allgemeiner Transformation. Berlin [u.a.]: Springer, 1991. Univ. Stuttgart, Diss., 1991.

1.7   Pritschow, G.; Kosiedowski, U.; Schmid, W.: Schnittstellen-Dezentrales Steuerungskonzept für Roboter reduziert den Verkabelungsaufwand. In: Maschinenmarkt (1993) 51/52, S. 52-55.

1.8   N.N.: SERCOS Interface - Digitale Schnittstelle zur Kommunikation zwischen Steuerungen und Antrieben in numerisch gesteuerten Maschinen. Fördergemeinschaft SERCOS Interface e.V.

1.9   Donges, A.; Noll, R.: Lasermeßtechnik-Grundlagen und Anwendungen, Hüthig Buch Verl., 1993.

1.10   Lotter, B.: Wirtschaftliche Montage. Düsseldorf: VDI-Verl., 1986.

1.11   Gutt, H.-J.: Permanenterregte und Massivläufer - Kleinmaschinen für hohe Drehzahlen. In: e&i 107 (1990) 10, S. 469-476.

1.12   Gutt, H.-J.: Moderne elektrische Stellantriebe: Stand und Entwicklungstrends. Vortrag: ITS 1990 (Industrie-Technologie-Stuttgart), 1990.

1.13   Gutt, H.-J.: Vergleich von Gleichstrom-, Asynchron- und dauermagneterregten Synchronmaschinen für Stellantriebe in Industrierobotern. In: etz Archiv 9 (1987) 3, S. 55-62.

1.14   Schröder, M.: Hochtouriger bürstenloser Positionierantrieb mit extrem geringer Momentenwelligkeit. Univ. Stuttgart, Diss., 1986.

1.15   Gutt, H.-J.; Schreiber, A.: Neuartige hochtourige Schraubspindelantriebe für Roboter. In: ETG-Fachtagung: Elektrische Stell- und Positionierantriebe, Tagungsband, Augsburg, 1989, S. 101-108.

1.16   Gutt, H.-J.: Elektrische Kleinantriebe für modulare Roboter. Antriebskolloquium Solothurn/Schweiz, Tagungsband, Februar 1992.

1.17   Gutt, H.-J.; Lust, R.: Numerical field calculation of additional non-linear effects and -components in permanent excited machines. Conference on computation of electromagnetic fields (COMPUMAG), Proceedings, Tokio, 1989.

1.18   Lust, R.: Nutenlose Scheibenläufer-Kleinmotoren mit elektronischer Kommutierung. Univ. Stuttgart, Diss., 1992.

1.19   Schreiber, A.: Integrierte elektrische Antriebe für flexible Montagesysteme. Univ. Stuttgart, Diss., 1993.

1.20   Schreiber, A.: Bauliche Integration elektrischer Gelenkantriebe für modulare Robotersysteme. In: Vorträge zum Festkolloquium, 110 Jahre Institut für Elektrische Maschinen und Antriebe. Univ. Stuttgart, 1993, S. 20-28.

1.21   Scholl, F.D.: Moment ohne Welligkeit : ein neuentwickeltes Antriebskonzept für Roboter. In: Robotertechnik (1989), Sonderpublikation, S. 30-32.

1.22   Scholl, F.D.: Schnelles und hochgenaues Positionieren mit Montagerobotern. In: Vorträge zum Festkolloquium, 110 Jahre Institut für Elektrische Maschinen und Antriebe, Univ. Stuttgart, 1993, S. 14-19.

1.23   Schmaus, Th.: Rationalisierungpotential der montagegerechten Produktgestaltung bei der Montage mit Industrierobotern. Univ. Stuttgart, Diss., 1992.

1.24   Heisel, U.; Richter, F.: Montagewerkzeug oder Greifer? In: wt-Produktion und Management 84 (1994), S. 143-145.

1.25   Birkicht, B.: Flexible, automatisierte Montage von Sicherungsringen. In: Industrieanzeiger 61/62 (1989), S. 38f.

1.26   Willmer, R.: Multifunktionale Greifwerkzeuge für die flexible Montage. In: Tagungsband Fertigungstechnisches Kolloquium 1991, Univ. Stuttgart, 1991, S. 159f.

1.27   Heisel, U.; Willmer, R.: Multifunktionale Greifwerkzeuge für die flexible Montage. In: dima (1992) 1/2, S. 51-53.

1.28   Willmer, R.; Wieland, P.; Eichendorf, A.: Flexible Montage von Schneckengetrieben. In: dima (1992) 3, S. 33-38.

1.29   Heisel, U.; Richter, F.; Willmer, R.; Schwock, S.: Montagezelle zur Getriebemontage. In: dima (1993) 3, S. 44-77.

1.30   Kurth, J.: Entwicklungstrends bei Zerspanungswerkzeugen. In: Tagungsband Fertigungstechnisches Kolloquium 1994, Univ. Stuttgart, 1994, S. 209-227.

1.31   Heisel, U.; Willmer, R.: Automatisches Rüsten von Zerspanungswerkzeugen. In: dima (1993) 5, S. 45-48.

1.32   Heisel, U.; Richter, F.; Frankenfeld, Th.: Automatisiertes Wechseln von Wendeschneidplatten bei Zerspanungswerkzeugen. In: VDI-Z Special (1994) 9, S. 58-62.

1.33   Kalde, M.: Methodik zur Festlegung der Flexibilität in der Montage. RWTH Aachen, Diss., 1987.

1.34   Siemens, K.-J.: Konstruktive Lösungswege zur Erhöhung der Flexibilität von Werkzeugen für Handhabungsgeräte. Univ. Hannover, Diss., 1983.

1.35   Weisser, W.: Beitrag zur Steigerung der Flexibilität von Greif- und Spanneinrichtungen für rotationssymmetrische Werkstücke. München [u.a.]: Hanser, 1979.

1.36   Fischer, G. E.: Montage von Schrauben mit Industrierobotern. Univ. Stuttgart, Diss., 1990.

1.37   Schweizer, M: Werkzeuge zur flexiblen programmierbaren Montageautomatisierung. In: Tagungsband Fertigungstechnisches Kolloquium 1991, Univ. Stuttgart, 1991, S. 121f.

1.38   Volmer, J.; u.a.: Industrieroboter: Funktion und Gestaltung. Berlin-München: Verl. Technik, 1992.

1.39   Nwagboso, C.O.; Whitehouse, J.C.: Prediction of robot cycle time for threaded components-quality control monitoring. In: Proc. of the Inst. of Mech. Engrs., Part B, Vol. 205, 1991, S. 51-57.

1.40   Braumann, F.: Ein Beitrag zur Analyse und Synthese von Mechanismen veränderlicher Struktur. TU Karl-Marx-Stadt, Diss., 1988.

1.41   Herfter, D.; Schönherr, J.: Berechnungsunterlagen für die Auslegung von ungesteuerten Fügemechanismen mit Gummifederelementen. In: Maschinenbautechnik 34 (1985) 7, S. 312-314.

1.42   Gentzen, G.; Hähle, F.; Volmer, J.: Sensor für die Montageautomatisie-rung. Patentschrift B 25 J 19/02 DE 3816752 (1988).

1.43   Aner, M.: Fügemechanismen mit Sensorik für die automatisierte Montage. Düsseldorf: VDI-Verl., 1992. TU Chemnitz, Diss., 1991.

1.44   Autorenkollektiv: Getriebetechnik-Koppelgetriebe (Herausgeber J. Volmer). Berlin: Verl. Technik, 1979.

1.45   Gentzen, G.; Meske, D.; Schönherr, J; Wildenhain, M.: Getriebe veränderlicher Struktur in sensorisierten Fügemechanismen für die automatische Montage. In: VDI-Berichte (1994) Nr. 1111, S. 65-75.

1.46   Tschuschke, St.: Layouterarbeitung für eine Baugruppenmontage. TU Chemnitz-Zwickau, Dipl.arbeit, 1994.

1.47   Keßler, V.: Konstruktion einer Schneckengetriebe-Wendevorrichtung. TU Chemnitz-Zwickau, Dipl.arbeit, 1994.

1.48   Gentzen, G.: Sensorisierte Fügemechanismen. In: Sammelband zum Industriekolloquium 1994 des Sonderforschungsbereichs "Die Montage im flexiblen Produktionsbetrieb", Stuttgart 1994, S. 116-126.

1.49   Frankenhauser, B.: Montage von Schläuchen mit Industrieroboter. Berlin [u.a.]: Springer, 1988. Univ. Stuttgart, Diss., 1988.

1.50   Dreher, H.; Weisener, T.; Vögele, G.: Umfrage : Herstellung und Montage biegeschlaffer Teile. Unveröffentlichte Studie am Fraunhofer-Institut für Produktionstechnik und Automatisierung Stuttgart, 1994.

1.51   Hoßmann, J.; Dirndorfer, A.: Montage nicht formstabiler Bauteile: Know-how-Frage. In: Die neue Fabrik : Denkmodelle und Pilotanlagen 1991; Beiträge aus der Forschung für die Produktion von morgen. Landsberg: moderne Industrie, 1991, S. 126-128.

1.52   Wößner, J.: Automatische Montage von O-Ringen. Berlin [u.a.]: Springer, 1993. Univ. Stuttgart, Diss., 1993.

1.53   Emmerich, H.: Flexible Montage von Leitungssätzen mit Industrie-robotern. Berlin [u.a.]: Springer, 1992. Univ. Stuttgart, Diss., 1992.

1.54   Birkicht, B.: Automatisiertes Fügen von Sicherungsringen in Bohrungen. Univ. Stuttgart, Diss., 1991.

1.55   Roth, G.: Flexibel Automatisierte Montage genormter Welle-Nabe-Verbindungen. Univ. Stuttgart, Diss., 1992.

1.56   Lang, C. M.; Roth, G.; Sensor zum automatisierten Fügen formschlüssiger Welle-Nabe-Verbindungen. In: Konstruktion 40 (1988), S. 217-220.

1.57   Schweizer, M.; Würtz, G.: Einpressen mit Robotern. In: Montage (1989) 3, S. 66f.

1.58   Heisel, U.; Schwock, S.: Vakuumgreifer: Flexibilitätssteigerung durch Anpassung an das Teilespektrum. In: dima (1993) 8/9, S. 76f.

1.7 Autoren

1	Flexible Montagetechnik

1.1   Flexible Robotersysteme
Dipl.-Ing. Werner Schmid
Insitut für Steuerungstechnik der Werkzeugmaschinen und
Fertigungseinrichtungen (ISW)

1.2   Integrierte Antriebssysteme für die Montagetechnik
Dipl.-Ing. Axel Müller
Institut für Elektrische Maschinen und Antriebe (IEMA)

1.3   Flexible Montagewerkzeuge
1.3.1   Auslegung von flexiblen Montagewerkzeugen
Dipl.-Ing. M. Sc. Frank Richter
Institut für Werkzeugmaschinen (IfW)
1.3.2   Sensorisierte Fügemechanismen
Dr.-Ing. Gerhard Gentzen
Lehrstuhl Getriebetechnik TU Chemnitz

1.4   Anwendungsbeispiele
1.4.1   Schlauchschellenmontage
Dr.-Ing. Herbert Dreher, Dipl.-Ing. Ralf Grau
Institut für Industrielle Fertigung und Fabrikbetrieb (IFF)
1.4.2   Montage hochpoliger Rundkabel
Dr.-Ing. Ralf Cramer, Dipl.-Ing. Ralf Grau
Institut für Industrielle Fertigung und Fabrikbetrieb (IFF)
1.4.3   Automatisiertes Einkämmen von Verzahnungen
Dipl.-Ing. Stefan Schwock
Institut für Werkzeugmaschinen (IfW)
1.4.4   Automatisierte Montage von Normteilen
Dipl.-Ing. Stefan Schwock
Institut für Werkzeugmaschinen (IfW)
1.4.5   Durchsetzfügen als Fügeverfahren für Blechteile
Dr.-Ing. Johannes Wößner, Dipl.-Ing. Ralf Grau
Institut für Industrielle Fertigung und Fabrikbetrieb (IFF)

1.5   Innovative Strategien der Werkstückbereitstellung
Dipl.-Ing. Norbert Lay
Institut für Industrielle Fertigung und Fabrikbetrieb (IFF)

2 Organisatorische und technische Montagesteuerung

Aufgabe der organisatorischen und technischen Montagesteuerung ist die flexible, kundenorientierte Gestaltung und Steuerung von Material- und Informationsflüssen. Im folgenden werden Lösungen sowohl für die Planung und Steuerung der Montageauftragsabwicklung als auch für die Programmierung und Überwachung von Anlagenkomponenten beschrieben. Simulationwerkzeuge, eine Testumgebung für Montagesteuerungssysteme und geeignete Störmanagementstrategien sind weitere Hilfsmittel für eine reaktionsschnelle, flexible Montage.

2.1 Organisatorische Montagesteuerung

Um durch konsequente Kundenorientierung wesentliche Wettbewerbsvorteile hinsichtlich Zeit, Flexibilität, Qualität und Kosten realisieren zu können, muß die Montage als offenes System betrachtet werden, das in vielfältiger Weise mit seiner Umwelt zusammenspielt. Angesichts der komplexen Verflechtungen mit der Umwelt, speziell den Kunden und Lieferanten, gilt es den *gesamten* Wertschöpfungsprozeß - vom Eingang des Kundenauftrags bis zur Auslieferung an den Kunden - ganzheitlich zu gestalten und zu optimieren. Im Vordergrund steht hierbei der Aufbau eines durchgängigen, zügigen und straffen Informations- und Materialflusses.

Um einerseits kostengünstig zu montieren, d.h. auch im Hinblick auf die Gesamtkosten niedrige Lagerbestände sowohl im Teile- als auch im Fertigwarenlager zu haben, und gleichzeitig eine hohe Lieferfähigkeit zu erzielen, ist es erforderlich, die traditionelle programmgesteuerte Produktion mit der Lagerhaltung von fertigen Produkten in Richtung einer absatzgesteuerten Produktion weiterzuentwickeln: d.h. Ziel ist es, genau das zu montieren, was heute der Markt fordert. Absatzschwankungen schlagen damit voll auf die Montage durch, abzulesen beispielsweise im jeweiligen Kapazitätsbedarf und im Materialfluß. Die absatzgesteuerte Produktion deckt dabei schonungslos organisatorische Schwächen auf. Die Organisation wird zum Erfolgsfaktor und muß zu einer Höchstleistungsorganisation weiterentwickelt werden.[2.1]

Innerhalb eines jeden Montagesystems sind Prozeß, Material- und Informationsfluß sowie Organisation verschiedenartig zu gestalten. Spezifische Ziele und individuelle Produkte implizieren unterschiedliche optimale Strukturen von Montagesystemen (Strukturindividualität). Es sind sicher keine Gesetzmäßigkeiten zu finden, aus denen sich für bestimmte Rahmenbedingungen und Einflußgrößen eindeutig eine optimale Montagesstruktur und -steuerung bestimmen läßt. Man kann aber doch wesentliche Einflußgrößen identifizieren und daraus Leitlinien ableiten. Abhängig vom Anwendungsfall setzt sich ein flexibles Montagesystem aus unterschiedlichen Funktionsbausteinen zusammen. Gefordert ist, durch die Ausgestaltung einzelner Funktionsbausteine und ihre optimale Zusammensetzung eine optimale Montagesteuerung zu konfigurieren (Abb. 2.1.). Dieser Beitrag soll Lösungen aufzeigen, deren Ideen und Ansätze übertragbar und adaptierbar sind.

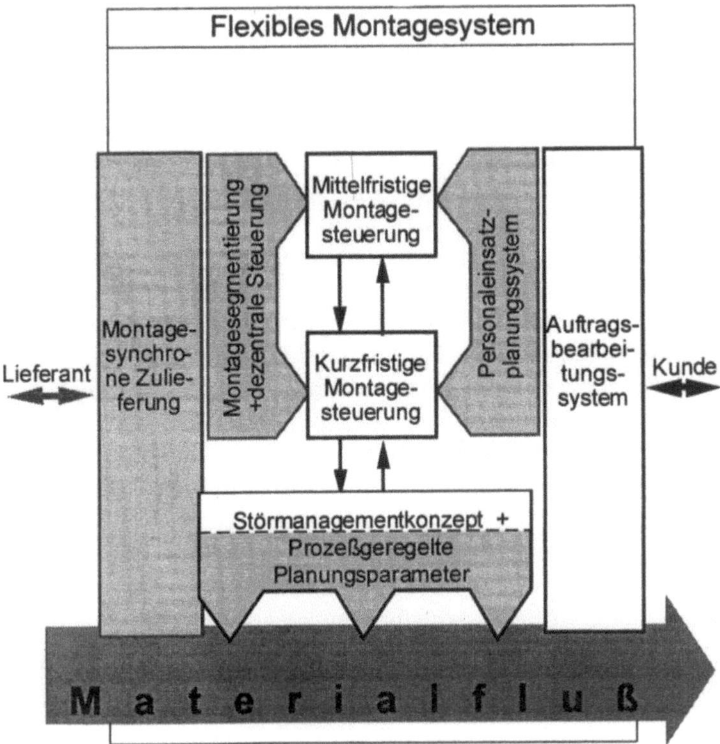

Abb.2.1. Funktionsbausteine eines flexiblen Montagesystems

2.1.1 Montagesegmentierung und dezentrale Steuerung

Mit dem Ansatz zur zentralen Montageplanung und -steuerung mit hierarchisch-vertikaler Aufgabenverteilung scheint man an die Grenzen gestoßen zu sein, wenn es darum geht, mit kurzen Reaktionszeiten (time-to-action) flexibler, schneller und kostengünstiger zu montieren. Gefordert ist, Montageprozesse und -strukturen so auszugestalten, daß sie aufgrund ihrer (einfachen und klaren) Struktur flexibel, reaktionsfähig und gleichzeitig kostengünstig sind. Dezentrale und weitgehend autonome Organisationsstrukturen in der Montage zeichnen sich durch eine hohe Transparenz und Reaktionsfähigkeit auf Bedarfsänderungen aus. Dezentrale Organisationen ermöglichen eine flexiblere Nutzung aller Ressourcen.

Zur Bildung und Anpassung von dezentralen Montageeinheiten ist eine Vorgehensweise entwickelt worden, die den Montageprozeß nach Ressourcen-, Produkt- oder Materialflußkriterien sowie auf Basis des Montageprogramms durch eine eindeutige Zuordnung der Ressourcen und Produkte auf Montageabschnitte in kleinere, flußorientierte Strukturen und damit Steuerungseinheiten zerlegt.

Montagesegmentierung

Die Notwendigkeit für neue Organisationsstrukturen ist in den Unternehmen erkannt. Dennoch stellt die Umsetzung moderner Organisationsstrukturen in der betrieblichen Praxis oft ein Problem dar, da es für das Finden einer optimalen Organisationsstruktur keinen Königsweg gibt: Die Struktur muß letztlich immer aufgrund der Gegebenheiten, Ziele und Produkte eines Betriebes individuell gefunden werden.

Die Montagestruktur beschreibt die personellen, organisatorischen, technischen und informationstechnischen Zusammenhänge für die betriebliche Wertschöpfungskette und stellt damit eine Schlüsselfunktion für den Erfolg des Unternehmens dar. Die Strukturierung kann dabei als der Vorgang verstanden werden, durch den Layout, Organisationsform, Personaleinsatz und Betriebsmitteleinsatz in der Produktion auf der Grundlage der Produkte, Produktstrukturen, der Produktionsdaten und der verfügbaren Mittel geplant wird. Um eine den heutigen und zukünftigen Anforderungen angepaßte effiziente Montagestruktur aufzubauen, gilt es zunächst die Montage in (teil-) autonome Bereiche zu zerlegen, deren Ziele hinsichtlich des Zielsystems des Unternehmens selbstähnlich sind. Um eine klare und umfassende Prozeßverantwortung zu erhalten, sind dabei die indirekten Bereiche weitestgehend in die einzelnen Strukturen zu integrieren.

In der Praxis existieren eine Vielzahl von Ordnungskriterien für die Strukturbildung. Die fünf wesentlichsten Strukturierungsansätze (Abb. 2.2.) sind:

- Produktorientierung,
- Produktstrukturorientierung,
- Material-/Informationsflußorientierung,
- Mitarbeiterorientierung und
- Betriebsmittelorientierung.

Jede Montagestruktur enthält in der Regel Aspekte sämtlicher Strukturierungstypen. Diese werden abhängig vom Unternehmenstyp und von den Rahmenbedingungen des Unternehmens parallel und sukzessiv zur Bildung der autonomen Einheiten eingesetzt. Ergebnis sind Mischformen aus den verschiedenen Strukturierungsansätzen, um so die spezifischen Vorteile der unterschiedlichen Strukturtypen ausnutzen zu können.

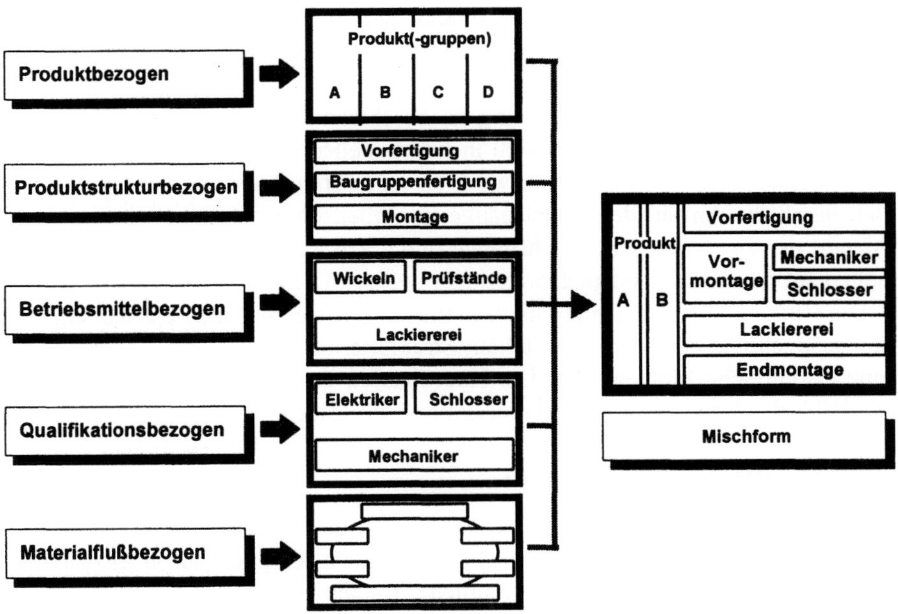

Abb.2.2. Ordnungskriterien zur Strukturbildung

Die Grundlage für die Strukturierung bilden Informationen über die aktuelle Unternehmenssituation, die vorgelagert ermittelt werden müssen. Eine erfolgreiche Umsetzung der oben genannten Grundstrukturen setzt auch die Anpassung der notwendigen Rahmenbedingungen, wie z.B. Arbeitsplatz-/Arbeitsmodelle sowie Weiterbildungs-/Qualifikationsmodelle voraus.

Die praktische Erfahrung in puncto Arbeitsmodelle hat beispielsweise gezeigt, daß in einer Arbeitsorganisation nach dem Gruppenprinzip (jeder kann alles) trotz höchstem Anpassungsspielraum zur Erfüllung betrieblicher Zielstellungen und weitestem Gestaltungsfreiraum, die Individualität einzelner Mitarbeiter zwanghaft unterdrückt und den Mitarbeiter oft überfordert wird. Im Gegensatz dazu wird der Mitarbeiter in konventionellen, tayloristischen Organisationsformen unterfordert. Deshalb sind im allgemeinen Arbeitsplatzstrukturen mit Teamarbeit zu präferieren. Teamarbeit bedeutet, daß es innerhalb der autonomen Einheit unterschiedliche Qualifikationsprofile der einzelnen Mitarbeiter gibt, d.h. nicht jeder Mitarbeiter beherrscht alle Tätigkeiten. Ziel dieser Organisationsform ist eine höhere Anpassungsfähigkeit hinsichtlich marktbedingter Kapazitätsnachfrageschwankungen und personalbedingter Angebotsschwankungen durch einen flexiblen Personaleinsatz.

Der durch die Strukturierung erzielbare Nutzen wird entscheidend durch die Integration und Koordination der indirekten Funktionen - im Sinne durchgängiger Informationsachsen - bestimmt. Die Informationsachse stellt sowohl das technische als auch das zwischenmenschliche Gerüst für das Funktionieren der vorher gestalteten Montagestruktur dar. In diesem Schritt gilt es, die definierten (teil-) autonomen Einheiten in ein unternehmensübergreifendes Informations- und Kommunikationskonzept einzubetten.

Um den Montageablauf nachhaltig zu beschleunigen, gilt es desgleichen, die Schärfe mit der der Montageprozeß in traditionellen Strukturen geplant, koordiniert, kontrolliert bzw. überwacht wird, zu reduzieren. Da diese Schärfe wesentlich durch die Anzahl der Arbeitsgänge im Arbeitsplan bestimmt wird, muß die Anzahl der zu steuernden Arbeitsgänge durch Zusammenfassung von Arbeitsinhalten auf einzelne Arbeitsplätze verringert werden.[2.2]

Die Bildung von (teil-) autonomen Einheiten mit klaren Zielen und klarem Leistungsangebot mittels der dargestellten Strukturierungsansätze stellt die Basis für eine erfolgreiche Montage dar. Die Koordination der gebildeten Einheiten kann mit Hilfe des Konzepts der Kundenorientierung erfolgen.

Kunden-Lieferanten-Beziehungen

Kundenorientierung bedeutet, die Kunden durch das Produkt, durch Handlungsweisen und Arbeitsleistung zu begeistern und nicht lediglich zufriedenzustellen. Dem Kunden wird nicht das Bestmögliche, sondern genau das geliefert, was er benötigt. Mit Kunden sind nicht nur die externen Kunden gemeint, sondern auch die internen Kunden im Unternehmen.

Auf Basis dieses Kundenverständnisses kann der innerbetriebliche Leistungserstellungsprozeß und das Zusammenwirken der Leistungseinheiten definiert werden.[2.3] Es gilt, die Zusage einer Leistung, die Beeinflußbarkeit aller zur Erbringung der Leistung notwendigen Faktoren und die Verantwortung für die Zusage in einer Hand, d.h. in der leistenden Abteilung, zu bündeln. Einflußbereich und Verantwortungsbereich werden kongruent.

Unter dieser Voraussetzung des klar definierten Leistungsangebots jeder organisatorischen Einheit des Unternehmens, sind diese in der Lage, im Sinne eines Leistungsnetzes Vereinbarungen untereinander zu schließen, die dieses Leistungsangebot näher spezifizieren (Abb. 2.3.). Die Betonung soll hier auf die *Vereinbarung* gelegt werden, was eine freiwillige, nicht aufoktroyierte Zusage bedeutet. So wird gewährleistet, daß die innere Haltung der organisatorischen Einheit auch mit dem für Externe definierten Leistungsangebot übereinstimmt. Dies erhöht die Motivation zur Einhaltung der zugesagten Leistung gewaltig.

Das Leistungsnetz zwischen den organisatorischen Einheiten des Unternehmens ist ein Leistungsnetz zwischen Kunden und Lieferanten. Jede Einheit, die von einer anderen Einheit Teile bzw. Material, Baugruppen oder Dienstleistungen *direkt* bezieht, schließt mit dieser eine Liefervereinbarung ab. Erfolgt die Lieferung von Teilen nur indirekt (z.B. über Dritte), so wird nur mit dem dritten Partner die Leistungsvereinbarung abgeschlossen. Dies vermindert die Komplexität und erhöht die Transparenz.

Die Leistungsvereinbarung hat einen globalen, grundsätzlichen Charakter. Sie betrifft nicht einen einzelnen Auftrag, sondern alle Aufträge in einem bestimmten Zeitraum. So wird die Lieferzeit für ein bestimmtes Artikelspektrum allgemein festgelegt und muß nicht für jeden Auftrag neu nachgefragt werden. Dies vermindert den Aufwand für die Auftragslogistik durch einen ausgedünnten aber dennoch bedarfsgerechten Informationsfluß gewaltig. Die Auftragslogistik kann auf den Liefervereinbarungen (z.B. Lieferzeiten) direkt aufsetzen und auftragsbezogene Liefertermine ableiten.

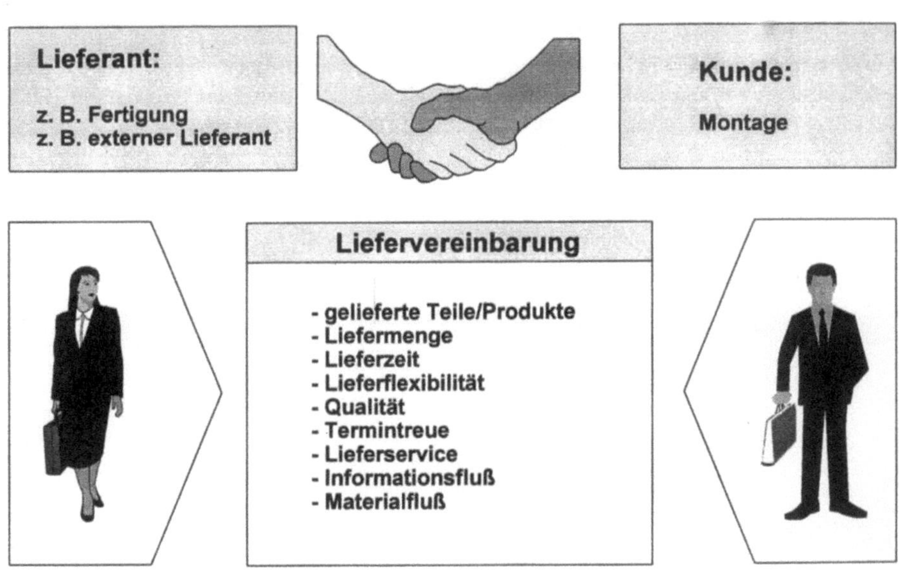

Abb.2.3. Liefervereinbarung

Wichtigstes Element der Liefervereinbarung zwischen der Montage und ihren Zulieferern ist die Festlegung einer Lieferzeit, die die Lieferung in einem bestimmten Zeitraum allgemeingültig, d.h. für alle zukünftigen Aufträge, zusagt. Eine Differenzierung nach Artikeln (beispielsweise Standard oder Exoten bzw. Sonder) oder Mengen (bis x Stück in einer Woche, über x Stück in zwei Wochen) ist sinnvoll und im allgemeinen auch möglich. Weitere Elemente sind die Festlegung des Services (u.a. Ansprechpartner und -zeiten des Lieferanten bei Fragen) bis hin zur Festlegung von Details für Informationsfluß und Materialfluß (z.B. Übergabeplatz).

Die Schaffung von Kunden-Lieferanten-Beziehungen mit der Vereinbarung von Lieferungen schafft die Basis für eine einfache und transparente Gestaltung der Auftragslogistik.

Steuerungslogik

Die Steuerungslogik definiert das logische und zeitliche Zusammenwirken der materialbewegenden und -bearbeitenden Bereiche. Dabei wird deren Beauftragung ("wer beauftragt wen") und die Abarbeitung der Kundenaufträge festgelegt (Abb. 2.4.). Hinsichtlich der Beauftragungslogik gibt es zwei Freiheitsgrade:

– den Zentralisierungsgrad und
– die Abarbeitungsrichtung (PUSH- oder PULL-Logik).

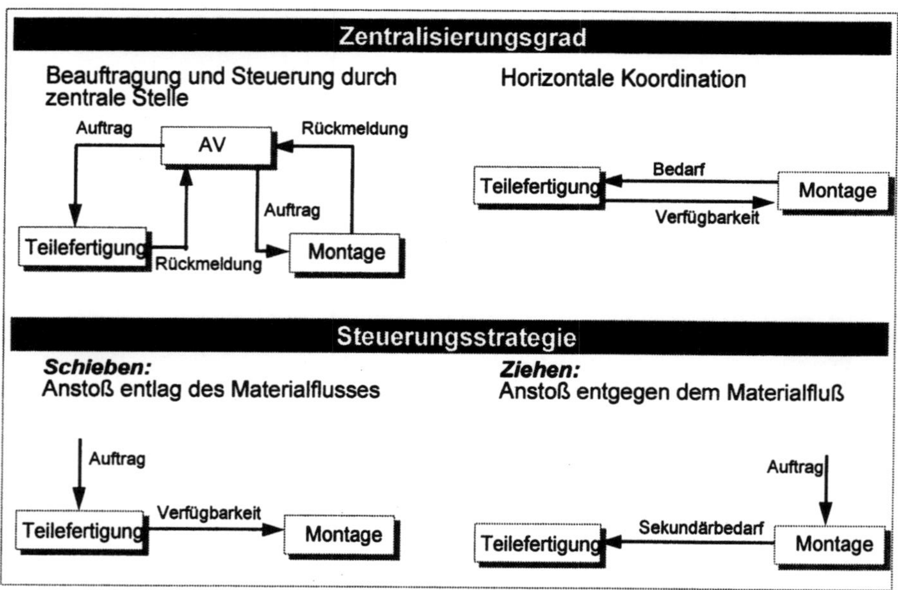

Abb.2.4. Freiheitsgrade der Beauftragung und Steuerung

Eine zentrale Beauftragung der Bereiche aus einer Einheit (z.B. einer zentralen Arbeitsvorbereitung) und die zeitliche Koordination der Auftragsabarbeitung aus dieser Einheit widerspricht dem Postulat des ganzheitlichen Leistungsangebots und der Selbststeuerung jedes einzelnen Bereichs und muß somit bei Kunden-Lieferanten-Beziehungen ausgeschlossen werden. Eine PUSH-Logik mit der Beauftragung entlang des Materialflusses (Lieferant beauftragt Kunden mit der Weiterverarbeitung des Auftrags) ginge einher mit "Lieferanten-Kunden" Beziehungen und muß daher ebenfalls ausgeschlossen werden. Damit bleibt festzuhalten: Bei einem durch Kunden-Lieferanten-Verhältnisse geprägten Zusammenwirken von (teil-) autonomen Einheiten ist die Steuerung geprägt durch Dezentralisierung der Steuerungsaufgaben und durch eine PULL-Steuerung. Der Vertrieb beauftragt die Montage, diese plant und steuert sich selber und beschafft sich die benötigten Teile von ihren zuliefernden Bereichen aufgrund von Liefervereinbarungen.

Diese prinzipielle Steuerungslogik muß durch eine zeitliche Betrachtung ergänzt werden. Dazu folgende Überlegung: Der Markt gibt im Sinne eines Target-Timing die notwendige Lieferzeit vor. Die machbaren Durchlaufzeiten durch die Montage und die zuliefernden Einheiten definieren die machbare Lieferzeit des Unternehmens. Ist diese höher als die vom Markt geforderte Lieferzeit, so muß das Unternehmen so bevorraten, daß die restliche Durchlaufzeit geringer ist als die vom Markt geforderte Lieferzeit. Die Durchlaufzeit ist so auf Montage und Zulieferer aufzuteilen, daß die Bereiche den für die Optimierung jeweils notwendigen zeitlichen Spielraum bekommen. Diese Aufteilung kann durch eine Rückwärtsbetrachtung ermittelt werden.

2.1.2 Montagesynchrone Zulieferung

Dispositions- und Abrufverfahren

Für Montageprozesse stellt die Sicherstellung der montagegerechten Zulieferung von Teilen/Komponenten eine besondere Problematik dar, da hier aufgrund der vielen Materialzusammenführungen eine große Anzahl von Montagekomponenten unterschiedlicher Lieferanten synchronisiert werden muß. Eine enge organisatorische und informationstechnische Anbindung der Zulieferer an den Montageprozeß ist Voraussetzung für eine exakte und sichere Abstimmung der externen Materialanlieferung auf den Materialverbrauch in der Montage. Neben der zeitlichen und mengenmäßigen Synchronisation ist die Art der Teilebereitstellung und die Qualität der Teile/Komponenten von besonderer Bedeutung.

Bislang erfolgt die Synchronisation zwischen dem Kunden Montage und seinen Lieferanten oft durch Puffern des Materials in Zwischenlagern. Ursache dafür sind undifferenziert eingesetzte Verfahren für die Disposition und den Abruf, die für eine oft zu frühzeitige, auf die Montage unsynchronisierte Materialanlieferung sorgen.

Voraussetzung und Basis für eine montagesynchrone Zulieferung ist ein geklärtes Verhältnis zwischen Kunde und Lieferant. Hier ist das partnerschaftliche und kooperative Verhältnis (nicht nur auf dem Papier!) gefragt. Dies beginnt beim Know-how-Transfer zum Nutzen aller Beteiligten. Ein optimaler Verbund der Kernkompetenzen zwischen dem Unternehmen, Systemlieferanten und Teilelieferanten, in den die beteiligten Partner jeweils ihre Kompetenzen einbringen, führt zu weniger Schnittstellen, zu kurzem schnellen Informationsaustausch bzw. -regelkreisen, zu empfundener, nicht nur zu formaler Verantwortung. Vor allem die Form und der Inhalt bisheriger Abnehmer-Zulieferer-Beziehungen, aber auch die Zahl der Direktlieferanten wird sich dadurch ändern.

Je nach Kompetenzverteilung in der Partnerschaft - ergänzt durch weitere Kriterien - kann ein niedriger oder hoher Homogenisierungsgrad erzielt werden. Gekennzeichnet ist die angestrebte Homogenisierung mit den Zulieferern durch den Parameter Verantwortungsumfang. Dahinter verbirgt sich die Verantwortung des Zulieferers für Zeit und Qualität über einen definierten Leistungsumfang.

Abhängig von der Art, dem Ort bzw. dem Zeitpunkt der Anlieferung, werden in der Montage unterschiedliche Anlieferungsmethoden notwendig:

- System-Anlieferung,
- Just-in-Time Anlieferung,
- Sequentielle Anlieferung,
- Blockweise Anlieferung.

Systemlieferanten stehen an der Spitze der Zuliefererpyramide und übernehmen eine Mittlerfunktion zwischen der Montage des Unternehmens und einer größeren Anzahl in vorgelagerten Produktionsstufen angesiedelten Lieferanten von Teilsystemen oder Einzelkomponenten. Der höchste Grad der Homogenisierung ist erreicht, wenn ein Zulieferer ein von ihm mit dem Unternehmen gemeinsam entwickeltes Produktmodul eigenverantwortlich in das Endprodukt einbaut. Ziel der Lieferantenintegration ist es, eine betriebsübergreifende Gewinnpartnerschaft bezüglich Know-how, Produktqualität und -kosten zu schaffen. Indem der Lieferant Fläche auf dem Werksgelände in unmittelbarer Nähe zum Einbaupunkt mietet und sein System selbst in das Endprodukt einbaut bzw. es an dem Einbaupunkt bereitstellt, übernimmt er die Verantwortung für Zeit, Kosten und Qualität bezüglich seines Leistungsumfangs. Ändert sich die Zielkonstellation in der Montage muß der Systemlieferant beispielsweise zur Produktivitätssteigerung seinen Beitrag leisten. Integrierte Systemlieferanten sind damit immanenter Bestandteil der Montage, im Sinne einer "Fabrik in der Fabrik".

Just-in-Time (JIT) bedeutet, daß eine Lieferung der richtigen Systeme, Baugruppen oder Komponenten zur richtigen Zeit, in der richtigen Menge an den richtigen Ort so erfolgt, daß eine lagerlose JIT-Fertigung und Montage in dem neuen Unternehmen möglich ist. Mit der Bereitstellung durch den Lieferanten bis an den Einbaupunkt, übernimmt dieser auch die Verantwortung für die Beschaffung der Transportmittel. Eine Just-in-time-Anlieferung ist primär für lokale Lieferanten geeignet.

Sequenzlieferanten liefern z.B. schichtweise und stellen damit eine 100%ige Sequenztreue sicher.

Blocklieferanten liefern im Unterschied zu Sequenzlieferanten nicht nach Losgrößen, sondern eine fest definierte Teileanzahl (beispielsweise tausenderweise).

Von entscheidender Bedeutung ist, daß die genannten Disposition- und Abrufmethoden eine artikeldifferenzierte Materialversorgung und -bereitstellung ermöglichen. Die unterschiedlichen Methoden müssen, unter Berücksichtigung von Aspekten wie, z.B. Vermeiden von Lagervorräten und Minimierung des Transport- bzw. Handlingsaufwands, jeweils einem genau definierten Teilespektrum zugeordnet werden. Selbstverständlich trägt auch eine zielorientierte Auswahl und Einstufung der Lieferanten wesentlich zu einer wirtschaftlichen Gestaltung des Wertschöpfungsprozesses in der Montage bei.

System zur Auswahl von Dispositons- und Abrufverfahren

Aufgrund der zunehmenden Produktkomplexität und der steigenden Teilevielfalt muß die Festlegung, nach welchem Verfahren ein Teil beschafft bzw. zugeliefert werden soll, systemunterstützt erfolgen. Zu diesem Zweck ist eine Methode entwickelt worden, die die Eignung der verschiedenen Dispositions- und Abrufverfahren für die zu beschaffenden Teile/Komponenten ermittelt: KUBUS ermöglicht eine Optimierung der Wirtschaftlichkeit (Bestände!) und Leistungsfähigkeit des Montagesystems und sorgt durch abgestimmte Dispositions- und Abrufstrategien für die aus Logistikgesichtspunkten optimale Einbindung der Lieferanten.

KUBUS ist effizientes Instrument, das durch eine stetige Optimierung der Disposition von Roh-, Halb- und Fertigwaren eine Minimierung von Beständen bei gleichzeitiger Erhöhung der Lieferbereitschaft gewährleistet. Kubus analysiert Bestände, Verbräuche/Bedarfe, Durchlauf- bzw. Wiederbeschaffungszeiten und quantifiziert Potentiale monetär, die durch eine kosten- und durchlaufzeitoptimale Disposition realisierbar sind.

Eine flexible Gestaltung der Disposition und damit der Zulieferung wird ermöglicht, indem bestehende konventionelle sowie neuere Dispositions- und Abrufverfahren systematisiert, Leistungsklassen anhand von Kenngrößen in der Disposition gebildet sowie die Dispositionsverfahren den Leistungsklassen zugeordnet werden. Die Zuordnung jedes Teils zu einer Leistungsklasse ergibt dann für jedes Teile das optimale Dispositionsverfahren. Abbildung 2.5. verdeutlicht die untersuchten gängigsten Dispositions- und Abrufverfahren und deren wesentliche Parameter.

Diese systematisierten Verfahren sollen flexibel in jeder mit Dispositionsaufgaben betrauten Organisationseinheit eingesetzt werden. Das bedeutet, daß die speziellen Erfordernisse einzelner Artikel, Teile und Halbfabrikate in Verbindung mit den ablaufspezifischen Zielsetzungen (Lieferbereitschaftsgrad, Bestandsoptimierung, Durchlaufzeitreduzierung) differenziert betrachtet werden müssen. Durch die KUBUS-Analyse werden solche Erzeugnisse zu Artikelklassen zusammengefaßt, die ein vergleichbares Verhalten hinsichtlich der wesentlichen Kenngrößen aufweisen (Bedarf, Duchlaufzeit, Kosten). Alle Artikel mit vergleichbarem Leistungsprofil können dementsprechend auch mit vergleichbaren Dispositions- und Abrufverfahren behandelt werden.

Innerhalb der KUBUS-Analyse werden nun die Einflußfaktoren genauer untersucht, die für die Auswahl eines Dispositionsverfahrens von besonderer Wichtigkeit sind. Dabei bilden sich drei wesentliche Kenngrößen heraus, durch die viele mögliche Einflußfaktoren mit abgebildet werden: der Verbrauchswert, die Durchlaufzeit und die Bedarfsvarianz. Der Wertebereich jeder dieser Kenngrößen wird dabei aus Gründen der Transparenz in drei Klassen eingeteilt. Daraus resultiert dann ein Würfel (daher der Name), der aus 3 Ebenen mit jeweils 9 Teileklassen besteht, also aus 27 Teileklassen insgesamt. Je nach Erzeugnisspektrum ist natürlich die Untersuchung eines repräsentativen Produktspektrums ausreichend.

	Planungsart	Mengenplanung / Losgrößenbildung	Terminplanung	Freigabe-strategie
MRP	sukzessive Mengen- und Terminplanung	verbrauchsorientiert: fix, max. Bestand bedarfsorientiert: konventionell (Andler), dynamisch (Lot for Lot-Ansatz etc.)	Mengenplanung legt Termingerüst fest Rückwärtsterminierung	push
OPT	Mengenplanung mit nachgeschalteter iterativer Mengen- und Terminplanung	konventionelle Verfahren mit nachgeschaltetem Kapazitätsabgleich zur Mengenanpassung bei einem Engpaß	vom Engpaß ausgehende Vorwärts- und Rückwärts-terminierung	push/pull
TATICO	sukzessive Termin- und Mengen-planung	LG wird durch DLZ festgelegt - durchlauforientierte Losgrößenbildung	Planung der Durch-laufzeit legt Auftrags-endtermin fest - Rückwärtsterminierung	push
DULO	Terminplanung mit nachgeschalteter iterativer Mengen- und Terminplanung	LG wird durch DLZ und Kapazität festgelegt durchlauforientierte Losgrößenbildung mit Mengenanpassung	Planung der Durchlaufzeit legt Auftragsendtermin fest Rückwärtsterminierung	push
FSZ	simultane Mengen und Terminplanung	Mengenplanung - Ermittlung der Soll-FSZ (aus Abgangs-FSZ und Kapazitätsbedarf)	Festlegung der Soll-FSZ Rückwärtsterminierung	push
KOM	simultane Mengen - und Terminplanung	kapazitätsorientierte Losgrößenbildung für Kapazitätsgruppen	verbundenen Vorwärts- und Rückwärts-terminierung der Kapazitätsgruppen	pull
KANBAN	Terminplanung	Gebindegröße bzw. Anzahl der Gebinde	Rückwärtsterminierung	pull
JIT- Auftragsabruf	Terminplanung	Bedarf=LG (Lot for Lot-Ansatz)	Rückwärtsterminierung	pull
Lagerabruf	Mengenplanung	fix, maximaler Bestand (Bestellpunkt, Bestellrhythmus)	keine Terminierung	pull

Abb.2.5. Systematisierung der Dispositionsverfahren

Nach dem methodischen Ansatz einer mehrdimensionalen, mehrfachen Analyse des gesamten bzw. eines repräsentativen Produktspektrums (Clusteranalyse) werden nun die Artikel zusammengefaßt, die ein vergleichbares logistisches Verhalten hinsichtlich der dargestellten Kennzahlen aufweisen. Für jede dieser logistischen Leistungsklassen, sprich Teileklassen, werden nun individuelle Dispositionsverfahren vorgeschlagen. Nachfolgende Abbildung 2.6. zeigt die Zuordnung der Dispositionsverfahren zu den verschiedenen Leistungsklassen.

Durchlaufzeit: DLZ < 3 Tage (d)	Bedarfsvarianz		
	kontinuierlich	schwankend	sporadisch
A - Teile	KANBAN	JIT/ Kanban	JIT
B - Teile	Kanban FSZ	JIT / Kanban	JIT
C - Teile	Kanban FSZ	Lagerabruf	Lagerabruf

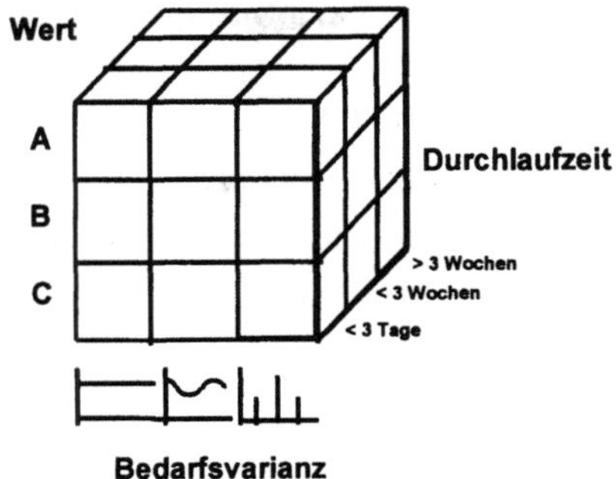

Durchlaufzeit: 3 d < DLZ < 3 Wo	Bedarfsvarianz		
	kontinuierlich	schwankend	sporadisch
A - Teile	TATICO DOLO KOM	TATICO DOLO KOM	JIT
B - Teile	TATICO DOLO KOM FSZ MRP/OPT	TATICO DOLO KOM MRP/OPT	JIT
C - Teile	FSZ MRP/OPT	Lagerabruf MRP/OPT	Lagerabruf

Durchlaufzeit: DLZ > 3 Wochen	Bedarfsvarianz		
	kontinuierlich	schwankend	sporadisch
A - Teile	KOM OPT	KOM OPT	OPT
B - Teile	MRP/OPT KOM FSZ	MRP/OPT KOM	OPT
C - Teile	MRP/OPT FSZ	MRP/OPT Lagerabruf	Lagerabruf

Abb.2.6. Zuordnung der Dispositionsverfahren

Der große Vorteil der KUBUS-Analyse liegt darin, daß sie sehr einfach darzustellen und somit leicht kommunizierbar ist. Mit diesem Verfahren findet die Wahl des Dispositionsverfahrens in einem transparenten Schema statt, welches die Auswahl im Sinne einer mathematischen Formel unterstützt. Der optimierte Einsatz der Dispositionsverfahren durch die KUBUS-Analyse gewährleistet so eine flexible und dynamische Zulieferung. Damit wird eine maximale Reaktionsfähigkeit der Montage auf sich wandelnde Anforderungen des Marktes ermöglicht (z.B. Änderung der Durchlaufzeit zur Anpassung der Lieferzeit).

2.1.3 Funktionen der Montagesteuerung

Auftragsbearbeitung

Ein flexibles und individuelles Reagieren auf Kundenanfragen und eine hohe Transparenz hinsichtlich der Deckung der Machbarkeit von Kundenaufträgen durch Kapazitäten und Bestände sind wesentliche Erfolgsfaktoren. Um trotz steigender Variantenvielfalt besser auf Kundenwünsche eingehen zu können, muß bereits bei der Auftragsvorklärung und Angebotserstellung eine ausreichende Entscheidungsunterstützung hinsichtlich möglicher Liefertermine/-mengen und/oder möglicher Produktvarianten zur Verfügung stehen, um Zielkonflikte in der Auftragsabwicklungskette zu vermeiden. Daraus lassen sich zwei Problemstellungen ableiten, nämlich:

– Wann und möglicherweise in welchen Teilmengen könnte eine konkrete Kundenanfrage voraussichtlich gedeckt werden (Auftragsklärung)?
– Welche Produktvarianten kommen für den Kunden alternativ in Frage?

Durch die exakte Definition einer Lieferflexibilität (in welcher Zeit können welche Mengen grundsätzlich geliefert werden?) im Rahmen der Liefervereinbarung zwischen Vertrieb und Montage wird die Beauskunftung der Kunden mit Liefertermin in der Regel sichergestellt. Die Vereinbarung einer allgemeinen Lieferzeit vermindert den Klärungsaufwand sprunghaft und entscheidend. Zur Vorklärung, welche voraussichtlichen Liefertermine/-mengen für einen Kundenauftrag realisiert werden können, müssen darüber hinaus im Einzelfall (z.B. Eilaufträge außerhalb der vereinbarten Lieferzeiten) die relevanten Systemgrößen vor, in und nach der Montage überprüft werden. Die hierzu entwickelte abgestufte Vorgehensweise (Abb. 2.7.) besteht aus den Komponenten Bestandsüberprüfung, Ressourcenüberprüfung und simulative Einlastung.

Die Bestandsprüfung umfaßt den vorhandenen Systembestand (Ist) nach der Montage sowie den Planbestand (einschließlich Liefererwartung). Dabei wird festgestellt, ob sich in den geplanten Montagebelegungen für die Deckung des Auftrags geeignete (Teil-) Mengen befinden. Die Ressourcenprüfung basiert auf einer Analyse der für die Durchführung der Kundenposition notwendigen Materialien, Teilen und Kapazitäten. Die Überprüfung der noch zur Verfügung stehenden Montagekapazität erlaubt dann bereits ausreichende Abschätzungen über die Machbarkeit des Auftrags.

Ergibt die Analyse der Lieferfähigkeit, daß die vom Kunden gewünschte Produktvariante nicht, nicht rechtzeitig oder nicht in ausreichender Menge geliefert werden kann, kann geprüft werden, ob für den Kunden alternative Produktvarianten in Frage kommen. Die hierzu entworfene Systematik ermöglicht über eine Beschreibung kunden- und produktrelevanter Kriterien eine selektive Produktfindung. Auf Basis der alternativen Produktvarianten stehen dem Disponenten neue Problemlösungsalternativen bei der Vorklärung von Kundenaufträgen zur Verfügung. Wichtig ist, daß Varianten abgebildet werden können und das diese für den Disponenten auch als solche erkennbar sind.

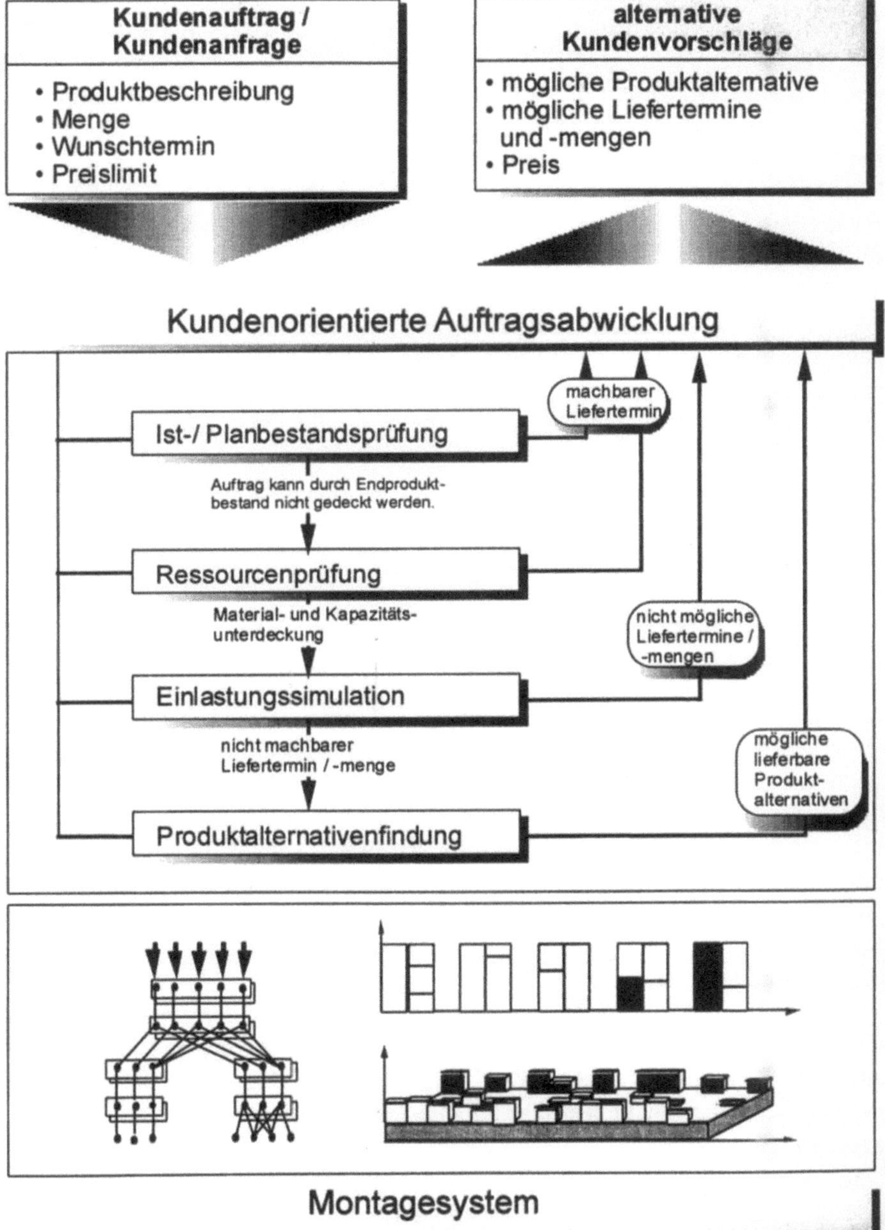

Abb.2.7. Auftragsvorklärungssystem

Mittelfristige Montagesteuerung

Konventionelle Planungsansätze gehen von einer strikten Trennung der Mengen-
und Terminplanung aus. Die Mengenplanung betrachtet den Materialaspekt für
den gesamten Produktionsbereich vom Enderzeugnis bis zum Rohmaterial bzw.
Kaufteil und ermittelt Aufträge für die Stücklistenpositionen ohne direkte Berücksichtigung der Kapazitätssituation in der Montage oder Teilefertigung. Diese
kapazitiv nicht abgestimmten Aufträge dienen der Terminplanung als Grundlage
für die anschließende Terminierung der Arbeitsgänge. Bei dieser Auftragssteuerung wird jedoch die resultierende Bestandssituation nicht mehr betrachtet.

Durch den Einsatz einer mehrstufigen Simultanplanung und damit der Integration von Material- und Kapazitätsaspekten sowie einer durchgängigen und ganzheitlichen Betrachtung des Produktionsprozesses ist dagegen die Umsetzung eines
prozeßnahen Planungsverfahrens möglich.[2.4] [2.5] Dabei wird gleichzeitig eine
bestandsoptimale Bedarfsdeckung bei erheblich reduzierten Durchlaufzeiten gewährleistet. Dazu werden Kunden-Lieferanten-Beziehungen zwischen den einzelnen Prozeßstufen aufgebaut und die geplante Materialbereitstellung nach dem
PULL-Prinzip stufenweise auf den geplanten Materialverbrauch hin abgestimmt.

Voraussetzung ist eine modulare, realitätsnahe Abbildung des Produktionsprozesses in einer Planungsstruktur. Abbildung 2.8. zeigt die Darstellung einzelner
Maschinen/Arbeitsplätze oder Maschinen-/Arbeitsplatzgruppen als Kapazitätseinheiten, denen bestimmte Verrichtungen/Arbeitsgänge/Objekte in einer Kapazitätsgruppe zugeordnet werden. Damit wird die Abbildung von Kapazitätskonkurren-
zaspekten und eine Mehrfachverwendung auf Arbeitsgangebene möglich. Aufgrund unterschiedlicher Prozeßbedingungen (z.B. reihenfolgeabhängige Rüstzeiten, Werkzeugabhängigkeiten, Verkettung über mehrere Prozeßstufen) sind unter
Umständen auf jeder Produktionsstufe spezifische Zusammenhänge bei der Bildung und Terminierung von Aufträgen zu beachten.

Ergebnis der Planungstätigkeit in einem teilautonomen Bereich (Disposition,
Auftragsbildung, Ressourcenbelegung und Sekundärbedarfsrechnung) sind einerseits Belegungspläne für den beplanten Bereich und andererseits Sekundärbedarfe
an den jeweiligen Lieferanten (intern oder extern).

Die aus dem Produktionsmodell erwachsenden institutionalisierten Aufgaben
und Kunden-Lieferanten-Beziehungen in der Produktion spiegeln einen flußori-
entierten, transparenten Materialfluß wieder, für den Regelmäßigkeit und Ordnung kennzeichnend sind. Mit dieser Sichtweise ist zudem eine wichtige Voraussetzung für eine Dezentralisierung gegeben.

Auf dem Produktionsmodell werden nun die einzelnen Planungsbausteine aufgesetzt. Dabei sind zwei Kernaufgaben zu lösen: Die Disposition
(Auftragsbildung) einer Kapazitätsgruppe (Dispositionseinheit) und die Synchronisation der Kapazitätsgruppen (Dispositionsabwicklung).

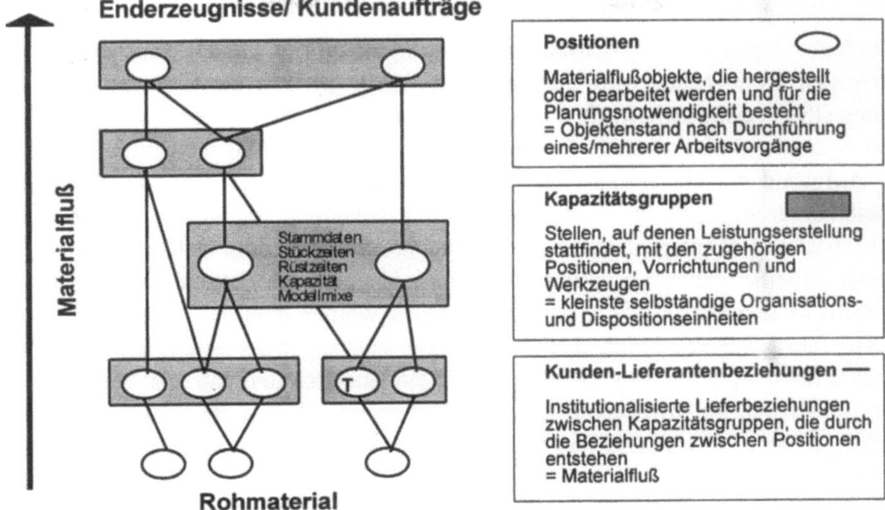

Abb.2.8. Kapazitätsgruppen und Kunden-Lieferanten-Beziehungen

Die starke Flußorientierung und die Zusammenfassung von Aufgaben in Kapazitätsgruppen ermöglicht die gemeinsame Betrachtung von Mengen, Terminen und Kapazität bei der Disposition (Auftragsbildung) von Kapazitätsgruppen. Ergebnis der Planung ist eine Kapazitätsbelegung, in der Mengen und Termine unter Betrachtung der Kapazitätskonkurrenz bestimmt worden sind. In der Planung können bereits spezifische Randbedingungen (fertigungsoptimale Mengen, Teilefamilien, Rüstreihenfolgen, Prozeßbesonderheiten etc.) und unterschiedliche Zielsetzungen (Bedarfsdeckung, Bestandsoptimierung, Auslastung etc.) berücksichtigt werden. Die Planung erfolgt entweder algorithmisch (durch Auftragsbildungsverfahren), interaktiv (auf einer Grafikoberfläche) oder gemischt.

Die ablaufbezogene horizontale Sicht (Planungslauf, dezentrale Koordination) verknüpft die Dispositionseinheiten im Sinne der Lieferverflechtungen miteinander. Um eine bedarfsgesteuerte Produktion mit entsprechender Durchlaufzeitverkürzung zu erreichen, wird die Dispositionsabwicklung nach dem PULL-Prinzip (Rückwärtsrechnung) aufgebaut. Die Dispositionsabwicklung erfolgt stufenweise entgegen der Materialflußrichtung (vom Kunden zum Lieferanten), wobei jeweils die Materialbereitstellung (Auftrag, Bestand) auf den geplanten Materialverbrauch (Bedarf) abgestimmt wird. In der Rückwärtsrechnung werden so - ausgehend vom Primärbedarf - die Belegungen aller Kapazitätsgruppen auf den Bedarf ausgerichtet. Der auf eine Kapazitätsgruppe/Position zielende Bedarf ergibt sich entweder aus dem Primärbedarf (Kundenaufträge, Programmbedarf) und/oder direkt aus den Belegungen verbrauchender Kapazitätsgruppen (Sekundärbedarf).

Kurzfristige Montagesteuerung und Störungsmanagement

Aufgabe der kurzfristigen Montagesteuerung ist es, das Planergebnis der mittelfristigen Montagesteuerung durchzusetzen. Dazu gehören die Verfügbarkeitsprüfung (IST-Verfügbarkeit) für Teile, die Beauftragung der Werker bzw. unterlagerter Systeme, die kurzfristige Reihenfolgeplanung und Störungsbewältigung.

Aufgrund der Dezentralisierung der Planungstätigkeit aus einer zentralen Arbeitsvorbereitung an den Prozeß in dezentrale Einheiten können die Aufgaben der kurzfristigen Montagesteuerung zeit- und prozeßnaher durchgeführt werden. Je nach Arbeitsorganisation können Aufgaben in unterschiedlichem Umfang in die Teams an den Prozeß verlagert werden. Diese werden dann in Selbstorganisation ausgeführt, was wiederum den notwendigen Umfang einer Systemunterstützung vermindert. Systeme wandeln sich von detailplanenden und automatisiert steuernden Systemen hin zu Auskunfts- und damit entscheidungsunterstützenden Systemen für den Steuerer und den Mitarbeiter am Prozeß. So können beispielsweise Auftragspakete an Teams freigegeben werden. Die Reihenfolgeplanung (Feinstbelegung von Ressourcen) erfolgt im Team unter Beachtung des Ziels der Termintreue.

Störungen müssen aus Gründen des Aufwands und der notwendigen Reaktionszeiten in überlagerten hierarchischen Regelkreisen ausgeregelt werden. Je nach Größe der Auswirkungen einer Störung kann

- das Team am Prozeß beispielsweise durch eine Änderung der Auftragsreihenfolge die Auswirkung einer Störung beheben (Terminverzögerung gefährdet den Liefertermin aus dem Team nicht),
- muß die Steuerung eines Bereichs bereichsintern agieren oder muß
- die Störung bereichsübergreifend durch Abstimmung zwischen den dezentralen Steuerungseinheiten im Sinne des Kunden-Lieferanten-Verhältnisses ausgeregelt werden.

Wichtig ist das Transparentmachen der Auswirkungen von Störungen, um eine wirksame Behebung der Auswirkungen der Störungen zu ermöglichen. Die bereichsspezifische Auftragsbildung in dezentralen Bereichen bringt es mit sich, daß in jeweils einem (Betriebs- oder Fertigungs-) Auftrag Positionen aus mehreren Kundenaufträgen zusammengefaßt werden. So kann beispielsweise die Loszusammenfassung in einer Lackiererei nach Farbe, in der Montage dagegen nach Dimension erfolgen. Der durchgängige Kundenauftragsbezug durch alle teilautonomen Bereiche garantiert, daß die Auswirkungen einer Störung für jede einzelne Kundenauftragsposition ermittelt und durch das Störungsmanagement ausgeregelt werden können.

Bei der Ausregelung von Störungen können sehr viele verschiedene und oft schwer zu systematisierende Fälle auftreten, was die automatisierte Behandlung durch Systeme erschwert. Die Dezentralisierung der Steuerungsaufgaben an den Prozeß stellt den Menschen vor allem beim Störungsmanagement in den Mittelpunkt und gewährleistet damit ein schnelles Reagieren.

Personaleinsatz

Aufgrund der Arbeitszeitverkürzungen, des Facharbeitermangels und der soziodemographischen Entwicklung wird das Personal in der Montage noch mehr als
bisher ein bestimmender Produktionsfaktor sein. Insbesondere vor dem Hintergrund dezentraler Organisationsformen muß eine Entscheidungsunterstützung für
die Planung und Steuerung des Personaleinsatzes angeboten werden, die innerhalb
der organisatorischen Montagesteuerung zu koordinieren ist. Die Aufgabe des
Funktionsmoduls zur Personaleinsatzplanung [2.6] [2.7] [2.8] ist es, deshalb die
verfügbaren personellen Kapazitäten örtlich, zeitlich, qualitativ und quantitativ in
den Montageprozeß einzuordnen.

Hierbei müssen die Ziele des Unternehmens und die legitimen Belange der einzelnen Mitarbeiter Berücksichtigung finden. Abbildung. 2.9. stellt den funktionalen Aufbau des entwickelten DV-gestützten Personaleinplanungssystems PEPSY
und den Gesamtablauf der Personaleinsatzplanung dar.

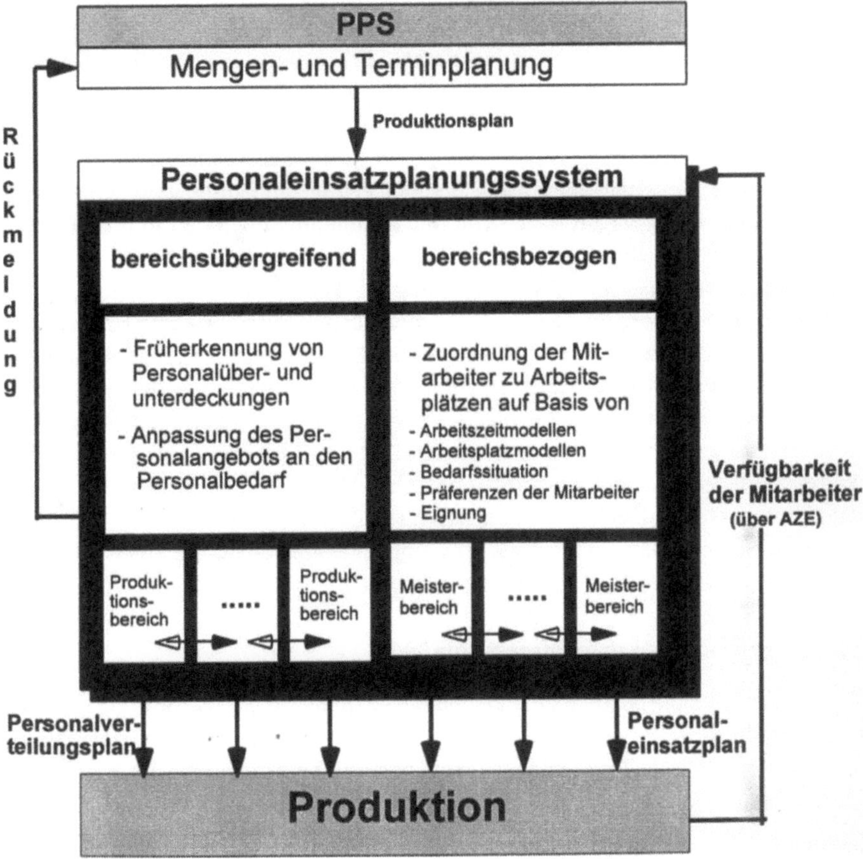

Abb.2.9. Personaleinsatzplanungssystem

Demnach lassen sich folgende zwei Problembereiche unterscheiden, die bei der Personaleinsatzplanung zu berücksichtigen sind:

- Anpassungsprobleme, d.h. die summarische Anpassung des Personalkapazitätsangebots an den Kapazitätsbedarf und die Verteilung des Personals auf die einzelnen Montagebereiche,
- Zuordnungsprobleme, d.h. das zur Verfügung stehende Personal mit den in der Montage anfallenden Arbeitsaufgaben - unter Berücksichtigung spezifischer Belange der Mitarbeiter (z.B. Stammarbeitsplatz, präferierter Arbeitsplatz oder Arbeitsplatzgruppe) - optimal zu kombinieren.

Bereichsübergreifende Personaleinsatzplanung

Aufgabe der bereichsübergreifenden Komponente ist es, Personalunterdeckungen und -überhänge schon im Vorfeld zu ermitteln und - soweit möglich - zu beseitigen. Dazu werden vom PPS-System oder Montagesteuerungssystem die Ergebnisse der Mengen- und Terminplanung übernommen und daraus der Personalbedarf pro Planperiode ermittelt. Anschließend erfolgt die Anpassung des Personalangebots auf die aktuelle Bedarfssituation durch zeitlich befristete Personalversetzungen zwischen Produktionsbereichen sowie durch die Planung des Springereinsatzes. Ergebnis der Planung ist ein Personalverteilungsplan, der eine summarische Anpassung des Personalangebot an die aktuelle Bedarfssituation sicherstellt. Die Ermittlung von Personalbedarf und -angebot erfolgt abhängig vom eingesetzten übergeordneten PPS-System sowie von den Rahmenbedingungen in der Produktion.

Die Personalbedarfsermittlung kann abhängig vom Planungszeitabschnitt, Planungshorizont und Bedarfsmodell, die Personalangebotsermittlung abhängig vom eingesetzten Arbeitszeit- und Arbeitsplatzmodell und von den verfügbaren Personalpools unternehmensspezifisch konfiguriert werden. Ergebnis der Personalbedarfsermittlung ist ein Kapazitätsprofil, das für jeden Montagebereich den qualitativen und quantitativen Personalbedarf darstellt. Ergebnis der Personalangebotsermittlung ist ein Angebotsprofil, das das qualitative und quantitative Personalangebot darstellt. Der Personaldisponent erhält als Ergebnis des Verfahrens einen Personalverteilungsplan sowie eine Kapazitätsübersicht, die einen Überblick über die Personalfehlstellen und -überhänge gibt.

Bereichsbezogene Personaleinsatzplanung

Aufgabe der bereichsbezogenen Personaleinsatzplanung ist es, den Personaleinsatz innerhalb einer Personalgruppe unter Berücksichtigung von kapazitäts- und mitarbeiterorientierten Zielstellungen festzulegen. Das Kernstück der bereichsbezogenen Personaleinsatzplanung bildet ein unscharfes Planungsverfahren, das als Planungsergebnis einen Personaleinsatzplan liefert. Im einzelnen stehen folgende vier Funktionsbausteine zur Verfügung:

- Einsatzplan, Belegungsplan: Diese Funktionen zeigen den temporären Personaleinsatz an und beinhaltet alle für den Personaleinsatz benötigten Informationen: zu besetzende Arbeitsplatzgruppe, Arbeitsbeginn, Arbeitszeit.
- Einzuplanende Arbeitnehmer, zu besetzende Arbeitsplätze: Ergebnis dieser Funktion ist eine Aufstellung der noch verfügbaren Mitarbeiter, sowie der noch zu besetzenden Arbeitsplätze pro Planperiode, als Basis für die Optimierung des Personaleinsatzes.
- Zeitkonto: Diese Funktion stellt über den Planungshorizont den geplanten Verlauf und dem tatsächlichen Verlauf der Arbeitszeit eines Arbeitnehmers dar.
- UWFK-Plan: Der Urlaubs-, Weiterbildungs-, Freizeit- und Krankheitsplan stellt die zeitliche Verfügbarkeit eines Arbeitnehmers über den Planungshorizont dar.

Zusammenfassend läßt sich festhalten:
- Die Personalkapazität wird langfristig optimal dimensioniert. Dadurch werden hinsichtlich Nachfrageschwankungen optimale Flexibilitätspotentiale aufgebaut, ohne diese durch kostenintensive Personalüberkapazität erkaufen zu müssen.
- Für die teure Ressource Personal wird im Laufe der Einführung und Nutzung des Systems eine fundierte Einsatzstrategie erarbeitet.
- Durch Schaffung von Transparenz und produktionsbereichsübergreifende Kapazitätsabstimmung (Montage, Fertigung) wird ein Abbau kostenintensiver Sicherheitsreserven bei der Personalausstattung möglich. Die resultierende Reduzierung der Personalkosten führt bei der Anwendung zu einer ausgezeichneten Nutzen-Aufwand-Relation.
- Die Auskunftsfähigkeit und Zuverlässigkeit der Produktionsplanung gegenüber dem Vertrieb wird deutlich dadurch verbessert, daß die Machbarkeit kurzfristiger Anfragen oder mittelfristiger Absatzplanungen personalkapazitätsseitig einfach und schnell abgeprüft werden kann.Die Funktionalitäten von PEPSY können auf zentrale und dezentrale Stellen verteilt werden. Beispielsweise kann die bereichsübergreifende Kapazitätsabstimmung von der Produktionsplanung und die bereichsbezogene Einsatzplanung direkt vor Ort durchgeführt werden.
- PEPSY ist in der Lage, sämtliche Merkmale heutiger und kommender Arbeitsorganisationsformen abzubilden (u.a. Teamarbeit, Springergruppen), und zwar sowohl für direkte als auch für indirekte Produktionsbereiche.
- Die bereichsbezogene Personaleinsatzplanung in den Produktionsbereichen (z.B. Team, Meisterbereich) wird durch automatisches Generieren eines optimalen Personaleinsatzplans (mit beliebigem Horizont) als Vorschlag deutlich erleichtert und qualitativ verbessert.
- Der "Urlaubs-Krankheits-Weiterbildungs-Freizeit-Plan" ermöglicht eine vorausschauende Urlaubs- und Freischichtenplanung.
- Externes Personal (Teilzeitkräfte etc.) können mit in die Personaleinsatzplanung einbezogen werden.
- PEPSY ermöglicht ein individuell konfigurierbares, automatisches Reporting bezüglich des Personaleinsatzes.

Damit wurde ein Konzept in Form eines Systems realisiert, das der Bedeutung des Personals für die Ziele Kosten und Lieferbereitschaft der Montage Rechnung trägt. Insbesondere flexibles Personal stellt für die absatzgesteuerte Montage einen entscheidenden Erfolgsfaktor dar, den es durch eine Planung des Personaleinsatzes zu Nutzen gilt.

2.1.4 Prozeßgeregelte Planungsparameter

Im heutigen turbulenten Umfeld muß sich das Unternehmen und speziell die Montage als der Produktionsbereich mit der größten Nähe zum Kunden hinsichtlich der Ziele Zeit, Kosten und Qualität kontinuierlich an die Erfordernisse des Marktes anpassen. Diese Anpassung betrifft nicht allein die globale Unternehmensstrategie, sondern sie muß sich in die fertigenden und montierenden Einheiten als den Zentren der Leistungserstellung durchschlagen. Die (teil-) autonomen Bereiche werden durch Zielvereinbarungen auf das Unternehmensziel und die Unternehmensstrategien ausgerichtet. Die Anpassung und Veränderungen der Unternehmensziele schlagen besonders auf die Auftragssteuerung und Disposition in den Bereichen durch. Als vereinfachtes Beispiel: Gewinnt das Ziel Zeit gegenüber den Kosten höhere Bedeutung, so muß auch die Auftragsbildung dieser veränderten Zielstellung Rechnung tragen, etwa durch die Bildung kleinerer Lose, indem weniger Kundenauftragspositionen zusammengefaßt werde. Diese Anpassung an Unternehmensziele soll als extern bedingte Adaption der Planungsparameter bezeichnet werden.

Eine intern bedingte Adaption der Planungsparameter ist dann notwendig, wenn die Ergebnisse des Planungsprozesses bei konstanten Anforderungen des Marktes nicht die erforderliche Qualität zeigen. Dies kann durch ein internes Bewerten von Plänen nach vereinbarten Zielen erkannt werden, wobei das Zielpolygon Termintreue, Lieferzeit, Kosten und Qualität den Rahmen absteckt. Als wesentliche Einflußgrößen auf die Zielerreichung innerhalb der Auftragssteuerung und Disposition zeigen sich hierbei die Auftragsbildung und Reihenfolgeplanung. Wesentliche Planungsparameter sind der Zusammenfaßzeitraum (Größe des Zeitrasters, aus dem alle Kundenauftragspositionen zu Losen zusammengefaßt werden) und der Umfang des Zusammenfassens (Ähnlichkeitsmaß für das Zusammenfassen nicht-identischer aber ähnlicher Artikel bzw. Verrichtungen an Kundenaufträgen).

Diese und weitere Parameter (Auflegezyklus von Produkten oder Produktklassen) können in den Auftragsbildungskriterien der Planungsalgorithmen aufgenommen oder aber vom Steuerer direkt berücksichtigt werden.

Durch prozeß- und marktgeregelte Planungsparameter wird also gewährleistet, daß sich ein Verfahren und ein System zur Montageplanung und -steuerung den sich ändernden Erfordernissen des Marktes und des Prozesses anpassen kann. Dies gilt im gleichen Maße für die Dispositions- und Abrufverfahren, wo durch die kontinuierliche Anwendung der KUBUS-Analyse die Dynamik der Verfahren gewährleistet werden kann.

2.1.5 Erfahrungen

Die Bildung von eigenverantwortlichen (teil-) autonomen Einheiten hat große Potentiale hinsichtlich Kosten, Qualität und Lieferzeit erschlossen, wie in der Literatur und der Tagespresse nachgewiesen wird. Auch die Integration von Funktionen der Planung und Steuerung in die Bereiche trägt Früchte. Die Dezentralisierung als Strategie für die Zukunft wird in weiten Bereichen akzeptiert. Erst am Anfang der Anwendung steht jedoch die Bildung von expliziten Kunden-Lieferanten-Verhältnissen. In einigen Unternehmen wurden diese schon realisiert und dort stellten sich auch Erfolge vor allem hinsichtlich verbesserter Auskunftsfähigkeit und Lieferflexibilität ein.

Betrachtet man die Bildung dezentraler Strukturen als einmaligen Vorgang, so kann man den Nutzen auch nur einmalig ziehen. Da sich Märkte und damit Kundenanforderungen bereits heute schon permanent ändern und dieser Vorgang sich zukünftig noch beschleunigen wird, liegt es auf der Hand, daß auch der Vorgang der Neugestaltung von Strukturen, Prozessen und Methoden nicht mehr als diskreter Vorgang sondern als kontinuierliche Entwicklungsaufgabe aufgefaßt werden muß.

Ansätze zu dieser Dynamisierung sind vorhanden. So gestattet es die KUBUS-Analyse, Dispositions- und Abrufverfahren kontinuierlich zu optimieren. Die markt- und prozeßgeregelte Anpassung von Planungsparametern ist ebenfalls ein Schritt zur Optimierung von Verfahrensparametern. Zukünftig müssen jedoch neben Verfahren auch die Abläufe und Prozesse der Montagesteuerung und darüber hinaus die Strukturbildung dynamisiert werden. Dies erschließt dann kontinuierlich Potentiale hinsichtlich Effizienz („Dinge richtig tun") und Effektivität („das Richtige tun"). Das Ergebnis dieser Entwicklung werden Unternehmen (und speziell Montagen) als vitale wandlungsfähige und damit nachhaltig lebensfähige Organismen in einer Welt des Wandels sein.

2.2 Steuerung komplexer Montagezellen

Die Automatisierung in der Montage wird zunehmend durch kleinere Losgrößen bestimmt. Bei Anwendungen von Industrierobotern in Montagezellen muß zwischen Einroboter- und Mehrroboterzellen unterschieden werden, da bei Mehrroboterzellen durch Redundanz und Parallelbearbeitung andere Randbedingungen gelten [2.9, 2.10]. Für die Konzeption von Montagezellen bestehen bei Verwendung von Einroboterzellen grundsätzlich zwei Möglichkeiten, eine hohe Auslastung zu erzielen:

— größere Arbeitsinhalte bei gleichbleibender Anzahl der Produktvarianten
— mehr Produktvarianten mit gleichbleibenden Arbeitsinhalten

Abb.2.10. Kooperierende Multiroboterzelle MAX

Bei der Auftragsdurchsetzung in kooperierenden Multiroboterzellen (Abb.2.10) werden bislang nur disponierende oder fest eingelastete Belegungsstrategien eingesetzt. Steuerungsstrategien zur chaotischen, rein ereignisorientierten Auftragsdurchsetzung finden bislang nur in Montagezellen mit einer linearen Arbeitsschrittfolge Verwendung. Der Einsatz einer ereignisorientierten und echtzeitfähigen Steuerungssoftware zur flexiblen Auftragsdurchsetzung in kooperierenden Multiroboterzellen schafft die Voraussetzung für den intelligenten Betrieb.

Schon bei Einroboterzellen ergeben sich aufgrund der hochspezialisierten Prozeßtechnologien in der Montage spezifische Anforderungen. So müssen verschiedene untergeordnete, dezidierte Prozeßsteuerungen integriert werden, welche als eigenständige, kommunikationsfähige Einheiten ausgeführt sind. Als Beispiele sind zu nennen: Robotcontroller, SPS'en, Sensorik auf unterschiedlichem Aggregatsniveau von der Lichtschranke bis zur 3-D Kamera, Werkzeugsteuerungen jeglicher Art wie z.B. Schraubersteuerungen, Schweiß- oder Klebsteuerungen, Greifersteuerungen u.a..

Die Anforderungen an eine intelligente Steuerung von Montagezellen lassen sich folgendermaßen zusammenfassen:

— Jedes Steuerungsprogramm muß praktisch ohne Zeitverlust auf prozeßsynchrone Ereignisse reagieren und die nächsten Aktionen einleiten können.
— Eine flexible Montagezelle muß in ein übergeordnetes Steuerungssystem integriert werden können.
— Bei Ausfall der Leitebene muß die Zelle über ihr vorgegebenes Zeitfenster hinaus autark weiterarbeiten können.
— Durch geeignete Stö6rfallstrategien müssen Fehler umgehend beseitigt oder Fehlerquellen umgangen werden, damit die Produktion fortgesetzt werden kann. Daraus ergibt sich, daß ein Steuerungsprogramm für Montagezellen echtzeitfähig sein muß, wobei die Echtzeitfähigkeit bei Montagezellen mit < 0,1 sec definiert wird.
— Zur Unterstützung des Bedieners bei zunehmend komplexeren Aufgaben flexibler Montagezellen müssen neue multimediale Visualisierungs- und Benutzungsoberflächenkonzepte zur Dokumentation von Arbeitsprozessen sowie zur Unterstützung der Wartung und Störungsdiagnose entwickelt werden.
— Die Integration von durchgängigen Qualitätsregelkreisen muß möglich sein.

Aus diesen Anforderungen heraus ist die Steuerungsstruktur MOSES (**M**ontageorientiert strukturierte **E**reignissteuerung) entstanden, die auf der Idee der Fraktale, d.h. auf selbständigen, abgeschlossenen Einheiten, basiert. Diese Einheiten, im weiteren als Steuerungsbausteine bezeichnet, sind aus aufgabenspezifischen Modulen aufgebaut, die über einheitliche Schnittstellen kommunizieren (Abbildung 2.11).

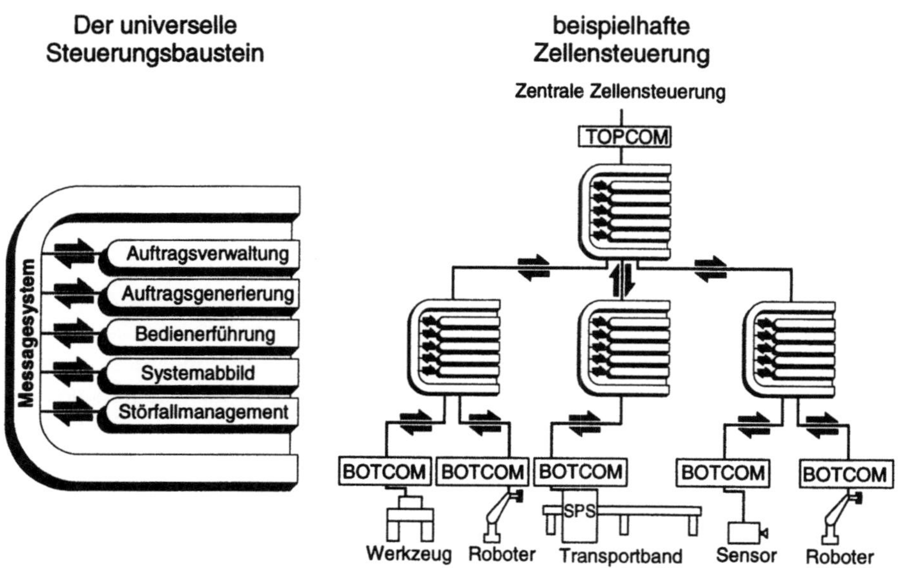

Abb.2.11. Der universelle Steuerungsbaustein und eine beispielhafte Anordnung

Die Teilmodule des universellen Steuerungsbausteins erfüllen im einzelnen die Aufgaben:

TOPCOM:
: Kommunikation mit dem übergeordneten Baustein und ggf. Konvertierung der Datenformate

Messagesystem:
: Ereignisinitialisierter Start der jeweiligen Prozesse

Auftragsverwaltung:
: Führen der Auftragsliste und Start der Auftragsgenerierung

Auftragsgenerierung:
: Überprüfen der für den Auftrag notwendigen Randbedingungen

Bedienerführung:
: Informationsdarstellung und Eingriffsmöglichkeit für den Benutzer

Systemabbild:
: Verwaltung der Parameter für die einzelnen Prozesse und Zugriffsregelung auf gemeinsame Daten innerhalb der Zellensteuerung

Störfallmanagement:
: Ermittlung von Alternativstrategien bei auftretenden Störfällen

BOTCOM:
: Kommunikation mit den untergeordneten Bausteinen bzw. kommunikationsfähigen Einheiten und ggf. Konvertierung der Datenformate

Dadurch ergibt sich eine natürliche Gliederung der Steuerung in vertikaler Richtung (hierarchisch) und in horizontaler Richtung (aufgabenbezogen). Die

Funktionen der einzelnen Bausteine wurden entkoppelt, indem sie als unabhängige Tasks ausgeführt werden.

MOSES ist nun in der Lage, nicht nur unter Berücksichtigung des aktuellen Systemzustandes und der Fertigungsprioritäten selbsttätig die nächsten zu fertigenden Aufträge aus dem Auftragspool auszuwählen, sondern auch während der Abarbeitung eines Auftrags auf aktuell auftretende Ereignisse innerhalb der Anlage zu reagieren. Auch können mehrere Aufträge parallel bearbeitet werden, sofern dies von der Fertigungssituation her realisierbar ist.

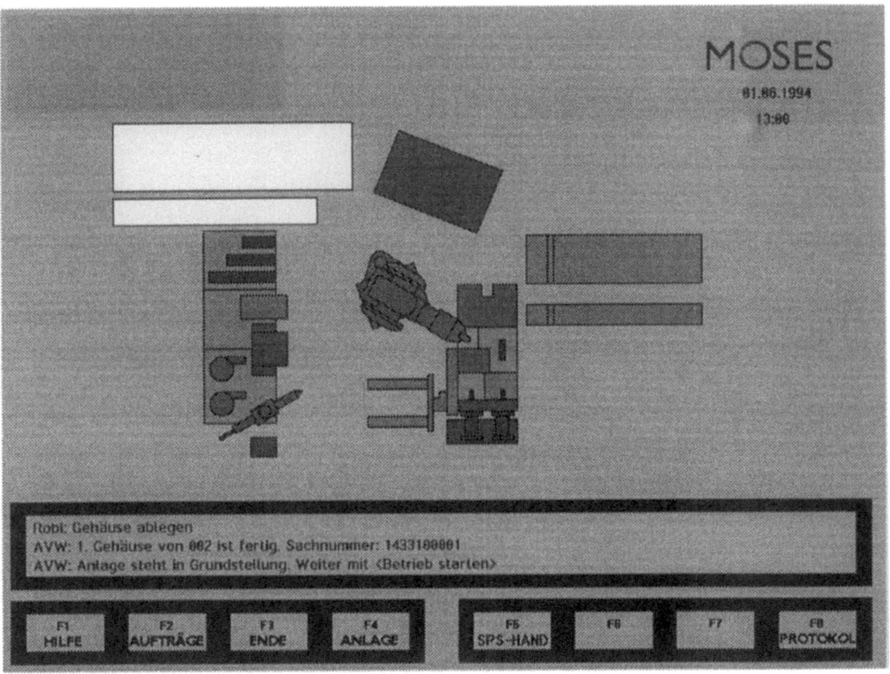

Abb.2.12. Überwachungsmaske einer Industrieanwendung unter MOSES

MOSES wurde mehrfach auf Workstations und PC's implementiert (Abb. 2.12). Durch den hierarchischen Aufbau wird der Informationsfluß kanalisiert. Daten und Informationen über Ereignisse werden als *Messages* zwischen den Modulen ausgetauscht. Dazu wurde das Messagesystem als eine völlig neue Art der Prozesskommunikation und -kontrolle der einzelnen Zellensteuerungsmodule mittels TCP/IP auf der Basis von Ethernet entwickelt. Dadurch wird ein rechnerübergreifender Einsatz der Zellensteuerung möglich, so daß einzelne Module der Zellensteuerung auf mehrere Rechner verteilt werden können. Neue Bausteine können so leicht und unabhängig voneinander erstellt oder modifiziert werden. Damit wird sowohl die Programmerstellung, als auch die Wartung und Erweiterung der Programme stark erleichtert. Die Integration eines weiteren Industrieroboters als Teilzelle oder die Einbeziehung von intelligenten Werkzeug- oder Sensorsystemen ist ohne großen Aufwand möglich. Ebenso ist es möglich, bestehende, auf MOSES basierende Zellensteuerungen, z.B. über eine serielle Schnittstelle mit dem Protokoll 3964R, kostengünstig und schnell an neue Zellensteuerungen anzubinden.

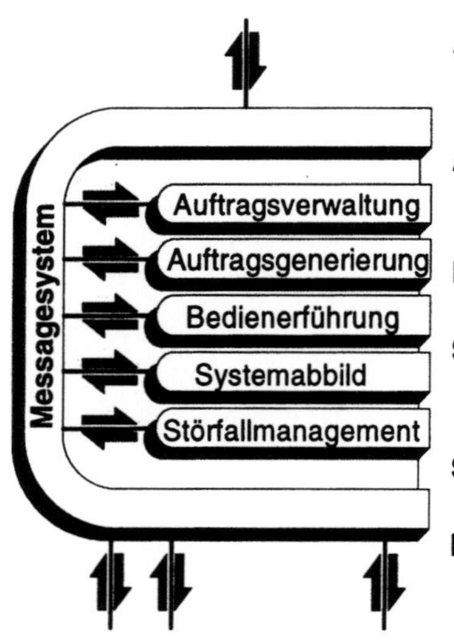

Abb.2.13. Konfiguration des universellen Steuerungsbausteins für die SPS-Emulation

Die Version 3.0 von MOSES beinhaltet weiterhin die Möglichkeit die Aufgaben einer speicherprogrammierbaren Steuerung durch eine SPS-Emulation zu übernehmen, um den Hardware- und Programmieraufwand zu reduzieren (Abb. 2.13). Unter einer SPS−Emulation versteht man einen in einer Hochsprache programmierten Baustein eines Softwaremoduls des Steuerungskonzepts zur Steuerung von Montagezellen (MOSES). Dieser Softwarebaustein ist rein programmtechnisch auf dem PC realisiert. Zur Durchführung seiner E/A−Funktionen und zur Reduzierung des Hardwareaufwands wird eine digitale I/O−Karte mit jeweils 16 Ein− und Ausgängen eingesetzt. Die am IFF in Zusammenarbeit mit einem Hersteller elektronischer Meßeräte hardwareseitig entwickelte digitale I/O-Karte mit jeweils 16 Ein− und Ausgängen dient vornehmlich zur Erzeugung einer frei wählbaren Ausgangsspannung zwischen 10 und 30 V bei einer Ampère-Leistung von 1 A je Ausgang, bzw. zur Entgegennahme von Signalen zwischen 10 und 30 V, also auch mit dem bei SPSen üblichen Signalpegel von 24 V, und besitzt keine eigene Intelligenz. Die Erhitzung der Karten und die daraus resultierende Belastung der internen Rechnerhardware konnte durch eine spezielle Anordnung von Kühlkörpern auf den Leiterplatten gelöst werden. Somit war die Möglichkeit geschaffen, basierend auf einer Kombination mehrerer dieser I/O–Karten (maximal 4, beschränkt durch die Anzahl der adressierbaren Interrupts, dies entspricht einer Anzahl von maximal 64 Ein- bzw. Ausgängen), mit Hilfe einer SPS-Emulation direkt eine Standardsensorik abzufragen, bzw. eine Standardaktorik anzusteuern. Die Anzahl von jeweils max. 64 E/A stellt eine der wenigen Beschränkungen der SPS–Emulation dar. In der derzeitigen Ausbauversion der I/O-Karten können auch keine analogen Signale verarbeitet werden. Eine Erweiterung der Funktionalität dieser Karten wird z.Z. nicht angestrebt, da sie aufgrund ihrer Integration in das Steuerungskonzept MOSES nur zur Spannungs- und Leistungsanpassung an die Maschinenperipherie dienen.

Der Vorteil dieser Lösung beruht darauf, daß dieser Softwarebaustein aufgrund von Interrupts, welche im Ereignisfall von der I/O–Karte generiert werden, jederzeit rein ereignis– und bedarfsorientiert mit dem zuständigen Baustein des Steuerungsmoduls kommunizieren kann und die entsprechenden Reaktionen veranlaßt. Diese Funktionen wurden unter Ausnutzung des echtzeitfähigen Multitaskings des verwendeten Betriebssystems OS/2 2.1 in das Steuerungssystem MOSES integriert, wodurch auch auf komplizierte Kommunikationsprotokolle mit peripheren SPS–Steuerungen verzichtet werden konnte. Jede Teilkomponente der Zelle, die unabhängig von anderen Teilkomponenten arbeiten kann, wird durch eine separate Task überwacht und gesteuert. Die verschiedenen Tasks arbeiten parallel. Dies unterscheidet die SPS-Emulation von der rein zyklischen Abfrage einer Standard–SPS, die prinzipiell sämtliche Möglichkeiten abfragt.

Im Produktionsbetrieb läuft die SPS-Emulation für den Bediener nicht sichtbar im Hintergrund als eigenständiges Softwaremodul ab. Mit Hilfe einer Funktionstaste erreicht der Bediener bei Bedarf den Richt- und Handbetrieb der SPS-Emulation. Auf dieser Bedienebene und in dieser Betriebsart können einzelne Abläufe der Einpreßstation von Hand gestartet werden. Der gesamte Funktionsablauf, sowie alle dazugehörigen E/A-Signale werden hierbei überwacht. Ein Stern vor einer Nummer bedeutet, daß der Vorgang im Moment aktiv und ein erneutes Starten dieses Vorgangs gesperrt ist.

Zusammenfassend ist festzustellen, daß mit MOSES nun die Möglichkeit der intelligenten Steuerung von Montagezellen gegeben ist. Damit hat das Ende großer, schwer programmier– und wartbarer SPS'en begonnen.

2.3 Methodik zur aufgabenorientierten Programmierung von Robotern bei der Montage

Ziel der aufgabenorientierten Programmierung von Montagevorgängen ist die Vereinfachung und Beschleunigung der Anwendungsprogrammierung. Hierbei müssen die erstellten Roboterprogramme mit möglichst geringem Aufwand auf unterschiedliche Roboterstationen übertragbar sein, um einen flexiblen und wirtschaftlichen Anlageneinsatz zu gewährleisten.[2.11]

Die Grundlagen beim Entwurf eines aufgabenorientiertes Programmiersystems für Montagevorgänge sind die vom Programmiersystem zu erfüllenden Anforderungen, und die Gesetzmäßigkeiten von roboterbestückten Montageanlagen.

2.3.1 Anforderungen an ein aufgabenorientiertes Programmiersystem

Die Anforderungen an ein aufgabenorientiertes Programmiersytem untergliedern sich in Anforderungen bezüglich der Programmerstellung, Anforderungen bezüglich der Programmübertragung und der Schnittstellen, Anforderungen bezüglich der Programmausführung und allgemeine Anforderungen.

Als Anforderungen bezüglich der *Programmerstellung* sind zu nennen: Effizienz der Programmerstellung und Programmierkomfort, Flexibilität, Wiederverwendbarkeit bereits erstellter Programmteile und anlagenunabhängige Programme.

Die Anforderungen bezüglich der *Programmübertragung* beinhalten: Programmübertragung per werkstückbegleitendem Datenfluß sowie Schnittstellen zu anderen betrieblichen Funktionen wie z.B. Konstruktion, Anlagenplanung, –bau und –wartung, Vorrichtungsplanung und –bau, PPS und Werkstattsteuerung, Montageanlage.

Hoher Autonomiegrad, die Unterstützung von Ausweichstrategien und das Störmanagement, die Effizienz der Programmausführung und die Eignung für einen Produktmix sind die Anforderungen bezüglich der *Programmausführung*.

Die *allgemeinen Anforderungen* umfassen die Abdeckung aller Phasen des Planungs– und Programmierprozesses, die Durchgängigkeit, die schrittweise Einführbarkeit, die Einbeziehung von Handarbeitsplätzen und die Möglichkeit auf bestehende Strukturen und Geräte aufsetzen zu können.

2.3.2 Gesetzmäßigkeiten roboterbestückter Montageanlagen

Die Gesetzmäßigkeiten von roboterbestückten Montageanlagen lassen sich gliedern in Aufgaben, Aufbau und Komponenten, organisatorische Abläufe und technologische Abläufe bei der Montage.[2.12]

Aufgaben in Roboter–Montagestationen sind zum einen technologiebezogene Aufgaben wie Fügevorgänge, Handhabungsvorgänge, Justage– und Einstellvorgänge, Meß–, Prüf– und Identifikationsvorgänge. Desweiteren Bereitstellungsaufgaben, wie Teile zuführen und lagern, Teile auslagern und abtransportieren, Werkzeuge und Vorrichtungen zuführen und einlagern, Werkzeuge und Vorrichtungen auslagern und abtransportieren. Außerdem organisatorische Aufgaben, zu diesen gehören: Ablaufsteuerung, Auftragsabbarbeitung, Zustandsverwaltung und Betriebsmittelverwaltung, Kommunikation mit übergeordneten Systemen und Bedienung.

Der *Aufbau* und die *Komponenten* von Roboter–Montagestationen lassen sich folgendermaßen gliedern:

- Bereitstellungskomponenten wie z.B. Paletten, Palettenstapel, Vibrationswendelförderer, Magazine und Vorrichtungspaletten.
- Technologiespezifische Komponenten: Verfahrenstechnische Einrichtungen (Schrauber, Einpreßeinrichtungen, Dosiereinrichtungen zum Kleberauftrag, Lötausrüstung), Greifer und Sensoren (für Greifkräfte, Fügekräfte, Drehmoment und –winkel, Temperatur, Entfernungen und Abmessungen, zum Test auf Vollständigkeit, Test von Form, Abemessung und Lage, Test von Farbe und Gewicht).
- Darüberhinaus sind zu erwähnen das Handhabungsgerät selbst (meist ein Industrieroboter), spezielle Vorrichtungen und die zu montierenden Werkstücke und Baugruppen.

Die *organisatorischen Abläufe* bei der Montage umfassen die Stationsbeauftragung und den Automatikbetrieb. Im Automatikbetrieb sind folgende Schritte auszuführen: Aufrag entgegennehmen, Auftrag identifizieren, Machbarkeit und Vorbedingungen prüfen, Vorbereitungsmaßnahmen treffen, Aufgabenbeschreibung abarbeiten, Zustandsdaten aktualisieren, Auftragsquittierung und –fertigmeldung und Nachbearbeitungsmaßnahmen.

Die *technologischen Abläufe* umfassen im wesentlichen das Fügen durch Zusammensetzen, das Fügen durch Schrauben, das Fügen durch Kleben, das Kommissionieren und das Handhaben.

2.3.3 Aufgabenorientierte Programmierung für die Montage

Bei der Konzeption eines Programmiersystems für die aufgabenorientierte Programmierung sind 4 verschiedene, hinsichtlich der Stationsunabhängigkeit unterschiedlich stark fortgeschrittene Lösungsmöglichkeiten denkbar. Diese sollen im folgenden kurz vorgestellt werden:

Programmiersystem mit technologieorientierter Bedienoberfläche (Typ 1)

Die Vorraussetzung für diese Variante ist das Vorhandensein eines vollständigen Umweltmodells im Programmiersystem (Abbildung 2.14). Das heißt die vollständigen Informationen hinsichtlich des Aufbaus der verfügbaren Montagestationen, insbesondere das Stationslayout mit den gerätetechnischen Komponenten, die Positionen der Komponenten, und die Belegung der Bereitstellungseinrichtungen mit den Montageteilen müssen im Programmiersystem modelliert werden.

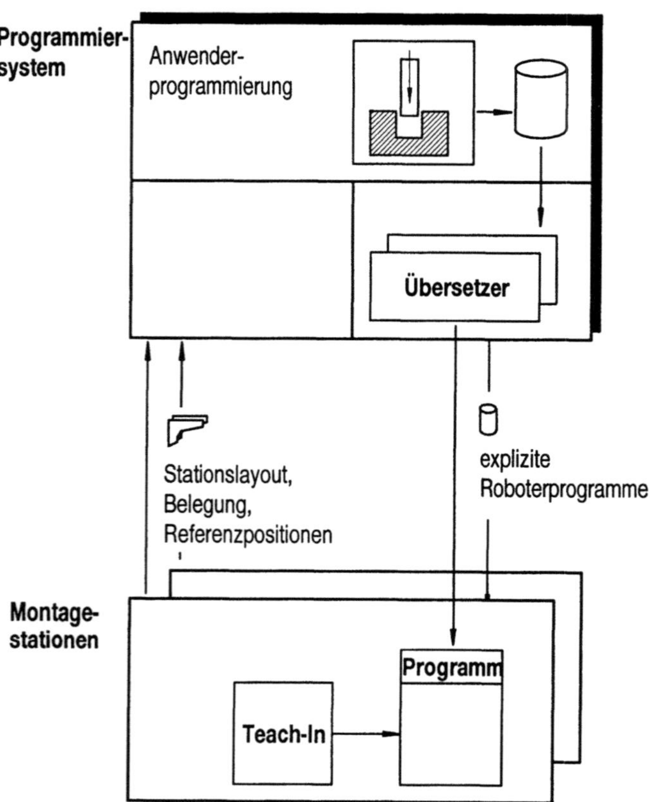

Abb.2.14. Programmiersystem mit technologieorientierter Bedienoberfläche

Das Programmiersystem ist mit einer technologieorientierten Bedienoberfläche versehen, welche die Daten über die durchführbaren technologischen Aktionen und die Umsetzung dieser technologischen Aktionen in roboter- und geräteorientierte Aktionen enthält. Mit Hilfe der Daten des Umweltmodells werden aus der vom Anwender eingegebenen Aufgabenbeschreibung komplette, explizit ausformulierte Roboterprogramme in der Steuerungs-Programmiersprache der modellierten Roboterstation erzeugt. Diese werden in dieser Form, zur Robotersteuerung übertragen und dort zur Ausführung gebracht, wobei zusätzlich auch die Möglichkeit besteht, vor der Übertragung noch eine Off–line–Kompilierung in einen spezifischen internen Steuerungscode durchzuführen.

Die so erzeugten Programme können mit Hilfe des Standard–Programmiersystems der Robotersteuerung zusätzlich manuell modifiziert oder erweitert werden. Es steht die volle Flexibilität der Roboterprogrammiersprache zur Verfügung. Durch die Erstellung kompletter expliziter Montageprogramme sind allerdings keine Reaktionen auf Abweichungen zur Laufzeit (Modellfehler) möglich.

Die Vorteile dieser Lösungsvariante liegen in der guten Effizienz der generierten Roboterprogramme, und der Möglichkeit Sonderfunktionen des Anwenders leicht einbauen zu können.

Nachteilig ist, daß die Wiederverwendbarkeit von Programmteilen und die Austauschbarkeit (Stationsunabhängigkeit) von generierten Programmen nicht gegeben ist. Außerdem fehlt die Unabhängigkeit von der Steuerungs– bzw. Roboterprogrammiersprache. Aufgrund des Speicherumfangs der erstellten Programme ist eine Übertragung der Programme mittels werkstückbegleitendem Datenfluß (mit mobilen Datenträgern MDT) nicht möglich. Weitere Schwachpunkte sind die mangelnde Eignung für Ausweichstrategien (Störmanagement), die schlechte Eignung für flexible Kleinserienmontage und die Tatsache, daß eine schrittweise Einführung des Systems als Ersatz für konventionelle Roboterprogrammierung nicht möglich ist.

Programmiersystem mit Nutzung vorerstellter stationsspezifischer Programmteile (Typ 2)

Dieser Programmiersystemtyp (Abbildung 2.15) unterscheidet sich vom Programmiersytem Typ 1 durch zusätzlich vorhandene Programmodule, die während einer Systemprogrammierungsphase vorab stationsspezifisch erstellt wurden. Das Programmiersystem enthält Algorithmen, die, entsprechend den Vorgaben des Anwendungsprogrammierers, die geeigneten System–Programmodule zu fertigen expliziten Roboterprogrammen verbinden (Makrotechnik). Die derartig generierten Programme sind stationsspezifisch und umfassen die komplette Stationssteuerungsaufgabe in einem Programm.

Die Vorteile des Programmiersystem Typ 2 gegenüber Typ 1 sind die bessere Effizienz der Programmerstellung, die bessere Eignung für flexible Kleinserienmontage und die bessere Eignung für eine schrittweise Einführung des Systems.

Ansonsten weist dieser Programmiersystemtyp die gleichen Nachteile auf wie Typ 1: Stationsabhängigkeit der generierten Programme, nur in geringem Umfang gegebene Wiederverwendbarkeit von Programmteilen, Abhängigkeit von der Steuerungs–Programmiersprache, Nichteignung für Ausweichstrategien.

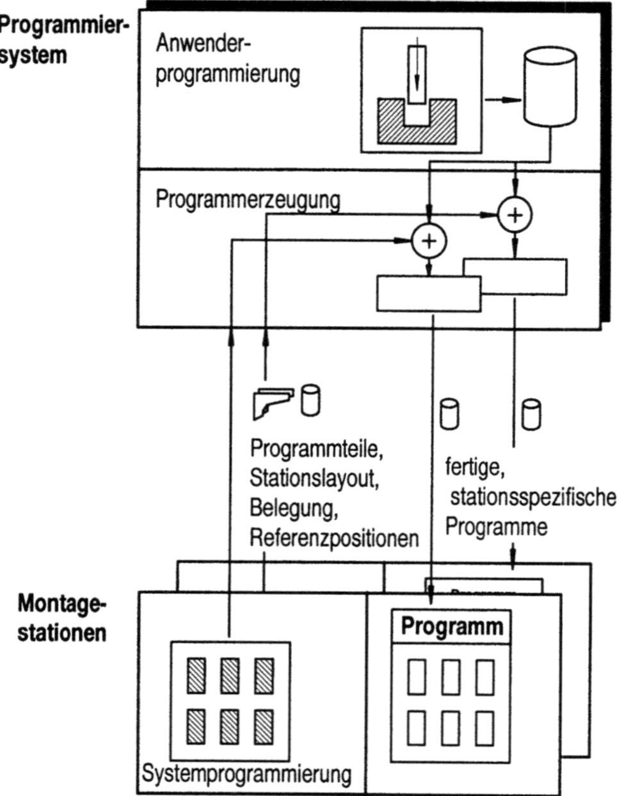

Abb.2.15. Programmiersystem mit Nutzung vorerstellter stationsspezifischer Programmteile

Programmiersystem mit Einbindung von stationsspezifischen Programmteilen zur Laufzeit (Typ 3)

Bei diesem Programmiersystemtyp (Abbildung 2.16) werden ähnlich wie bei Typ 2 voraberstellte, stationsspezifische Programmodule (Funktionsmodule) verwendet. Allerdings werden diese Funktionsmodule jetzt mit standardisierten, d.h. bei allen verfügbaren Montagestationen vereinheitlichten Schnittstellen versehen, was aber nichts daran ändert, daß die konkrete Ausprägung eines Funktionsmoduls stationsspezifisch bleibt. Im Programmiersystem werden nun zur Programmgenerierung nur die standardisierten Schnittstellen benötigt. Lediglich für Simulationszwecke ist die Realisierung der Funktionsmodulrümpfe im Programmiersytem nötig.

Die erzeugten Montageprogramme in der Roboterprogrammiersprache enthalten die Aufrufe der standardisierten Schnittstellen , nicht jedoch die eigentlichen Funktionsmodule, welche erst zur Laufzeit eingebunden werden

(Unterprogrammtechnik). Die Montageprogramme enthalten im wesentlichen technologische Informationen und sind damit weitgehend stationsunabhängig. Die Daten, die die stationsspezifischen Ausprägungen beschreiben sind nun in den Funktionsmodulrümpfen enthalten. Der Off–line–Teil des Programmiersystem benötigt also nicht mehr ein komplettes Umweltmodell der jeweiligen Montagestation.

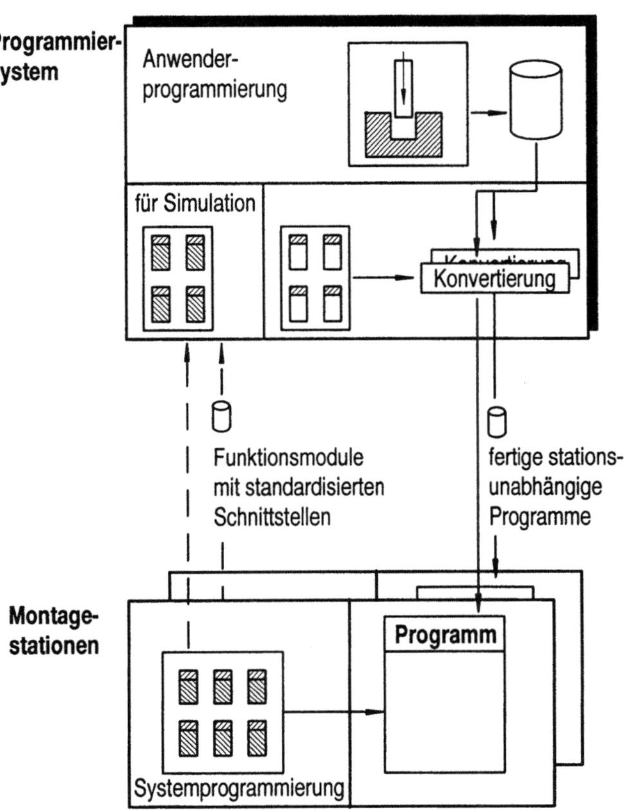

Abb.2.16. Programmiersystem mit Einbindung von stationsspezifischen Programmteilen zur Laufzeit

Die Vorteile dieses Programmiersystemtyps sind:

- die gute Effizienz der Programmerstellung, da der Anwender nicht mehr sämtliche Stationsspezifika berücksichtigen muß,
- die Eignung zur Einbindung von Sonderfunktionen für den Anwender,
- der hohe Grad der Stationsunabhängigkeit, was die Austauschbarkeit der generierten Programme zwischen verschiedenen Montagestationen ermöglicht,

- die Eignung für Ausweichstrategien (im Rahmen des Störmanagement),
- die Eignung für die flexible Kleinserienmontage und
- die Möglichkeit der schrittweisen Einführung eines solchen Systems

Nachteilig ist immer noch, daß die generierten Programme von der Programmiersprache der Steuerung abhängig sind und daß sie sich auch nicht für eine Übertragung mittels werkstückbegleitendem Datenfluß eignen.

Programmiersystem mit steuerungsneutralen Anweisungslisten mit Interpretation zur Laufzeit (Typ 4)

Dieser letzte Programmiersystemtyp (Abbildung 2.17) entspricht weitestgehend dem Typ 3 mit der Ausnahme, daß vom Programmiersystem keine Montageprogramme in der Roboterprogrammiersprache erzeugt werden.

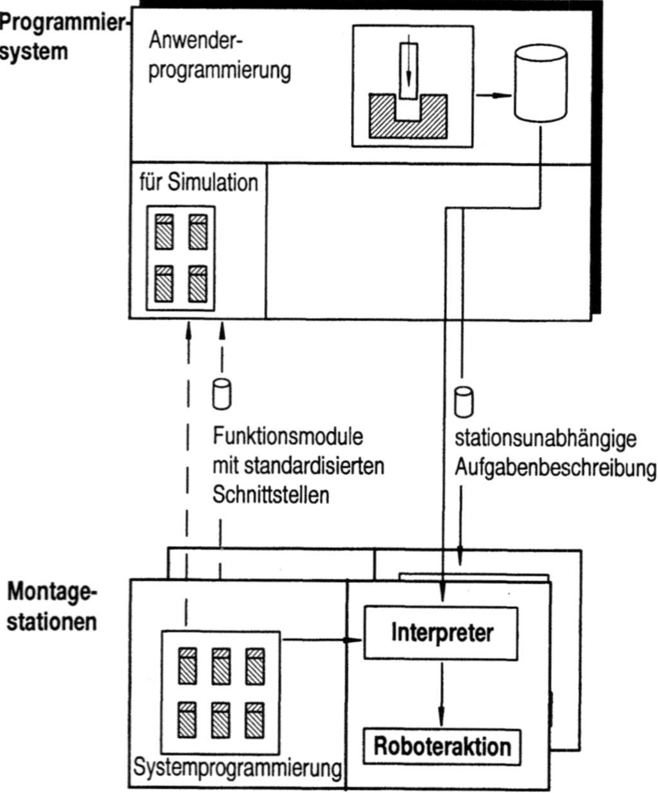

Abb.2.17. Programmiersystem mit steuerungsneutralen Anweisungslisten mit Interpretation zur Laufzeit

Anstelle der beim Typ 3 charakteristischen Abfolge von Unterprogrammaufrufen im erzeugten Programmcode werden jetzt nur noch Anweisungslisten in einem speziellen, von der jeweiligen Steuerungsprogrammiersprache unabhängigen, Format erzeugt. Die generierten Anweisungslisten stellen eine neutrale, maschinenlesbare Beschreibung der Montageaufgabe dar, ohne Informationen über die konkreten Bearbeitungsschritte zu enthalten. Die Umsetzung der Anweisungslisten (Aufgabenbeschreibung) in konkrete Roboteraktionen erfolgt zur Laufzeit auf den Robotersteuerungen durch ein Interpreterprogramm, das die standardisierten Funktionsmodule auftragsspezifisch aufruft.

Dieser Programmiersystemtyp bietet gegenüber den Typ 3 nun die zusätzlichen Vorteile, daß die erzeugten Dateien nun auch von den jeweiligen Steuerungsprogrammiersprachen unabhängig sind, was eine noch bessere Austauschbarkeit zwischen verschiedenen Arbeitsstationen gewährleistet. Durch das spezielle Format der Aufgabenbeschreibungen kann nun auch eine Übertragung der Programme mittels werkstückbegleitendem Datenfluß erfolgen.

Der Nachteil dieses Programmiersystemtyps ist, daß die Laufzeiteffizienz der generierten Programme gegenüber den anderen Typen am geringsten ist. Dieser Nachteil dürfte aber im Angesicht von immer leistungsfähigeren Robotersteuerungen in Zukunft keine Rolle spielen.

Die Bewertung der verschiedenen Programmiersystemtypen anhand der aufgezeigten Vor- und Nachteile zeigt, daß der Programmiersystemtyp 4 (steuerungsneutrale Anweisungslisten mit Interpretation zur Laufzeit) das am besten geeignete Verfahren für ein anwenderfreundliches, flexibles, effizientes und zukunftsicheres Programmiersystem für Montageaufgaben darstellt.

2.3.4 Aufgabenorientierte Programmiermethodik

Die aufgabenorientierte Programmiermethodik wird durch folgende Punkte gekennzeichnet:

- Aufteilung und Erstellung von Programmen für Montagestationen in eine teilespezifische Anwendungsprogrammierung mit anwendungsbezogenen Begriffen und in eine im Rahmen der Stations- und Anlageninbetriebnahme einmalig durchzuführende, geräte- und technologieorientierte (stationsspezifische) Systemprogrammierung
- Systematisierung von Aufgaben in Montagestationen
- Teilebezogene Programmierung mit anwendungsbezogenen Begriffen
- Schaffung einer höherwertigen Programmierschnittstelle
- Umsetzung der aufgabenorientierten Vorgaben zur Laufzeit in geräteorientierte Aktionen
- Einschränkung der Flexibilität einer allgemeinen Roboter-Programmiersprache zugunsten ein einfacheren Handhabung.

Der prinzipielle Ablauf und die Aufteilung der Programmerstellung ist in der folgenden Abbildung dargestellt:

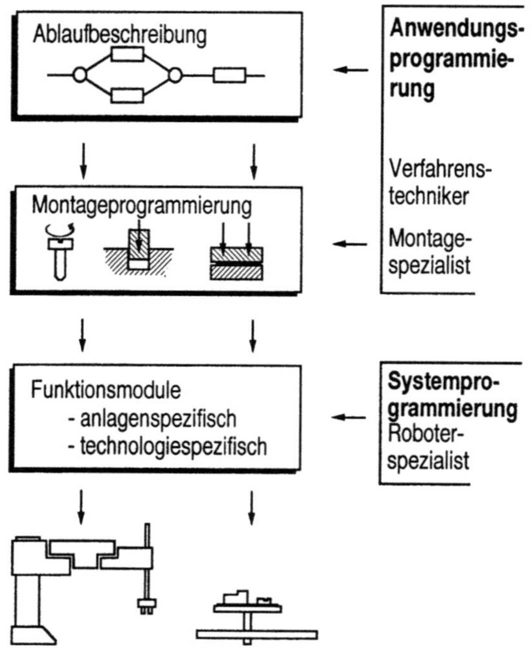

Abb.2.18. Aufteilung der Programmerstellung in Anwendungsprogrammierung und Systemprogrammierung

Durch die Aufteilung der Programmierung in Systemprogrammierung und Anwendungsprogrammierung ist auch die Möglichkeit einer schrittweisen Einführung eines solchen Programmiersystems gegeben. Zunächst werden die anlagenbezogenen Grundfunktionen realisiert, wodurch bereits ein beträchtlicher Anteil der Anlagenspezifika gegenüber der Anwendungsprogrammierung verborgen werden kann. Im Sinne einer Bottom–up–Vorgehensweise können dann nach und nach technologische Grundfunktionen und Abläufe zusammen mit den Stationsorganisationsfunktinen implementiert werden. Dies ist dann die Basis für die CAD–gestützte, aufgabenorientierte Bedienoberfläche des Programmiersystems.

Durch diese Vorgehensweise ist der Anwender nicht gezwungen sofort auf ein komplett neues System zu wechseln, er kann schrittweise das System einführen, was ein wichtiger Aspekt für die industrielle Durchsetzbarkeit eines aufgabenorientierten Programmiersystems ist.

2.4 Prozeßüberwachung in der flexiblen Montage

2.4.1 Aufgaben und Anforderungen

Ein Überwachungssystem in der Montage hat im wesentlichen zwei Aufgaben zu erfüllen. Die wichtigste Aufgabe ist im Erkennen von kritischen Prozeßzuständen zu sehen. Um mögliche Schäden zu vermeiden, ist darauf in geeigneter Weise zu reagieren. Die zweite Aufgabe besteht im Treffen einer Aussage zum Ergebnis des Montageprozesses.

Aus den häufigen Wechseln und den großen Montaginhalten einer Arbeitsstation resultieren entsprechend häufige Wechsel der Montageprozesse. Die zur Durchführung dieser Prozesse eingesetzten verschiedenen Montagewerkzeuge besitzen jeweils mehrere Sensoren, die auch unterschiedliche Meßgrößen erfassen. Aus diesem Themenkomplex leitet sich die Hauptforderung eines Überwachungssystems für die flexible Montage ab, die Anpassungsmöglichkeit des Systems an die verschiedenen Prozesse und Montagewerkzeuge im laufenden Betrieb. Für die Überwachung der einzelnen aufeinanderfolgenden Montageprozesse ändern sich nicht nur die Meßkanäle und Überwachungsgrenzwerte, sondern auch die Funktionen zur Meßsignalaufbereitung und zur Prozeßanalyse. Die Möglichkeit zur Anpassung kann sich also nicht nur auf die Parametrierung einzelner Funktionen beschränken, sondern muß darüber hinausgehend die Möglichkeit zur Konfigurierung des Systems bieten. Die Konfigurierung muß dabei erlauben, die Überwachungsstruktur, darunter werden die Abbildung der Überwachungsaufgabe in verschiedene Funktionsblöcke und deren Zusammenwirken sowie die Verarbeitungsfunktionen selbst verstanden, ändern zu können. Dabei dürfen die notwendigen Echtzeiteigenschaften des Überwachungssystems nicht außer acht gelassen werden.

Schließlich besteht die Forderung nach einer möglichst einfachen Anbindung des Überwachungssystems an den Prozeß und an die Steuerung des Handhabungsgerätes. Dies setzt von Seiten der Systemhardware die Möglichkeit voraus, unterschiedliche Sensoren anschließen zu können. Von Seiten der Überwachungssoftware setzt es die Möglichkeit voraus, diese Sensorsignale verarbeiten zu können.

Für die Synchronisation des Überwachungssystems mit dem Roboter und dem Prozeß ist eine einfach gestaltete, auf das notwendigste beschränkte Ankopplungsschnittstelle zum Roboter notwendig. über diese digitale Schnittstelle werden auf niedrigem Kommunikationsniveau lediglich Status, Befehle und Alarme ausgetauscht. Eine einfache Gestaltung ist auch aufgrund der zeitlichen Anforderungen an die Kommunikation notwendig. Wünschenswert wäre eine Normierung dieser Schnittstelle und die Bereitstellung der Kommunikationsfunktionen im Roboterbetriebssystem.

Zusammengefaßt sind die wesentlichsten Anforderungen an ein Überwachungssystem

– die Konfigurierbarkeit auf unterschiedliche Montageprozesse,
– die einfache Integration in das Montagesystem und
– die einfache Erweiterbarkeit.

2.4.2 Konzeption des Überwachungssystems

Die dargestellten Anforderungen sowie das gesamte Umfeld in der robotergestüt-
zen Montage legen es nahe, die Aufgaben eines Überwachungssystems auf die
drei Systemteile Überwachungseinheit Überwachungsleitstand und Überwa-
chungsdatenbank aufzuteilen (Abb. 2.18).

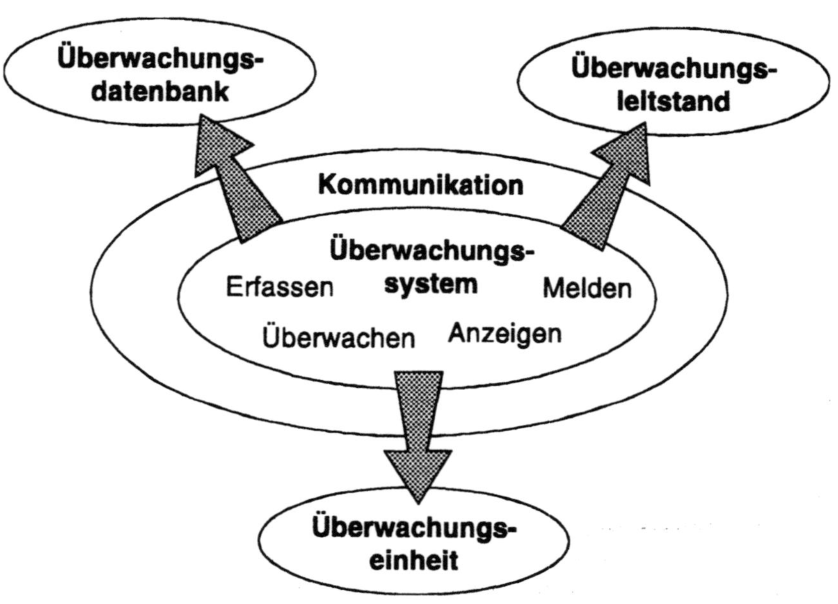

Abb.2.18. Aufgliederung der Aufgaben des Überwachungssystems

Dabei wird jeweils einer Roboterstation eine Überwachungseinheit zugeordnet,
deren Aufgabe das Überwachen der in dieser Station ablaufenden Montageprozesse ist. Für die Darstellung der Prozeßdaten werden die Meßwerte in den
Überwachungsleitstand übertragen. Weitere Aufgaben sind das Verwaltung der
Teilsysteme und der Datenaustausch mit der Zellensteuerung. In der Überwa-
chungsdatenbank sind für alle Montageprozesse die Konfigurationsdaten für die
Überwachungseinheiten zentral abgelegt. Zur Verknüpfung der Teilsysteme ist
eine leistungsfähige Kommunikation ein wesentlicher Bestandteil.

Im weiteren wird nur die Überwachungseinheit als Kern des Überwachungssystems näher betrachtet.

2.4.3 Aufbau und Module der Überwachungseinheit

In der Grundstruktur des Ablaufmoduls müssen zur Anpassung der Überwachungseinheit an verscheidene Überwachungsaufgaben die nachfolgend aufgeführten Variationsmöglichkeiten vorhanden und einstellbar sein:

- Die Anzahl der einzulesenden Meßkanäle mit deren Belegung an den I/O-Baugruppen der Überwachungseinheit.
- Die mehrfache Aufbereitung der Sensordaten. Jede dieser Vorberbeitungsfunktionen erzeugt einen Datenkanal.
- Die Überwachung eines Datenkanals mit mehreren Überwachungsfunktionen. Hier stellt jede dieser Überwachungsfunktionen einen Überwachungskanal dar.

Dies sind die zunächst wichtigsten und offensichtlichsten Anforderungen an den Ablaufmodul. Die Umsetzung dieser Anforderungen in eine Lösung zeigt Abb. 2.19. Hierin stellen die Rechtecke mit den Verarbeitungsfunktionen sogenannte Funktionsslots dar.

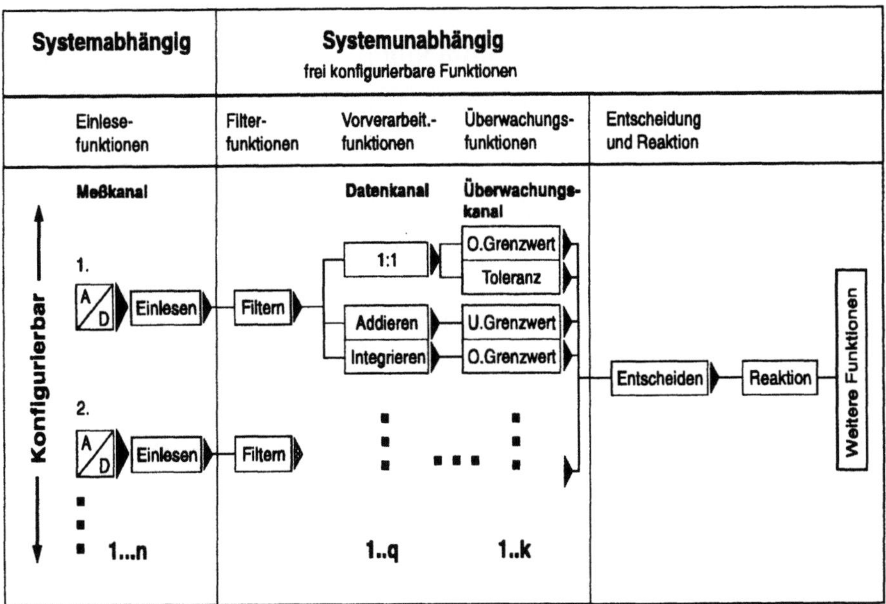

Abb.2.19. Struktur und Möglichkeiten des Ablaufmoduls zur Anpassung an verschiedene Überwachungsaufgaben

Für das Besetzen der Funktionsslots mit den vorhandenen Funktionen zur Verarbeitung der Daten ist der Ablaufmodul zuständig. Dabei muß die Möglichkeit bestehen, diesen Vorgang während des Betriebs der Überwachungseinheit durchzuführen. Nur über diese Möglichkeiten erhält man die geforderte Flexibilität in Bezug auf die Anpassung an verschiedene Überwachungsaufgaben.

Die Kernmodule der Überwachungseinheit sind der Ablaufmodul, dessen Aufgabe die Steuerung der Funktionsabfolge ist, der I/O-Modul, der die die Sensorwerte in die Überwachungseinheit zum Bereitstellen der Daten für die weiteren Funktionen übernimmt sowie der Kommunikationsmodul für den Austausch von Daten mit den weiteren Komponenten des Überwachungssystems.

Der grundsätzliche Aufbau des Ablaufmoduls der Überwachungseinheit (Abb. 2.20) basiert auf dem Grundablauf einer Überwachung und den daraus abgeleiteten Grundfunktionen sowie weiteren für den Einsatz der Überwachungseinheit notwendigen Funktionen und der Anordnung dieser Funktionsblöcke in ihrer Reihenfolge innerhalb des Ablaufmoduls.

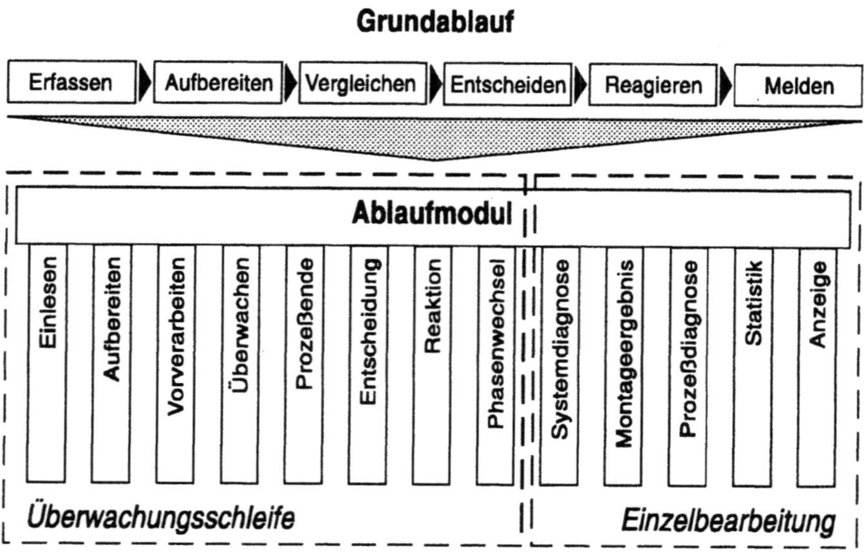

Abb.2.20. Grundaufbau des Ablaufmoduls der Überwachungseinheit

Für die Überwachung eines Prozesses müssen die von den Sensoren gelieferten Meßwerte zuerst in die Überwachungseinheit eingelesen werden. Häufig werden die Meßsignale außerhalb des Überwachungssystems gefiltert. Zur Einsparung externer Hardware es ist jedoch sinnvoll, diese Funktion auch innerhalb der Überwachungseinheit anzubieten.

Daran anschließend müssen die Meßwerte soweit aufbereitet werden, daß sie den darauffolgenden Überwachungsfunktionen für Vergleichsoperationen zugeführt werden können. Diese Funktionalität ist insbesondere dann notwendig, wenn nicht alle Daten direkt sensorisch erfaßt werden können.

Die Aufgabe des Überwachungsblockes ist das Vergleichen der aus der Vorverarbeitung erhaltenen Werte auf die Einhaltung bestimmter Vorgabewerte. Auf der Basis der im Überwachungsblock ermittelten Ergebnisse ist es die Aufgabe der Entscheidungsfunktion, eine Entscheidung über den weiteren Verlauf zu treffen. Teilweise ist es notwendig, Datenkanäle zu eröffnen, deren Werte z.B. nur für die Prozeßanalyse oder die Statistik notwendig sind, für die eigentliche Überwachung aber uninteressant sind. Aus diesem Grund ist die Herausnahme dieser Funktionalität aus dem Vergleichsblock sinnvoll.

Das interne Erkennen des Prozeßendes ist insbesondere beim Einsatz einfacher Montagewerkzeuge sinnvoll, da solche i.a. aufgrund ihrer geringen steuerungs- und sensortechnischen Ausstattung diese Signal von sich aus nicht anbieten können. Somit dient diese Funktion zur Optimierung der zeitlichen Abläufe im Montagesystem durch die Reduzierung von Wartezeiten. In bestimmten Fällen, als stellvertretendes Beispiel seien Einpreßvorgänge genannt, läßt sich der Signalverlauf zur Aussage *Prozeß OK beendet* nicht vom Verlauf einer Kollision mit der Reaktion Prozeßabbruch unterscheiden. Durch das Voranstellen dieser Funktion vor die folgende Entscheidungfunktion kann ein solcher Fall abgefangen werden.

Die Aufgabe des Reaktionsmoduls ist das Umsetzen der im Entscheidungsmodul getroffenen Entscheidung, durch Setzen entsprechender Ausgabekanäle und interner Schalter. Das Auftrennen dieser Gesamtfunktionalität in zwei Einzelfunktionen erbringt den Vorteil der größeren Flexiblität in der Verwendung der Einzelfunktionen. Eine durchzuführende Reaktion kann mit verschiedensten Verfahren und Algorithmen ermittelt werden, die losgelöst vom Montageprozeß und den verwendeten Montagehilfsmitteln sind, dagegen ist der Reaktionsmodul ist spezifisch für die verwendete Hardware und die Überwachungsaufgabe.

Ein Montageprozeß setzt sich in seiner Gesamtheit aus mehreren Einzelsequenzen zusammen und der Fügeprozeß selbst kann weiter in mehrere Zeitabschnitte unterteilt werden. Die Grundmotivation beim Einsatz des Phasenwechselmoduls ist, eine Möglichkeit zu schaffen, die es erlaubt, mit geringem Programmieraufwand die einzelnen Phasen genauer und damit den Prozeß zuverlässiger zu überwachen. Aufgabe dieses Funktionsmoduls ist das Erkennen eines Phasenwechsels und die Durchführung der dann notwendigen Funktionen zur Bereitstellung neuer Parametern oder Funktionen.

Die Diagnoseaufgaben in diesem System werden grundsätzlich in die beiden Teilaufgaben Systemdiagnose und Prozeßanalyse unterschieden. Die Systemdiagose ermittelt Fehler und deren Ursachen in der Überwachungseinheit und im nahen Umfeld, es wird keine weitreichende Auswertung der Sensordaten durchgeführt. Das Aufgabenfeld dieses Moduls umfaßt deshalb

– das Prüfen der Überwachungssystemhardware,
– die Kontrolle der Konfigurationsdaten sowie
– das Lokalisieren des Fehlers und der Fehlerursache beim Ansprechen einer
  Überwachungsfunktion.

Der Modul wird im normalen Überwachungszyklus nur im Fehlerfall aufgerufen,
er ist deshalb nicht mehr innerhalb der Überwachungsschleife angeordnet. Die
Aussage zum Montageergebnis setzt sich aus zwei gewichteten Einzelaussagen
zusammen. Das primäre Ergebnis wird in diesem Funktionsmodul ermittelt.
Unter dem primären Ergebnis sind konstruktive Vorgabedaten wie Sollpositionen, aber auch funktionsbezogene Vorgabedaten wie Anzugsdrehmomente zu
verstehen. Dieses Ergebnis kann direkt aus den gemessenen Prozeßgrößen ermittelt werden.

Die zweite Teilfunktion zur Aussage zum Montageergebnis ist die Prozeßanalyse. In diesem Modul wird die Fehler- und Ursachenermittlung ausschließlich
über die Auswertung der Sensordaten durchgeführt. Aufgetretene Fehler und
deren Ursachen können so detaillierter ermittelt werden und es sind präzisere
Aussagen zum erzielten Montageergebnis möglich.

Das Zusammenfassen der beiden Teilergebnisse zur Gesamtaussage liegt im
Zuständigkeitsbereich des Ablaufmoduls.

Mit dem Statistikmodul wird dem Bedienpersonal durch das Anbieten einfacher statistischer Auswertungen ein Hilfsmittel gegeben, das ihm einen ersten
und schnellen überblick zur Güte der abgelaufenen Montageprozesse gibt. Die in
der Statistik ermittelten Ergebnisse, Prozeßverläufe und Zustände der einzelnen
Überwachungssystemkomponenten werden im Grafikmodul zur Anzeige gebracht. Die beiden letztgenannten Funktionen sind nicht in der Überwachungseinheit selbst, sondern im Überwachungsleitstand implementiert.

2.5 Simulation als Hilfsmittel zur Planung und Betriebsoptimierung von Montageanlagen

Forschungs- und Entwicklungsziel in der Produktionstechnik ist die Verkürzung von Produkteinführungszeiten auf der Basis einer frühzeitigen Integration der Produktionsplanung bei der Produktentwicklung (Simultaneous Engineering– S. E.).

Im Hinblick auf die hierfür notwendige, zunehmende datentechnische und organisatorische Verknüpfung der traditionell getrennten Unternehmensbereiche Entwicklung und Konstruktion einerseits und Arbeitsvorbereitung und Fertigungssteuerung andererseits kommt der computerunterstützen Planung von Anlagen und Fertigungseinrichtungen auf der Basis einer Produkt- und Betriebsmitteldatenbank eine zentrale Rolle zu.

Voraussetzung für einen effektiven Einsatz dieser Werkzeuge ist darüber hinaus, daß die Simulation auch komplexe technologische Abläufe für den Planer wirklich anschaulich werden läßt [2.13, 2.14, 2.15].

2.5.1 Planung komplexer Montagezellen und deren Komponenten

Bei der Planung komplexer Anlagen werden die Anwendungsvorteile eines Simulationssystems besonders deutlich – es lassen sich auf bequeme Art Alternativen durchspielen und ein Optimum finden. So führt bei der Konzeption flexibel automatisierter Montagesysteme die Anzahl von Zellenkomponenten sehr schnell zu Verflechtungen, die nur schwer überschaubar sind (Abb. 2.22).

Die bei derartigen Zellen auftretende Planungsproblematik wird durch die Vielzahl möglicher Planungsvarianten offenbar. Die Variationsmöglichkeiten werden dabei durch den Aufbau, die Anordnung und die Synchronisation von Zellenkomponenten bestimmt, worunter auch das I/O-Verhalten von Sensorsystemen – vom Endschalter bis hin zum Visionsystem – fällt.

Anwendungsziel ist die Optimierung der Komponentenaufstellung und des zelleninternen Ablaufs im Hinblick auf eine Optimierung der auftretenden Taktzeiten. Basis hierfür ist die Überprüfung der Machbarkeit dieser Abläufe (Erreichbarkeits-, Kollisionskontrolle, etc.), wobei die Genauigkeit der geometrischen Modellierung für die Aussagekraft beispielsweise einer Kollisionskontrolle entscheidende Bedeutung hat.

Ohne Rechnerunterstützung ist eine derartige Optimierung nur mit unverhältnismäßig großem Aufwand durchführbar.

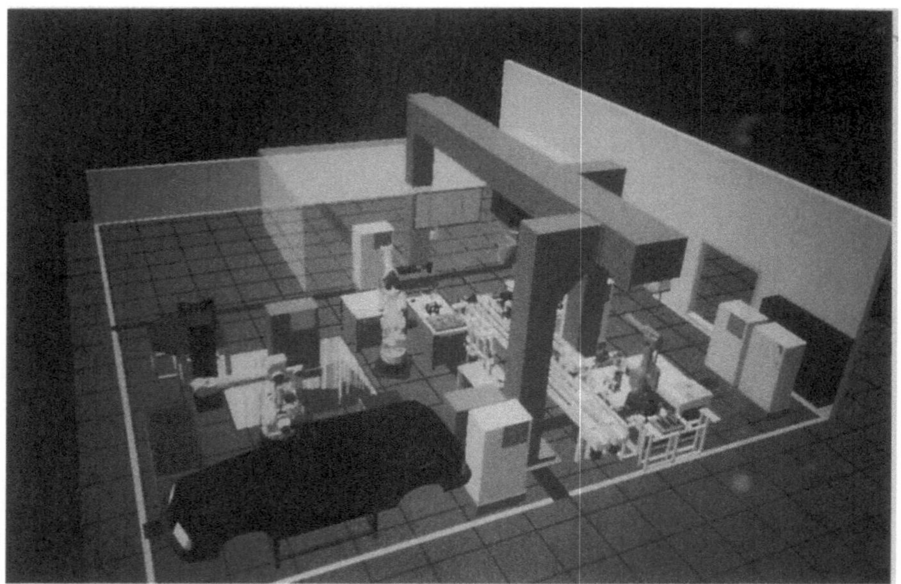

Abb.2.22. Off-line Modell der kooperierenden Multiroboterzelle MAX

Ein weiteres wesentliches Hilfsmittel ist die Möglichkeit zum *objektorientierten Programmieren mit der Maus.* Das heißt, daß TCP-Bahnen (Tool Center Point – Werkzeugarbeitspunkt) nicht in Roboterkoordinaten, sondern relativ zu beliebigen Objekten erstellt werden können. Beispielsweise kann die Bahn eines Entgratwerkzeugs relativ zum Werkstück generiert und so eine Anordnungsoptimierung in der Zelle ohne ständige Neudefinition von Bewegungsabläufen bzw. den entsprechenden TCP-Bahnen durchgeführt werden.

2.5.2 Möglichkeiten zur schnellen Betriebsfähigkeit

Um die Effektivität kostenintensiver Betriebsmittel bzw. von Industrierobotern gewährleisten zu können, müssen Abläufe ohne aufwendige Versuche auf ihre Realisierbarkeit hin untersucht und optimiert werden. In diesem Zusammenhang bekommt die Integration von Simualtions-Systemen in die Betriebsebene von Fertigungsanlagen verstärkte Bedeutung. Ein Anwendungsfeld ist beispielsweise die Planung von Bewegungsabläufen bei Beschichtungsverfahren. Im Hinblick auf eine Off-line-Programmierung der Bewegungen ist hier auch die Simulation technologischer Parameter des Prozesses entscheidend. Der Materialauftrag auf Oberflächen kann bei einer derartigen Problemstellung durch ein spezielles Sampling Verfahren simuliert werden. Dieses Vorgehen ist primär für Lackierapplikationen geeignet, läßt sich aber auch auf alle anderen Anwendungen übertragen, bei denen Material kontrolliert auf Oberflächen gebracht werden muß, wie Bahnschweißen, Kleben, Plasmabeschichtung, Löten usw. Beim Lackieren wird das durch einen Sprühkegel aufgetragene Material visualisiert und die dabei erreichte Schichtdicke sicht- und meßbar gemacht. Das bedeutet, daß Schatteneffekte und fehlende Überdeckungen ebenso sichtbar werden wie zu starker Klebstoff-Auftrag bei engen Radien aufgrund von unzureichenden Beschleunigungen in den Handachsen eines Roboters. Hierzu muß der Bediener relevante Parameter wie z.B. Dimension des Sprühkegels, Materialverteilung im Querschnitt, Durchflußmenge, etc. angeben. Dies erlaubt eine schnelle und wirkungsvolle Kontrolle bei allen Beschichtungsverfahren, ohne zu hohe Anforderungen an die Exaktheit der Prozeßdefinition zu stellen.

Abb.2.23. Kalibrierung des Industrierobotermodells

Während die Umsetzung der Bewegungsdefinitonen in *Maschinensprache* bzw. in explizite Bewegungsbefehle der verschiedenen Roboter- und NC-Hochsprachen und Dialekte als weitgehend unkritisch bezeichnet werden kann, sind für die korrekte Erstellung eines Off-line- bzw. NC-Programms

- der Detaillierungsgrad der Modelle von Anlage und Prozeß und
- die Kompensation von auftretenden Abweichungen zwischen Modell und Anlage (Kalibrierung)

ausschlaggebend. Die Bedeutung des Detaillierungsgrads der Modelle wird am vorhergehenden Beispiel der Lackiersimulation deutlich. Theoretisch kann das Prozeßmodell beliebig verfeinert und damit allerdings die Menge relevanter Prozeßparameter und somit der Rechenaufwand beliebig groß werden. Entsprechend steigt auch der meßtechnische Aufwand zur Bestimmung dieser Parameter – eventuell ohne eine qualitative Verbesserung der Ergebnisse. Dies gilt insbesondere für eine Detaillierung des Industrierobotermodells (Abb. 2.23), vor allem im Hinblick auf das dynamische Verhalten dieser Geräte (elastische Verformungen der Achsen unter statischer Belastung, Schwingungsvorgänge bei dynamischer Belastung, unterschiedliche Reibungswirkungen bei wechselnden Geschwindigkeiten, Nichtlinearitäten der Meß- und Regelungssysteme, Temperaturschwankungen, etc.) und die Abweichungen einzelner Geräte von der modellierten idealen Roboterkinematik (nichtfluchtende Achsen, Fertigungstoleranzen der Achsen- und Meßmaßstäbe, Gelenkspiele in den Achse, etc.).

Die Identifizierung des für eine spezielle Anwendung notwendigen und hinreichenden Detaillierungsgrads des Modells von Anlage und Prozess ist deshalb zur Begrenzung des meßtechnischen wie auch des rechentechnischen Aufwands ausgesprochen wichtig.

Einflußgrößen, die stark vom idealisierten Modell abweichen, können durch eine Kalibrierung des Modells kompensiert werden. Bei der Kalibrierung wird durch die Einführung von Korrekturgliedern eine Übereinstimmung des Modells mit dem realen System erreicht. Die Parameter dieser Korrekturglieder werden meßtechnisch bestimmt [2.16].

Beispielsweise werden durch eine Kalibrierung des Achskordinatensystems eines Industrieroboters Abweichungen der Nullage jedes Gelenks ausgeglichen. Es hat sich gezeigt, daß dieser Fehler für 80% der Positionierungenauigkeit eines Industrieroboters (bei Verwendung eines Off-line erstellten Programms) verantwortlich sein kann. Andere Einflüße, wie beispielsweise abweichende Armlängen oder Fluchtungsfehler können durch entsprechende Korrekturglieder kompensiert werden. So ist eine statische Kompensation von Positionierfehlern möglich, sofern Messung und Betrieb bei gleicher Werkzeuglast erfolgen [2.17, 2.18, 2.19].

2.6 Störmanagement für technische Montagesteuerungssysteme

Die flexible Automatisierung von Montagesystemen stellt bei vielen Unternehmen ein großes Rationalisierungspotential dar. Häufig werden jedoch die mit der Automatisierung angestrebten Ziele aufgrund von Störungen nicht erreicht. Die in automatisierten Montagesystemen eingesetzten Steuerungssysteme müssen daher in der Lage sein, Störungen zu behandeln und deren Auswirkung zu minimieren. Entscheidend ist dabei ein Störmanagement, das die Planungs-, Leit- und Zellenebene umfaßt (Abb. 2.24).

Bisherige Arbeiten befaßten sich mit Störungsausgleich bei Roboterausfall auf Zellenebene.[2.20] Andere Konzepte berücksichtigen nur die organisatorischen Aspekte des Störmanagements in der Planungsebene.[2.21] Im folgenden soll ein Störmanagementkonzept für technische Montagesteuerungssysteme unter Berücksichtigung der Planungsebene (vgl. Kapitel 2.1) aufgezeigt werden.

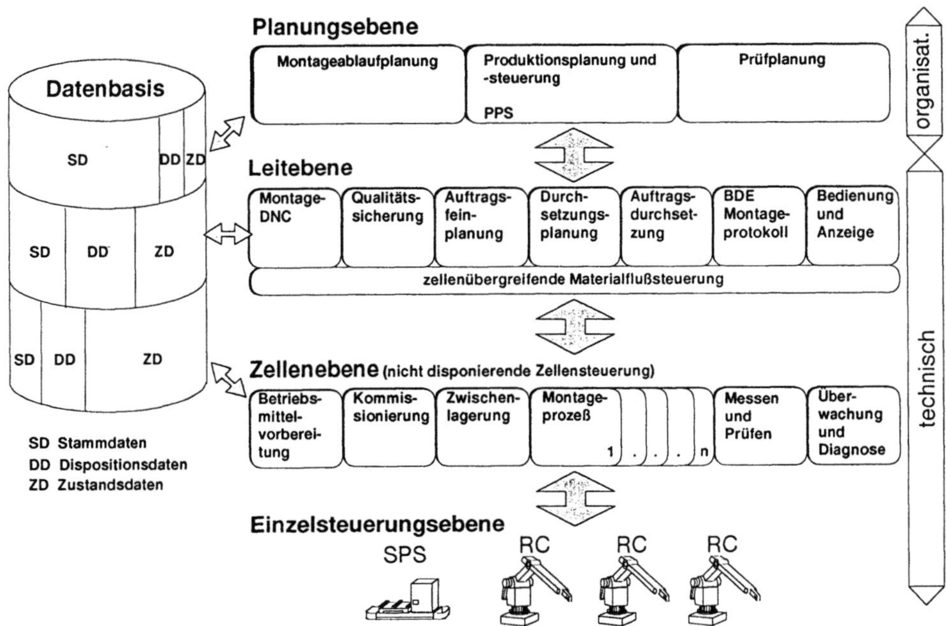

Abb.2.24. Ebenenstruktur in der Montagesteuerung

2.6.1 Konzept für ein hierarchisches Störmanagement

Als Störungen werden im folgenden Ereignisse in der Montageanlage verstanden, die den geplanten Ablauf nicht zulassen. Insbesondere zählen dazu Vorkommnisse, die die termingerechte Fertigstellung von Aufträgen gefährden.

Aufgabe des Störmanagements im Montagesteuerungssystem ist es, im Fall von Störungen und Abweichungen von vorgegebenen Plandaten geeignete Reaktionen und Behebungsmaßnahmen einzuleiten. Dabei ist vor allem die Frage zu klären, wann Störungen auf einer Ebene selbständig ausgeglichen werden dürfen bzw. zur Generierung neuer Vorgabedaten an die übergeordnete Ebene zurückgemeldet werden müssen.[2.22] Abbildung 2.25 zeigt beispielhaft einige der in Montageanlagen möglichen Störungen sowie deren Auswirkungen und gegebene Reaktionsmöglichkeiten darauf. Ein mögliche Zuordnung zur Planungs-, Leit- und Zellenebene ist ebenfalls dargestellt.

Störungen	Auswirkungen	Reaktionen und Behebungsmöglichkeiten
Z: Teilemangel, Palettenmangel	Z: aktueller Zellenauftrag kann nicht weiterbearbeitet werden	L: stößt Bereitstellung an und generiert entsprechende Transportaufträge P,L: Umplanung, Auftragsstornierung
Z: Roboter defekt	Z: Zelle verfügt über geringere Kapazität	L: Umplanung auf andere Zelle, Reparatur vornehmen
Z: Fehlermeldung bei RC-Programmablauf	Z: Montagevorgang kann nicht in geplanter Weise durchgeführt werden	Z: Verwendung alternativer RC-Programme, Umplanung auf alternat. Stationen innerhalb Zelle L: Bereitstellung alternativer RC-Programme Umplanung auf alternative Zelle
Z: Werkzeug defekt (Ausfall oder Funktionsstörung)	Z: Zelle verfügt nur noch über geringe Kapazität	Z: Werkzeugtausch falls in Zelle vorhanden L: Bereitstellung, Transport von WZ aus anderer Zelle, Umplanen auf alternative Zelle
Z: Beschädigung von Bauteilen, Verspannen, Verkanten, Verklemmen, zu große Toleranzen	Z,L: Meldung über nicht erfüllte Sollmengen und Ausschußteile L: Beauftragung einer Zelle zur Nacharbeit	P: Neuer Auftrag zur Bereitstellung der Differenzmenge
Z: fehlende oder fehlerhafte Teilidentifikation (Kommissionierzelle)	Z: Teile können nicht identifiziert werden	Z: neuer Identifizierungslauf (gegebenfalls andere Randbedingungen)
L: Transportgerät defekt Z: Transportsystem defekt	Z,L: Materialfluß ist unterbrochen, andere Materialbewegungen werden behindert	Z,L: Bereitstellung alternativer Transportgeräte Umplanen
P: Marktseitige Störung	Z,L,P: Randbedingungen des Auftrags (z.B. Mengen, Termine) führen zu vermindertem oder vermehrtem Kapazitätsbedarf	Z: Umplanung, Stornierung Neuplanung

Abb.2.25. Störungen, Auswirkungen und Reaktionsmöglichkeiten auf Planungs- (P), Leit- (L) und Zellenebene (Z)

Aufbauend auf der systematischen Störungserfassung durch die Betriebsdatenerfassung erfolgt eine Bewertung der Störungen. Folgende Bewertungskriterien
werden verwendet:

- die Priorität des durch die Störung betroffenen Auftrags im Vergleich zu den
  weiteren aktuellen Aufträgen,
- die geplante Durchlaufzeit des betroffenen Auftrags,
- die aktuelle kapazitive Auslastung des Systems und seiner Komponenten,
- der Umrüstungsaufwand und die vorhandenen Reaktionsmöglichkeiten sowie
- das Verhältnis von voraussichtlicher Störungsdauer zur Zeit, die für eine Reaktion
  erforderlich ist.

Ein nach wie vor ungelöstes Problem ist dabei die Bestimmung der Störungsdauer.
Abhilfemöglichkeiten sind meist die Verwendung von Erfahrungswerten oder Bedie-
nereingaben.

Die oben genannten Kriterien sind in dem vorgestellten Konzept entscheidend für
die Einordnung in sogenannte Störfallklassen (Abb. 2.26). Die Störfallklasse legt fest,
wie eine Ebene auf eine Störung reagiert. Randbedingungen für diese Einordnung ist
die Konfiguration des jeweiligen Montagesystems (z.B. das Vorhandensein von
redundanten Stationen, Zellen usw.) sowie die aktuelle kapazitive Belegung, die die
Reaktionsmöglichkeiten im wesentlichen bestimmen.

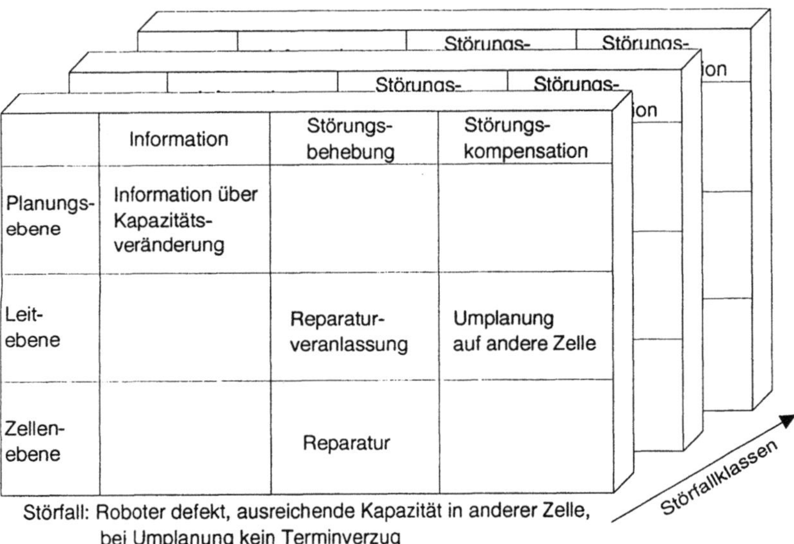

Abb.2.26. Störfallklassen

Ausgehend von der jeweiligen Störfallklasse erfolgt eine Reaktion in Form von Information, in Form einer Störungsbehebung oder in Form einer Störungskompensation über die entsprechenden Montagesteuerungs- und Montageplanungsfunktionen.

In dem vorgestellten Konzept kann sowohl die Störungsbewertung als auch die Störungsbehebung auf der Planungs-, der Leit- und der Zellenebene durchgeführt werden. Dadurch ist eine weitgehende Autarkie der Ebenen möglich. Dieses auf allen Ebenen einheitliche Vorgehen ist in Abb. 2.27 dargestellt.

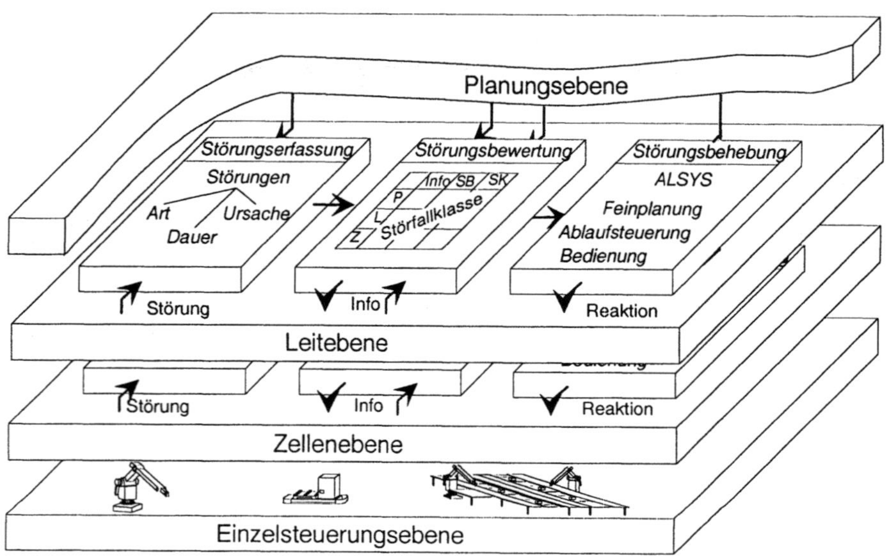

Abb.2.27. Ebenenübergreifendes, hierarchisches Störmanagementkonzept

2.6.2 Integration in Montagesteuerungssysteme auf Leit- und Zellenebene

Zur Detaillierung der Umsetzung des Konzepts in automatisierten Steuerungssystemen auf Leit- und Zellenebene ist die Kenntnis der Struktur und Funktionen eines derartigen Montagesteuerungssystems notwendig. In Abb. 2.28 ist die Struktur des am Institut für Steuerungstechnik der Werkzeugmaschinen entwickelten Steuerungssystems ALSYS dargestellt.

Die Funktionen Auftragsfeinplanung, Durchsetzungsplanung und Aktionskettenabarbeitung haben unter Berücksichtigung der aktuellen Systemdaten die Vorgaben der Planungsebene (PPS-System) in Vorgaben für die einzelnen Zellen umzusetzen, die Abarbeitung zu koordinieren und zu überwachen.[2.24]

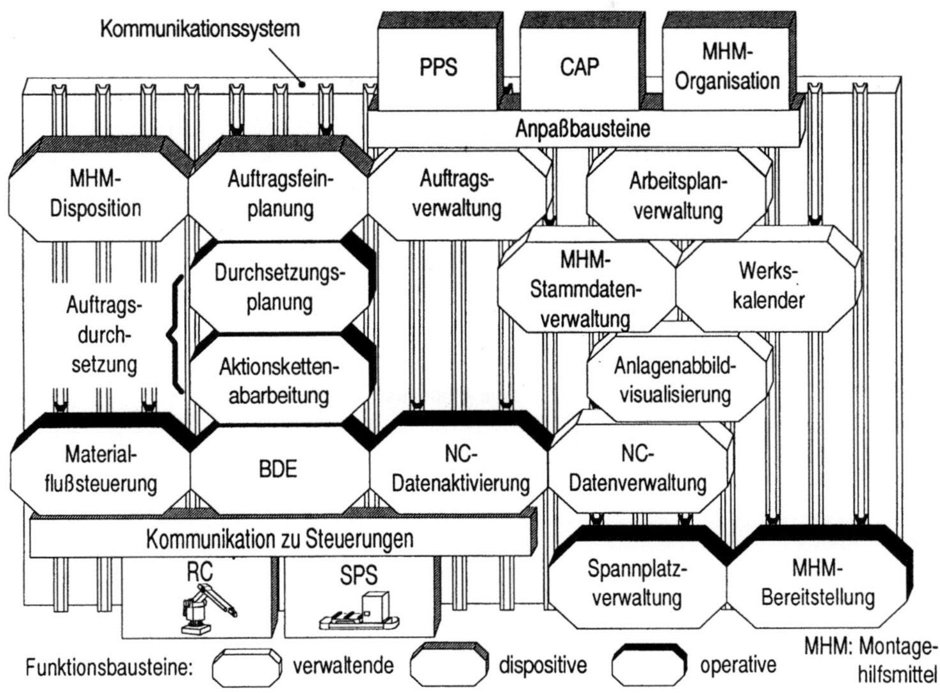

Abb.2.28. Struktur des Steuerungssystems ALSYS

Insbesondere stellt sich die bedarfsgerechte Material- und Informationsbereitstellung an den Montageeinrichtungen als komplexe Aufgabe dar, da die Koordinierung mehrerer Materialflüsse notwendig ist. Als weitere Aufgabe muß bei der Auftragsfeinplanung die rechtzeitige Verfügbarkeit von Montagehilfsmitteln (Greifer, RC-Programme, Vorrichtungen usw.) berücksichtigt werden. Aus diesen Gründen wurden die Störmanagementfunktionen in diese Steuerungssystemfunktionen integriert. Die wichtigste Funktion ist dabei die Durchsetzungsplanung, da diese bei Ereignissen in der Montage die nächste durchzuführende Aktion bestimmt. Daher versucht diese Funktion als erstes eine Maßnahme einzuleiten. Wenn keine Maßnahme ohne Veränderung der Vorgaben der Auftragsfeinplanung möglich ist, wird diese mit der Umplanung beauftragt.

Im folgenden wird die Wirkungsweise des Konzepts am Beispiel der Störung einer Montagezelle dargestellt. Das Beispiel geht von einem Montagesystem mit 4 Montagezellen aus, in denen zwei Aufträge (A1, A2) laufen. In Abb. 2.29 ist der angenommene Kapazitätsbelegungsplan dargestellt.

Soll

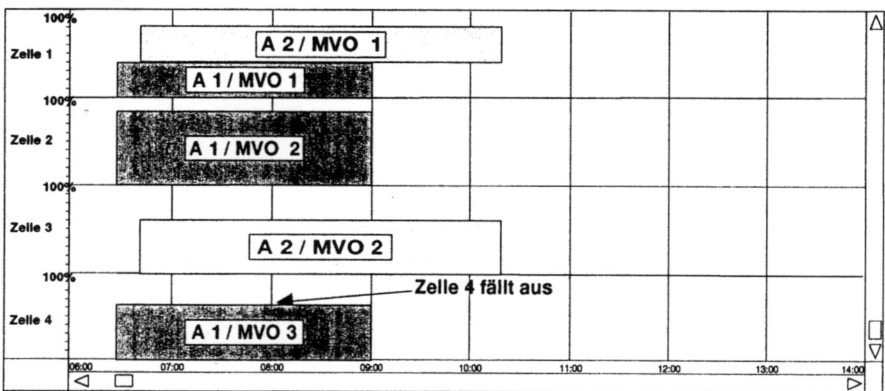

Ist

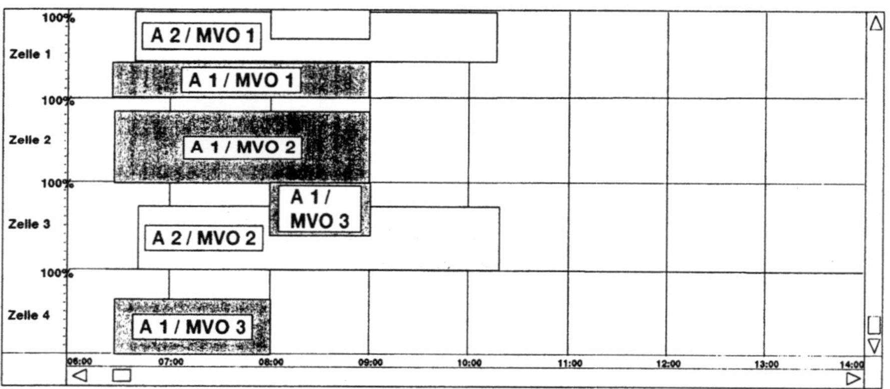

A   Auftrag
MVO   Montagevorgang

Abb.2.29. Reaktion des Leitrechners auf Störung in Zelle 4

Innerhalb des Systems fällt die Zelle 4 aus. Diese kann durch die Zelle 3 innerhalb des Systems ersetzt werden, da diese noch freie Kapazität hat und über die entsprechenden Montagehilfsmittel verfügt. Der Leitrechner plant den Montagevorgang (MVO) 3 des Auftrags 1 auf der Zelle 3 ein. Die betroffenen Materialflüsse werden aufgrund der Umplanung von der Durchsetzungsplanung und Aktionskettenabarbeitung an die neu beauftragte Zelle 3 umgeleitet.

Die Planvorgaben des übergeordneten PPS-Systems werden dabei für keinen der zu montierenden Aufträge verletzt, die Planungsebene wird über die erforderliche Umplanung jedoch informiert.

Im anderen Fall, wenn die Ecktermine durch diese Umplanung nicht einzuhalten sind, erfolgt auf der Leitebene keine weitere Aktion zum Störmanagement. Die Planungsebene wird in diesem Fall zum Zweck der dortigen Störungsbehebung informiert (vgl. Kapitel 2.1).

Das vorgestellte Störmanagementkonzept läßt sich wie folgt charakterisieren:

- Hierarchischer Aufbau mit gleichartiger Vorgehensweise auf allen Ebenen,
- weitgehende Autarkie von der übergeordneten Ebene,
- systematische Erfassung und Bewertung von aufgetretenen Störungen sowie
- Integration in automatisierte Steuerungssysteme für Montageanlagen.

Das Konzept wurde in der Pilotanlage des Sonderforschungsbereichs 158 "Die Montage im flexiblen Produktionsbetrieb" prototypisch implementiert und erprobt. Dabei wurde ein PPS-System (Planungsebene) mit dem Adaptierbaren Leitsystem ALSYS (Leit- und Zellenebene) gekoppelt. Die Ermittlung der Störungsdauer erfolgte dabei durch Benutzereingaben. Die Erprobung zeigte die Tragfähigkeit des Konzepts, aber auch die Notwendigkeit zu Weiterentwicklungen in Richtung einer separaten Störmanagementfunktion im technischen Montagesteuerungssystem unter Berücksichtigung von Erfordernissen der Qualitätssicherung. Dadurch wird gewährleistet, daß die Realisierung schnell auf geänderte Anforderungen angepaßt und erweitert werden kann.

2.7 Testumgebung für technische Montagesteuerungssysteme

Die Inbetriebnahme der Leit- und Zellenebene eines technischen Montagesteue-rungssystems (Abb. 2.24), im folgenden als Montageteilsteuerungssystem (MTS) bezeichnet, ist nach wie vor ein zeit- und kostenintensiver Vorgang. Die Inbe-triebnahme muß besonders sorgfältig durchgeführt werden, weil sich dadurch viele Schwierigkeiten, insbesondere Ausfälle, vermeiden lassen, die während des Produktionseinsatzes auftreten. Damit dieses MTS mit möglichst geringem Aufwand in Betrieb genommen werden kann und im praktischen Betrieb zuver-lässig und fehlerfrei arbeitet, sollte die Steuerungssoftware weitgehend fehlerfrei sein.

Grundsätzlich lassen sich bei Steuerungssoftware zwei Arten von Fehlern unter-scheiden:

- Softwarefehler, die dem Software-Entwicklungsprozeß entstammen (Syntax-, Semantik-, Entwurfs- und Spezifikationsfehler), und
- Fehler, die durch Randbedingungen bei der Inbetriebnahme (siehe Kap. 2.7.1) verursacht werden.

Maßnahmen zur Qualitätssteigerung der Steuerungssoftware, wie

- strukturierte, ingenieurmäßige Softwareentwicklung,
- Anwendung von Softwareentwicklungsmethoden und
- Unterstützung durch Werkzeuge (CASE-Tools),

tragen zur Verringerung der Fehlerrate bei der Erstellung der Software bei. Völlig vermeiden lassen sich Fehler damit jedoch nicht und vor allem diejenigen nicht, die erst im Zusammenwirken mit dem zu steuernden Montagesystem zutage treten. Sie lassen sich nur mit Hilfe von Funktionstests entdecken und beheben. Vor und bei der Inbetriebnahme von Steuerungssoftware muß es also vorrangiges Ziel sein, in der Software befindliche Fehler zu finden und zu beseitigen.

2.7.1 Aufgaben bei der Inbetriebnahme von technischen Montageteilsteuerungssystemen

Bei der Inbetriebnahme des MTS wird dieses mit allen Komponenten des Monta-gesystems verknüpft. Üblicherweise ist das MTS dabei zur Steuerung des kom-pletten Montagesystems ausgelegt. Während der Inbetriebnahmephase können folgende Probleme auftreten:

- Einzelne Komponenten (z.B. Montagezellen) sind zum vereinbarten Termin wegen Verzögerungen in der Software- und/oder Hardware-Entwicklung noch nicht funktionsfähig.

– Durch diese Terminverschiebung entstehen unnötige Wartezeiten bei den Entwicklern der übrigen Komponenten.
– Wenn der Endabnahmetermin festliegt, verkürzt sich durch die Terminverschiebungen der Einzelkomponenten die für den Gesamttest zur Verfügung stehende Zeitspanne. Darunter leidet wiederum die Qualität der Tests.
– Während der Inbetriebnahme fallen Einzelkomponenten unerwartet aus. Während der Ausfallzeit ist kein Gesamttest und damit auch kein Test des MTS möglich.
– In der Steuerungssoftware verbliebene Fehler, die nur bei ganz bestimmten Anlagenzuständen zum Vorschein kommen, treten erst jetzt auf. Sie sind schwer zu reproduzieren und damit schwer zu lokalisieren.

Wegen des Dilemmas zwischen der Notwendigkeit für einen ausführlichen Funktionstest der Steuerungssoftware einerseits und der nicht ausreichenden Verfügbarkeit des Montagesystems andererseits, wird das Verhalten des Montagesystems mit Hilfe eines Programmsystems auf einem Rechner nachgebildet. Ein derartiges Programmsystem wird im folgenden als Testumgebung für Steuerungssysteme (TFS) bezeichnet. Aus den o.g. Problemen während der Inbetriebnahmephase ergeben sich folgende Aufgaben einer TFS [2.25]:

– Test der Gesamtfunktionalität eines MTS zur Vorbereitung der ersten Inbetriebnahme oder nach einer Adaption des MTS auf eine neue Anlage.
– Simulation von Störfällen.
– Betriebsbegleitende Erprobung der Auswirkungen von geplanten Veränderungen an der zu steuernden Anlage mit Schulung von MTS-Bedienern und Langzeittests unterschiedlicher Montagesteuerungsstrategien sowie Test einzelner Steuerungssystemkomponenten während der Entwicklungsphase.

2.7.2 Unterstützungsmöglichkeiten der Inbetriebnahme durch eine Testumgebung

Die Testumgebung kann zur Lösung der o.g. Aufgaben beitragen, wenn sie

– das Verhalten der Anlage und ihrer einzelnen Komponenten nachbildet,
– Nachrichten des Steuerungssystems empfängt und entsprechend beantwortet,
– alle Nachrichten des Steuerungssystems visualisiert und
– dem Benutzer die Möglichkeit gibt, die Rückantwort zu bestimmen.

Bei der Inbetriebnahme von MTS steht zunächst die Überprüfung deren *grundsätzlichen Funktionsfähigkeit* im Vordergrund, d.h. es muß sichergestellt und durch Tests nachgewiesen werden, daß die im Pflichtenheft niedergelegten Abläufe durchführbar sind und nicht zu Fehlerzuständen führen. Die Fragen nach der Einhaltung geforderter Zeitvorgaben (z.B. Antwortzeiten) und nach der Dauerbetriebssicherheit sind erst von Interesse, wenn die grundsätzliche Funktionsfähigkeit nachgewiesen wurde. Zur Unterstützung bei den Inbetriebnahmeanforderungen

– Beweis der weitgehenden Fehlerfreiheit und
– Beweis der Dauerbetriebssicherheit

ist es vorteilhaft, die TFS in zwei Betriebszuständen betreiben zu können (Abbildung 2.30). Diese sind

– der interaktive Betrieb mit detaillierter Darstellung des E/A-Verhaltens des Montagesystems und Eingriffsmöglichkeit durch den Bediener sowie
– der automatische, simulationsgestützte Betrieb zum Beweis der Dauerbetriebssicherheit.

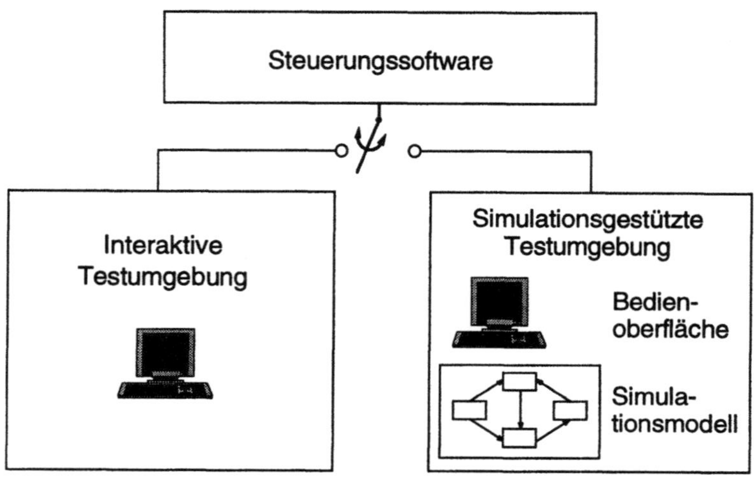

Aufgaben:

- Nachbildung des E/A-
  Verhaltens der Anlagen-
  steuerungen
- Visualisierung eingehender
  Nachrichten

- Auswahl positiver oder
  negativer Quittungen
  und Meldungen

- Anlagenmodellierung
- Darstellung des aktuellen
  Anlagenzustandes
- Im Betriebszustand "Automatik"
  sollen alle Botschaften vom LS
  zum Simulationssystem weitergeleitet und ohne Benutzer-
  eingriff von diesem beantwortet
  werden.

Abb.2.30. Betriebszustände einer Testumgebung

Da die Inbetriebnahme, wie bereits erwähnt, üblicherweise in den Zuständen

– Anlage ist nicht verfügbar,
– Anlage ist teilweise verfügbar,
– Anlage ist verfügbar, Teile davon fallen aber zeitweise aus, und
– Anlage ist voll verfügbar

abläuft, sind die in Abbildung 2.31 zusammengefaßten Einsatzfälle einer TFS vorzusehen.

2.7.3 Nachbildung des E/A-Verhaltens eines Montagesystems in der Testumgebung

Zu Beginn der Inbetriebnahme müssen die beteiligten Entwickler manuell eingreifen, um auftretende Fehler zu beseitigen. Deshalb ist in dieser Phase ein *interaktives* Werkzeug sinnvoll, das den Entwickler bei der Durchführung der Funktionstests unterstützt. Dazu muß es folgende Aufgaben erfüllen:

– Decodierung und Visualisierung eintreffender Nachrichten,
– Erzeugen und Versenden von Quittungen,
– Erzeugen und Versenden von Meldungen.

Weitere Anforderungen an eine Testumgebung finden sich in [2.26].

Der Benutzer der Testumgebung, d.h. der Entwickler des technischen Montagesteuerungssystems, sollte im Sinne eines zügigen Testablaufes mit möglichst wenigen Eingaben alle erforderlichen Aktionen ausführen können.

Abbildung 2.32 zeigt beispielhaft die Benutzungsoberfläche einer interaktiven Testumgebung. Es handelt sich dabei um das Fenster zur Nachbildung des E/A-Verhaltens der Montagezelle C4 in der Pilotanlage des SFB 158. Die in codierter Form eintreffenden Nachrichten (Eingangsnachrichten) werden von der Testumgebung entschlüsselt und als Klartext angezeigt. Über das Auswahlmenü „Anzeige" kann der Benutzer den Detaillierungsgrad der angezeigten Information bestimmen. Mit der „Betriebsart" kann er entscheiden, ob eingehende Aufträge automatisch positiv quittiert oder aufgrund seiner manuellen Eingabe positiv oder negativ beantwortet werden.

Dies bietet dem Entwickler die Möglichkeit, festgelegte Ablaufszenarien durchzuspielen. Ebenso können Störungen der Montageanlage und ihre Behandlung durch das Montagesteuerungssystem zu definierten Zeitpunkten, bzw. bei bestimmten Anlagenzuständen getestet werden. Damit läßt sich die grundsätzliche Funktionsfähigkeit der Steuerungssoftware nachweisen.

Art	Reiner Testbetrieb	Teil-Testbetrieb	Produktionsbegleitender Testbetrieb	Reiner Produktions-betrieb
Darstellung	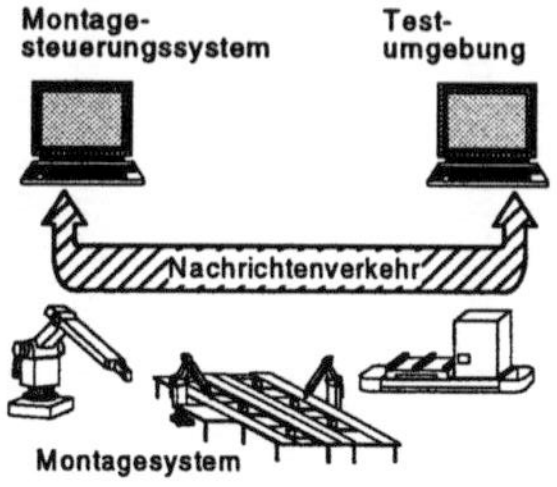	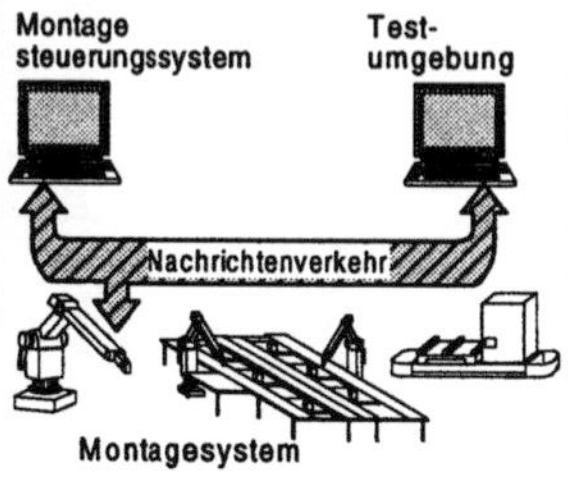	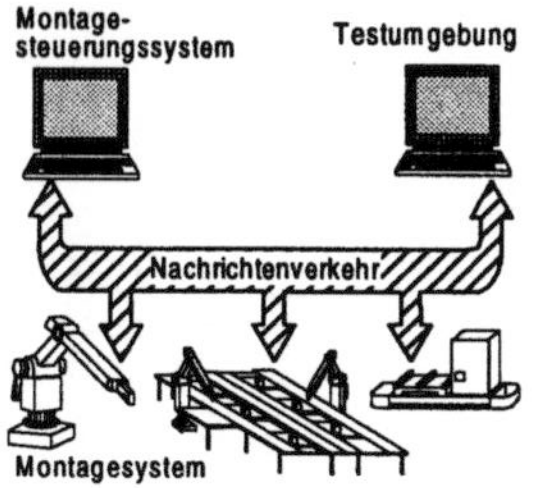	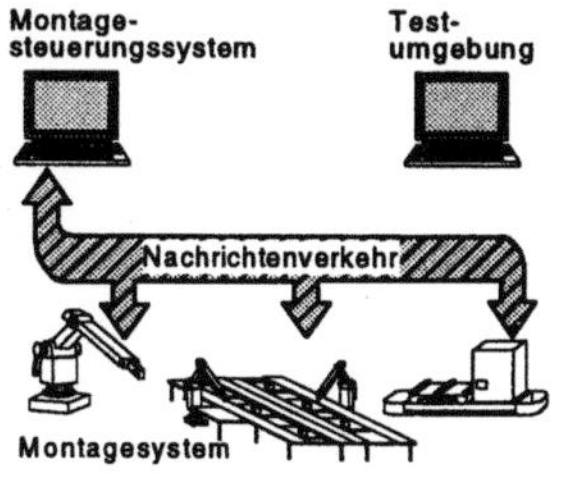
Kennzeichen	– Nachbilden des Verhaltens der gesamten Anlage – Keine reale Montage – Kein Materialfluß – Dient dem Test und der Fehlerfindung in der Steuerungssoftware	– Nachbilden des Verhaltens noch nicht zur Verfügung stehender Steuerungen – Teilweise Montage – Unvollständiger Materialfluß, der manuell ergänzt werden muß – Dient dem Test der Steuerungssoftware und der zur Verfügung stehenden Anlagenkomponenten	– Gewinnen von Erfahrungen bzgl. realer Störungen – Möglichkeit zum parallelen Test alternativer Montagestrategien – Dient der Optimierung des Simulationsmodells	– Testumgebung kann abgeschaltet werden. – Alternative Nutzung zur Schulung und Weiterbildung von Benutzern

Abb.2.31. Einsatzfälle einer Testumgebung

LS Leitsteuerungssystem

Abb.2.32. Testumgebung für die Zelle C4 der Pilotanlage des SFB 158

2.7.4 Nachbildung eines Montagesystems durch ein Simulationsmodell

Wenn die grundsätzliche Funktionsfähigkeit des MTS erreicht ist, muß - wie erwähnt - dessen Zeitverhalten und Dauerbetriebssicherheit untersucht werden. Da manuelle Eingaben in der Testumgebung zu Verfälschungen des Zeitverhaltens führen können, wird nach Wegen gesucht, um die Abläufe in der Testumgebung teilweise oder vollständig zu automatisieren.

Deshalb werden die Quittungen für eingetroffene Nachrichten sofort oder mit einer festen Zeitverzögerung gesendet. Durch diese Maßnahme wird der Benutzer entlastet. Außerdem können Rückschlüsse auf die Reaktionsgeschwindigkeit des Steuerungssystems gezogen werden, wenn dessen darauffolgende Aktionen mitprotokolliert werden.

Zudem wird die Testumgebung dahingehend erweitert, daß nicht mehr nur das reine E/A-Verhalten reproduziert wird, sondern auch die internen Vorgänge eines Montagesystems bzw. einer Komponente in einem Modell nachgebildet werden. Zur Modellierung von Produktionssystemen stehen folgende Methoden zur Verfügung:

- Petri-Netz-Modellierung,
- Zustandsgraphen-Modellierung und
- Modellierung mit Bausteinen eines Simulationssystems.

Die Modellierung mit Hilfe eines bausteinorientierten Simulationssystems war in Ermangelung eines geeigneten Systems im Rahmen des SFB 158 nicht möglich. Nach [2.27] sind sowohl Zustandsgraphen wie auch Petri-Netze für die Darstellung und das Verständnis von Abläufen wenig geeignet. Die Beschreibung mit Zustandsgraphen ist jedoch im Vergleich zu Petri-Netzen übersichtlicher und leichter zu verstehen. Im SFB 158 wurde deshalb die Zustandsgraphen-Modellierung [2.28] angewendet. Abbildung 2.33 zeigt beispielhaft die Montagezelle C4 des SFB158 in Zustandsgraphen-Modellierung. Die gemachten Erfahrungen bestätigen die Bewertung in [2.27].

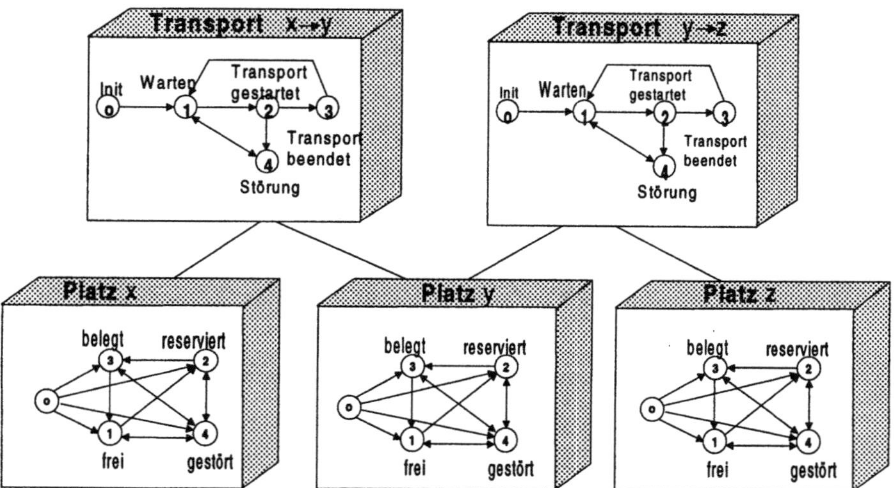

Abb. 2.33. Modellierung der Montagezelle C4 mittels Zustandsgraphen

Simulationssysteme wurden mit dem Ziel geschaffen, die Richtigkeit analytisch nicht vollständig beweisbarer Problemlösungen durch Versuchsläufe zu untermauern.[2.29] Im Fall von Produktionssystemen wird die reale Anlage im Simulationssystem modelliert. Das Simulationsmodell bildet dann für die Umgebung (den Benutzer, die steuernde Software) das Verhalten der realen Anlage nach. Die Verwendung eines Simulationssystems erleichtert einerseits die Modellierung verschiedener Montageanlagen, andererseits gestattet es die Visualisierung des simulierten Prozesses, d.h. der simulierten Vorgänge.

2.7.5 Erfahrungen

Bei der Inbetriebnahme des Adaptierbaren Leitsystems ALSYS [2.30, 2.31] für die Pilotanlage des SFB 158 haben sowohl der interaktive als auch der auf Zustandsgraphen basierende, automatisierte Teil der Testumgebung wertvolle Dienste geleistet. Als zum geplanten Start der Inbetriebnahme noch nicht alle Montagesystemkomponenten verfügbar waren, konnte der Test des MTS mit Hilfe der Testumgebung trotzdem beginnen. Auch während der Inbetriebnahme kam es häufiger zu (Teil-)Ausfällen des Montagesystems, bei denen die betroffenen Komponenten dann durch die Testumgebung ersetzt werden konnten.

Aufgrund des nutzbringenden, da Zeit und Kosten sparenden Einsatzes von Testumgebungen, ist zu erwarten, daß diese Testmöglichkeit an Bedeutung gewinnen wird. Voraussetzung ist, daß bausteinorientierte Simulationssysteme oder -umgebungen bessere Unterstützung zur Kommunikationsmodellierung mit dem Montagesteuerungssystem bereitstellen.

Abbildung 2.34 zeigt am Beispiel der ALSYS-Inbetriebnahme, wie der Einsatz einer Testumgebung die Parallelisierung und Vereinfachung der Inbetriebnahmevorgänge ermöglicht.

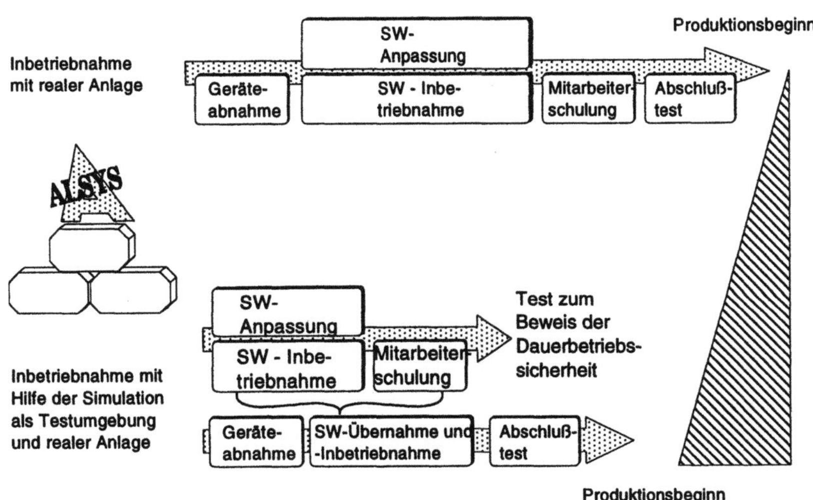

Abb. 2.34. Früherer Produktionsbeginn durch Inbetriebnahme mit Hilfe der Simulation

2.8 Literatur

2.1   Tikart, J.: Leistungsprozeß - Corporate Identity und Unternehmenskultur im globalen Wettbewerb: Überlegungen und Notwendigkeiten. Industriearbeit Heute. Weg zur Fraktalen Fabrik. Springer Verlag.

2.2   Aupperle, G.; Bischoff, J.; Block, M.; Burr, G.; Ullmann, B.: Die Fraktale Fabrik lebt. wt Produktion und Management (1993) Nr. 3, S. 54-57.

2.3   Aupperle, G.; Burr, G.; Kämpf, R.: Planung und Steuerung im Wandel der Organisation.Fabrik (1993) Nr. 11-12, S. 23-26.

2.4   Moßmann, M.; Aupperle, G.; Böckmann, F.: Mehrere Ressourcen optimal verplant. wt Produktion und Management (1993) Nr. 7-8, S. 56-59.

2.5   Moßmann, M.; Aupperle, G.; Böckmann, F.: Planung der Endfertigung in der Möbelindustrie. CIM Management (1992) Nr. 3, S. 36-39.

2.6   Braun H.-J.; Bühring, J.: Personallogistik - die Voraussetzung für JIT. AV Arbeitsvorbereitung(1992) Nr. 7 S. 25-29.

2.7   Braun, H.-J.: Flexibler Personaleinsatz ist die Grundlage der absatzgesteuerten Produktion. Werkstattechnik 9/94.

2.8   Braun, H.-J.; König, S.: Agieren statt reagieren - Personalplanung und -controlling systemunterstützt. Personal 11/94.

2.9   Grau, R.; etc: Max machts möglich - Produktneutrale Montagezelle integriert Montagetechniken. In: Roboter, September 1991, S. 30-34.

2.10   Sommer, E.: Multiprozessorsteuerung für kooperierende Industrieroboter in Montagezellen, Dissertation Universität Erlangen, Carl Hanser Verlag, München, Wien, 1991.

2.11   Wieland, E.: Anwendungsorientierte Programmierung für die robotergestützte Montage. Berlin [u.a.]: Springer–Verlag, 1995.

2.12   Pritschow, G.: Automatisierungstechnik – Eine ganzheitliche steuerungstechnische Aufgabe. In: Tagungsband zum PTK ´89, Berlin 1989.

2.13   Herkommer, T.F.; Kahmeyer, M.; Stühlen, U.: Rechnerunterstütztes Planen von Industrierobotereinsätzen. In: ZwF 85 (1990) 4, S. 188-192.

2.14   Herkommer, T.F.,Roth, J.M.,Walter, S.E.: Off-line-Programmieren - Geschichte und aktueller Stand. Zeitschrift für wirtschaftliche Fertigung und Automatisierung ZWF/CIM 86 (1991) Nr. 8, S. 392-396.

2.15   Warnecke, H.J.; Schraft, R.D.; Schweizer, M.; Herkommer, T.F.: Simulation and Off-line Programming of Assembly Tasks. International Federation of Robotics; Robotic Industries Association; National Service Robot Association; Automated Imaging Association: International Symposium on Industrial Robots <22, 1991, Detroit, Mich.> : Proceedings, October 21-24, 1991, Detroit, Michigan USA. Stockholm : International Federation of Robotics, 1991, S. 22-22-22-36.

2.16   Herkommer, T. F.: Hochgenaue dynamische Bahnvermessung von Industrierobotern. Forschung im Ingenieurwesen 60 (1994) Nr. 10, S.254-260.

2.17   Engel, G.: Stand der internaitonalen Normung zu Kenngrößen für Industrieroboter. Aus: Industrieroboter messen und prüfen. VDI-Berichte 921; VDI-Verlag, Düsseldorf, 1991, S. 1-22.

2.18   N.N.: Industrieroboter messen und prüfen. VDI-Berichte 921; VDI-Verlag, Düsseldorf, 1991.

2.19   Roth, Z.S.; Mooring, B.W.; Ravani, B.: An overview of robot calibration. IEEE Journal of Robotics and Automation RA-3 (1987) 5, S. 377-385.

2.20   Sommer, E.; Scheller, J.: Hierarchisches Steuerungskonzept für flexible Montagezellen. Automatisierungstechnische Praxis, atp 31 (1989) 4, S. 166-173.

2.21   Erfolgreiches Störungsmanagement in der Einzel- und Kleinserienmontage. VDI-Berichte 1028, VDI Verlag, Düsseldorf, 1993.

2.22   Brantner, K.: Dispositive Steuerung flexibler Fertigungssysteme. In VDI-Seminar "Leittechnik für verkettete Fertigungssysteme". Düsseldorf: VDI-Verlag 1990.

2.23   Tönshoff, H.K.; Büttner, J.: Wissensbasierte Diagnose in der Montage. QZ 37 (1992)3, S. 165-168.

2.24   Bühring, J.; Braun, H.-J.; Heger, G.F.J.; Kaiser, L.: Steuerung von Montagesystemen. wt Wissenschaft und Technik (1992) Nr. 11, S. 46-50.

2.25   Heger, G.F.J.; Hochholzer, G.; Kaiser, L.; Strassacker, D.; Wieland, E.: Planung und Entwicklung eines Steuerungssystems für flexible Montagesysteme. In: Sonderforschungsbereich 158 "Die Montage im flexiblen Produktionsbetrieb" Ergebnisbericht 1990-1992. Universität Stuttgart: 1992.

2.26   Schürholz, A.; Strassacker, D.; Amann, W.: Simulation als Entwicklungs- und Testumgebung für Steuerungssoftware. In: Kuhn, A.; Reinhardt, A., Wiendahl, H.-P. (Hrsg.): Simulationsanwendungen in Produktion und Logistik. Braunschweig, Wiesbaden: Vieweg Verlag, 1993, S. 217-234.

2.27   N.N.: Studie über die Auswertung von einheitlichen Entwurfs- und Entwicklungsmethoden zur Softwareentwicklung und durchgängigen Softwaredokumentation für eine Fertigungszelle. VDW-Forschungsbericht 1012, Frankfurt 1990, S. 89-101.

2.28   Fleckenstein, J.: Zustandsgraphen für SPS-grafikunterstützte Programmierung und steuerungsunabhängige Darstellung. Dissertation Universität Stuttgart. Berlin, Heidelberg, New York, Tokyo: Springer-Verlag, 1986.

2.29   VDI 3633: Simulation von Logistik-, Materialfluß- und Produktionssystemen - Grundlagen. VDI-Richtlinien. Düsseldorf: VDI, 1992.

2.30   Storr, A.; Brantner, K.: Das adaptierbare Leitsteuerungssystem ALSYS. In "Leit- und Steuerungstechnik in flexiblen Produktionsanlagen". München, Wien: Hanser Verlag, 1991.

2.31   Brantner, K.: Adaptierbares Leitsteuerungssystem für flexible Produktionssysteme. Dissertation Universität Stuttgart. Berlin, Heidelberg, New York, Tokyo: Springer-Verlag, 1993.

2.9 Autoren

2   Organisatorische und technische Montagesteuerung

2.1   Organisatorische Montagesteuerung
         Dipl.-Kfr. Rita Kristof, Dipl.-Math. Gerd Aupperle
         Institut für Industrielle Fertigung und Fabrikbetrieb(IFF)

2.2   Steuerung komplexer Montagezellen
         Dipl.-Ing. Ralf G. Grau
         Institut für Industrielle Fertigung und Fabrikbetrieb(IFF)

2.3   Methodik zur aufgabenorientierten Programmierung von Robotern bei der
         Montage
         Dipl.-Ing. Gerhard Hochholzer
         Institut für Steuerungstechnik der Werkzeugmaschinen und
         Fertigungseinrichtungen (ISW)

2.4   Prozeßüberwachung in der flexiblen Montage
         Dipl.-Ing. Rolf Willmer
         Institut für Werkzeugmaschinen (IfW)

2.5   Simulation als Hilfsmittel zur Planung und Betriebsoptimierung von
         Montageanlagen
         Dipl.-Ing. Thomas Herkommer, Dipl.-Ing. Ralf G. Grau
         Institut für Industrielle Fertigung und Fabrikbetrieb (IFF)

2.6   Störmanagement für technische Montagesteuerungssysteme
         Dipl.-Ing. Lothar Kaiser
         Institut für Steuerungstechnik der Werkzeugmaschinen und
         Fertigungseinrichtungen (ISW)

2.7   Testumgebung für technische Montagesteuerungssysteme
         Dipl.-Ing. Thomas Jost, Dipl.-Ing. Dirk Strassacker
         Institut für Steuerungstechnik der Werkzeugmaschinen und
         Fertigungseinrichtungen (ISW)

3 Qualitätssicherung in der Montage

Die Montage mit der abschließenden Endprüfung ist die letzte Phase im Produktionsprozeß ehe das Produkt dem Kunden zum Gebrauch überlassen wird. Das Unternehmensziel *zufriedener Kunde* kann nur mit Produkten erreicht werden, die im Rahmen der zugesagten Gebrauchsdauer ihre Funktion fehlerfrei erfüllen. Folglich müssen alle nach der Montage noch mit Qualitätsmängel behafteten Produkte erkannt bzw. zurückgewiesen werden.

Da erst in der Montage die Kontrolle der Gesamtfunktion möglich ist, können insbesondere kombinatorische Fehler erst hier erkannt und behoben oder durch Rückwirkung auf vorgelagerte Produktionsbereiche vermieden werden. Als Konsequenz müssen planende und regelnde Maßnahmen stärker berücksichtigt, Montageprozesse in die Planung und Regelung mit einbezogen und die Qualitätsprüfung um montagebegleitende Verfahren erweitert werden.

Bei der üblichen statistischen Montage, bei der Bauteile und Baugruppen willkürlich verbaut werden, ergibt sich eine breite Streuung bei den Qualitätsmerkmalen des Produkts. Mit der selektiven Montage und der Justage stehen zwei Montagestrategien zur Verfügung, die eine enger um das Optimum streuende Produktqualität liefern.

Die Qualitätsprüfung in der flexiblen Montage muß gleichermaßen anpassungsfähig sein. Programmierbare optoelektronische Sensoren, eingesetzt beim Montageprozeß in Prüf- und Kommissionierzellen, erfüllen diese Anforderung.

3.1 Qualitätsplanung und Lenkung

3.1.1 Neue Methoden zur Qualitätsplanung

Qualitätsplanung in der flexiblen Montage

Eine Analyse der heutigen Qualitätsplanung mit Fehlerursache- Fehlerwirkungsketten über die einzelnen Verbauungsstufen hinweg zeigt, daß eine rein produktbezogene Betrachtung nicht ausreichend ist. Vielmehr muß der Einfluß der Montageprozesse gezielt untersucht werden, also eine integrierte Qualitäts- und Prüfplanung von Produkten und Prozessen durchgeführt werden. Für die Qualitätsplanung bedeutet dies, die Ursache-Wirkungsketten innerhalb der Produktstruktur
müssen um Prozeßparameter erweitert und für diese Prüfmaßnahmen abgeleitet
werden. Die prozeßbegleitende Qualitätsprüfung ist ein erster Schritt zur Beurteilung der Qualitätsfähigkeit von Montageprozessen. Zur Verbesserung der Qualität
in der Montage ist es zudem erforderlich, die Abhängigkeiten von den vorgelagerten Bereichen zu erfassen und zu analysieren. Daraus resultieren gezielte Verbesserungsmaßnahmen in Konstruktion und Fertigung. Dies bedeutet im einzelnen:

Damit qualitätsverbessernde Maßnahmen in die vorgelagerten Bereiche rück-
wirken können, müssen diese und die Montage informationstechnisch verbunden
werden. Vorgaben aus der Konstruktion müssen zur Definition und Auswahl von
Prüfaufgaben in der Montage genutzt, Sensoren bereits in der Planungsphase
ausgewählt werden. Der Bereich der Qualitätsprüfung muß um montagebegleitende Prüfungen erweitert werden, die eine Aussage über mögliche Fehlerursachen
erlauben.

Angewandte Methoden

Hierfür wurde ein Qualitätsmodell entwickelt, das die produktbezogene Qualitätsplanung und die rein auf das Produkt gerichtete Generierung von Prüfaufgaben
um Montageprozeßbetrachtungen erweitert. Dieses Modell ermöglicht in Kombination mit dem Konzept zur Überwachung und Regelung von Montageprozessen
eine Integration von Konstruktion, Qualitätsplanung und Qualitätslenkung ausgehend von der operativen Ebene der Qualitäts- bzw. Prüfdatenerfassung.

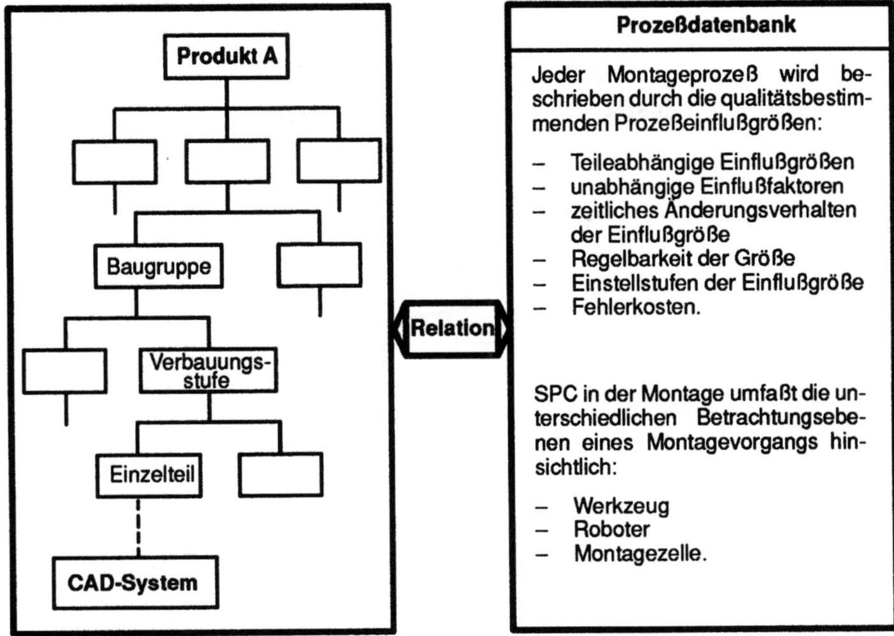

Abb.3.1. Erweiterung des Produktbaums

Der Kern des Qualitätsmodells ist der Produktbaum, eine Beschreibung der hierarchischen Produktstruktur und damit der Verbauungsreihenfolge. Die Knoten des Baumes repräsentieren die Verbauungszwischenstufen oder die zu verbauenden Einzelteile. Als Planungsbasis dienen die zugeordneten und bewerteten potentiellen Fehlermerkmale und deren Beziehung zu den Qualitätsvorgaben sowie deren Wirkung auf andere Merkmale der höheren Verbauungsstufen bzw. deren Wirkung auf die niedrigeren Stufen oder Einzelteile (siehe Abb. 3.1).

Beim erweiterten Produktbaum, dem sogenannten Montagebaum, wird der Übergang von einer Verbauungsstufe zur nächsten durch den verursachenden Montageprozeß beschrieben. Er enthält somit die Konstruktionsvorgaben sowie Montageplanungsinformationen.

Beschreibung des statischen Montagebaumes

Der Montagebaum besteht auf der oberen Ebene aus den Knoten vom Typ *Teilprodukt* bzw. *Prozeß* und der Relation zwischen diesen Knoten, die die zeitliche und logische Struktur zwischen den Baugruppen und Einzelteilen einerseits und den darauf wirkenden Prozessen andererseits beschreibt (siehe Abb. 3.2).

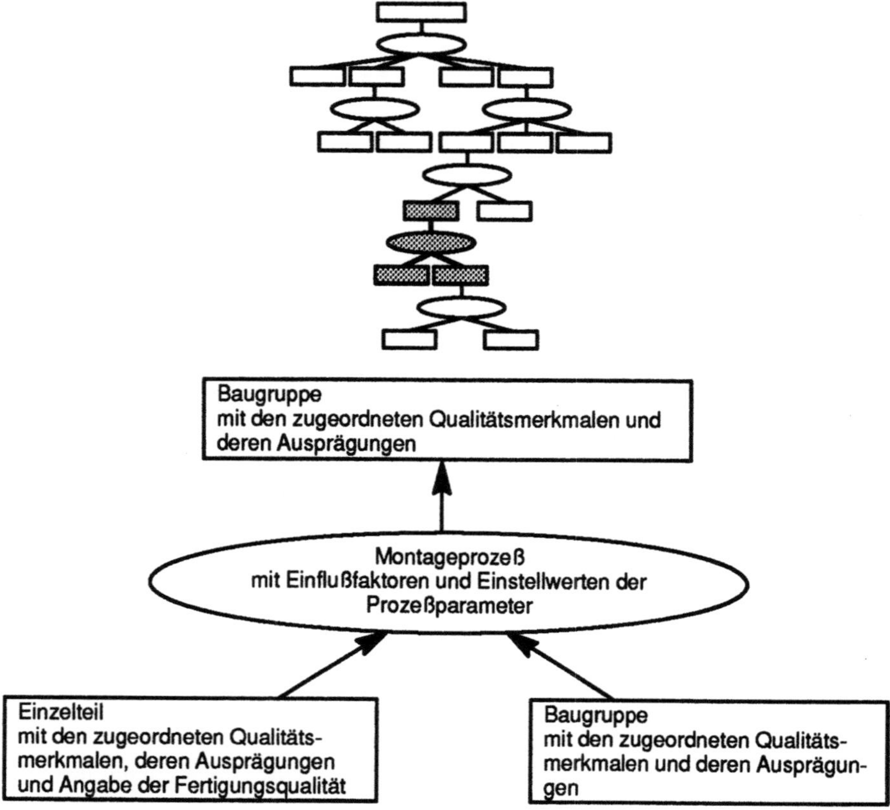

Abb.3.2. Produkt- und prozeßbeschreibender Montagebaum

Jeder Teilproduktknoten wird durch die ihm zugeordneten Merkmale charakterisiert, jeder Prozeßknoten durch die ihm zugeordneten Parameter und einer Kenn-
größe, die die zu erwartenden Gesamtkosten des Prozesses zum Ausdruck bringt.
Dies ist notwendig, da die Schwere eines Fehlers auch vom zu erwartenden Aufwand bei der Prozeßausführung bzw. dessen Revidierung abhängt. Die Merkmale
werden neben einer in der Prüfplanung üblichen Klassifizierung des Merkmaltyps
(qualitativ, quantitativ, Ordinalmerkmal, diskret, kontinuierlich, symmetrisch,
links-/rechtsseitig begrenzt usw.) durch die Menge der möglichen Ausprägungen
beschrieben. Als mögliche Ausprägungen sind diskrete Angaben z.B. Aufzählung
oder mögliche Intervalleinteilungen des Toleranzbereichs zugelassen. Diesem
wiederum werden jeweils Kennwerte für Auftretenswahrscheinlichkeit, Fehlerbe-
deutung und Entdeckungswahrscheinlichkeit (analog der Vorgehensweise bei der
FMEA) zugeordnet. Die Ausprägungsmengen sind frei wählbar; insbesondere bei
kontinuierlichen Größen bietet das den Vorteil, daß das gesamte Intervall in beliebig viele und beliebig große Teilintervalle zerlegt werden kann. Damit können
gezielt zu den interessierenden bzw. zu optimierenden Merkmalsausprägungen,

analog der Beschreibung durch Taguchis Verlustfunktion [3.2], detaillierte Aussagen gemacht werden.

In diesem Modell werden Prozeßparameter nicht als potentielle Fehler betrachtet, sondern nur in ihrer Auswirkung auf die vom Prozeß generierten Teilproduktmerkmale erfaßt. Deshalb wird den Parameterausprägungen nur eine Kennzahl für die Auftretenswahrscheinlichkeit zugeordnet.

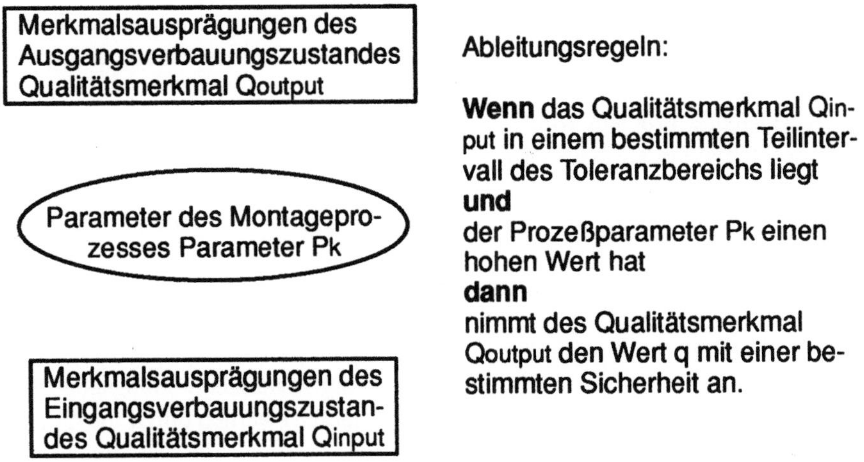

<table>
<tr><td>

Merkmalsausprägungen des Ausgangsverbauungszustandes Qualitätsmerkmal Qoutput

Parameter des Montageprozesses Parameter Pk

Merkmalsausprägungen des Eingangsverbauungszustandes Qualitätsmerkmal Qinput

</td><td>

Ableitungsregeln:

Wenn das Qualitätsmerkmal Qinput in einem bestimmten Teilintervall des Toleranzbereichs liegt
und
der Prozeßparameter Pk einen hohen Wert hat
dann
nimmt des Qualitätsmerkmal Qoutput den Wert q mit einer bestimmten Sicherheit an.

</td></tr>
</table>

Abb.3.3. Struktur einer Ableitungsregel im Montagebaum

Beschreibung des dynamischen Verhaltens des Montagebaumes

Zur Beschreibung des realen Verhaltens des Montagebaumes werden sogenannte Ableitungsregeln definiert. Ableitungsregeln beschreiben den Zustandsübergang *Verbauung* zwischen den zu verbauenden Einzelteilen und Baugruppen und der entstehenden Verbauungszwischenstufe. Dieser Zustandsübergang beinhaltet zudem die relevanten Prozeßparameter. Die Zustandsübergänge werden jeweils ausprägungsabhängig gemäß den definierten Ausprägungsmengen beschrieben. Somit beschreiben diese Ableitungsregeln alle im Montagebaum enthaltenen Fehlerursache-Fehlerwirkungsrelationen und zwar ausprägungsbezogen (Abb. 3.3).

Um die häufig vorhandenen Unsicherheiten im Wissen um diese Zusammenhänge zu erfassen, wird jeder Ableitungsregel ein sogenanntes Vertrauensniveau zugeordnet, das zum Beispiel die Meinungsunterschiede der verschiedenen am Definitionsprozeß Beteiligten oder die Unvollständigkeit des Wissens über die Einflußgrößen widerspiegeln soll.

Genetische Algorithmen zur Ermittlung von Fehlerschwerpunkten

Ziel des Verfahrens ist es nun, in einem definierten Montagebaum diejenigen Eigenschaften (sowohl Prozeßparameter als auch Teilproduktmerkmale) und deren Ausprägungen zu finden, die maßgeblich an der Entstehung schwerwiegender Fehler beteiligt sind. Somit können Verbesserungsmaßnahmen gezielt von den entsprechenden Verantwortlichen (z.B. Konstruktion und Fertigung) initiiert werden. Schwerwiegende Fehler sind zunächst dadurch charakterisiert, daß sie in der Realität hohe Qualitätskosten verursachen, die z.B. wegen vermehrter Nacharbeit oder erhöhtem Prüfaufwand entstehen. Zu den Fehlermerkmalen, die weiterverfolgt werden müssen, gehören auch die mit hohen Auftretenswahrscheinlichkeiten.

Das vorliegende Problem wurde als ein Optimierungsproblem aufgefaßt, das durch ein Suchverfahren gelöst wird. Der Suchraum besteht aus allen Konstellationen der Merkmals- und Parameterausprägungen, die den Ableitungsregeln genügen, d.h. allen möglichen Entwicklungen der Qualitätszustände im Montagebaum.

Aus Gründen der Effizienz und Robustheit wurden zur Realisierung des Verfahrens Genetische Algorithmen [3.1][3.13][3.14] verwendet. Genetische Algorithmen sind Suchverfahren, die auf den Prinzipien der Vererbung in biologischen Populationen beruhen. Ausgehend von einer zufällig gewählten Anfangspopulation (hier einer Menge von möglichen Montageverläufen) werden durch die Operatoren Reproduktion, Kreuzung, Mutation und Reduktion solange Nachfolgegenerationen gebildet, bis das Optimum des Suchraumes gefunden ist.

Ausschlaggebend für die Reproduktion und damit das Überleben eines Individuums (ein möglicher Montageverlauf) ist der ihm zugeordnete Fitnesswert. Dieser Fitnesswert wird gebildet aus der Verknüpfung der Kennwerte für verursachte Kosten, Auftretenswahrscheinlichkeit und behaftete Unsicherheit.

Der Operator Kreuzung vertauscht Teilbäume zweier Individuen untereinander, womit untersucht wird, wie sich die Qualitätszustände entwickeln, wenn an bestimmten Stellen ein anderer Verlauf angenommen wird oder eine Baugruppe ausgetauscht wird. Dies ist vergleichbar mit der Komponentensuche bei Shainin [3.2]. Mit Hilfe des Operators Mutation werden an zufällig ausgewählten Stellen im Montagebaum Veränderungen der aktuellen Ausprägung eines Parameters oder Merkmals vorgenommen, womit z.B. untersucht wird, wie sich der weitere Montageverlauf bei veränderten Parametereinstellungen verhält.

Fuzzyfizierung der Methodik

Ein wesentliches Problem bei der ursprünglichen Version dieser Qualitätsplanungsmethodik ist, daß gerade bei kontinuierlichen Größen, wie Drehzahl oder Durchmesser die Wertebereiche in scharf abgegrenzte Intervalle aufgeteilt werden müssen, um mit Hilfe der Ableitungsregeln Aussagen über die Abhängigkeiten der Produktmerkmale und Prozeßparameter machen zu können. Es war in vielen

Fällen jedoch nicht zu begründen, warum sich das Ergebnis eines Montageprozesses bei einem Wert eines Prozeßparameters, der gerade noch innerhalb eines Intervalls liegt, deutlich von dem Ergebnis unterscheiden sollte, das sich ergibt, wenn der Prozeßparameter gerade nicht mehr innerhalb dieses Intervalls liegt. Dieses Problem wurde mit Hilfe der Fuzzy-Techniken [3.3] gelöst.

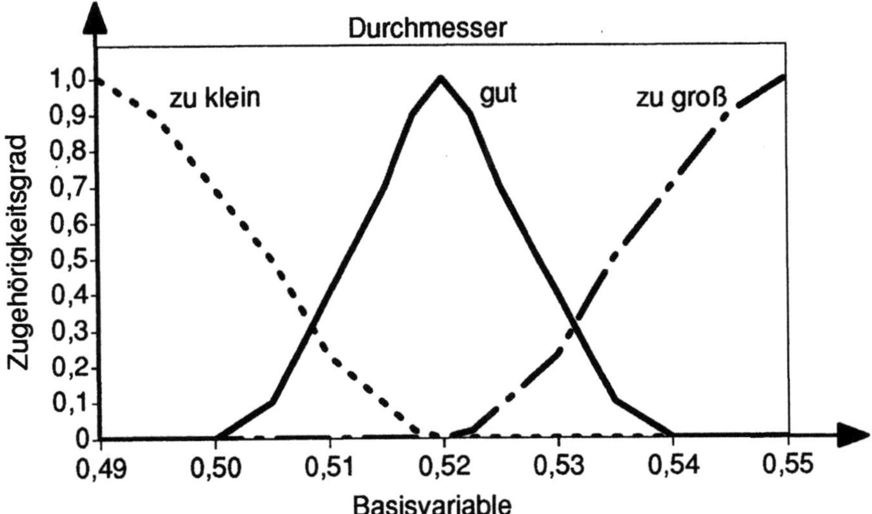

Abb.3.4. Darstellung von Fuzzy-Mengen

Dazu werden über der sogenannten Basisvariablen, die den Wertebereich eines Parameters oder Merkmals darstellt, linguistische Variablen definiert. Bezüglich dieser linguistischen Variablen werden unscharfe Mengen gebildet, die die Zugehörigkeit der Elemente der Basisvariablen zur jeweiligen unscharfen Menge angeben. Abb. 3.4 soll dies verdeutlichen. Der zu untersuchende Wertebereich der Basisvariable *Durchmesser* erstreckt sich von 0,49 - 0,55 mm. Die linguistischen Variablen sind *gut, zu klein* und *zu groß*. Der Sollwert des Merkmals Durchmesser soll 0,52 mm betragen. Demzufolge wird beispielsweise die Zugehörigkeit des Wertes 0,52 mm zur Menge *gut* mit *1* festgelegt, der gleiche Wert gehört mit einem Grad von *0* zur Menge *zu groß*. Zur Beschreibung der Fuzzy-Mengen genügt es, einige Stützpunkte der Funktion zu definieren, die dazwischenliegenden Punkte werden durch Streckenzüge oder ein Polygon verbunden. Mit Hilfe der Fuzzy Logik hat man nun die Möglichkeit, die Abhängigkeiten zwischen Produktmerkmalen und Prozeßparametern in einer der Realität angepaßten Weise abzubilden.

Vorgehensweise zur Ermittlung von Fehlerschwerpunkten und kritischen Parametern im Montagebaum

Der Montagebaum wird, analog der Vorgehensweise bei der Produkt- und Prozeßentwicklung, top-down definiert. Dabei können auch gleichzeitig alle relevanten Qualitätseigenschaften bzw. Prozeßparameter festgelegt werden. Nach Definition dieser statischen Struktur wird mit den Ableitungsregeln das dynamische Verhalten beschrieben. Die Ergebnisse des genetischen Algorithmus' zeigen, bei welchen Merkmals- bzw. Parameterbelegungen kritische Situationen entstehen und welche Werte die einzelnen Optimierungskriterien erreichen. In einem zweiten Schritt werden diese Informationen dann interpretiert, um die Ursachen der kritischen Konstellation am konkreten Produkt herauszufinden und entsprechende Verbesserungsmaßnahmen festzulegen.

Eigenschaften der Qualitätsplanungsmethodik

Mit Hilfe dieser Planungsmethode können Fehlerursache- und Fehlerwirkungsketten analysiert werden, insbesondere das Zusammenwirken von Teilprodukteigenschaften und Prozeßparametern, die bei der FMEA isoliert in der Konstruktions- bzw. Prozeß-FMEA betrachtet werden. Ein weiterer Vorteil gegenüber der FMEA ist die gewichtete Darstellung verschiedener Fehlerursachen, die zu einem bestimmten Fehler führen, und die ausprägungsabhängige Erfassung der Korrelationen, um z.B. sich verstärkende oder abschwächende Einflußgrößen zu erfassen. Für die verschiedenen Ausprägungen müßte jeweils ein FMEA-Eintrag gemacht werden. Nachteil dieses Vorgehens ist der zusätzliche Aufwand in der Planungsphase, da eine sehr differenzierte Beschreibung der Ausprägungsmengen einen hohen Aufwand bei der Definition der Ableitungsregeln zur Folge hat.

Die Zuordnung einer Wirkung zu jeder Konstellation der Einflußgrößen erlaubt auch die Darstellung von Abhängigkeiten innerhalb der Ursachenmenge. Dies kann in der Definition der Ableitungsregeln vorgenommen werden. Die ausprägungsabhängige Beschreibung der Produktmerkmale in Abhängigkeit von den Merkmalen der zu verbauenden Baugruppen und Einzelteilen und der Einstellwerte der Prozeßparameter zeigt die Kombination der beiden Methoden der Qualitätsplanung FMEA und DOE (engl.: Design of Experiments) auf.

3.1.2 Informationsmanagementsystem im Qualitätsinterface

Ein System zur Realisierung dynamischer Regelkreise in der flexiblen Montage

Die Realisierung einer flexiblen Montage bedeutet für den Bereich der Verarbeitung von Qualitätsinformationen, daß komplexe Qualitätsregelkreise aufgebaut werden müssen, die in der Lage sind, sich an unterschiedliche Montageszenarien und Qualitätslagen im Montagesystem anzupassen.

Zur Gewährleistung eines effizienten und gleichzeitig ökonomisch vertretbaren Qualitätsmanagements ist somit eine flexible informationstechnische Verbindung zwischen den Funktionsbereichen des Qualitätsmanagements untereinander und zu anderen Funktionselementen notwendig, die folgende Anforderungen erfüllt:

– Durchgängige und logisch strukturierte Abbildung aller produkt- und prozeßbezogenen Qualitätsinformationen
– Transparenz der Informationsflüsse für den Anwender
– Austausch von Qualitätsinformationen in strukturierter Form
– Abstimmung der Informationen und ihrer Darstellung auf den jeweiligen Anwender bzw. auf die durchzuführenden Tätigkeiten

Die Erfüllung dieser Forderungen gewährleistet das sogenannte *Qualitätsinterface*. Das Systemkonzept erlaubt einen Einsatz in jeder Art von Montage, unabhängig vom Automatisierungsgrad der Funktionsbereiche, von miteinander kommunizierenden Komponenten und vom bearbeiteten Produktspektrum.

Das Qualitätsinterface besteht aus einer Kerndatenbank für Qualitätsdaten und einem Informationsmanagementsystem (Abb. 3.5). In der Kerndatenbank werden elementare qualitätsrelevante Informationen, auf die von vielen Komponenten oft zugegriffen werden muß, zentral gehalten. Im Informationsmanagementsystem ist das Wissen über Ort und Format aller im Montagesystem vorhandenen Qualitätsdaten sowie über die Regeln, wann welche Daten von welcher Komponente benötigt werden, implementiert. Im folgenden werden Aufbau und Funktionalität der beiden Basiskomponenten erläutert.

Die Vorteile der vorgestellten Lösung werden abschließend anhand von Beispielen für die Ausführung qualitätsrelevanter Funktionen innerhalb einer Anlage zur flexiblen Montage heterogener Produktspektren erläutert.

Kerndatenbank für Qualitätsdaten

In der Kerndatenbank für Qualitätsdaten werden diejenigen Daten zentral gehalten, die für mehrere Unternehmensbereiche von Bedeutung sind. Somit wird eine redundanzfreie und konsistente Haltung dieser Daten garantiert. Zu den Kerndaten gehören Informationen über Produkte mit ihren verschiedenen Verbauungsstufen und den jeweils wichtigen Qualitätsmerkmalen. Ferner werden Daten über die zugehörigen Montage- und Fertigungsprozesse mit ihren Prozeßparametern sowie ihren semantischen Relationen zu den entsprechenden Baugruppen bzw. Zwischenprodukten in der Kerndatenbank abgelegt. Wissen über potentielle Fehler mit ihren Fehlerhäufigkeiten sowie Fehlerursache-Fehlerwirkungszusammenhänge mit zugehörigen Abstellmaßnahmen werden ebenfalls in der Kerndatenbank gehalten.

Qualitätsinformationen, die eindeutig einem bestimmten Bereich zugeordnet sind, wie zum Beispiel Prüfprogramme oder Informationen über die Genauigkeit bestimmter Prüfmittel der Prüfplanung, werden nicht der Kerndatenbank, sondern den Systemen in den jeweiligen Bereichen zugeordnet. Der Austausch solcher Daten erfolgt jedoch ebenfalls über das Qualitätsinterface.

Müssen andere Module auf die Daten der Kerndatenbank lesend oder schreibend zugreifen, so erfolgt dies grundsätzlich über das Informationsmanagementsystem. Es organisiert die Kommunikation der Anwendersysteme untereinander sowie mit der Kerndatenbank auf flexible und durch die Anwender selbst definierte Art und Weise.

Objektorientierte Modellierung der Kerndaten

Der Qualitätskerndatenbank liegt ein objektorientiertes Modell zugrunde. Neben den klassischen Ansätzen zur Unterstützung von Softwareentwicklungen, wie beispielsweise SADT (Structured Analysis and Design Technique), wurden in jüngster Zeit einige objektorientierte Analyse- und Designmethoden entwickelt [3.4], die teilweise auch in der Produktionstechnik schon Anwendung finden [3.5] [3.12]. Sie unterscheiden sich im wesentlichen dadurch von den klassischen, daß nicht die Funktionen sondern die Objekte im Vordergrund stehen. Ein solcher Ansatz bietet sich bei der Modellierung von Qualitätsdaten an, da die Beziehungen zwischen den Objekten sehr komplex und die Datenoperationen eher einfach sind. Andererseits ergibt sich der Vorteil, daß bei einer objektorientierten Modellierung die Objekte auf natürliche Art und Weise auf eine objektorientierte Datenbank abgebildet werden können. Einer der bekanntesten dieser Ansätze ist die OMT-Methode (Object Modeling Technique) [3.6]. Sie unterscheidet das Objektmodell, das dynamische Modell und das funktionale Modell:

- Das Objektmodell beschreibt die statische Struktur des zu modellierenden Systems, das heißt die Objekte, ihre Eigenschaften und Operationen sowie ihre Beziehungen untereinander.
- Das zeitliche Verhalten des Systems wird durch das dynamische Modell wiedergegeben. Es beschreibt die Abfolge von Operationen, die durch ein bestimmtes Ereignis ausgelöst werden, ohne die Art der Operationen näher zu betrachten.
- Das funktionale Modell beschreibt die Aspekte des Systems, die Transformationen von Daten betreffen (z.B. Abbildungen, Randbedingungen und funktionale Abhängigkeiten). Funktionen werden im dynamischen Modell als Aktionen aktiviert und werden im Objektmodell als Operationen auf Objekten dargestellt.

Jedes Modell beschreibt einen Aspekt des Systems, steht aber in enger Beziehung zu den anderen Modellen. Das Objektmodell beschreibt die Datenstrukturen, auf denen das dynamische und das funktionale Modell operieren. Die Operationen im Objektmodell stehen in Verbindung mit Ereignissen im dynamischen Modell und mit Funktionen im funktionalen Modell.

Kommunikation mit der Kerndatenbank

Will ein Anwendersystem mit der Kerndatenbank kommunizieren, d.h. Daten lesen, modifizieren oder neue anlegen, muß die Abfolge der Interaktionen zuvor im Informationsmanagementsystem definiert werden. Ist dies geschehen, kann der

Anwender beispielsweise eine Anfrage an das Qualitätsinterface stellen. Das Informationsmanagementsystem leitet diese dann an die Kerndatenbank weiter. Dort werden die angeforderten Daten von einem internen Format in ein das jeweils erforderliche anwendungsspezifische Format umgewandelt und anschließend an definierter Stelle bereitgestellt.

Informationsmanagement im Qualitätsinterface

Mit Hilfe des hier beschriebenen Informationsmanagementsystems (InforMaS) werden die Informationsflüsse sowie das Wissen über Quellen und die Verarbeitung der auszutauschenden qualitätsrelevanten Informationen im Unternehmen modelliert und anhand der Modelle in der Realität gesteuert. Durch diese Einheit von Modellierungs- und Anwendungssystem können qualitätsverbessernde Maßnahmen direkt umgesetzt werden, d.h. es erfolgt eine automatische Anpassung an geänderte Rahmenbedingungen.

Die Integration unterschiedlicher Kommunikationstechniken erlaubt dabei, das Informationsmanagementsystem als Empfänger heterogener Informationen (entsprechend den angeschlossenen verschiedenartigen Funktionseinheiten) einzusetzen. Beim Bereitstellen der Informationen nimmt es durch seine zentrale Koordination die Funktion eines Filters ein, der dafür sorgt, daß alle notwendigen Daten an den entsprechenden Stellen in der benötigten Darstellung zur Verfügung stehen.

Modellierung qualitätsrelevanter Informationsflüsse

Das Problem vieler Systeme zur Abbildung unternehmensinterner Informationsflüsse ist deren Fokussierung auf bestimmte Organisationsformen und Produktspektren [3.7]. Diese starre Struktur wird hier jedoch umgangen, indem sich die Modellierung auf die für den unternehmens- bzw. aufgabenspezifischen Informationsfluß notwendigen qualitätsrelevanten Ereignisse, sowie die durch sie ausgelösten Informationsflüsse und/oder Vorgänge zur Bearbeitung von Qualitätsinformationen beschränkt.

Darüber hinaus sind Angaben zu den verfügbaren informations- und kommunikationstechnischen Ressourcen Hardware und Software (Anwendungs-, Datenhaltungs- und Kommunikationssoftware) erforderlich. Die Organisationsstruktur des abzubildenden Unternehmens kann entsprechend allen realen Systemen (z.B. Linie, Stab, Teamarbeit, fraktale Struktur) abgebildet werden. Mit den drei oben erwähnten Hauptelementen zur Abbildung der relevanten Informationsflüsse und den ergänzenden Angaben können nun beliebige Verknüpfungen aufgebaut werden.

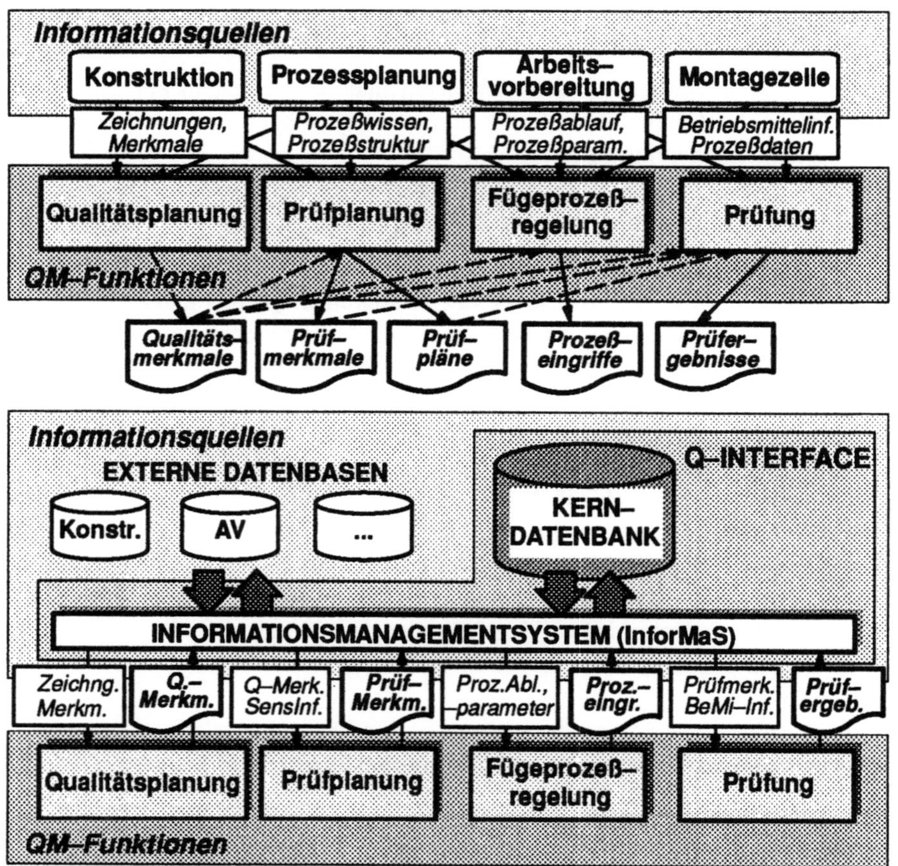

Abb.3.5. Informationsbeschaffung und -verbreitung im Vergleich: konventionell (oben) und mit Qualitätsinterface (unten)

Neben der zentralen Relation zwischen Ereignissen, Vorgängen und Informationen können einem Vorgang, z.B. eine Organisationseinheit sowie Hard- und Software, zu dessen Ausführung zugeordnet werden. Die Aufnahme von Randbedingungen in die Modellierung ist durch die Verknüpfung der Elemente über eine *Wenn-Dann-Struktur* möglich.

Beispielsweise kann eine Information für die Durchführung einer Tätigkeit überflüssig sein, wenn der Mitarbeiter, der die Tätigkeit ausführt, über eine bestimmte Qualifikation verfügt. Durch diese Art der Modellierung kann der gesamte Informationsfluß automatisch mitprotokolliert werden und ist somit rückverfolgbar, was gerade für den Einsatz eines effektiven Qualitätsmanagementsystems und zur Sicherung der Transparenz von Bedeutung ist.

Koordinierung der Informationsflüsse

Zur effektiven Verarbeitung der existierenden und für bestimmte Vorgänge benötigten Informationen wird das Qualitätsinterface als gemeinsame Schnittstelle zu allen angeschlossenen Benutzern (Personen und Funktionseinheiten) eingesetzt.

Der Ablauf der Verarbeitung, der im nächsten Kapitel anhand eines Beispiels näher dargestellt wird, erfolgt immer nach dem gleichen Muster: Ein Benutzer wendet sich an das InforMas, wenn er eine bestimmte Information für seine Tätigkeit benötigt. Dieses stellt daraufhin eine Anfrage an die Kerndatenbank, die die entsprechenden Daten ausliest und bereitstellt. Die bereitgestellten Daten werden, eventuell nach vorheriger automatischer Konvertierung, dem Benutzer mit einem geeigneten Anwendungsprogramm in der aktuell gewünschten Darstellungsweise präsentiert. Der umgekehrte Weg, also das Speichern von Daten und Informationen, verläuft entsprechend.

Dieses Vorgehen erlaubt eine individuell auf den Arbeitsplatz und die Tätigkeit abgestimmte Konfiguration der Informationsbereitstellung und -präsentation. Zudem wird durch die Beschränkung auf die optimale Darstellung der für eine bestimmte Tätigkeit notwendigen Informationen die Gefahr einer Überforderung der Benutzer, für den es unerheblich ist, wo und wie die Informationen gespeichert werden, minimiert.

In der praktischen Anwendung ermittelt das InforMas aufgrund der Eingaben der Benutzer, insbesondere über eingetretene Ereignisse, welcher Sachverhalt gültig ist und welche Vorgänge daraufhin auszulösen, bzw. welche Informationen weiterzuleiten sind. Sofern die Informationsweitergabe EDV-technisch erfolgt, wird diese automatisch veranlaßt. In letzter Konsequenz bedeutet dies, daß ein Benutzer dem System nur noch mitteilen muß,

- welche Tätigkeit er durchführen möchte, woraufhin das System selbsttätig die Bereitstellung sämtlicher für diese Tätigkeit notwendigen Informationen an seinem Arbeitsplatz (Bildschirm) veranlaßt und, sofern
- die Tätigkeit am Rechner durchgeführt wird, das zur Durchführung vorgesehene Anwendungssystem startet,
- welches Ereignis als Ergebnis einer Tätigkeit eingetreten ist, woraufhin das System automatisch die Weiterleitung entsprechender Informationen an die richtigen Stellen veranlaßt bzw. gegebenenfalls nachfolgende Vorgänge (Tätigkeiten) auslöst.

Die zentrale Verwaltung der Informationsflüsse stellt sicher, daß alle angeschlossenen Funktionseinheiten auf der gleichen Datenbasis arbeiten und keine Änderungen bei paralleler Bearbeitung des gleichen Informationselements verloren gehen.

Realisierung und Einsatz des Informationsmanagementsystems

Das InforMas ist auf einem zentralen Rechner (Server) installiert, so daß von anderen Rechnern (Workstations, PC's, etc.) über ein Netzwerk auf das System zugegriffen werden kann. Eine grafische Benutzeroberfläche unterstützt die komfortable Bedienung des Systems, wobei die Modellierung sowohl grafisch unterstützt als auch über reine Maskeneingabe am Bildschirm erfolgen kann.[3.8]

Über die Anwendung in der flexiblen Montage hinaus ist ein Einsatz auch in anderen Bereichen zur Unterstützung eines effektiven Qualitätsmanagements denkbar.

Vergleich mit konventionellen Systemen

Eine Gegenüberstellung der Vorgehensweisen zur Informationsbeschaffung und -verbreitung auf konventionelle Art und jenen, die unter Zuhilfenahme des Qualitätsinterface erforderlich sind, verdeutlicht die Vorteile eines effektiven Informationsmanagements (Abb 3.5).

Zur Durchführung der Qualitätsplanung müssen bisher z.B. Stücklisten und Zeichnungen aus der Konstruktionsabteilung und Produktanforderungen aus dem Bereich Marketing beschafft und ggf. aufbereitet werden.

Die Ergebnisse der Qualitätsplanung sind neben Informationen über Montageprozesse aus der Arbeitsvorbereitung und Angaben über Eigenschaften von Prüfmitteln aus dem Bereich Prüfmittelverwaltung Grundlage zur Durchführung der Prüfplanung.

Die Regelung von Fügeprozessen zur Optimierung der Produktqualität erfordert ebenfalls die Beschaffung und Aufbereitung umfangreicher und heterogen vorliegender Eingangsinformationen wie z.B. Ursache-Wirkungs-Zusammenhänge, Informationen über vorhandene Betriebsmittel und Eingriffsmöglichkeiten in den jeweiligen Prozeß.

Beim Einsatz des Qualitätsinterface wird der Anwender (unabhängig davon, ob es sich um Personen oder automatisierte Systeme handelt) von Aufgaben der Informationsbeschaffung und -aufbereitung befreit.

Für die Qualitätsplanung werden durch das Qualitätsinterface z.B. Konstruktionsdaten und Prozeßinformationen beschafft und zu Darstellungen der Produktstruktur und der zugeordneten Verbauungsprozesse aufbereitet.

Bei der Durchführung der Prüfplanung werden automatisch die relevanten Qualitätsmerkmale zur Verfügung gestellt. Den abgeleiteten Prüfmerkmalen werden Informationen über vorhandene Prüf- und Meßmittel zugeordnet.

Analog wird die Aufbereitung und Verbreitung der Ergebnisse der jeweiligen Funktionen über das Qualitätsinterface vorgenommen, wobei die Synchronisation des Zusammenwirkens verschiedener Anwender unterstützt wird.

Die optimale Gestaltung des Informationsflusses im Unternehmen ist eine unabdingbare Voraussetzung für ein wirksames Qualitätsmanagement. Das Qualitätsinterface kann hierzu einen entscheidenden Beitrag leisten.

3.1.3 Produkt- und montageprozeßorientierte Qualitätsregelung

Um Montageprozesse beurteilen und regeln zu können, reicht das Ergebnis des Montageprozesses (Verbauung i.O./n.i.O.) als Basis nicht aus: Zum einen ist die genaue Beurteilung des Montageprozeßergebnisses am Produkt oft nur mit erheblichem Aufwand an Kosten und Zeit durchführbar (etwa bei zerstörenden Prüfungen oder komplexen Prüfverfahren). Zum anderen ist beim Einsatz moderner, schneller und investitionsintensiver Montagetechnologie die Realisierung schneller Regelkreise zur Gewährleistung der Sicherheit und Fähigkeit von Montageprozessen unabdingbar.

Es ist daher häufig notwendig, die Regelungs- und Eingriffsmöglichkeiten des jeweiligen Montage- bzw. Fügeprozesses zu untersuchen. Dazu müssen Prozeßparameter aufgezeichnet und mittels geeigneter Methoden bewertet werden um die Grundlage zur Einleitung von Verbesserungsmaßnahmen mit dem Ziel einer Qualitätssteigerung in der Montage bei gleichzeitiger Erfüllung von zeit- und kostenbezogenen Anforderungen zu bilden.

Die zunehmende Flexibilisierung von Montageprozessen, die aus wirtschaftlicher Sicht erforderlich ist, erweist sich vor diesem Hintergrund als problematisch für eine Betrachtung von Fügeprozessen. So werden etwa zunehmend unterschiedliche Fügeverfahren in Montagezellen mit einer einheitlichen flexiblen Steuerung zusammengefaßt. Dabei ist eine geeignete Sensorik zur Aufnahme von Fügeprozeßparametern zwar teilweise vorhanden, es mangelt aber an Verfahren zur automatisierten qualitätsbezogenen Beurteilung der aufgenommenen Prozeßinformationen sowie zur Einleitung entsprechender qualitätsregelnder Eingriffe auf Zellenebene.

Außerdem sind flexible Montagezellen bzw. ihre Steuerungen bislang zwar in den materialflußbezogenen Informationsfluß integriert, eine Integration in zellenübergreifende Qualitätsregelkreise auf flexible Art ist aber bislang im allgemeinen nicht realisiert [3.10].

Es ist daher ein Konzept für die Aufnahme und Bewertung von Fügeprozeßparametern zu entwickeln. Ziel ist

- den Verlauf unterschiedlicher Fügeprozesse anhand prozeßspezifischer Parameter zu bewerten,
- kritische bzw. unzulässige Prozeßzustände zu detektieren,
- geeignete Eingriffe auf Fügeprozeß- bzw. Montagezellenebene einzuleiten und
- verdichtete Qualitätsinformationen an übergeordnete Regelkreise weiterzuleiten.

Bei der Analyse der Prozeßparameter müssen darüber hinaus im Sinne einer präventiven Qualitätssicherung auch während des Montageablaufs nach Möglichkeit zu erwartende kritische Prozeßzustände vorausgesagt und entsprechende Maßnahmen initiiert werden können (Abb. 3.6).

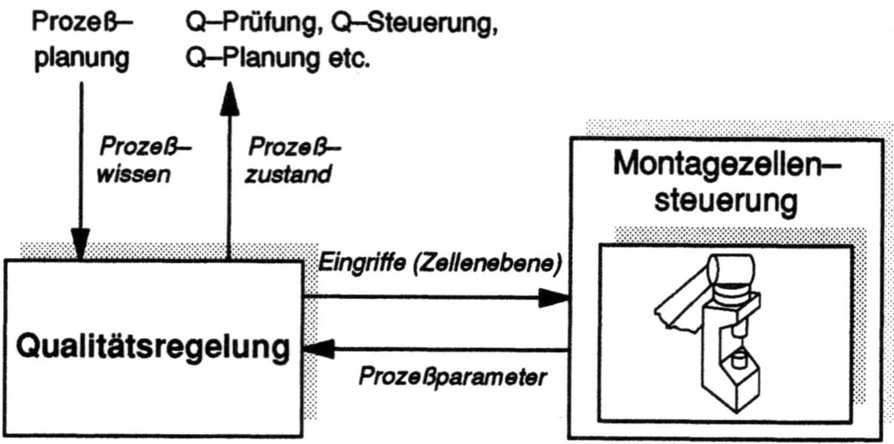

Abb.3.6. Grundkonzeption des Qualitätsregelungsmoduls

Exemplarische Implementierung

Für dieses Konzept wird ein Softwarebaustein entwickelt, der folgende Aufgaben hat:

- Aufzeichnung der prozeßspezifischen Parameter,
- Verdichtung der Prozeßinformationen zu Qualitätsaussagen mittels entsprechender statistischer Verfahren,
- Initiierung von Regelungseingriffen in den Fügeprozeß und
- Aufbereitung von Qualitätsinformationen zur Kommunikation mit übergeordneten Qualitätssicherungselementen (Q-Planung, Q-Steuerung).

Die erstellte Softwarelösung dient u.a. zur Beurteilung von Durchsetzfügeprozessen innerhalb einer flexiblen Montagezelle. Die hohe Flexibilität des Durchsetzfügens (u.a. können unterschiedliche Werkstoffe gefügt werden, je nach Belastung der Fügeverbindung können unterschiedliche Fügeelemente verwendet werden) führt zu einer Vielzahl von Varianten des hier charakteristischen Merkmals "Fügekraftverlauf", der über den Weg des Werkzeugoberteils aufgezeichnet wird [3.9]. Für deren Beurteilung ist die jeweilige Kombination von Werkstoffpaarung, Werkzeug und Fügeelementart und deren Zuordnung zu entsprechenden Sollwerten und Toleranzbereichen notwendig. Damit lassen sich dann Qualitätsaussagen ableiten.

Die Datenhaltung und -zuordnung muß ständig aktualisiert werden. Qualitätsinformationen entstehen auf der hier betrachteten Werkzeugebene durch die Signale der vorhandenen Sensorik. Diese Prozeßdaten werden während jeder Teilverrichtung an das Qualitätsregelungsmodul gesendet. Dort werden sie mittels geeigneter statistischer Verfahren zu Informationen über den Qualitätszustand des Prozesses verdichtet, entsprechende regelnde Eingriffe werden abgeleitet.

(wie im vorliegenden Anwendungsfall) zwischen zwei Teilverrichtungen erfolgen. Zum anderen muß, wenn qualitätsrelevante Parameter nicht auf derselben Ebene beeinflußt werden können, auf der ihre Ausprägungen auftreten, eine Rückmeldung an höhere Ebenen erfolgen.

Die Forderung nach frühzeitigen Meldungen an übergeordnete (Qualitäts-) Steuerungsebenen erfordert eine kontinuierliche statistische Bewertung und Auswertung von Prozeßparametern auf jeder Ebene und einen fortlaufenden Fluß daraus entstehender Qualitätsinformationen. Dabei ergeben sich die Eingangsinformationen für die übergeordneten Hierarchieebenen aus den bewerteten und verdichteten Ausgangsinformationen der Module der darunterliegenden Ebene. Der interne Regelkreis der Montagezelle bezieht ausschließlich aktuelle Produktmerkmale und Prozeßeinflußgrößen mit ein, Schnittstellen zu den übergeordneten planenden und lenkenden Qualitätssicherungsfunktionen in der flexiblen Montage sind jedoch vorgesehen.

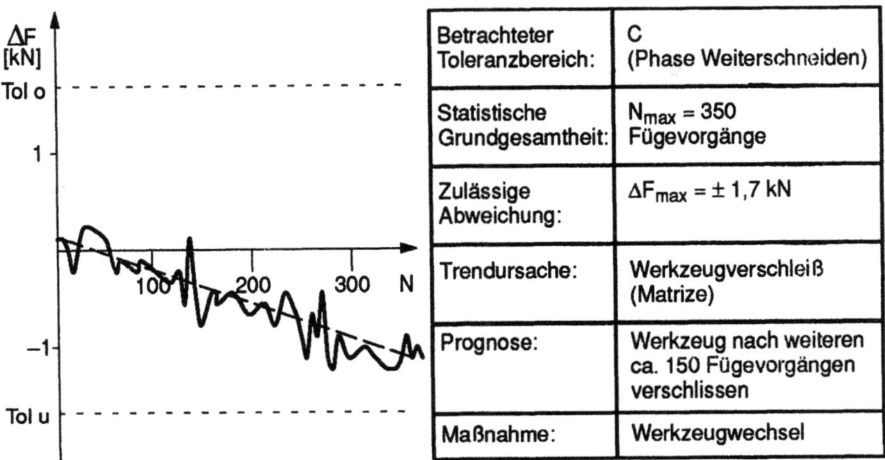

Betrachteter Toleranzbereich:	C (Phase Weiterschneiden)
Statistische Grundgesamtheit:	$N_{max} = 350$ Fügevorgänge
Zulässige Abweichung:	$\Delta F_{max} = \pm 1,7$ kN
Trendursache:	Werkzeugverschleiß (Matrize)
Prognose:	Werkzeug nach weiteren ca. 150 Fügevorgängen verschlissen
Maßnahme:	Werkzeugwechsel

Abb.3.7. Trendermittlung und Ableitung von Maßnahmen im Qualitätsregelungsmodul

Die qualitätsgerechte Regelung von Fügeprozessen muß allerdings über das Erkennen von *fehlerhaften* Fügevorgängen und die Ableitung von Ursachen hinausgehen. Durch geeignete Auswerteverfahren (z.B. Regressionsanalyse) werden bereits im Vorfeld des Entstehens von Qualitätsbeeinträchtigungen entsprechende Trends ermittelt, Ursachen abgeleitet und Gegenmaßnahmen veranlaßt. Dazu werden die Parameterverläufe auf der Basis unterschiedlicher Anzahlen von Fügevorgängen statistisch aufbereitet (Abb. 3.7).

Bezüglich der Prozeßfähigkeit werden folgende Unterscheidungen vorgenommen:

- Stichprobenumfang: Es wird nach der Anzahl der Fügevorgänge unterschieden (an einem Teil bzw. für mehrere Lose).
- Teilintervallbezogene Auswertung über mehrere Fügevorgänge (an einem Teil oder für mehrere Lose unterschiedlicher Teile).
- Einzelauswertung eines Fügevorgangs: Es erfolgt die Definiton eines Kennwerts für die Qualität des Parameterverlaufs über das ganze Intervall.

Die Festlegung der Funktionalität des Qualitätsregelungsmoduls für spezifische Fügeprozesse erfolgt während der Planungsphase mit Hilfe von klassifizierenden Beschreibungen der Fügeprozesse und deren Zuordnung zu entsprechenden Regelungsmöglichkeiten durch die Bereiche Qualitätsplanung und Prozeßplanung.

Sowohl für die Initialisierung als auch für die Anwendung des Qualitätsregelungsmoduls während der Montage bestehen entsprechende Schnittstellen zu einem Qualitätsinformations- und Steuerungssystem [3.11].

Flexibilitätsaspekte der entwickelten Lösung

Das entwickelte Qualitätsregelungskonzept kann durch seine prozeßneutrale Struktur prinzipiell zur Regelung von allen Füge-, Handhabungs- und Transportvorgängen eingesetzt werden. Die grundsätzlichen Aufgaben des erstellten Softwaremoduls (Parameteraufnahme, Ableitung von Qualitätsaussagen, Initiierung von regelnden Eingriffen, Kommunikation mit anderen QS-Elementen) werden grundsätzlich unabhängig von den jeweils zugeordneten Prozessen wahrgenommen. Die beispielhafte Implementierung für einen spezifischen Fügeprozeß in einer definierten Montagezelle läßt folgende Problembereiche erkennen:

- Die Ableitung von Qualitätsaussagen aus Prozeßparametern durch die Anwendung entsprechend angepaßter SPC-Methoden ist stark vom jeweils betrachteten Prozeß abhängig. Eine Klassifizierung von Füge- und Handhabungsprozessen und die Zuordnung von geeigneten statistischen Beurteilungsverfahren ist daher naheliegend.
- Die durch die Regelungselemente abgeleiteten Qualitätsinformationen an übergeordnete QS-Elemente müssen logisch strukturiert und für alle am Produktentstehungsprozeß beteiligten Bereiche zugreifbar zur Verfügung stehen. Auf diese Weise ist es möglich, den aktuellen Qualitätsstatus von Produkten und Prozessen auch innerhalb von Zellen jederzeit zu beurteilen und unmittelbar in qualitätsverbessernde Maßnahmen auf jeder Regelkreisebene umzusetzen (vgl. Kap. 3.1.2).

3.2 Qualitätssteigernde Montagestrategien

Eine gleichbleibende Produktqualität ist das angestrebte Ziel jedes Produktionsbetriebs. Zur Realisierung dieses Ziels, ohne wesentliche Erhöhung der Fertigungsqualität der Einzelteile, müssen intelligente, qualitätsorientierte Montagestrategien eingesetzt werden. Bekannt sind drei Montagestrategien: die statistische Montage, die Montage mit Justage und die Selektive Montage.

Bei der statistischen Montage werden die Einzelteile zufällig kombiniert. Als Ergebnis erhält man eine entsprechend breite Streuung der Produktqualität (Abb. 3.8 a).

Bei der Montage mit Justage wird versucht, das funktionsbestimmende Schließmaß auf einen bestimmten Wert einzustellen. Die dadurch erzielbare Produktqualität ist nahezu konstant. Allerdings ist der höhere Aufwand nur bei extremen Anforderungen an die Genauigkeit zu rechtfertigen (Abb. 3.8 b).

Selektive Montage bedeutet, daß möglichst alle grobtolerierten Einzelteile eines Fertigungsloses im Sinne der Produktqualität optimal verbaut werden. Durch eine geeignete Kombination der Einzelteile läßt sich die Qualität der Produkte deutlich verbessern, sowie die Streuung der Qualität wesentlich einengen (Abb. 3.8 c).[3.15]

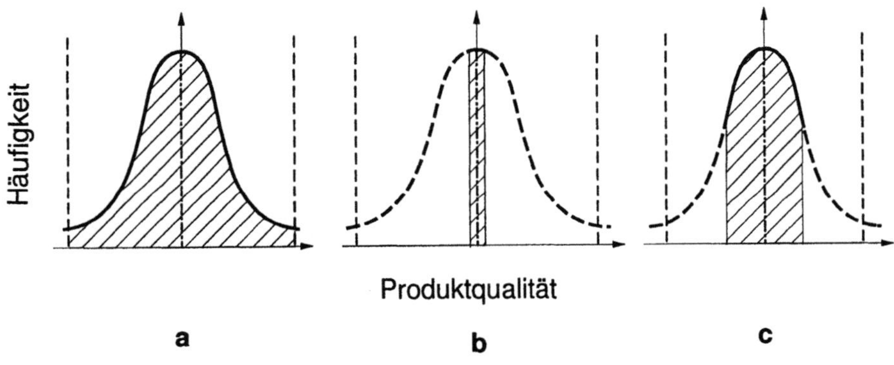

Abb.3.8. Statistische Verteilung der mit den Montagestrategien erzielbaren Qualitäten, **a**: Statistische Montage, **b**: Montage mit Justage und **c**: Selektive Montage

3.2.1 Selektive Montage

Die Selektive Montage wird hier an einem ausgewählten Produkt erläutert. Als Montageobjekte werden Planetengetriebe ausgewählt, da sie in verschiedenen Ausführungen in unterschiedlichen Qualitätsstufen hergestellt werden.

Voraussetzung für die Selektive Montage

Für die Selektive Montage ist es erforderlich, sämtliche für die Funktion relevanten geometrischen Abmessungen der Einzelteile zu erfassen und dann die Teile so zu kombinieren und / oder zu positionieren, daß ein möglichst günstiges Schließmaß erreicht wird.

Bei der sogenannten Adaptiven Selektiven Montage (ASM) werden die in der Endkontrolle gemessenen Produktdaten verwendet, um die Montagestrategie anzupassen und zu optimieren. Dadurch läßt sich ein Qualitätsregelkreis aufbauen, mit dem Ziel die Produktqualität stetig zu verbessern und auf diesem Niveau, trotz Störeinflüssen, konstant zu halten.

Zum Aufbau eines Regelkreises ist es immer erforderlich die Regelstrecke möglichst genau zu kennen. Da die Produktqualität entscheidend von den Einzelteiltoleranzen bestimmt wird, ist es notwendig ein Toleranzmodell des zu montierenden Produkts zu erstellen, mit dem die Einflüsse der Einzelteiltoleranzen auf die Qualität des Endprodukts ermittelt werden können.

Entwicklung eines Toleranzmodells für Planetengetriebe

Die Entwicklung von Strategien zur Ermittlung einer optimalen Bauteilekombination für die Selektive Montage von Planetengetrieben erfordert ein Toleranzmodell, mit dem das Spiel bzw. Klemmen am Endprodukt, anhand der Istgeometrien, bereits vor der Montage ermittelt werden kann. Dieses Modell muß eine Simulation des Funktionsablaufs erlauben, um auch die von der Einbauposition und -lage abhängigen Beeinflussungen des Schließmaßes bzw. Spielverlaufs während des Betriebs erfassen zu können. Daraus kann neben der günstigsten Teilekombination auch die optimale Ausrichtung der Einzelteile für den Zusammenbau bestimmt werden.

Das Toleranzmodell muß folgende Anforderungen erfüllen:

- Die Verzahnungstoleranzen müssen berücksichtigt werden,
- statische und dynamische Toleranzen müssen erfaßt werden und
- serielle und parallele Maßketten müssen, auch innerhalb von Verzahnungen, untersucht werden können da beim Planetengetriebe das Schließmaß durch drei parallele Maßketten bestimmt wird.

Die rechnerische Bestimmung des Verzahnungsspiels in einem Getriebe ist aufgrund der relativ komplexen Geometrie der Zahnflanken ziemlich aufwendig. Für die Toleranzuntersuchung von Planetengetrieben ist es zudem erforderlich, die Position und Lage aller Zahnräder zueinander in die Spielberechnung mit einzubeziehen, um z.B. die Teilungswinkelfehler von Planetenträgern mit der

Toleranzrechnung erfassen zu können. Zu diesem Zweck wurde ein neues Toleranzmodell entwickelt, das die Positions- und Lageeinflüße der Zahnräder mit berücksichtigt. Eine weitere Anforderung an das Toleranzmodell ist eine Lösung zu finden, die eine Analyse seriell und parallel geschalteter Räderketten gestattet.

Modell zur Untersuchung des Einflusses von Verzahnungsfehlern

Nach Euler-Savary lassen sich beliebige Verzahnungen erzeugen, indem ein Band oder Faden von einem Grundkörper abgewickelt wird, dessen Kontur die Evolute der Zahnflanke ist. Das Faden- oder Bandende beschreibt dann das Flankenprofil. Für die in der Industrie eingesetzten Evolventenverzahnungen erhält man, bei fehlerfreien Verzahnungen, als Grundkörper einen Kreiszylinder.

Für Zahnradpaarungen müssen nach dem Verzahnungsgesetz die Tangenten an die beiden Zahnflanken im Berührpunkt zusammenfallen und damit auch die Zahnflankennormalen. Die Normale der Zahnflanke ist in jedem Punkt der Evolvente identisch mit der Richtung des abgewickelten Bandes. Verbindet man die beiden Bandenden im Berührpunkt, so ergibt sich das folgende Ersatzmodell.

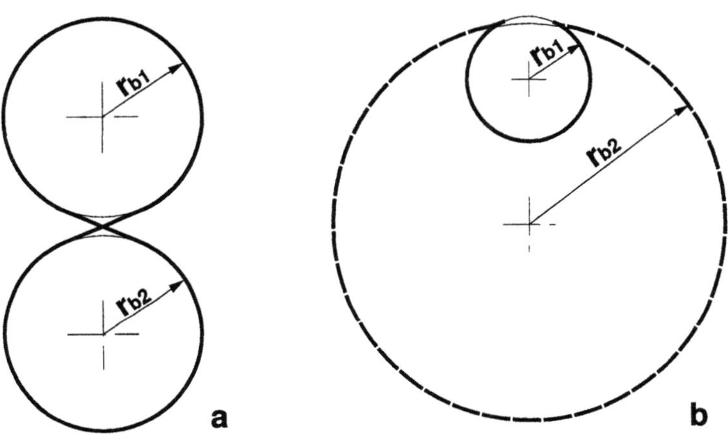

Abb.3.9. Bandverlauf beim Bandmodell, **a**: bei außenverzahntem Stirnradpaar, **b**: bei innen- und außenverzahntem Stirnradpaar.

Legt man ein Band um die Grundzylinder zweier Zahnräder entsprechend Abb. 3.9 a und benutzt dieses zur Bewegungsübertragung, so erhält man ein Modell, welches das Übertragungsverhalten von Zahnradgetrieben mit Evolventenverzahnung exakt auf ein Bandgetriebe abbildet (Bandmodell) [3.16]. Das Band wird von dem treibenden Grundzylinder ab- und auf den getriebenen als Schubband aufgewickelt. Abbildung 3.9 b zeigt den Bandverlauf bei innenverzahnten Getrieben. Beim unterbrochen gezeichneten Bandabschnitt der Innenverzahnung ist die Länge mit negativem Vorzeichen zu versehen. Dieses Modell (Bandmodell) wird als Basis für die Entwicklung eines Toleranzmodells für Planetengetriebe verwendet. Dazu muß vor allem geklärt werden, wie parallele und serielle Radketten abgebildet werden müssen.

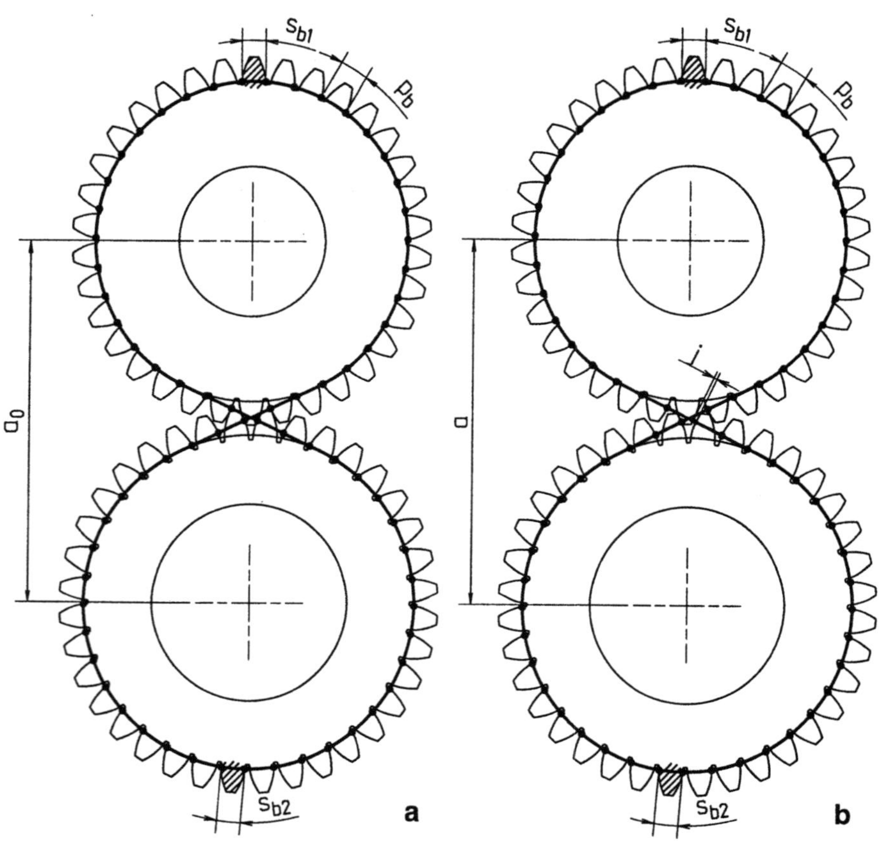

Abb. 3.10. Herleitung der Bandlänge. Das Getriebe in **a** ist spielfrei, **b** ist spielbehaftet

Außenverzahnte Radpaare

Bei spielfreiem Eingriff berühren sich die Arbeits- und Rückflanken der Zahnräder (Abb. 3.10 a). Die sich dabei ergebende Bandlänge wird als Mindestbandlänge l_0 bezeichnet. Um ein Klemmen der Räder zu vermeiden darf l_0 nicht unterschritten werden.

Das Radpaar in Abb. 3.10 b weist einen etwas größeren Achsabstand als a_0 auf ($a > a_0$). Das Flankenspiel beträgt in diesem Fall j. Wie in Abb. 3.10 b dargestellt, verlängert sich beim vergrößerten Achsabstand a das Band um genau den Betrag j. Wird der Achsabstand a_0 in Abb. 3.10 a unterschritten, so verkürzt sich die Bandlänge, das Radpaar klemmt. Die Mindestbandlänge l_0 läßt sich mit p_b als Grundkreisteilung aus den Verzahnungsdaten nach Gl. (3.1) berechnen.

$$l_0 = (z_1 + z_2 - 1) \cdot p_b + s_{b1} + s_{b2} \qquad \text{(Gl. 3.1)}$$

Innenverzahnte Radpaare

Für innenverzahnte Radpaare können dieselben Gleichungen wie für außenverzahnte Radpaare verwendet werden, wenn für das innenverzahnte Rad entsprechend DIN 3960 [3.17] negative Zähnezahlen eingesetzt werden. Der Achsabstand eines innenverzahnten Radpaares hat damit ebenfalls ein negatives Vorzeichen. Bei der Profilverschiebung gilt, daß eine positive Profilverschiebung dickere Zähne erzeugt, eine negative dagegen dünnere Zähne.

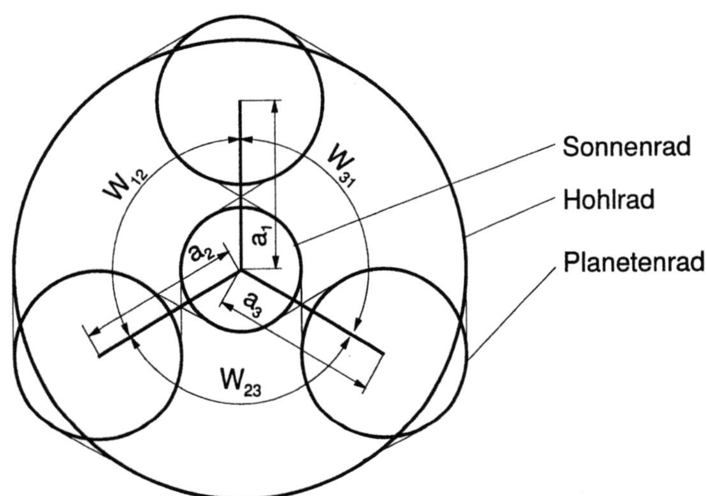

Abb.3.11. Achsabstand und Teilungswinkel am Planetengetriebe

Toleranzmodell für Planetengetriebe

Für die Selektive Montage ist es wichtig zu wissen, ob das Planetengetriebe bei gegebener Geometrie montierbar ist und wie groß das Umkehrspiel des Getriebes wird. Wesentlichen Einfluß darauf haben Abweichungen am Planetenradträger. Am Planetenradträger wirken sich Lageabweichungen der Planetenradmittelpunkte auf den Achsabstand und den Teilungswinkel aus. Abbildung 3.11 zeigt ein Planetengetriebe, bei dem die Zahnräder durch ihre Grundkreise ersetzt wurden. Eingezeichnet sind die Teilungswinkel W_{12}, W_{23}, W_{31} des Planetenträgers sowie die Achsabstände a_1, a_2 und a_3 von Planetenrädern und Sonnenrad bzw. Hohlrad. Bei dem hier gezeigten idealen Getriebe fallen die Zentren von Sonnenrad, Hohlrad und Planetenradträger zusammen. Der Achsabstand eines Planetenrads zum Sonnenrad ist gleich dem Achsabstand des Planetenrads zum Hohlrad. Bei einem toleranzbehafteten, realen Getriebe ist dies nicht immer der Fall. Unterscheiden sich die Zentren von Sonnenrad und Hohlrad, dann unterscheidet sich der Achsabstand eines Planetenrads zum Sonnenrad von dem Achsabstand zum Hohlrad.

Ein Planetengetriebe mit drei Planetenrädern besteht aus drei parallel geschalteten Radketten:

– Radkette 1: Sonnenrad, Planetenrad 1, Hohlrad
– Radkette 2: Sonnenrad, Planetenrad 2, Hohlrad
– Radkette 3: Sonnenrad, Planetenrad 3, Hohlrad.

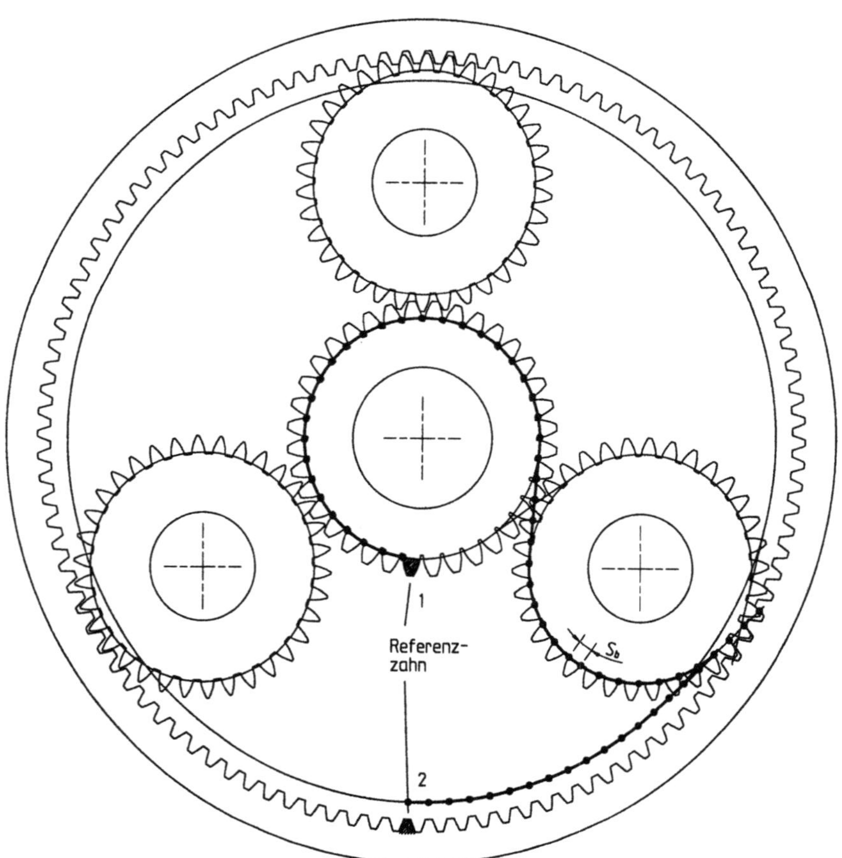

Abb.3.12. Referenzzahnverfahren, Arbeitsflankenanlage

Da hier, wie bereits erwähnt, Lageänderungen der Zahnräder einen starken Einfluß auf die Montierbarkeit und das Umkehrspiel der Getriebe haben, muß man bei diesen Getrieben zur Toleranzuntersuchung die sogenannte Referenzzahnmethode anwenden.

Dazu muß auf den beiden gemeinsamen Rädern der Radketten, dem Sonnen- und dem Hohlrad, jeweils ein gemeinsamer Referenzzahn festgelegt werden (Abb. 3.12). Ausgehend von diesem Referenzzahn (1) auf dem Sonnenrad werden auf dem eingezeichneten Band so viele Teilungen abgetragen, bis der Referenzzahn auf dem Hohlrad erreicht wird. Dabei ist zu beachten, daß am Planetenrad die Arbeits- und Rückflanken wechseln, d.h. es geht die Zahndicke am Grundkreis s_b dieses Rades in die Bandlänge mit ein.

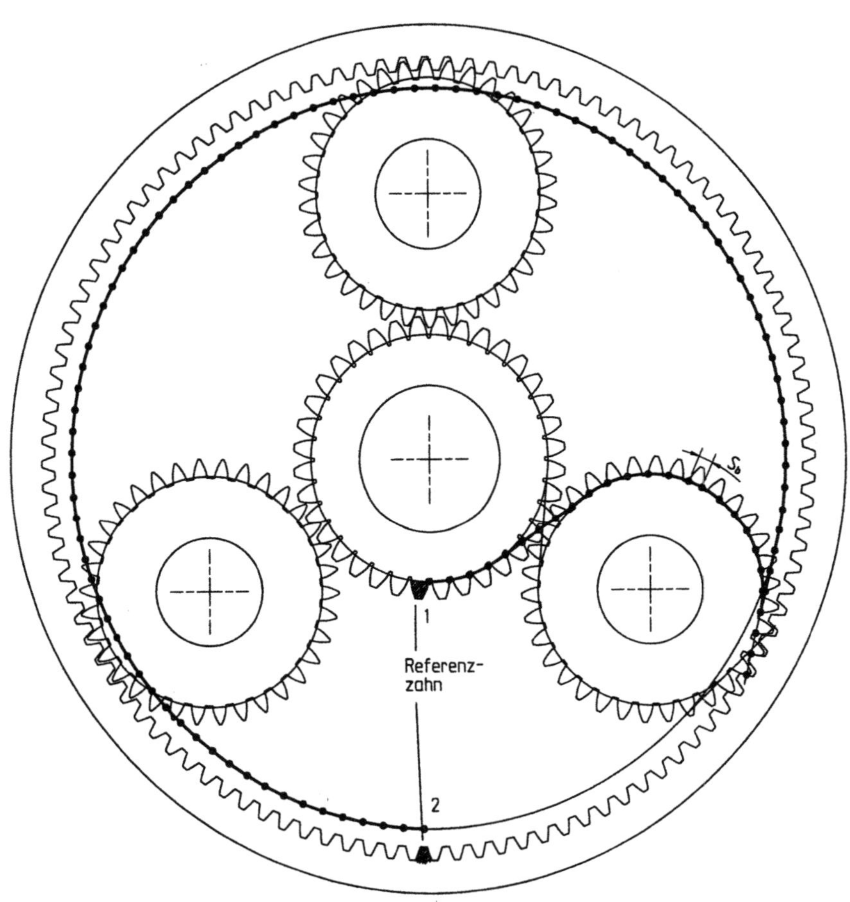

Abb.3.13. Referenzzahnverfahren, Rückflankenanlage

Dasselbe wird nach Abb. 3.13 für die Rückflanken durchgeführt. Die Lücke zwischen den Bandenden auf dem Grundkreis des Hohlrads hängt von den Grundkreiszahndicken des Sonnenrads und des in diesem Zweig liegenden Planetenrads ab. Bei einem spielfreien Getriebe paßt in die Lücke zwischen den beiden Bandenden genau ein Zahn des Hohlrads. Ausgehend von den gleichen Referenzzähnen auf dem Sonnen- und dem Hohlrad werden für die beiden anderen Planetenräder die Bänder entsprechend aufgetragen.

Bei einem idealen Getriebe, ohne Abweichung, enden die drei Arbeitsflankenbänder und die drei Rückflankenbänder in jeweils einem gemeinsamen Punkt auf dem Grundkreis des Hohlrads. Bei einem realen, toleranzbehafteten Getriebe enden die Arbeitsflankenbänder und die Rückflankenbänder an verschiedenen Punkten auf dem Hohlrad. Abbildung 3.14 zeigt die Bandenden eines toleranzbehafteten Getriebes. Der eingezeichnete Zahn füllt mit seiner Zahndicke s_{bmax} gerade die verbleibende Lücke zwischen den drei Bandendenpaaren aus. Ist die durch die beiden am engsten stehenden Arbeits- und Rückflankenbandenden entstehende Lücke kleiner als die Zahndicke des Hohlrads, klemmt das Getriebe. Das Gesamtspiel des Getriebes läßt sich aus der Differenz von Bandlücke und Zahndicke s_{bmax} errechnen.

Allerdings ist damit noch nicht gewährleistet, daß kein Klemmen der einzelnen Radpaarungen, Sonne-Planetenrad und Planeten-Hohlrad, auftritt. Es müssen zusätzlich noch die Einzelbänder aller Radpaare überprüft werden, um ein Klemmen des Getriebes auch an den einzelnen Radpaaren auszuschließen.

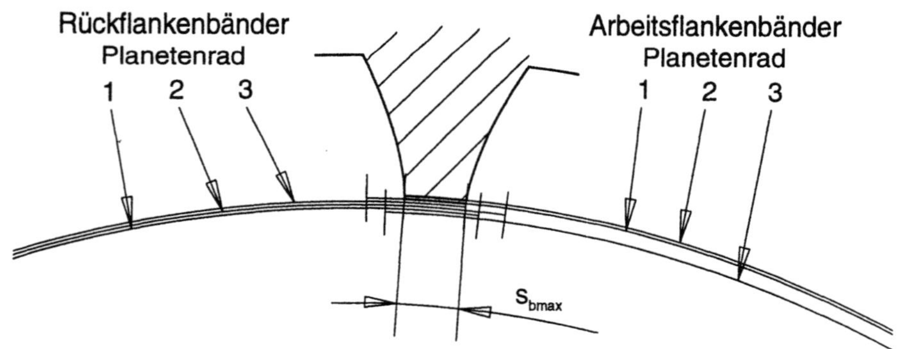

Abb.3.14. Bandenden, mit maximaler möglicher Zahnweite

Durch Selektive Montage erzielbare Qualitätsvorteile am Beispiel von Rolladenplanetengetrieben

Als Montageobjekte werden für die Adaptive Selektive Montage (ASM) Rolladenplanetengetriebe verwendet. Die Zahnräder dieser Getriebe sind aus Kunststoff und weisen große Fertigungstoleranzen auf. Das für den Kunden entscheidende Qualitätsmerkmal dieser Getriebe ist das Laufgeräusch, das möglichst gering sein soll. Bedingt durch die großen Fertigungstoleranzen der Kunststoffteile weist es eine große Streuung auf und bietet damit ein ideales Einsatzgebiet für die ASM.

Zur Verifikation der, mit Hilfe des Toleranzmodells gewonnenen Montagestrategien und zur Ermittlung des Laufgeräuschs, wurden bei der Herstellerfirma der Getriebe Versuche durchgeführt. Dazu wurden 100 gekennzeichnete Kunststoff-zahnräder auf einer Zweiflankenwälzprüfmaschine vermessen. Die Exzentrizitäten wurden mit Farbpunkten markiert. Selektiv montiert wurde die erste Getriebestufe, bei der Planetenträger und Planetenräder aus Kunststoff sind (Abb. 3.15).

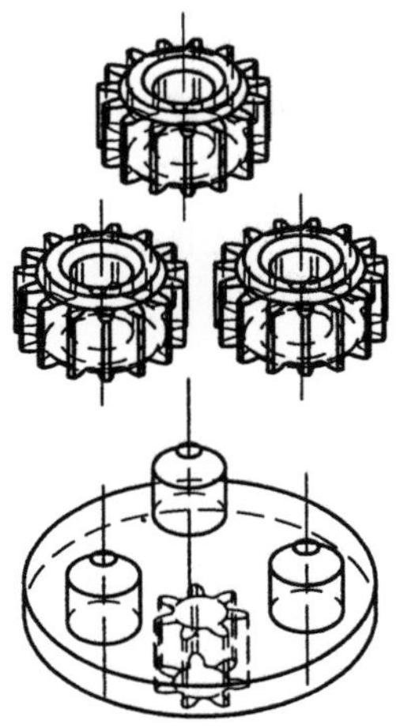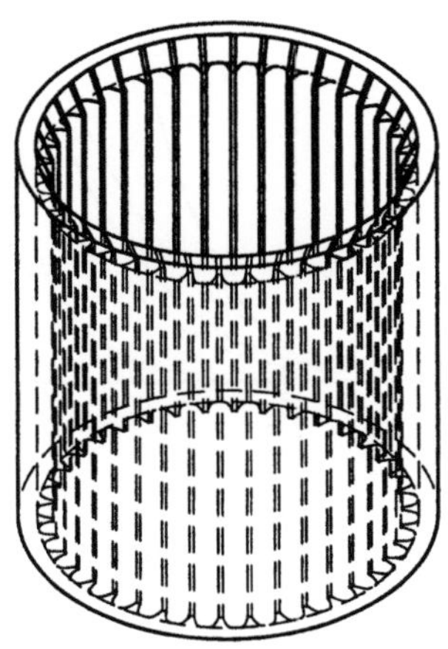

Abb.3.15. Planetengetriebestufe

Getestet wurden zwei verschiedene Montagestrategien: Die erste Strategie kombiniert die Räder so, daß die dynamische Teilungswinkeländerung, hervorgerufen durch die umlaufenden Exzentrizitäten der Planetenräder möglichst gering ist. Die zweite Montagestrategie kombiniert die Räder zum Vergleich so, daß eine mittelgroße Schwankung des dynamischen Teilungswinkels auftritt. Montiert wurden nach beiden Strategien jeweils 15 Getriebe. Um den Montageeinfluß deutlicher zu erkennen, wurde bei der Auswertung der Ergebnisse zwischen drei Planetenträgern unterschieden, die aus jeweils einem anderen Spritzgußformnest stammen. Nach erfolgter Montage werden alle Getriebe unter gleichen Bedingungen einer Geräuschprüfung unterzogen. Die Auswertung der Meßergebnisse zeigt bei den Planetenträgern aus allen drei Formnestern deutliche

Vorteile zugunsten der ersten Montagestrategie (Abb. 3.16). Die Getriebe laufen im Durchschnitt leiser und die Streuung der Dichteverteilung der Lautstärke ist deutlich geringer.

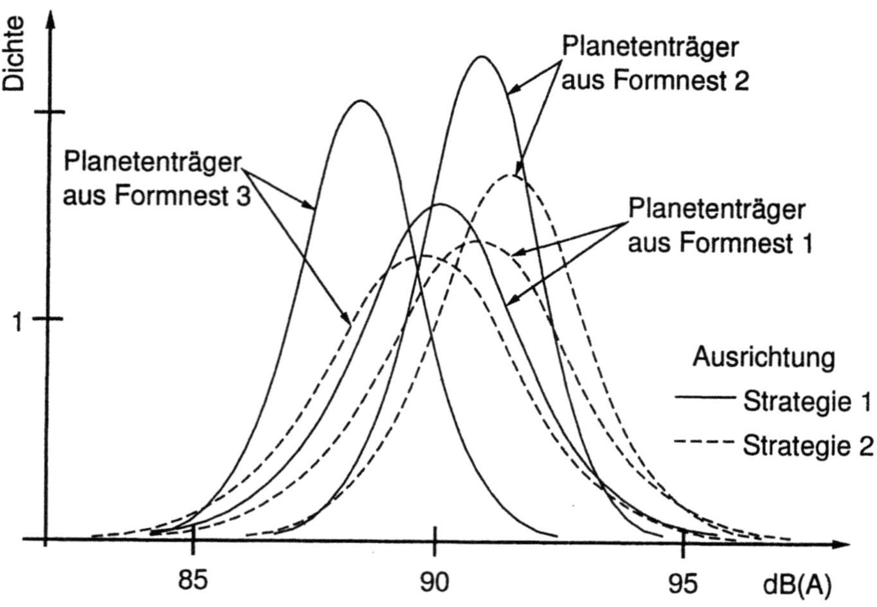

Abb.3.16. Geräuschentwicklung der Getriebe, abhängig von der Montageausrichtung

Auch zeigt sich, daß die Getriebe, je nach verbautem Planetenträger unterschiedlich starke Geräusche produzieren. Messungen von Planetenträgern auf einem Koordinatenmeßgerät zeigen, daß die verschiedenen Planetenträgerspritzformen unterschiedliche Teilungswinkel- und Achsabstandsfehler aufweisen. Die Größe dieses Fehlers beeinflußt das Laufgeräusch neben der verwendeten Montagestrategie entscheidend. Aus den gewonnenen Erkenntnissen können Rückschlüsse gezogen werden, welche Einflußgrößen das Geräusch der Endprodukte beeinflussen und wie die Qualitätsmängel der Produkte durch gezielte Veränderung der Parameter behoben werden können.

Die Qualitätsregelung, die sich hiermit aufbauen läßt führt einerseits zu einer optimalen Montage im Sinne der Produktqualität, andererseits können auch Mängel in der Teilefertigung erkannt und behoben werden, bevor die zulässigen Toleranzgrenzen überschritten werden und Ausschuß produziert wird.

Empfehlungen für die Anwendungsgebiete der Selektiven Montage

Abbildung 3.17 zeigt das Potential der Selektiven Montage am Beispiel von Getrieben. Daraus erkennt man, daß bei Produkten mit durchschnittlicher Präzision ein geringes Potential vorhanden ist. Die erzielbare höhere Produktqualität würde den erhöhten Aufwand für die messtechnische Erfassung der Einzelabmessungen und die aufwendigere Montage nicht rechtfertigen. Ein großes Potential ist jedoch dort vorhanden, wo mit nur geringer Präzision fertigbare Einzelteile montiert werden müssen. Vorteile durch die Selektive Montage lassen sich auch dort erzielen, wo Produkte mit sehr hohen Qualitätsanforderungen hergestellt werden müssen und bei denen eine Qualitätssteigerung selbst durch aufwendigere Fertigungsverfahren nicht mehr möglich oder mit zu hohen Kosten verbunden ist. Daraus resultieren zwei unterschiedliche Montagestrategien, die vorher bereits vorgestellte Adaptive und die Kombinatorische Selektive Montage (KSM). Für die in Abb. 3.17 dargestellten charakteristischen Einsatzbereiche sind unterschiedliche Strategien anzuwenden:

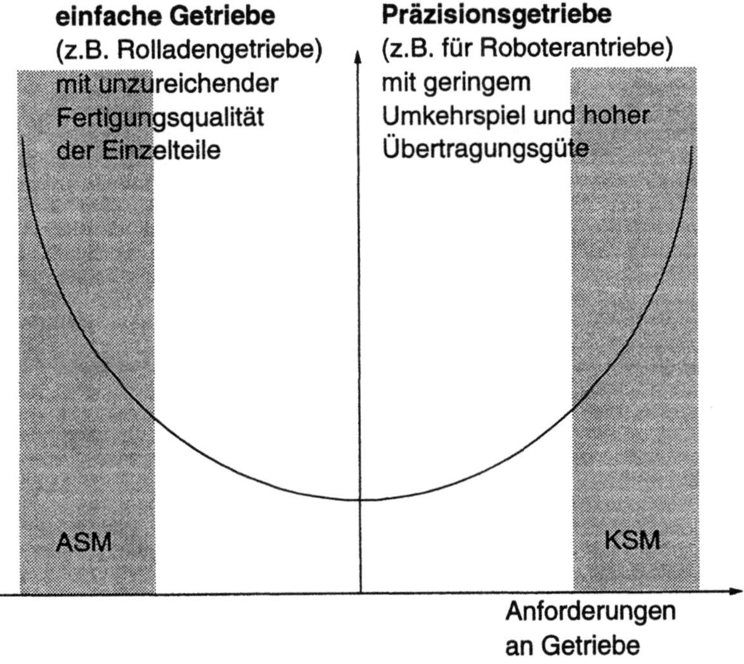

Abb.3.17. Potential der Selektiven Montage

Selektive Montage von Bauteilen mit geringer Präzision:
Adaptive Selektive Montage (ASM):

Die ASM läßt sich immer dann anwenden, wenn die Qualitätsmerkmale der Produkte nur indirekt von den Geometrieabweichungen abhängen. Der Kunde legt z.B. auf eine niedere Geräuschentwicklung wert. Dann wird zunächst eine Montagestrategie eingesetzt, bei der die Einzelteile in Abhängigkeit von ihren geometrischen Abweichungen verbaut werden. Entsprechend den Rückmeldungen aus der Endprüfung wird die Montagestrategie dann variiert. Damit wird ein lokaler Qualitätsregelkreis aufgebaut. Man erhält eine Korrelation zwischen Geräusch und angewandter Montagestrategie, d.h. den verschiedenen Montageregeln.

Mit zunehmender Anzahl montierter Produkte kann die Montagestrategie verbessert werden, bis ein Optimum erreicht ist. Es werden dann nur noch geräuscharme Produkte hergestellt. Die verwendeten Montageregeln werden vorher mit Hilfe eines Toleranzmodells überprüft, so daß ungeeignete Teilekombinationen ausgeschlossen werden. Beim Wechsel einer Bauteilcharge reagiert der Regelkreis wie auch auf andere Störungen im Produktionsprozess.

Selektive Montage von Präzisionsbauteilen:
Kombinatorische Selektive Montage (KSM):

Die für die KSM geeigneten Produkte zeichnen sich durch eine hohe Präzision der Einzelteile aus. Das Montageziel ist, Produkte mit enger Schließmaßtoleranz herzustellen. Die zu erwartende Schließmaßtoleranz wird über das Toleranzmodell vorausberechnet. Die vermessenen Teile eines Fertigungsloses werden entsprechend den Ergebnissen der Berechnung so kombiniert, daß bei allen montierten Objekten das Schließmaß innerhalb der vorgeschriebenen Toleranz liegt. Kann die gleiche Schließmaßtoleranz durch unterschiedliche Teilekombinationen erreicht werden, dann wird die KSM durch zusätzliche Rückkopplung der Prüfergebnisse (z.B.: Geräusch) weiter optimiert (lokaler Qualitätsregelkreis). Die rückgemeldeten Prüfergebnisse dienen auch zur Verifizierung des verwendeten Toleranzmodells.

Abbildung 3.18 zeigt den Ablauf der KSM. Ihre Anwendung wurde bei spielarmen Planetengetrieben, wie sie u. a. für Roboterantriebe eingesetzt werden, untersucht. Sowohl bei den aus Eigenfertigung stammenden Teilen, als auch bei Teilen von Zulieferern, werden die kritischen Abmessungen ermittelt und in einer Datenbank abgelegt. Jedes Teil wird als Unikat behandelt. Die gesamten zur Verfügung stehenden Teile werden durch Simulation im Rechner bei Bedarf so kombiniert, daß möglichst alle Getriebe die gewünschten Anforderungen bezüglich Umkehrspiel erfüllen. Die gefundenen Kombinationen werden der Kommissionierung übermittelt, die dann auf entsprechenden Werkstückträgern die Teile der Montage samt individuellen Montageplänen bereitstellt.

Durch die Adaptive und Kombinatorische Selektive Montage kann eine weniger streuende Produktqualität erzielt werden.

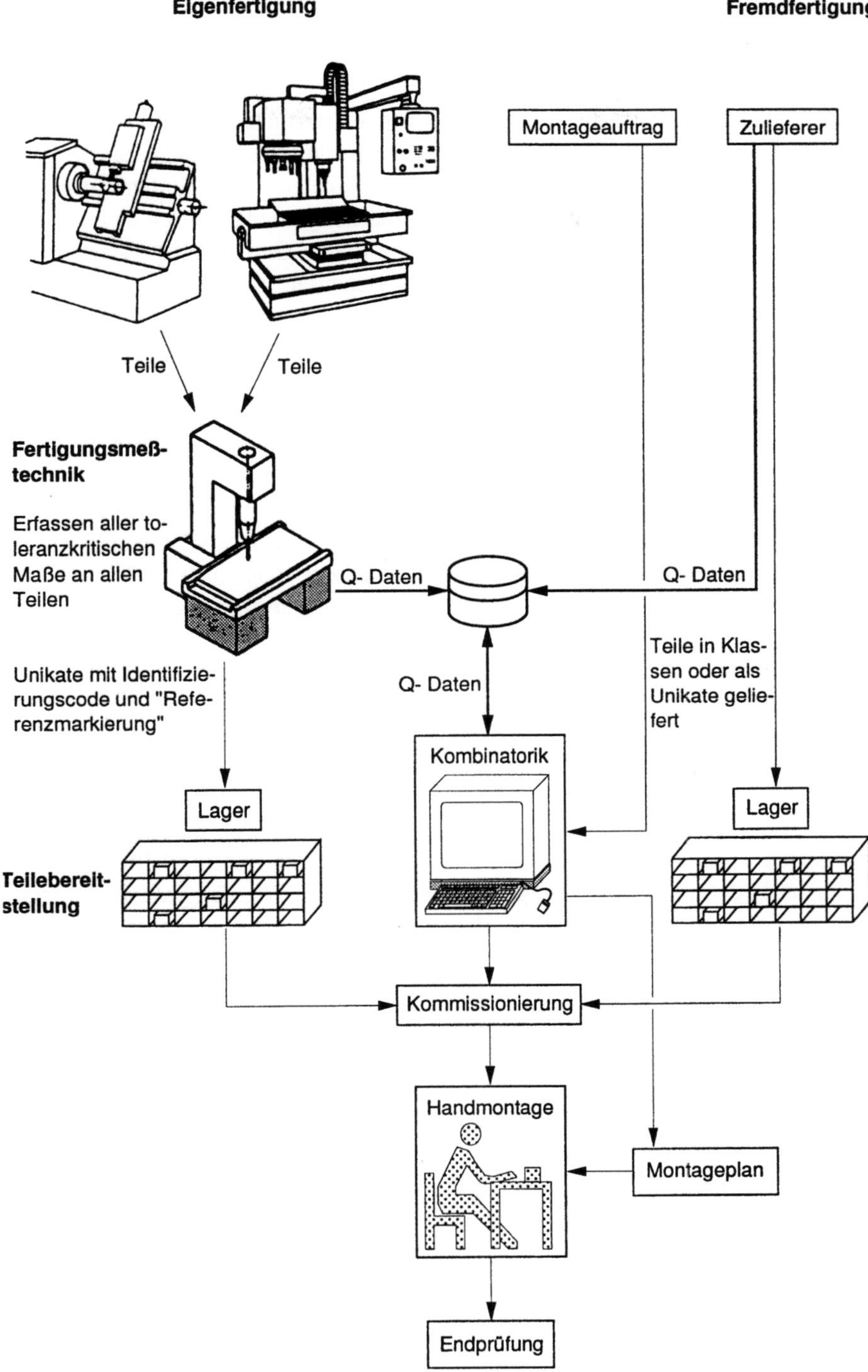

Abb.3.18. Realisierung der Kombinatorischen Selektiven Montage

3.2.2 Justage

Die flankenspielorientierte Einstellung der Zahnradgetriebe

Im allgemeinen müssen die Räder derjenigen Zahnradgetriebearten justiert werden, deren Verzahnungen in verschiedenen Achsschnitten unterschiedliche Zahnprofile haben. Zu dieser Gruppe gehören alle Winkelgetriebe und damit insbesondere die Kegel- und Hypoid-, sowie die Schneckengetriebe. Durch eine günstige Einstellung der Relativpositionen der Räder dieser Getriebe lassen sich deren Tragfähigkeitseigenschaften optimieren. Im Gegensatz dazu kann eine Dejustierung der Räder bis zur grundsätzlichen Funktionsuntüchtigkeit einer Zahnradstufe führen. Die Axialverschiebungen der Räder sind dabei normalerweise die einzigen im Getriebegehäuse möglichen Justierbewegungen.

Die Methode der Tragbildnahme [3.23] stellt den heutigen Stand der Technik bei der Justage der Zahnräder dar. Dieses Vorgehen beruht auf der Erkenntnis, daß sich die Optimalkriterien bezüglich der sich nach einer Justierung der Räder einstellenden Laufqualität auf Aussagen zur besten Lage der Berührflächen auf den Zahnflanken verdichten lassen. Optimale Belastbarkeit der Zahnflanken ergibt sich in der Regel dann, wenn das Tragbild einerseits möglichst groß ausgebildet ist, andererseits bei seiner Vergrößerung und Verlagerung aufgrund elastischer Verformungen unter Last den Rand der Zahnflanken nicht erreicht. Die Tragbildwanderung unter Last ist von der speziellen Verzahnungsgeometrie abhängig, was in bestimmten Fällen die außermittige Einstellung des Tragbildes erfordert. Ansonsten gilt als einfache Einstellregel, daß bei Getrieben, die sowohl in beiden Dreh- als auch in beiden Lastrichtungen betrieben werden, die Berührflächen etwa mittig auf den Zahnflanken liegen sollten.

Zur Tragbildnahme werden die Lastflanken des einen Getrieberades mit einer geeigneten Tuschierpaste eingefärbt und die beiden sich im Eingriff befindlichen Räder unter definierter Last einige Male durchgedreht. An den Stellen, an denen sich die Zahnflanken berühren, wird Farbe von der eingefärbten Flanke auf die Gegenflanke übertragen. Bei der anschließenden Beurteilung durch geschultes Personal können fehlerhafte Tragbilder diagnostiziert und nach vorhandenen Erfahrungen bezüglich des getriebearttypischen Zusammenhanges zwischen der Räder- und der Tragbildausrichtung behoben werden. Dem Vorteil der direkten Beurteilung eines Elementes der Ursachen-Wirkungs-Kette, die die geometrischen Gegebenheiten eines Getriebes mit dessen Leistungsfähigkeit verbindet, stehen gerade vor dem Hintergrund neuer Betrachtungsweisen der automatisierten Montage die Nachteile eines sich auf die subjektive Beurteilungskraft des Monteurs stützenden Verfahrens gegenüber.

Zwischen den Zähnen aller Zahnradgetriebe muß ein ausreichendes Spiel vorhanden sein, um ein Klemmen der Verzahnungen und die Zerstörung der Zahnflanken durch dadurch ausgelöste Freßvorgänge in jedem Betriebszustand der Getriebe auszuschließen. Bei der spielorientierten Justagemethode wird nun das oben aufgezeigte Tragbildkriterium zur Getriebejustage durch ein anderes ersetzt, das sich am Verlauf des Verdrehflankenspieles orientiert, den man mißt, wenn

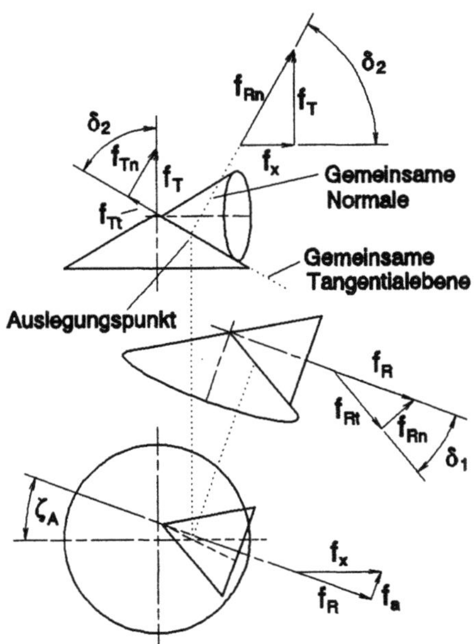

Abb.3.19. Teilkegel und fundamentale Verschieberichtungen

man die zu justierenden Räder in Richtung ihrer Achsen in den Lagerbohrungen verschiebt. Für die verschiedenen Getriebearten ergeben sich jeweils spezielle, im folgenden Unterkapitel aufgezeigte Herleitungen, die jedoch zu einer gemeinsamen Einstellregel führen. Nach dieser stellt sich ein Verdrehflankenspielmaximum mit dem Wert des durch die Fertigung der Wälzpartner festgelegten Sollspiels dann ein, wenn bei den zu justierenden Getrieberädern sich die Ist- mit den Sollpositionen decken. Die Tragbilder kommen dabei – durch die bewußte Wahl der bei der Fertigung der Räder einzuhaltenden Verzahnungsparameter – wie gewünscht auf den Zahnflanken zu liegen.

Da die flankenspielorientierte Justagemethode im Gegensatz zur Tragbildmethode ihre für die Einstellung notwendigen Informationen nach dem Zusammenbau eines Getriebes an Bauteilen außerhalb des Getriebegehäuses in Form objektiver, physikalischer Größen gewinnt, läßt sich der Montagevorgang gemessen an der Verwendung der Tragbildmethode zuverlässiger funktionierend und durch eine streng serielle Gliederung auch deutlich einfacher gestalten. Dem Verfahren der Tragbildprüfung kommt dabei nur noch die Rolle des Referenzverfahrens zu.

Die spielorientierte Einstellung der Kegel- und Hypoidgetriebe

Die Räder der Kegel- und Hypoidgetriebe lassen sich in zwei fundamentalen Bewegungsrichtungen relativ zueinander verschieben.[3.30] Die erste fundamentale Verschieberichtung ist dadurch gekennzeichnet, daß die Teilkegel der beiden Räder einen konstanten Abstand zueinander haben. Mit Abbildung 3.19 ergibt sich für die dazu notwendigen Axialbewegungen der beiden Räder folgender Zusammenhang:

$$f_T = f_R \cdot \frac{\sin \delta_1}{\sin \delta_2} \quad . \tag{3.2}$$

Bei der zweiten fundamentalen Verschieberichtung bewegen sich die Teilkegel der Räder entlang der gemeinsamen Normalen relativ zueinander. Hierzu erhält man wieder mit Abb. 3.19:

$$f_{T'} = f_R \cdot \frac{\tan \delta_2}{\cos \zeta_A} \tag{3.3}$$

und

$$f_a = f_R \cdot \tan \zeta_A \quad . \tag{3.4}$$

Die Gleichungen (3.2) bis (3.4) beschreiben den allgemeineren Fall der Hypoidgetriebe. Hierbei zeigt sich, daß für die Fundamentalbewegung in Normalenrichtung eine Bewegungskomponente in Achsabstandsrichtung f_a notwendig wäre, die sich aber in marktüblichen Getriebegehäusen nicht realisieren läßt. Eingehende Untersuchungen ausgeführter Radsätze ergaben jedoch, daß diese Bewegungskomponente gegenüber den anderen vernachlässigt und der Versetzungswinkel ζ_A im hier betrachteten Zusammenhang gleich Null gesetzt werden kann. Damit lassen sich die Bewegungsformeln der Hypoidgetriebe in erster Näherung auf den Sonderfall der Kegelräder mit grundsätzlich verschwindendem ζ_A reduzieren.

Wie Abb. 3.20 verdeutlicht, können den beiden Fundamentalbewegungen typische Verdrehflankenspielverläufe zugeordnet werden: Zu der Bewegung der Räder entlang ihrer gemeinsamen Normalen findet man eine etwa proportionale Vergrößerung oder Verkleinerung des Spieles. Den Verdrehflankenspielverlauf bei Verschiebebewegungen mit konstantem Teilkegelabstand kennzeichnet dagegen ein ausgeprägtes Maximum.

Diese typischen Flankenspielverläufe können anschaulich folgendermaßen erklärt werden:

Kegel- und Hypoidradsätze lassen sich – wie in Abb. 3.21 angedeutet – für die hier anzustellenden Geometriebetrachtungen ohne Beschränkung der Allgemeingültigkeit durch ihre geometrisch einfacheren Ersatzstirnräder substituieren. Hierdurch werden die Normal-Bewegungen der Teilkegel in Achsabstandsänderungen der Ersatzteilzylinder und die oktoidischen oder näherungsweise oktoidischen Verzahnungen der Kegel- und Hypoidräder in evolventische Flankenprofile der Ersatzstirnräder übergeführt. Betrachtet man die Flankenspielverhältnisse der die Ersatzstirnräder durch Abwälzen erzeugenden Planverzahnungen, die entspre-

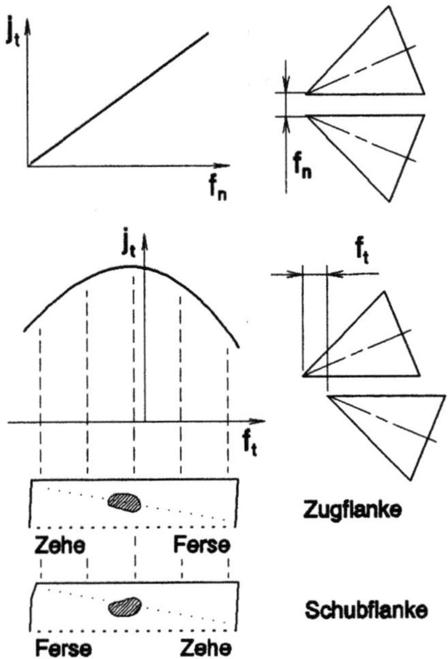

Abb.3.20. Flankenspielverläufe und Tragbildlagen

chend der Evolventenverzahnungen der Zylinderräder ein Trapezprofil aufweisen, so ergibt sich zwingend der oben beschriebene lineare Zusammmenhang zwischen dem Verdrehflankenspiel und den Relativbewegungen der Teilzylinder entsprechend der zweiten fundamentalen Verschieberichtung.

Das Verdrehflankenspielmaximum bei Relativbewegungen in der ersten fundamentalen Verschieberichtung läßt sich mit Hilfe einer Betrachtung der Planverzahnungen für Rad und Ritzel erklären. Da es für Hypoidradsätze keine Planverzahnung gibt, gilt die nachfolgende Darstellung für Hypoidradsätze nur näherungsweise.[3.29] Ordnet man dem Ritzel das R-Planrad und dem Tellerrad das T-Planrad zu, wie in Abb. 3.22 gezeigt, dann kann die Untersuchung der Spielverhältnisse zwischen Ritzel- und Tellerrad gegen diejenige der Spielverhältnisse zwischen den geometrisch einfacheren R- und T-Planradsegmenten des Eingriffsbereiches von Ritzel und Tellerrad ersetzt werden. Die Verschiebung der Kegel- oder Hypoidräder wird dabei durch eine Relativbewegung der Planräder in f_T-Richtung entsprechend Abb. 3.22 ersetzt. Auf der rechten Seite dieser Abbildung ist der Schnitt der Planrädermittelebene eines geradverzahnten Kegelradsatzes in drei Verschiebestellungen gezeigt, wobei die hier dargestellte, verhältnismäßig einfache Verzahnungsgeometrie nur helfen soll, die grundsätzlichen Verhältnisse herauszuarbeiten. Es ist zu erkennen, daß in den zwei gegenüberliegenden f_T-

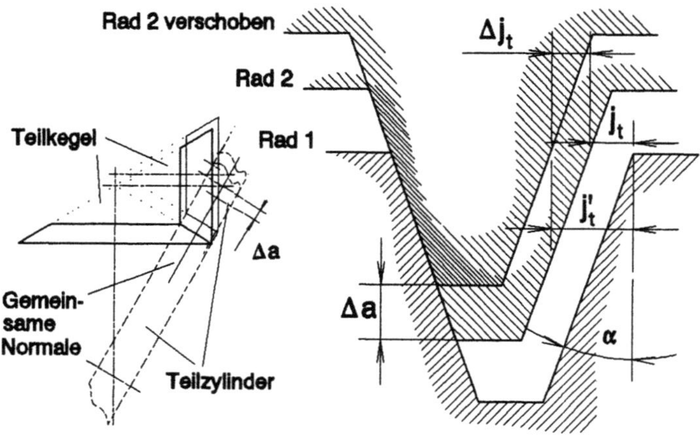

Abb.3.21. Ersatz-Teilzylinder und Flankenspiel

Endstellungen das Verdrehflankenspiel zu Null wird. In einer dazwischen liegenden Relativstellung, in der das R- und das T-Planradsegmet zur Deckung kommen, wird dagegen ein Spielmaximum erreicht. In dieser Stellung der sich dek-
kenden Planräderverzahnungen ist die bei der Herstellung der Radsätze festgelegte
Idealstellung bezüglich der ersten Fundamentalbewegung nachvollzogen.

Mit den Ergebnissen der theoretischen Untersuchungen der Spiel- und Geome-
trieverhältnisse der beiden Fundamentalbewegungen ließ sich ein Verfahren
generieren, das es erlaubt, Kegel- und Hypoidräder nur durch die Auswertung
von Verdrehflankenspielverläufen korrekt zu justieren. Da hierzu die Geometrie-
informationen sowohl der Zug- als auch der Schubflanken der Räder gemeinsam
benutzt werden, erfolgt auch die Justierung für beide Flanken in einem Arbeitsgang.

Abbildung 3.23 stellt die wesentlichen Ablaufschritte graphisch dar: Das Verfahren beginnt bei 1 mit der Festlegung eines Teilkegelabstandes, der geeignet ist,
ein Klemmen der Verzahnungen bei den ersten, tastenden Spielmessungen sicher
zu vermeiden. Die sich daran anschließende Aufnahme einer Spielkurve bei Verschiebung mit konstantem Teilkegelabstand liefert die erste Aussage über die
Relativkoordinaten des Optimums bezüglich dieser Fundamentalbewegung. Wie
oben begründet gilt als Optimalkriterium bei geometrisch idealen Radsätzen der
Hochpunkt der Spielkurve, bei ballig korrigierten Zahnflanken liegt der Optimalpunkt leicht versetzt zum Hochpunkt. Dieser Sachverhalt soll aber aus Gründen der Komplexität des Darzustellenden und mit einem Verweis auf [3.30] hier
nicht weiter vertieft werden. Durch die folgende, sukzessive Verkleinerung des
Verdrehflankenspielniveaus durch Relativbewegungen entlang der gemeinsamen
Teilkegelnormalen und dazwischen angeordnete, orientierende Aufnahmen von

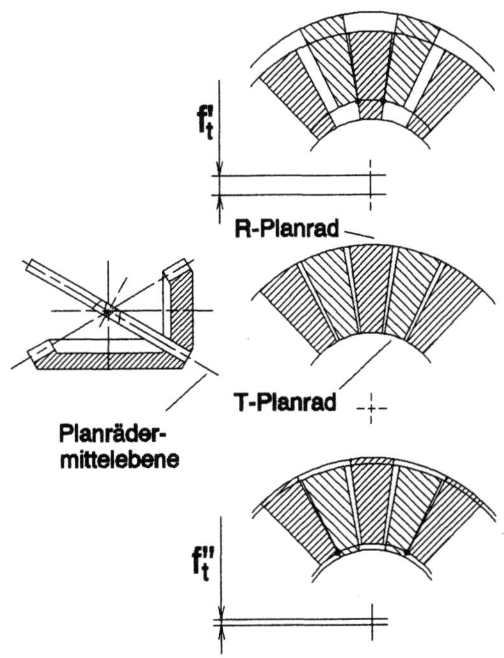

Abb.3.22. Ersatz-Planräder und Flankenspiel

Spielkurven bei konstantem Teilkegelabstand (Schritte 2 und 3 in Abb. 3.23) findet man zum Optimalpunkt bei 4. Dieser genügt zum einen dem Optimalkriterium bezüglich der Verschiebung mit festgelegtem Teilkegelabstand, zum anderen weist er das durch den Fertigungsprozess des zu justierenden Radsatzes eingestellte Sollverdrehflankenspiel auf. Ein in diesem Punkt aufgenommenes Kontakttragbild zeigt eine durch die Fertigung des Radsatzes vorgegebene, ungefähr mittig auf den Zahnflanken liegende Summe aller Berührpunkte.

Der Nachweis der Praxistauglichkeit des Verfahrens wurde durch den Aufbau und die umfangreiche Erprobung zweier Versuchsstände erbracht. Der erste Prüfstand erlaubt dabei das Spannen der Räderwellen in speziellen Aufnahmen außerhalb eines Getriebegehäuses, der zweite, in Abb. 3.24 gezeigte, ist mit spielfreien Gelenkwellen und flexiblen Spannmitteln ausgestattet, um die baugrößen- und getriebeartflexible Justierung der Kegel-, Hypoid-, sowie in Vorwegnahme der Ausführungen des nächsten Kapitels der Zylinder- und Globoidschneckengetriebe ausführen zu können.

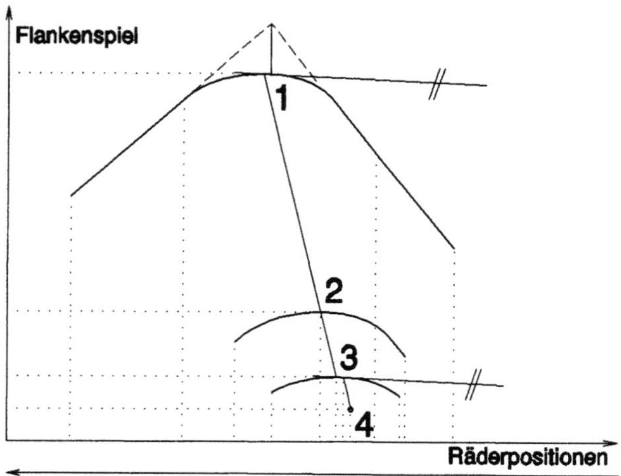

Abb.3.23. Einstellstrategie

Die spielorientierte Einstellung von Zylinder- und Globoidschneckengetrieben

Schneckengetriebe sind einzelverzahnt. Dies bedeutet, daß bei der Herstellung eines Radsatzes das Zahnprofil der Schnecke vorgegeben ist, und die Form des Gegenrades dadurch erzeugt wird, daß ein der Schnecke im wesentlichen konturgleicher Schneckenradfräser die spätere Wälzbewegung des Getriebes vorwegnehmend ein Werkrad, das Schneckenrad, fräst. Durch die Fräsbearbeitung wird eine für die weiteren Betrachtungen wichtige Gerade relativ zum Schneckenrad festgelegt: Es ist die gemeinsame Normale auf die Schneckenfräser- und Radachse; sie sei im folgenden 'Sollnormale' genannt.

Tauscht man den Schneckenfräser gegen die zugehörige Getriebeschnecke aus, so wälzt diese dann korrekt mit dem Schneckenrad, wenn sie in Radachsrichtung dieselbe Stellung einnimmt, die auch der Fräser innehatte. In dieser Optimalstellung ist die gemeinsame Normale auf die Schnecken- und Radachse mit der Sollnormalen identisch. Bei idealen Verhältnissen kommen die Schnecken- und Schneckenradflanken vollständig in Eingriff. Bei ballig korrigierten Verzahnungen liegt das Tragbild wie gewünscht auf der Radflanke. Des weiteren findet man in dieser Optimalstellung bei – üblicherweise – symmetrischen Rechts- und Linksflanken der Radsätze Berührverhältnisse, die zueinander zentralsymmetisch sind, wobei die Symmetriegerade von der Sollnormalen gebildet wird. Diesen Sachverhalt verdeutlicht Abb. 3.25. Von einem raumfesten Koordinatensystem aus betrachtet wandert die Berührlinie, entlang der sich eine Schneckenradzahnflanke und ihre Gegenflanke berühren, auf einer im Raum gekrümmten Fläche von Eingriffsbeginn zu Eingriffsende des betrachteten Radzahnes. Diese Eingriffsfläche ist raumfest und die beiden Flächen für die Rechts- und Linkszahnflanken sind zueinander bezüglich der Sollnormalen symmetrisch.

Abb.3.24. Justageanlage

In allen anderen, in Achsrichtung verschobenen Stellungen des Rades läßt sich ein aus der Mitte verlagertes Tragbild oder Kantentragen feststellen. Stellt man für diese nicht-optimalen Radpositionen wieder Betrachtungen zu den Berührsituationen an, erkennt man, daß nun die Verhältnisse bei einem in der einen Radachsrichtung um einen bestimmten Betrag aus der Optimalstellung verschobenen Schneckenrad denjenigen symmetrisch entsprechen, die sich einstellen, wenn das Rad um den selben Betrag in die andere Richtung aus der Optimalstellung verschoben ist. Auch hier ist die Sollnormale Symmetriegerade.

Aufgrund dieser Geradensymmetrie müssen sich die Eingriffsverhältnisse zumindest in den bezogen auf die Radachsschnittebene symmetrischen Schneckenstellungen (Abb. 3.26) Flankenspielcharakteristiken ergeben, die wiederum bezüglich der Sollnormalen symmetrisch sind. Dies bedeutet, daß die Funktion 'Flankenspiel in Abhängigkeit von der Axialposition des Schneckenrades' ebenfalls symmetrisch sein muß und zwar zu der Position des Schneckenrades, in der die gemeinsame Normale auf Schnecken- und Radachse mit der Sollnormalen zusammenfällt. Wie oben schon aufgezeigt wurde, kämmen in dieser Stellung die

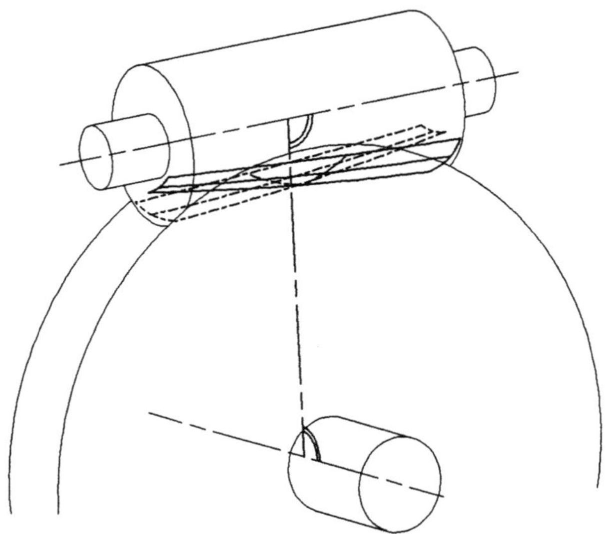

Abb.3.25. Eingriffsflächen bei symmetrischen Verzahnungen

Getriebeschnecke und das zugehörige Schneckenrad in idealer Weise miteinander.

Da die hier behandelten Getriebe sowohl im Rechts- als auch im Linkslauf sehr winkeltreu übersetzen, gelten diese Bedingungen auch bei nicht zur Sollnormalen symmetrischen Verdrehstellungen. Außerdem kann diese für globoidische Schnekkenräder hergeleitete Symmetriebedingung direkt auf Schnecken mit globoidischer Form übertragen werden, so daß mit demselben Kriterium auch Globoidschnekkengetriebe justiert werden können.

Ähnlich wie bei den Kegelrad- und Hypoidgetrieben, bei denen die grundsätzliche Funktionsweise der spielorientierten Justage an geometrisch einfacheren, die Wälzbewegung vermeidenden Ersatzverzahnungen untersucht wurde, reicht es bei Schneckengetrieben zur Erweiterung des Symmetriekriteriums aus, nur die Schnecke und den Fräser der Schneckenradverzahnung isoliert zu betrachten. (Abb. 3.27) Mit diesem modellhaften Ansatz kann beispielsweise gezeigt werden, daß bei Simplex-Getrieben der Symmetriepunkt der Spielverlaufskurve gewöhnlich mit deren Maximum zusammenfällt, und daß sich auch Duplex-Zylinderschneckengetriebe unter bestimmten, einschränkenden Bedingungen mit der Spielmethode justieren lassen.(Abb. 3.28, [3.21])

Die praktische Vorgehensweise bei diesem Justierverfahren beschränkt sich darauf, die globoidischen Getrieberäder der einzustellenden Getriebestufen relativ zu ihren Wälzpartnern so zu positionieren, daß die relative Verschiebestellung dem Maximum- respektive Symmetriepunkt der Spielkurve entspricht. Ohne wesentliche konstruktive Änderungen wurde das Verfahren auf den Kegelräder-

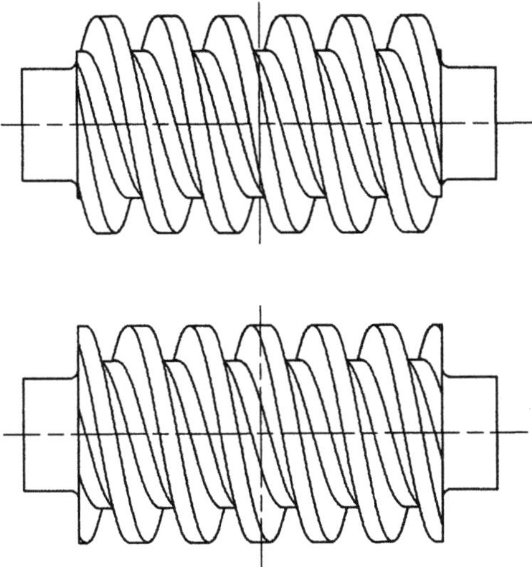

Abb.3.26. Zur gemeinsamen Normalen symmetrische Schneckenstellungen

Justageversuchsständen implementiert. Es nutzt die theoretisch symmetrische Form der ganzen Verdrehflankenspielkurve durch eine quadratische Approximation, die sich auf mindestens drei, im Verfahrintervall weit auseinanderliegende Meßpunkte stützt. Das Verfahren hat seine Funktionstüchtigkeit und die für den erfolgreichen industriellen Einsatz erforderliche Robustheit bewiesen. Ein speziell konstruiertes Roboterwerkzeug erweitert in Zusammenarbeit mit einem ebenfalls innerhalb des Sonderforschungsbereiches entwickelten, flexiblen optischen Justagesensor das Spektrum der Einsatzmöglichkeiten des Verfahrens in der automatisierten Schneckengetriebemontage.

Verallgemeinerung gewonnener Erkenntnisse:
Ein Vorschlag zur Vorgehensweise bei der Suche nach Justagestrategien

Erfahrung lehrt und kann daher allgemeine Wege bei einem Problemlösungsversuch vorgeben, dessen Problemstellung sich auch im weiteren Umkreis des vorhandenen Erfahrungsschatzes befindet. In diesem Sinne fällt in der technischen Literatur über das Justieren ein Buch [3.24] besonders auf. Dies, weil es den Versuch einer Strukturierung der Aufgabenstellung und allgemeine Vorschläge zur Ausführungsplanung einer Justageaufgabe macht. Der Autor setzt jedoch voraus, daß die Kernaufgabe der Justage, nämlich die Verknüpfung der Qualität der zu erreichenden Funktionserfüllung mit den dafür zu ergreifenden Maßnahmen bei der Realisierung einer Produktidee schon früh klar ist. Demgemäß geht der Verfasser intensiv auf die Fehlermöglichkeitsanalyse vorgegebener oder auszuführen-

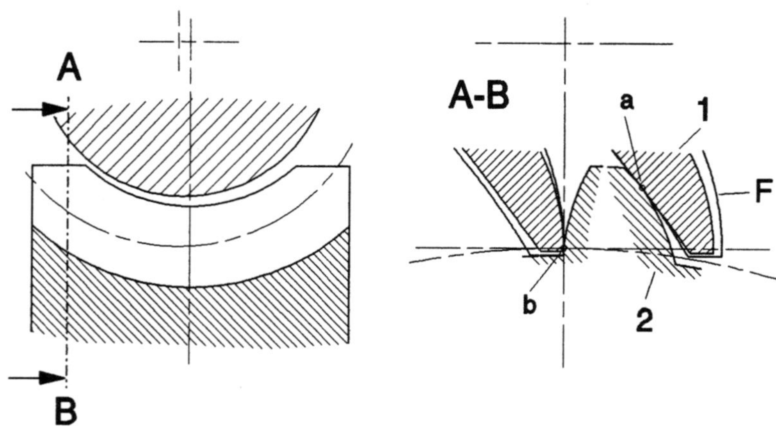

Abb.3.27. Schnecke, Fräserhüllfläche und Schneckenrad im Radstirnschnitt.
a, b: Gemeinsame Berührpunkte, *1*: Schnecke, *2*: Rad, *F*: Fräser

der Konstruktionen und auf die Erarbeitung sinnvoller Justier-Stellaktionen ein,
streift aber die Aufgabenstellung der Klärung der Zusammenhänge zwischen
Zielfunktion, Toleranzwirkung und Justierverfahren nur am Rand.

Wegen der gegenseitigen Abhängigkeiten zwischen einer ausgeführten Konstruktion und der für ihre korrekte Funktion gegebenenfalls nötigen Justagemaß-
nahmen kann die Justageplanung in natürlicher Weise in den Konstruktionsprozeß
eingegliedert werden. Zur allgemeingültigen Strukturierung dieses Konstruktionsprozesses hat die Konstruktionssystematik in der Vergangenheit umfangreich auf
dem Gebiet der Bearbeitung von Aufgabenstellungen, die sich am Kreuzungspunkt
von kreativen und deterministischen Lösungsfindungsprozessen befinden, ge-
forscht. Aus diesen Gründen bietet es sich an, zu versuchen, die Ergebnisse der
Konstruktionsforschung in geeigneter Weise auf analoge Teilbereiche der Justage
zu übertragen und dabei das Hauptaugenmerk darauf zu legen, die Überlegungen
des oben erwähnten Buches in Richtung auf eine Vorgehensweise bei der grundsätzlichen Erarbeitung von Justierstrategien zu ergänzen.

Bei gegebener Fertigungsqualität läßt sich die Qualität eines Produktes, an dem
bei der Herstellung Montageoperationen vorgenommen werden, durch toleranz-
kompensierende Paarungsstrategien steigern. Die Justage ist dabei ...*die Gesamtheit aller während oder nach dem Zusammenbau von Erzeugnissen planmäßig
notwendigen Tätigkeiten zum Ausgleich fertigungstechnischer Abweichungen und
Lastverformungen mit dem Ziel, geforderte Funktionsgenauigkeiten von Erzeugnissen innerhalb vorgegebener Grenzen zu erreichen.*[3.20] Bei der Montage mit
Justage wird also nach der Analyse der Abweichungen der qualitätsbestimmenden
Produkteigenschaften gezielt nachgeregelt. Dadurch, daß bei diesem Verfahren die

Zielgrößen sehr eng mit ihren Bestimmungsgrößen verknüpft sind, ergibt sich eine sehr geringe Streuung der Werte der Qualitätsmerkmale, allerdings bei entsprechend erhöhter Komplexität des Produktes und größerem Verfahrensaufwand.

Justage als Regelkreis

Nach der bereits zitierten allgemeingültigen Definition läßt sich der Justagevorgang in einem entsprechend erweiterten einschleifigen Regelkreis abbilden:(Abb. 3.29)

- Gefordert wird ein derartiger funktionaler Zusammenhang der Subsysteme eines bestimmten Produktes, daß dessen definierte Sollfunktion nur in bestimmten, vorgegebenen Grenzen variiert. Zum Beispiel soll bei den Schnecken-, Kegel- und Hypoidgetrieben durch das Justieren der Zahnräder in erster Linie die Tragfähigkeit und der Wirkungsgrad der Getriebestufen optimiert werden.
- Läßt sich die geforderte Sollfunktion nicht direkt für die Justage nutzen, muß versucht werden, für sie eine modellhafte, vermittelnde Ersatzfunktion herzuleiten. Im Beispiel kann wegen der sehr langen Meßzeiten und der nicht zerstörungsfreien Prüfung, nicht jedes Winkelgetriebe bei der Montage mit Hilfe von Tragfähigkeitstests justiert werden. Eine Ersatzfunktion für die Tragfähigkeits-Sollfunktion nutzend, wird deshalb zur axialen Positionierung der zu justierenden Getrieberäder die den Stand der Technik darstellende Einstellung durch Tragbildnahme angewendet.
- Ein erster Schritt des eigentlichen Justagevorganges ist es nun, die Meßgrößen der zu benutzenden Justierfunktion möglichst objektiv zu beurteilen.
- Weiter müssen Möglichkeiten existieren, die Sollfunktion zielgerichtet zu beeinflussen.
- Die Kette der bisher genannten Zuordnungen schließt sich zum Justageregelkreis durch die Rückführung der durch die Beeinflussung erzielten, gegebenenfalls in das Ersatzfunktionsmodell transformierten Istfunktion. Dabei findet ein Vergleich mit der Sollvorgabe unter der Zielsetzung statt, die Istfunktion in den Toleranzbereich der Sollfunktion zu heben.
- Letzte Aufgabe ist noch die dauerhafte Fixierung des Justageergebnisses im nachgeschalteten Montageteilprozeß.

Die benannten Elemente dieser Regelstruktur sollen im weiteren als Leitfaden für die Besprechung der wesentlichen Themenkreise und Vorgensweisen dienen:

Funktionsstruktur und Ersatzfunktionen

Wie oben schon ausgeführt wurde, ist es oft zentrale Aufgabenstellung bei der Gestaltung von Justagestrategien, geeignete Ersatzmodelle für eine vorgegebene Einstellaufgabe zu entwickeln, die das nicht direkt lösbare Justageproblem über einen Umweg lösen können. Hierbei kann eine von mehreren Autoren für die Konzeptphase des systematischen Konstruktionsprozesses vorgeschlagene Betrachtungsweise technischer Systeme vorteilhaft angewendet werden:[3.25, 3.26, 3.27, 3.28]

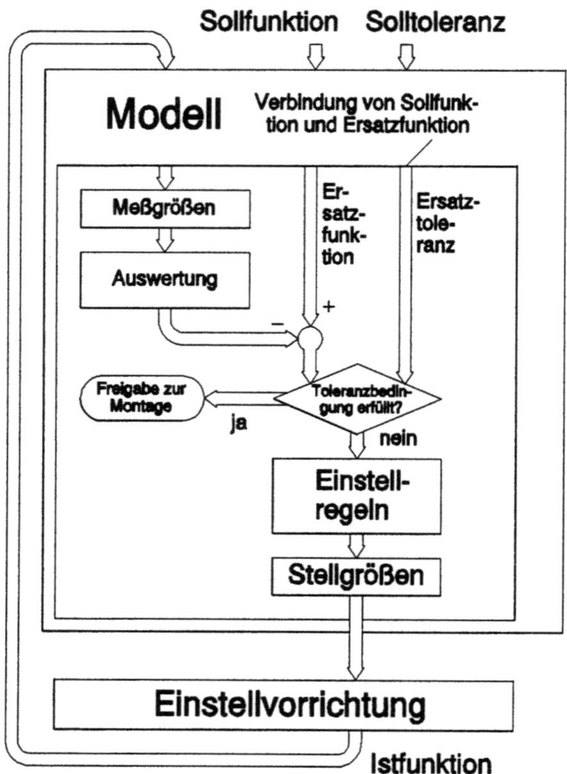

Abb.3.29. Justage als Regelkreis

Im Bereich des Maschinenbaus basieren ausgeführte Teil- und Gesamtfunktionen immer auf einem Wirkzusammenhang zwischen physikalischen und/oder chemischen Effekten auf der einen und geometrischen sowie stofflichen Eigenschaften auf der anderen Seite. Demnach wird das physikalische Geschehen eines technischen Konstruktes dadurch erzwungen, daß bekannte physikalische Effekte durch das Festlegen von geometrischen und stofflichen Merkmalen in einen Wirkzusammenhang gebracht werden.

In allen Maschinen, Apparaten und Geräten finden im Rahmen der Gesamtfunktion Stoff-, Signal- und/oder Informationsumsätze statt. Sie lassen sich in eine physikalisch-logische Struktur von Teilfunktionen aufgliedern, die wie die Gesamtfunktion auch eine zwingende Verknüpfung zwischen den jeweiligen Ein- und Ausgängen bewerkstelligen. Verschiedene Autoren geben eine begrenzte Anzahl von elementaren Teilfunktionen an, die sich an den allgemeinen Eigenschaftsmerkmalen Art, Größe, Anzahl, Ort und Zeit der physikalischen und chemischen Umsätze oder an den Verknüpfungsregeln der binären Logik orientieren.

Demgemäß ist in der Konzeptphase des systematischen Konstruierens folgendes Vorgehen üblich: Nach der Definition der Soll-Gesamtfunktion eines technischen Gebildes wird diese bis zu einem ausreichenden Auflösungsgrad stufenweise in immer feinere Strukturvarianten von Teilfunktionen zerlegt. Da es gilt, die Funktionsinhalte auf breiter Basis herauszuarbeiten, ohne mit Konkretem den Blick auf das Wesentliche zu verstellen, sind die Strukturen in möglichst abstrakten Begriffen zu formulieren. Anschließend werden für die Elemente der verschiedenen Strukturvarianten, physikalische Effekte oder Effektkombinationen gesucht, deren zielgerichtetes Anwenden die gewünschten Wirkungen erzeugt. Die Varianten, deren auf diese Weise erarbeiteten Konzepte gemessen an den zu erfüllenden Funktionen aussichtsreich erscheinen, werden im sich anschließenden Arbeitsschritt geometrisch/konstruktiv zu Entwürfen weiterentwickelt.

Bei Neu- oder Änderungskonstruktionen betrachtet der Konstrukteur immer nur die Menge der hauptsächlich funktionsbestimmenden Teilfunktionen. Es ist sein Ziel, die einfachste Funktionsstruktur und den unkompliziertesten physikalischen Zusammenhang zu finden. In Umkehrung des konstruktionssystematischen Lösungsfindungsprozesses ist es außerdem immer möglich, ein technisches Produkt in bezug auf seine Funktionsstrukturen und deren Wirkprinzipien zu analysieren. Dies ermöglicht es, in eine Funktionsstruktur Ersatz- und Erweiterungsfunktionen oder physikalische Wirkprinzipien einzugliedern, die einem Justierverfahren zugänglich sind.

Anforderungen an Justagestrategien

Die folgende Zusammenschau von Anforderungen an eine Justagestrategie soll den Blick auf die wesentlichen Eigenschaften fokussieren und damit schon erste Ansätze für Lösungen zu einer gestellten Aufgabe liefern. Die Anforderungen sind in zwei Kategorien sortiert; in *harte* Forderungen, die unabdingbar sind, und in *weiche* Kriterien, die verschiedene gefundene Verfahrensansätze in starke und schwache Lösungen scheiden können.
Forderungen sind:

- Ausgangspunkt ist immer ein klar formuliertes Optimum der Sollfunktion und gegebenenfalls dessen zulässiger Toleranzbereich.
- Das Optimum der Sollfunktion muß im Bereich der Ersatzfunktion nachvollzogen werden können.
- Ausgehend vom aktuell gemessenen Wert der Justagefunktion muß mindestens die Stellrichtung zum Optimum hin bekannt sein. Hierdurch wird es möglich, zumindest iterative Justieralgorithmen einzusetzen.
- Ersatzfunktion müssen mit den Nachbarelementen verträglich in die Funktionsstruktur eingliederbar sein.
- Justierfunktionen dürfen das zu justierende Objekt nicht beschädigen.
- Die Bedingungen, denen die Beurteilungsmöglichkeiten einer Justierfunktion genügen müssen, können aus der Meßtechnik übernommen werden. Hiernach ist Messen das Bestimmen des Wertes einer Größe als Vielfaches einer Einheit,

festgelegt durch Normale für die Grundgrößen. Es ist also gefordert, daß zum ersten die Meßgröße eindeutig definiert, und zum zweiten das Meßnormal durch eine gültige Konvention festgelegt sein muß.[3.19] Der direkte oder indirekte Vergleich zwischen einem Normal und dem Wert der Meßgröße wird von einem Meßprinzip bewerkstelligt. Dessen konstruktive Verwirklichung führt zu einem Meßgerät, das mit genügender Auflösung versehen, repräsentative und reproduzierbare Messergebnisse liefert.

- Ähnliches gilt für die Aktoren, die ausreichend genau operieren müssen.
- Freiheitsgradbetrachtungen: Eine Justierfunktion kann es nötig machen, daß in Richtung auf das Einstelloptimum mehrere Einstelloperationen durchzuführen sind. Die hierzu nötigen Einstelloperationen können zeitlich nacheinander oder nebeneinander angeordnet sein. Bei zeitlich seriell gegliederten Operationen ergibt sich – als einfachste Aufgabenstellung – für eine eindimensionale Optimumaussage genau ein Justagevorgang. Bei parallel auszuführenden Operationen entstehen unter umständen Querabhängigkeiten, die durch die Anwendung eines Iterationsverfahrens dann überwunden werden können, wenn die Quereffekte der Operationen jeweils geringer sind als die Haupteffekte.

Im Beispiel der Justage der Kegel- und Hypoidgetriebe mit Hilfe der Tragbildmethode ergeben sich bei isolierter Betrachtung der Räderpositionierungen in den Koordinaten der Räderachsen bezüglich der Tragbildausrichtung auf den Zahnflanken so starke Querabhängigkeiten, daß nur mit sehr viel Erfahrung optimale Tragbilder auf beiden Zahnflanken erzeugt werden können. Erst die Verschiebung der Räder im System der oben dargestellten Fundamentalbewegungen läßt Systematisierungen und damit ein zielgerichtetes Vorgehen zu.
Bewertungskriterien sind:

- Jeder Justiervorgang sollte eine seriell eingeordnete, abgeschlossene Teilhandlung mit minimaler Anzahl an Justieraktionen sein.
- Der Justagevorgang muß sich organisch in den Montageprozeß eingliedern lassen. Hierbei spielen folgende Kriterien eine Rolle:[3.22]
- Die Linearität des Montagefortschrittes und die Möglichkeit der Parallelmontage sollte gewährleistet sein.
- Durch das Justageverfahren darf der Ablauf des Montageprozesses so wenig wie möglich festgelegt werden. Die beliebige Eingliederbarkeit stellt den Idealfall dar.
- Die kleinste Anzahl der Justieraktionen ist zu verwirklichen. Dies führt zu speziellen Justiereinheiten wie sie beispielsweise Kompensationsglieder darstellen.
- Auftretende Toleranzketten sollten kurz und direkt geschlossen sein.
- Auf die geeignete konstruktive Ausbildung der Sensoren, Aktoren und Fixierungen ist zu achten. Die Füge- und Verbindungstechniken, sowie Fragen der Roboterausnutzung, Zugänglichkeit, Handhabung, Positionierung, Spannbarkeit, auch der Robustheit, Uniformität und Einfachheit der Operationen sind wichtige Themenkreise.

– Der Justagevorgang muß in einem mit der Restmontage verträglichen Zeitrahmen ablaufen.

Vorschläge zum praktischen Vorgehen

Die Vorgehensweisen bei der Auffindung von Justagestrategien unterscheiden sich je nach der Aufgabenstellung:

Im einfachsten Fall ist bei einer Justageaufgabe das geometrische Optimum bekannt. Das Hauptaugenmerk bei der Justageplanung liegt dann auf der verfahrensgünstigen konstruktiven Ausbildung der Justierglieder oder bei schon festliegender Konstruktion auf der ablauftechnischen Einpassung der Justierung zwischen den Notwendigkeiten der Montageanlage und dem zu montierenden Produkt.

Bei einer bekannten, nichtgeometrischen Ersatzfunktion erweitert sich die Aufgabenstellung des ersten Falles um die Erarbeitung objektiver Beurteilungskriterien und gegebenenfalls des iterativen Vorgehens bei der Justierung.

Ist nur ein zielfunktionales aber ungeeignetes und nicht direkt geometrisches Optimum bekannt, dann zwingt dies zum Suchen einer Ersatzfunktion:

Man beginnt sinnvollerweise mit der exakten Formulierung der Zielfunktion, deren Optimum und der zulässigen Toleranz, mit der das Optimum angenähert werden soll. Eine quantitative Beschreibung der Störgrößen, die schon erste Aussagen über notwendige Stellgrößen machen kann, schließt sich daran an.

In allen maschinenbautechnischen Produkten laufen physikalische und/oder chemische Prozesse ab, die an bekannten Funktionsträgern zur Wirkung kommen. Folglich ist der Ansatzpunkt einer umfangreichen Lösungssuche – in Umkehrung des konstruktionssystematischen Lösungsfindungsprozesses – die Darstellung der Ausprägungen dieser Funktionsträger, in bezug auf deren geometrische Form, deren Werkstoffeigenschaften und der dort stattfindenden physikalisch-chemischen Wechselwirkungen. In die damit beschriebene Struktur aus Form, Eigenschaft und Wirkung sind oft weitere Elemente einknüpfbar, die Lösungsansätze ergeben können.

Im Beispiel: Die Leistungs- und damit die Kraft- und Bewegungsübertragung in Zahnradgetrieben geschieht durch den Kontakt speziell ausgeformter Zahnflankenflächen, wobei die Getriebetechnik Aussagen darüber machen kann, wo auf den Flanken idealerweise die Kontaktstellen liegen müssen. Erst die Beurteilung der Berührpunkte zweier realer Wälzpartner bereitet Schwierigkeiten. Erweitert man nun die Struktur des Wirkortes, ergeben sich Lösungen: Durch das Einbringen eines weiteren – pastösen – Stoffes und unter Ausnutzung seiner nicht festgelegten geometrischen Gestalt und des wirkenden Verhältnisses zwischen den im Kontakt auftretenden Kohäsions- und Adhäsionskräften können die sich während des Eingriffes einstellenden Berührpunkte konserviert bzw. dokumentiert und einer späteren Betrachtung zugänglich gemacht werden. Ähnliches passiert, wenn berücksichtigt wird, daß beim Abwälzen die meisten Zahnflankenbereiche in den Berührpunkten aufeinander gleiten und daß die dabei in den Kontaktzonen entstehende Reibungswärme dazu genutzt werden kann, Tragbilder thermografisch zu erfassen. Schließlich führt die Betrachtung aller in einem Getriebe wirkenden Kräfte zu dem Ansatz, daß über die an den Lagerstellen und Wellenzapfen eingeleiteten Reaktionen zumindest die Wirklinie der resultierenden Zahnkraft bestimmt werden kann. Ob jedoch eine ausgezeichnete räumliche Lage der Reaktionskraft als Optimalkriterium verwendet werden kann, müßte erst eingehend untersucht werden. Weitere Ansätze sind durchaus denkbar.

Besonders bei [3.25] findet man eine nach Eingangs- und Ausgangsgrößen gegliederte, umfangreiche Sammlung physikalischer Effekte, die geeignet ist, in oben beschriebener Weise auf eine vorliegende Aufgabe angewendet zu werden.

Sollten sich durch das bisherige Vorgehen keine befriedigenden Lösungsansätze ergeben haben, dann kann versucht werden, die bisherige Struktur der Teilfunktionen einer Gesamtfunktion zu erweitern. Hier ist vor allem an beigeordnete Funktionen zu denken, die zwar implizit vorhanden sind, aber bei der Konstruktion des Produktes sonst nicht beachtet werden. Der anfänglich wertfrei formulierte Ansatz einer beigeordneten Teilfunktion muß allerdings durch den Versuch der Transformierung des Sollfunktions-Optimum in das System der Ersatzfunktion und der Beschreibung des Weges zum Ersatzfunktions-Optimum modellhaft verifiziert werden.

Hierzu ein weiteres Beispiel: Die Beiordnung der bei allen Zahnradgetrieben notwendigen, allerdings nicht immer explizit formulierten Teilfunktion 'Flankenspiel gewährleisten' führt auf den Ansatz der flankenspielorientierten Getriebejustage. Die Gültigkeitsbereiche dieses Ansatzes werden allerdings erst durch an geeigneten Ersatzverzahnungen unternommene Betrachtungen allgemein nachgewiesen.

Wenn parallel zu einer Justageaufgabe schon Qualitätsbestimmungsverfahren festgelegt wurden, kann das allgemeine Lösungssuchverfahren der Analogiebildung und Übertragung außerhalb der oben beschriebenen Vorgehensweise entscheidende Impulse für die Auffindung von Ersatzfunktionen geben.

Auch hierfür gibt die Winkelgetriebe-Justage weitere Beispiele ab: Der Getriebebau kennt einige praktische Verfahren zur Beurteilung von Zahnräder-Summenabweichungen. Dies sind unter anderen die schon genannte Tragbildkontrolle, die bekanntlich zur Justage bereits herangezogen wird, und das Verfahren der Einflankenwälzprüfung. Die Vorstellung fällt nicht schwer, daß eine Einstellung der zu justierenden Räder außerhalb des Optimums aus verzahnungsgeometrischen Gründen zu einer deutlichen Verschlechterung der Übertragungsqualität eines Radsatzes führt. Zielkriterium der *Einflankenwälzjustage* wäre es also, minimale Einflankenwälzabweichungen zu erzeugen.

Ergeben sich bei der Suche nach Justierfunktionen mehrere mögliche Ansätze, so ist nach ausreichend weitgehender Konkretisierung aller der beste auszuwählen. Als Bewertungskriterien sind dabei die oben aufgeführten, gegebenenfalls um objektspezifische Merkmale erweiterten und mit Gewichtungen [3.18] versehenen Justage-Anforderungen zu benutzen.

3.3 Qualitätsprüfung

3.3.1 Systeme zur Qualitätsprüfung in der Montage

Die Produkt- und Variantenvielfalt in der flexiblen Montage erfordert für die Qualitätsprüfung Flexibilität hinsichtlich Prüfinhalt, Prüfablauf, Prüfhäufigkeit, Prüfort, Prüfzeitpunkt und Prüfmerkmal. Im Sonderforschungsbereich wurde daher das Konzept der Zentralisierung der Prüftechnik in einer flexiblen Prüfzelle (s. a. Kap. C) verfolgt. Diese Vorgehensweise besitzt den Vorteil, daß eine hohe Auslastung der oft sehr teuren Prüfsysteme und die eingangs geforderte Flexibilität gewährleistet werden kann. Durch die Off-line-Programmierung (Kap. 3.3.2) und Einbindung in die Qualitätsregelung (Kap. 3.1.3) ermöglicht dieses Konzept eine flexible Anpassung an die Bedürfnisse der Montage. Prüfvorgänge werden nur dann in die Montageprozesse integriert, wenn eine 100%-Prüfung vorgesehen ist, die Lösung wirtschaftlich ist und die Prüfzeiten den Echtzeitanforderungen der Montageprozesse genügen. Hierzu ist der Einsatz von leistungsfähigen Parallelrechnersystemen notwendig (s.a. Kap. C1). Eine weitere Flexibilitätssteigerung kann durch den Einsatz lernfähiger Prüfsysteme erreicht werden, die abschließend beschrieben werden.

An die Sensor- und Prüftechnik in einer zentralen, flexiblen Prüfzelle werden folgende Anforderungen gestellt:

- Verfügbarkeit von diversen Sensorsystemen zur Messung verschiedener physikalischer Größen.
- Freie Wählbarkeit der Einsatzabfolge der Sensoren.
- Variation der Prüfposition des Sensors relativ zum Prüfobjekt.
- Einsatz des Sensors in verschiedenen Montagestufen.
- Anpaßbarkeit der Sensoren an verschiedene Prüfmerkmale.

Zusätzlich sollen die einzelnen Sensoren zusammen mit den Sensorrechnern innerhalb der flexiblen Prüfzelle die Selbstüberwachung und die Selbstkalibrierung durchführen. Um die vorgenannten Anforderungen zu erfüllen, ist eine modulare und flexible Sensorsystemstruktur in einer autarken Prüfzelle notwendig. Im folgenden wird das im Sonderforschungsbereich realisierte Prüfsystem vorgestellt. Als Sensorhandhabungssystem dient ein Scara-Roboter (Abb 3.30). Die Integration der Prüfzelle in ein Montagesystem ist in Kapitel C1 beschrieben. Folgende Sensorsysteme sind in der Prüfzelle integriert:

Sensorsysteme zur Geometrieprüfung:

- 1D-Triangulationssensor mit Sensorrechner
- CCD-Matrixkamera mit Infrarotlichtquelle und Bildverarbeitungssystem
- 3D-Kamera mit strukturierter Beleuchtung und Bildverarbeitungssystem

Sensorsystem zur Messung mechanischer Größen:

- Kraft-Momentensensor mit Sensorrechner

Sensorsystem zur akustischen Prüfung:

- Mikrofon mit Geräuschprüfsystem und Antriebsmotoren

Ein zusätzliches Meßgerät ermöglicht die Messung der Stromaufnahme der Antriebsmotoren. Auf die einzelnen Prüftechniken wird im folgenden eingegangen, die Sensorsysteme werden ausführlich in Kapitel 3.4 vorgestellt. Dort werden auch die Bildverarbeitungssysteme behandelt.

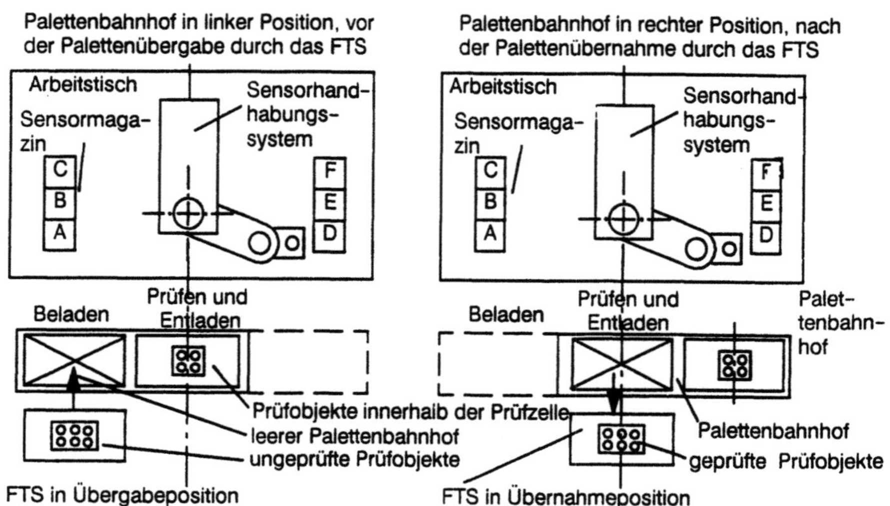

Abb.3.30. Flexible Prüfzelle

Geräuschprüfsystem

Viele Montagefehler können durch die Methoden der akustischen Prüfung schnell erkannt und zuverlässig klassifiziert werden. Aus diesem Grunde wurde die flexible Prüfzelle um ein Geräuschprüfsystem erweitert. Mit diesem System werden neue Verfahren der akustischen Signalverarbeitung und -klassifikation untersucht. Dazu gehören die kombinierte Zeit-Frequenzdarstellung der Schallsignale. Aus diesen Verteilungen können Merkmale für die Mustererkennung extrahiert werden, die sowohl von der Zeit als auch von der Frequenz abhängen. Dieser moderne Weg der Signalanalyse eröffnet neue Möglichkeiten zur Charakterisierung und damit zur Klassifizierung von Schallsignalen. Desweiteren werden zur Klassifikation der Schallsignale auch Neuronale Netze eingesetzt. Momentan ist auf dem nachfolgend beschriebenen System als neuronaler Klassifikator unter anderem ein Perceptron verfügbar. Dies ermöglicht sehr gut die Klassifikation einfach strukturierter Signale. Solche Signale sind z.B. auch die drehzahlabhängigen Geräusche der Rolladengetriebe.

Für die akustische Prüfung der Rolladengetriebe wird ein 2-Kanal-Geräuschanalysator eingesetzt. Dieses System ist modular aufgebaut und enthält einen Signalprozessor für die Analysefunktionen. Die Analysebandbreite liegt im hörbaren Frequenzbereich bis 20 kHz, läßt sich jedoch optional bis 70 kHz erweitern. An Getrieben können beispielsweise mit Hilfe eines Mikrofons Luftschallmessungen im hörbaren Bereich durchgeführt werden.

Die damit durchgeführten Untersuchungen dienten der Klärung, ob sich durch die Methoden der selektiven Montage von Kunststoffzahnrädern in Rolladengetriebe Verbesserungen im Geräuschverhalten der Getriebe ergeben. Dazu wurden zunächst 18 Getriebebaugruppen im Urzustand nach der Anlieferung, also stochastisch montiert, sowie nach Demontage und erneuter selektiver Montage gemessen und beurteilt.

Lernfähige Prüfsysteme

Durch die Entwicklung lernfähiger Prüfsysteme werden bei der Klassifikation der Sensor- und Prüfdaten neue Wege beschritten. Hierzu werden Neuronale Netze verwendet und weiterentwickelt.[3.35]

Klassifikatoren sind grundsätzlich auf beliebige Muster anwendbar wie z.B. Schallsignale oder Frequenzspektren. Es hat sich jedoch als sinnvoll erwiesen, nicht die Signale oder Bilder selbst zu klassifizieren, sondern sie einer geeigneten Vorverarbeitung zur Datenkompression zu unterwerfen.

Die Unterschiede zwischen den einzelnen Klassen werden durch den Trainingsprozeß eines Neuronalen Netzes selbständig ermittelt. Der Klassifikator ist dadurch universell und flexibel einsetzbar. Eine Änderung der zu unterscheidenden Signalklassen bei einem Produktwechsel erfordert lediglich ein erneutes Training des Neuronalen Netzes. Das Netzwerk ist zudem völlig unabhängig von der Art des Sensors, der zur Qualitätsprüfung eingesetzt wird.

Netzwerkmodelle

In der Literatur werden zahlreiche Netzwerkmodelle beschrieben, von denen das Perceptron als das wohl verbreitetste Modell kurz vorgestellt wird.

Im Perceptron können Eingangs- und Ausgangsschicht durch eine oder mehrere Zwischenschichten verbunden sein und jede Schicht ist mit der folgenden vollständig verknüpft. Die Anzahl von Neuronen dieser Zwischenschichten kann frei festgelegt werden. Für viele Anwendungen genügt es, mit einer oder sogar ohne Zwischenschicht zu arbeiten, da bereits mit einer Zwischenschicht prinzipiell eine beliebige Funktion approximiert werden kann.

Die Gewichte im mehrstufigen Perceptron werden in der Regel durch die sog. Back-Propagation Methode adaptiert. In diesem Gradientenverfahren wird der Fehler in der Ausgabe zu den vorangegangenen Schichten zurückverfolgt (zurück propagiert), indem untersucht wird, welchen Einfluß die einzelnen Gewichte auf die Ausgabe haben.

Das zweistufige Perceptron (mit einer Zwischenschicht) kann im Unterschied zum einstufigen auch Klassen unterscheiden, die nicht linear separierbar sind. Durch die wesentlich größere Anzahl von festzulegenden Parametern sowie der kleineren Lernrate ergibt sich eine deutlich längere Lernphase.

Die optimale Anzahl von Neuronen in der Zwischenschicht wird jedoch meist erst nach einigen Versuchen gefunden. Als Regel gilt: *so klein wie möglich, so groß wie nötig*. Mit wachsender Anzahl steigt die Rechenzeit und die Generalisierungsfähigkeit nimmt ab. Bei zu vielen Neuronen in der Zwischenschicht stehen sehr viele Freiheitsgrade für die Anpassung an die Trainingsmuster zur Verfügung und die Trainingsbeispiele werden quasi auswendig gelernt, die Ergebnisse für neue Testmuster werden dagegen unsicherer.

Ein wesentliches Problem bei den Netzwerken wie etwa dem Perceptron ist die Reaktion des Netzes auf Eingabemuster, die sich stark von allen zuvor aufgetretenen Mustern unterscheiden. So kann es unter Umständen dazu kommen, daß solche klassenfremde Muster anscheinend zuverlässig einer Klasse zugeordnet werden, ohne daß der Anwender etwas davon bemerkt. Die definierte Reaktion eines Klassifikators auf ein unbekanntes Muster wird beispielsweise dann wichtig, wenn Fehler an Produkten erst im Laufe der Serienfertigung auftreten und nicht schon beim Produktionsbeginn bekannt sind.

Die Radial Basis Functions (RBF) stammen aus der Theorie der Approximationstechniken für mehrdimensionale Funktionen. Wie bereits oben beschrieben ist ein Klassifikator nichts weiter als eine Approximation der Abbildung des Musterraums auf den Klassenraum. Da sie sich einfach auf neuronale Netze abbilden lassen, liegt es nahe, die guten Approximationseigenschaften für Aufgaben der Mustererkennung zu nutzen.

Der Name der Radial Basis Functions leitet sich von den Funktionentypen ab, die zur Approximation herangezogen werden. Dieser Aufbau als gewichtete Summe einzelner Funktionen läßt sich leicht auf ein vollständig verbundenes Netzwerkmodell abbilden. In der verborgenen Schicht befinden sich Neuronen, die jeweils einen Repräsentanten einer Klasse im Musterraum darstellen. Die Aktivierungsfunktion des Neurons ist eine nichtlineare, radialsymmetrische Funktion, wobei meist die Gaußfunktion verwendet wird. Die Ausgabeneuronen berechnen die gewichtete Summe der Aktivitäten der Zwischenschicht. Jedes Ausgabeneuron ist dabei einer Klasse zugeordnet.

Die Anzahl der Neuronen der Zwischenschicht wird im Laufe des Trainings festgelegt, bei dem der gesamte Trainingssatz in der Regel nur ein- bis zweimal durchlaufen wird. Ein späteres Hinzulernen des Netzes ist jederzeit möglich.

Anwendungsbeispiele

Mit einem RBF-Netzwerk wurde z.B. die Geräuschprüfung von Elektroniklüftern durchgeführt . Als Merkmalvektor steht das Betragsspektrum des Körperschallsignals zur Verfügung. Die primäre Aufgabe bei der Prüfung ist die Erkennung von fehlerhaften Teilen, wobei zunächst nicht zwischen den einzelnen Fehlerarten unterschieden werden muß. Der Trainingssatz besteht daher aus Spektren fehlerfreier Lüfter. Das Netz ist anschließend in der Lage, die fehlerhaften Teile von den fehlerfreien zu trennen. Wenn ausreichend viele Beispiele für fehlerhafte Teile gesammelt sind, können diese nach den Fehlerarten getrennt als weitere Klassen gelernt werden.

Als weitere Anwendung sei die Vollständigkeitsprüfung von Kunststoffzahnrädern genannt. Hier können durch Prozeßfehler einzelne Zähne nicht korrekt ausgebildet sein. Nach einer Konturextraktion aus dem Kamerabild lassen sich die Konturen der fehlerfreien Zahnräder trainieren. Fehlerhafte Konturen werden anschließend ohne vorheriges Training als unbekannte Muster eingestuft und können dann aus dem Montageprozeß ausgesondert werden. Ohne Beeinträchtigung können hier auch die Sollkonturen von zwei verschiedenen Zahnradtypen (z.B. mit verschiedenem Durchmesser und Zähnezahl) eingelernt werden, so daß mit einem Klassifikator die beiden Zahnradtypen geprüft werden können.

3.3.2 Off-line-Programmierung von Prüfsystemen

Im Sinne der Flexibilisierung und Automatisierung der Qualitätsprüfung ist es erforderlich, die zur Prüfdurchführung notwendigen Informationen maschinenfern (off-line) zu erzeugen und direkt aus den Konstruktions- und Montageplanungsdaten zu übernehmen.

Aus der taktilen Koordinatenmeßtechnik sind entsprechende Ansätze zur Off-line-Programmierung von Koordinatenmeßgeräten bekannt [3.31]. CAD-basierte Off-line-Programmiermodule ermöglichen hier bereits die

- Meßaufgabendefinition,
- Verfahrweggenerierung,
- Meßprogrammerstellung und automatische Prüfplanerstellung auf CAD-Ebene.

Lange Zeit wurde diese Entwicklung durch mangelnde Standardisierung der Meßsprachen behindert, erst die Einführung von Standards (wie NCMES, DMIS, IGES und STEP) ermöglichte den Austausch von Daten zwischen unterschiedlichen CAD-Systemen und die Erstellung maschinenneutraler Meßprogramme [3.32].

Auch die optoelektronische Koordinatenmeßtechnik profitierte von diesen Standards, es existieren bereits erfolgversprechende Ansätze zur Off-line-Programmierung von optoelektonischen 2D- und 3D-Koordinatenmeßmaschinen [3.33].

Für die Off-line-Programmierung von komplexen Prüfsystemen kann hieraus lediglich die Verfahrweggenerierung unverändert übernommen werden. Zusätzlich müssen nichtgeometrische, attributive Merkmale bei der Meßaufgabendefinition und der Erstellung von Prüfplänen und Meßprogrammen zusätzlich berücksichtigt werden. Dies erfordert die Entwicklung einer entsprechenden Prüfsprache zur Gewährleistung von maschinen- bzw. sensorneutralen Prüfprogrammen. Diese Prüfsprache muß an die Anforderungen und Möglichkeiten eines komplexen Prüfsystems angepaßt sein. Da im Bereich der geometrischen Meßtechnik mit der Meßsprache DMIS ein weit verbreiteter Standard vorhanden ist, wurde diese als Grundlage für die erweiterte Prüfsprache ADMIS (**A**ttributive and **D**imensional **M**easuring **I**nterface **S**pecification) gewählt, die im Sonderforschungsbereich entwickelt wurde. ADMIS erlaubt durch einen erweiterten Sprachumfang auch attributive Prüfmerkmale wie Oberflächeneigenschaften (Kratzer, Schmutz), Vollständigkeit oder Konturbeschaffenheit (Grate, Ausbrüche) und eine Vielzahl von Prüfsensoren (Kamera, Mikrofone, Taster).

Integration von Konstruktion und Prüfplanung in einem CAD-System

Neben der CAD-basierten Konstruktion, die heute schon Standard ist, soll auf demselben CAD-System auch die Prüfplanerstellung in einem Off-line-Programmiermodul stattfinden.

Das Off-line-Programmiermodul soll die Generierung aller zur Prüfdurchführung benötigten Informationen aus den Konstruktions- und Montageplanungsdaten ermöglichen. Die Programmierumgebung wird auf das CAD-System Auto-CAD aufgesetzt. Sie erlaubt den flexiblen Einsatz der integrierten Module zur Fehlersimulation, Prüfmerkmalsgenerierung, Sensor- und Algorithmenauswahl, Sensoreinsatzplanung, Verfahrweggenerierung, sowie Prüfplan- und Prüfprogrammerstellung (Abb. 3.31).

In der Planungsphase bietet das Off-line-Modul dem Benutzer automatisch generierte Vorschläge (Prüfmerkmale, Sensoren etc.) an. Dieser hat dann die Möglichkeit, entweder einen dieser Vorschläge zu akzeptieren oder interaktiv eine andere Wahl zu treffen. In der operativen Phase werden dynamisch veränderte Vorgaben wie z.B. Prüfhäufigkeiten, Toleranzen etc. automatisch in entsprechend geänderte Prüfpläne und -programme umgesetzt. Alle Meßprogramme werden im neuen Standardformat ADMIS erstellt.

Das ADMIS-Prüfprogramm als Schnittstelle zwischen Prüfplanungssystem und Prüfsystem

Die Meßsprache DMIS ist einer der verbreitetsten Standards in der Koordinatenmeßtechnik. Sie unterstützt verschiedene Sensorarten zur Messung geometrischer Merkmale, unter anderem taktile Sensoren, Kameras, Infrarot- und Röntgensensoren [3.34]. Für den Einsatz als Meßsprache in einem komplexen Prüfsystem sind jedoch Erweiterungen des DMIS-Standards erforderlich.

Zunächst muß die Palette der unterstützten Prüfmerkmale erweitert werden, damit auch nichtgeometrische, attributive Merkmale, wie z.B. Farbe, Textur, Lautstärke usw. gemessen werden können.

Im Hinblick auf die Prüfung von Qualitätsmerkmalen mit CCD-Sensoren ist die Erfassung von geometrischen Merkmalen durch den DMIS Standard nicht vollständig abgedeckt. Im DMIS-Standard sind geometrische Merkmale wie Durchmesser, Umfang, Trägheitsachsen, Fläche, Volumen nicht enthalten. Abhilfe schafft hier jedoch die voraussichtlich in zukünftigen DMIS-Standards enthaltene Möglichkeit, benutzerdefinierte Objekte zu verwenden. Für jedes benutzerdefinierte Objekt können in einer Datei Sollwerte für beliebige mit dem Prüfsystem messbare Eigenschaften definiert werden. In gleicher Weise kann die Toleranzdefinition vorgenommen werden. Auf diese Weise kann z.B. auch eine Vollständigkeitsprüfung definiert werden. Als weitere, nicht an Objekte gebundene, Merkmale wurden zunächst die folgenden attributiven Merkmale in den ADMIS-Standard aufgenommen:

– Farb- oder Glanzinhomogenitäten,
– Vollständigkeit,
– Ausbrüche,
– Kratzer und
– Textur.

Der ADMIS Standard wird fortlaufend um weitere attributive Merkmale erweitert. Das tut der Erstellung von ADMIS-Postprozessoren für spezielle Sensoren bzw. Prüfzellen keinen Abbruch, da eine Erweiterung des ADMIS Standards der Verwendung von bereits existierenden Postprozessoren nicht im Wege steht. Dies wird durch eine für jedes Prüfsystem zu erstellende Datei gewährleistet, welche die vom jeweiligen Prüfsystem unterstützten ADMIS-Befehle spezifiziert. Diese Datei wird vom Off-line-Programmiermodul abgefragt, wodurch die Erzeugung von vom Prüfsystem nicht ausführbaren Meßprogrammen verhindert wird.

Im Hinblick auf Prüfaufgaben aus dem Bereich der Geräuschanalyse und -klassifikation wurden die Ergebnisse der gängigen Analysemethoden wie z.B. Kurzzeit-Fourierspektrum und Wigner-Verteilung, als Merkmale in den ADMIS-Standard aufgenommen [3.35]. Mikrophone bzw. Geräuschprüfsysteme werden ebenfalls als Sensoren von ADMIS unterstützt.

ADMIS unterstützt ebenso den Einsatz von Klassifikatoren. Als Merkmalvektor für die Klassifikation kann eine beliebige Kombination von ADMIS-Merkmalen verwendet werden. Der zu verwendende, für die jeweilige Klassifikation vorbereitete Klassifikator wird anhand einer vom Off-line-Programmiersystem vergebenen eindeutigen Identifikationsnummer erkannt.

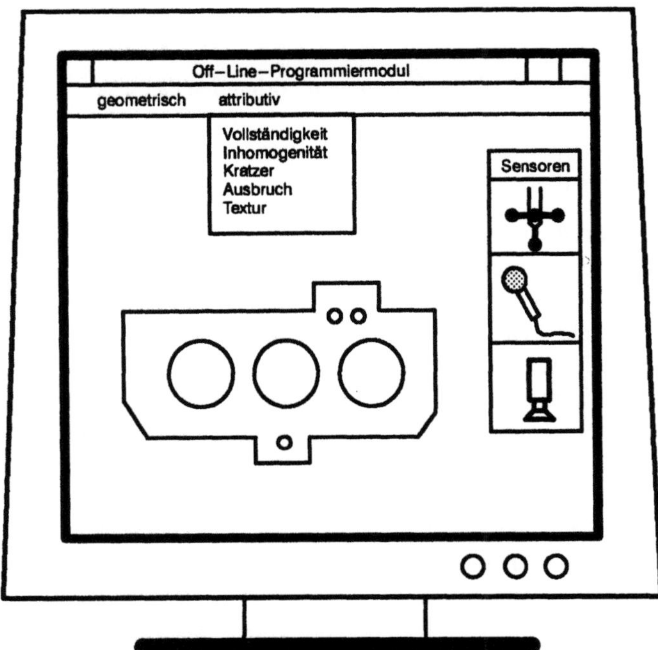

Abb.3.31. CAD-System mit integriertem Off-line-Programmiermodul, hier mit Sensorauswahlmenü

In Zukunft müssen auch weitere Sensoren zur Messung von nichtgeometrischen Merkmalen, wie z.B. Druck, Temperatur, Kraft, Moment, magnetische bzw. elektrische Feldstärke, elektrische Spannung, Stromstärke, Geschwindigkeit, Beschleunigung, Zeit, Frequenz usw. durch ADMIS unterstützt werden. Entsprechende Sensordefinitionsstatements, Merkmale und Toleranzen werden zur Zeit in den ADMIS-Standard aufgenommen.

Anwendungsbeispiel

Der Ablauf einer Sichtprüfung wird anhand eines Anwendungsbeispiels verdeutlicht. Im Sonderforschungsbereich wurde ein Sichtprüfsystem mit einer verfahrbaren CCD-Kamera realisiert. Die Kamera kann somit rechnergesteuert beliebige Bildausschnitte des Objektes erfassen. Das Sichtprüfsystem ist ferner über eine Schnittstelle mit dem Q-Interface (s.a. Kap. 3.1.2) verbunden.

Das Sichtprüfsystem erhält das vom Prüfplanungssystem off-line generierte ADMIS-Prüfprogramm. Dieses Prüfprogramm durchläuft einen ADMIS-Postprozessor, der die Umsetzung der Prüfprogramme in die systemspezifischen Formate ermöglicht. Die daraus gewonnenen Daten aktivieren zunächst die Kamera. Nachdem der Bildaufnehmer an den Prüfort verfahren wurde, wird der entsprechende Prüfalgorithmus aktiviert und die Prüfung durchgeführt.

Die integrierten Prüfalgorithmen für geometrische und attributive Merkmale besitzen folgenden Umfang:

- Vermessen von geometrischen Elementen wie Kreise (z.B. Bohrung) und Linien (z.B. Kanten),
- Vollständigkeitsprüfung (z.B.: Sind alle Bohrungen vorhanden ?),
- Ausbrucherkennung an geometrischen Elementen,
- Glanz- und Farbinhomogenitäten auf ebenen Flächen und
- Erkennung von Kratzern auf ebenen Flächen.

Das Prüfergebnis wird in Form eines Prüfprotokolls zur weiteren Analyse und zur zentralen Speicherung an das CAQ-System zurückgesandt. Müssen vor Ort bei der flexiblen Prüfzelle schnell Prüfplanänderungen durchgeführt werden, ist ein *Teach-In* direkt am Prüfobjekt weiterhin möglich. Die dadurch gewonnenen Prüfschritte werden in das bestehende Prüfprogramm eingearbeitet.

Um örtliche Einflüsse, die maschinenfern nicht eingesehen und somit bei der Prüfplangestaltung nicht berücksichtigt oder optimiert werden können, wie z.B. Außenbeleuchtung oder Raumgeräusche, ist in dem Prüfsystem ein Einzelschrittmodus integriert. Damit können die einzelnen Prüfschritte getrennt ausgeführt werden und die fehlenden Parameter ermittelt werden.

Der modifizierte Prüfplan wird dem CAQ-System und damit auch dem Prüfplanungssystem über die Schnittstellenanbindung zugänglich gemacht.

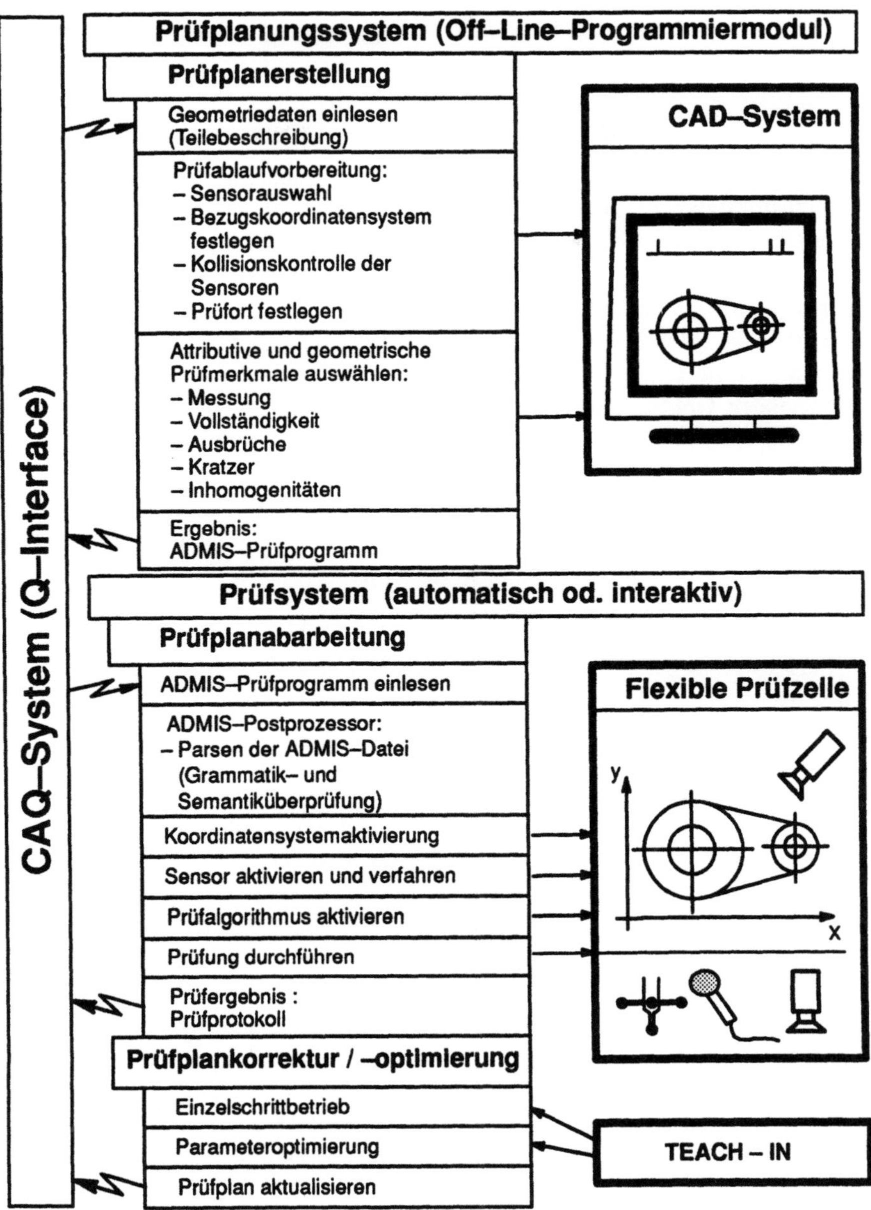

Abb.3.32. zeigt das Zusammenwirken von Prüfplanungssystem und Prüfsystem.

3.4 Optische Sensoren in der Montage und Qualitätsprüfung

Kürzere Taktzeiten und engere Toleranzgrenzen, gepaart mit der Forderung nach einer 100%-Prüfung stellen zunehmend hohe Forderungen an die in Montage und Qualitätsprüfung eingesetzte Meßtechnik. Dabei kommt ihr neben dem Erkennen fehlerhafter Teile und Zustände verstärkt die Aufgabe zu, generell Qualitätsdaten über das Produkt und den Montageprozeß zu liefern, um präventiv eine Qualitätsplanung und -lenkung zu ermöglichen.

Im gleichen Maße, wie der robotergeprägte Montageprozeß eine verstärkte Automatisierung und Flexibilität erfährt, muß die begleitende Meßtechnik einen zunehmenden Grad an automatisierten Verfahren und Strategien aufweisen, die eine hohe Flexibilität der technischen Systeme und deren funktionalen Möglichkeiten erlauben.

Im folgenden werden verschiedene optische Meßverfahren und deren Anwendung aus der Sicht der automatisierten Montage und Qualitätsprüfung diskutiert [3.36,3.37].

3.4.1 Anforderungen an Sensoren zur Qualitätssicherung und 3-D-Erfassung in der Montage

Bestehende Montageanlagen sind gekennzeichnet durch eine Vielzahl einzelner Sensoren, die eine Aufgabe nach starrem Schema abarbeiten. Treten Änderungen des Montageablaufs auf (neue Produktvariante, neues Qualitätsmerkmal etc.), muß in lange Umrüstzeiten und eventuell neue Sensoren investiert werden. Eine Qualitätsplanung und -lenkung unter Einbezug der Sensorik ist kaum möglich, da der Sensor statt eines Qualitätsmerkmals meist nur einen Meßwert liefert.

Moderne Sensoren erfüllen dagegen die Prämissen flexibler Montagesysteme. Eine hohe Dichte der in das Sensorsystem integrierten Funktionen, die sowohl hardwareseitig das technische Gerät, als auch softwareseitig die Steuerung des Systems auszeichnet, macht den Sensor zu einer hochwertigen, flexibel einsetzbaren Komponente des Montagesystems. Dadurch werden kostenintensive Einstell- und Wechselzeiten sowie Peripheriekosten gesenkt.

Optische Methoden erfüllen die Anforderungen der Qualitätsprüfung in modernen Montagesystemen in besonderem Maße, sind doch eine Vielzahl der auftretenden Überwachungsaufgaben, wie

– Geometrievermessung
– Oberflächeninspektion
– Messung der Relativlage
– Vollständigkeitsprüfung
– Werkstückidentifikation

auf Sichtprüfaufgaben zurückzuführen, wobei der Erfassung der dreidimensionalen Koordinaten (Abstand, Topografie) eines Werkstücks eine herausragende Stellung zukommt. Die berührungslose Arbeitsweise und die enge Verbindung zur Mikroelektronik und Datenverarbeitung ermöglicht die Realisierung schneller, genauer Prüfgeräte, die kaum vom Werkstückmaterial beeinflußt werden [3.38]. Das hohe Innovationspotential optoelektronischer Sensoren, befruchtet durch die stürmische Entwicklung auf den Gebieten der Lasertechnik, der Mikroelektronik und Mikrosystemtechnik und der Informationsverarbeitung, läßt zukünftig eine noch bessere Integration in den Montageprozeß erwarten. Das spezifische Montageumfeld kommt dabei optischen Sensoren insofern entgegen, als hier, verglichen mit einer Fertigungsumgebung, auf die Messung störend einwirkende Faktoren wie Späne, Dämpfe, Kühlmittel und Schmutz kaum auftreten. Weiter wirkt sich das meist vorhandene a-priori-Wissens über das zu montierende Produkt günstig auf die Planung und Durchführung der Messung aus.

Freilich darf nicht verschwiegen werden, daß die Meßoberfläche und teilweise die Materialeigenschaften einen starken Einfluß auf die optische Messung und Prüfung ausübt. Technisch bearbeitete Oberflächen mit stark inhomogenen Streueigenschaften (z.B. Metalle mit teils korrodierter, teils blanker Oberfläche, Schmierfilme auf Oberflächen) können schnell problematische Zustände bei der optischen Messung hervorrufen. Weiter mindern die bei der kohärenten Beleuchtung (optisch) rauher Oberflächen entstehenden Interferenzerscheinungen (*Speckles*) die erreichbaren Genauigkeiten.

Der Entwickler ist hier gefordert, aus der genauen Kenntnis der grundlegenden Zusammenhänge heraus das Sensorsystem so auszulegen, daß störende Einflüsse minimiert oder durch entsprechende Wahl der Meßstragtegie umgangen werden können.

Optische 3-D-Meßmethoden

Taktile Verfahren zur dreidimensionalen Vermessung, die bereits seit Jahren in der Qualitätsprüfung eingesetzt werden, stoßen trotz des hohen technischen Entwicklungsstands zunehmend an ihre Grenzen, wenn es um schnelle Arbeitsweise, empfindliche Oberflächen und hohe Flexibilität geht.

Berührungslos arbeitende, optische Meßmethoden eigenen sich hier besonders. Tabelle 3.2 zeigt eine Aufstellung optischer Verfahren zur Qualitätsprüfung, aufgeteilt in punktweise und flächenhaft arbeitende Verfahren. Generell zeigen optische Verfahren Vorteile, wenn es um Geschwindigkeit, Meßgenauigkeit und Messung auf weichen Oberflächen geht. Nachteilig wirkt sich jedoch zweifellos der große Einfluß der Oberfächenbeschaffenheit und der Umweltbedingungen auf das Meßergebnis aus.

Tabelle 3.2. Verfahren zur Abstands- und Profilmessung

Punktweise arbeitende Verfahren	Flächenhaft arbeitende Verfahren
• Laufzeitverfahren	• Lichtschnitt
• Phasenmessung	• Moiré-Verfahren, strukturierte
• Triangulation	Beleuchtung
• Astigmatische Fokussierung	• Interferometrische Verfahren
• Optische Balance, Foucault	• Holografie, Speckle
• Heterodyn-Verfahren	• Bildverarbeitung
• Konfokales Mikroskop	
• Tunnelmikroskop	
• Kraftmikroskop	

In Tabelle 3.3 sind die erreichbaren Meßgenauigkeiten der einzelnen Verfahren zusammengestellt. Freilich müssen die Werte als Richtwerte betrachtet werden, die je nach Sensor und den gegebenen Randbedingungen varrieren können.

Tabelle 3.3. Richtwerte der Meßgenauigkeit optischer Verfahren

	Δz
1. Radarverfahren	
• Laufzeitmessung	1 mm
• Phasenmessung	0,3 mm
2. Radiometrische Verfahren	30 nm
3. Astigmatische Fokussierverfahren	0,1 µm
4. Auswertung der Kantensteilheit im Bild	0,1 µm
5. Elektrooptische Symmetrieverfahren zur Fokussierung	0,1 µm
6. Triangulation	1 ‰ des Meßber.
7. Lichtschnittverfahren	10 µm
8. Strukturierte Beleuchtung	10 µm
• im mikroskopischen Bereich	20 nm
9. Interferometrie	0,1 nm

Im folgenden werden die verschiedenen optischen Meßverfahren und deren Anwendung aus der speziellen Sicht der automatisierten Montage kurz vorgestellt und beurteilt werden.

Laufzeit- und Phasenmeßverfahren

Abstands- und Distanzmeßverfahren, die auf der Bestimmung der Zeitdauer zwischen Aussenden und Empfang eines Pulses oder einer Pulsfolge basieren, sind schon lange bekannt. Sie werden vor allem bei sehr großen Meßabständen und Auflösungen im cm-Bereich eingesetzt. Durch den Einsatz von Diodenlasern, mit denen Pulsbreiten im Sub-Piko-Sekunden-Bereich erzeugt werden können, konnte die Auflösung des Verfahrens nochmals wesentlich gesteigert werden (mm-Bereich) bei gleichzeitiger Reduktion des Preises.

Sind höhere Meßgenauigkeiten gefordert, so kommen meist Laserabstandsmeßverfahren nach dem Phasenmeßprinzip zum Einsatz. Sie messen die Distanz zum Objekt über eine Phasenmessung zwischen dem z.B. sinusförmig modulierten Laserstrahl und dem vom Objekt zurückgestreuten Signal. Auch hier können Halbleiterlaser ideal eingesetzt werden, da sie eine einfache Modulation des emittierten Strahls mit Frequenzen bis 500 MHz erlauben. Werden Retro-Reflektoren als *Target* auf dem Objekt verwendet, so sind Submillimeter-Auflösungen erreichbar.

Obwohl das typische Einsatzgebiet der Verfahren in der Geodäsie, dem Bauwesen und der Erdvermessung liegt, können Radarverfahren durchaus auch in automatisierten Montageumgebungen bei großen Meßabständen und moderaten Genauigkeitsanforderungen (z.B. Transportsysteme) vorteilhaft eingesetzt werden.

Triangulationsverfahren

Punktförmig und flächenhaft arbeitende Triangulationsverfahren sind bei Objektvermessungen im Nahbereich sehr verbreitet, da sie sich durch einen relativ einfachen Aufbau und ihre robuste Arbeitsweise auszeichnen. In jüngster Zeit entwickelt sich die computer-gestützte Photogrammetrie, die ebenfalls auf dem Triangulationsprinzip beruht, zu einem wirkungsvollen Werkzeug in der dimensionellen Meßtechnik, das vermehrt industriellen Einsatz findet.
Bei der *aktiven Triangulation*, wie sie in Abb. 3.33 skizziert ist, wird der Meßort auf dem Objekt durch einen Lichtstrahl bestimmter Struktur (Punkt, Linie, mehrere parallele Linien) markiert. Die Objektmarkierung wird dann aus einer anderen Richtung auf einen ortsempfindlichen fotoelektrischen Detektor (z.B. CCD-Array) abgebildet. Aus der Position des Bildflecks P' auf dem Detektor und den geometrischen Parametern der Anordnung läßt sich dann der Abstand ders Meßobjekts vom Sensor berechnen. Die Auflösung des Verfahrens ergibt sich zu

$$\Delta z = \frac{z^2}{B} \Delta w \tag{3.5}$$

wobei Δw die Winkelauflösung des Empfängersystems ist, die sich aus dem Aufbau des Detektors, der folgenden Signalauswertung und dem SNR des Detektorsignals ergibt.

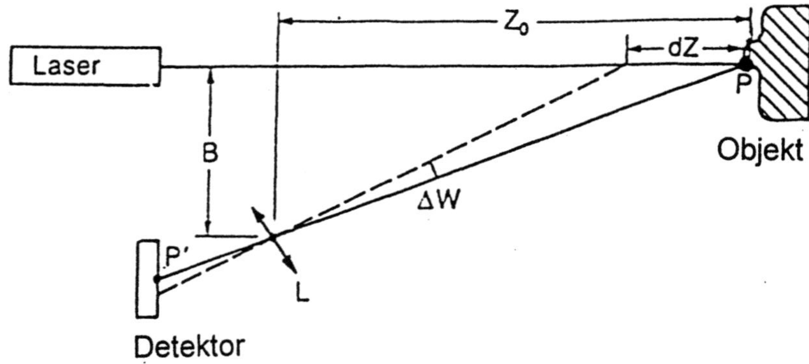

Abb.3.33. Prinzipskizze der aktiven Triangulation

Aus Abb. 3.33 und Glg. 3.5 wird deutlich, daß durch Variation der Triangulationsbasis B und dem Arbeitsabstand z_0 Meßbereich und -auflösung entsprechend den Anforderungen der Applikation eingestellt werden können. Das heißt aber auch, daß beispielsweise hohe Meßgenauigkeiten bei großen Arbeitsabständen nur durch eine entsprechend großen Basislänge B möglich sind (vergleiche z.B. Motortheodolit), was wiederum Probleme bei Messungen in Bohrungen etc. mit sich bringt, da hier ein Strahl durch das Meßobjekt abgeschattet wird. Die Winkelauflösung Δw wird neben der bildweite vor allem durch die Genauigkeit bestimmt, mit der der Detektor die Position des auftreffenden Bildflecks messen kann. Sie hängt u.a. von den zur Auswertung benutzen Algorithmen [3.39] und der Pupillenausleuchtung der Abbildungsoptik [3.40] ab.

Ansonsten zeichnen sich, insbesondere punktweise messende, aktive Triangulationsverfahren durch ihre robuste, genaue Arbeitsweise auch unter schwierigen Randbedingungen aus. Dies deutet auch schon auf die typischen Einsatzgebiete in der flexiblen Montageumgebung hin: Hochgenaue Abstandsmessungen auf strukturierten, inhomogen streuenden Oberflächen, wie z.B. in der Justage, der Maßhaltigkeitskontrolle oder der Roboterpositionierung.

Führt man den statischen Antaststrahl über einen Deflektor (drehbarer Galvanometerspiegel, Polygon-Spiegel, Akustooptischer Modulator), so wird aus dem eindimensional messenden Triangulationssensor ein zweidimensional, bzw. bei zwei Deflektoren ein dreidimensional messendes dynamisches System [3.41]. Durch das punktweise Abtasten des Objekts können mit diesen Sensortypen auch Messungen auf schwierigen Oberflächen durchgeführt werden (vergl. Kap. 3.4.4), doch ist die Meßgeschwindigkeit begrenzt. Sind nur einzelne Bereiche eines Prüflings, eventuell mit hoher Genauigkeit, zu vermessen, so kommen punktförmig abtastende Triangulationssensoren zum Einsatz. Beispiele hierfür sind die Prüfung der Relativlage, Justage, Vollständigkeitskontrollen (Abb. 3.34) [3.42].

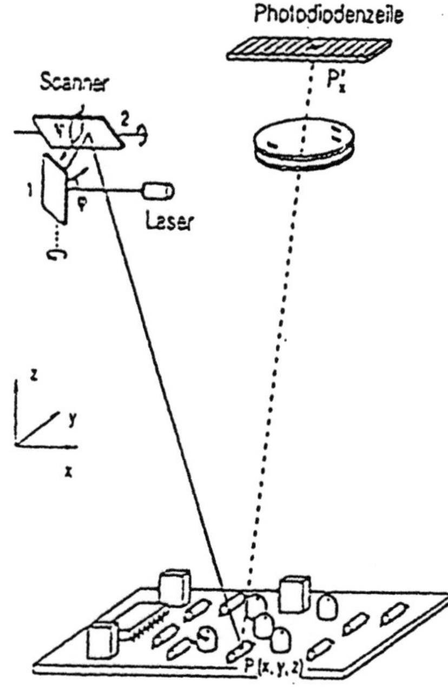

Abb.3.34. Vollständigkeitskontrolle an elektronischen Leiterplatten mit einem punktförmig abtastenden Lasertriangulationssensor

Die Erweiterung der Objektmarkierung vom punktförmigen Fokus zu einer Linie führt zum Lichtschnittverfahren, das häufig für Profilmessungen eingesetzt wird. Hier wird eine ganze Linie vom zweidimensionalen Detektor aufgenommen, was durch das Fehlen bewegter Teile zu einer entprechenden Geschwindigkeitssteigerung führt.

Die gleichzeitige Projektion mehrerer, paralleler Linien (Streifen), bzw. die Projektion eines Gitters führt zur sogenannten codierten oder *strukturierten Beleuchtung*. Entsprechend der Topografie des Meßobjekts werden die einfallenden, parallelen Streifen vom zweidimensionalen Detektor verformt wahrgenommen. Aus der Verformung der Streifen und den geometrischen Maßen des Sensoraufbaus kann die gesamte Topografie des Objekts berechnet werden. Da mit einer Videoaufnahme der CCD-Kamera das gesamte Meßfeld aufgenommen wird, eignen sich Streifenprojektionsverfahren besonders für flächenhafte Messungen.

Der projizierten Beleuchtungsstruktur muß insofern besondere Beachtung geschenkt werden, als sie wesentlichen Einfluß auf das Ergebnis des Sensors hat [3.43]. So lassen sich durch die Ortsfrequenz des Streifenmusters, als auch durch die Funktion der Streifenstruktur (sinusförmig, binär, hybrid) der Tiefenmeßbereich, die erzielbare Meßgenauigkeit und die Robustheit der Messung stark beeinflussen. Moderne Sensoren, wie sie neu entwickelt wurden, analysieren selbständig die optischen und topologischen Eigenschaften des Meßobjekts, um daraus den optimalen Beleuchtungscode zu generieren. Das erfordert hardwareseitig neue Bauelemente, die die Projektion variabler Codes mit hoher Ortsfrequenz zulassen. Durch die rapide wachsenden Fortschritte der Bildschirm- und Displaytechnik stehen heute bereits Flüssigkristallprojektoren zur schnellen, rechnergesteuerten Projektion variabler Streifencodes zur Verfügung. In neuen Ansätzen werden schließlich computergenerierte Projektionsgitter mit Hilfe präziser Laserplotter zur hochgenauen Topografiebestimmung eingesetzt.

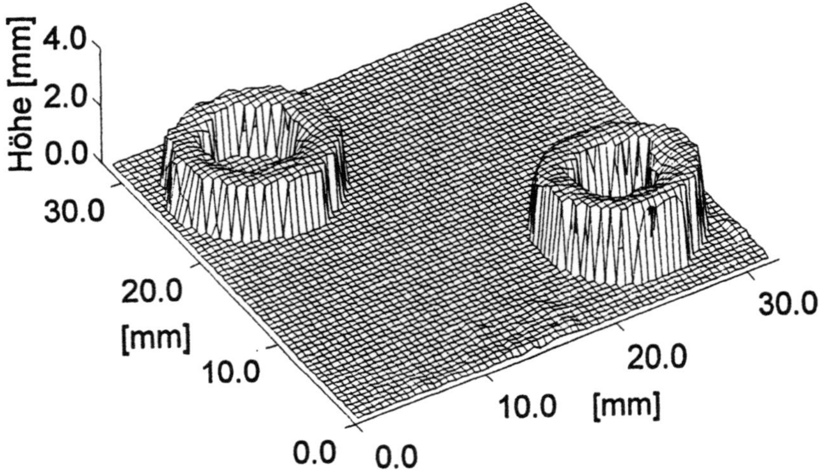

Abb.3.35. Topografievermessung eines Fügeteils, ermittelt mit codierten Beleuchtungsstrukturen

Ein konkretes Anwendungsbeispiel eines makroskopischen Topografiesensors mit variabel projizierten Streifen (vergleiche Kap. 3.4.2) ist die Erkennung von Lage und Orientierung wahllos angeordneter Greifobjekte in der Teilebereitstellung (Abb. 3.35). Durch die vom Sensor gelieferte Information ist der Montageroboter in der Lage, die Teile zu greifen und auf einer Palette abzulegen.

Der Meßbereich projizierter Streifenverfahren kann sowohl den makroskopischen Nahbereich (Meßabstand bis mehrere Meter) als auch mikroskopische Dimensionen umfassen., wobei dann Höhenmeßgenauigkeiten bis zu 20 nm erreicht werden können [3.44]. Abbildung 3.36 gibt die Topografie eines Tiefziehblechs mit einem Bildfeld von 500 x 500 µm² und einer Mittenrauheit R_a= 1,42 µm wieder.

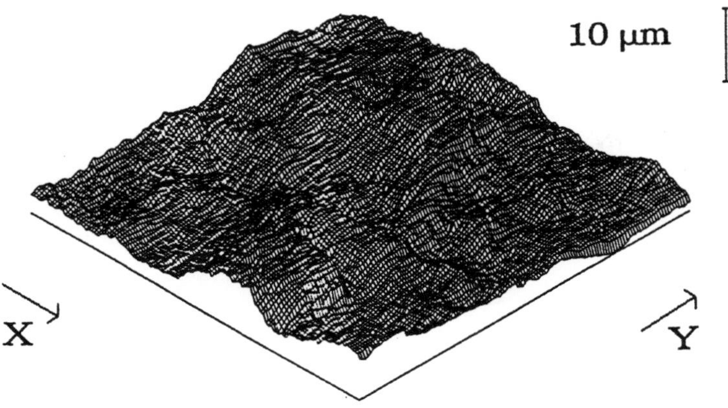

Abb.3.36. Topografie eines Tiefziehblechs, gemessen mit Hilfe der Streifenprojektion

Informations- und Bildverarbeitung

Die digitale Informations- und Signalverarbeitung hat in den letzten Jahren einen enormen Aufschwung erlebt. Durch die enge Verknüpfung mit diesen Techniken profitierte auch die optische Meßtechnik von dieser Entwicklung, was sich in deren verstärkten industriellen Einsatz äußert.

Analysiert man jedoch die Bildaufnahme und -auswertung genauer, so zeigt sich, daß bestehende optische Sensoren wesentlich weniger Qualitätsinformation aus einer Messung ziehen, als theoretisch möglich ist. Die häufig unter dem Begriff *Active Vision* gesammelten Ansätze der Künstlichen Intelligenz, der Neuroinformatik oder der Fuzzy-Logik versuchen, durch Steuerung des gesamten Bildaufnahmeprozesses (also gezielte Positionierung und Orientierung des Detektors *und* des Objekts, raumzeitliche Variation der Lichtquelle) ein Höchstmaß an Information aus dem Objekt zu holen.

Als Beispiel einer bereits praktisch realisierten Anwendung sei hier die Erkennung und Klassifikation von Oberflächendefekten mit einem Beleuchtungsprozessor genannt. Durch Variation der Beleuchtungsform und -richtung während der Aufnahme einer Bildfolge, können Kratzer, Risse, Delaminationen und Texturen auch auf schwierigen Oberflächen automatisch erkannt und klassifiziert werden. Die Klassifikation wird dabei durch das Bild bearbeitende Operatoren bewerkstelligt, die durch entsprechend ausgewählte Stichproben anlernbar sind. Beispiele dafür sind der Nächste-Nachbar-Klassifikator oder Polynomklassifikatoren, die je nach Einsatzfall (z.B. häufig wechselnde Klassifikationsaufgabe oder möglichst geringe Rechenzeit bei der Klassifikation) eingesetzt werden. Mit Neuronalen Netze läßt sich die Klassifikation von Objektmerkmalen selektiver gestalten, was jedoch einen erheblich höheren Rechenzeitbedarf bei Bestimmung der Klassifikatorparameter fordert.

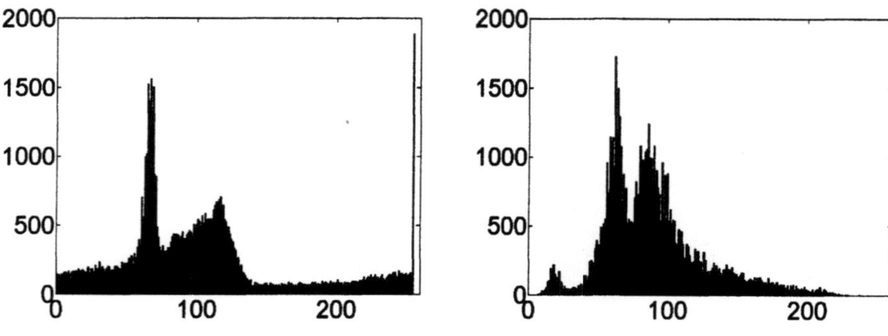

Abb.3.37. Histogramme der von der Kamera aufgenommenen Grauwerte. Im Bild links ist eine ungünstige Verteilung mit starker Übersteuerung (Abszissenwert 255) zu sehen. Durch Veränderung der Beleuchtungsparameter kann die günstigste Verteilung im Bild rechts erreicht werden.

Flankiert werden diese informationstechnischen Entwicklungen auf geräte-technischer Seite durch neue Hardwaresysteme, die die volle Entfaltung der angesprochenen Methoden ermöglichen. Sogenannte smart-cameras, digitale Mikro-spiegelsysteme, spatial light modulators oder spezielle intelligente Detektions-systeme sind die Bauelemente, die zukünftig für ein enges Zusammenwirken von intelligenten Meßstrategien und darauf angepaßten Hardwarestrukturen stehen.

Interferometrische Verfahren

Im Unterschied zu den bisher aufgeführten Meßverfahren nutzen interferome-trische Verfahren die Kohärenz des Laserlichts. Sie zeichnen sich durch sehr hohe Meßgenauigkeiten im nm-Bereich aus. Bisherige Aufbauten sind jedoch nur be-dingt für den praxistauglichen Einsatz in der Montageumgebung geeignet. Ihnen haftet meist das Manko der Empfindlichkeit des Meßverfahrens gegenüber mechanischen Schwingungen, der Anfälligkeit der Messung gegenüber atmo-sphärischen Unregelmäßigkeiten (z.B. Brechzahlschwankungen der Luft) und (optisch) rauhen Meßoberflächen an [3.45].
Der in den letzten Jahren vollzogene Übergang der integrierten Optik vom Laborstadium zur industriellen Anwendung brachte auch für die automatisierte Montage eine Palette neuer Sensoren. So sind bereits integriert-optische Miniatur-interferometer auf dem Markt, die sich durch eine bisher ungekannte mechanische Robustheit auszeichnen. Sie können als punktweise messende Abstandssensoren überall dort eingesetzt werden, wo hohe Genauigkeiten gefordert sind (z.B. Logi-

stik). Leider benötigen auch sie für die meisten Anwendungen noch einen Retro-
reflektor als Target am Meßobjekt.

Eine Methode diese Anfälligkeit gegenüber rauhen Meßoberflächen zu reduzieren, ist der Einsatz einer größeren Wellenlänge der Lichtquelle, was jedoch die

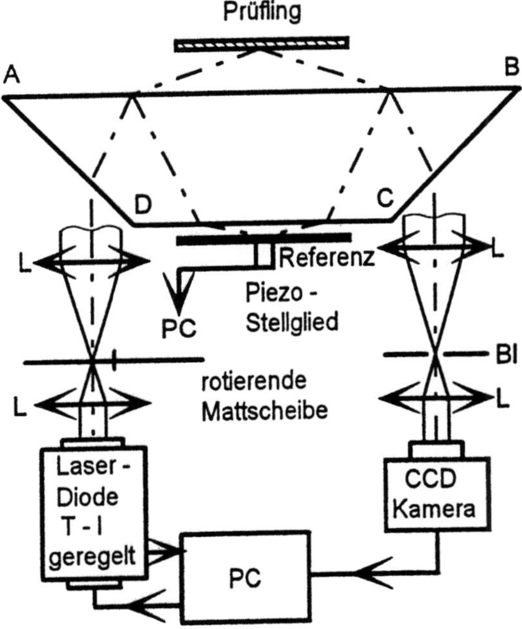

Abb.3.38. Interferometrie mit streifend einfallender Lichtwelle zur Vermessung rauher
Oberflächen

erzielbare Auflösung des Verfahrens senkt. Durch die gleichzeitige Verwendung
mehrerer Wellenlängen, deren Schwebungsfrequenz eine große synthetische Wellenlänge besitzt, oder durch den schrägen Einfall der Wellenfront auf das Meßobjekt kann dieser Umstand elegant umgangen werden. Fällt die Lichtwelle unter
dem Winkel ϑ' auf die Prüflingsoberfläche ein, so kann die Empfindlichkeit des
Verfahrens um den Faktor $1/\cos \vartheta'$ reduziert, bzw. der Tiefenmeßbereich
entsprechend erhöht werden. Abbildung 3.38 zeigt Aufbau, bei dem die
Beleuchtungswelle in eine Referenz- und eine Prüfwelle aufgeteilt wird. Durch
die Phasenschiebung der Referenzwelle mittels eines externen Spiegels, kann das
entstehende Interferogramm automatisch ausgewertet werden. In Abb. 3.39 ist das
Ergebnis der Geometrieprüfung eines Keramikdichtrings dargestellt.

Werden Mehrwellenlängenverfahren und schräger Einfall kombiniert, so ist es möglich, auch unterbrochene Objektstrukturen oder Objektstufen zu erfassen. Die resultierende Empfindlichkeit wird dabei weiter reduziert und der Meßbereich erweitert. Sind λ_1 und λ_2 die veränderten Wellenlängen, so wird die Schwebungswellenlänge

$$\Lambda = \frac{\lambda_1 \cdot \lambda_2}{(\lambda_1 - \lambda_2)} \tag{3.6}$$

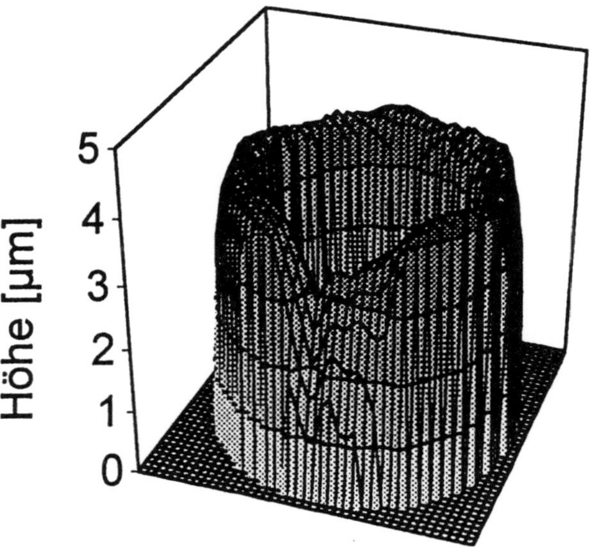

Abb.3.39. Prüfung der Maßhaltigkeit eines Keramikdichtrings

Da konventionell interferometrische Verfahren auf der Messung der optischen Wegänderung zwischen Referenz- und Meßwelle basieren, benötigen sie Licht, dessen Kohärenzlänge größer als der optische Wegunterschied ist. Typische Lichtquellen sind die bekannten Helium-Neon-Laser mit langer Kohärenzlänge.

Wird die Kohärenzlänge der Lichtquelle kurz gewählt (z.B. 10 µm), so tritt nur in einem kleinen, innerhalb der Kohärenzlänge liegenden Abstandsbereich, verwertbare Interferenz auf. Dieser an sich negative Umstand kann nun in ein vielversprechendes, topografisches Meßverfahren umgemünzt werden. Dabei wird das Licht einer kurzkohärenten Lichtquelle, beispielsweise einer Super-Lumineszenz diode, zur Interferenz gebracht (Abb. 3.40). Wird der Referenzarm des Interferometers verschoben, so zeigen die von der Kamera aufgenommenen Interferenzerscheinungen   dann den höchsten Kontrast, wenn der optische Wegunterschied

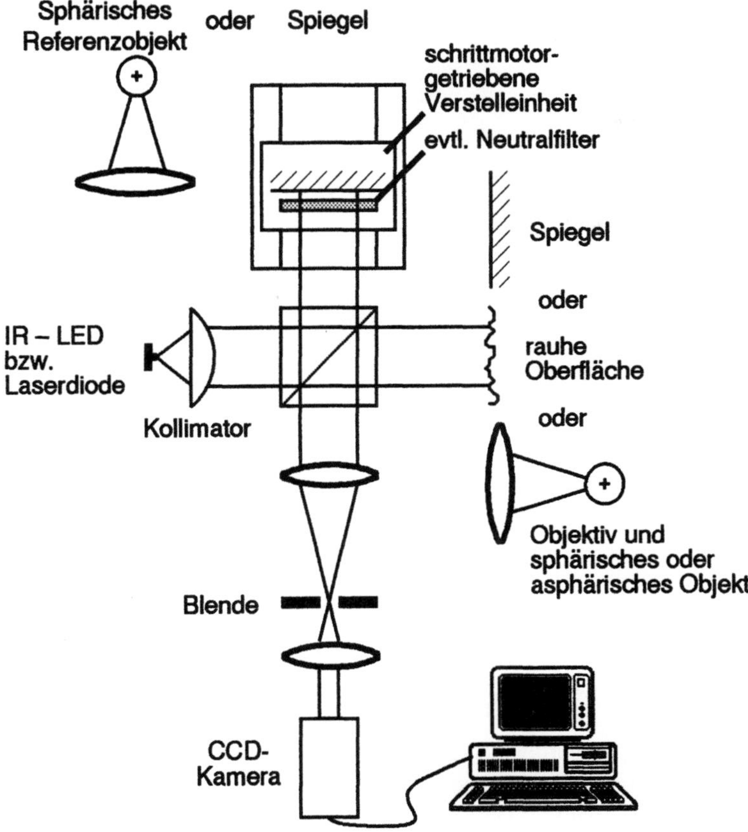

Abb.3.40. Schematischer Aufbau eines kurzkohärenten Interferometers

im Interferometer minimal ist. Aus der Stellung des Referenzarms kann also mit der Auflösung von Bruchteilen der Kohärenzlänge der Abstand zum Meßobjekt festgelegt werden. Eine entsprechende Wahl der Referenzflächenkontur ermöglicht wieder die Messung relativ zu einer vorgegebenen Fläche. Das läßt sich wieder vorteilhaft in der Inspektion und Vermessung von Montageobjekten (Abb. 3.41) einsetzen, bei denen Auflösungen im Sub-Mikrometerbereich bei Objektgrößen kleiner 10 mm gefordert sind (Mikroelektronik, Mikrosystemtechnik, Oberflächeninspektion).

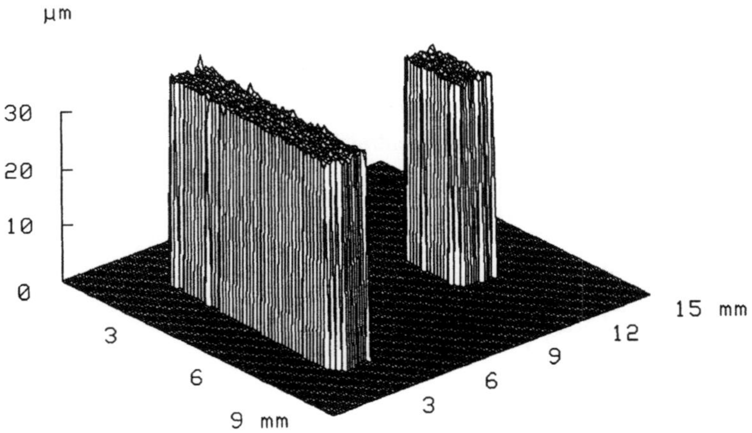

Abb.3.41. Topografie eines Relaisankers, vermessen mit einem kurzkohärenten
Interferometer

Optische Meß- und Prüfmethoden haben bereits heute einen festen Platz in der
automatisierten Montage und Qualitätsprüfung. Die berührungslose Arbeitsweise,
Schnelligkeit und Genauigkeit der Verfahren sind wesentlich für die weite
Verbreitung optischer Sensoren verantwortlich. Durch die Entwicklung flexibler,
selbständig die Messung steuernder Systeme, erfüllen moderne optische Sensorsysteme das Anforderungsprofil der flexiblen Montage in hohem Maße. Das führt
zu effizienteren Montageabläufen, verringerten Kosten und schließlich neuen Perspektiven für zukünftige Montageaufgaben.

3.4.2 Topographieerfassung mit der 3-D-Laserkamera

Der Trend zu kleinen Losgrößen und großer Teilevielfalt erzwingt neben der Flexibilisierung der Montageeinrichtungen auch eine Flexibilisierung der Quali-tätssicherung. Als leistungsfähiges Werkzeug der flexiblen Qualitätssicherung bietet sich die berührungslose Topographieerfassung an, da ein großes Teilespek-trum vermessen werden kann, ohne daß ein Umbau der Meßeinrichtung erforder-lich ist. Im praktischen Einsatz hat sich vor allem der in einer Meßzelle integrierte Topographiesensor bewährt. Die Topographieerfassung kann außerdem der Steu-ereinheit von Industrierobotern Informationen über den Arbeitsbereich des Robo-terarms liefern. In einer Ordnungszelle, in der vorsortierte Teile sicher zu greifen und Kollisionen zu vermeiden sind, wurde diese Einsatzart realisiert.

Ein bewährtes Prinzip, das zur Topographiebestimmung herangezogen wird, ist die Triangulation. Die auf diesem Gebiet vorliegenden Erfahrungen [3.41] werden bei der Triangulation sowohl in der Punkttriangulation (s. Kapitel 3.4.4), bei der Meßwerte punktweise aufgenommen werden, als auch bei Lichtschnittsensoren, die linienhaft arbeiten, eingesetzt. Das neue Meßsystem, das hier vorgestellt werden soll, ist eine 3-D-Laserkamera, die die Triangulation flächenhaft ausführt und in *einer* Messung die Einhüllende der Meßszene topographisch vermißt. Die Gewinnung der Höhenwerte basiert auf dem Verfahren der Projektion von flächenhaften Strukturen. [3.42]

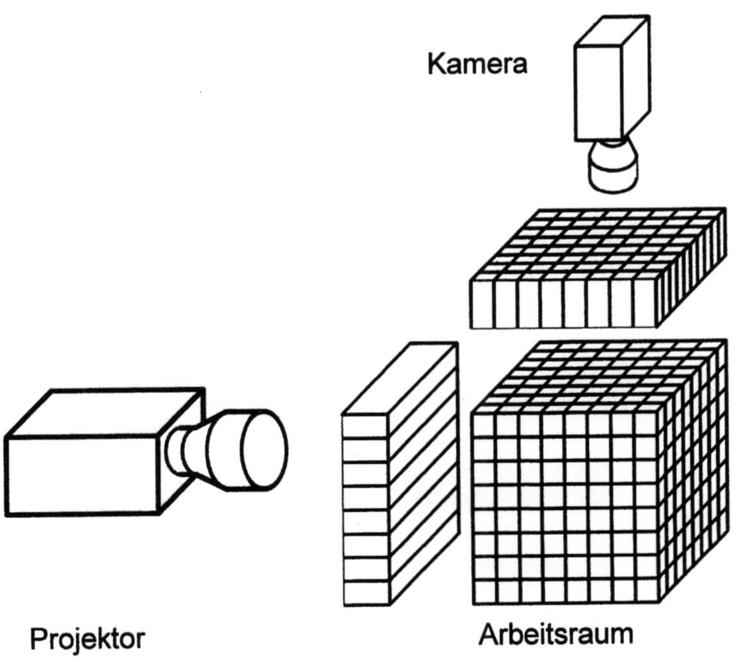

Abb.3.42. 3-D-Markierung

Prinzip der Streifenprojektion

Der Aufbau eines Systems zur strukturierten Beleuchtung entspricht einem Aufbau zur Stereophotogrammetrie, wobei aber eine Kamera durch einen Markierungsprojektor ersetzt wird. [3.38]

Eine Kamera legt bereits zwei der drei Freiheitsgrade eines Objektpunktes fest, so daß die Markierungsfunktion nur noch von einer Koordinate abhängen muß. Um die Topographie zu bestimmen, genügt es also, Ebenen im Raum zu markieren. Dazu muß der Projektor ein Linienbild auf das zu vermessende Objekt projizieren. Geht man von einer telezentrischen Abbildung, einer endlichen Anzahl von Streifen und einem rechten Winkel zwischen Projektion und Betrachtung aus, wird der Meßraum in quaderförmige Volumenelemente unterteilt (s. Abb. 3.42). Auch in der Praxis kann man von der Unterteilung des Meßraums in Volumenelemente ausgehen, auch wenn die Volumenelemente nicht quaderförmig sind.

Um die Beleuchtungsinformation eindeutig auswerten zu können, muß jede Ebene anders markiert werden. Zur Markierung der Ebenen wird die Intensität der Beleuchtung verwendet. Wenn die Beleuchtungseinrichtung drei verschiedene Helligkeiten in einem Bild darstellen kann, dann können zu einem Zeitpunkt genau drei verschiedene Ebenen markiert werden (s. Abb. 3.43, linke Beleuchtungsstruktur). Neben digitalen Markierungen, bei denen den diskreten Beleuchtungsintensitäten Markierungsebenen endlicher Dicke zugeordnet werden, gibt es auch analoge Markierungen. Die Projektionseinrichtung projiziert bei analogen Markierungen keine abgegrenzten Streifen, sondern Intensitätsverläufe senkrecht zur Streifenrichtung. Die Dicke einer Markierungsebene wird dann theoretisch infinitesimal klein.

Um bei digitalen Markierungen trotz der begrenzten Anzahl verschiedener Intensitäten eine größere Anzahl von Markierungsebenen zu erhalten, kann die Projektionseinrichtung mehrere flächenhafte Strukturen erzeugen, die zeitlich nacheinander auf das Meßobjekt projiziert werden. Die Projektionseinrichtung erzeugt so für jede Markierungsebene eine Sequenz von Intensitäten anstelle eines einzelnen Helligkeitswertes. Jede Sequenz von Intensitätswerten markiert jeweils eine Ebene eindeutig.

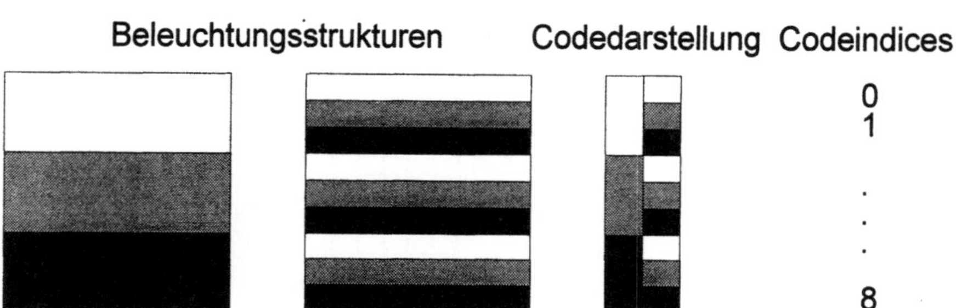

Abb.3.43. Zweistelliger, dreiwertiger Code

In diesem Zusammenhang wird im folgenden von Codierung gesprochen, denn die Folge der Intensitätswerte für die verschiedenen Markierungsebenen kann als Code aufgefaßt werden.

Bei der Messung projiziert die Projektionseinrichtung die verschiedenen Beleuchtungsstrukturen auf die Meßszene. Die CCD-Kamera nimmt jeweils ein Bild der Meßszene mit einer Beleuchtungsstruktur auf. Aus jedem der aufgenommenen Bilder erhält man für jedes Pixel des Kamera-CCD einen Intensitätswert. Die verschiedenen Intensitätswerte eines Pixels aus der Bildfolge bilden eine Sequenz von Intensitätswerten. Diese Grauwertsequenz beschreibt das Licht, das ein bestimmter Objektbereich remittiert, wenn er durch die Beleuchtungssequenz einer Markierungsebene markiert wird. Aus der Position des Pixels innerhalb der CCD-Matrix und der Kenntnis der Markierungsebene können die drei Koordinaten des abgebildeten Objektpunktes bestimmt werden (s. Abb. 3.44). Die Bestimmung der zugehörigen Ebene kann ohne die Berücksichtigung angrenzender Pixel durchgeführt werden. Deshalb ist es möglich, mit einem solchen Meßsystem auch Objekte zu vermessen, die große Unstetigkeiten in der Topographie aufweisen.

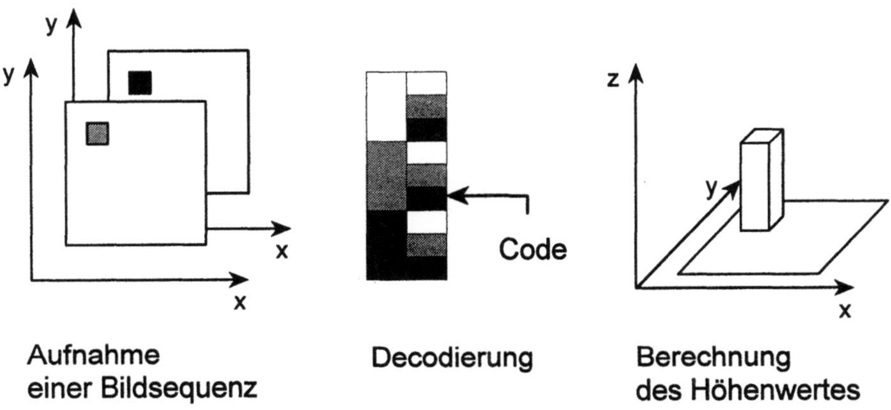

Abb.3.44. Topographiebestimmung

Codierung der Höheninformation

Die Qualität der Meßergebnisse hängt von den Eigenschaften der Codierung ab. Eine günstige Eigenschaft ist die eindeutige Decodierbarkeit des Codes. Das bedeutet, daß jede Markierung nur genau einmal vorhanden ist. Die Bestimmung des Höhenwertes für jedes Pixel der CCD-Kamera ist dann unabhängig von den Nachbarpixeln. Dadurch ist es möglich, auch Objekte mit großen Stufen und komplizierten Topographien zu vermessen. Eine weitere günstige Eigenschaft ist die Normierbarkeit. Sie wird dadurch erreicht, daß in jedem Codewort mindestens einmal die minimale und mindestens einmal die maximale Beleuchtungsintensität auftritt. Die Bestimmung der Höhenwerte ist bei einem normierbaren Code unabhängig von der lokalen Oberflächenreflektivität, da für jedes Pixel aus der aufgenommenen Grauwertsequenz die Dynamik des von diesem Oberflächenelement remittierten Lichtes bestimmt werden kann. Bei digitalen Codes wirkt es sich positiv auf die Qualität der Meßergebnisse aus, wenn zwei benachbarte Codeworte sich immer nur in einer Codestelle unterscheiden, und zwar nur um einen Betrag, der zuläßt, daß bei einer Überlagerung der Codeworte in einem Pixel immer wieder eines der beiden Codeworte entsteht. Für alle Arten von Codierungen ist es günstig, wenn die Anzahl der Codeworte möglichst groß ist. Je mehr Codeworte zur Verfügung stehen, desto größer ist der Meßbereich, bzw. desto kleinere Höhenunterschiede können vermessen werden.

Digitale oder analoge Codierung?

Prinzipiell gibt es zwei verschiedene Arten von Codierungen: digitale (wertediskrete) und analoge (wertekontinuierliche). Ein einstelliger Code mit einer digitalen Codierung ist eine Grautreppe mit einer bestimmten Anzahl an Grauwerten. Eine einstellige, analoge Codierung ist eine Rampenfunktion, sie kann als Grenzfall der Treppenfunktion mit einer unendlich großen Anzahl von Stufen angesehen werden.

Die unendlich große Anzahl der Stufen ist ein großer Vorteil der analogen Codierungen, da sie theoretisch auch die Meßauflösung unendlich groß macht. In der Praxis jedoch ist die Meßauflösung durch die nutzbare Grauwertauflösung von Kamera und Bildspeicherkarte begrenzt. Sie hängt vom auftretenden Rauschen und der Dynamik der Oberflächenreflektivität ab. Die nutzbare Grauwertauflösung ist um so niedriger, je höher die Dynamik der Oberflächenreflektivität ist, da der Intensitätsmeßbereich nur global für das ganze Bild eingestellt wird. Je höher die Dynamik der Oberflächenreflektivität ist, desto kleiner ist der Bereich des globalen Intensitätsmeßbereiches, der lokal genutzt werden kann. Ein weiterer Vorteil analoger Codierungen ist, daß der Meßfehler immer kleiner oder gleich groß ist wie bei digitalen Codierungen, da bei digitalen Codierungen immer ein Diskretisierungsfehler auftritt, der in den Meßfehler eingeht. Analoge Codierungen sind deshalb besser geeignet, die Höhe zu markieren.

Um eine größere Anzahl von Markierungen zu erhalten, werden mehrere analoge Intensitätsrampenfunktionen aneinandergefügt. Der Code ist dann nicht mehr eindeutig, da jede Intensität mehrmals innerhalb des Meßraumes auftritt. Diese Mehrdeutigkeit muß durch eine Erweiterung des Codes aufgelöst werden. Als Erweiterungscode ist ein digitaler Code ausreichend, da der Erweiterungscode nur eine Unterscheidung zwischen den diskreten Bereichen erlauben soll, in denen der analoge Code jeweils eindeutig ist.

Zusammenfassend läßt sich sagen, daß nur ein Hybridcode mit analogen und digitalen Codeanteilen die Vorteile der beiden Codierungsarten verbindet. Ein Beispiel für einen solchen Hybridcode ist der MZXpX-Code in Abb. 3.45. Er besteht aus einem dreistelligen analogen Code und einem binären Graycode zur Auflösung der Mehrdeutigkeit.

Abb. 3.45. MZXpX-Code

Hybridcodes wurden in der Praxis bisher noch nicht eingesetzt, weil keine geeigneten Projektionseinrichtungen zur Verfügung standen. Mit der 3-D-Laserkamera ist es jetzt jedoch möglich, analoge und digitale Codes zu erzeugen.

Messung und Auswertung

Bei der Bestimmung der Topographie der Meßszene wird für jedes Pixel des CCD ein Höhenwert bestimmt. Die Kamera legt die laterale Auflösung fest. Punkte im Projektionsschatten oder andere Punkte, bei denen eine Beleuchtung mit dem Laser keine oder nur eine geringe Intensitätsänderung in der Kamera bewirkt, werden erkannt und aussortiert.

Bei einer Messung wird durch die Projektionseinrichtung eine Sequenz von Strukturen auf das Meßobjekt projiziert und die Kamera nimmt jeweils ein Bild des Objekts mit der projizierten Struktur auf. Abbildung 3.46 ist ein Beispiel für eine solche aufgenommene Bildsequenz.

Abb.3.46. Objekt mit projizierten Strukturen

Für jedes Pixel des CCD erhält man einen Grauwertvektor aus den Werten, den dieses Pixel in den aufgenommenen Bildern annimmt. Aus dem Grauwertvektor kann der zugehörige Codeindex bestimmt werden. Der Codeindex beschreibt die Lage der zugehörigen Markierungsebene im Raum und ist ein Maß für den Winkel, unter dem sie die Meßebene schneidet. Die Position des Pixels innerhalb des CCD liefert einen Betrachtungsstrahl, dessen Schnittpunkt mit der Markierungsebene die Position eines Objektpunktes festlegt.

Die Bestimmung der Codeindices aus dem Grauwertvektor und der Schnittpunkte der Markierungsebene mit dem Betrachtungsstrahl kann für alle Pixel durch moderne Bildverarbeitungshardware und Einsatz von Signalprozessoren innerhalb von Sekunden durchgeführt werden.

Geometrieparameterbestimmung

Um die Topographie in räumlichen Koordinaten beschreiben zu können, ist die Kenntnis der Geometrieparameter der Kamera und des Projektors erforderlich.[3.48] Abhängig vom gewählten Aufbau und dem zugrunde gelegten Kamera- und Projektormodell ist eine unterschiedliche Anzahl von Parametern zu bestimmen.[3.49] Da sich der Sensor flexibel an verschiedene Meßanforderungen anpassen muß, ist es erforderlich, daß die Geometrieparameterbestimmung jederzeit leicht und schnell wiederholt werden kann. Um dieser Anforderung gerecht zu werden, wurde eine Geometrie gewählt, deren Parameter sich mit geringem Aufwand bestimmen lassen (s. Abb. 3.47).

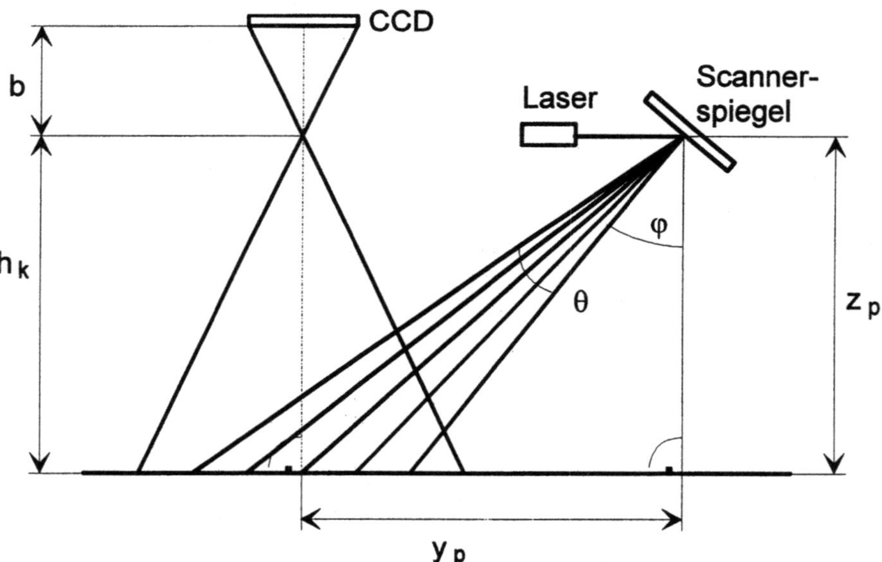

Abb.3.47. Kamera- und Projektormodell

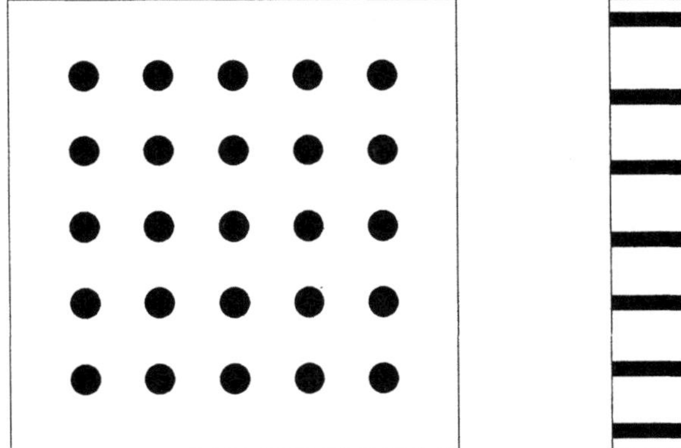

Abb.3.48. Meßmuster zur Bestimmung der Geometrieparameter der Kamera (links) und projizierte Streifen zur Geometrieparameterbestimmung des Projektors (rechts)

Die Kamera wird so aufgebaut, daß das CCD parallel zum Meßtisch liegt. Das hat den Vorteil, daß nur die Höhe der Kamera über dem Meßtisch und der Abstand des CCD vom Hauptpunkt der Kameraoptik bestimmt werden muß. Außerdem ist die perspektivische Verzerrung der Meßszene bei dieser Anordnung minimal. Der Projektor wird so ausgerichtet, daß die projizierten Linien parallel zu einer Achse des CCD liegen (s. Abb. 3.48 rechts). Für den Projektor müssen die Position, der Winkel zur Meßoberfläche und der Öffnungswinkel der Projektion bestimmt werden.

Als Meßobjekt für die Geometrieparameterbestimmung der Kamera dient eine ebene Platte, auf die 5 x 5 Markierungen aufgebracht sind (s. Abb. 3.48 links). Die Platte wird auf verschiedene Höhen innerhalb des Meßraumes positioniert, wobei die Kamera jeweils ein Bild aufnimmt. Die Position der Markierungen in den Kamerabildern wird bestimmt. Aus mindestens zwei Aufnahmen läßt sich die Höhe der Kamera, der Abstand des CCD vom Hauptpunkt der Optik und der radiale Verzerrungsfaktor berechnen.

Nachdem die Parameter der Kamera berechnet wurden, projiziert der Projektor ein Streifenmuster auf den Meßtisch. Die Position der projizierten Linien wird von der Kamera bestimmt, und die absolute Lage der Streifen bezüglich der Kamera wird in Streifenabstände umgerechnet. Aus den Abständen können die Geometrieparameter Position des Projektors, Orientierung und Öffnungswinkel der Projektion berechnet werden. Die Lage des Projektors ist damit relativ zur Kamera festgelegt.

Die 3-D-Laserkamera

Von Sensoren in der industriellen Qualitätssicherung wird erwartet, daß sie genau, schnell und robust sind. Sensoren für die Qualitätssicherung in der flexiblen Montage müssen darüber hinaus auch für ein großes Produktspektrum einsetzbar, leicht konfigurierbar und vielseitig sein.

Ein solcher Sensor ist die 3-D-Laserkamera. Durch ihre Fähigkeit, nahezu beliebige Codes projizieren zu können, kann sie auch in einer Meßumgebung eingesetzt werden, in der sich Meßobjekte und -aufgaben schnell ändern.

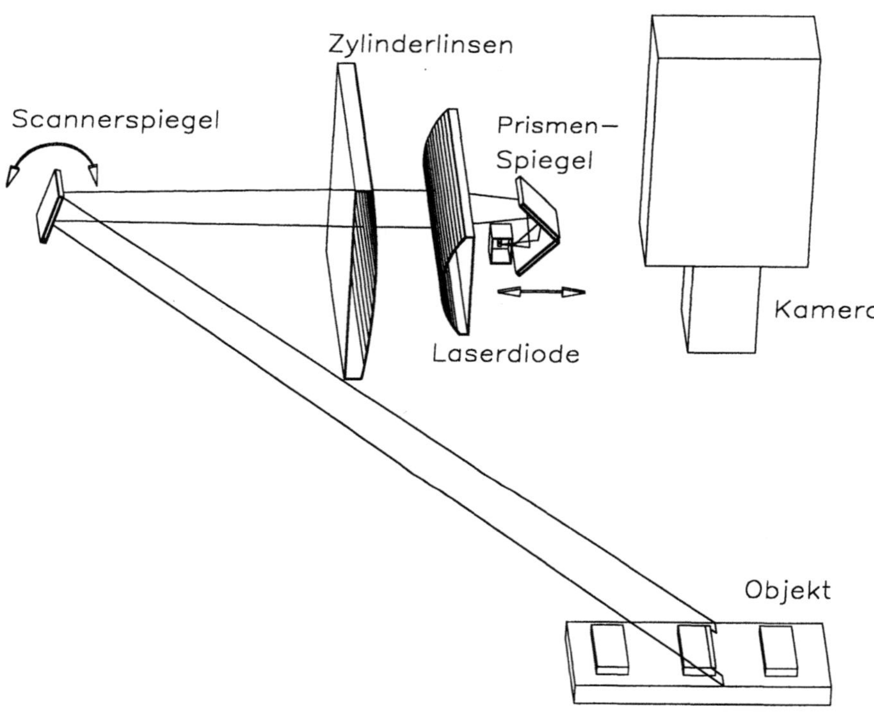

Abb.3.49. Optisches Prinzip der programmierbaren 3-D-Laserkamera

Realisierung der programmierbaren Codeprojektion

Das Projektionsprinzip der 3-D-Laserkamera ist in Abb. 3.49 dargestellt. Das Licht einer Laserdiode wird zu einer Linie fokussiert. Der Galvanometerscanner schwingt mit einer Frequenz von 50 Hz und lenkt die Laserlinie auf das Meßobjekt. Die Laserlinie überstreicht während eines Videohalbbilds den Meßbereich. Die Intensität des Lasers wird während des Scanvorgangs elektrisch moduliert, so daß beliebige linienhafte Intensitätsverteilungen (Markierungen) möglich sind. Die CCD-Kamera, die während dieser Zeit integriert, liefert somit das Bild einer flächenhaften Projektion. In Abb. 3.50 ist der aktuelle Aufbau der 3-D-Laserkamera zu sehen.

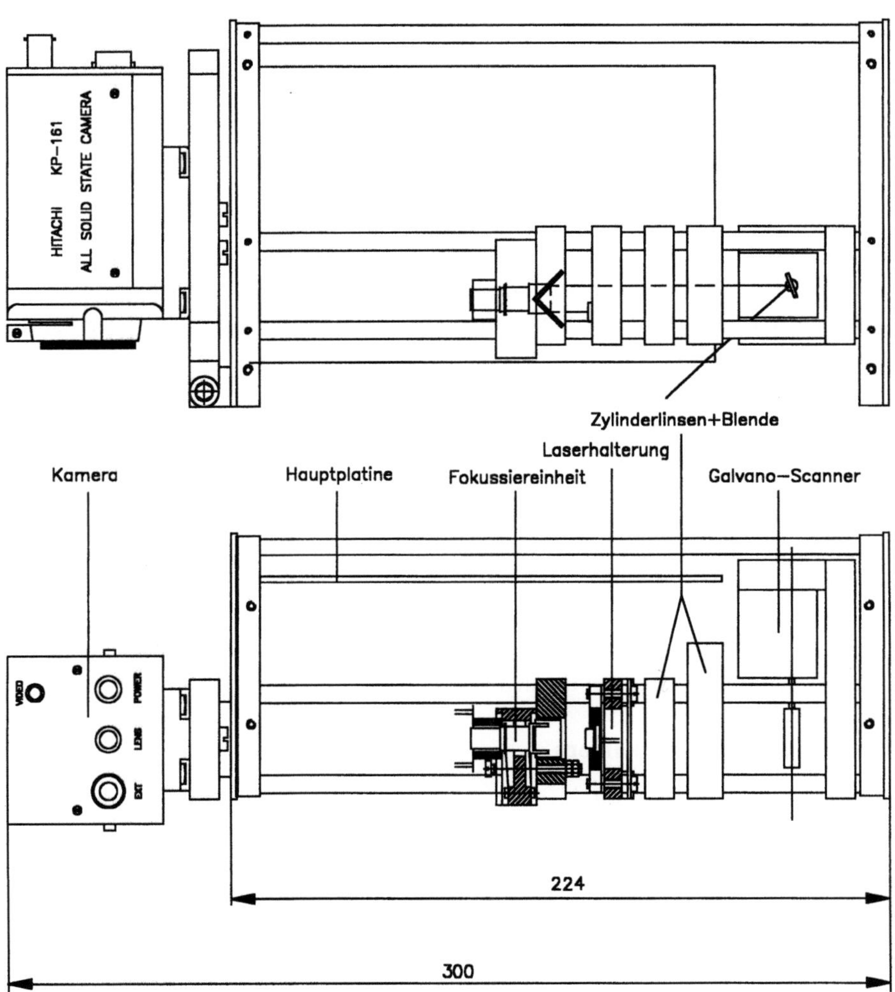

Abb.3.50. Gesamtansicht der 3-D-Laserkamera mit CCD-Kamera und Laserprojektor

Aktuelle Eigenschaften der 3-D-Laserkamera

Die 3-D-Laserkamera erstellt topographische Höhenkarten von Objekten. Sie liefert nach einer Messung für jedes Pixel der Kamera einen Höhenwert in Weltkoordinaten, sofern die Punkte nicht im Projektorschatten liegen oder die Modulation zu klein ist. Die Projektion und Aufnahme der Beleuchtungsstrukturen kann im Videotakt erfolgen, d.h. 40 ms je Bild der Beleuchtungssequenz. Die Dauer der Bestimmung der Höhenkarte hängt von der Art des gewählten Codes, der Größe der Bilder und der eingesetzten Hardware ab, liegt aber im allgemeinen im Sekundenbereich. Die laterale Ausdehnung des Meßbereichs wird durch die Leistung des Lasers begrenzt und liegt bei einem 30 mW-Laser bei etwa 70 mm x 70 mm. Die Genauigkeit ist durch die Auswertung analoger Codestrukturen höher als bei Systemen, die nur mit binären Projektionsstrukturen arbeiten. Zur Zeit können 65536 Meßwerte (256 x 256 Pixel) in einem Meßbereich von 50 mm x 50 mm mit einer Genauigkeit von 0,1 mm in 15 Sekunden bestimmt werden. Die Messung ist weitgehend unempfindlich gegen lokale Reflektanzunterschiede durch die Textur des Objekts sowie lokalen und globalen Fremdlichteinfluß. Die Meßwerte sind unabhängig voneinander, so daß auch Objekte mit großen Stufen korrekt vermessen werden können.

Der größte Vorteil der 3-D-Laserkamera aber bleibt die Flexibilität der Codeprojektion. Sie erlaubt es, verschiedene Meßverfahren zu realisieren. Bei entsprechender Programmierung arbeitet die 3-D-Laserkamera wie ein Lichtschnitt- oder auch wie ein Streifenprojektionssensor. Die interessanteste Projektionsart ist die Hybridcodierung mit anlogen und digitalen Codeanteilen.

Außer dem Meßverfahren selbst können auch die Parameter des Codes den Anforderungen angepaßt werden. Bei einer off-line-Codeauswahl kann die Priorität auf maximale Geschwindigkeit, maximale Genauigkeit oder maximale Störsicherheit gelegt werden. Die jeweils zweit- und drittrangigen Eigenschaften werden stärker in Anspruch genommen. Auch während der Messung ist es noch möglich, den Sensor umzukonfigurieren, so daß zuerst die optimalen Parameter für den aktuellen Aufbau, das Meßobjekt und die optischen Umgebungsbedingungen bestimmt werden können. Die Parameter des Sensors und der Codierung werden automatisch angepaßt, und die eigentliche Messung liefert die unter diesen Bedingungen optimalen Ergebnisse.

Einsatz der 3-D-Laserkamera

Die 3-D-Laserkamera wird in einer Prüfzelle zur Qualitätsprüfung von Druckfügepunkten eingesetzt (s. Abb. 3.51, links). Geprüft wurde damit einen Aggregateträger aus der Automobilindustrie. Er besteht aus zwei Aluminiumblechhälften, die durch Druckfügen miteinander verbunden werden. Die zu ermittelnden Maße sind die Lage und die Tiefe der Druckfügepunkte. Bedingt durch den begrenzten Bewegungsraum des Roboters wird der Arbeitsabstand zwischen Laserkamera und Objekt auf 180 mm festgelegt. Deshalb ist es nicht möglich, den Aggregateträger mit einer einzigen Aufnahme zu vermessen. Die

Druckfügepunkte werden so zu Gruppen zusammengefaßt, daß alle Druckfügepunkte einer Gruppe bei einer einzigen Messung erfaßt werden können.

Zu Beginn des Meßablaufs initialisiert der Leitrechner die Projektorsteuerung und die Bildaufnahme. Dann greift der Roboter den optischen Sensor und fährt auf die erste Meßposition. Meßbereich 1 wird mit einer Codesequenz beleuchtet. Ausgehend von diesem Testbild wird der Analog-Digital-Konverter so eingestellt, daß nur ein bestimmter Prozentsatz an Über- bzw. Untersteuerung auftritt. Dann wird die Meßsequenz projiziert, aufgenommen und decodiert. Aus der Codeindexkarte wird mit Hilfe der Geometrieparameter eine Höhenkarte berechnet (s. Abb. 3.52 und Abb. 3.51, rechts).

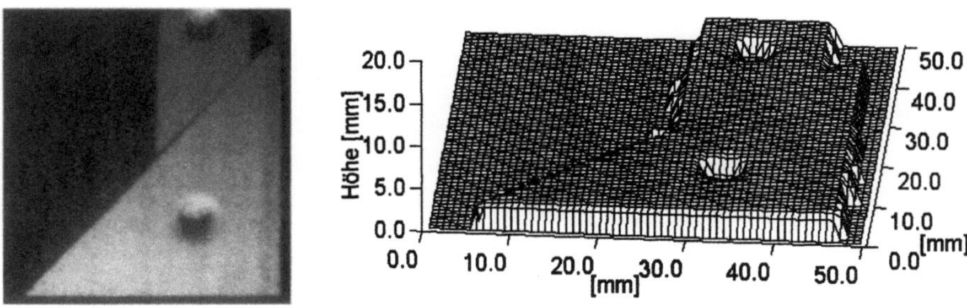

Abb.3.51. Druckfügepunkt und Höhenkarte

Ein Meßbereich kann einen oder mehrere Ausschnitte enthalten, in denen sich Druckfügepunkte befinden müssen. Bei der Untersuchung eines Meßbereichs wird in dem Ausschnitt, in dem der erste Meßpunkt liegt, die lokale Referenz ermittelt, und der Ausschnitt rechnerisch in die Horizontale gedreht. Aus dem Histogramm dieses Ausschnitts wird der Schwellwert für die Flächenschwerpunktsberechnung und die Tiefenmessung ermittelt. Schließlich erfolgt eine Überprüfung der Form des Meßpunktes durch Vergleich mit einer vordefinierten Maske. Die Ergebnisse der Überprüfung werden an den Leitrechner übermittelt. Anschließend wird dieser Vorgang für die anderen Ausschnitte des ersten Meßbereichs durchgeführt.

Nach erfolgter Messung fährt der Roboter mit dem Sensor zum zweiten Meßbereich. Dort wiederholt sich der Ablauf. Nachdem alle Meßbereiche geprüft worden sind, legt der Roboter den Sensor ab und geht in Bereitschaftsstellung.

Das Anfahren der Meßpositionen ohne vorherige Lagekontrolle des Werkstücks setzt voraus, daß das Werkstück so gespannt ist, daß eine Verschiebung nicht möglich ist. Die kleinen Verschiebungen, die in der Praxis auftreten, liegen innerhalb der erlaubten Toleranz. Dennoch besteht die Möglichkeit, die Lage des Teils zu ermitteln, um die einzelnen Prüfpositionen eventuell zu korrigieren. Dazu wird die Lage einer auf dem Werkstück vorhandenen Referenzkontur ermittelt und aus der Position der Referenzkontur die Verschiebung in x- und y-Richtung sowie die Verdrehung berechnet. Die resultierenden Vektoren können zur Korrektur der Meßpositionen verwendet werden.

Die Ergebnisse der Messungen werden in einem Meßprotokoll festgehalten, welches nach jeder Messung abgespeichert wird. Die so erfaßten Daten dienen zur statistischen Auswertung. Sie helfen auch, das System zu optimieren, indem bei häufiger nicht erkannten Druckfügepunkten die Systemparameter wie Beleuchtung, Beobachtungswinkel etc. überprüft und gegebenenfalls neu angepaßt werden.

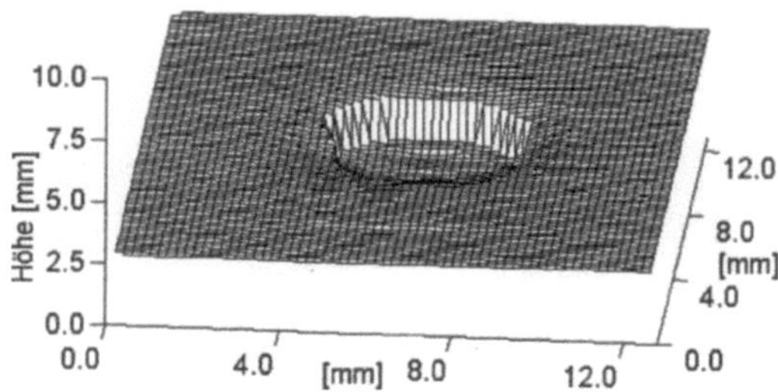

Abb.3.52. Detaillierte Höhenkarte eines Druckfügepunkts

Eine zweite Einsatzmöglichkeit für die 3-D-Laserkamera ist die Objekterkennung und -lokalisierung. Die 3-D-Laserkamera erstellt topographische Karten von Werkstückpaletten, aus denen die Art und Lage der Werkstücke bestimmt werden kann (s. Abb. 3.53). Unter Einsatz von Verfahren zur Ebenenextraktion durch Konturverfolger sowie durch Höhen- und Steigungshistogrammanalyse werden die Höhenkarten untersucht, und die Anzahl, Lage und Orientierung der Objekte wird bestimmt.[3.50][3.51]

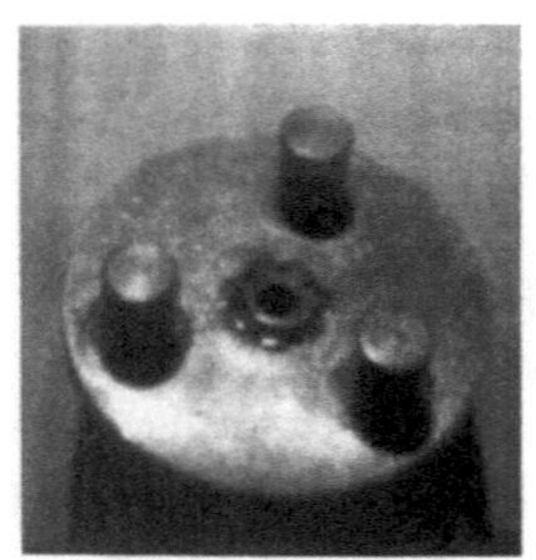
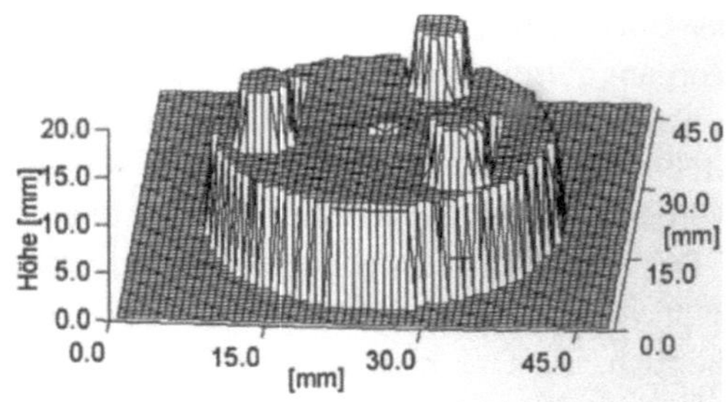

Abb.3.53. Planetenradträger und Höhenkarte

3.4.3 Oberflächendefekterkennung durch dynamische Beleuchtung

Dynamische Beleuchtung

Im Gegensatz zur strukturierten Beleuchtung (s. Abschn. 3.4.2) werden bei der neu entwickelten dynamischen Beleuchtung nicht Bilder aus *einer* Richtung auf das Objekt *abgebildet*, sondern das Licht stammt aus einer ausgedehnten strukturierten Lichtquelle, die das Objekt aus *verschiedenen* Richtungen mit vorzugsweise kollimiertem Licht beleuchtet (s. Abb. 3.54).[3.53]

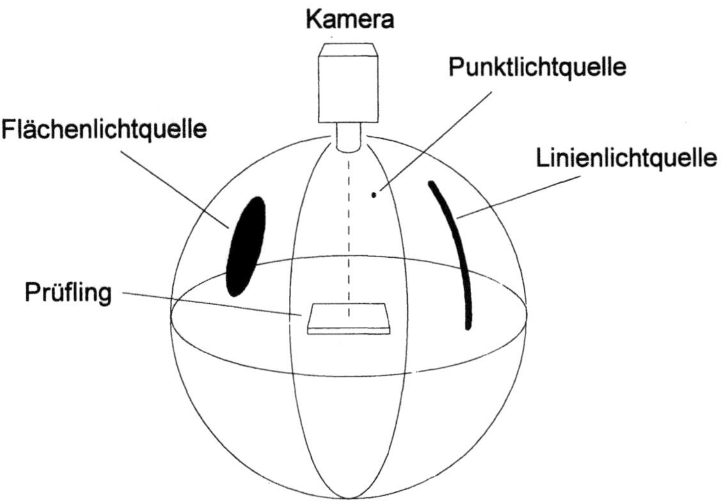

Abb.3.54. Prinzip der dynamischen Beleuchtung

Diese strukturierte Lichtquelle kann einerseits verschiedene Formen von Lichtquellen (Punkt-, Linien-, Flächenlichtquellen,...) realisieren, andererseits kann der Ort dieser programmierten Lichtfigur beliebig verändert werden. Durch geeignete Auswahl der Lichtfigur lassen sich auch ansatzweise konvergente und divergente Beleuchtungsszenen realisieren.[3.52] Die Veränderung von Gestalt und Ort der Lichtquelle kann so schnell erfolgen, daß in Echtzeit Bilder mit veränderter Lichtquellengestalt bzw. mit geänderter Beleuchtungsrichtung aufgenommen werden können.[3.54] Trotz identischen Blickwinkels der Kamera wird durch die Änderung der Gestalt bzw. des Ortes der Lichtquelle eine Bildsequenz mit Bildern verschiedenen Bildinhalts aufgenommen. Vorteilhaft bei der Auswertung dieser Bildsequenzen ist die feste Zuordnung von Bildpixeln zu Objektpunkten bei den verschiedenen Bildern einer Sequenz, da die räumliche Lage von Objekt und Kamera nicht verändert wird. Die Kamera betrachtet die Szene aus einem festen Punkt im Zenit und erfaßt die Anteile des remittierten Lichts, die direkt in die Kamera gestreut oder reflektiert werden.

Die Intensität dieser Remission hängt im wesentlichen von der Oberflächennormalen, von der Oberflächenstruktur, den Reflexionseigenschaften sowie eventuellen Verunreinigungen ab. Zur Klassifizierung der Oberfläche werden jedem Pixel die Intensitätswerte bei den verschiedenen Beleuchtungsarten zugeordnet. Aus dem Stapel von Bildern (s. Abb. 3.55) werden Vektoren geformt, die die Meßwerte für die Oberflächencharakteristik an dem betroffenen Objektpunkt enthalten.

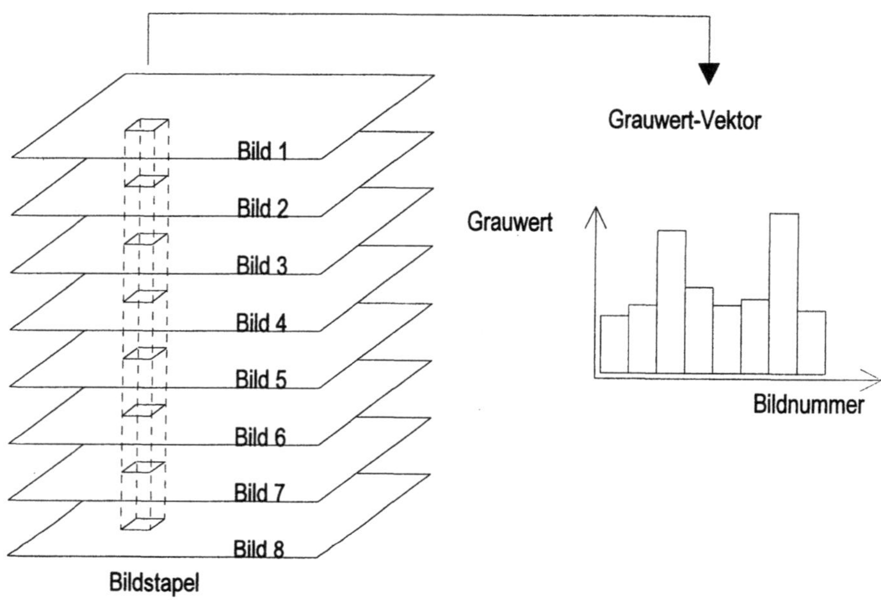

Abb.3.55. Bildstapel aus Lichtsequenz

Die Generierung dieser Vektoren ist bei diesem Meßprinzip sehr einfach, da man bei *identischer* Beobachtungsrichtung unterschiedliche Bildinformationen erhält. Da die Informationsgewinnung nicht durch eine Lageänderung des Objekts relativ zur Kamera erfolgt, ändert sich der Ort des Bildes eines Objektpunktes auf der CCD nicht.

Den so für jedes Pixel entstehenden Grauwertvektoren kann im anschließenden Klassifizierungsprozeß ein vordefinierter Oberflächentyp zugeordnet werden. Hierbei werden für jedes Pixel nur Meßdaten dieses Pixels unter verschiedenen Beleuchtungen ausgewertet, d.h. man wird unabhängig von Einschränkungen hinsichtlich der räumlichen Kontinuität. Das bedeutet, daß abrupte und in kurzen Abständen wiederholte Änderungen in den Oberflächeneigenschaften bzw. -Normalenvektoren, die bei pixelnachbarschaftsbasierten Verfahren Probleme bereiten können, hier unbedeutend sind.

Der generische Aufbau einer Bildersequenz unter Einbeziehung aller elementaren Lichtquellen ergibt zwar einen bezüglich dieser Meßanordnung vollständigen Datensatz, er verbietet sich jedoch durch die enorme Anzahl von Bildern, die gespeichert und ausgewertet werden müßte (beim System POLARIS sind das 2560 Bilder). Viele für die Oberflächenklassifikation relevanten Merkmale werden jedoch nicht nur durch *einen* Lichteinfallswinkel hervorgehoben. Diejenigen Einzellichtquellen, die dasselbe Merkmal hervorheben, kann man zu einer einzigen Lichtfigur zusammenfassen, da sich die Einzeleffekte nicht gegenseitig stören sondern verstärken.

Solche Lichtfiguren stellen bereits eine optische Vorverarbeitung dar. Dieselben Daten könnte man auch durch entsprechende Integralbildung aus dem vollständigen generischen Datensatz gewinnen. Die optische Addition hat jedoch den großen Vorteil, daß sie weder Zwischenspeicher benötigt noch Zeit kostet.

Durch die beliebig programmierbaren Einzellichtquellen können spezialisierte Lichtfiguren zusammengestellt werden, die die nachfolgende Auswertung und Separation in die vordefinierten Klassen einfach, robust und schnell werden läßt.

Bildsequenzverarbeitung

Während bei der klassischen Bildverarbeitung räumliche Intensitätsverläufe (unter Zuhilfenahme der Nachbarpixel) im Bild klassifiziert werden, kann hier mittels der Grauwertvektoren für jedes Pixel separat eine Klassifizierung durchgeführt werden, da die Dimension für die zu klassifizierenden Intensitätsverläufe nicht die Pixelkoordinaten, sondern die Lichteinfallswinkel bzw. die Parameter der Lichtfigur sind.

Aufgrund der Informationen in den Grauwertvektoren für jedes Pixel ist die Auswertung von Pixel-Nachbarschaftsbeziehungen in der Regel nicht notwendig. Die Zuordnung zu vordefinierten Oberflächenmerkmalen kann meist aufgrund der bei unterschiedlicher Beleuchtung aufgenommenen Intensitätswerte erfolgen, weiteres Vorwissen über räumliche Ausdehnungen von bestimmten Oberflächenmerkmalen (z.B. "Kratzer sind wesentlich länger als breit") ist nicht notwendig.

Klassifikation

Klassifikatoren übernehmen die Zuordnung von Merkmalsvektoren zu den vordefinierten Klassen. Man unterscheidet festprogrammierte Klassifikatoren, deren Wissen über die Klassengrenzen oder zumindest die Form der Klassengrenzen im Klassifikator selbst fest abgelegt wird, und anlernbare Klassifikatoren. Ein Beispiel für erstere ist der Schwellwertklassifikator, bei dem lediglich die Schwellwerte von außen vorgegeben werden können. Aufgrund seines festprogrammierten Aufbaus kann er nur Klassen unterscheiden, die durch den bei der Erstellung festgelegten Typ von Hyperflächen begrenzt werden. Anlernbare Klassifikatoren werden in der Regel mittels Stichproben, deren Klassenzugehörigkeit bekannt ist, angelernt. Bei diesem Lernvorgang werden die

Parameter des Klassifikators so abgestimmt, daß die Stichproben bestmöglichst klassifiziert werden.

Nächster-Nachbar-Klassifikator

Das Anlernen geschieht einfach durch Sammeln der Stichprobenvektoren und der zugehörigen Klassen. Die Klassifikation selbst besteht aus der Suche der geringsten Distanz zwischen Testvektor und den Stichprobenvektoren. Die Klasse des Stichprobenvektors mit der geringsten Distanz zum Testvektor wird als Klasse des Testvektors gewertet.

Die Stichproben können somit den Merkmalsraum beliebig fein unterteilen; jedoch findet beim Anlernen keine Wissenskonzentration statt, da die Stichproben unverändert übernommen werden.

Polynomklassifikator

Bei diesem Klassifikator beschreibt ein Polynom je Klasse die Wahrscheinlichkeit der Zugehörigkeit des Testvektors zur entsprechenden Klasse.[3.59] Die Zuordnung erfolgt dann über die höchste Wahrscheinlichkeit. Die Polynomkoeffizienten werden durch Einsetzen der vorklassifizierten Stichprobenvektoren über die Methode der kleinsten Fehlerquadrate ermittelt. Auch für Polynome höherer Grade kann man die Polynomkoeffizienten durch einfache Matrixoperationen gewinnen, eine ausreichende Anzahl von Stichproben vorausgesetzt. Es sind keine Iterationen notwendig.

Neuronales Netz

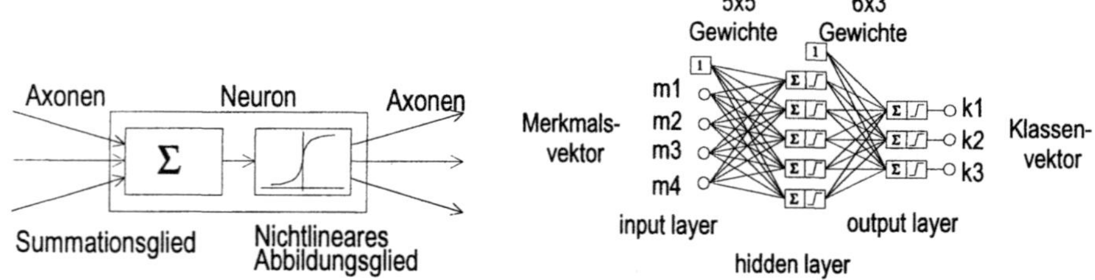

Abb.3.56. Einzelelement und vollständiges neuronales Netz

Als Netztyp wird hier das Multilayer-Perzeptron (s. Abb. 3.56) verwendet. Die unterschiedlich gewichteten Eingänge werden addiert und an ein nichtlineares Abbildungsglied übergeben, das auch für eine Begrenzung des Signals sorgt. Das Nacheinanderschalten zweier solcher Schichten ist bereits ausreichend; eine höhere Klassifikationsgüte kann gleichermaßen auch ohne eine Erhöhung der Anzahl der Layer durch Erhöhung der Neuronenzahl im hidden layer erfolgen.

Bedingt durch die nichtlinearen Übertragungsfunktionen in den Neuronen können die Informationsträger im neuronalen Netz, die Axonen, nur durch iterative Näherungen bestimmt werden.[3.56] Ein Standardverfahren hierfür ist der Backpropagation-Algorithmus [3.58], bei dem aus der Differenz von Soll- und Istwert und einem zusätzlichen Lernfaktor verbesserte Axonengewichte bestimmt werden. Zur Festlegung der Abbruchbedingung für dieses iterative Lernverfahren wird die Fehlerrate bei der Klassifizierung der Lernstichprobe verwendet.

Gegenüberstellung der Klassifikatoren

Während beim neuronalen Netz eine sehr aufwendige Anlernphase einer einfachen und schnellen Klassifikationsphase bei guten Klassifikatorleistungen gegenüberstehen, benötigt der Polynomklassifikator sowohl nur geringen Lern- als auch Klassifikationsaufwand bei vergleichsweise geringerer Klassifikatorleistung (s. Abb. 3.57). Der Nächste-Nachbar-Klassifikator ist der am einfachsten anzulernende Klassifikator, da lediglich die Stichproben gespeichert werden. Die Klassifikationsphase besteht hauptsächlich aus der Suche nach der geringsten Distanz, deshalb ist die Klassifikationszeit abhängig von der Anzahl der Stichproben, die wiederum von der Komplexität des Merkmalsraumes und von der sinnvollen Auswahl der Stichproben abhängt.

Bei den anlernbaren Klassifikatoren kommt der Auswahl der Stichproben eine essentielle Bedeutung zu. Die Stichproben müssen repräsentativ sein und alle wesentlichen Vertreter der Klassen enthalten. Nicht repräsentative Stichproben können zu erheblich schlechteren Klassifikationsergebnissen führen. Bei neuronalen Netzen, bei denen der Anlernvorgang mit den einzelnen Stichproben sequentiell erfolgt, ist sogar die Reihenfolge von Bedeutung.

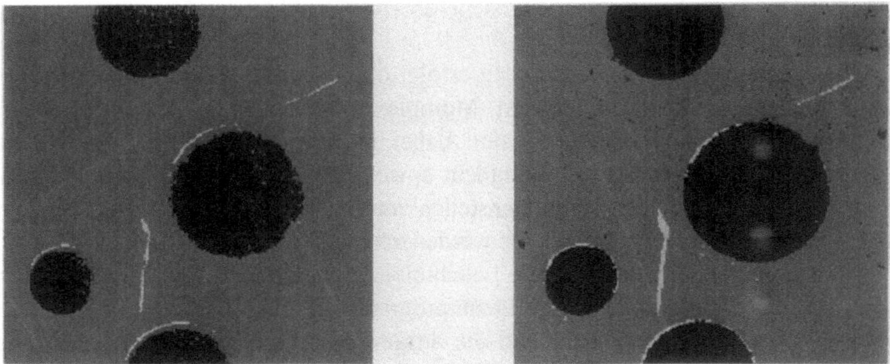

Abb.3.57. Nächster-Nachbar und Polynomklassifikator zur Klassifikation in drei Klassen

Realisierung des Sensors

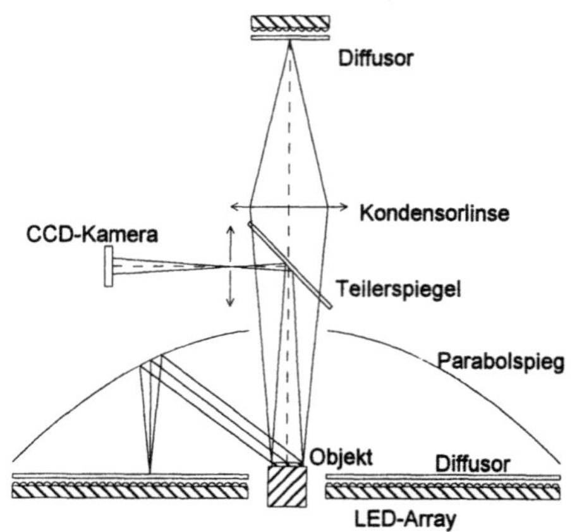

Abb.3.58. Beleuchtungsaufbau zur dynamischen Lichtquelle "POLARIS"

Der Sensor besteht aus einem 16x16 LED großen Modul, das das Objekt durch einen Teilerspiegel hindurch aus der Pupille beleuchtet und einem 48x48 LED großen Array, das das Objekt über einen Hohlspiegel beleuchtet (s. Abb. 3.58). Entsprechend der Position der jeweils leuchtenden Dioden fällt ihr Licht aus bestimmten Raumwinkeln auf das Objekt. Das Licht für die Kamera wird mit dem Teilerspiegel aus dem Strahlengang für die Beleuchtung aus der Pupille ausgekoppelt und in die ortsfeste Kamera gelenkt.

Diese Anordnung erzielt einen Lichteinfall auf das Objekt unter einem Winkel, der von dem Ort der betrachteten Leuchtdiode abhängt. Das Licht jeder Leuchtdiode strahlt unter einem anderen azimutalen bzw. meridionalen Winkel auf das Objekt und erzeugt verschiedene oberflächenabhängige Intensitäten in der Kamera.

Die Ansteuerung der Leuchtdioden erfolgt über einen dedizierten Rechner, der ununterbrochen Daten an die im Multiplex betriebenen Leuchtdiodenarrays senden muß. Die Leuchtdioden sind dabei in ihrer Intensität in 256 Stufen steuerbar. Der Steuerrechner ermöglicht sowohl die Generierung von einzelnen Lichtfiguren als auch das Zusammenstellen von Lichtsequenzen, die synchron zur Kamera mit Bildfrequenz abgespielt werden können.

Die Kommunikation mit dem die Leuchtdioden steuernden Rechner erfolgt über die serielle Schnittstelle. Das Steuerprogramm POLCOM zeigt dabei die wesentlichen Systemparameter und die ausgewählte Lichtfigur an und gestattet auch das interaktive Auswählen der Lichtfigur aus den aktuell eingespeicherten (s. Abb. 3.59).

Als Lichtquelleneditor zum Aufbau der Lichtfiguren und Zusammenstellen der Lichtsequenzen sowie zur benutzergeführten Steuerung der Lichtquellen dient POLSYNT, das über die serielle Schnittstelle mit dem Steuerrechner verbunden ist (s. Abb. 3.60).

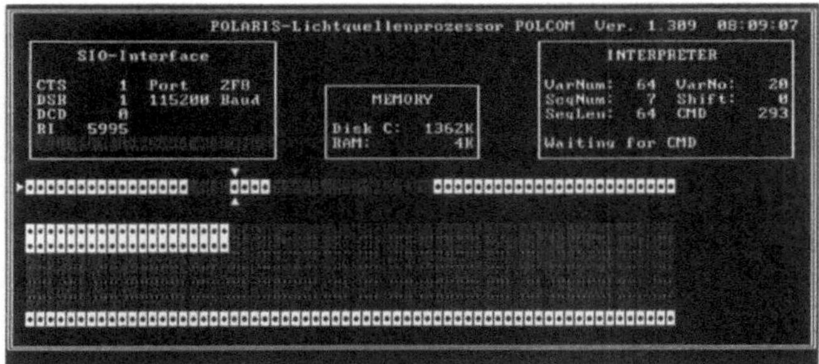

Abb.3.59. Steuersoftware POLCOM

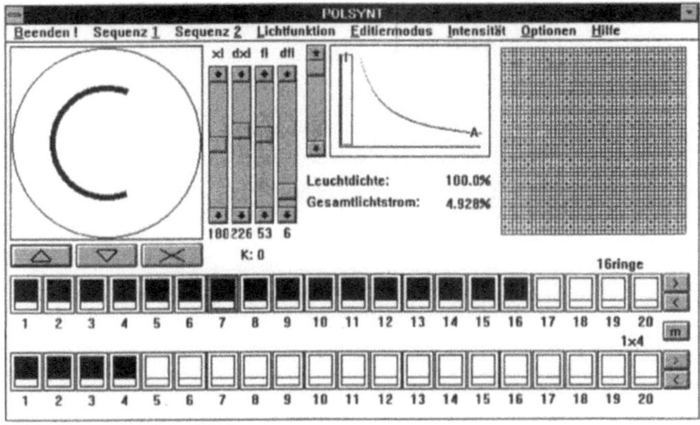

Abb.3.60. Lichtquelleneditor POLSYNT

Einsatzgebiete von POLARIS

Es liegen Untersuchungsergebnisse für die unterschiedlichsten Werkstücke vor: metallische und keramische Dichtscheiben, metallische polierte verchromte Oberflächen, Delamination in Metalloberflächen, Untersuchung von Dichtflächen. Untersucht werden hauptsächlich Oberflächendefekte wie makroskopische Unebenheiten, mikroskopische Feinstrukturen wie Kratzer, feine Risse und Texturen.[3.57] Ebenso können Oberflächenverunreinigungen und -aufträge wie

Flecken und Fingerabdrücke detektiert werden. Desweiteren lassen sich die Folge-erscheinungen wie Texturverläufe durch ungleichmäßigen Schleifabtrag, Vignettierung durch Knickstellen, Unebenheiten durch Handlingprobleme sowie Texturänderungen durch Inhomogenitäten erkennen.

Die Hardware POLARIS selbst dient hierbei als bequemes Visualisierungs-instrument, während die Software dazu die Akquisition und die Klassifikation sowie das Anlernen der Klassifikatoren unterstützt.[3.55]

Zusätzlich lassen sich auch grundlegende Streueigenschaften verschiedenster Materialien ermitteln. Die Intensität des in die Kamera gestreuten Lichts bei verschiedenen Lichteinfallswinkeln als Parameter hat ähnlich aussehende Diagramme zur Folge wie die Aufnahme der Streucharakteristik; hierbei ist jedoch der Betrachtungswinkel variabel und nicht der Beleuchtungswinkel.

Die dynamische Beleuchtung kann auch zur einfachen Kantenbestimmung verwendet werden, hier beispielsweise an Zahnrädern auf Planetenradträgern aus Kunststoff (s. Abb. 3.61, 3.62) oder zur Erkennung des Übergangs von metallischem Zahnrad auf den Planetenradträger aus Kunststoff (s. Abb. 3.63).

Da POLARIS prinzipiell nicht mehr Betrachtungsmöglichkeiten als der Mensch bietet, können in der Regel nur Defekte visualisiert werden, die auch vom Menschen entdeckt werden können. Es gibt jedoch Oberflächenstrukturen, die durch präzise Auswahl der Beleuchtungsrichtung viel deutlicher zum Vorschein treten als dies von Hand ohne Hilfsmittel möglich wäre. Ein Beispiel dazu sind geschliffene kleine Metallteile, die eben, kratzer- und fleckfrei sein sollen. In Abbildung 3.65 sieht man sehr deutlich eine Schattierung über die gesamte Oberfläche, die ohne Hilfsmittel mit bloßem Auge (s. Abb. 3.64) kaum auffällt. Da sich die Phasenlage der Schattierung auf dem Objekt durch geeignete Wahl der Beleuchtung um 180° verschiebt (Vertauschung von hell und dunkel), ist eine einfache Separierbarkeit der Schattierung (Störung) vom Objekt gewährleistet. Im wesentlichen enthält die Differenz der beiden Bilder nur noch die Schattierung und keine Objektinformation mehr, so daß die Trennung von Störung und Objekt ohne allzu aufwendige Operationen möglich ist.

Entwicklungspotential

Bei vielen Detektionsaufgaben ist das derzeitige System zu unhandlich und zu aufwendig. Vielfach würde bereits ein weitaus einfacheres System akzeptable Er-folge erzielen. Dabei handelt es sich dann jedoch immer um problemangepaßte Speziallösungen, die nicht mehr für allgemeine Aufgaben verwendet werden können.

Neue Perspektiven ergeben sich durch die Kombination der dynamischen Beleuchtung mit der 3D-Laserkamera (s. Abschn. 3.4.2). Die Integration beider Verfahren würde es ermöglichen, sowohl in Abschattungszonen der Triangulation weitere Aussagen zu erhalten, als auch einfache 2D-Bildverarbeitungsaufgaben wahrzunehmen. Aufgrund einer vorliegenden unvollständigen 3D-Höhenkarte ließen sich weitere Meßwerte durch Schattenwurf gewinnen und zusätzlich die günstigste abschattungsfreieste Sensorposition für eine weitere Aufnahme ermitteln.

Auf der Seite der Bildverarbeitung werden bislang keine lateralen Bildstrukturen zur Klassifikation verwendet. Durch die Integration von herkömmlicher Bildverarbeitung (Auswertung lateraler Strukturen im Bild) und der Bildsequenzverarbeitung mit dynamischer Beleuchtung (Intensitätsvektoren) können auch schwierige Klassifikationsaufgaben zufriedenstellend gelöst werden. Allerdings wäre die Qualität und Stabilität der Auswertung dann wieder von bestimmten Oberflächeneigenschaften abhängig, wie maximale Steigung, Höhe von Sprungstellen, Kontinuität und Stetigkeit.

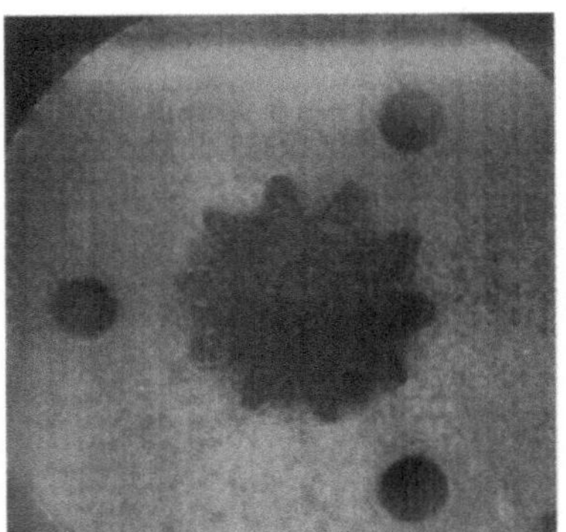 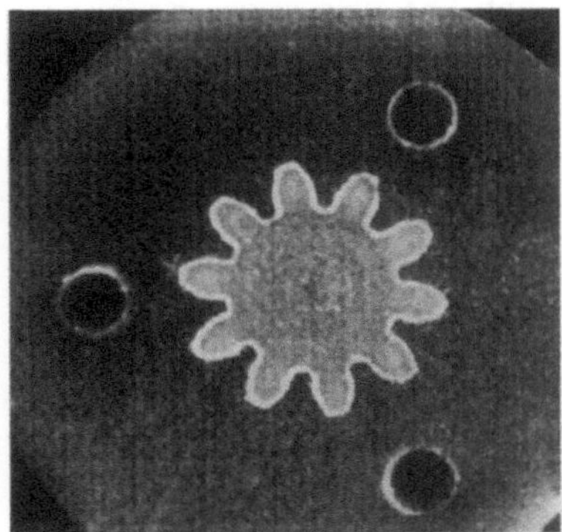

Abb.3.61. links: globale Beleuchtung, rechts: ausgesuchte Beleuchtung

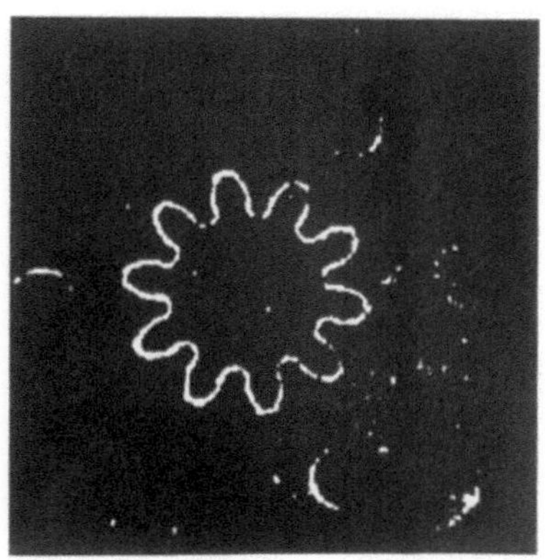

Abb.3.62. Kantenkontur durch einfache Schwellwertbildung

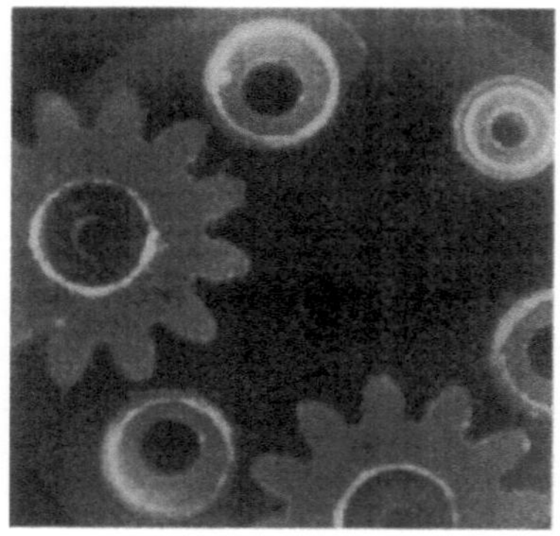 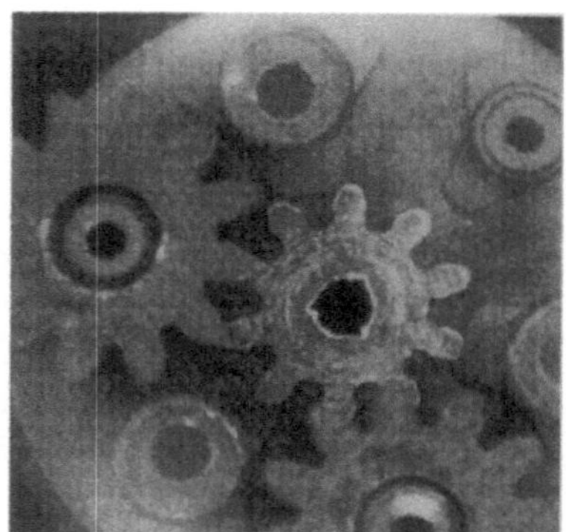

Abb.3.63. Beleuchtung zur Erkennung des metall. Zahnradansatzes im Kunststoffträger

Abb.3.64. Metallische Probe mit Schattierung (globale Beleuchtung)

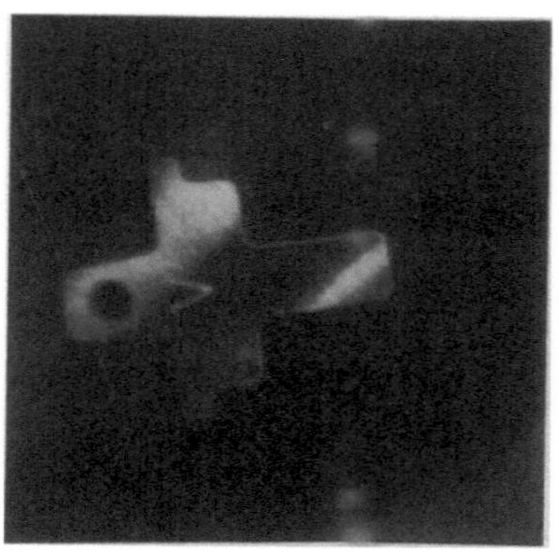 

Abb.3.65. Metallische Probe mit Schattierung (durch POLARIS beleuchtet)

3.4.4 Lasertriangulation in der Qualitätssicherung

Die erfolgreiche Integration der Qualitätsprüfung in den automatisierten, verketteten Montageprozeß setzt eine weitgehend automatisierte Meß- und Prüftechnik voraus, die in der Lage ist, mit hoher Geschwindigkeit und Präzision, großer Flexibilität und geringem Preis/Leistungsverhältnis zu agieren [3.60].

Sollen nun die Qualitätsdaten einer gesamten Fläche aufgenommen und verarbeitet werden, so kommen meist Sensoren wie der in Kap. 3.4.2 vorgestellte flächenhaft arbeitende Lasersensor zur Topografieerfassung oder das in Kap. 3.4.3 erläuterte Prüfsystem mit dynamischer Beleuchtungseinrichtung zum Einsatz. Sind aber nur einzelne, frei verteilte Punkte des Objekts von Interesse, so sind punktförmig messende Lasertriangulationssensoren von Vorteil. Sie zeichnen sich dadurch aus, daß sie im wichtigen Nahbereich (wenige Milimeter bis etwa ein Meter Meßabstand) bei einfachem, robustem Aufbau und großer Meßrate eine hohe Meßgenauigkeit bis hinunter zu wenigen µm liefern. Durch eine gezielte Auslegung des Sensors kann das Meßsystem auf einfache Art und Weise auf die Applikation maßgeschneidert werden.

Grundlagen von Lasertriangulationsverfahren

Abbildung 3.66 zeigt den prinzipiellen Aufbau eines statischen, eindimensional messenden Triangulationssensors. Die von der Strahlquelle ausgehende Lichtwelle wird von der Antastoptik so fokussiert, daß über den gesamten Tiefenmeßbereich Δz der Strahldurchmesser möglichst klein bleibt. Am Auftreffort des sogenannten Antaststrahls auf die Meßobjektoberfläche im Abstand z_p bildet sich

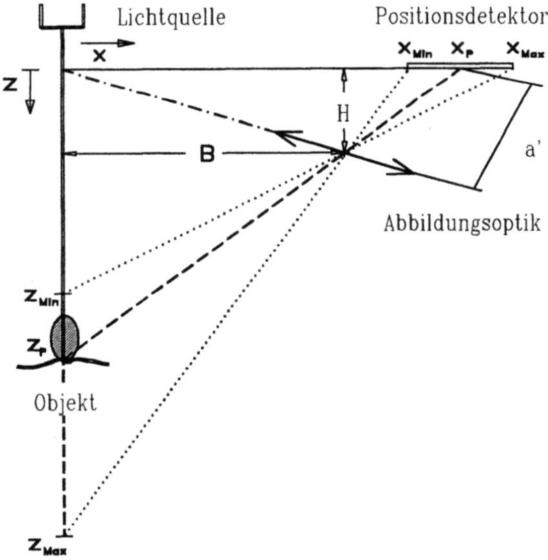

Abb. 3.66. Prinzip der Lasertriangulation

durch diffuse Lichtstreuung ein Meßfleck, der auch aus Richtungen wahrgenommen werden kann, die von der Einfallsrichtung abweichen.

Wird nun der Meßfleck unter dem Triangulationswinkel φ von einer entsprechenden Optik auf den Detektor abgebildet, so verschiebt sich die Lage des Bildflecks auf dem Detektor x_p' je nach Objektabstand z_p. Aus der Geometrie des Aufbaus und der gemessenen Bildfleckposition x_p' kann dann der Meßobjektabstand gemäß

$$z_p = \frac{H}{1 - \dfrac{B}{x_p'}} \tag{3.7}$$

und die (relative) Meßgenauigkeit mit

$$\frac{d z_p}{z_p} = \frac{1}{1 - \dfrac{x_p'}{B}} \cdot \frac{d x_p'}{x_p'} \tag{3.8}$$

berechnet werden. Während die relative Auflösung der Bildfleckposition dx_p'/x_p' vom Signalrauschen, dem Detektor und den Auswerteverfahren abhängen (siehe unten), ist die sogenannte Basislänge B durch den geometrischen Aufbau gegeben. Bestechender Vorteil des Lasertriangulationsverfahrens ist dessen Eigenschaft, den Meßbereich und damit zusammenhängend die Meßgenauigkeit einfach durch die passende Wahl der geometrischen Größen des Aufbaus frei einstellen zu können. Freilich geht eine Vergrößerung des Abstandmeßbereichs zu Lasten der Meßgenauigkeit und umgekehrt. In der Praxis hat sich gezeigt, daß das Verhältnis von Meßgenauigkeit zu Meßbereich bei maximal 1:1000 bis 1:10000 liegt.

Spezifische Anforderungen der flexiblen Montage an die Lasertriangulation

Das spezifische, robotergeprägte Umfeld der flexiblen Montage stellt besondere Anforderungen an die eingesetzte Meßtechnik: In dem Maße wie aktorseitig von fest installierten Einheiten mit starren, eng begrenzten Aufgabenstellungen zu flexibel einsetzbaren Systemen übergegangen wird, muß sich sensorseitig der Wandel hin zum Meßsystem vollziehen, dessen Konfiguration entsprechend dem vielfältigen Einsatzspektrum und den aktuell geforderten Parametern angepaßt werden kann.

Bezogen auf das dimensionelle Messen mit Triangulationssensoren heißt das, den Übergang von eindimensional messenden Sensoren zu 3D-Sensoren mit dynamischer Antastung zu vollziehen. Dies ist unter anderem deshalb notwendig, da die Positioniergenauigkeit von Robotern, die den Sensor in die gewünschte Meßposition bringen, mit ca 0,1 mm weit über der geforderten Meßgenauigkeit einer bestimmten Aufgabe liegt. Hier hilft nur eine Relativmessung zweier Größen, bei der die Position des robotergeführten Sensors konstant bleibt. Um hierbei die nötige Flexibilität zu wahren, wird an das Meßsystem die Forderung nach einem großen Meßbereich bei hoher Meßgenauigkeit gestellt. Wie im nächsten Abschnitt gezeigt wird, legt diese Forderung einen synchronisierten Strahlverlauf bei Triangulationssystemen nahe.

Die Objektoberfläche übt einen großen Einfluß auf den optischen Meßprozeß aus. Gerade die Vielfalt der unterschiedlichen Oberflächen die bearbeitet werden, stellt hohe Anforderungen an das Meßsystem. So rufen sowohl makroskopische Einflußfaktoren wie Topografiesprünge, Objektverkippungen, Oberflächentexturen, als auch mikroskopische Parameter wie Werkstoff, Mikrostruktur, Glanz, Rost, Farbkanten etc. Effekte hervor, die die erzielbare Meßgenauigkeit des Systems begrenzen. Neben einer Belichtungsregelung des Aufnahmeprozesses muß Vorsorge getroffen werden, die nachteiligen Auswirkungen einer inhomogenen Intensitätsverteilung über das Aufnahmeobjektiv [3.40], die von den aufgezählten Einflußfaktoren hervorgerufen werden, möglichst klein zu halten.

Schließlich darf die informationstechnischen Einbindung des Sensorsystems in die Steuerung des Montageablaufs nicht vernachlässigt werden. Neben der technischen Flexibilität des Sensors, die die Grundlage eines großen Einsatzpotentials bildet, gilt es, eine entprechende funktionale Flexibiltät des Sensorsystems aufzubauen, die das Leistungspotential des Systems voll ausschöpft und so das Sensorsystem zu einer wertvollen, berechenbaren Komponente innerhalb des Montagekreislaufs macht.

Eigenschaften moderner Punktsensoren

Dynamische Antastverfahren:
Wird der von der Lichtquelle ausgehende Strahl über Deflektoren auf das Meßobjekt geführt, so spricht man von einer dynamischen Antastung. Hierfür haben sich kontinuierlich ablenkende Polygonspiegel und insbesondere Galvanometerspiegel durchgesetzt, die auf frei wählbare Winkelstellungen mit hoher Präzision positioniert (Positioniergenauigkeiten bis zu 1,5 µrad) werden können. Durch die senkrechte Anordnung der Drehachsen zweier Spiegel zueinander lassen sich große laterale Meßbereiche verwirklichen, die nur noch durch die Forderung begrenzt werden, den Meßbereich auf den Detektor abzubilden. Allerdings wirkt sich bei einem Sensor nach Abb. 3.67 die Kopplung der lateralen Koordinaten und der Abstandskoordinaten nachteilig aus.

Strahlsynchronisation:
Wird der Abstand zum Meßobjekt geändert (z-Koordinate), bzw. ändert sich die Höhe des Meßobjektes, so ergibt sich die oben hergeleitete, triangulationstypische Verschiebung des Bildflecks auf dem Detektor. Wird jedoch die Lateralkoordinate x_p des Antastflecks bei konstanter Objekthöhe geändert, so mißt der Detektor ebenfalls eine Bildfleckverschiebung [3.61]. Diese ist zwar durch die Kenntnis des Deflektorwinkels α berechenbar, doch schränkt sie den Abstandsmeßbereich ein.

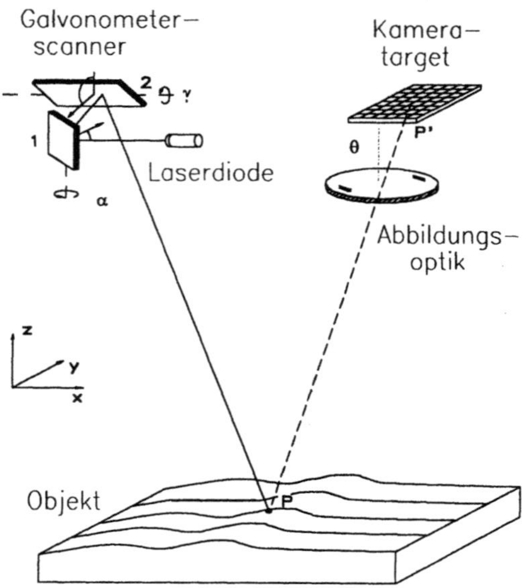

Abb. 3.67 Unsynchronisierter 3D-Triangulationssensor mit dynamischer Antastung

Da auf die begrenzte Detektorlänge also zusätzlich zur (erwünschten) Bildfleckverschiebung infolge einer Abstandsänderung die (unerwünschte) Bildfleckverschiebung infolge einer Änderung der Lateralkoordinaten abgebildet wird, ist der Meßbereich unsynchronisierter Sensoren stark eingeschränkt.

Um diese Kopplung der Koordinaten zu umgehen, müssen der Antaststrahl und der Detektionsstrahl synchronisiert werden. Dies kann beispielsweise durch einen verflochtenen Strahlengang erreicht werden, bei dem der Antaststrahl und der Detektionsstrahl über den gleichen Deflektorspiegel geführt werden. Hat dann die Meßoberfläche eine zylinderförmige Kontur mit dem vom Sensoraufbau abhängigen Radius R (die sogenannte Bezugs- oder Referenzkontur), so ist die Auslenkung des Detektionsstrahls exakt null für alle x-Werte. Davon abweichende Meßkonturen ergeben nur kleine, systematische Auslenkungen. So bleibt die volle Länge des Detektors zur Abstandsmessung zur Verfügung, wodurch sich eine hohe Meßgenauigkeit, bzw. ein großes Verhältnis von Meßbereich zu Meßgenauigkeit ergibt.

Rechnerisch synchronisierter Sensoraufbau:
Ziel der Arbeiten, bei der Vermessung technischer Körper in der automatisierten Montage war nun, einen Sensoraufbau zu entwickeln, dessen Bezugskontur unabhängig von der Sensorgeometrie ist und an das zu vermessende Werkstück angepaßt werden kann. Dies führt zum Aufbau nach Abb. 3.68 [3.62], in dem zusätzlich in den Detektionsstrahlengang ein weiterer Spiegel mit frei wählbarer

Winkelstellung eingefügt ist. Der Spiegelwinkel β wird jetzt abhängig vom Winkel α des Antaststrahls und der Meßkontur vom Rechner so eingestellt, daß der Antastfleck auf die Detektormitte abgebildet wird. Die Abstandsinformation setzt sich jetzt aus der Bildfleckposition am Detektor und der Winkelstellung β des Detektionsscanners zusammen. Da der Detektionsscanner um ca. 40 ° geschwenkt werden kann, wird der Meßbereich bei etwa gleichbleibender Meßgenauigkeit stark vergrößert. Er wird nur noch durch die Forderung nach einer scharfen Abbildung bei genügend hoher Güte des Detektorsignals begrenzt.

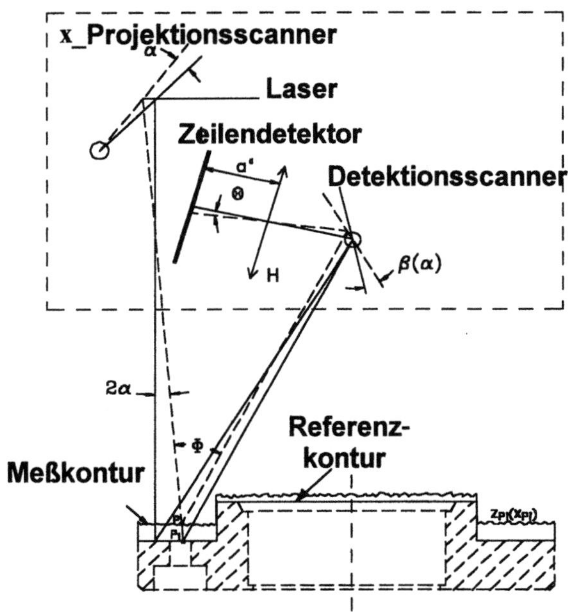

Abb.3.68. Messung relativ zu einer Referenzfläche mit dem rechnerisch synchronisierten 3D-Sensor

Im automatisierten Betrieb gestaltet sich der Meßablauf in zwei Phasen: In der vorab durchgeführten Einlernphase werden die Winkel α und γ der Projektionsscanner auf die zu vermessenden Positionen des Meßobjekts eingestellt. An jeder Meßposition wird dabei der Winkel β des Detektionsscanners solange variiert, bis der Bildfleck in der Detektormitte zum liegen kommt. Das so ermittelte Winkeltripel (α, γ, β) und die gemessene Bildfleckposition x_{p_ref} legen die Bauteilkontur fest, die in der eigentlichen Meßphase als Bezugskontur herangezogen wird. Dazu wird an der jeweiligen Meßposition das Winkeltripel an den Scannern eingestellt und die dazugehörige Bildfleckposition gemessen. Aus der Abweichung der aktuellen Bildfleckposition von x_{p_ref} kann nun die Abweichung des Meßobjekts relativ zur Bezugskontur (also zum eingelernten Referenzwerkstück) gemessen werden. Da sich die Abweichungen im Regelfall in relativ engen Grenzen halten, kann der Tiefenmeßbereich, der bei konstantem Scannerwinkel β vermessen werden kann, relativ klein gehalten werden (ca. 10 mm), wodurch die Meßgenauigkeit entsprechend erhöht wird. Sollte das aktuelle Meßstück stärker vom Referenzstück abweichen, so muß nur der Detektionsspiegelwinkel β geändert werden, was lediglich zu etwas erhöhten Meßzeiten führt.

Automatische Belichtungsregelung:
Soll das Einsatzspektrum des optischen Sensorsystems möglichst groß ausfallen, so tritt beinahe zwangsläufig das Problem stark inhomogener Reflexionseigenschaften der Bauteile auf. So führen einerseits unterschiedliche Werkstoffe und Farben zu stark variierenden Reflexionskoeffizienten, die den Anteil der auf den Detektor fallenden Lichtenergie (von der aktiven Beleuchtung, als auch von unerwünschtem Streulicht) bestimmen. Durch die Integration einer Belichtungsregelung in das Sensorsystem, die sowohl die Laserleistung, als auch die Belichtungsdauer regelt, läßt sich der Dynamikbereich des Sensorelements erheblich steigern [3.64].

Vermeidung inhomogener Ausleuchtung des Abbildungsobjektivs:
Andererseits spielt die Struktur der Werkstückoberfläche, die die Verteilung der Lichtstreuung festlegt, eine nicht unerhebliche Rolle im Meßprozeß. Insbesondere werden durch unsymmetrische Streuverteilungen systematische Meßfehler hervorgerufen, die im Bereich mehrerer Prozent liegen können [3.40]. Aus den grundlegenden Untersuchungen der Phänomene, die bei inhomogenen Pupillenausleuchtungen auftreten, lassen sich folgende Faustregeln extrahieren:
Eine unscharfe Abbildung des Meßflecks erhöht die Auswirkungen, die durch eine inhomogene Ausleuchtung der Abbildungsoptik auftreten. Es sollte deshalb stets auf eine gute Fokussierung des Detektionsstrahls geachtet werden. Der Scheimpflug-Bedingung kommt hier besondere Bedeutung zu.
Um innerhalb des Antastflecks auf dem Meßobjekt eine möglichst homogene Oberflächenstruktur vorzufinden (die wiederum für eine homogene Lichtstreuung sorgt), empfiehlt es sich, den Meßfleckdurchmesser möglichst klein zu halten. Hier muß ein Kompromiß zwischen dem minimalen Durchmesser in der Meßbereichsmitte und an den -rändern gefunden werden.
Durch die kohärente Beleuchtung rauher Oberflächen entstehen Interferenzerscheinungen (die sogenannten Speckle), die teilweise zu großen Meßfehlern führen können. Dies kann durch die Verwendung kurzkohärenter Strahlquellen (z.B. Super-Lumineszenzdioden oder Multimode-Laserdioden), die in Zukunft am Markt verfügbar sein werden, teilweise umgangen werden.
Hochfrequentes, optisches Rauschen, wie es durch Speckles oder die Meßoberfläche hervorgerufen werden kann, wirkt sich geringer auf das Meßergebnis aus, wenn die Pixelgröße des Detektorarrays nicht zu klein gewählt wird. Dadurch tritt ein räumlicher Integrationseffekt über jedes Pixel auf, der zu einer Glättung des Bildfleck-Intensitätsprofils auf dem Detektor führt.

Schon bei der Planung des Meßablaufs kann durch geschickte Anordnung des Sensors zum Meßobjekt ein günstiges Meßergebnis gefördert werden. Wird beispielsweise die Epipolarebene des Sensors parallel zur zu vermessenden Topografiekante orientiert, so sind minimale Auswirkungen systematischer Meßfehler zu erwarten.

Subpixel-Interpolation:
Um den Anforderungen industrieller Meßumgebungen gerecht zu werden, werden heute meist CCD-Detektoren eingesetzt. Sie erlauben ein Höchstmaß an Genauigkeit bei der Positionsmessung, auch bei stark gestörten oder verrauschten Signalen unter schwierigen Umwelteinflüssen. Die natürliche Auflösung der Detektoren im Pixelabstand kann durch geeignete Auswerteverfahren noch um ein Vielfaches gesteigert werden. Dazu wird der Verlauf des vom Bildfleck verursachten Intensitätspeaks auf dem Detektor berücksichtigt, aus dem die Peakposition (als Zentrum des Detektionsstrahls) auf Bruchteile eines Bildelements bestimmt werden kann. Unter den Algorithmen, die zur Subpixel-Auswertung des Detektorsignals angewandt werden können, erwiesen sich besonders die Berechnung des optischen Schwerpunkts, die Bildfleckbestimmung aus dem Überschreiten aufeinanderfolgender Schwellwerte und die Kreuzkorrelation des Intensitätsprofils mit einer Gaußreferenzfunktion als besonders tauglich. Während das Schwerpunkt- und Schwellwertverfahren durch den geringen Rechenzeitbedarf bei der Auswertung Vorteile aufweisen, können mit dem Korrelationsverfahren höchste Subpixelgenauigkeiten erreicht werden (bis zu 1/100 eines Pixelabstands). Unter normalen Triangulationsbedingungen kann jedoch selten mehr als 1/15 eines Pixels (entsprechend ca. 0,7 µm) aufgelöst werden.

Beispiele realisierter Sensorsysteme
An dieser Stelle sollen kurz zwei Sensorsysteme vorgestellt werden, die speziell für die Belange der automatisierten Montage entwickelt wurden. Der unsynchronisierte, dreidimensional messende Triangulationssensor nach Abb. 3.69 wird zur Vermessung flacher Objekte herangezogen. Je nach Anwendung des Sensorsystems zur Vollständigkeitsprüfung, Identifikation von Bauteilgruppen oder Topografievermessung mit moderaten Genauigkeitsanforderungen werden die Meßergebnisse der eingelernten Positionen als Gut/Schlecht oder numerische Werte geliefert. Der PC/AT als Steuerrechner des Sensors übernimmt selbständig die Regelung der Sensorkomponenten, die Auswertung der Meßdaten und die Kommunikation mit dem übergeordneten Leitrechner.

Die Eckdaten betragen:
Meßbereich: 70 x 70 x 20 mm³,
Auflösung in x,y,z-Richtung: ± 0,1 mm
Meßzeit: 1 – 10 ms /Meßpunkt

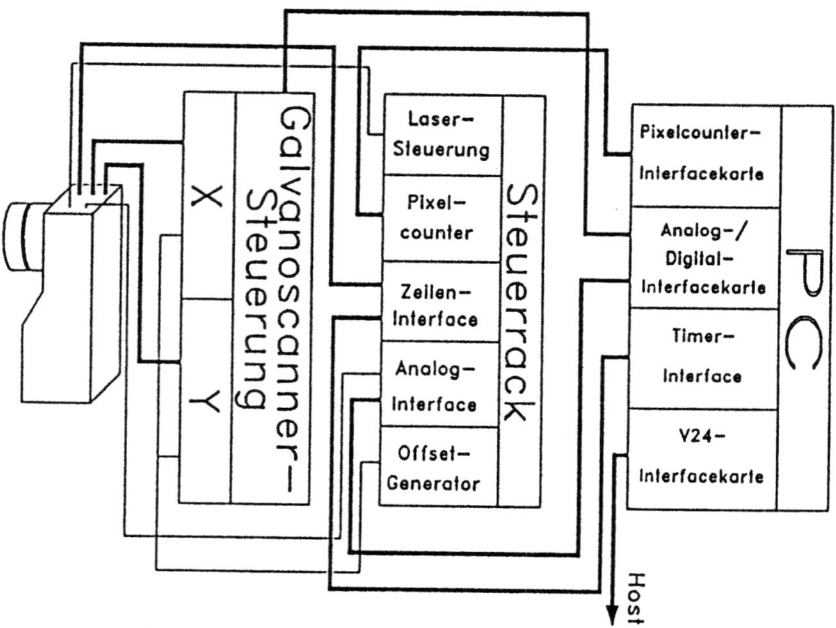

Abb.3.69. 3D-Triangulationssensor zur Vermessung flacher Bauteile

Abbildung 3.70 zeigt den Sensor bei der Vollständigkeitsprüfung elektronischer Leiterplatten, wie sie im Rahmen des Sonderforschungsbereichs 158 durchgeführt wurde. Vom Zellenroboter über den Prüfling geführt, wird der Abstand zu den einzelnen Bauteilen der Leiterplatte gemessen, deren Position in einem vorausgehenden Einlernprozeß aufgenommen wurde. Ist ein Bauteil falsch oder gar nicht eingelötet, so mißt der Sensor einen fehlerhaften Abstand zum Bauteil, der im Prüfprotokoll entsprechend vermerkt wird. Mit diesem Sensorsystem ist so eine einfache, schnelle Bestückungskontrolle möglich.

Abb.3.70. Bestückungskontrolle einer elektronischen Leiterplatte

Um ausgedehnte Bauteile mit hoher Präzision zu vermessen, wurde der in Abb. 3.71 gezeigte 3D-Triangulationssensor entwickelt. Sein Kennzeichen ist die oben erläuterte rechnerische Synchronisation des Antaststrahls mit dem Detektionsstrahl über einen zusätzlichen Scannerspiegel im Detektionsstrahlengang. Das Sensorsystem wird ebenfalls von einem Sensorrechner auf PC/AT-Basis gesteuert, was neben der Einstellung der Scannerwinkel, der Belichtungsregelung und der Aufnahme der Detektorsignale auch die bestmögliche Auswertung des Detektorsignals umfaßt.

Die Eckdaten des Sensors sind:

Meßbereich:	120 mm (z) x 130 mm x 80 mm
Abstandsauflösung:	< 20 μm
Meßzeit pro Punkt:	1 – 25 ms, je nach Meßoberfläche

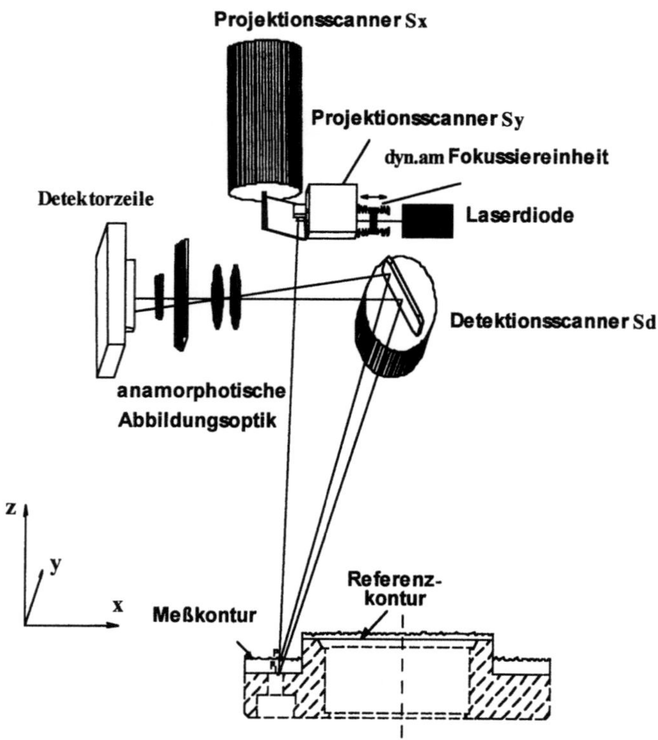

Abb.3.71. Rechnerisch synchronisierter 3D-Triangulationssensor zur Vermessung ausgedehnter Bauteile

Die automatisierte Montage und Justage von Schneckengetrieben, die bereits in Kapitel 3.1.5 beschrieben wurde, stellt einen Einsatzbereich des Sensors dar [3.63]. Dabei liefert der Sensor die Abmaße der einzelnen Getriebeteile (Abb. 3.72), aus denen die Anzahl der notwendigen Paßscheiben bei der anschließenden automatisierten Montage folgt. Die zeitraubende, manuelle Justage des Getriebes entfällt. In diesem typischen Fall kommen die spezifischen Vorteile des Sensorsystems, das unter Nutzung des im Einlernprozeß erworbenen a-priori-Wissens große Bauteile unter schwierigen Randbedingungen (technisch bearbeitete, metallische Oberflächen, Roboterhandling etc.) mit hoher Genauigkeit vermessen kann.

Abb.3.72. Vermessung der Komponenten eines Schneckengetriebes in der automatisierten Montage

Abschließend kann festgestellt werden, daß punktweise messende Triangulationssensoren in hohem Maße den Anforderungen flexibler Montagesysteme entgegenkommen. Künftige Entwicklungen haben insbesondere die Minimierung des Oberflächeneinflusses und die verbesserte Einbindung des Systems in die Qualitätsplanung zum Ziel.

3.4.5 Thermografische Tragbilderfassung in der Kegelradmontage

Bei Kegel- und Hypoidradgetrieben werden die optimalen Achspositionen von Ritzel und Rad anhand des Tragbildes und des gewünschten Flankenspiels ermittelt. Das hier vorgestellte neue Verfahren ermittelt das Tragbild auf thermografischem Wege. Das Verfahren eignet sich sowohl für Pkw-Achsgetriebe, die in Großserie gefertigt werden, als auch für Industrie- und Werkzeugmaschinengetriebe mit Kegel- und Hypoidrädern.

Im Gegensatz zu evolventischen Stirnrädern lassen sich Kegelräder nicht beliebig paaren, da ihre Flankengeometrie nicht genormt ist sondern durch das Herstellverfahren, das Werkzeug und die Einstellung der Fertigungsmaschine definiert ist. Kegel- und Hypoidradsätze werden immer paarweise gefertigt und montiert.

Kinematisch und geometrisch exakt gefertigte Flankenflächen eines Kegelradpaares kommen im Idealfall unter Linienberührung zum Eingriff. Solche idealen Flanken bezeichnet man als konjugierte Flanken bzw. als konjugierte Verzahnung. Ihre gemeinsame Berührlinie würde während des Eingriffs über die gesamte Flankenflächen beider Räder wandern. Die Flankenflächen eines Radpaares haben aber aufgrund unvermeidlicher Fertigungstoleranzen und Härteverzüge Abweichungen von der Idealgeometrie. Im Betrieb verursachen zudem die Verzahnungskräfte elastische Verformungen an Zähnen, Lagern, Wellen und Gehäusen. Ohne Gegenmaßnahmen würde dies zum Kantentragen an den Rändern der Flankenflächen führen und demzufolge zu einer Verringerung der Lebensdauer sowie zu einer Verschlechterung der Bewegungsübertragung und des Geräuschverhaltens.

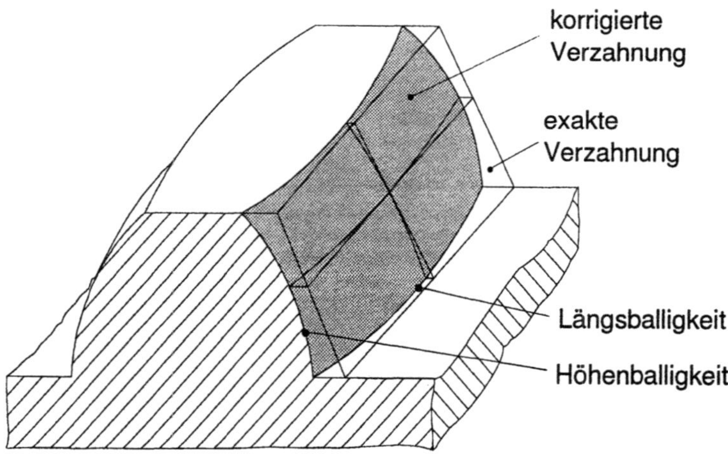

Abb.3.73. Schematische Darstellung der Balligkeit

Um dies zu vermeiden, werden die Flankenflächen in der Praxis mit gezielten Abweichungen von der Idealform gefertigt, die man als Balligkeit bezeichnet. In Abb. 3.73 sind diese Profilkorrekturen schematisch an einem Zahn mit einer ideal ebenen Flankenfläche dargestellt.

So korrigierte Zahnflanken laufen unter Punktberührung, wobei sich der Berührpunkt entlang des Kontaktweges, dem sogenannten Path of Contact (POC), über die Flanke bewegt. Bei Belastung platten sich die Flankenflächen ab, so daß die Berührungspunkte in Berührungsellipsen übergehen, deren Einhüllende als Tragbild bezeichnet wird, Abb. 3.74. Ziel der sogenannten Entwicklung eines Radsatzes ist es, das Tragbild einerseits so groß zu machen, daß die Flächenpressung die zulässigen Grenzen nicht überschreitet. Andererseits soll der Abstand des Tragbildes von den Flankenrändern ausreichend bemessen sein, damit bei den zu erwartenden Verlagerungen der Räder unter Last kein Kantentragen auftritt.

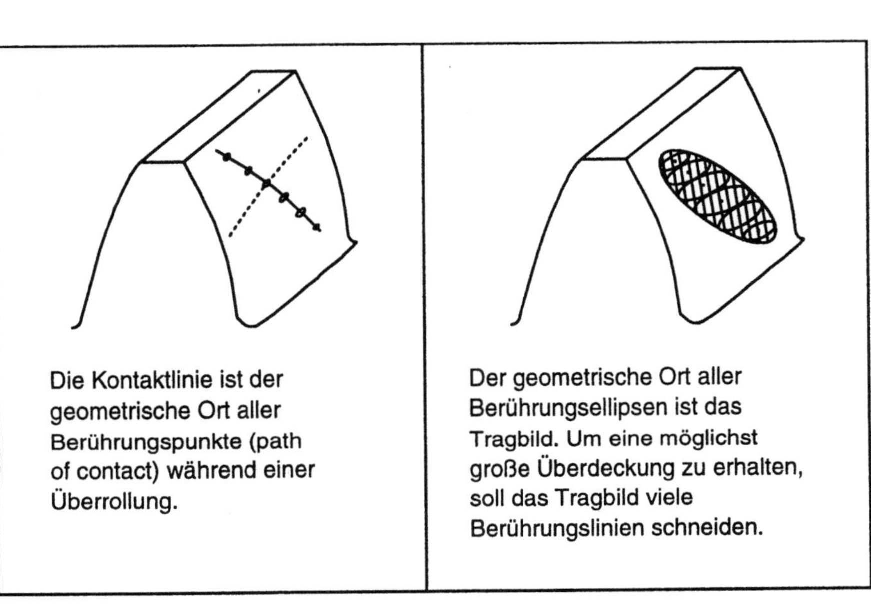

Abb.3.74. Entstehung des Tragbildes

Die individuellen Abweichungen jedes Kegel- und Hypoidradsatzes werden in der Montage durch Einstellen ausgeglichen. Die zuvor auf der Läppmaschine gepaarten Räder werden dabei auf einer speziellen Laufprüfmaschine solange in ihren Achsrichtungen verschoben, bis das Tragbild die geforderte Lage auf der Zahnflanke hat, Abb. 3.75.

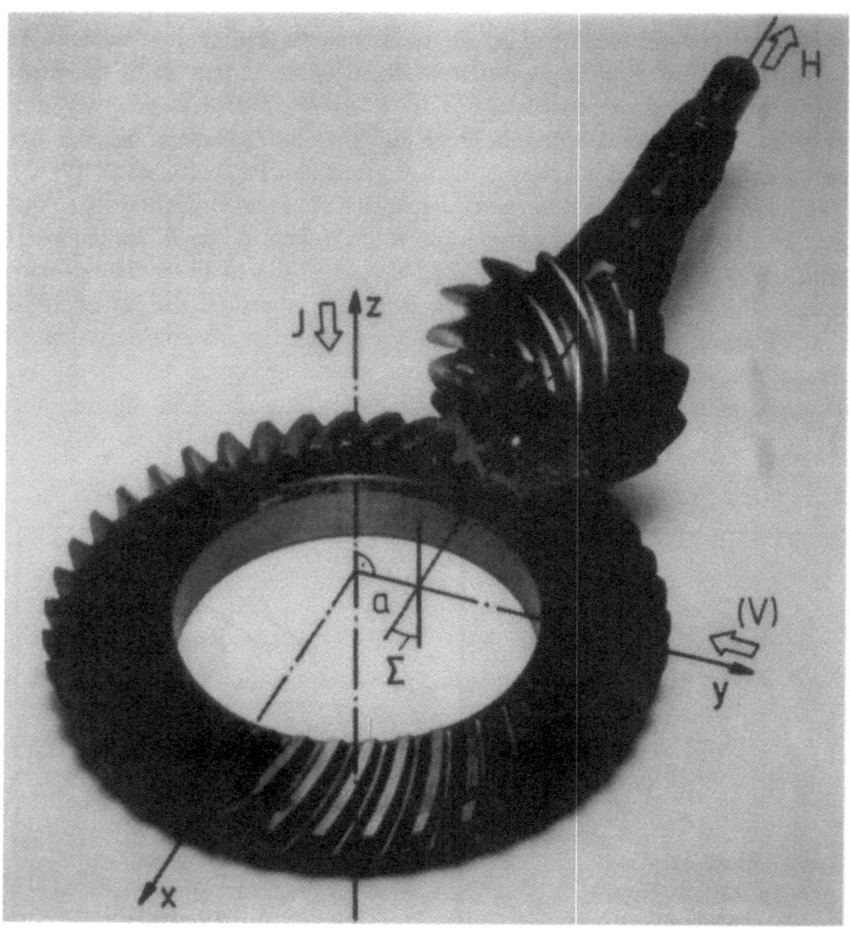

Abb.3.75. Hypoidradsatz

Die Verschiebung des i.a. treibenden und meist als Ritzel bezeichneten Rades in Achsrichtung dient hauptsächlich zur Einstellung des Tragbildes, während mit einer Verschiebung des größeren, als Tellerrad bezeichneten Rades in Achsrichtung das erforderliche Zahnflankenspiel justiert wird.

Die Tragbildprüfung erfolgt heute in der Industrie ausschließlich manuell. Dabei bestreicht der Prüfer, nachdem er den Radsatz auf der Prüfmaschine aufgespannt hat, mehrere Zähne des Tellerrades mit einer Tuschierpaste. Anschließend wälzt er den Radsatz unter leichter Last über mehrere Tellerradumdrehungen ab. Der Antrieb erfolgt durch einen Elektromotor am Ritzel. Das Bremsmoment am Tellerrad bringt der Prüfer meist noch manuell und ungeregelt mit einer Backen- oder Schlingbandbremse auf. Während des Prüflaufs wird die Tuschierpaste an den Flankenbereichen, die im Verlauf des Abwälzens einen geringeren Abstand zur Gegenflanke aufweisen als die Schichtdicke der aufgetragenen Paste, abgetragen, übertragen oder verdrängt. Der Prüfer beurteilt dann das Tragbild, d.h. Größe, Form und Lage der blanken Stellen an den zuvor bestrichenen Tellerradzähnen. Ist es unbefriedigend, verändert er entsprechend seiner Erfahrung und den Verlagerungseigenschaften des Radsatzes die Achslagen und wiederholt nach erneutem Pastenauftrag die Prüfung. Die ermittelten Einstellmaße werden auf den Rädern vermerkt und bei der Montage des Radsatzes im Getriebegehäuse berücksichtigt. Meistens beurteilt der Prüfer während des Prüflaufs noch zusätzlich die Geräuschentwicklung des Radsatzes, wobei ihn in manchen Fällen eine zusätzliche Luftschallmessung unterstützt. Läßt sich das Tragbild innerhalb der zulässigen Achslagenkorrekturen nicht gleichzeitig an Arbeits- und Rückflanken in die gewünschte Lage bringen, oder wird der Radsatz als zu laut empfunden, scheidet er aus dem weiteren Produktionsablauf aus.

Das Prüfverfahren unterliegt sowohl in der Durchführung, als auch in der Bewertung der Prüfergebnisse starken subjektiven Einflüssen. Die ermittelten Tragbilder resultieren auch nicht aus einem einzelnen Zahneingriff, sondern stellen, durch die mehrfache Überrollung und die bei Leistungsgetrieben verwendeten Zähnezahlen ohne gemeinsamen Teiler, sogenannte Summentragbilder dar. Als Folge erhält man bei Taumel- und Rundlauffehlern der Räder eher zu große Tragbilder. Des weiteren werden schlechte Tragbilder aus einzelnen Eingriffen überdeckt. In beiden Fällen wird der Radsatz falsch beurteilt.

Die manuelle Qualitätsprüfung ist, da sämtliche produzierte Radsätze geprüft und eingestellt werden müssen, für eine automatisierte Fertigung und Montage wenig geeignet. Einen weiteren großen Nachteil stellt die schlechte Dokumentation dar. Es lassen sich daher keine statistischen Auswertungen machen oder Trendentwicklungen erkennen, die zur Räderfertigung zurückgeführt, den Aufbau eines Qualitätsregelkreises erlauben.

In diesem Beitrag wird deshalb ein neues Verfahren zur Automatisierung und Objektivierung der bisher manuell durchgeführten Kegel- und Hypoidradprüfung vorgestellt. Es beruht auf der Idee, ersatzweise mit einer Infrarot-IR-Kamera die durch die Verzahnungsverlustleistung verursachte Wärmetönung an der Flankenfläche aufzunehmen. Zur Umsetzung dieses Verfahrens wurde eine neue Laufprüfmaschine entwickelt. Zur Auswertung der Tragbildaufnahmen werden digitale Bildverarbeitungsverfahren verwendet.

Das neue Prüfverfahren

Wie bereits beschrieben, berühren sich lastfrei kämmende Flanken realer Kegel- und Hypoidradsätze jeweils in einem Punkt. An diesem Punkt führen sie i.a. eine schrotende Relativbewegung aus, d.h. sie rollen aufeinander ab und gleiten gleichzeitig aneinander.

Die Reibung resultierend aus Pressung p und Gleitgeschwindigkeit v_G in jedem Punkt der Berührungsellipse verursacht die Verzahnungsverlustleistung, Abb.

3.76, die an der Berührstelle zu einer lokalen Erwärmung der Zahnflanke führt. Somit kann das Tragbild nach dem Eingriff als Wärmetönung detektiert werden. Infolge der guten Wärmeleitfähigkeit der Räder, die i.a. aus Stahl gefertigt sind, muß dies möglichst kurzzeitig nach dem Eingriff erfolgen. Als geeigneter Sensor kommt daher nur eine berührungsfrei arbeitende Infrarotkamera in Frage.[3.65]

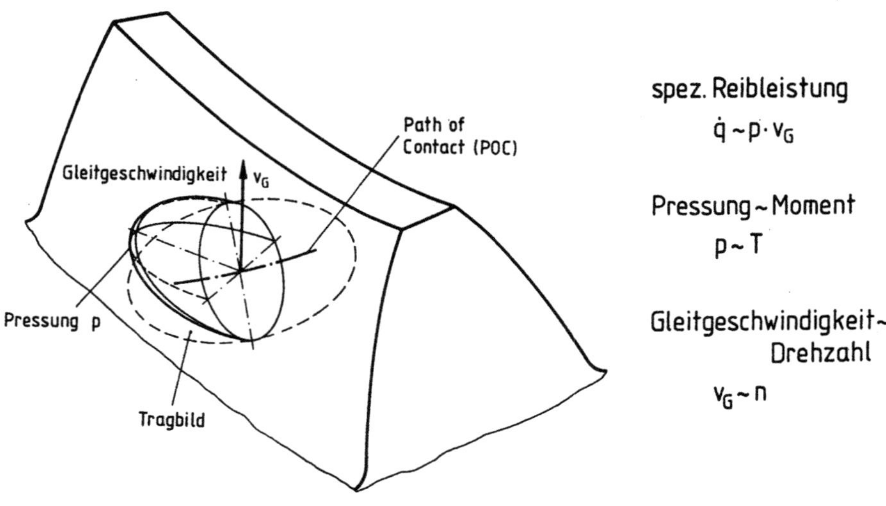

Abb.3.76. Entstehung des thermografischen Tragbildes

Hierfür wurde zunächst eine kommerzielle IR-Kamera verwendet. Diese Kamera arbeitet nach der Videonorm und benötigt daher für die Aufnahme eines Halbbildes 20 ms. Somit ist keine Tragbilderfassung bei rotierendem Prüfradsatz möglich, da auch schon bei sehr kleinen Drehzahlen Verzerrungen auftreten würden, die nicht vernachlässigbar sind. Das Radpaar muß daher angehalten und sofort anschließend das Wärmebild aufgenommen werden. Das Tragbild wird, wie bei der konventionellen Prüfung, an den Tellerradzähnen ermittelt, da hier die Flankenflächen weniger stark gekrümmt und bei Hypoidradsätzen, bedingt durch die kleineren Spiralwinkel, kürzer als die Ritzelflanken sind. Bei der Betrachtung der Tellerradflanken ist deshalb die für die Auswertung ungünstige Verzerrung wesentlich geringer. Dies gilt sowohl für die konventionelle, manuelle, als auch für eine durch Bildverarbeitungsmethoden automatisierte Auswertung. Wegen der guten Wärmeleitfähigkeit von Stahl zerfließt das thermische Tragbild während einer Tellerradumdrehung weitgehend. Daraus ergibt sich ein wesentlicher Vorteil der thermischen Tragbilderfassung, sie liefert ein Tragbild das aus einem einzigen Zahneingriff resultiert.

Die Prüfmaschine

Die Prüfmaschine wurde primär für die thermografische Tragbilderfassung entwickelt. Als weiteres Prüfverfahren wurde eine Einflankenwälzprüfung mit Beschleunigungsaufnehmern und die Spielmessung hinzugenommen.

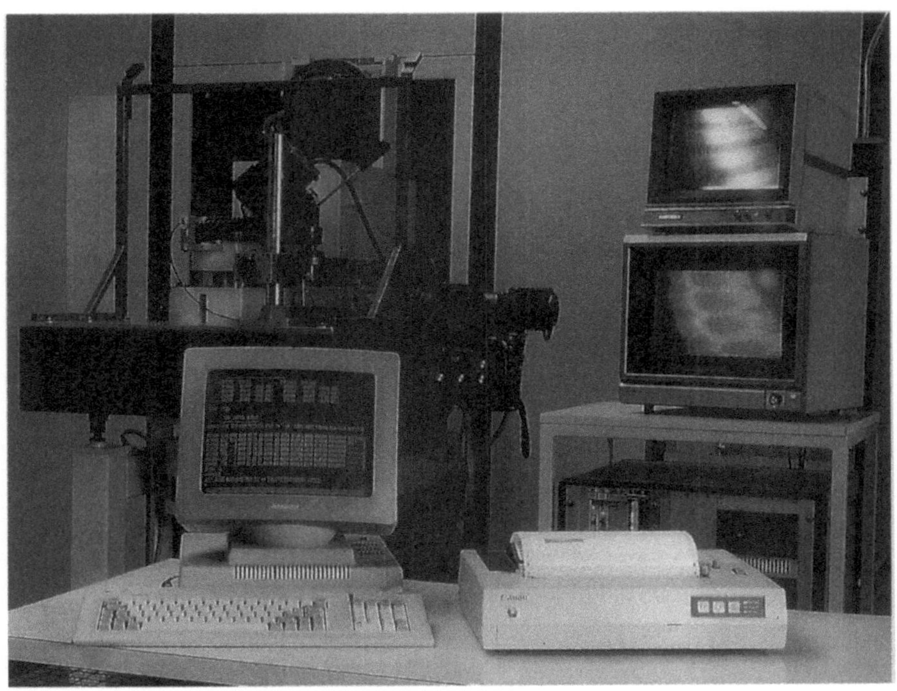

Abb.3.77. Gesamtansicht der Laufprüfmaschine mit Rechner und Bedienungsterminal.

Abbildung 3.77 zeigt eine Gesamtansicht der neuen Prüfmaschine. Die Antriebsspindel ist horizontal, die Abtriebsspindel vertikal angeordnet. Die Antriebsspindel wird durch einen drehzahlgeregelten Scheibenläufermotor über einen Keilrippenriemen angetrieben. Ein Drehinkrementalgeber erfaßt ihre Winkelposition. Das in einem auswechselbaren Dehnspannfutter aufgenommene Kegelritzel treibt das Tellerrad, das mit Ringspannelementen am Kopf der Abtriebsspindel aufgespannt ist. An der Abtriebsspindel sind zwei Bremsen montiert. Das Bremsmoment für die Tragbildprüfung wird durch eine momentengeregelte Reibungsbremse aufgebracht. Bei der Einflankenwälzprüfung gewährleistet eine Hysteresebremse durch ein drehzahlunabhängiges, konstantes Bremsmoment die stetige Anlage der Flankenflächen. Unterhalb der Bremsen befinden sich die direkt mit der Abtriebsspindel verbundenen Servobeschleunigungsaufnehmer für die Einflankenwälzprüfung, deren Meßsignale ein Schleifringübertrager nach außen führt. Die Antriebsspindeleinheit ist auf einem Koordinatentisch montiert, der eine Verschiebung des Ritzels in Achsrichtung und senkrecht dazu, als Achsversatz, ermöglicht. Die Verschiebung des Tellerrades in Achsrichtung ermöglicht eine vertikal angeordnete Pinole. Die drei Verstellbewegungen werden von Schrittmotoren über Getriebe und Planetenrollspindeln erzeugt, die Verstellwege durch angebaute Inkrementalmaßstäbe mit einer Auflösung von 5 μm erfaßt. Der Koordinatentisch sitzt auf einer Granitplatte. Die Aufnahme der Vertikalpinole ist in eine Bohrung der Granitplatte eingeklebt.

Die technischen Daten der Kegelrad-Laufprüfmaschine sind:

– Distanz Antriebsspindelachse - Abtriebsspindelnase	50-230 mm
– Distanz Abtriebsspindelachse - Antriebsspindelnase	60-260 mm
– Einstellbarer Achsversatz	±75 mm
– Drehzahl der Antriebsspindel, geregelt	0-1200 U/min
– Bremsmoment der Reibungsbremse, geregelt	0-200 Nm
– Bremsmoment der Hysteresebremse, mechanisch einstellbar	0-8 Nm
– Antriebsleistung	4 kW
– Aufnahmen der Spannvorrichtungen in den Spindeln	SK 60
– Positioniergenauigkeit	0,01 mm

Die Steuerung der Laufprüfmaschine, die Meßwerterfassung und -verarbeitung sind in einem VME-BUS-Rechner vereinigt.

Eine Thermografiekamera erfaßt das Tragbild und übergibt es in einen Bildspeicher mit 256x256x8 bit, dessen Inhalt permanent über einen SW-Monitor dargestellt wird. Nach der Auswertung kann das Bild in einen zweiten Bildspeicher übernommen und über dessen RGB-Ausgang auf einem Farbmonitor in Pseudofarben dargestellt werden. Der Bildschirminhalt läßt sich durch eine Hardcopyfunktion an einen Farbdrucker ausgeben. Um bestimmte Tellerradzähne bei der Tragbild- und Wälzprüfung zu erfassen, stellt ein induktiver Sensor am Rückenkegel des Tellerrades, in Verbindung mit einem festen Referenzgeber an der Abtriebspindel, die Zuordnung her.[3.67]

Tragbildprüfung

Wie bereits erläutert, muß der zu prüfende Tellerradzahn, der unter einer definierten Belastung den Eingriff durchlaufen hat, nach möglichst kurzer Zeit im Blickfeld der IR-Kamera zum Stehen kommen. Durch einen Referenzgeber an der Abtriebsspindel und den „Zähnezähler" am Rückenkegel des Tellerrades kann der gewünschte Zahn für die Tragbildaufnahme ausgewählt werden. Vor der Tragbildaufnahme werden am Bedienerterminal die Prüfparameter eingegeben. Danach beschleunigt die Antriebsspindel auf die Prüfdrehzahl, dann bringt die Reibungsbremse das notwendige Belastungsmoment auf. Nach kurzer Laufzeit wird der Radsatz angehalten. Sobald der Rechner mit Hilfe des Drehzahlsignals den Stillstand des Radsatzes festgestellt hat, löst er eine Bildaufnahme aus.

Das Auswerteprogramm überträgt das aufgenommene Bild in den Hauptspeicher des Rechners und berechnet dessen Histogramm. Anschließend wird es, kontrasterhöht und in Pseudofarben, über den zweiten Bildspeicher am Farbmonitor dargestellt. Während der dabei verstrichenen Zeit ist die Erwärmung der Zahnflanke abgeflossen. Nun erfolgt die Aufnahme von acht weiteren Bildern, aus denen der Rechner ein rauscharmes und kontrastreiches Mittelwertbild generiert. Dieses Mittelwertbild wird vom ersten Bild subtrahiert. Die Differenz entspricht der aus dem letzten Zahneingriff resultierenden Wärmetönung der Flankenfläche, Abb. 3.78.

Abb.3.78. Wärmetönung auf der Flankenfläche

Der Farbmonitor zeigt nun das Differenzbild, der Schwarz-Weiß-Monitor das Mittelwertbild. Letzteres dient zur Detektion der Zahnflankenbegrenzung. Die Eckpunkte der Flankenfläche und ein Hilfspunkt an der Kopfkante werden mittels eines Fadenkreuzes manuell am Bildschirm markiert, Abb. 3.79. Damit läßt sich die Lage der Zahnflanke im Differenzbild bestimmen. Zur Kontrolle wird die vollständig berechnete Flankenkontur sowohl in das Mittelwertbild, als auch in das Differenzbild eingezeichnet. Anschließend transformiert das Auswerteprogramm denjenigen Ausschnitt des Differenzbildes, der der Flankenfläche entspricht, auf eine zur Normalen in Flankenmitte orthogonale Projektionsfläche.

Dies ergibt eine normierte, zweidimensionale Darstellung der Zahnflanke samt ihrer Wärmetönung in Pseudofarben am Farbmonitor.

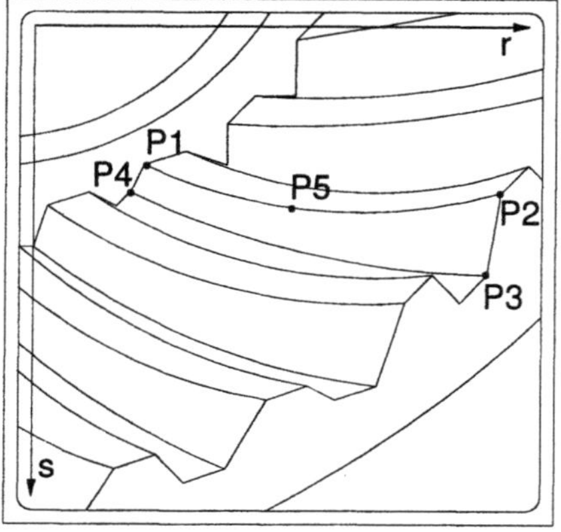

1. Markieren der Punkte
   P1 bis P5 im Originalbild

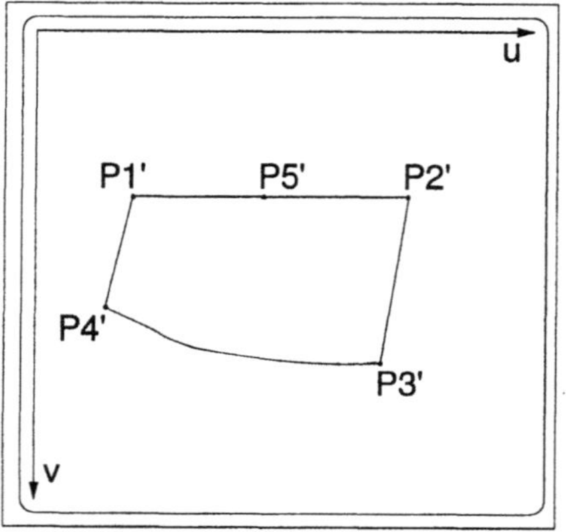

2. Nichtlineare Transformation, so
   daß aus dem Parabelbogen
   P1-P5-P2 eine waagrechte
   Gerade P1'-P5'-P2' wird.

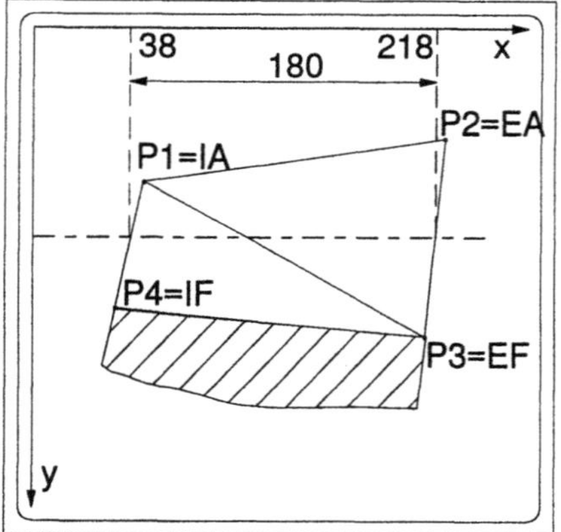

3. Projektion auf normierten
   Zahnquerschnitt.
   Anpassen von Breite und Höhe.
   Drehung, so daß die Teilkegellinie
   waagrecht liegt.

Abb.3.79. Transformation des Tragbildes auf einen normierten Zahnquerschnitt

Als Tragbild wird dann derjenige Flächenanteil festgelegt, dessen Intensitätswerte größer sind als ein bestimmter Prozentsatz des maximalen Intensitätswer-
tes auf der normierten Flankenfläche. Normalerweise beträgt der willkürlich
festgelegte Schwellwert 55 %. Für dieses Tragbild berechnet das Auswerteprogramm den Flächeninhalt bezogen auf die gesamte Flankenfläche, die Lage des
Flächenschwerpunktes bezogen auf die Breite bzw. Höhe der Flanke, die Länge
der Hauptachsen bezogen auf die Flankenbreite sowie deren Lage als Winkel
zwischen der großen Hauptachse und der Teilkegellinie. Eine Hardcopyfunktion
erlaubt die farbige Ausgabe der Ergebnisse mit dem Tintenstrahldrucker, Abb.
3.80.[3.66]

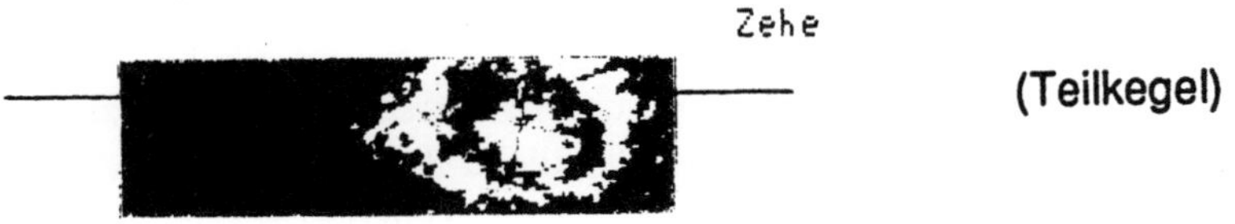

Abb.3.80. Ergebnisausdruck bei der Tragbildprüfung

Prüfergebnisse von verschiedenen Radsätzen

Mit der neuen Kegelrad-Laufprüfmaschine wurden fünf unterschiedliche Radsatztypen geprüft, Tabelle 3.4. Im folgenden werden ausgewählte und aufbereitete Beispiele präsentiert, um die Funktionsfähigkeit und Aussagekraft der thermografischen Tragbildprüfung zu zeigen.[3.68, 3.69, 3.70]

Tabelle 3.4. Geprüfte Radsätze

Radsatztyp	1	2	3	4	5
Herstellverfahren	Gleason Helix- form	Gleason Helix- form	Gleason Comple- ting	Klingelnberg Palloid Klingelnberg Zyklopalloid Oerlikon Spiroflex	Klingeln- berg Zyklopal- loid
Übersetzung i	3,23	2,47	2,26	3,44	2,00
Achsabstand a	25,40	35,00	38,00	16,00	0
Normalmodul m_{nm}	2,89	3,48	3,12	4,46	5,3
Zahnbreite b_2	29	33,5	22	31,5	37
Zähnezahl z	13 | 42	19 | 47	19 | 43	9 | 31	13 | 26

Abbildung 3.81 enthält ausgewählte thermografische Tragbilder von den einzelnen Radsatztypen entsprechend Tabelle 3.4. Sie zeigen, daß mit diesem Verfahren innerhalb der vorliegenden Variation von Achsversatz und Flankenfläche quantifizierbare Ergebnisse möglich sind. Sämtliche Tragbilder stammen von konventionell gefertigten Radsätzen, d.h. Ritzel und Tellerrad wurden im weichen Zustand verzahnt, anschließend gehärtet und dann paarweise geläppt.

Den Beweis, daß mit der thermografischen Methode Einzeltragbilder aus dem letzten Zahneingriff erfaßt werden, liefert Abb. 3.81. Sie zeigt die Tragbilder von sechs aufeinanderfolgenden Tellerradzähnen am Beispiel des Radsatzes Nr. 4. Deutlich läßt sich eine kontinuierliche Tragbildverlagerung erkennen. Die Zähnezahlen von Ritzel und Tellerrad besitzen keinen gemeinsamen Teiler. Sind die relativen Flankenabweichungen auf beide Räder verteilt, würde man deshalb bei der Tuschiermethode an allen Zähnen dasselbe große Summentragbild erhalten, entstanden durch wechselnde Zahnkombinationen im Eingriff.

Von Radsatz Nr. 4 stehen Exemplare zur Verfügung, die nach verschiedenen, kontinuierlich teilenden Herstellverfahren gefertigt sind. Diese Radsätze wurden im weichen Zustand verzahnt, gehärtet und anschließend Ritzel und Räder paarweise geläppt. In Abb. 3.82 sind die Ergebnisse der V&H-Prüfung von je einem repräsentativen Vertreter pro Herstellverfahren dargestellt.

Radsatz	TRAGBILD	ACHS-VERSATZ [mm]	MODUL [mm]
1		25,4	2,89
2		35	3,48
3		38	3,12
4		16	4,46
5		0	5,3

Abb.3.81. Thermografische Tragbilder an den Radsätzen 1-5 (Zugflanken)

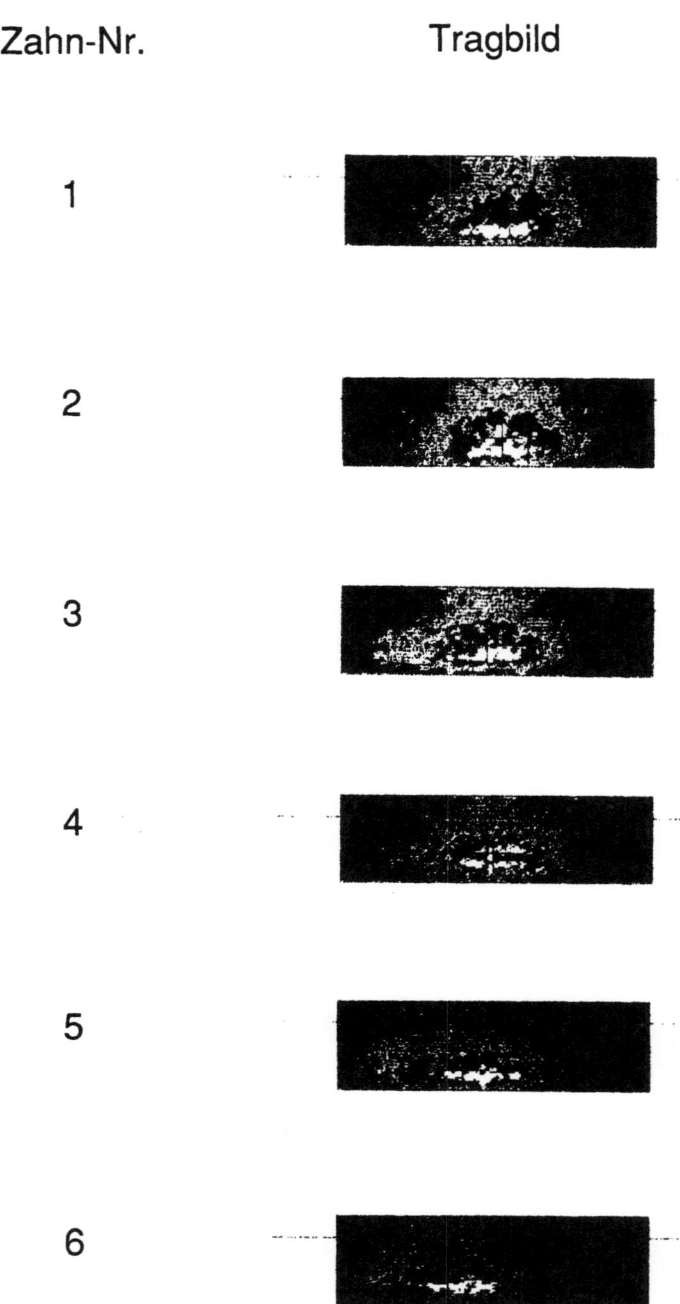

Abb.3.82. Taumelndes Tragbild (Radsatz Nr. 4, Zugflanke)

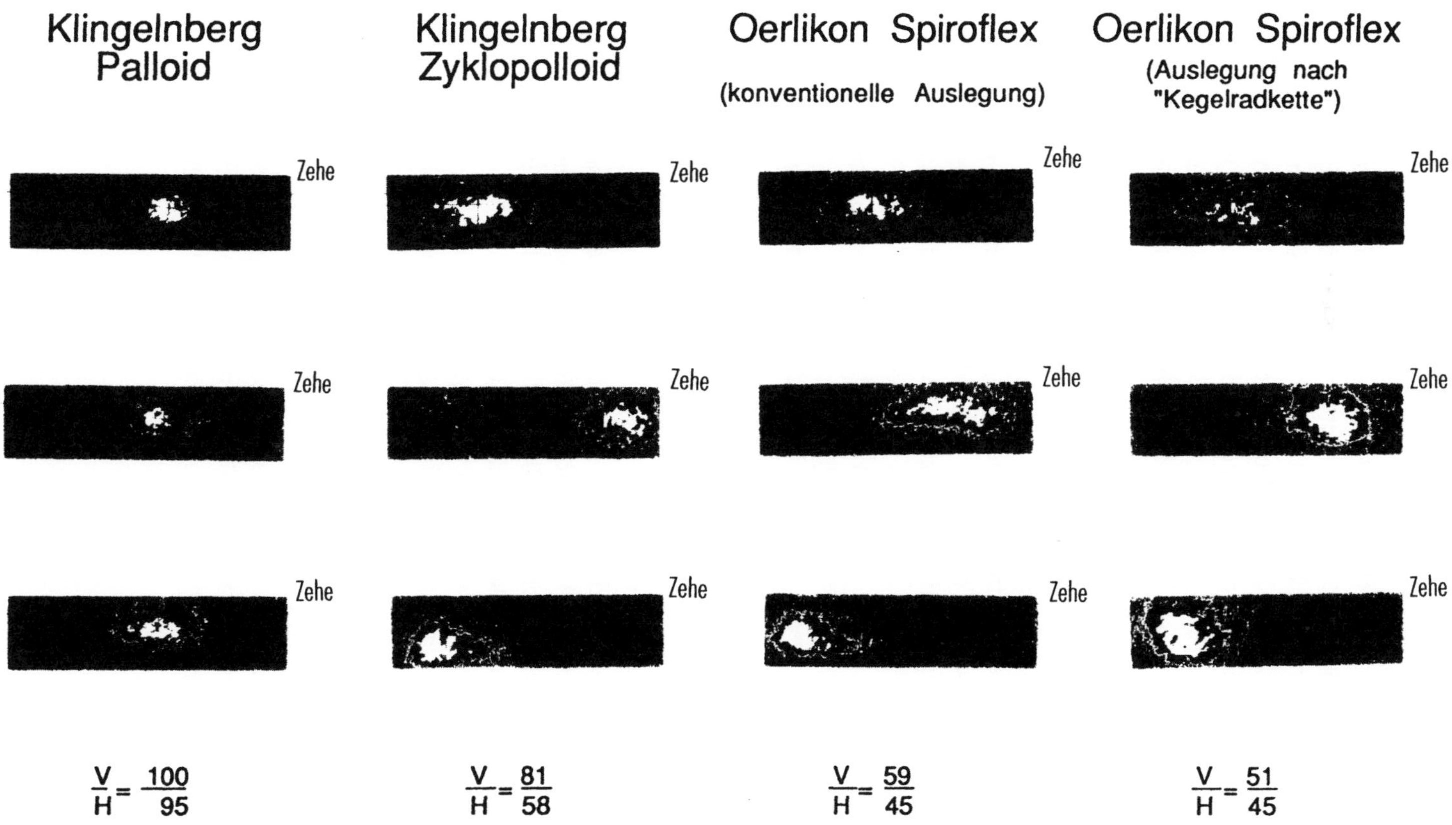

Abb.3.83. V&H-Prüfung bei Radsätzen die mit unterschiedlichen Verfahren gefertigt wurden (Radsatz Nr. 4, Zugflanke)

Anwendbarkeit in der Praxis und Weiterentwicklungen

Mit der neuen Laufprüfmaschine steht ein Werkzeug zur Automatisierung der Einstellung und zur verbesserten Qualitätssicherung von Kegel- und Hypoidradsätzen zur Verfügung. Wegen des rechnerorientierten Konzeptes läßt sich die Maschine flexibel an die jeweiligen Prüfaufgaben in der Kegel- und Hypoidradmontage anpassen. Durch die gute Dokumentations- und Speichermöglichkeit der gewonnenen Prüfergebnisse können Trends erkannt und im Rahmen einer computerintegrierten Fertigung (CIM) zum Aufbau eines Qualitätsregelkreises verwendet werden. Weiter besteht die Möglichkeit, die gespeicherten Informationen bei der Entwicklung neuer Kegelradsätze zu nutzen.

Ein besonderer Vorteil der thermografischen Tragbilderfassung besteht darin, daß das Tragbild wegen der geringen thermischen Zeitkonstanten aus einem einzigen Zahneingriff resultiert.

Aufgrund der mit der Prüfmaschine gewonnenen Erfahrungen wurde das Konzept für eine verbesserte Konstruktion ausgearbeitet. Wesentliche Änderungen ergaben sich vor allem für die Achspositionierung durch den Einsatz lageregelbarer Servomotoren, sowie durch die Verwendung nur einer reibungsfreien, regelbaren Hysteresebremse. Allgemein wurde beim baukastenartigen modularen Aufbau eine höhere Steifigkeit angestrebt.

Die Ergebnisse der thermografischen Tragbilderfassung haben gezeigt, daß die Zeit, die zwischen der Erzeugung der Wärme im Zahneingriff und der Tragbildaufnahme mit der Kamera vergeht, zu lang ist. Die erzeugte Wärme fließt in dieser Zeit insbesondere zum Zahnkopf hin weg. Die Entscheidung darüber, ob es sich um einen Kopfkantenträger handelt oder nicht, ist daher nicht immer eindeutig möglich.

Deshalb wurde eine hochdynamische IR-Kamera für die Messung von Tragbildern im Lauf entwickelt. Ein zeilenfömiger IR-Sensor mit 120 bzw. 180 Sensorelementen erfaßt am rotierenden Tellerrad direkt nach dem Eingriff die Wärmetönung an den Flanken. Dadurch erhält man bis zu 10mal größere Intensitäten und nahezu keine Verfälschungen durch Wärmeleitvorgänge. Die während der Radumdrehung aufgenommenen Zeilenbilder ergeben in Summe ein Gesamtbild des Tellerrades. Der Tragbildkontrast ist so hoch, daß kein Hintergrundbild mehr abgezogen werden muß und sich die Zahnkonturen durch Kantendetektion direkt aus dem Wärmebild ermitteln lassen. Bei Verwendung von zwei Sensoren oder entsprechenden optischen Einrichtungen, wie z.B. einem Schwenkspiegel, können die Tragbildaufnahmen an Zug- und Schubflanke ohne Umbau erfolgen. Diese Ausstattung erlaubt wesentlich kürzere Prüfzeiten und vor allem den Aufbau eines geschlossenen Regelkreises zur optimalen Tragbildeinstellung.

3.5 Literatur

3.1   Goldberg D. E.: Genetic Algorithms in Search, Optimization, and Machine Learning. Addison-Wesley, USA, 1990

3.2   Krottmaier, J.: Taguchi, Shainin - Stein der Weisen? Qualität und Zuverlässigkeit 36 (1991) 2, Carl Hanser Verlag, München, 1991

3.3   Zimmermann, H.-J.: Fuzzy Set Theory and its Applications. Kluwer Academic Publishers, Boston/Dordrecht/London, 1991

3.4   Stein, W.: Objektorientierte Analysemethoden – ein Vergleich. In: Informatik Spektrum (1993) Nr. 16, S. 317-332

3.5   Wang, C.Y.; Fulton, R.E.: Information system design for optical fibre manufacturing using an object-oriented approach. In: Int. J. Computer Integrated Manufacturing 7 (1994) Nr.1, S. 61-73

3.6   Rumbaugh, J.; Blaha, M.; Premerlani, W.; Eddy, F.; Lorensen, W.: Object-Oriented Modeling and Design. Englewood Cliffs, New Jersey: Prentice Hall, 1991

3.7   Heinrich, L. J.; Burgholzer, P.: Systemplanung – Die Planung von Informations- und Kommunikationssystemen, Band 1. München, Wien: Hanser, 1987

3.8   Englert, E. u.a.: Bereichsübergreifendes Qualitätsmanagement in der flexiblen Montage. In: Die Montage im flexiblen Produktionsbetrieb: Kolloquium des Sonderforschungsbereichs 158 der Universität Stuttgart, 24. November 1994 / Warnecke, H.-J. (Hrsg.). Stuttgart: Institut für industrielle Fertigung und Fabrikbetrieb, 1994, S. 127-167

3.9   Bober, J.; Liebig, H. P.: Prozeßanalyse beim Druckfügen. In: Bänder Bleche Rohre 31 (1990), Nr. 10, S. 143-146

3.10   Englert, E.; Oestreich, B.; Malz, R.; u.a.: Neue Wege der Qualitätssicherung in der flexiblen Montage. In: Sonderforschungsbereich 158 – Die Montage im flexiblen Produktionsbetrieb: Kolloquium 1991, 30. September 1991 in Stuttgart / Institut für industrielle Fertigung und Fabrikbetrieb (Hrsg.). Stuttgart: 1991, S. 83-130

3.11   Englert, E.; Gücker, A.; Kempf, M.; Schmidt, H.: Das Qualitätsinterface – Ein System zur Realisierung dynamischer Qualitätsregelkreise in der flexiblen Montage. In: QZ 40 (1995), Nr. 3, S. 296-300

3.12   Gu, P.; Zhang, Y.; Norrie, D. H.: Object-oriented product modelling for computer-integrated manufacturing. In: Int. J. Computer Integrated Manufacturing,1994, Vol. 7, No. 1, 17 - 28

3.13   Keane, A. J.: Genetic algorithm optimization of multi-peak problems: studies in convergence and robustness. In: Artificial Intelligence in Engineering 9 (1995) S. 75-87 Department of Engineering Science, University of Oxford, Parks Road, Oxford. UK, OX1 3PJ

3.14   Gorges-Schleuter, M.: Explicit Parallelism of Genetic Algorithms through Population Structures. In: First International Workshop on Parallel Problem-Solving from Nature, 1990, Dortmund, 1990, S. A-VI.

3.15   Hirschmann, K.H.: Steigerung der Montagequalität von toleranzkritischen Bauteilen. In: Ergebnisbericht 1990-1991-1992 des Sonderforschungsbereiches 158 'Die Montage im flexiblen Produktionsbetrieb', Universität Stuttgart, 1992

3.16   Wunderlich,W.: Ebene Kinematik. BI-Hochschultaschenbücher, Band 447 / 447a, Mannheim, 1970

3.17   DIN-Taschenbuch 106 Verzahnungsterminologie. Normen (Antriebstechnik 1). Berlin, Köln: Beuth Verlag, 1987

3.18   Breiing, A.: Neue Gesichtspunkte zur Gewichtung von Bewertungskriterien. Konstruktion 45 (1993) S. 171 - 175

3.19   DIN 1319: Grundbegriffe der Meßtechnik

3.20   Dubbel, Taschenbuch für den Maschinenbau. 17. Aufl. Berlin: Springer-Verlag 1990

3.21   Eichendorf, A.: Flankenspielorientierte Einstellung der Schneckengetriebe. Dissertation Universität Stuttgart 1995

3.22   Gairola, A.: Montagegerechtes Konstruieren – Ein Beitrag zur Konstruktionsmethodik. Dissertation TH Darmstadt 1981

3.23   Goebbelet, J.: Tragbildprüfung von Zahnradgetrieben. Dissertation RWTH Aachen 1980

3.24   Hansen, F.: Justierung. Berlin: VEB Verlag Technik 1964

3.25   Koller, R.: Konstruktionsmethode für den Maschinen-, Geräte- und Apparatebau. Berlin: Springer Verlag 1979

3.26   Pahl, G.; Beitz, W.: Konstruktionslehre. Berlin: Springer Verlag 1977

3.27   Rodenacker, W.: Methodisches Konstruieren. Konstruktionsbücher Bd. 27, Berlin: Springer Verlag 1970

3.28   VDI-Handbuch Konstruktion. Berlin: Beuth Verlag 1981

3.29   Wildhaber, E.: Basic Relationship of Hypoid Gears. American Machinist Vol. 90 (1946) No. 4 - 11

3.30   Zimmer, D.: Flankenspielorientierte Einstellung der Hypoid und Kegelradgetriebe. Dissertation Universität Stuttgart 1989

3.31   Schilling, H.: Vom CAD-System zum CNC-Meßgerät und zurück QZ 37 (1992), Seite 356 ff. Carl Hanser Verlag, München 1992

3.32   Scholz-Reiter, B.: CIM-Schnittstellen (2. Auflage) Verlag Oldenbourg; München, Wien; 1991

3.33   Rauh, W.: Konturantastende und optoelektronische Koordinatenmeßgeräte für den industriellen Einsatz Dissertation, Springer-Verlag, Berlin, 1993

3.34   Dimensional Measuring Interface Specification, Version 2.1CAM-I Computer Aided Manufacturing-International, Inc. Arlington, Texas, USA, 1989

3.35   Lux, W. Loos, M.: Neuronale Geräuschklassifikation in der Porzellanindustrie Keramische Zeitschrift, Dezember 1993, 45. Jahrgang, Seite 779 ff. Verlag Schmid GMBD, Freiburg

3.36   Tiziani, H.J.: Optical Methods for Surface Measurements: State of the Art, Sensor '93, Nürnberg, 12.-14.10.1993

3.37   Tiziani, H.J.: High Resolution Optical Surface Topography Measurements, Intern. Geodätentagung, Zürich 1993

3.38   Pfeifer, T.; Kimmelmann, W. : Robotereinsatz steigert Integrationsfähigkeit, Industrie-Anzeiger 8 (1991), 26 - 27

3.39 Wieland, P.; Tiziani, H.J.: Vergleich von Verfahren zur Subpixel Bestimmung-der Bildfleckposition in der Lasertriangulation. DGaO-Tagung 1994, Berchtesgaden

3.40 Seitz, G.; Tiziani, H.J.: Resolution limits of active triangulation systems, Optical Engineering, 32 (1993) 6, 1374 - 1383

3.41 Seitz, G.: Lasergestützte Triangulationsmeßverfahren für Produktions- und Montageanwendungen. Dissertation Uni. Stuttgart, Berichte aus dem Institut für Techn. Optik, Bd. 11, 1991

3.42 Rioux, M.; Bechthold, G.; Taylor, D.; Duggan, M.: Design of a large depth of view three dimensional camera for robot vision. Optical Engineering, 26 (1987) 12, 1245-1250

3.43 Malz, R.: Codierte Lichtstrukturen für 3-D-Meßtechnik und Inspektion. Diss. Uni. Stuttgart, Berichte aus dem Institut für Technische Optik, Bd. 14, 1992

3.44 Leonhardt, K.; Droste, U.; Tiziani, H.J.; Microshape and rough surface analysis by fringe projection. Erscheint demnächst in Applied Optics

3.45 Tiziani, H.J.; Optische Interferometrie in der Meßtechnik, In: Meßtechniken mit Lasern, Bimberg, D. (Ed.), Expert-Verlag, 1993

3.46 Tiziani, H.J.: Optische Verfahren zur Abstands- und Topografiebestimmung. Informationstechnik it 33, S. 5-14, Oldenbourg (1991)

3.47 Malz, R.; Tiziani, H.J.: Schnelle 3-D-Kamera mit adaptierbaren, hochauflösenden Markierungscodes. 10. Internationaler Kongreß und Internationale Fachmesse LASER '91, Springer-Verlag, München (1991)

3.48 Tsai, R.Y.: A Versatile Camera Calibration Technique for High-Accuracy 3D Machine Vision Metrology Using Off-the-Shelf TV Cameras and Lenses, IEEE Journal of Robotics and Automation, Vol. RA-3, no.4, August 1987

3.49 Nadeborn, W.; Andrä, P.; Osten, W.: Model Based Identification of System Parameters in Optical Shape Measurement. Fringe '93: proceedings of the 2nd International Workshop on Automatic Processing of Fringe Patterns held in Bremen, S.215-222, 1993 Akademie-Verlag, Berlin

3.50 Malz, R.; Queisser, A.: Kantenverfolgung in topographischen Höhenkarten mit Ringoperatoren. 12. DAGM-Symposium, Aalen, Informatik-Fachberichte 254, S.579-584, 199ʳ Springer-Verlag

3.51 Yang, H.S.; Kak, A.C.: Edge Extraction and Labelling from Structured Light 3-D Vision Data. Selected Topics in Signal Processing, S.149-193, 1989, Prentice Hall

3.52 Langer, M. S.; Zucker, S. W. (1994): Spatially Varying Illumination: A Computational Model of Converging and Diverging Sources. Lecture Notes in Computer Science, Vol. 801, Jan-Olof Eklundh, Computer Vision - ECCV '94, Springer Verlag

3.53 Malz, R. (1989): Methoden der flexiblen Objektbeleuchtung beim 3D-Maschinensehen. Symposium Bildverarbeitung - Forschen, Entwickeln, Anwenden -. R.-J. Ahlers

3.54 Malz, R. (1989): Einsatz schneller Beleuchtungsoperationen für die robuste Merkmalsextraktion und Segmentierung in der industriellen Objekterkennung und Qualitätsprüfung. 10. DAGM-Symposium, Zürich. Informatik-Fachberichte 180, Springer

3.55   Malz, R. (1991): Erkennung und Analyse von Mikrodefekten auf technischen Oberflächen mit dem POLARIS-Beleuchtungsprozessor. 2. Symposium Bildverarbeitung - Forschen, Entwickeln, Anwenden. TAE Eigenverlag

3.56   Personnaz, L.; Guyon, I.; Dreyfus, G. (1986): Collective computational properties of neural networks: New learning mechanisms, Physical Review A, Vol. 34, Nr. 5

3.57   Roche, P.; Pelletier, E. (1984): Characterizations of Optical Surfaces by Measurement of Scattering Distribution. Applied Optics, Vol. 23, No. 20

3.58   Rumelhart D. E., McClelland, J. L. (1986): Parallel Distributed Processing. Volume 1. MIT Press, Cambridge

3.59   Schürmann, J. (1977): Polynomklassifikatoren. Oldenbourg, München

3.60   Pfeifer, T; Möhrke, G.: Ausgereifte Systeme verfügbar. Schweizer Maschinenmarkt (1992)

3.61   Seitz, G.; Litschel, R.; Tiziani, H.J: 3D-Koordinatenmessung durch optische Triangulation. Feinwerk & Meßtechnik 94, (1986) 7, 423 - 425

3.62   Wieland, P.; Tiziani, H.J.: Computer synchronized 3D-triangulation sensor for robot vision. Proc. SPIE 1822, Boston 1992

3.63   Willmer, R.; Eichendorff, A.; Wieland, P.: Flexible Montage von Schneckengetrieben. DIMA (1992) 3, 33-38

3.64   Wieland, P.; Jahn, G.: Entwicklung optischer Sensoren zur Schweißnahtverfolgung. Laser in der Technik: LASER '91, W.Waidelich (Hrsg.), Berlin Springer, 1992

3.65   Hirschmann, K.H.; Kleinbach, K.; Grabscheid, J.; Lechner, G.: Rechnerunterstützte Tragbilderkennung bei Kegelrädern als Voraussetzung einer automatisierten Montage. Computer Aided Technologies, Kongreß Stuttgart, 1986

3.66   Kleinbach, K.: Qualitätsbeurteilung von Kegelradsätzen durch integrierte Prüfung von Tragbild, Einflankenwälzabweichung und Spielverlauf, Dissertation Universität Stuttgart, 1989

3.67   Grabscheid, J.: Entwicklung einer Kegelrad-Laufprüfmaschine mit thermografischer Tragbilderfassung. Dissertation Universität Stuttgart, 1989

3.68   Grabscheid, J.; Kleinbach, K.; Hirschmann, K.H.; Lechner, G.: A new integrated bevel and hypoid gear tester. Proceedings of the 1989 International Power-Transmission and Gearing Conference. Chicago 1989, Vol. 2, S. 511–518

3.69   Hirschmann, K.H.; Kleinbach, K.; Grabscheid, J.; Lechner, G.: Entwicklung eines rechnerunterstützten Verfahrens zur automatischen Tragbilderkennung und Analyse. In: Kegelradgetriebe, expert-verlag, Ehningen, 1990

3.70   Grabscheid, J.; Kleinbach, K.; Hirschmann, K.H.; Lechner, G.: Qualitätsbeurteilung von Getrieben durch Thermografie. Antriebstechnik 29 (1990) Nr. 5, S. 61–67

3.6 Autoren

4 Personal- und Arbeitswirtschaft

Zur Bewältigung der steigenden Flexibilitätsanforderungen im turbulenten Umfeld sind robuste arbeitsorganisatorische Strukturen mit kooperations- und kommunikationsfreundlichen Aufgaben, mit organisatorischen Freiräumen und mit Perspektiven für die Mitarbeiter erforderlich. Gerade in der Montage kommt es darauf an kommunikationsverarmte Linienstrukturen zu verlassen, Schnittstellen zu reduzieren, Hierarchien zu verflachen, Verantwortung und Kompetenz an den Produktentstehungsprozeß zu verlagern, die Selbstorganisation zu stärken und als Voraussetzung für qualifikationsförderliche Personalentwicklung Aufgabenintegration voranzutreiben.

4.1 Planung der Arbeitsorganisation in flexiblen Montagesystemen

4.1.1 Ausgangssituation

Die herkömmliche Arbeitsteilung erweist sich gerade in teilautomatisierten Arbeitssystemen als kaum geeignet, da hier die Arbeitsaufgaben des Personals und die Funktionen der Betriebsmittel integriert betrachtet werden müssen. Dabei zeigt sich, daß die Anforderungen an den Arbeitsinhalt nicht nur von der Technik selbst, sondern vor allem durch die Art der Organisation bestimmt werden. Arbeitssysteme können grundsätzlich nach der Form der in ihnen verwirklichten Arbeitsteilung unterschieden werden. Mögliche Ausprägungen liegen zwischen den beiden Extremtypen hoch arbeitsteiliger und funktionsintegrierter Systeme. Immer häufiger sind Ansätze zur Dezentralisierung mit ganzheitlichen Aufgabenstrukturen (Inselprinzip) anzutreffen.

Die Ausschöpfung der Einsatzbreite (als Teil der Qualifikationsspielräume) der Mitarbeiter ist dabei die wesentliche Voraussetzung für einen effizienten und flexiblen Systembetrieb. Zu den relevanten Plandaten flexibler Arbeitsorganisationen gehören beispielsweise die Eckdaten für den qualifikationsgerechten Systembetrieb (welcher Mitarbeiter muß welche Tätigkeit beherrschen) oder die funktionalen Zusammenhänge zwischen Qualifikation und Erfüllung der Flexibilitätsanforderungen.

Die Bildung von autonomen oder teilautonomen Gruppen erfordert in erster Linie die Betrachtung der erweiterten Arbeitsaufgaben einer Arbeitsgruppe. Diese Arbeitserweiterung und –bereicherung kann zum einen aus der Funktionsintegration indirekter Funktionen (Qualitätssicherung, Instandhaltung u.a.) bestehen. Zum anderen werden oft Aufgabenintegrationen aus vor– bzw. nachgelagerten Bereichen (Vormontagen, oder Verpackung) realisiert.

Im Folgenden soll, mit dem Schwerpunkt Montagesysteme, ein Weg aufgezeigt werden, wie arbeitsorganisatorische Konzepte erarbeitet werden können, die bestmöglich auf ein technisches Montagesystem und auf die im Montagesystem arbeitenden Mitarbeiter abgestimmt sind. Neben den bekannten Maßnahmen z.B. zur Arbeitserweiterung und –bereicherung wird gezeigt, wie man aus den Anforderungen durch die Arbeitsplätze und durch das Montagesystem über ein Eignungsprofil der Mitarbeiter zu Qualifizierungsprogrammen und schrittweise zu einer Organisationsentwicklung innerhalb der Montage kommen kann.

4.1.2 Ziele

Ziel moderner Arbeitsorganisationen ist es den im Montagesystem arbeitenden Mitarbeitern und dem technischen Montagesystem ein hierauf optimal abgestimmtes arbeitsorganisatorisches Konzept zur Seite zu stellen. Neben den übergeordneten firmenspezifischen Zielsetzungen wie Wirtschaftlichkeit oder Personalpolitik lassen sich für den Themenkreis Arbeitsorganisation weitere Ziele festlegen, die grob nach Kostenzielen, montagesystemspezifischen Zielen und mitarbeiterorientierten Zielen strukturiert werden können (Abb.4.1).

Kostenziele werden üblicherweise in den klassischen betriebswirtschaftlichen Kategorien, also Lohnkosten, Lagerkosten, Stückkosten, usw. ermittelt. Die durch Arbeitsorganisation beeinflußbaren montagesystemspezifischen Ziele können grob den Bereichen Technik und Organisation zugeordnet werden. Typische Ziele sind hierbei:

- Technik   - Prozeßstabilität
                   - Qualität
                   - Maschinenverfügbarkeit

- Organisation   - Bestandsoptimierung
                   - Termintreue
                   - Durchlaufzeit.

Die mitarbeiterorientierten Ziele haben in den letzten Jahren vermehrt an Bedeutung gewonnen. Durch die Vielzahl der vorhandenen Gruppenarbeitssysteme gibt es auch eine Vielzahl mitarbeiterorientierter Ziele. Als typische Ziele können beispielhaft genannt werden:

- Erhöhung des Handlungsspielraums
- psychische und körperliche Belastungsoptimierung
- Integration Leistungsgeminderter / –gewandelter Mitarbeiter

– eigene Verantwortung(sbereiche) z.B.
  – Arbeitszeitverantwortung /–organisation
  – Qualitätsverantwortung.

Aus den ermittelten Zielen kann ein Zielsystem für die Planung der Arbeitsorganisation erstellt werden (siehe auch Kapitel 4.1.5).

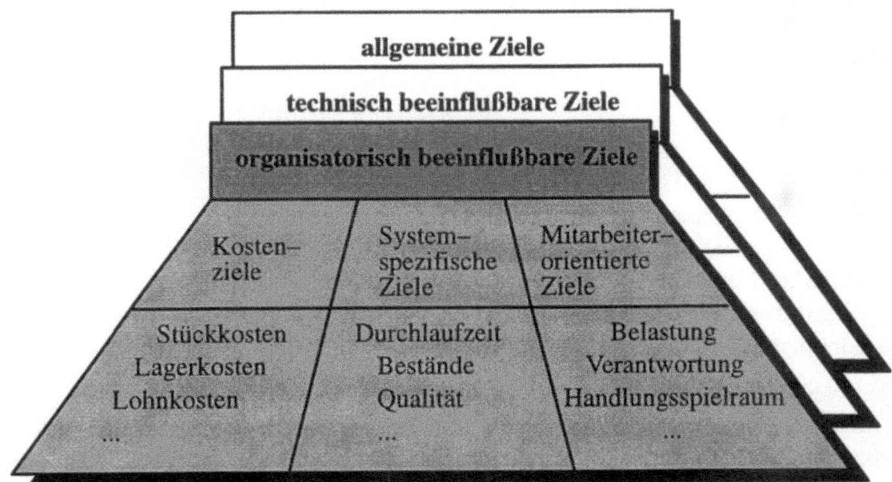

Abb.4.1. Ziele in flexiblen Montagesystemen

Häufig können die genannten Ziele mehreren Bereichen zugeordnet werden, so wird z.B. die Durchlaufzeit sowohl durch technische als auch durch organisatorische Maßnahmen beeinflußt.

Ein Überblick über Gestaltungsziele bei der Bildung dezentraler Produktionsbereiche ist z.B. [4.1] zu entnehmen.

4.1.3 Planungsgrundlagen

Datenerhebung

Unter dem Gesichtspunkt der Planung der Arbeitsorganisation sind im Rahmen der Datenerhebung vor allem die aufgaben–/tätigkeitsspezifischen Daten von Interesse. Hierbei kann zum einen in die notwendigen Tätigkeiten zur Erfüllung der Montageaufgabe, also die Anforderungen von der Systemseite, und zum anderen in die zur Verfügung stehenden Qualifikationen, also dem Angebot von der Personalseite, unterschieden werden.

Innerhalb eines Gesamtkonzeptes der Montageplanung werden viele Daten, die die Montageaufgabe beschreiben bereits vorliegen. Nach [4.2] kann im Rahmen der Montageplanung in

– produktspezifische Planungsdaten,
– produktionsspezifische Planungsdaten,
– personalspezifische Planungsdaten,
– Investitions– und Kostendaten sowie
– sonstige Planungsdaten

unterschieden werden.

Montageaufgabe

Die zur Erfüllung der Montageaufgabe notwendigen Tätigkeiten können in

– direkte Tätigkeiten,
– produktionsnahe indirekte Tätigkeiten,
– indirekte Tätigkeiten,
– dispositive Tätigkeiten und
– administrative Tätigkeiten

unterteilt werden.

Bei den direkten Tätigkeiten handelt es sich vornehmlich um Montagetätigkeiten, also um das Zusammenfügen von Baugruppen oder das waschen von Teilen. Die produktionsnahen indirekten Tätigkeiten sind z.B. holen von Teilen und Kleinmaterial, bereitstellen von Werkzeugen und ähnliches. Indirekte Tätigkeiten enthalten Instandhaltungs– und Wartungstätigkeiten. Dispositive Tätigkeiten finden sich bei der Auftragsverfolgung oder Auftragseinlastung. Administrative Tätigkeiten sind z.B. die Koordination unterschiedlicher Bereiche.

Bei der Erfassung dieser Tätigkeiten (Aufgaben) werden Zuordnungen zu ausführenden Personen oder Bereichen/Abteilungen (Funktions*träger*) sowie zu benötigten Hilfsmitteln/Informationen (Funktions*komponente*) vorgenommen. Es hat sich bewährt diese Zuordnungen in einer Matrix (*ATK*–Matrix) darzustellen (Abb.4.2).

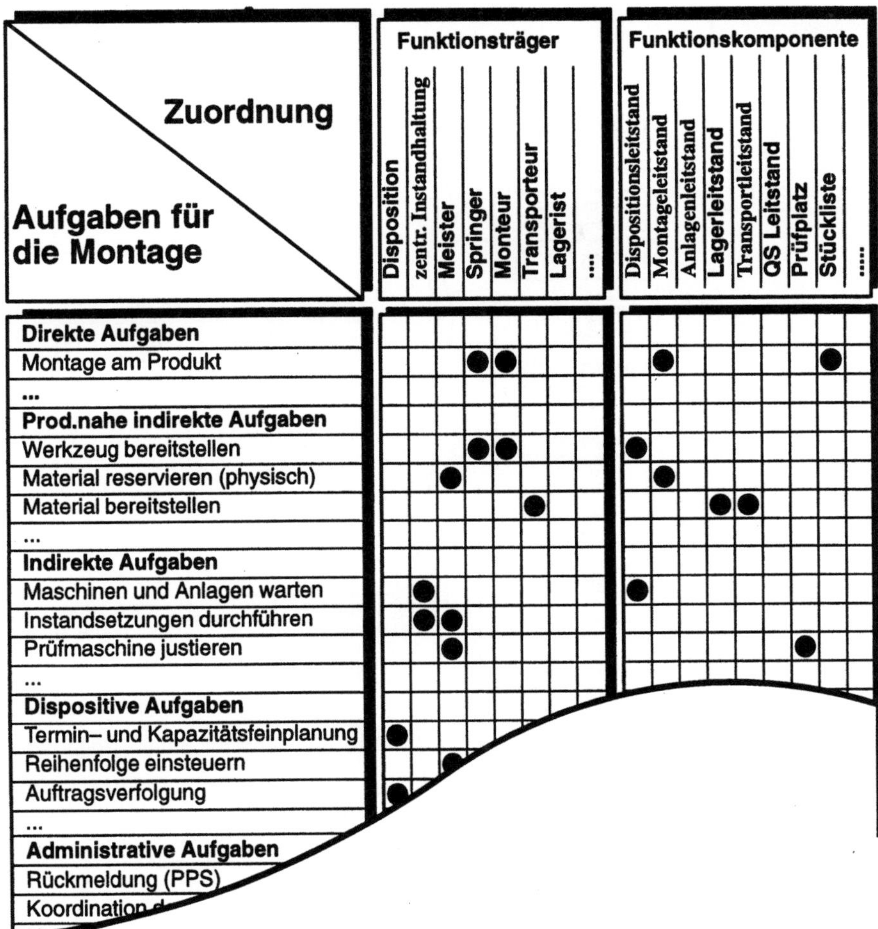

Abb.4.2. ATK–Matrix

Sollen bei den direkten Aufgaben unterschiedliche Konzepte der Arbeitsteilung betrachtet werden bietet es sich an einen Vorranggraphen zu erstellen. Beim Vorranggraphen handelt es sich um eine netzplanähnliche Darstellung von Teilaufgaben der Montage, in der die Teilaufgaben als Knoten und die Abhängigkeitsbeziehungen als Kanten zwischen den Knoten dargestellt werden.

Zur Untersuchung der Arbeitsteilung sollten die Teilaufgaben nicht in zu kleine Einheiten unterteilt, sondern im Sinne ganzheitlicher Montageaufgaben gebildet werden. Abbildung 4.3 zeigt einen beipielhaften Vorranggraphen.

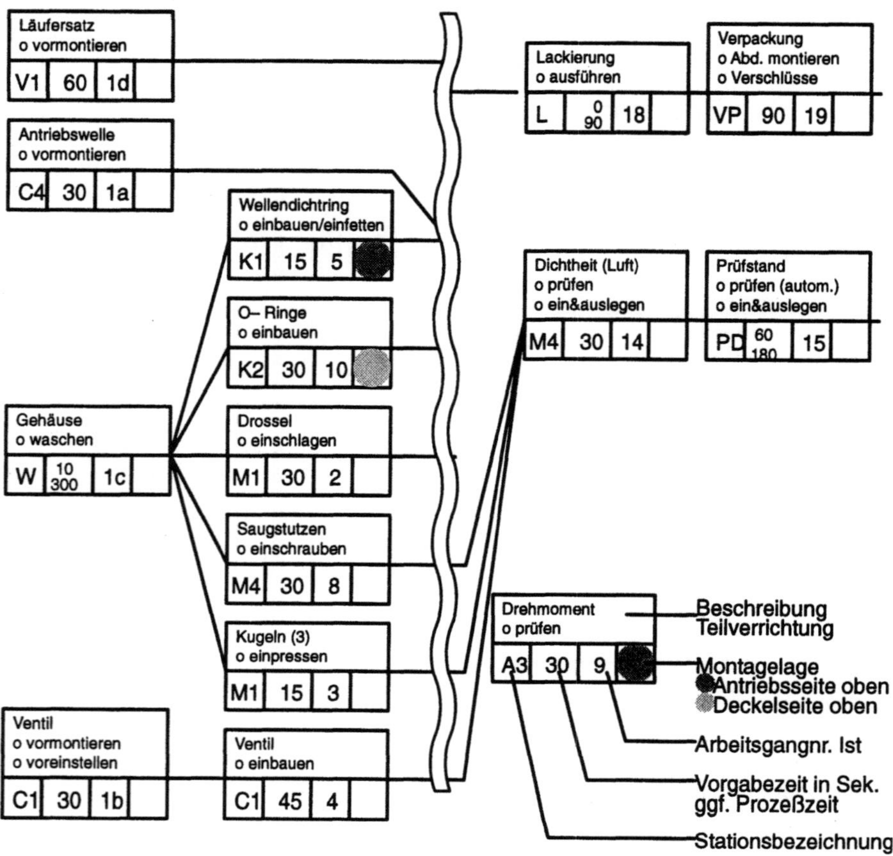

Abb.4.3. Vorranggraph

Qualifikationen

Bei der Erfassung der vorhandenen Qualifikation werden Daten wie Ausbildung, Zugehörigkeit zur Firma, Zugehörigkeit zum Montagebereich, Grundkenntnisse, Zusatzqualifikationen, Arbeitswerte usw. verwendet. Mit den Aufgaben/Funktionen aus der ATK–Matrix kann nun eine personenspezifische Qualifikationsmatrix gebildet werden. Diese Qualifikationsmatrix gibt einen Überblick welche Funktionen für einen flexiblen Systembetrieb unterrepräsentiert sind, und damit einen Richtwert für notwendige Qualifikationsmaßnahmen..

Typische Beispiele finden sich meistens in den indirekten und dispositiven Aufgaben, hier sind in den Umplanungsphasen meist nur wenige Mitarbeiter mit den entsprechenden Aufgaben vertraut, so daß im Falle von Krankheit, Urlaub usw. ein reibungsloser Systembetrieb nicht mehr gewährleistet werden kann. In solchen Fällen sind entsprechende Qualifizierungsprogramme zu erarbeiten.

Aus den ermittelten Aufgaben und deren Zuordnung zu Arbeitsplätzen / Arbeitsgruppen können Qualifikationsanforderungen für die Mitarbeiter abgeleitet werden.

Als Erfassungshilfsmittel zur Ermittlung der Qualifikationsanforderungen können Instrumente aus der psychologischen Arbeitsanalyse verwendet werden [z.B. 4.3]. Hierbei muß beachtet werden, daß diese Instrumente normalerweise zur Erhebung an bestehenden Arbeitsplätzen konzipiert sind. D.h. im Normalfall erfolgen die Tätigkeitsanalysen in Form von Beobachtungsinterviews, also überwiegend durch Arbeitsplatz– und Arbeitsablaufbeobachtungen, die durch kurze Rückfragen (z.B. Verständnisfragen) an die Ausführenden bzw. Vorgesetzten ergänzt werden.

Wie eine Erhebung bereits in der Planungsphase durchgeführt werden kann ist dem Fallbeispiel in Kapitel 4.1.6. zu entnehmen. Ein Überblick über Anforderungen und Gestaltungsoptionen in deutschen Serienmontagen kann [4.4] entnommen werden.

4.1.4 Konzeption

Nach Ermittlung der relevanten Daten und Aufgaben im Montagesystem können organisationsunterschiedliche Konzeptionen erstellt werden. Wichtig ist hierbei die spezifischen Unterschiede der Konzeptionen herauszuarbeiten. Ein Beispiel unterschiedlicher Konzeptionen bezüglich der Arbeitsinhaltsgestaltung wird im Kapitel 4.1.6. vorgestellt. Hauptkriterium bei der Planung der Arbeitsorganisation ist die geplante oder notwendige Arbeitsteilung.

Verteilung der Aufgaben

Die Randbedingungen für die Arbeitsteilung sind meist bereits durch sogenannte Montageabschnitte vorgegeben. Gründe für die Abschnittsbildung innerhalb der Montage sind üblicherweise spezielle Fügeverfahren (z.B. zentrales Nietzentrum) oder die Minimierung von Betriebsmittelkosten (z.B. teure Mehrfachschrauber). Vorhandene Montageabschnitte sollten grundsätzlich daraufhin überprüft werden, ob sie nicht zusammengefaßt werden können.

Innerhalb der Montageabschnitte kann nun die Kapazitätsteilungsplanung erfolgen, die mit Hilfe des Kapazitätsfeldes (siehe z.B. [4.5]) durchgeführt wird. Das Kapazitätsfeld ist üblicherweise ein Tagesmengen–Stückzeit–Diagramm. Bei der Ermittlung der notwendigen Kapazitäten und bei der Montageabschnittsbildung ist der im vorhergehenden Kapitel genannte Vorranggraph ein wichtiges Hilfsmittel.

Nach Ermittlung der notwendigen Kapazitäten (Mitarbeiter/Arbeitsplätze) kann eine Kapazitätsteilung vorgenommen werden. Extrema der Kapazitätsteilung sind die

– Artteilung: Ein Mitarbeiter führt nur einen begrenzten Ausschnitt der Montageaufgaben aus, dafür montiert er die gesamte Tagesstückzahl des Abschnitts.

– Mengenteilung: Ein Mitarbeiter führt an den Produkten alle Montageaufgaben seines Abschnitts aus und montiert daher nur eine Teilstückzahl der Tagesmenge.

Im Praxisfall wird man eine Mischform in der Kapazitätsteilung finden. Abbildung 4.4 zeigt einige Möglichkeiten der Kapazitätsteilung bei einem Kapazitätsangebot von vier Mitarbeitern.

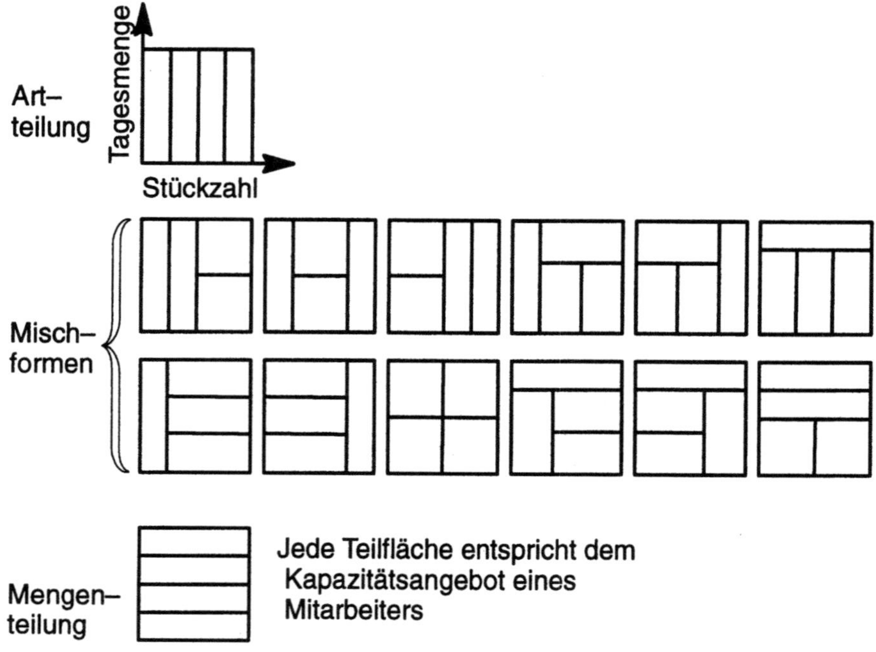

Abb.4.4. Möglichkeiten der Kapazitätsteilung

Neben diesen dem Produkt zugeordneten (direkten) Aufgaben/Tätigkeiten müssen noch die anderen zur Erfüllung der Montageaufgabe notwendigen Aufgaben den Abschnitten und den Mitarbeitern zugeordent werden. Diese Aufgaben sind in der ATK–Matrix enthalten. Aus der Summe der Verteilungsmöglichkeiten aller Aufgaben ergeben sich die Gestaltungsoptionen der Montage / des Montageabschnitts.

Gestaltungsoptionen

Die Gestaltungsoptionen aus der Summe der Aufgaben ergeben unterschiedliche Integrationsansätze. Aus heutiger Sicht sollten alternative Aufgabenpakete bereits als Gruppenaufgaben mit einem entsprechenden Veranwortungsspektrum definiert werden. Bezogen auf die bisher besprochenen produktionsnahen Aufgabengebiete lassen sich diese Gestaltungsoptionen mit wenigen Kernpunkten zusammenfassen:

– Integration eines durchgängigen Produktspektrums mit allen Typen und Varianten
– Integration der zum Systembetrieb notwendigen indirekten und dispositiven Funktionen
– Integration der Möglichkeit zur Fehlerbeseitigung (Nacharbeit)
– Integration der Qualitätsverantwortung
– Ausreichende Entkopplung der individuellen Arbeitsplätze.

4.1.5 Bewertung

Basis für die Bewertung einer arbeitsorganisatorischen Alternative ist zunächst der hierarchische Kriterienansatz nach Hacker [4.6], d.h.

– Ausführbarkeit der Arbeitsaufgabe,
– Schädigungslosigkeit der Arbeitsaufgabe,
– Beeinträchtigungslosigkeit der Arbeitsaufgabe und
– Persönlichkeitsförderlichkeit der Arbeitsaufgabe.

als Basis einer weitergehenden Bewertung.

Die ersten beiden Kriterien sind als Muß–Kriterien zu verstehen, die beiden letzteren sollen sich in den Gestaltungsoptionen widerspiegeln. Gerade bei den Gestaltungsoptionen gilt es verfeinerte Verfahren zur Bewertung heranzuziehen. Im folgenden sollen die Methoden

– Analytische Arbeitssystemwertermittlung [4.2],
– Prospektive Arbeitssanalyse [4.7] und
– Simulation der Arbeitsorganisation

vorgestellt werden.

Analytische Arbeitssystemwertermittlung

Neben der erweiterten Wirtschaftlichkeitsrechnung ist die analytische Arbeitssystemwertermittlung ein Verfahren um Unsicherheiten bezüglich monetär schwer quantifizierbarer Zielkriterien zu minimieren. [4.8]

Neben der Ermittlung und Gewichtung der Zielkriterien wird bei der Arbeitssystemwertermittlung der Erfüllungsgrad einzelner Konzepte bezüglich der Zielkriterien bestimmt (Erfüllungsfaktoren). Da für die Erfüllungsfaktoren aller Bewertungskriterien eine absolute Skalenfixierung vorliegt, sind die Erfüllungsfaktoren direkt vergleichbar.

Das Ergebnis der Arbeitssystemwertermittlung gibt Hinweise zu Stärken und Schwächen der einzelnen Konzepte. Somit läßt sich durch Kombination von Einzellösungen eine Optimierung der Alternativen durchführen. Man wird versuchen durch Kombination der Stärken der einzelnen Konzepte eine problemadäquate Lösung zu finden.

Die Ergebnisse des Arbeitssystemwertes werden häufig in Kombination mit den monetären Kosten in einem Diagramm dargestellt.

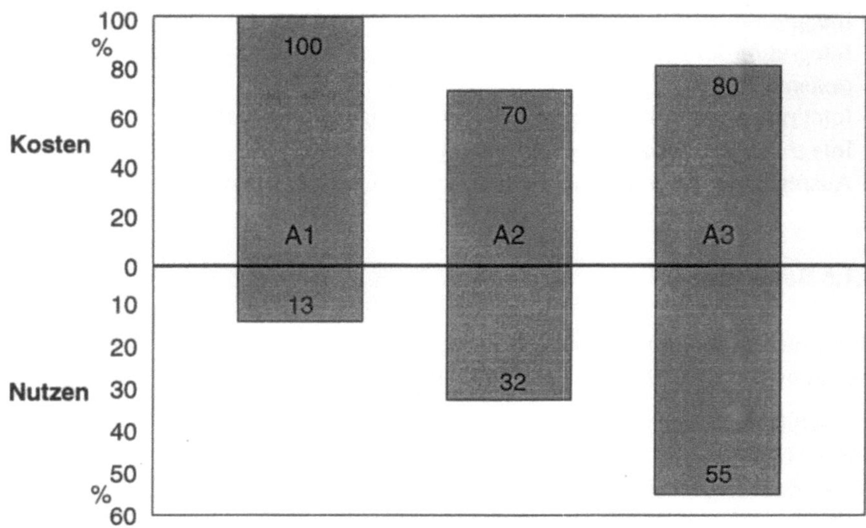

Abb.4.5. Kosten–Nutzen–Analyse

Abbildung 4.5 zeigt am Beispiel von Montagesystemalternativen diese Kosten–Nutzen–Darstellung (siehe auch [4.8]). Dem Diagramm ist zu entnehmen, daß die Alternative A3 zwar 10% höhere Kosten als die Alternative A2 verursacht, aber dafür eine Nutzwertsteigerung von 23% bietet.

Prospektive Arbeitssanalyse

Mit der prospektiven Arbeitsanalyse sollen arbeitswissenschaftliche Bewertungen von Montagesystemen bereits in einer frühen Planungsphase erstellt werden. Die üblichen Verfahren der Arbeitsanalyse beruhen normalerweise auf der Begutachtung bestehender Arbeitsplätze.

Um Instrumente der Arbeitsanalyse bereits in frühen Planungsphasen einsetzten zu können müssen möglichst präzise Szenarien der künftigen Arbeitsplätze und Arbeitsstrukturen gebildet werden. Hilfreich sind in diesem Zusammenhang Musterarbeitsplätze, an denen neben der Technikgestaltung auch organisatorische Gestaltungen, wie z.B. die Materialbereitstellung getestet werden können.

Um noch präzisere Aussagen über Aufgabenverteilungen und anfallende Tätigkeiten zu bekommen müssen entsprechende Simulationsstudien durchgeführt werden. Hierzu sind Simulationsinstrumente notwendig, die es ermöglichen die Zuordnung von Aufgaben zu Personen abbzubilden und mit denen Organisationseinheiten modelliert werden können. Im Kapitel 4.1.6. wird die Kombination von Simulation und prospektiver Arbeitsanalyse an einem Beispiel erläutert.

Simulation der Arbeitsorganisation

Die Simulation der Arbeitsorganisation mit dem Ziel der Funktionsintegration in Arbeitsgruppen bedeutet zunächst die Abbildung von Arbeitsaufgaben. Dies kann nur durch eine gleichrangige und gleichwertige Modellierung von Technik und Personal erreicht werden.

Zwei Punkte unterscheiden die Modellierung von Personal grundlegend von der Modellierung technischer Arbeitsmittel: Die Zuordnung individueller Qualifikationskennzahlen und individueller Arbeitszeiten (Abb.4.6).

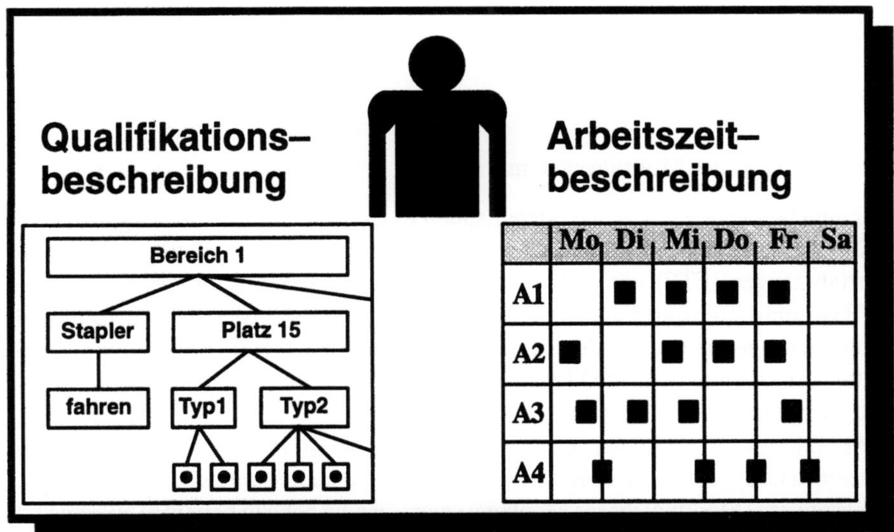

Abb.4.6. Modellierung von Personal

Der zentrale Punkt einer tätigkeitsorientierter Simulation ist die Zuordnung von Mitarbeitern zu diesen Arbeitsaufgaben (Tätigkeiten), die von der Gruppe ausgeführt werden sollen. Die Verantwortlichkeit für bestimmte Arbeitsaufgaben innerhalb der Systemgrenzen muß über ein Qualifikationsmodell beschrieben werden. Folgende Klassen von Arbeitsaufgaben sind dabei aus arbeitswissenschaftlicher Sicht in einem Simulationsmodell grundsätzlich zu berücksichtigen:

– direkt produktive Aufgaben
  – Bearbeiten unterschiedlicher Produkte
  – Prüfen unterschiedlicher Produkte
  – Weitergeben (Handhaben) der Produkte

- indirekt produktive Aufgaben
  - Rüsten von Betriebsmitteln
  - Instandhalten von Betriebsmitteln
  - Bereitstellen von Material und Werkzeugen

- indirekte Aufgaben
  - Planen und Steuern
  - Überwachen des Produktionsablaufs.

In der Simulation werden diese Arbeitsaufgaben durch ein entsprechendes Auftragsspektrum bzw. durch hinterlegte Stochastiken (Störungen) an den Elementen festgelegt. Sie müssen dann vom vorhandenen Personal im Modellsystem erledigt werden.

4.1.6 Fallbeispiel

Beschreibung des Montagesystems

Bei dem betrachteten Arbeitssystem handelt es sich um eine manuelle Montage von PKW–Motoren, die innerhalb des Montagesystems mit Hilfe von Fahrerlosen Transportfahrzeugen (FTF) von Arbeitsplatz zu Arbeitsplatz transportiert werden. Das FTF ist somit Transportmittel und Montageort zugleich. Um den Anforderungen als Montageort gerecht zu werden ist das Fahrzeug mit einer Höhenverstellung ausgestattet, die es ermöglicht, die Montageposition den unterschiedlichen Montageaufgaben anzupassen.

Abbildung 4.7 zeigt einen skizzierten Layoutausschnitt mit der Aufblendung einer einzelnen Gruppe, wie sie in den Szenarien des folgenden Kapitels beschrieben wird.

Besonderes Merkmal dieses Montagesystems ist die nahezu beliebige Bildung unterschiedlicher Arbeitsumfänge. Die einzelnen Arbeitsbuchten sind im entkoppelten Nebenschluß von einem zentralen Transportstrang angeordnet und lassen sich beliebig zu sogenannten Blöcken zusammenfassen, wobei innerhalb eines Blockes immer derselbe Grundumfang montiert wird.

Die den Blöcken zugeordneten Montagetätigkeiten können innerhalb einer Gruppe oder auch über Gruppen hinweg superponiert werden. Damit ist es möglich im Montagesystem ein gestuftes Qualifikationsanforderungsprofil und somit Qualifizierungsmöglichkeiten anzubieten.

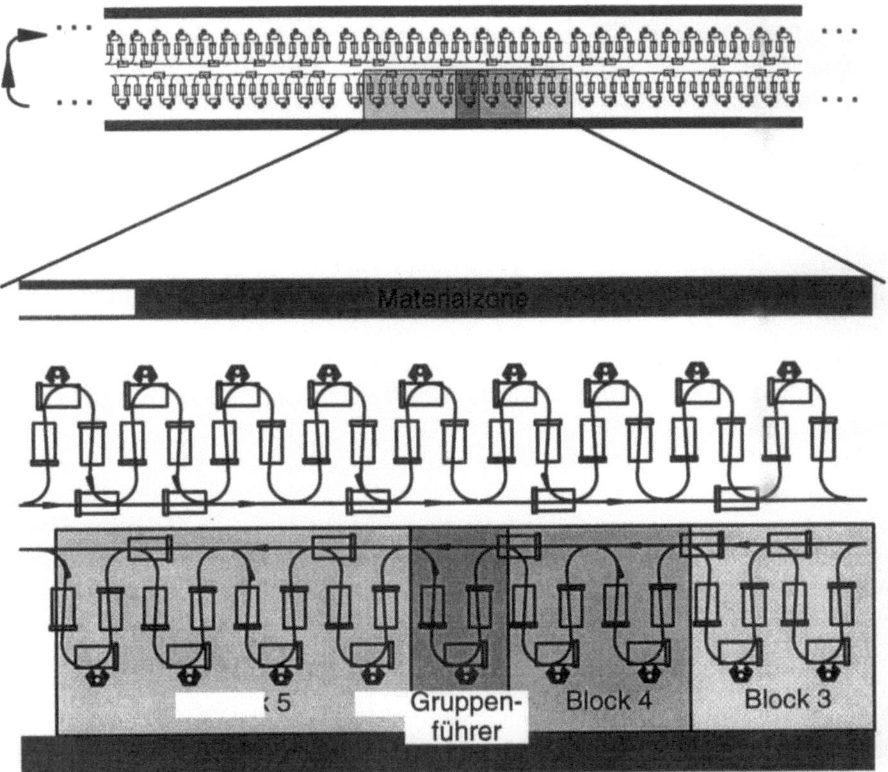

Abb.4.7. Layoutskizze mit Darstellung einer einzelnen Gruppe

Am Arbeitsplatz befindet sich ein fahrbarer Materialwagen für Kleinteile, Werkzeuge und persönliche Utensilien. Jede Arbeitsbucht ist mit einem über dem FTF angebrachten, drehbaren Bildschirm ausgestattet, auf dem folgende Informationen bereitgestellt werden:

– Arbeitsfolgen für den aktuellen Motor
– Variantenbildende Teile für den aktuellen Motor
– Variantenbildende Teile für den Folge–Motor
– Zeiten für den Werker (schichtbezogen)
– Mitteilungen.

Jedes Fahrzeug (mit aufgesetztem Motor) muß auf seinem Weg durch das U (siehe Layout) irgendeine Bucht eines jeden Blocks anfahren. Nach der Freigabe des Motors durch den Montagearbeiter errechnet ein Leitrechner nach vorgegebenen Kriterien (z. B. längste Wartezeit oder längster Weg...), welche Bucht im Folgeblock angefahren werden soll. Nach dem letzten Block erreicht der Motor das Systemende, wo er mit Öl befüllt und mittels Einschienen–Hängebahn ins Prüffeld transportiert wird.

Vor der Einfahrt in eine Arbeitsbucht wird festgelegt, ob der Motor in der oberen oder unteren Lage (Hubhöhe 350 mm) positioniert wird. Der Werker kann die Höhe des Motors an spezifische Montageaufgaben anpassen, jede beliebige Zwischenhöhe kann realisiert werden. Zur Schonung der Batterie sind hierbei maximal drei Richtungswechsel zulässig.

Ebenfalls vor der Einfahrt in die Arbeitsbucht wird die Einfahr–Richtung in die Bucht festgelegt. Damit wird erreicht, daß immer die zu montierende Seite des Motors der Materialzone zugewandt ist.

Solange am eigentlichen Arbeitsplatz noch montiert wird, fährt das Fahrzeug zunächst auf die Position 'Vorpuffer'. Nach der Freigabe des montierten Motors durch den Werker bewegt sich das Fahrzeug zur Position 'Nachpuffer' und erwartet dort den nächsten Fahrauftrag. Gleichzeitig fährt das FTF vom 'Vorpuffer' zum 'Arbeitsplatz'. Während das FTF an der Position 'Arbeitsplatz' steht wird die Batterie bei Bedarf nachgeladen (Abb.4.8).

Der vom Werker abzuarbeitende Montageumfang wird vom Meister mit einem Programm errechnet. Als Orientierungshilfen dienen hierbei die Sollausbringung (Anzahl der Werker), sowie die derzeitige Zusammensetzung des täglichen, durchschnittlichen Montageplanes, der durch Menge und Mischungsverhältnis der einfachsten und aufwendigsten Motoren gekennzeichnet ist. Der einfachste Motor hat ca. 36 Minuten Montageumfang, der aufwendigste ca. 55 Minuten.

Diese relativ große Schwankung der Arbeitsumfänge (50% vom einfachsten Motor), die bei zukünftigen Motoren noch zunehmen wird, erfordert eine Einsteuerfolgeplanung des täglichen Auftragsvolumens, um einen möglichst gleichmäßigen Fluß der FTF durch die Blöcke zu erreichen. Die Parameter hierzu sind die Losgröße, das Mischungsverhältnis der Motorbaumuster, die anteilige Sonderaustattungs–Zusammensetzung und die zeitliche Platzierung der Motoren.

Abbildung 4.8 ist die Lage des Bildschirms bezogen auf den Arbeitsplatz im Layout zu entnehmen.

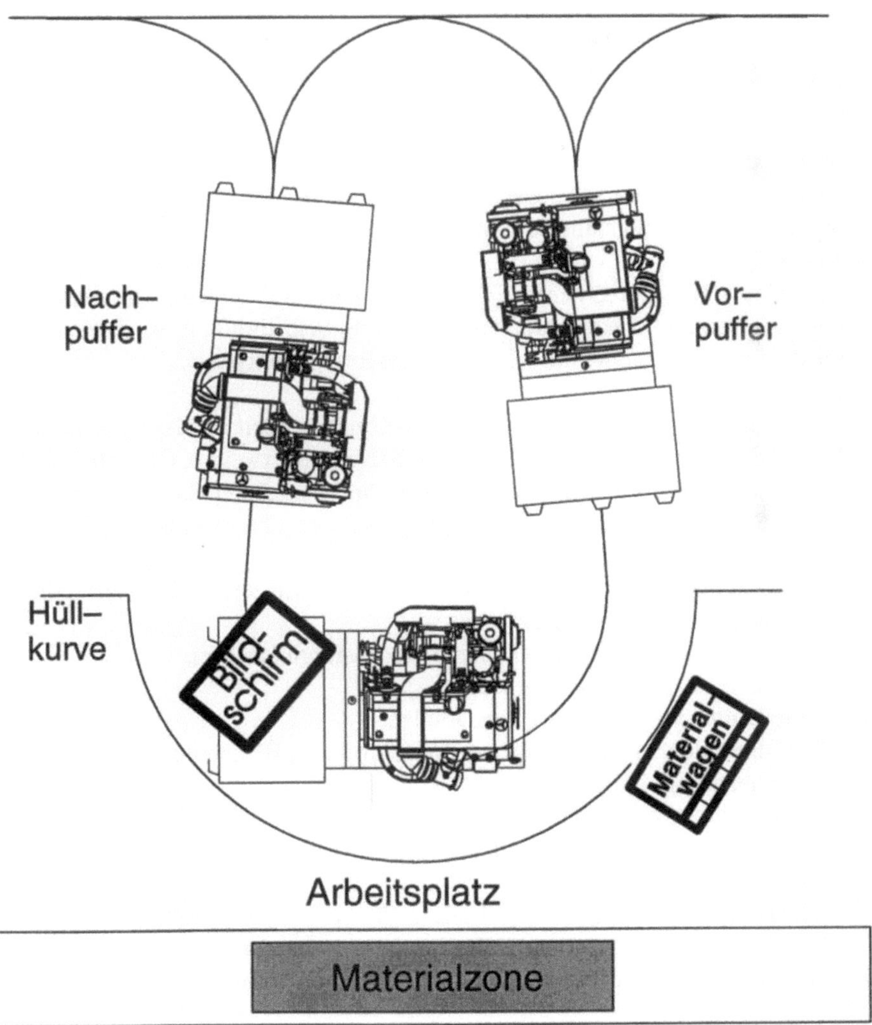

Abb.4.8. Layout einer Montagebucht

Beschreibung der Gestaltungsoptionen

Für das dargestellte Montagesystem wurden im Planungsstadium die folgenden vier Szenarien mit unterschiedlichen Gestaltungsoptionen betrachtet:

- *Fließsystem 1,5 Min:*
  Ausgangszustand des Fließbandsystems, wie es vor der Umstrukturierung angetroffen wurde. Arbeitsinhalt 1,5 Minuten.
- *FTS 3–7 Min:*
  Fahrerloses Transport System (FTS), wie es in der Anlaufphase betrieben wurde, d.h. Arbeitsinhalt 3 bis 7 Minuten, integrierte Selbstprüfung, wechselnde Baumuster im echten Model–Mix, Bildschirminformationssystem.
- *Funktionsarme Gruppe:*
  Wie zuvor, aber teilweise Einführung von Gruppenarbeit, der Arbeitsumfang der Mitarbeiter der Gruppe wird auf maximal 10 Minuten erweitert. Die Arbeitsteilung wird von der Gruppe vorgenommen. Sonst keine weiteren Funktionsintegrationen. Dieses Szenario ist als Vorstufe der Gruppenarbeit zu bezeichnen.
- *Funktionsreichere Gruppe:*
  Wie zuvor, aber zusätzliche Funktionsintegration, die zeitlich 20% zusätzlich zu den Montageaufgaben betragen. Dies sind:
  - Kleine Nacharbeit: beschränkt durch die Ausführungsdauer, vorhandenen Teilen und Werkzeuge.
  - Beschaffung von Fehl– und Sonderteilen.
  - FTF–Betreuung: Beseitigung von Kleinstörungen, Bedienung der Handsteuerung.
  - Qualitätsdatenerfassung.
  - Disposition über die Verteilzeit, die vorher durch Springereinsatz fremdbestimmt war.
  - Wöchentliche Gruppensitzung: Freischicht– und Urlaubsplanung, Qualitätsaspekte, Gruppenorganisation, Mitwirkung bei der Optimierung des Arbeitssystems und des Arbeitsablaufs.

Simulation der Alternativen

Zur Simulation der oben beschriebenen Szenarien wurde der Produktionssimulator PERSIMO eingesetzt. PERSIMO erfüllt alle Vorraussetzungen, wie sie in Kapitel 4.1.5. beschrieben sind.

Die vier Szenarien wurden in einem Team aus Simulationsexperten, Arbeitswissenschaftlern, Planern, Montagebetreibern und Montagearbeitern so ausgearbeitet, daß eine prospektive Arbeitsanalyse durchgeführt werden konnte. Basis waren hierbei die Ergebnisse, die der Simulator PERSIMO für die einzelnen Szenarien lieferte. Abbildung 4.9 zeigt den Ausschnitt einer Gruppe (Hardcopy vom Bildschirm) im Funktional–Layout von PERSIMO. Die Ergebnisse der einzelnen Simulationsstudien mußten noch für eine Arbeitswissenschaftliche Bewertung aufbereitet werden.

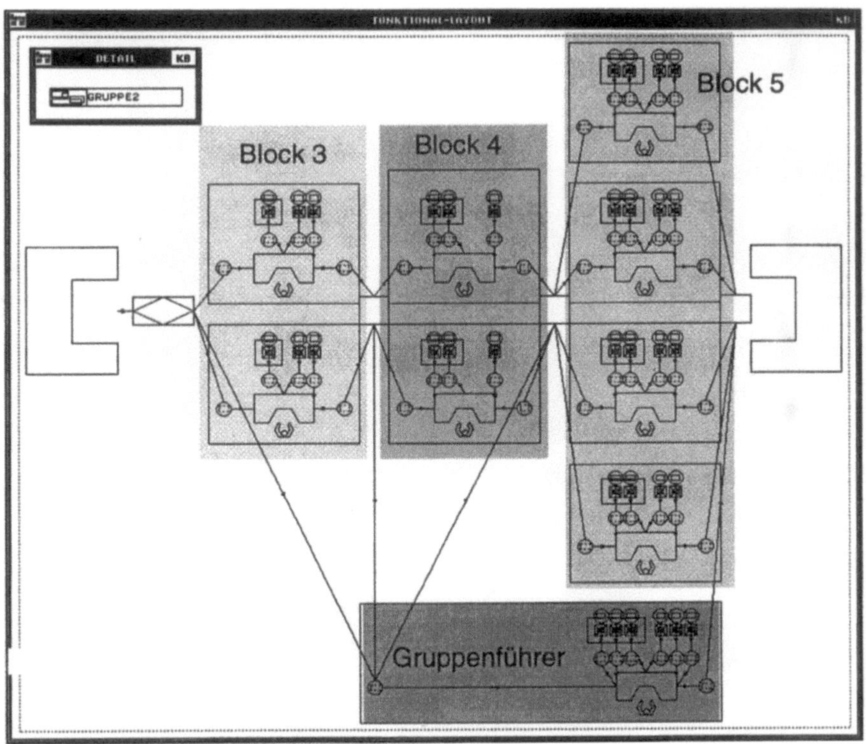

Abb.4.9. Funktionsreichere Gruppe in der Darstellung von PERSIMO

Kernpunkt der Auswertung von Simulationsdaten bei einer Arbeitsanalyse bilden die vom Personal innerhalb eines Zeitraums abgearbeiteten Arbeitsaufgaben. Diese Arbeitsaufgaben können dabei nach unterschiedlichen Kriterien klassifiziert werden (Dauer, Anforderung o.ä.). Abbildung 4.10 zeigt eine summarische (kumulierte) Auswertung, mit der bereits erste Aussagen über Aufgabenumfang und Aufgabenverteilung innerhalb eines Arbeitssystems gemacht werden. Unterschiede in den einzelnen Tätigkeiten, z.B. hinsichtlich der Zykluszeit bei bearbeitenden Tätigkeiten können einer solchen summarischen Auswertung jedoch nicht entnommen werden.

Arbeitsanalysen betrachten häufig den Tätigkeitswechsel im Aufgabenablauf. Solche Untersuchungen werden anhand der zeitlichen Abfolge der einzelnen Tätigkeiten durchgeführt. Abbildung 4.11 zeigt ein Zeitfenster aus den Tätigkeitsfolgen zweier Werker in einem Modellsystem.

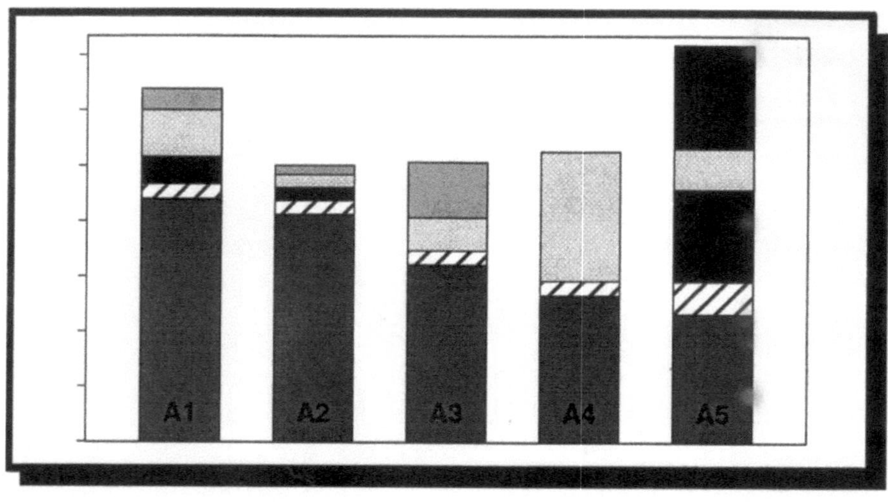

Abb.4.10. Summarische Auswertung individueller Tätigkeiten

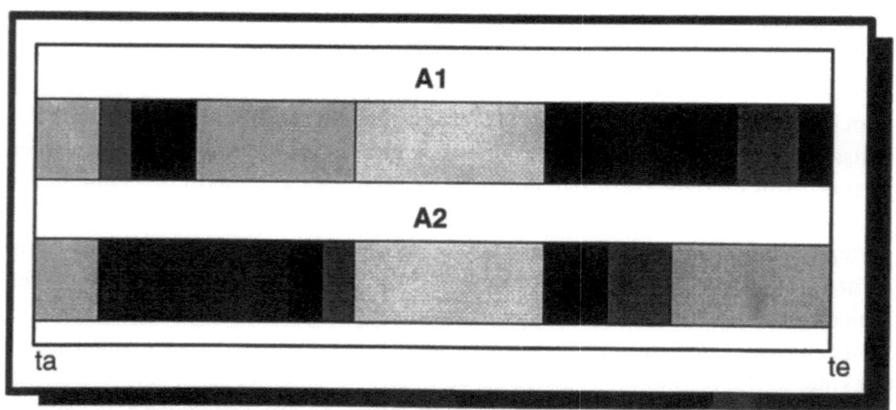

Abb.4.11. Zeitfenster mit individuellen Tätigkeitsfolgen

Dieser Darstellung der Tätigkeitsfolgen kann neben dem Aufgabenumfang die Zykluszeit von Einzeltätigkeiten bzw. von Tätigkeitsblöcken entnommen werden. Die oben gezeigten Auswertungen sind bereits im Grafik– und Auswertepaket von PERSIMO enthalten. Weitergehende Auswertungen müssen mit den Basisdaten der Tätigkeitsfolgen durchgeführt werden. Diese Basisdaten beinhalten die folgenden Informationen:

– Startzeitpunkt einer Einzeltätigkeit (der automatisch der Endzeitpunkt der vorhergehenden Tätigkeit ist)
– Einstufung in eine der PERSIMO–Tätigkeitsklassen
– Verweis auf die dem Modellelement zugeordnete Arbeitsaufgabe und damit auf alle dieser Aufgabe hinterlegten Daten.

Ergebnisse

Auf der Basis der beschriebenen Szenarien wurden umfangreiche Simulationsstudien durchgeführt. Die Ergebnisse dieser Studien (Tätigkeitsfolgen, Aufgabenumfang) wurden für eine manuelle Arbeitsanalyse aufbereitet.

Als Instrument für die Arbeitsanalyse wurde das Tätigkeitsbewertungssystem (TBS) [4.3] eingesetzt. Das TBS ist ein Instrument der psychologischen Arbeitsanalyse. Es dient der Untersuchung und Gestaltung von Arbeitsaufgaben. Das Instrument besteht aus 45 Ordinalskalen, die so gerichtet sind sind, daß eine höhere Ausprägung auch auf größere objektive Entwicklungsmöglichkeiten des Arbeitenden in der Tätigkeit verweisen. Diese Skalen sind folgenden fünf Themenbereichen zugeordnet:

Teil A: Organisatorische und technische Bedingungen (welche die Vollständigkeit bzw. Unvollständigkeit von Tätigkeiten bestimmen, im folgenden "Ganzheitlichkeit" genannt)
Teil B: Kooperation und Kommunikation
Teil C: Verantwortung (die aus dem Arbeitsauftrag folgt)
Teil D: Erforderliche geistige (kognitive) Leistungen
Teil E: Qualifikations– und Lernerfordernisse.

Die Ergebnisse der folgenden Untersuchungen sollen an diesen fünf Themenbereichen dargestellt werden, die aus diesen 45 Ordinalskalen kumuliert werden.

Die Stufen aller Skalen sind inhaltlich definiert; die Einstufung beruht auf der Kenntnis der Tätigkeiten und des theoretischen Begründungszusammenhangs des Verfahrens. Für jede Skala ist ein Mindestwert ermittelt worden, der über alle Skalen hinweg erreicht werden sollte (Mindestprofil; dieser Sollwert wurde aufgrund einer Experten– und Instrumentenvalidierung ermittelt). In Abb.4.12 ist dieser Mindestwert auf 100% normiert [4.4].

Im folgenden soll die arbeitswissenschaftliche Bewertung für das Szenario "Funktionsreichere Gruppe" beschrieben werden. Abbildung 4.12 zeigt die Ergebnisse der TBS–Analysen über alle Szenarien.

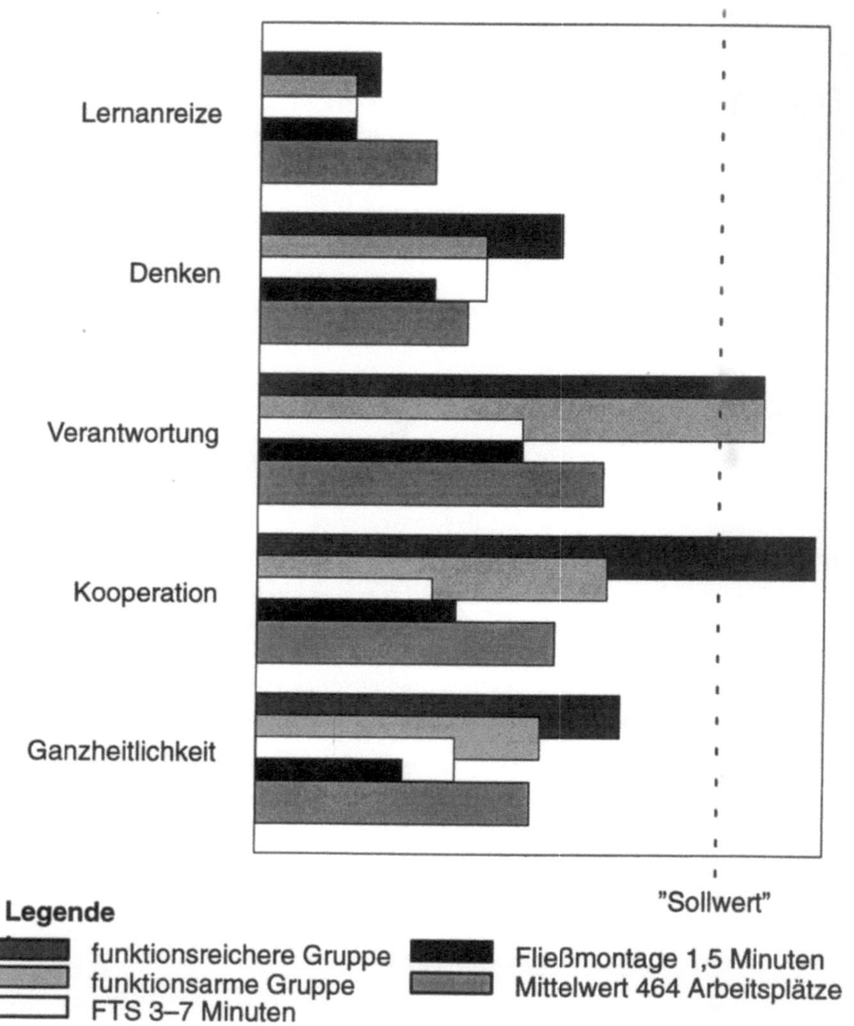

Abb.4.12. Ergebnisse der TBS–Analysen

Durch die Integration der zusätzlichen Aufgaben (20% zum Montageumfang), welche nicht rein verrichtungsbezogen sind, wird für die funktionsreichere Gruppe eine Anreicherung der Gruppenaufgabe mit anforderungsverschiedenen Teiltätigkeiten erreicht. Diese Form der Arbeitsorganisation kann als anforderungsreichere Gruppenarbeit bezeichnet werden, da sich im Vergleich zur anforderungsarmen Gruppenarbeit auf allen fünf Anforderungsdimensionen z.T. erhebliche Steigerungen der Qualifikationsanforderungen feststellen lassen.

Da die zusätzlichen dispositiven Aufgaben in der Gruppe bewältigt werden, reichen die Kooperationsanforderungen sogar über den geforderten Mindestwert hinaus. Die Arbeitsaufgabe ist auch zunehmend als ganzheitlich zu bewerten. Dies ist im einzelnen durch

– die Integration von Nacharbeit und FTF–Betreuung,
– die verbesserte Rückmeldung über das eigene Arbeitsergebnis,
– erheblich höhere zeitlich und inhaltliche Freiheitsgrade,
– höhere Entscheidungserfordernisse und
– eine leicht verbesserte Planbarkeit der eigenen Tätigkeit bedingt.

Diese neuen, eine eher abwechslungsreiche Arbeit fördernde Inhalte führen auch zu höheren Denkanforderungen. So beschränkt sich die Regulation (Steuerung) der eigenen Tätigkeit nicht nur auf die sensumotorische Ebene, sondern es stellen sich vermehrt Anforderungen an die Informationsaufnahme und –verarbeitung. Im begrenzten Rahmen werden auch Denkoperationen und die Mobilisierung von Fachkenntnissen erforderlich.

Auf der Basis dieser Ergebnisse wurde ein Stufenplan zur Einführung der funktionsreicheren Gruppenarbeit entworfen (siehe auch [4.9]).

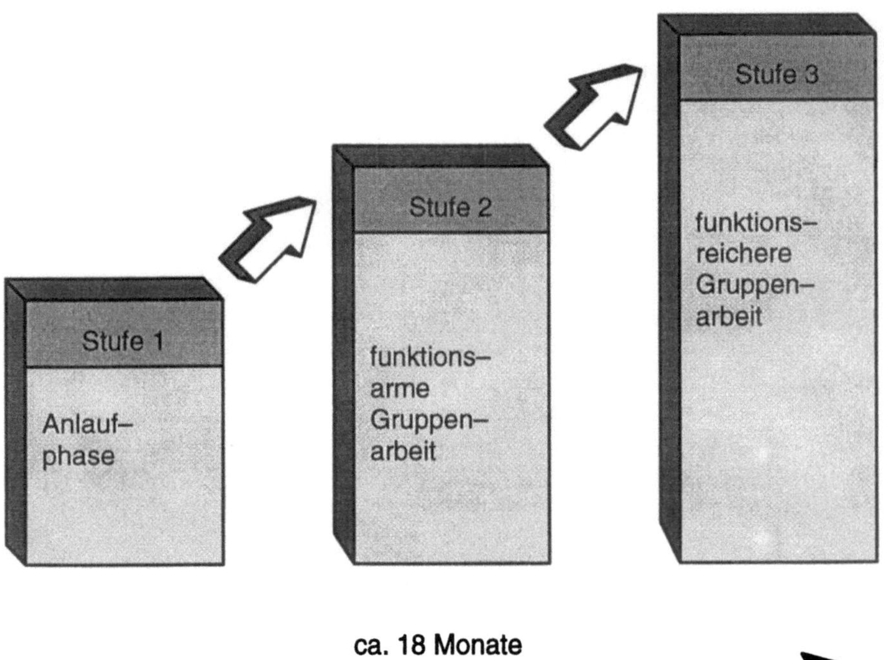

Abb.4.13. Stufenplan zur Einführung funktionsreicherer Gruppenarbeit

Zur Erreichung der funktionsreicheren Gruppenarbeit sind umfangreiche Qualifizierungsmaßnahmen notwendig, diese beinhalten:

- technische Qualifizierung,
- Qualifizierung zur Gruppenarbeit,
- Qualifizierung zur Einweisung neuer Mitarbeiter und
- Moderatorentraining

Erfahrungen

Das oben beschriebene Montagesystem wurde 1992 bei einem deutschen Automobilbauer in Betrieb genommen. Mitte 1992 wurde mit der Einführung von Gruppenarbeit begonnen und bis Ende 1993 war bis auf geringere Einschränkungen, die Einführung von funktionsreicherer Gruppenarbeit abgeschlossen.

Die bisherigen Erfahrungen mit dem Montagesystem zeigen, daß die installierten Möglichkeiten, z.B. die Höhenverstellbarkeit, das Informationssystem oder die Zusammenfassung von Arbeitsumfängen von den Werkern gut angenommen und auch genutzt werden.

Vergleicht man einige gängige Parameter dieses Montagesystems mit den noch bestehenden konventionellen Fließsystemen, so kommt man zu folgenden Aussagen:

Das neue Montagesystem
- hat die geringste Nacharbeitsquote,
- bringt die meisten Verbesserungsvorschläge,
- hat geringere Fehlzeiten und
- verursacht nur minimale Verlustzeiten im Vergleich zu den Ausgleichszeiten bei der Fließmontage.

Überraschend war die Erfahrung, daß den Mitarbeitern nach der Einarbeitungszeit der maximale Arbeitsumfang innerhalb einer Gruppe zu gering war, weshalb die Anzahl Arbeitsplätze, innerhalb derer die Mitarbeiter Ihre Aufgaben wahrnehmen konnten, verdoppelt wurden. Der maximale Arbeitsumfang stieg somit auf ca. 16 Minuten.

Die zusätzlichen zu den Montageumfängen wahrzunehmenden Arbeitsaufgaben erforderten ein adäquates Informationssystem (Informationstafeln im Arbeitsbereich), in dem den Mitarbeitern vor Ort die folgenden Informationen zur Verfügung gestellt werden:

- Systemausbringung mit Produktionsprogramm Soll/Ist
- berechneter Personalbedarf und realisierter Personaleinsatz
- Qualifikation der vorhandenen Mitarbeiter
- Arbeitseinsatzpläne, Freischichtpläne, Urlaubspläne
- Leistungsbilanz der Gruppe
- Fehler vom Prüffeld
- Durchgeführte Nacharbeiten
- Fehlerstatistik mit eingeleiteten Maßnahmen.

4.2 Qualifikationsförderliche Arbeitssystemgestaltung

4.2.1 Problemstellung

Klassische arbeitsteilige Produktionskonzepte stoßen auch in der Montage bei steigenden Anforderungen zur Bewältigung von Flexibilität und Komplexität zunehmend an ihre Grenzen. "Diese Situation erfordert vor allem flexible Organisationsstrukturen und Mitarbeiter, die sich vor dem Hintergrund einer dynamischen Unternehmensumwelt schnell situationsadäquat anpassen können." [4.10] Ungelöste Probleme verschärfen sich im Rahmen der gestiegenen Flexibilitätsanforderungen und demotivieren auf Dauer die Mitarbeiter.

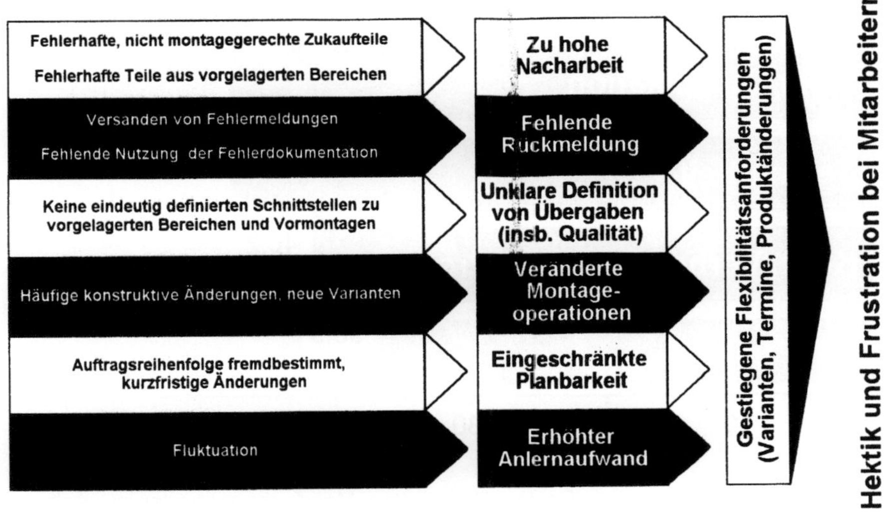

Abb.4.14. Typische Probleme in hoch arbeitsteiligen Montagesystemen

Neue Organisationskonzepte, die den Mitarbeiter in den Mittelpunkt des Unternehmens stellen, konzentrieren sich deshalb verstärkt auf die Kreativität und Qualifikation der Mitarbeiter. Verkürzte Produktlebenszyklen und eine steigende Typen- und Variantenvielfalt machen es zunehmend unwahrscheinlich, daß die punktuelle Planung und Gestaltung eines Montagesystems stabile und effiziente Prozesse gewährleistet. Organisations- und Qualifikationsstruktur sollten deshalb so flexibel und entwicklungsfähig angelegt sein, daß eine ständige aktive Bewältigung der sich verändernden Anforderungen, im Sinne von Selbstorganisation und Selbstoptimierung, möglich ist.

Eine von uns durchgeführte Inhaltsanalyse von 172 Zeitschriftenartikeln zum Thema *lean-production* bzw. *lean-management* verdeutlicht, daß die durch die MIT-Studie ausgelöste Debatte um neue Produktionskonzepte in Deutschland vom Thema der Gruppen- bzw. Teamarbeit dominiert wird. Obwohl neben dem Thema Organisation auch die Dimensionen Technik und Kultur untersucht wurden, finden sich bezüglich der Häufigkeit der Nennungen eng mit Gruppenarbeit verwandte Themen wie Hierarchieabbau, Qualifikationsentwicklung und Verbesserungsprozesse, wie die folgende Grafik zeigt.

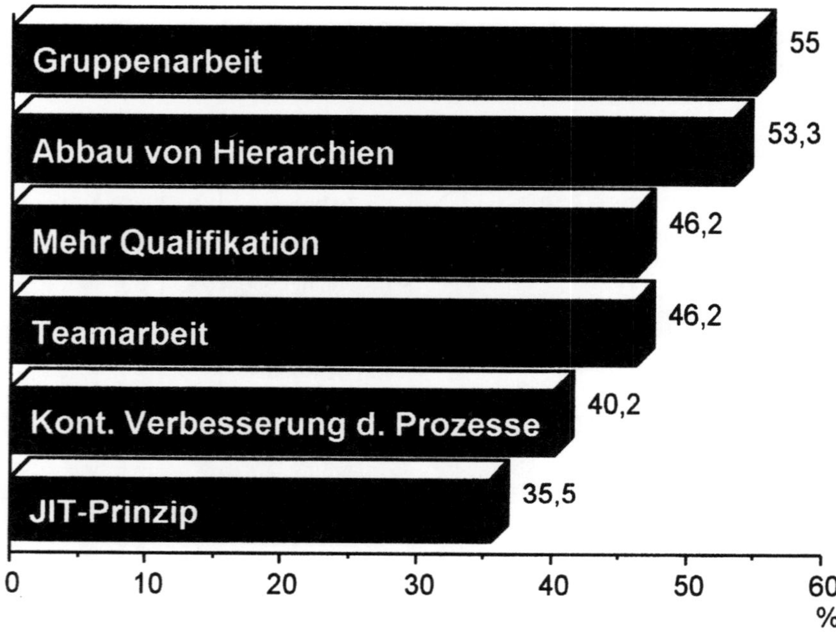

Abb.4.15. Stellenwert von Gruppenarbeit in der Lean-Production-Debatte

Unabhängig von der Vielzahl an Definitionsversuchen mit der Betonung unterschiedlicher Schwerpunkte stellt das Konzept der Lean Production nichts prinzipiell Neues dar. Es bedient sich vielmehr einzelner schon länger bekannter Bausteine, Prinzipien und Maßnahmen zur effizienten Gestaltung der gesamten Wertschöpfungskette. "Zur erfolgreichen Implementierung sind jedoch keine Einzelbausteine gefragt, sondern ein bereichsübergreifendes Konzept, um die gesetzten Unternehmensziele zu erreichen. Dazu sind besonders die Einbeziehung und Qualifikation aller Mitarbeiter sowie das Einleiten eines kontinuierlichen Verbesserungsprozesses (Kaizen) erforderlich." [4.11]

4.2.2 Gruppenarbeit und qualifikationsförderliche Arbeitssystemgestaltung

Aus der Lean-Production-Diskussion lassen sich die folgende allgemeine Gestaltungsprinzipien für Arbeitssysteme ableiten:

- Aufgaben und Verantwortlichkeiten werden an den Ort der Wertschöpfung delegiert.
- Probleme und Mängel werden sofort behoben und auf ihre zukünftige Vermeidung hin untersucht.
- Informationen werden umfassend bereitgestellt und es sollte möglichst jeder bei Bedarf auf sie Zugriff haben können.
- Die Beschäftigten arbeiten in Arbeitsgruppen bzw. Teams, die sämtliche in ihrem Aufgabenbereich anfallenden Arbeiten ausführen können.

"Wie so oft, wenn ein soziotechnisches Instrument in Mode kommt, zum Unternehmensdogma erhoben und dann in gewohnter Hektik eingeführt wird, so ist auch beim Thema Gruppenarbeit ein Wildwuchs der Konzepte zu beobachten, der mit erheblichen begrifflichen Unklarheiten einhergeht." [4.12] Die steigende Zahl aktueller Veröffentlichungen zum Thema Gruppenarbeit läßt nur beschränkt Schlußfolgerungen über die Effektivität und Stabilität betrieblicher Umsetzungen zu, da Aufgaben, Ziele und Strukturen von Arbeitsgruppen zu stark differieren. [4.13]

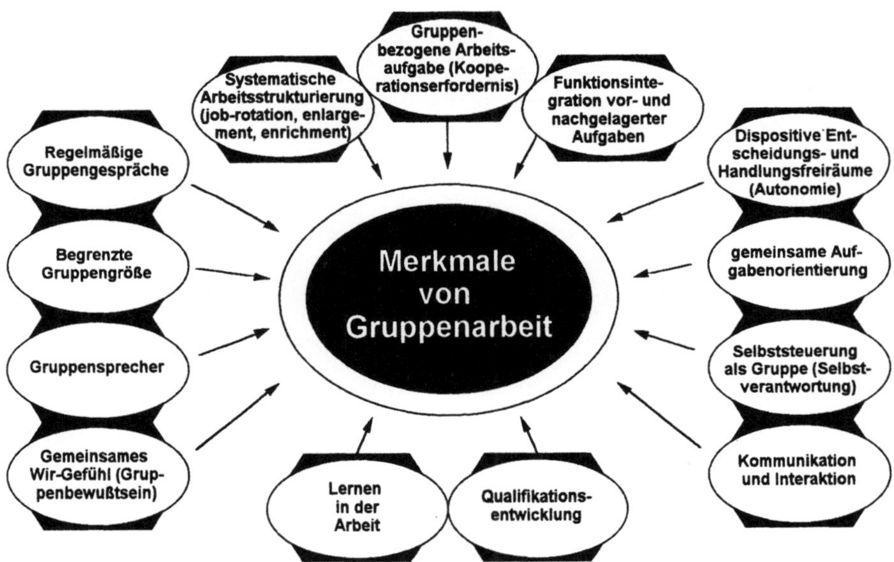

Abb.4.16. Merkmalsspektrum von Gruppenarbeit

Abbildung 4.16 zeigt, anhand welcher Merkmale das Konzept der Gruppenarbeit üblicherweise charakterisiert wird. Je nach Branche und Betrieb finden sich unterschiedliche Vorstellungen, Begrifflichkeiten und Realisierungsformen der Gruppenarbeit. Das Aufsetzen des Konzeptes der Gruppenarbeit auf bestehende Strukturen der Arbeits- und Montageorganisation führt zu jeweils unterschiedlichen Varianten mit betriebsspezifischer Prägung. Das einzelne Unternehmen greift im Zuge seiner Umsetzungen aus dem allgemein geläufigen Merkmalsspektrum einzelne Faktoren heraus und realisiert diese im Rahmen seiner Zielsetzungen.

Die Montage wurde in der Vergangenheit unter innovatorischen und arbeitsgestalterischen Gesichtspunkten im Vergleich zu anderen betrieblichen Bereichen oftmals vernachlässigt. In einer breiten Analyse der Serienmontage konnte ein durchschnittlich niedriges qualifikatorisches Anforderungsniveau der Montagearbeit festgestellt werden. [4.4] Ein entscheidender Bestandteil der Gestaltung des Arbeitssystems Montage besteht in der qualifikationsgerechten Gestaltung der Arbeitsaufgabe als objektiver Rahmenbedingung für abgeforderte Qualifikationen sowie für die Handlungs- und Entscheidungsspielräume der Mitarbeiter. Mit der Gestaltung vollständiger Arbeitsaufgaben besteht für die Mitarbeiter die Möglichkeit, vorhandene Qualifikationen durch regelmäßige Nutzung zu erhalten und durch Lernanreize weiterzuentwickeln.

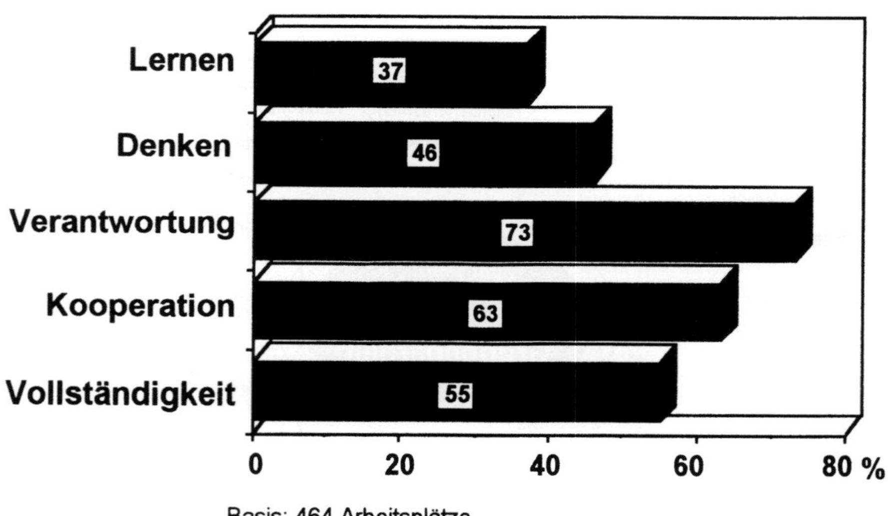

Abb 4.17. Mittelwert der fünf TBS-Dimensionen über 464 Arbeitsplätze

In über 20 verschiedenen Montagesystemen wurden Arbeitsanalysen durchgeführt, um festzustellen, welche Qualifikationsanforderungen in der Serienmontage auftreten. Die Ergebnisse der Beobachtungsinterviews wurden mit Hilfe des Tätigkeits-Bewertungs-Systems (TBS) [4.3] eingestuft und zu fünf Ergebnisdimensionen zusammengefaßt. Ein Erreichen des Mindestwertes, was einem Skalenwert von 100% in Abbildung 4.17 entspricht, besagt, daß durch die Arbeitsaufgabe die durchschnittliche Qualifikation der Mitarbeiter abgefordert wird. Wie die Graphik zeigt, verhindert die derzeitige Arbeitssystemgestaltung in der Serienmontage oftmals die vollständige Nutzung vorhandener qualifikatorischer Ressourcen.

Insbesondere im Bereich der Denkanforderungen und der Lernanreize zeigt sich eine deutliche Unterforderung. Dies bedeutet, daß es bei langfristiger Ausübung solcher anforderungsarmer Tätigkeiten zum dauerhaften Abbau von Qualifikationen kommen kann. Im Gegensatz zu diesen niedrigen Anforderungen steht allerdings eine doch deutlich höhere Anforderung an die Verantwortung bei diesen Tätigkeiten (73% des Mindestwertes). Dieser Widerspruch weist auf ein häufig in Serienmontagen vorfindbares Dilemma hin, nämlich die geistige Unterforderung und geringe Beeinflußbarkeit der Arbeitssituation bei gleichzeitig relativ hoher Verantwortung für die Montagequalität und -quantität.

Ebenfalls niedrig sind die Kooperations- und Kommunikationsanforderungen und damit die objektiven Rahmenbedingungen für die Einführung von Gruppenarbeit. Denn die Höhe der aufgabenbezogenen Kooperations- und Kommunikationsanforderungen bestimmt exakt die sozialen Tätigkeitsbestandteile, welche die Gruppenarbeit von der Einzelarbeit unterscheiden. Zwar gibt es auch bei der Einzelarbeit Abstimmungserfordernisse, aber in der Gruppenarbeit wird gezielt durch Integration von Wissen, Planen und Entscheiden eine höhere Produktivität und Effizienz angestrebt. Arbeit ohne aufgabenbezogene Kooperationserfordernisse kann ebensogut in Einzelarbeit mit der Möglichkeit zur informellen Kommunikation ausgeführt werden. Das heißt, bei der Einführung von Gruppenarbeit muß oftmals eine Redefinition, eine Umgestaltung der Arbeitsaufgaben stattfinden. Denn Gruppenarbeit wird dann für den Betrieb funktional, wenn die Aufgaben quantitativ und qualitativ so umfangreich und komplex sind, daß sie von einem Einzelnen nicht sinnvoll zu bewältigen sind oder von der Gruppe deutlich besser ausgeführt werden können, indem die Mitarbeiter der Gruppe zusammenarbeiten und sich wechselseitig informieren.

Wie Abb. 4.18 zeigt, ist für die Höhe der Kooperationsanforderungen ausschlaggebend, daß zur auftragsgemäßen Erfüllung der Aufgaben gründliche Kenntnisse über die Arbeitsorganisation nicht nur im eigenen Arbeitsbereich, sondern auch in vor- und nachgelagerten Bereichen notwendig sind. Gleichzeitig muß die Tätigkeit einen ausreichend großen zeitlichen Umfang (mind. 12 Minuten) haben, um überhaupt zeitlich angemessene Spielräume für aufgabenbezogenes kooperatives und kommunikatives Handeln zu bieten. Zusätzlich müssen Organisationsfunktionen, wie z.B. die selbständige Arbeitsverteilung innerhalb der Gruppe oder die Abstimmung mit vor- und nachgelagerten Bereichen, Bestandteil der Arbeitsaufgabe sein. [4.14]

Abb. 4.18. Gestaltungsparameter für qualifikationsförderliche Arbeit

Aus arbeitspsychologischer Sicht läßt sich eine qualifikationsförderliche Arbeitsgestaltung wie folgt charakterisieren: [4.15]

- Sie bietet Freiheitsgrade für das Zielsetzen und Entscheiden über das eigene Vorgehen und ermöglicht somit Verantwortbarkeit.
- Sie stellt kooperative bzw. soziale Anforderungen und macht Angebote für tätigkeitsbedingte Motivationsanreize.
- Sie beinhaltet bleibende Angebote zur Kenntnis- und Fertigkeitsergänzung, sowie zur Fähigkeits- und Einstellungsentwicklung.

Die Ideen, die neuen Gruppenarbeitskonzepten zugrunde liegen, zielen auf ein in Eigensteuerung erzieltes, gemeinschaftlich getragenes Arbeitsergebnis mit hoher Kompetenz und Verantwortung am Ort der Produktentstehung. Derartige Überlegungen lassen sich nur mit Erfolg durchsetzen, wenn gleichzeitig entsprechende Rahmenbedingungen geschaffen werden. Angesprochen sind Gestaltungsprinzipien der Entkopplung, Aufgabenintegration sowie die Gestaltung der Kooperation und Kommunikation, die allerdings nur dann Früchte tragen, wenn die entsprechende technische und logistische Ausgestaltung des Montagesystems genügend Freiräume bietet.

Die Möglichkeiten der Gestaltung qualifikationsförderlicher Arbeit durch komplexe Arbeitsaufgaben scheitert oftmals daran, daß Gruppenarbeit in eng begrenzten Abschnitten und Bereichen eingeführt wird. Konzepte des job enlargement, der job-rotation und des job enrichment stoßen schnell an die Grenzen des jeweiligen Arbeitssystems. Erst eine Betrachtung der produktbezogenen Ablaufprozesse führt zu vertikalen Integrationskonzepten, bei denen klassische Abteilungsgrenzen aufgebrochen und Planungstätigkeiten in die Produktionsarbeit integriert werden. Die auf diese Weise entstehenden neuen Kombinationsmöglichkeiten von Tätigkeitsprofilen bieten dem Einzelnen neue Entwicklungsperspektiven in der Montagearbeit und führen auf der anderen Seite zu neuen Verantwortungsbereichen und der Beseitigung von Schnittstellen.

4.2.3 Einführung von Gruppenarbeit

Die folgenden Gestaltungsgrundsätze fassen die Erfahrungen bei der Begleitung des Einführungsprozesses von Gruppenarbeitsprojekten in drei Betrieben des Fahrzeug- und Maschinenbaus zusammen.

Grundsatz 1:   *Die Einführung von Gruppenarbeit bietet eine Chance für weitreichende Veränderungen des gesamten Betriebes.*

In vielen Unternehmen besteht die Vorstellung, daß einzelne Produktionsbereiche mit Gruppenarbeitskonzepten zu optimieren sind, ohne daß Strukturen, Zuständigkeiten und Hierarchien prinzipiell überdacht werden müssen. Die Glaubwürdigkeit des Projektes und damit die Akzeptanz der Mitarbeiter hängt aber in entscheidendem Maße davon ab, ob die Geschäftsführung bereit ist, auch die tradierten Planungs- und Kontrollprozesse in Frage zu stellen.

Darüber hinaus zeigt erst die ganzheitliche Betrachtung des kompletten Produktionsprozesses teure Schnittstellen und ineffiziente Abläufe auf und hilft sie zu überwinden. Eine dezentrale und lernförderliche Gestaltung der Arbeitsorganisation berührt die gesamt Prozeßkette und strebt keine isolierten Insellösungen in einzelnen Produktionsabschnitten der Montage oder Fertigung an.

Gruppenarbeitsprojekte beginnen zwar in der Regel in der Produktion, aber spätestens mit der Integration von indirekten Tätigkeiten ist die Rolle und das Selbstverständnis der Planungsabteilungen in Frage gestellt. Der Erfolg eines Gruppenarbeitsprojektes hängt entscheidend von der Integration der Planungstätigkeiten in die wertschöpfenden Bereiche ab. Durch diese Notwendigkeit werden jedoch neue Formen der Zusammenarbeit zwischen den Planern und den Produktionsmitarbeitern nötig.

Grundsatz 2:   *Gruppenarbeit setzt die Gestaltung vollständiger Arbeitsinhalte voraus.*

Als *vollständige* Arbeitsinhalte werden hier die Planung, Realisierung und Kontrolle der eigenen Arbeitsergebnisse definiert. Die bisherige Arbeitsteilung rechtfertigte die Einrichtung von Planungsabteilungen, die bei ihrer Aufgabenbewältigung meist einer ganz anderen Logik folgen als die Produktion. Erfahrungen und Kenntnisse der Mitarbeiter, die täglich die Planung anderer ausführen, bleiben unberücksichtigt.

Größere Potentiale weisen solche Ansätze auf, bei denen die Planungs- und Kontrollaktivitäten wieder in die Produktion zurückgeführt werden, wo also die Mitarbeiter, die eine Tätigkeit ausführen müssen, diese selbst planen und auch das Ergebnis selbst kontrollieren. Erst bei Herstellung dieses ganzheitlichen

Zusammenhanges wird die Planung zunehmend sicherer und die gewünschte Qualität erreicht.

Grundsatz 3:   *Das Projektmanagement und der Einführungsprozeß muß ein Abbild der angestrebten neuen Organisation darstellen.*

Eine Reorganisation, die zu mehr *unternehmerischem* Denken und *Eigenverantwortung* der Mitarbeiter führen soll, kann ohne direkte Beteiligung der Mitarbeiter nicht glaubwürdig realisiert werden. Wenn im Rahmen von Gruppenarbeit auf den autonom und verantwortlich handelnden Mitarbeiter gesetzt wird, muß der Einführungsprozeß selbst so organisiert werden, daß nicht wie üblich andere planen und die betroffenen Mitarbeiter das Planungsergebnis nur ausführen. Vielmehr muß Projektorganisation ganzheitlich definiert werden und eine Alternative zur herkömmlichen Arbeitsorganisation darstellen. Viele Organisationsprojekte werden mit erheblichen planerischen Aufwendungen unter starker bis ausschließlicher Beteiligung von Angestellten realisiert.

Es ist unbestritten, daß gerade beim ersten Pilotprojekt einer Firma erhöhte Planungserfordernisse nötig werden. Jedoch bleibt ungewiß, inwieweit eine Fremdplanung zu sich selbst tragenden Strukturen führt. Planer müssen sich in einem solchen Prozeß eher als *interne* Lieferanten verstehen, die als Experten von ihren Kunden, also den betroffenen Arbeitern, bei Fragestellungen hinzugezogen werden, für welche die Mitarbeiter keine eigene Lösung kennen. Für diese direkte Planung des Projektes und die Umsetzung der Projektziele durch die Mitarbeiter selbst sprechen einige Argumente:

- Die betroffenen Produktionsmitarbeiter übernehmen vom ersten Augenblick an Verantwortung für die Projektziele.
- Ihnen wird glaubwürdig vermittelt, daß das Management ein reales Interesse an ihrem *unternehmerischen* Denken hat und ihre Eigenverantwortung fördern möchte.
- Interessenkonflikte zwischen der Geschäftsführung und den Mitarbeitern treten bereits in einem sehr frühen Stadium des Projektes auf und sind dadurch auch bearbeitbar. Versteckte Interessenkonflikte, die erst nach Einführung auftreten, stellen eine erhebliche Bedrohung für die Stabilität und den Erfolg von Gruppen dar.
- Durch den engen Kontakt zwischen der Geschäftsführung und den betroffenen Mitarbeitern finden beide Seiten oft zu einem anderen Verständnis für die Handlungslogik des anderen. Eine gemeinsame Lösung anstehender Probleme wird wahrscheinlicher.
- Mitarbeiter aus den indirekten Abteilungen werden von Anfang an auf ein neues internes Kundenbewußtsein vorbereitet. Es geht nicht darum, sie auszuschließen, sondern ihr Expertenwissen unterstützend in den Lernprozeß der Gruppe einzubringen.
- Durch einen solchen *ressourcenorientierten* Ansatz, d.h. jeder Mitarbeiter des Untenehmens bringt seine Kenntnisse und Fähigkeiten ein, ist die Projektorganisation weit kostengünstiger und besser gesamtbetrieblich verankert, als

wenn ein spezieller Projektstab eingerichtet wird. Auf diese Weise wird gerade in kleineren Betrieben ein umfassendes Restrukturierungsprojekt überhaupt erst realisierbar.

Grundsatz 4:   *Gruppenarbeit kann nur in Gruppenarbeit entwickelt werden.*

Viele Gruppenarbeitsprojekte stehen vor einem grundsätzlichen Dilemma: Mitarbeitern wird mehr *Autonomie* verordnet. In dieser paradoxen Situation befinden sich viele Organisationsprojekte, denn in den seltensten Fällen sind es die Mitarbeiter selbst, die nach mehr Selbstorganisation verlangen. Vielmehr besteht ein erheblicher Bruch zwischen der bisherigen anforderungsarmen Arbeit in hoch arbeitsteiligen Montagesystemen und der neuen Erwartung, daß Mitarbeiter zu *Unternehmern* im Unternehmen werden sollen. Das Mißtrauen der Mitarbeiter gegenüber diesem radikalen Erwartungswandel ist oftmals enorm.

Darüber hinaus findet sich bei vielen Managern die Illusion, daß selbstorganisierte Gruppen keine Führung mehr brauchen. In den von uns betrachteten Firmen wurde deutlich, daß *Führung* und *Autonomie* gut verhandelt sein will. So ändern sich zwar die Anforderungen an Führung, weil die Begleitung (Coaching) der Gruppen an Bedeutung zunimmt. Führung von selbstorganisierten Gruppen ist vor allem am Anfang eine intensive und für viele Führungskräfte auch ungewohnte Aufgabe. Selbstorganisation wird da funktional, wo ein klarer Zielrahmen geschaffen wurde. Die Definition von strategischen Zielen ist dabei die zentrale Aufgabe des Managements und Teil einer effizienten zielorientierten Projektplanung.

Gruppen definieren sich nicht primär darüber, *was* sie eigentlich gemeinsam realisieren sollen, sondern eher darüber *wie* sie die Ziele realisieren. Erst, wenn eine Gruppe weiß, *was* sie eigentlich gemeinsam als Gruppe erreichen soll, kann sie selbst organisieren, *wie* sie die Vorgabe erreichen will. Selbstorganisation ersetzt also keineswegs strategisches Management, sondern ist in hohem Maße darauf angewiesen.

Bei der Definition des *Wie* müssen Gruppen autonom agieren können. Die Aushandlung der Gruppenmitglieder untereinander über ihre internen Gruppenziele, die Bildung einer gemeinsamen Gruppendisziplin und -moral sowie die Entwicklung ihrer gruppeninternen Kommunikation beeinflußt entscheidend die Qualität der Ergebnisse. Deshalb kann auch nur die Gruppe selbst ihr Modell von Gruppe entwickeln. Aufgabe von externen Beratern und Vorgesetzten kann es deshalb nicht sein, den Gruppen ein Rezept für Gruppenarbeit zu vermitteln, sondern sie vielmehr bei der eigenständigen Gestaltung ihres Gruppenprozesses zu unterstützen.

Grundsatz 5:   *Der Einführungsprozeß von Gruppenarbeit erfordert einen permanenten Feed-back-Prozeß, der top-down und bottom-up organisiert werden muß.*

Während der Einführungsphase taucht oft die Frage auf, ob die Gestaltung der Arbeitsorganisation schwerpunktmäßig vom Management ausgehen oder überwiegend von den Mitarbeitern getragen und realisiert werden soll. Die Antwort liegt in der Mitte: Nur eine Kombination von beidem macht Gruppenarbeit möglich. Ein häufiges Dilemma entsteht im unverbundenen Nebeneinander von Managemententscheidungen einerseits und den realen Produktionsbedingungen andererseits. Selbst in überschaubaren Strukturen mit 200 Mitarbeitern sind den Geschäftsführern die täglichen Schwierigkeiten in der Produktion oft nicht bekannt. Nur ein permanenter, kommunikationsintensiver Feedback-Prozeß zwischen allen Beteiligten führt zu einem abgestimmten Vorgehen und gegenseitigem Problemverständnis.

Abbildung 4.19 stellt Gruppenarbeit als ein Entwicklungsprozeß dar, in dem Personal- und Organisationsentwicklung wechselseitig aufeinander wirken. Über die Zeit gesehen kommt es zu einer wiederholten Redefinition der Faktoren Mitarbeiterentwicklung und Führung sowie Ablauforganisation und Aufgabengestaltung. Organisationsentwicklung beinhaltet beispielsweise die Verlagerung von Verantwortlichkeiten und die Veränderung von Arbeitsaufgaben. Die Personalentwicklung der einzelnen Mitarbeiter und Führungskräfte soll die qualifikatorischen, kreativen und persönlichen Potentiale fördern und weiterentwickeln. Eine mögliche Entwicklungslogik sieht folgendermaßen aus: Durch veränderte organisatorische Zuständigkeiten bzw. Verantwortungsbereich ergibt sich ein wachsendes Aufgabenspektrum für die Gruppe. Damit steigen die Qualifikationsanforderungen an die Mitarbeiter. Durch die steigende Autonomie der Mitarbeiter wächst ihr Selbstbewußtsein, ein veränderter Führungsstil wird erforderlich.

Bei der Teamentwicklung handelt es sich um den Veränderungs- und Lernprozeß einer Arbeitsgruppe in einem Organisationssystem. Die konkrete Ausgestaltung der Teamentwicklung hängt von der jeweiligen Konstellation der Rahmenbedingungen, vom Führungsstil der unmittelbar Vorgesetzten und von der konkreten Gruppenaufgabe ab. Das Verhältnis dieser Faktoren zueinander ändert sich im Zeitablauf mit dem Erfahrungsgewinn der beteiligten Akteure. In diesem Sinne ist die Einführung und die Ausgestaltung von Gruppenarbeit als offener und eigendynamischer Prozeß zu betrachten, dessen Determinanten in komplexen Wechselbeziehungen zueinander stehen.

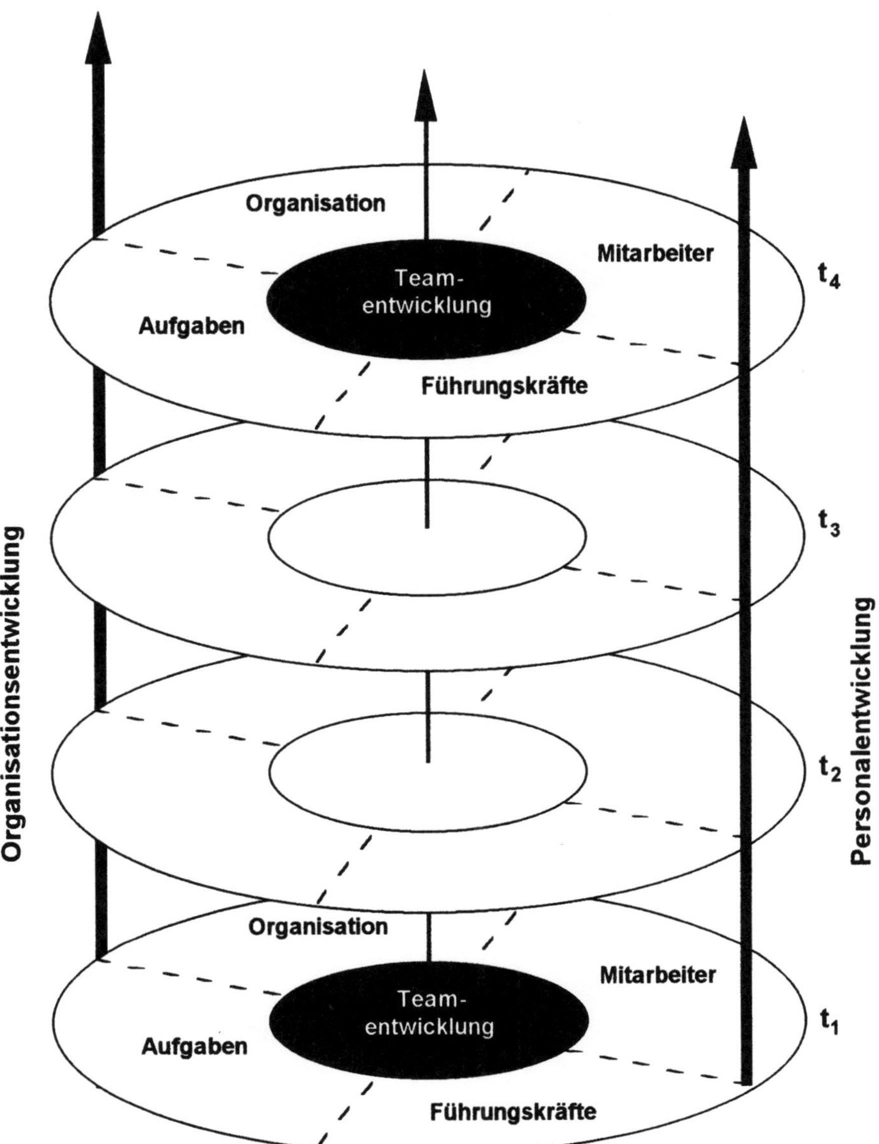

Abb.4.19. Determinanten der Entwicklung von Gruppenarbeit

Wie Abb. 4.20 zeigt, lassen sich auf unterschiedlichen Ebenen Leitprinzipien formulieren, die im Einführungsprozeß von Gruppenarbeit immer wieder angesprochen und reflektiert werden sollten.

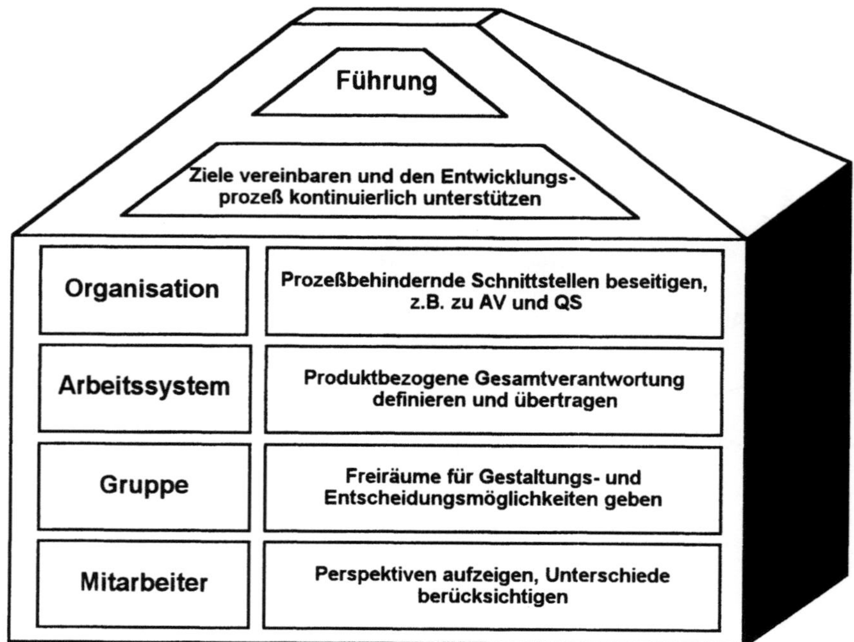

Abb.4.20. Gestaltungsebenen von Gruppenarbeit

4.2.4 Projektstruktur

Bei der Einführung von Gruppenarbeit sind

– Personalentwicklung,
– Teamentwicklung und
– Organisationsentwicklung

unter Beteiligung verschiedener Abteilungen und Hierarchiestufen aufeinander abzustimmen. Für diesen komplexen Prozeß ist es sinnvoll über ein Rahmenkonzept zu verfügen, welches den Beteiligten Anhaltspunkte über Projektstruktur und -ablauf gibt. Zu beachten ist hierbei, daß ein zu rigides, linear sequentielles Projektverständnis die notwendige Flexibilität in der Einführungsphase einengen würde. Die mechanische Abarbeitung von Projektmeilensteinen, ohne eine ständige Rückkopplungsmöglichkeit auf übergeordnete Ebenen der Projektstruktur, verhindert, daß alle Beteiligten im Einführungsprozeß von Gruppenarbeit mitlernen können. Lernfortschritte und Erkenntnisse, welche in der Feinplanung oder Umsetzung gemacht werden, sollten kontinuierlich an Steuerkreis und Top-Management zurückfließen.

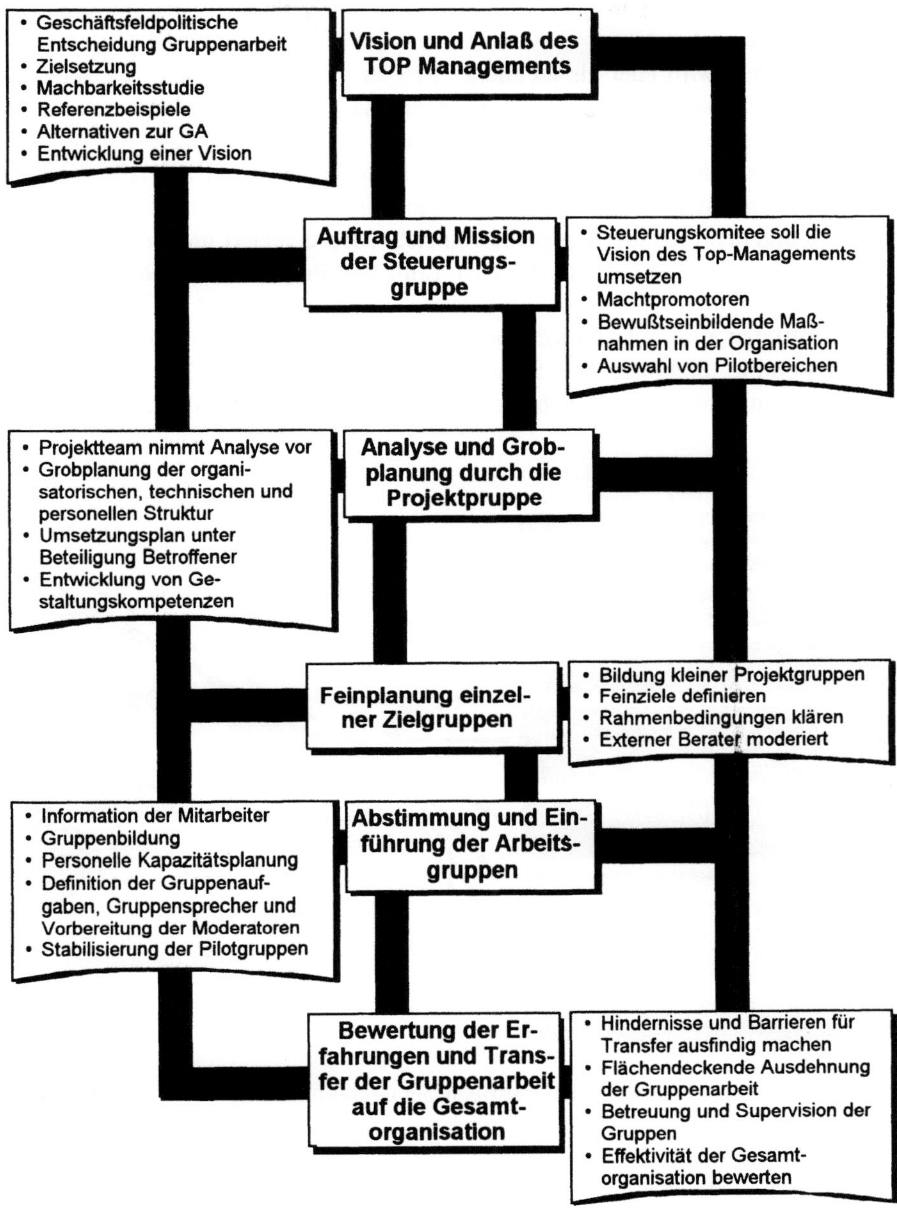

Abb.4.21. Beispiel für ein Rahmenkonzept zur Einführung von Gruppenarbeit

In der Regel scheitern Restrukturierungsprojekte an der Organisation der Planung, sondern an ihrer mangelhaften innerbetrieblichen Verankerung: [4.16]

- Die Komplexität der Projektarbeit und die damit verbundenen Anforderungen werden unterschätzt.
- Projektarbeit wird eher als fachliches Problem gesehen. Es fehlt spezielle soziale Führungskompetenz. Reines Projektmanagement-Wissen ersetzt nicht die notwendigen psychosozialen Kompetenzen.
- Projektarbeit läuft häufig *neben* oder nachrangig gegenüber der Alltagsarbeit. Das Linienmanagement schiebt die Verantwortung für die Akzeptanz des Projektes und den Projekterfolg gerne von sich. Man delegiert und kontrolliert die Ergebnisse. Die Konkurrenz zwischen Linie und Projekt wird nicht bewußt gehandhabt.
- Es existieren zwei unterschiedliche Logiken. Arbeit in der Linie ist tendenziell von Routine, Stabilität und Sicherheit gekennzeichnet. Projektarbeit ist von Innovation, Kreativität, Risiko, Veränderung und Unsicherheit charakterisiert.

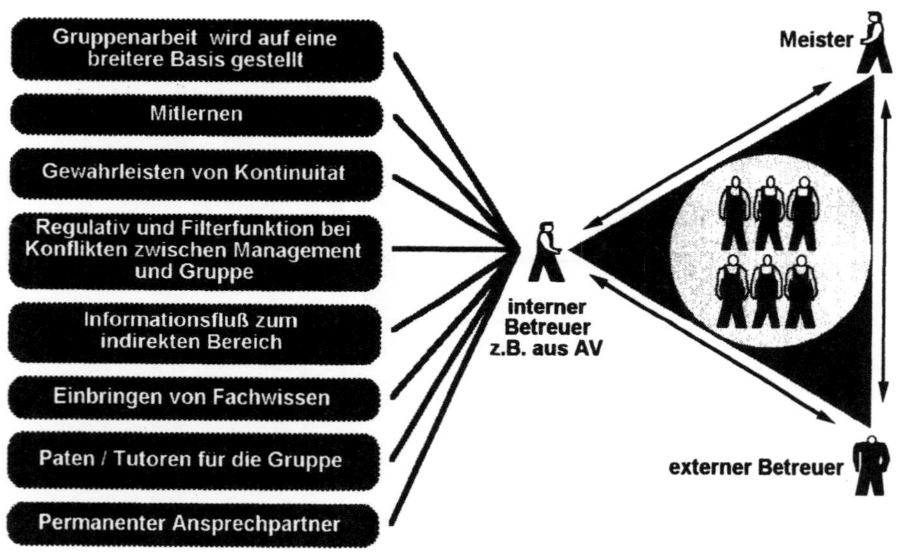

Abb.4.22. Wichtige Funktionen innerbetrieblicher Gruppenbetreuer

Die gesamtbetriebliche Einbindung eines Gruppenarbeitsprojektes kann durch die Art der Projektorganisation und die frühzeitige Beteiligung der Mitarbeiter erheblich beeinflußt werden. Stabilität und Sicherheit kann durch die konsequente Einbeziehung aller betrieblichen Interessengruppen in die betriebliche Projektarbeit erreicht werden. Wie schon angesprochen, sollte die Gestaltung der Gruppenarbeit in erster Linie durch die Betroffenen, welche als Experten für ihre Arbeitssysteme anzusehen sind, erfolgen, um langfristig die Entwicklung von selbsttragenden Strukturen zu gewährleisten. Es macht aus mehreren Gründen dennoch Sinn Experten aus indirekten Bereichen in das Projektteam zu integrieren, wie Bild 4.22 zeigt. Der Gruppe zugeordnete Mitarbeiter aus indirekten Bereichen, wie etwa der Arbeitsvorbereitung oder der Qualitätssicherung, stellen ihr Know-How zur Verfügung, helfen Schnittstellenprobleme zu überwinden, lernen im Restrukturierungsprozeß mit und entwickeln sich zu Innovationsagenten für ihre eigene Abteilungen, da sie ein Bindeglied innerhalb einer sich verändernden Unternehmenskultur darstellen.

Unternehmen, welche keine Erfahrungen mit der Einführung von Gruppenarbeit haben, greifen oftmals auf externe Begleiter bei der Restrukturierung zurück, um ihr Risiko zu verringern. Für sie gilt im Prinzip das gleiche, wie für die internen Planer. Die Meister und die Mitarbeiter sind als die Experten für ihren Arbeitsbereich anzusehen. Ihre Erfahrungen und Vorstellungen sollten möglichst umfassend in die Gestaltungslösung einfließen, da sie in den späteren Strukturen arbeiten müssen. Die externe Begleitung hat vorwiegend eine anregende, vermittelnde und unterstützende Rolle. Diese kann bestehen in:

- Der Klärung der Erwartungen von Geschäftsleitung und Beteiligten (Sprachrohr).
- Der Klärung und Offenlegung möglicher Risiken und konzeptioneller Alternativen.
- Der Moderation des Restrukturierungsprozesses.
- Dem Training bzw. der Vermittlung von Kompetenzen zur Bewältigung des Prozesses.

4.2.5 Zielbildung

Neue Formen der Arbeitsorganisation stellen keinen Selbstzweck dar. Organisationen und Organisationsteile orientieren sich an vereinbarten oder vorgegebenen Zielen. Zur Reorganisation eines Unternehmens sollte die gemeinsame Reflektion dieser gemeinsamen Ziele gehören:

- Viele Organisationsmängel basieren auf unklaren Zielvorgaben.
- Organisationen lassen sich nicht kurzfristig von einem Tag auf den anderen verändern. Um so wichtiger ist es, über eine klare Richtung zu verfügen, innerhalb der sich die Organisation entwickeln kann.
- Es existiert ein enger Zusammenhang zwischen Organisation und Qualifikation. Vor allem Qualifikationen, die vom Unternehmen selbst erzeugt werden müssen, sind kostspielig und sollten sich deshalb in einen vereinbarten Zielzusammenhang einfügen.

Der Ansatz, sich auf eine abteilungs- und hierarchieübergreifende Diskussion der prinzipiellen Ziele des Unternehmens einzulassen, führt zu einer Bewährungsprobe, wie ernst der Geschäftsführung die Kommunikation mit den Mitarbeitern ist. In der Regel erfolgt über die verschiedenen Hierarchiestufen und

Betriebsbereiche eine Redefinition von Zielen. Werden Ziele nicht immer wieder neu kommuniziert, fehlt es oftmals entweder an Orientierung oder es entstehen Inkongruenzen. Unabhängig von einmal verabschiedeten Visionen und Leitbildern werden die betrieblichen Ziele von Mitarbeitern und Gruppen selektiv wahrgenommen und im Zeitablauf immer wieder interpretiert und redefiniert (siehe Abb. 4.23). Es ist also nicht davon auszugehen, daß die einmal festgelegten Ziele des Topmanagements automatisch zu Zielen von einzelnen Abteilungen und Mitarbeitern werden.

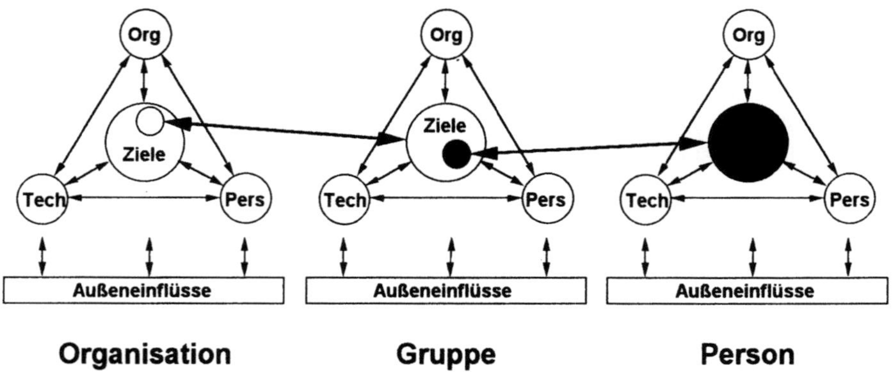

Abb. 4.23. Zielbildung als Kommunikations- und Interpretationsprozeß

Prinzipielle Ziele wie *Innovation*, *Flexibilität*, *Qualität*, *Kundennähe*, *Schnelligkeit* und *Kostenreduktion* finden sich in jedem Unternehmen. Häufig werden die einzelnen Ziele in den verschiedenen Abteilungen mit unterschiedlicher Priorität verfolgt. Hinzu kommt, daß allgemeine Ziele selbst äußerst interpretationsfähig sind und durchaus abhängig vom jeweiligen Kontext definiert werden. Begriffe wie *Flexibilität* oder *Innovation* werden oft mit solcher Selbstverständlichkeit verwendet, daß häufig verdeckt bleibt, was eigentlich damit gemeint ist. Die Bedeutung dieser Begriffe ändert sich jedoch nicht nur in Abhängigkeit vom jeweiligen Kontext, sondern auch in Abhängigkeit von der Hierarchieebene. So werden selbst innerhalb der gleichen Abteilung, wie z.B. der Montage, Begriffe wie *Qualität*, etc. von Meistern anders interpretiert als von der Produktionsleitung.

Aufgrund dieser Erwägungen wird deutlich, daß eine Strategiebildung folgende Elemente enthalten sollte:

- Bildung eines gemeinsamen Verständnisses prinzipieller Ziele wie *Qualität*, *Flexibilität*, *Kosten*, *Schnelligkeit*, *Innovation* und *Kundennähe*.
- Die einheitliche Definition *muß* abteilungsübergreifend und *sollte* sinnvollerweise hierarchieübergreifend erarbeitet werden. Hierarchieebenen, die einge-

bunden werden sollten, reichen je nach Betriebsgröße vom Geschäftsführer bis zur Meister/Vorarbeiterebene.

– Bei Strategiebildungen müssen im Licht der Ziele die Potentiale eines Unternehmens analysiert werden. Wo liegen die heutigen Stärken, wo die Schwächen?

– In einem weiteren Schritt muß ein einheitliches Verständnis über künftige Anforderungen erarbeitet werden. Grundsätzlich geht es hierbei nicht um *richtig* oder *falsch*, sondern darum, den Ideen und Vorstellungen Gestalt zu geben, die jeder der Beteiligten über die notwendige Entwicklung des Betriebes hat und die damit auch sein betriebliches Handeln prägen.

In den von uns betrachteten Betrieben wichen die Einschätzungen über die Bedeutung verschiedener Ziele vor allem zwischen den Abteilungen stark von einander ab. Obwohl es sich zumeist um Personen handelt, die schon seit vielen Jahren miteinander arbeiten, wird deutlich, daß es beträchtliche Unterschiede über eingeschätzte Stärken und Schwächen des Betriebes, über die Bedeutung künftiger Marktanforderungen und deren Entwicklungstrends gibt.

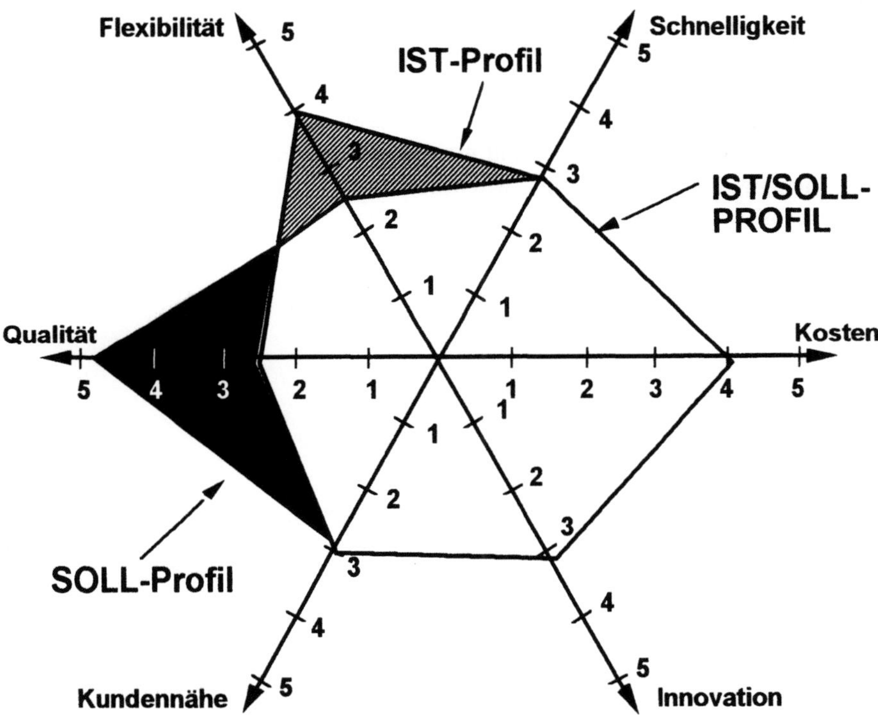

Abb.4.24. Beispiel für einen Ist-Soll-Vergleich betrieblicher Ziele

Abbildung 4.24 stellt beispielhaft die Differenz zwischen der Einschätzung der IST-Situation und der SOLL-Abschätzung bezüglich verschiedener Zielgrößen dar. Im vorliegenden Beispiel hat die Firma bisher Anstrengungen unternommen, um ihre Flexibilität zu erhöhen. Diese Bemühungen werden im IST-Profil deutlich, wo durch die gestrichelte Fläche aufgezeigt wird, daß die SOLL-Anforderungen weit übertroffen werden. Andererseits besteht im Qualitätsbereich Handlungsbedarf, der Sollwert wird nicht erreicht

Besonders interessant sind die Abweichungen der Mitarbeiter untereinander, die sich in den meisten Unternehmen finden. Starke Abweichungen in der Einschätzung des Erfüllungsgrades der Ziele durch verschiedene Organisationsmitglieder deuten auf Kommunikationsdefizite hin. Unterschiede in der Einschätzung der Priorität von Zielen bzw. der Stärken und Schwächen des Betriebes sollten deshalb als Ausgangspunkt einer innerbetrieblichen Diskussion genutzt werden.

Die Zusammenarbeit der am Projekt Beteiligten erfolgt effizienter, wenn sie sich auf möglichst eindeutig formulierte Ziele einigen. Die Grundlage für mögliche und sinnvolle Zielsetzungen besteht in der Analyse von Problemen, ihren Ursachen und Wirkungen.

Informationsfluß- und Personalressourcenanalyse

Es wurde bereits darauf hingewiesen, daß der eigentliche Gewinn der Umgestaltung in einer umfassenden Neubetrachtung komplexer Produktionsprozesse über Abteilungsgrenzen hinweg liegt und nicht in der begrenzten Neugestaltung eines einzelnen Produktionsabschnitts. Mit Interviews in allen Abteilungen wird der gesamte Wertschöpfungsprozeß, bezogen auf das ausgewählte Produkt, nachgezeichnet. Dabei interessieren folgende Fragen:

– *Welche Information* wird in
– *welcher Abteilung* mit
– *welcher Qualifikation* und
– *welcher Kapazität*
– *für wen* erzeugt und
– *bei wem* benötigt?

Ganz selten können Mitarbeiter der indirekten Abteilungen ihre Aufwendungen einem herausgelösten Produkt zuordnen. Gerade in den kleineren Unternehmen liegt z.B. die Arbeitsvorbereitung oder Fertigungssteuerung aller Produkte beim selben Mitarbeiter. Da die Produkte innerhalb einer Zeitperiode ganz unterschiedlich intensiv betreut werden müssen, wird es schwierig, verläßliche Aussagen über die Gesamtaufwendungen pro Produkt zu machen. Viele der befragten Mitarbeiter finden erst durch Selbstaufschriebe über einen repräsentativen Zeitraum oder über Multimomentstudien durch die Berater heraus, wie sich ihr Tagesgeschäft auf die einzelnen Produkte verteilt. Die für das ausgewählte Produkt benötigten Kapazitäten von indirekt Beschäftigten lagen in unseren Fallstudien durchweg weit über den vom Management geschätzten Aufwendungen.

Tabelle 4.1. Beispiel für eine produktspezifische Personalressourcenanalyse

Ausgeführte Tätigkeit zur Realisierung des Produktes	Kapazität in ausführender Abteilung (gerechnet auf Gesamtkapazität dieser Abteilung in Mitarbeitern)						
	GF	RW	EK	AV	MW	M	QS
Aufträge akquirieren	1/2						
Sollzahlen ermitteln (Personal, Material, Werkz.)			1/2	1,5	1		
Auswahl von Lieferanten		1/4	1		1/4		1
Preisgestaltung, Vertrag etc.	1/2	1/4					
Probebau						6	
Beschaffung von Werkzeugen u. Prüfmitteln			1	1,5			1,5
Wartung der BDE mit neuen Sollzahlen		1/4		1	1		
Realisierung der Montage						15	
Materialabrufe						1	
Innerbetriebl. Transport						1	
Lagerhaltung						1	
Qualitätskontrolle							1

Transparenz über die produktspezifische Zuordnung der vorhandenen personellen Ressourcen erhöht die innerbetriebliche Transparenz, impliziert allerdings nicht, daß die benötigten Informationen dorthin gelangen, wo sie benötigt werden. Es zeigt sich vielmehr oftmals, daß einige Funktionen des unteren Managements, wie z.B. des Meisters oder Vorarbeiters überwiegend darin bestehen, die Schnittstellen zwischen den Abteilungen zu überwinden und die benötigten Information entweder zu besorgen oder verwendbar aufzubereiten.

Der in Abb. 4.25 dargestellte beispielhafte Ablauf ist stark gekürzt. Nicht aufgeführt sind die häufigen Doppelinformationen, also z.B. die Benachrichtigung des Meisters *und* Abteilungsleiters, der sich zufällig in der Nähe befindet. Beide leiten dann unabgesprochen unterschiedliche Aktivitäten ein. Diese *Mehrfachinformation* verschiedener Vorgesetzter durch die Mitarbeiter kommt im Tagesablauf häufig vor, vor allem dann, wenn Zuständigkeiten unklar sind. Dies liegt auch daran, daß die Mitarbeiter auf ihre Meldungen selten Feedback darüber erhalten, wann verbindlich ihr Problem behoben wird und wer dafür zuständig ist.

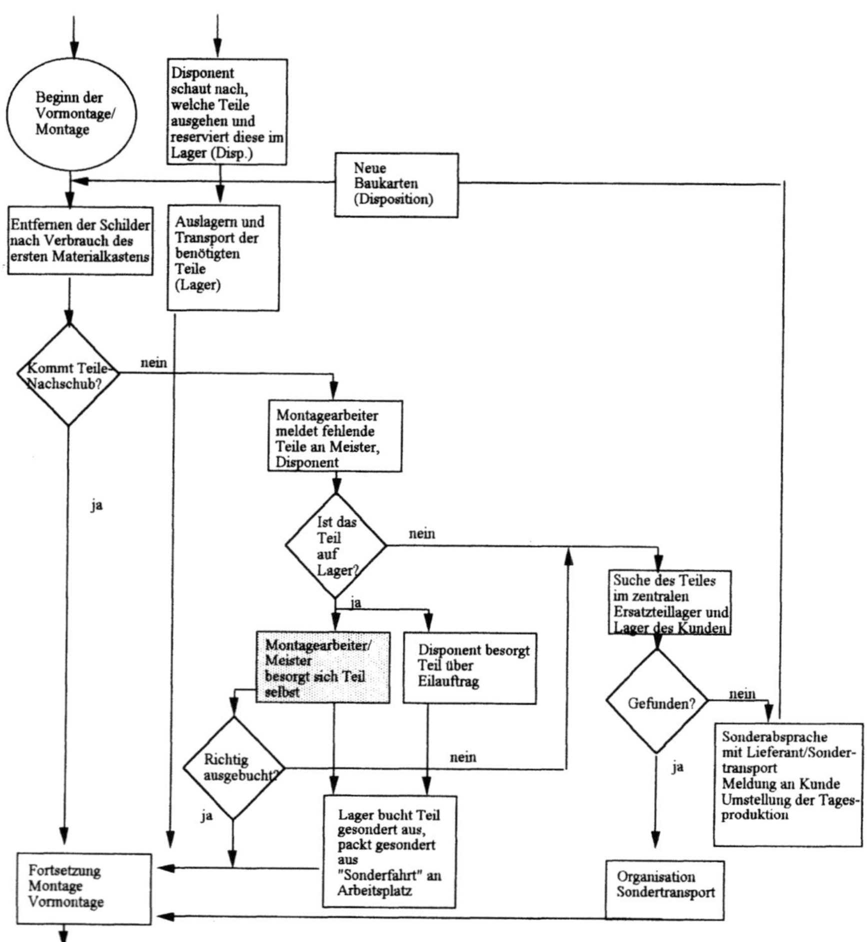

Abb.4.25. Ausschnitt einer Ablaufanalyse

Die Erstellung des Ablaufdiagramms bietet Hinweise auf eine notwendige Schnittstellenreduzierung und ist ein geeignetes Mittel alle betroffenen Mitarbeiter direkt einzubinden. Die unterschiedlichen, abteilungsspezifischen Sichtweisen des Produktionsablaufs und der Entscheidungsprozesse können visualisiert und kommuniziert werden. Die gemeinsame Erarbeitung des Ablaufdiagramms schafft Transparenz über Folgen des eigenen Handelns in nachfolgenden Produktionsschritten. Die beste Motivation für die Einführung von Gruppenarbeit besteht in der Beseitigung demotivierender Hindernisse. Diese Hindernisse bestehen oftmals in der mangelnden Rückmeldung bezüglich gemeldeter Probleme oder vorgeschlagener Lösungen. Die gemeinsame Erarbeitung der Produktions- und Informationsabläufe macht jedoch auch deutlich, wie gravierend

sich formale Strukturen, abgebildet durch Organigramm und Verfahrensvor-
schriften von realen Abläufen unterscheiden können.

Vereinbarung

In einem weiteren Schritt werden die erarbeiteten Abläufe mit den strategischen
Zielen des Betriebes gespiegelt. Diese existieren entweder bereits vorher oder
werden vorab durch abteilungs- und hierarchieübergreifende Strategieworkshops
erarbeitet. Im Vordergrund steht dabei die Frage, welche Abläufe im
Widerspruch zu den gesteckten gesamtbetrieblichen Zielen stehen und durch
welche Integration von Aufgaben diese Ziele besser erreicht werden können. Auf
diese Weise ist es möglich, Widersprüche zwischen den Visionen des Managements und den konkreten Abläufen im Produktionsalltag herauszuarbeiten.

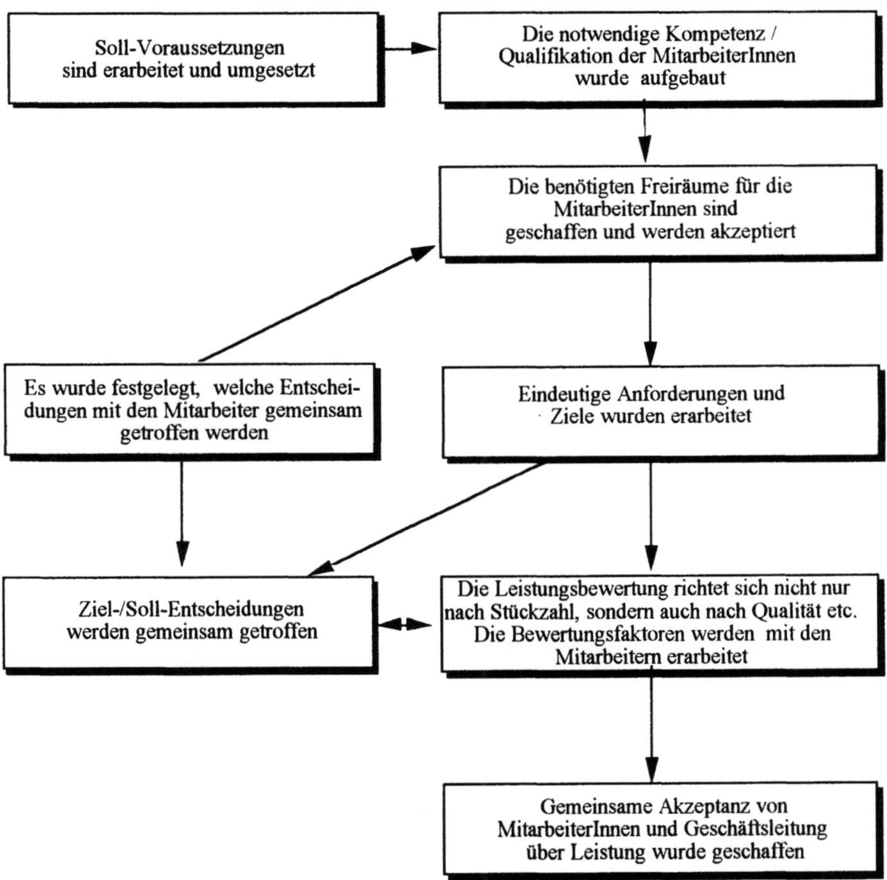

Abb.4.26. Beispiel: Vereinbarung von Rahmenbedingungen für die Einführung von Gruppenarbeit

Ist ein gemeinsames Verständnis für die Kernprobleme des Betriebes erarbeitet und sind aus diesen Ziele abgeleitet, so stellt sich die Frage, welche dieser Ziele überhaupt über arbeitsorganisatorische Maßnahmen erreicht werden können. Wo leistet Gruppenarbeit einen Beitrag zur Bewältigung? Über diesen Beitrag zur Problembewältigung ist eine Zielvereinbarung zwischen dem Management und den Betroffenen zu schließen. Darüber hinaus sind feste Vereinbarungen für die Einführung der Gruppenarbeit zu treffen, wie Abb. 4.26 beispielhaft zeigt.

Soll-Voraussetzungen werden erarbeitet und umgesetzt.

Jede einzelne Gruppe braucht andere Soll-Voraussetzungen, die nur bedingt von den Montagemitarbeitern erarbeitet werden können. Diese zu erarbeiten und auch zu realisieren ist zentrale Aufgabe des Steuerkreises. Zentrale Bedingung für einen erfolgreichen Einführungsprozeß ist z.B. eine ausreichende Stabilität in der Linie. Gewährleistet werden soll dies

- durch ausreichendes Personal,
- durch ausreichende Möglichkeiten zur Qualifizierung,
- durch ausreichende Werkzeuge und Betriebsmittel und
- durch ausreichende Information aller Beteiligten (alle Meister, Disposition, QS etc.).

Kompetenzen und Qualifikationen der Mitarbeiter werden aufgebaut.

Am Anfang beherrschen nur ganz wenige Mitarbeiter mehrere Arbeitsplätze. Jeder Krankheitsfall oder Urlaub bedeutet deshalb hohe Unsicherheit, ob die benötigten Tagesstückzahl überhaupt produziert werden kann. Eine breite Einsatzfähigkeit ist aber wichtig, um überhaupt indirekte Aufgaben integrieren zu können, die zukünftig von der Gruppe erledigt werden sollen (Materialbereitstellung, Prüfung etc.). Ziel ist es deshalb, bis zu einem definierten Termin, alle Mitarbeiter so zu qualifizieren, daß eine vorher festgelegte Qualifikationsstruktur erreicht wird.

Freiräume sind geschaffen und werden akzeptiert.

Selbständiges Arbeiten im Team läßt sich nicht verordnen, sondern muß selbständig und im Team erarbeitet werden. Dazu braucht jeder Mitarbeiter aber die Möglichkeit und den Freiraum, Ideen und Probleme mit den Kollegen zu diskutieren, weil dies ein neuer Bestandteil seiner Arbeit ist. Die Ergebnisse und Entscheidungen der Mitarbeiter müssen ernst genommen und akzeptiert werden. Dahinter steht das Verständnis, daß eigentlich der Mitarbeiter, der den ganzen Tag die Arbeit ausführt, Experte für diese Tätigkeit ist. Nach Bedarf können die Mitarbeiter sich zu Gruppensitzungen zusammenfinden, um Kritik und Ideen zu diskutieren. Diese Gruppensitzungen gelten als Arbeitszeit und werden bezahlt.

Entscheidungen werden gemeinsam getroffen.

Mitarbeiter als Experten zu schätzen, bedeutet auch, sie in Entscheidungen direkt einzubeziehen, die ihre Arbeit berühren. Da zur Zeit viele Entscheidungsprozesse noch nicht selbst von der Gruppe getroffen werden können, wird mit den Mitarbeitern definiert, in welche Entscheidungen sie sinnvoll einbezogen werden sollen. Dies gilt sowohl für die Gestaltung eines neuen Entlohnungssystems, wie auch für Selbsprüfkriterien, die gemeinsam mit der Qualitätssicherung erarbeitet werden.

4.2.6 Qualifikationsentwicklung

Bei dem folgenden Beispiel werden folgende Ziele für die Gruppenarbeit vereinbart:

- Reduktion des Anteils der Angestellten.
- Reduktion der Krankenrate.
- Reduktion der Gemeinkosten.
- Anstieg des Qualifikationsniveaus, 70% der Gruppenaufgabe sollen von allen Mitarbeitern beherrscht werden: Montage, Selbstprüfung, Materialdisposition, Gruppengespräche, Methodenplanung und -optimierung.
- Keine spezifische Selektion von Mitarbeitern für Gruppenarbeitsprojekte. Schaffung eines transferierbaren Modells für andere Montagebereiche.

Aus der Problemanalyse ist deutlich geworden, daß der permanente Druck und das daraus entstehende schlechte Arbeitsklima im Mittelpunkt der Gestaltungswünsche steht. Von allen Mitarbeitern werden die vielen Störungen des Arbeitsprozesses beklagt. Ein weiterer Grund für viele Störungen ist die mangelnde Einsatzfähigkeit der Mitarbeiter. Die meisten Mitarbeiter beherrschen maximal drei Arbeitsplätze. Jeder Krankheitsfall und Urlaub belastet deshalb die Stabilität des Prozesses und führt zu Spannungen. Ziel ist es deshalb, die Linie so umzugestalten, daß eine schrittweise Qualifizierung der Mitarbeiter parallel zur Montage möglich wird. Die Gruppe hat dabei die Verantwortung für ihr eigenes Qualifizierungskonzept. Desweiteren soll sie die Arbeitsorganisation entsprechend den selbstgesetzten Lernzielen anpassen und entwickeln.

Selbst angelernte Mitarbeiter, mit formal nur geringer Qualifikation, übernehmen Aufgaben, die nicht zu ihren Tätigkeiten gehören, damit die Montage reibungsloser läuft. Dies ist verstärkt bei den Meistern und Vorarbeitern der Fall. Oft verbergen sich hinter diesen *informellen* Lösungen wertvolle Ansätze für eine Organisationsentwicklung, da sie oft lediglich einer Formalisierung und offiziellen Kompetenzverteilung bedürfen

Die neue Organisation eines Arbeitsbereiches muß individuelle Perspektiven entlang der sehr unterschiedlichen Leistungsgrenzen anbieten, die sowohl den Schwächsten nicht über-, aber auch den Stärksten nicht unterfordern. Die Gruppe nimmt eine Selbstbewertung von Teiltätigkeiten nach ihrer Bedeutung vor. Es wird festgelegt, daß von der Gesamtarbeit jeder 70% leisten muß, aber unterschiedliche Zusammensetzungen von Teiltätigkeiten möglich sind. Ein erheblicher Anteil von direkter Montagetätigkeit ist durch das gruppeninterne Bewertungssystem immer gewährleistet, so daß sich Einzelne nicht besonders attraktive Teile aus der Gesamttätigkeit herauspicken können. Zur Gesamttätigkeit gehören auch Grundpflichten wie die Aufgabe des Gruppensprechers. Diese Funktion wird im Rotationsverfahren monatlich nach alphabetischer Folge besetzt.

Da Qualifizierung in einer lernförderlichen Arbeitsorganisation ein kontinuierlicher und permanenter Prozeß sein muß, werden Mitarbeiter und Meister dahingehend qualifiziert, ihren Qualifikationsbedarf kontinuierlich selbst zu erheben und die Umsetzung selbst zu gestalten. *Lernförderliche Arbeitsorganisation* bedeutet, daß die Arbeitsorganisation den Arbeitsplatz zum Lernplatz macht. Aus Produktionsaufträgen werden Lernaufträge, die eine strukturierte Qualifizierung fachlicher, methodischer und sozialer Kompetenzen erlauben.

Entscheidend ist dabei, daß den Mitarbeitern diese Qualifikationen nicht nacheinander vermittelt werden, sondern daß jede fachliche Qualifizierung von den notwendigen methodischen und sozialen Qualifikationsschritten begleitet wird. D.h., daß immer nur vollständige Lernaufgaben, bestehend aus fachlichen, methodischen und sozialen Qualifikationsanforderungen vermittelt werden.

Prinzip eines Lernaufgabensystems

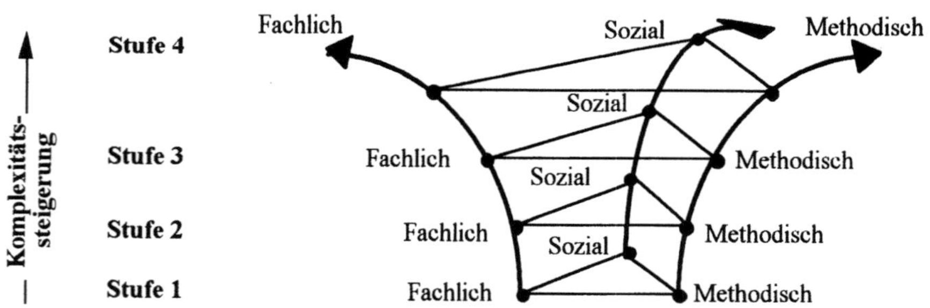

Abb. 4.27. Struktur eines Lernaufgabensystems

Hierbei wird nach folgenden Prinzipien vorgegangen:

- Grundlage für jede Lernaufgabe sind reale Produktionsaufträge, die jedoch speziell aufbereitet werden.
- Die Lernaufgabe wird nicht in einem abgesonderten Raum vermittelt, sondern direkt in der Montage.

– Das Ergebnis einer Lernaufgabe ist immer die Grundlage der nächsten Lernaufgabe. Die Mitarbeiter lernen somit anhand der steigenden Komplexität ihren eigenen Lernfortschritt zu überwachen.
– Die Mitarbeiter qualifizieren sich vor allem in den ersten Stufen gegenseitig. Sie bereiten ihr Wissen in Lernordnern auf und planen ihren Arbeitseinsatz so, daß sie im Rotationssystem ihr Wissen an Kollegen strukturiert und unter Betreuung weitergeben. Damit sind die bereits gut qualifizierten Kollegen als Qualifizierer eingebunden und bleiben nicht außen vor. Zudem verändert sich durch das *Abgeben von Wissen* auch die Gruppendynamik in einem Team. Es geht nun nicht mehr darum, sein Wissen für sich zu behalten, sondern die gesamte Gruppe möglichst zügig auf einen einheitlichen Qualifikationsstand zu bringen. Experten aus Planungsabteilungen werden erst in späteren Stufen hinzugerufen. Aber auch hier bleibt die Initiative bei den Montagemitarbeitern. Sie handeln mit den Planungsexperten aus, wie lange sie deren Unterstützung brauchen.
– Die Mitarbeiter entscheiden selbst, wann sie die Komplexität der Lernaufgaben steigern. Sie sind somit für ihr eigenes Qualifizierungsprojekt verantwortlich. Sie präsentieren in regelmäßigen Abständen ihren Lernfortschritt und handeln mit ihren Führungskräften die notwendige Unterstützung aus.

Tabelle 4.2. Beispiel für die Grobstruktur eines Lernaufgabensystems

	Fachlich	Methodisch	Sozial
Stufe 1	überschaubaren Montageumfang montieren	Arbeitsmethoden, Planungsdaten	Absprache mit Kollegen
Stufe 2	zusätzlich Elektrik	Fehlersuche u. -behebung, Teilebeschaffung u. -verwaltung	Kooperation mit Externen
Stufe 3	erweiterter Montageumfang, Varianten	Materialwirtschaft, Lerntafeln	Konfliktlösung, Koordination Arbeitseinsatz
Stufe 4	seltene Varianten	Entwicklung Selbstprüfkonzept, Layoutoptimierung	Moderation Problemlösungsteam, Kontakte außer Haus

Die Anforderung, die Qualifzierung innerhalb der Gruppe zu realisieren, schafft gerade für die leistungsstarken Mitarbeitern neue Aufgabenfelder, weil sie ihre Kenntnisse für die Weiterbildung ihrer Kollegen einsetzen können.

– Sie werden unter Betreuung der Projektmitarbeiter zu innerbetrieblichen Ausbildern weiterqualifiziert.

– Sie erarbeiten Lernaufgaben und -materialien pro Arbeitsaufgabe und Arbeitsplatz. An jedem Arbeitsplatz wird eine *Montagetafel* installiert, die von den Mitarbeitern gewartet und aktualisiert wird. Jeder Lernende erhält einen *Lernordner*, in dem die Lernaufgabe erläutert werden und unterstützendes Material beigelegt wird.
– Sie realisieren unter Betreuung der Projektmitarbeiter die Qualifizierung ihrer Kollegen und beraten diese bei der Entwicklung lernförderlicher Formen der Arbeitsorganisation.

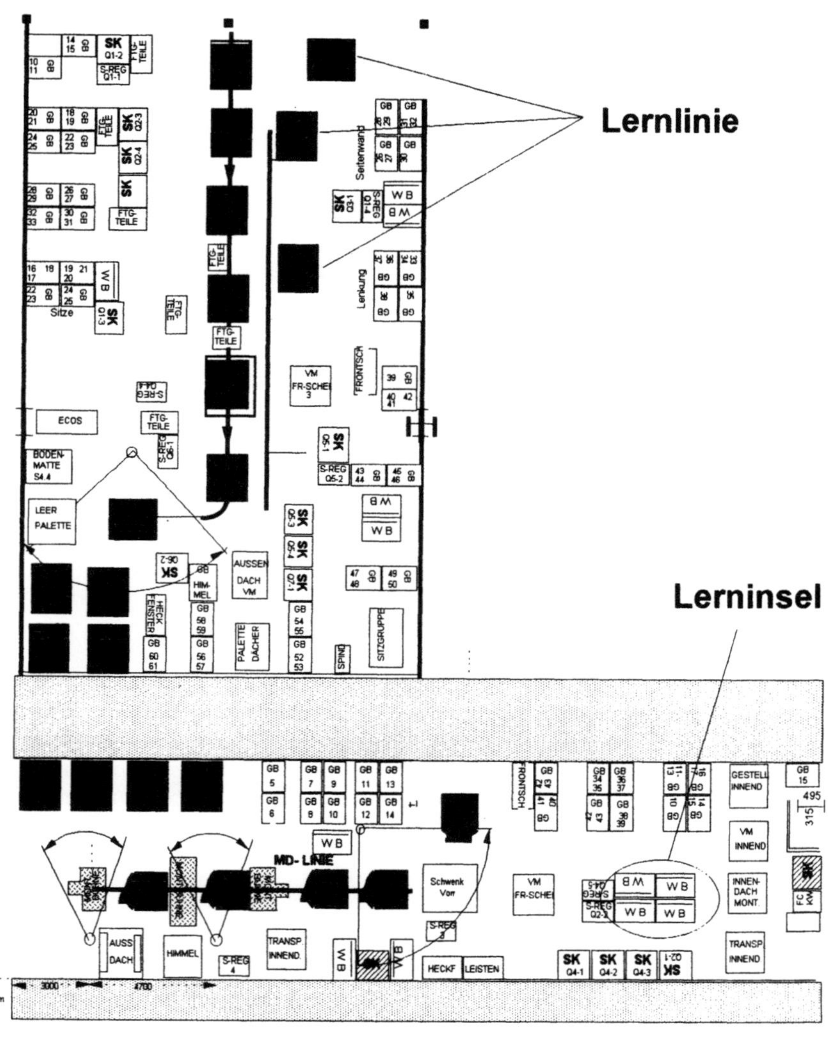

Abb. 4.28. Neues qualifikationsförderliches Layout

Die Gestaltung des Arbeitsplatzes und Layouts bringt zusätzlich eine eigene Qualifizierung hinsichtlich der Methoden mit sich. Die Mitarbeiter verändern ihr Montage-Layout weitgehend selbständig und ziehen nur dort die Arbeitsvorbereitung hinzu, wo ihnen Kenntnisse fehlen. Das Layout wird von der Gruppe bei Bedarf revidiert und an die aktuellen Produktionserfordernisse, wie z.B. bei Erhöhung der Stückzahl, angepaßt. Unterschiedliche Layoutalternativen werden durchgespielt und auf Gruppensitzungen diskutiert. Die Beteiligung der Arbeitsvorbereitung beschränkt sich auf das Umstellen von Behältergrößen und die Endabnahme des Systems.

In unserem Beispiel wird, wie Abbildung 4.28 zeigt, die Arbeitsorganisation den Lernanforderungen angepaßt. Die im Bild ausgewiesene Lernlinie und -insel gestattet eine entkoppelte Qualifizierung in unmittelbarer Nähe zum Produktionsprozess, sodaß eine ständige Kommunikation der Lernenden mit den bereits qualifizierten Mitarbeitern möglich ist. Die in diesen Lernbereichen montierten Produkte gehen an den Kunden.

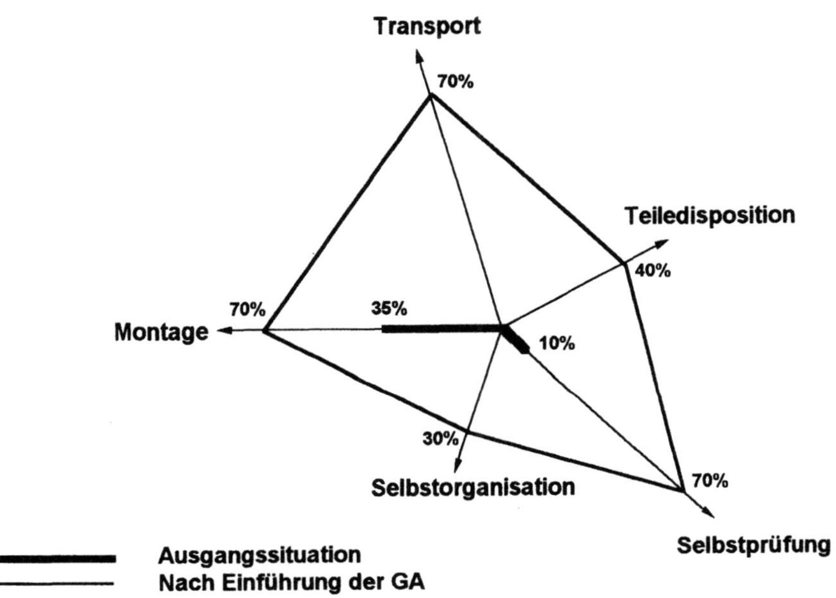

Abb.4.29. Qualifikationsentwicklung [4.17]

In Abb. 4.29 wird der Qualifikationsstand der Gruppe vor Beginn des Projektes (schraffierte Balken) und nach einem Jahr dargestellt. Die Prozentzahlen geben den durchschnittlichen Grad der Qualifikation in Relation zur Gesamtaufgabe an. Die Gruppe hat, wie bereits erwähnt, ein Qualifizierungsziel von 70% vereinbart, d.h. nach 2 Jahren sollen alle Mitarbeiter mindestens 70% aller Tätigkeiten des Bereichs beherrschen. Dabei müssen folgende Gesichtspunkte beachtet werden:

- Integriert werden die Funktionen, bei denen besondere Schnittstellenprobleme auftauchen.
- Die Montageinhalte pro Arbeitsplatz umfassen in der Regel ca. 50 Minuten, die selbständig von einem Mitarbeiter ausgeführt werden müssen.
- Die Qualifizierung ist immer ein Teil des Produktionsprozesses. Trotz der Qualifizierung muß ein vorgegebenes Tagespensum bewältigt werden.
- In der Gruppe gibt es erhebliche Unterschiede in den Qualifikationsvoraussetzungen.

Es erfolgt keine Arbeitsaufteilung von Außen. Die Gruppe soll ihre Arbeitsorganisation im laufenden Produktionsprozeß selbst definieren und ausprobieren.

- Jeder ist der Experte für seinen Arbeitsplatz und wird somit zum Ausbilder für diese Teiltätigkeit.
- Jeder Mitarbeiter traut sich unterschiedlich viel zu, individuelle Leistungsgrenzen müssen berücksichtigt werden.
- Über- und Unterforderung muß vermieden werden.
- Jeder Einzelne braucht unterschiedliche Perspektiven und hat unterschiedliche Karrierewünsche. Mitarbeiter, die schon die gesamte Arbeitssystemaufgabe beherrschen, müssen die Chance haben, Tätigkeiten zu lernen, welche sie persönlich fordern, aber auch der Gruppe nützen.
- Karrieren sind nicht von vornherein festgelegt, sondern Entwicklungsoptionen werden innerhalb der Gruppe verhandelt.

Es zeigt sich, daß Mitarbeiter neue Tätigkeitskombinationen erlernen, denen das vorher weder von ihren Kollegen noch von ihren Vorgesetzen zugetraut worden wäre. Die Gruppe legt im Rahmen ihrer Gestaltungsautonomie selbst fest, welche neuen Tätigkeiten sie hinzunimmt und von welchen Mitarbeitern diese neuen Tätigkeiten erlernt werden sollen. Durch das Wahrnehmen von individuellen Karrieremustern werden Teiltätigkeiten aus den indirekten Bereichen in die Gruppe verlagert. (siehe Abb. 4.30)

Gewährleistet ist durch die Integration indirekter Funktionen auch ein permanenter Prozeß des Lernens der Gesamtorganisation. Mitarbeiter aus der Gruppe werden für einen definierten Zeitraum in die jeweilige Stabsabteilung entsandt, um sich dort zu qualifizieren. Beherrschen sie die festgelegte Aufgabe, so nehmen sie die Teilfunktion in die Gruppe mit. Gruppenarbeit kann so als Impuls für eine lernende Organisation genutzt werden. Im Unterschied zu konventionellen Modellen, in denen Gruppenarbeit sich auf die Produktion beschränkt, kommt es über die Schnittstellenveränderung zu einer permanenten Redefinition von Gruppenzielen und Tätigkeitsinhalten, welche erhebliche Ausstrahlungseffekte auf die restliche Organisation haben. Es entstehen neue Modelle der Zusammenarbeit aber auch Konkurrenzfelder zwischen bisherigen Angestellten und gewerblichen Mitarbeitern.

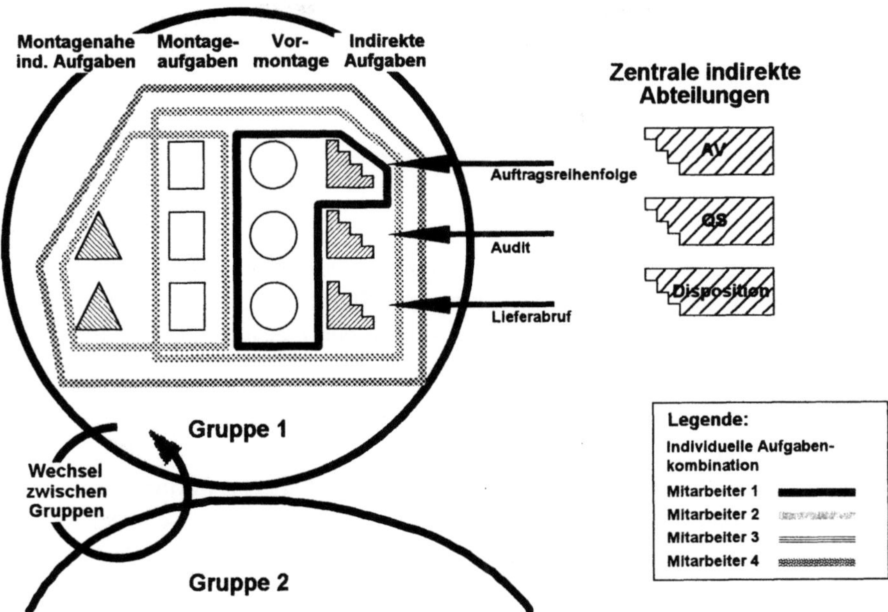

Abb. 4.30. Selbstgesteuerte Tätigkeitskombinationen

Das hier vorgestellte Konzept einer qualifikationsförderlichen Arbeitssystemgestaltung basiert auf der Definition vollständiger Arbeitsaufgaben, mit planenden, organisierenden, ausführenden und kontrollierenden Anteilen. Die Möglichkeiten der Gestaltung qualifikationsförderlicher Arbeit durch komplexe Arbeitsaufgaben scheitert oftmals daran, daß Gruppenarbeit in eng begrenzten Abschnitten und Bereichen eingeführt wird. Erst eine Betrachtung der produktbezogenen Ablaufprozesse führt zu vertikalen Integrationskonzepten, bei denen klassische Abteilungsgrenzen überwunden und Planungstätigkeiten integriert werden können. In dezentralen Organisationsstrukturen kommt es zunehmend darauf an Qualifikationen zu entwickeln und zu entfalten, sowie diese aufgaben- und problemadäquat einzusetzen.

Die erfolgreiche Einführung von Gruppenarbeit erfordert eine frühzeitige Einbindung der Mitarbeiter im Planungs- und Umsetzungsprozeß. Je stärker die Reorganisation von den Betroffenen getragen und beeinflußt wird, desto höher ist die Akzeptanz bzw. Identifikation mit den notwendigen Veränderungen. Bei kontinuierlicher Unterstützung durch das Management entstehen auf diese Weise in der Montage lern- und entwicklungsfähige Organisationsstrukturen, die sich flexibel an veränderte Anforderungen anpassen können.

4.3 Betriebliche Folgen veränderter Altersstrukturen in der Montage

4.3.1 Problemlage

Demographischer Wandel

Der zukünftige Verlauf der Bevölkerungsentwicklung ist mit drei Größen zu kennzeichnen: der Geburtenentwicklung, der Sterblichkeitsrate und der Außenwanderung. Ebenso wie in Deutschland sind in den meisten Industrieländern die folgenden langfristigen Trends zu beobachten:

– Bisher ein starker Geburtenrückgang – ein weiterhin niedriges Geburtenniveau wird erwartet.
– Bisher ein stetiger Anstieg der durchschnittlichen Lebenserwartung.
– Der zukünftige Umfang der Außenwanderungen ist kaum abzuschätzen.

Parallel zur Altersentwicklung der deutschen Bevölkerung verläuft die längerfristige Entwicklung der Altersstruktur des gesamtdeutschen Erwerbspersonenpotentials. Die Enquete-Kommission *Demographischer Wandel* des deutschen Bundestages kommt zu folgender Einschätzung: „Zusammenfassend bleibt festzuhalten, daß das Erwerbspersonenpotential - nach einer Stagnation bzw. einem relativen Anstieg bis etwa zum Jahr 2010 - in erheblichem Maße sinkt und im Jahr 2030 weit unter dem Ausgangsniveau zu Beginn der 90er Jahre liegen wird. Gleichzeitig findet eine demographisch bedingte Verschiebung in der Altersstruktur der Erwerbspersonen statt.“. [4.18]

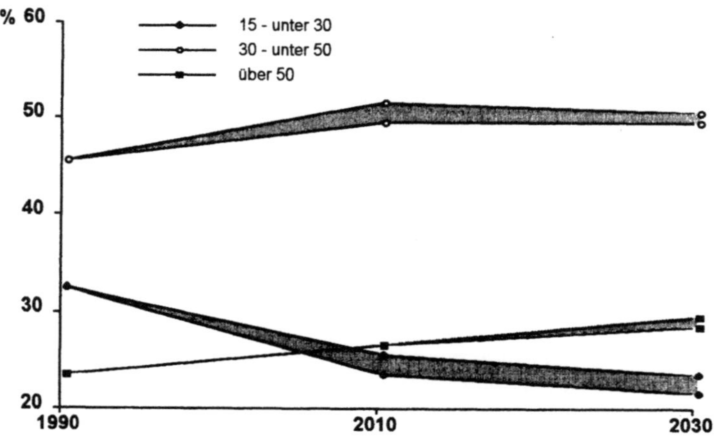

Abb.4.31. Prozentualer Anteil von drei Altersgruppen am gesamtdeutschen Erwerbspersonenpotential. [4.19]

Aus Abb. 4.31 wird deutlich, wie sich bei relativ konstantem Anteil der 30- bis 50jährigen die Relation zwischen jüngeren und älteren Erwerbspersonen umkehrt. Die durch die grauen Flächen markierten geringen Streuungen in den Potentialprojektionen resultieren aus unterschiedlichen Annahmen über die Entwicklung von geschlechtsspezifischen Erwerbsquoten und Wanderungssalden. Ungeachtet der Über- oder Unterschätzung des Anteils einer Altersgruppe am gesamtdeutschen Erwerbspersonenpotential um einige Prozentpunkte handelt es sich bei den altersstrukturellen Verschiebungen um einen sehr stabilen Prozeß. [4.20] Zuwanderungen können den Trend zu einem alternden Erwerbspersonenpotential zwar zeitlich variieren, aber nicht umkehren.

Konsequenzen für die Betriebe

Ein alterndes und langfristig schrumpfendes Erwerbspersonenpotential wird sich in veränderten Belegschaftsstrukturen niederschlagen.

- Es stehen weniger junge Nachwuchskräfte auf dem Arbeitsmarkt zur Verfügung.
- Die Betriebe müssen, um ihren Personalbedarf zu decken, ihre Mitarbeiter länger beschäftigen, als derzeit üblich.
- Die nach dem Rentenreformgesetz von 1992 geplante schrittweise Heraufsetzung der Lebensarbeitszeit auf 65 Jahre ab dem Jahr 2001 steht in einem Zielkonflikt mit der heutigen Praxis der Frühverrentung älterer Arbeitnehmer.

In der gegenwärtigen Situation ist die Sensibilisierung der Unternehmen für die zukünftigen Auswirkungen des soziodemographischen Wandels eher gering. Ein verstärkter Wettbewerb, ein gebremstes Wachstum und vielfältige Rationalisierungsmaßnahmen führen zu Personalabbau. Eine Gefahr der Überalterung scheint nicht zu bestehen, sinkt mit dem Ausscheiden der Vorruheständler doch auch das durchschnittliche Lebensalter der Belegschaft. Da aber kaum Neueinstellungen getätigt werden und bei Stellenabbau nach dem Sozialplan eher jüngere Mitarbeiter entlassenen werden, vergrößert sich (zumindest in den alten Bundesländern) derzeit der prozentuale Anteil der Alterskohorte der 40–55jährigen in vielen Betrieben. Eine verkürzte Tätigkeitsdauer ergibt sich allerdings nicht nur in Folge eines vorgezogenen Ruhestandes, sondern darüber hinaus in einem erheblichen Ausmaß durch Berufs- und Erwerbsunfähigkeit.

Bei einer beispielhaften Hochrechnung der Altersstrukturdaten eines Betriebes der Automobilindustrie um 5 Jahre zeigt sich schon in diesem Jahrzehnt eine deutliche Altersverschiebung der Belegschaft (vgl. Abb. 4.32). Zur Vereinfachung wurden Fluktuation und Ersatz nicht berücksichtigt. Da aber in der Regel die älteren, auf dem Arbeitsmarkt schwerer zu vermittelnden Mitarbeiter das Unternehmen nicht mehr verlassen, sondern eher die Jüngeren, ist bei einer solchen Hochrechnung tendenziell mit einer Unterschätzung der zukünftigen Altersentwicklung zu rechnen. Für 1992 liegt die Altersstruktur der Leistungsgewandelten des genannten Betriebes vor. Ihr Anteil steigt mit dem Alter kontinuierlich an. In der Altersklasse über 45 Jahre sind es über 20%. Nach Birkholz wurden 1991 über 50% der medizinisch begründeten Arbeitswechselmaßnahmen in diesem Automobilunternehmen aufgrund von Einschränkungen im Bereich des Bewegungsapparates vorgenommen.

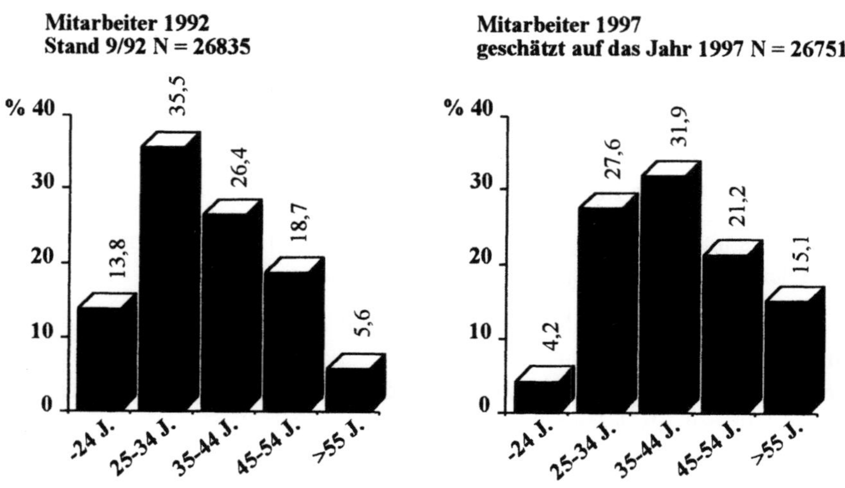

Abb.4.32.Altersstruktur Mitarbeiter Audi AG Ingolstadt. [4.21]

Birkholz kommt zu dem Schluß: Die Bewältigung der Arbeitsanforderungen der Zukunft im Betrieb mit älteren Arbeitnehmern erfordert Strategien auf folgenden Ebenen [4.21]:

- Gesundheitsschutz
- Arbeitsplatzgestaltung
- Arbeitsorganisation
- Qualifikation

Konsequenzen für die Serienmontage

Bezüglich der Prämisse, daß den Betrieben in Zukunft weniger jüngere Mitarbeiter zur Verfügung stehen, sind vier prinzipielle Bewältigungsmuster denkbar:

- Eine *verstärkte Automatisierung*, so daß sich der quantitative Bedarf an Arbeitskräften verringert.
  Die flexible Montageautomatisierung vollzieht sich deutlich langsamer als prognostiziert. Trotz verstärkter Anstrengungen der flexiblen Automatisierung, der Integration von Produkt- und Prozeßgestaltung, der Reorganisation der Geschäftsprozesse sowie der Veränderung der innerbetrieblichen Arbeitsteilung und der Informatisierung ist derzeit kein einheitliches Rationalisierungsmuster

absehbar. [4.22] Außerdem verringert sich je nach Art der Automatisierung vor allem der Anteil an manuellen Fügeaufgaben. Bestehen bleiben auf jeden Fall Wartungs- und Überwachungsaufgaben, welche oftmals Qualifikationen über dem Angelerntenniveau erfordern. Der Betrieb benötigt in diesem Fall weniger, aber besser ausgebildete Mitarbeiter und konkurriert um Arbeitskräfte, die es bisher, aufgrund des niedrigen Prestiges der Serienmontage, vorzogen in der Fertigung oder in indirekten Bereichen zu arbeiten.

– Eine *erhöhte Frauenquote* in der Montage.
Die Serienmontage ist bereits heute von einem sehr hohen Frauenanteil gekennzeichnet. Die Frauen an den von uns analysierten Arbeitsplätzen arbeiten überwiegend in reinen Montage- oder Bedientätigkeiten auf Angelerntenniveau. Eine Erhöhung der Frauenquote in der Serienmontage ist nur wahrscheinlich, wenn Frauen mit einer Ausbildung in den Metall- und Elektroberufen rekrutiert werden, da Montagen tendenziell unter Facharbeitermangel leiden.

– Der verstärkte *Einsatz von Zuwanderern*.
Der quantitative Anteil von Zuwanderungen und ihre potentielle Alterszusammensetzung ist stark von der zukünftigen Einwanderungspolitik und der gesellschaftspolitischen Akzeptanz abhängig und damit schwer abschätzbar. Aufgrund der soziodemographischen Entwicklung innerhalb der EU ist hier in erster Linie an den Einsatz von Zuwanderern aus Nicht-EU-Ländern zu denken, was jedoch vermutlich nicht ohne massive Qualifizierungsanstrengungen und damit Kosten erfolgen könnte.

– Eine *verlängerte Tätigkeitsdauer* der Mitarbeiter in der Montage.
Die Unternehmen werden vor der schwierigen Aufgabe stehen, die Anforderungen der Zukunft mit dem Leistungspotential der älter werdenden Mitarbeiter von heute bewältigen zu müssen. Dies kann nur dann gelingen, wenn frühzeitig geeignete Strategien entwickelt und Maßnahmen ergriffen werden, um Arbeitssysteme so zu gestalten, daß sie einerseits den Anforderungen durchschnittlich älterer Belegschaften gerecht werden und daß andererseits die Leistungsfähigkeit der zur Zeit Beschäftigten gefördert und auf Dauer erhalten wird.

Aus arbeitswissenschaftlicher Sicht ist insbesondere das Bewältigungsmuster einer verlängerten Tätigkeitsdauer von den Betrieben beeinflußbar. Deshalb wird im weiteren folgenden Leitfragen nachgegangen:

– *Wie sieht die prinzipielle Leistungsfähigkeit älterer Erwerbspersonen aus?*
– *Wie muß ein Arbeits- und Gesundheitsschutz aussehen, der eine verlängerte Erwerbsbiographie ermöglicht?*
– *Wie müssen Montagesysteme gestaltet werden, um mit altersstrukturell veränderten Belegschaften betrieben werden zu können?*
– *Welche Qualifizierungs- und Personalentwicklungsstrategien sind notwendig, um die Innovations- und Leistungsfähigkeit der Mitarbeiter zu erhalten?*

4.3.2   Ist-Zustand in der Serienmontage

Einschätzung des demographischen Wandels und der Leistungsfähigkeit Älterer durch das Management

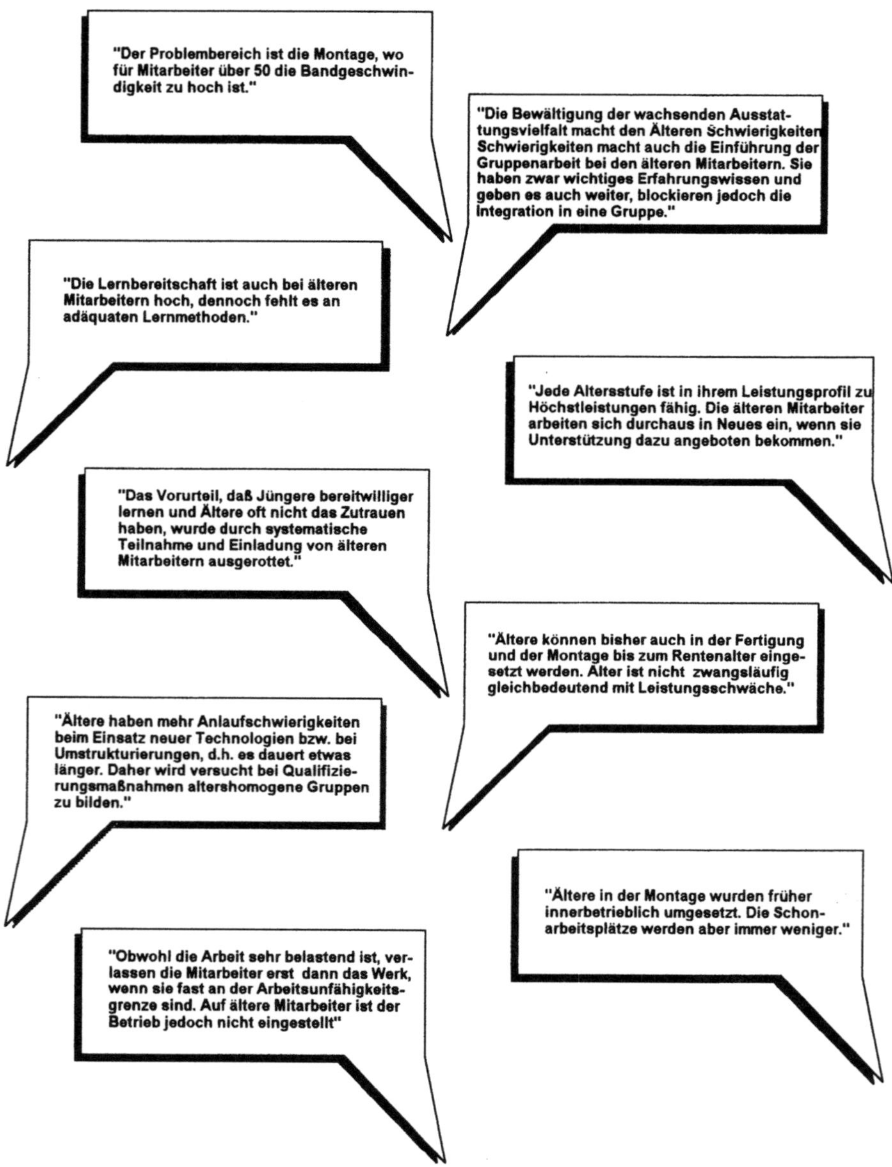

Abb.4.33. Einschätzung älterer Mitarbeiter durch das Management

Um die heutige Praxis der Unternehmen bezüglich des Einsatzes älterer Mitarbeiter und ihre Einschätzung zukünftig alternder Belegschaftsstrukturen zu charakterisieren, wurden explorative Interviews mit Produktions- und Personalleitern von Montagebetrieben vor allem aus der Automobil- und Maschinenbaubranche qualitativ ausgewertet (einige der Aussagen sind in Abb. 4.33 wiedergegeben) und zu einem Überblick verdichtet. (zur Methode [4.23])

Durchgängig wird in den Interviews die derzeit jugendzentrierte Rekrutierungspolitik der Betriebe deutlich. Insbesondere in Betrieben mit getakteten Fließmontagen wird bewußt auf jüngere Mitarbeiter gesetzt. Eine Verweildauer in solchen Arbeitssystemen bis zur Rente wird in vielen Betrieben als unrealistisch angesehen. Altersspezifische Arbeitsplätze gibt es in den Betrieben immer weniger und Umsetzungen Älterer aus der Montage sind kaum noch möglich, da es Schonarbeitsplätze nicht mehr gibt.

Der Altersdurchschnitt der Belegschaft wird im Zuge von Rationalisierungsmaßnahmen oftmals über Frühverrentung bzw. Aufhebungsverträge gesenkt. Es ist den Verantwortlichen unklar, was sein wird, wenn dieses personalpolitische Instrument wegfällt. Als ebenso problematisch, wie das zukünftig steigende Durchschnittsalter in der Montage, wird allerdings auch die Überalterung der Führungskräfte angesehen. Deutlich zeigt sich weiterhin das Interesse an einer Flexibilisierung der Lebensarbeitszeit insbesondere an Wegen eines gleitenden Übergangs in die Rente.

Für die Weiterbildung der Arbeitnehmer wird von verschiedenen Gesprächspartnern derzeit eine Schallgrenze von 45 Jahren angegeben. Personalentwicklung wird vornehmlich für Jüngere betrieben. Einhellig wird jedoch die zunehmende Bedeutung einer generellen Mitarbeiterqualifizierung herausgestellt. Allgemein wird ein Mangel an adäquaten Qualifizierungsmethoden beklagt. Nach den Vorstellungen der Befragten sollte die Fortbildung altershomogen sein, um die unterschiedlichen Vorkenntnisse und Lerngeschwindigkeiten Älterer und Jüngerer besser berücksichtigen zu können.

Viele der Betriebe haben bei der Einführung von Gruppenarbeit Schwierigkeiten mit der Integration Älterer. Es werden teilweise bewußt altersgemischte Gruppen gebildet, um die Weitergabe des Erfahrungswissen der Älteren zu sichern.

Qualifikationsanforderungen und Belastungen in der Montage

Unsere Untersuchung von 21 Montagesystemen unterschiedlicher Branchen, mit einem breiten Spektrum an Produkten, repräsentiert 464 Arbeitsplätze in der Serienmontage. Sie beschränkt sich auf eine Betrachtung der objektiven Arbeitsbedingungen, da davon auszugehen ist, daß Mitarbeiter mit chronifizierten Beschwerden oder fehlenden Leistungsvoraussetzungen frühzeitig aus den Arbeitssystemen ausscheiden.

Unter Verwendung des Tätigkeitsbewertungssystems (TBS) konnte in einer früheren Analyse ein durchschnittlich niedriges qualifikatorisches Anforderungsniveau der Montagearbeit - in der Stichprobe sind neben 54,4% reinen Montagetätigkeiten Bedienen, Überwachen, Prüfen, Reparieren und sonstige Hilfstätigkeiten enthalten - festgestellt werden (siehe Abb. 4.34). Insbesondere im Bereich der Denkanforderungen und der Lernanreize zeigt sich eine deutliche Unterforderung. Dies bedeutet, daß es bei langfristiger Ausübung solcher Tätigkeiten zum dauerhaften Abbau von Qualifikationen kommt. [4.4] (vgl. auch Kapitel 4.2).

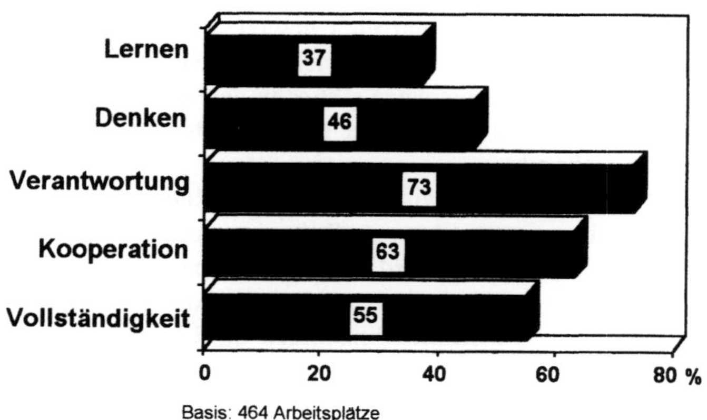

Abb.4.34. Mittelwert der fünf TBS-Dimensionen über 464 Arbeitsplätze. *Ein Erreichen des Mindestwertes, was einem Skalenwert von 100% entspricht, impliziert, daß die durchschnittliche Qualifikationsausstattung der Mitarbeiter durch die Arbeitsaufgabe abgefordert wird.*

Festgehalten werden kann, daß die derzeitige Gestaltung der Arbeitsaufgaben in der Serienmontage die vollständige Nutzung qualifikatorischer Ressourcen behindert. Oftmals fehlt eine dynamische Qualifikationserweiterung im Sinne der Herausbildung von Lernprozessen im Arbeitsvollzug. Diese Tatsache ist als problematisch einzustufen, da niedrige Qualifikationsanforderungen eine nicht zu unterschätzende Wirkung auf die langfristige Persönlichkeitsentwicklung der Mitarbeiter haben. Wie Kohn anhand von Längsschnittstudien nachweist, beeinflußt die inhaltliche Komplexität der Arbeit die geistige Beweglichkeit der Beschäftigten erheblich. [4.24]

Neben den qualifikatorischen Anforderungen und Entwicklungsmöglichkeiten ist von Interesse, inwiefern eine längere Verweildauer der Mitarbeiter in der Serienmontage durch Belastungen negativ beeinflußt wird. Es ist davon auszugehen, daß ein Mindestumfang und eine Mindestvielfalt an körperlichen Anforderungen, bedingt durch die ausgelösten Aktivierungsvorgänge, nicht nur einen gesundheits- sondern auch einen leistungs- und stimmungsförderlichen Aspekt haben.

Wie unsere Analysen zeigen, sind fast 60% der Arbeitsplätze von Bewegungs- und Haltungseinförmigkeit in Kombination gekennzeichnet (Tabelle 4.3).

Tabelle 4.3. Bewegungs- und Haltungsvielfalt (Basis: 464 Arbeitsplätze)

		Haltungen	
		einförmig	wechselnd
Bewegungen	einförmig	58,4%	10,8%
	wechselnd	18,3%	12,7%

Einförmigkeit liegt dann vor, wenn eine Haltung wie z.B. das Stehen und ein gleichförmiger Bewegungsablauf z.B. der Arme in mehr als 6 Stunden der Arbeitszeit auftritt. Nur bei 12,7% der Arbeitsplätze tritt körperliche Abwechslung auf, d.h. eine Abwechslung von verschiedenen Körperhaltungen und Bewegungsformen.

Die in der Serienmontage auftretenden körperlichen Belastungen wurden mit einem Screening-Instrument in Anlehnung an das AET (Arbeitswissenschaftliches Erhebungsverfahren zur Tätigkeitsanalyse von Rohmert [4.25]) differenziert (siehe Abb.4.35).

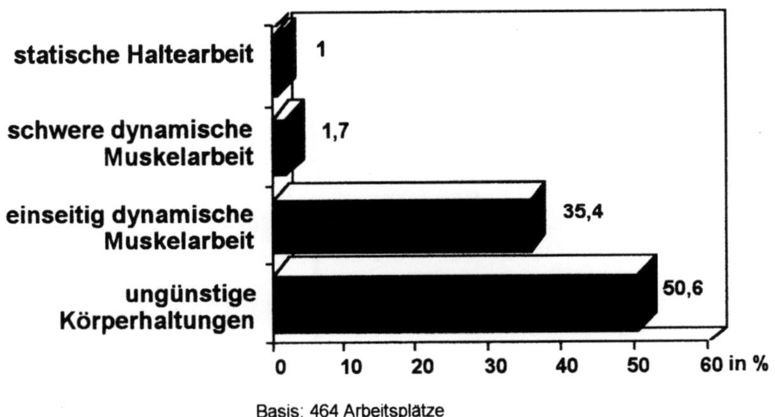

Abb.4.35. Anteil der Arbeitsplätze, an denen eine Belastungsart länger als 2/3 der Arbeitszeit aufgetreten ist

Auffällig ist der hohe Anteil an ungünstigen Körperhaltungen bzw. betriebsmittelbedingten Zwangshaltungen, wie z.B. gebeugtes Stehen. An über einem Drittel der Arbeitsplätze ist über längere Zeit einseitig dynamische Muskelarbeit durchzuführen wie z.B. bei manueller Leiterplattenbestückung. Bei 2/3 der Arbeitsplätze treten die Belastungen in Kombination auf. Bei 15,5% der Arbeitsplätze erstreckt sich die kombinierte Belastung über mehr als 2/3 einer Schicht. Aus diesen Ergebnissen läßt sich die allgemeine Schlußfolgerung ziehen:

Mitarbeiter, welche in der Serienmontage älter werden, sind tendenziell lernungewohnt und es besteht die Gefahr der Dequalifizierung. Aufgrund der einseitigen körperlichen Belastung ist mit gesundheitlichen Problemen zu rechnen, die einer länger ausgedehnten Tätigkeitsdauer in der Montage entgegenstehen.

4.3.3   Altersadäquate Montagegestaltung

Sollen präventiv altersgerechte bzw. leistungserhaltende Arbeitsplätze und Arbeitssysteme geschaffen werden, müssen Erkenntnisse über altersabhängige Veränderungen der psychischen und physischen Leistungsfähigkeit bereits in der Montageplanung berücksichtigt werden. Dies erfordert die Entwicklung eines Planungsmodells zur altersgerechten Montagegestaltung sowie die Berücksichtigung von physiologisch und psychologisch begründeten Gestaltungsgrundsätzen in der Montageplanung (siehe. Abb.4.36).

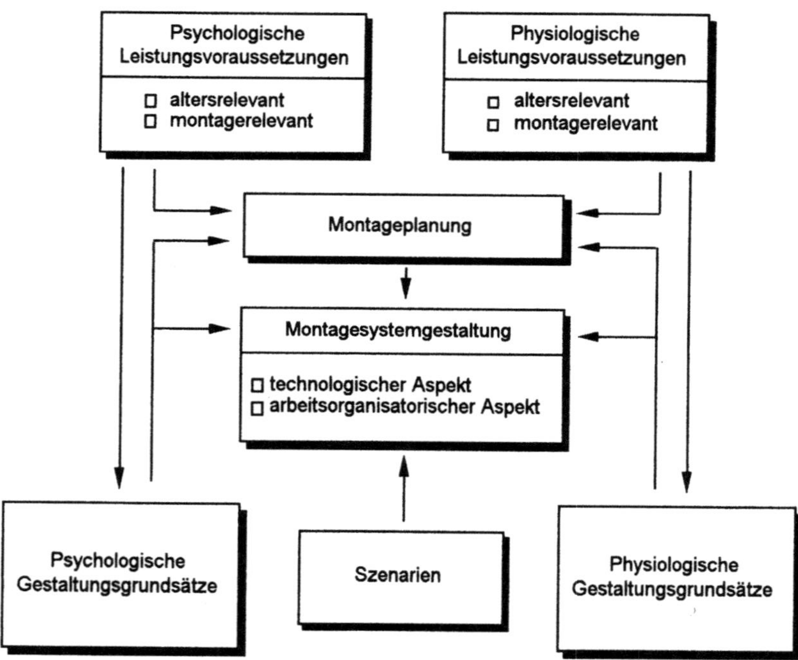

Abb.4.36. Forschungsdesign

Desweiteren ist zu berücksichtigen, daß sich ein Trend zur flexiblen und teilautomatisierten Montage abzeichnet. Die Entscheidung für eine flexible Montageautomatisierung erfolgt dabei auf der Grundlage von technologischen und ökonomischen Überlegungen und nur sehr selten unter anthropozentrischen Aspekten. Sie zieht jedoch erhebliche Konsequenzen für die Arbeitsaufgabengestaltung und die Arbeitsorganisation nach sich und bestimmt auf diesem Weg die Anforderungen, die an die Leistungsfähigkeit der Beschäftigten gestellt werden. Wir gehen von zwei Grundannahmen aus:

1. Ältere Arbeitnehmer sind leistungsfähig - vorausgesetzt ihre Leistungsfähigkeit wird durch präventive Arbeitsgestaltung erhalten.

In der gerontologischen Fachliteratur wird die grundsätzliche berufliche Leistungsfähigkeit älterer Arbeitnehmer nicht in Frage gestellt. [4.26] Und die betriebliche Praxis zeigt, daß ältere Arbeitnehmer durchaus auch für besonders anspruchsvolle Tätigkeiten herangezogen werden, die z.B. Erfahrung, Fingerspitzengefühl, Sorgfalt und Genauigkeit erfordern.

2. Präventive Arbeitsgestaltung muß integrativ in die Entwicklungs-, Konstruktions- und Planungsphasen von Arbeitsmitteln und -prozessen einfließen.

Da eine präventive Arbeitsgestaltung der korrektiven Arbeitsgestaltung überlegen ist, muß für die Montageprozeßgestaltung eine Planungssystematik zur iterativen Integration von altersrelevanten Parametern entwickelt werden, welche die gesamte Erwerbsspanne der Beschäftigten berücksichtigt.

Ältere Arbeitnehmer, die sich kontinuierlich veränderten Anforderungen anzupassen haben und während ihres beruflichen Werdeganges ständig ihre kognitiven und sozialen Fähigkeiten weiterentwickeln konnten, verfügen auch im hohen Lebensalter über die Voraussetzungen, sich den rasch veränderten Arbeits- und Lernanforderungen anzupassen. Bei der präventiven Arbeitsgestaltung sind folglich zwei parallele Strategien zu verfolgen:

- die arbeitslebenslange Förderung der psychischen und physischen Leistungsfähigkeit der Arbeitnehmer
- Arbeitsgestaltung für ältere Arbeitnehmer unter Nutzung ihrer spezifischen Leistungsvoraussetzungen.

Beides setzt die Kenntnis der psychischen und physischen Leistungsfaktoren und der sie bedingenden Einflußfaktoren voraus.

Psychische Leistungsvoraussetzungen

In der Auffassung vieler Personalleiter und Vorgesetzter zeichnen sich ältere Mitarbeiter gegenüber ihren jüngeren Kollegen u.a. durch größere Erfahrung, Sorgfalt und Zuverlässigkeit, Ausgeglichenheit und Beständigkeit, ein stärker ausgeprägtes Verantwortungsbewußtsein und ein geschärftes Urteilsvermögen aus. Inwieweit es sich hierbei um Stereotype oder tatsächliche Verhaltens- bzw. Leistungsunterschiede handelt ist unklar.

Tabelle 4.4. Empirische Befunde zur altersabhängigen Veränderung ausgewählter psychologischer Funktionen. *Sind mehrere Spalten markiert, kommen verschiedene Untersuchungen zu unterschiedlichen Ergebnissen (deutliche (--) / leichte (-) Abnahme, keine Veränderung (0), leichte (+) / deutliche (++) Zunahme der Leistungsfähigkeit).*

Merkmal	Beschreibung	Empirische Befunde					Montagerelevanz (Beispiele)
		--	-	0	+	++	
Reaktionsfähigkeit	Möglichkeit, auf Reize schnell und richtig zu reagieren	■	■	■			Überwachen, Arbeitssicherheit
Wahrnehmung	Aufnahme, Verarbeitung und Interpretation von Reizen	■	■	■			sämtliche Montagetätigkeiten
Aufmerksamkeit	Vermögen, sich bestimmten, relevanten Reizen selektiv zuzuwenden		■	■			Fügen, Justieren, Prüfen, Überwachen
Vigilanz, Daueraufmerksamkeit	Bereitschaft, zufallsmäßig auftauchende Veränderungen in der Umwelt zu erkennen und darauf zu reagieren		■				Überwachen, Varianten- / Typenwechsel, Montieren nach Bauplan
Kurzzeitgedächtnis	Kapazität: ca. 5–9 Einheiten, Speicherdauer : bis ca. 1 Minute	■	■	■			Handlungssteuerung, Lernen
Langzeitgedächtnis	Kapazität: unbegrenzt, Speicherdauer: lebenslang, Zugriff jedoch manchmal blockiert		■	■	■	■	relevante Kenntnisse, z.B. Materialeigenschaften
Lernfähigkeit	Kapazität, Leichtigkeit des Lernens, Nachhaltigkeit, Anregbarkeit, Lernbereitschaft, etc.	■	■	■	■		Umstellung auf neue Produkte oder Verfahren
Problemlösen	Auffinden eines vorher nicht bekannten Weges zu einem gewünschten Endzustand		■	■	■		Instandhaltung, Fehlerbehebung
Kreativität	Fähigkeit und Bereitschaft zur Innovation		■	■			Verbesserungsvorschläge
Kristalline Intelligenz	z.B. verbales Verständnis, mech. Kenntnisse, Allgemeinwissen (lernabhängig)		■	■	■		Anweisungen verstehen, Pläne lesen, Fehlerbehebung
Fluide Intelligenz	z.B. Abstraktions-, Assoziationsfähigkeit, Gedächtnisspanne (lernunabhängig)	■	■	■			Umstellen bei Produktänderungen, Erfahrungstransfer
Soziale Kompetenzen	Befähigung sich selbst zu helfen und soziale Kontakte aufzubauen		■	■	■	■	Kommunikation und Kooperation

Der Schwerpunkt der psychologischen und gerontologischen Forschung konzentriert sich auf die Entwicklung kognitiver Leistungsmerkmale und die .Veränderung der Persönlichkeit im Alter. Persönlichkeitsmerkmale, wie z.B. Extraversion/Introversion (Ausrichtung des Denkens, Fühlens und Handelns nach Außen/Innen), Neurotizismus (Emotionale Stabilität), Selbstkonzept oder Kontrollüberzeugungen bleiben, wie viele Untersuchungen mit großer Übereinstimmung zeigen, auch in höherem Alter weitgehend stabil. [4.27]

Ein differenzierteres Bild ergibt sich hingegen für die kognitiven Leistungsmerkmale. Tabelle 4.4 zeigt eine Zusammenstellung einschlägiger Untersuchungsergebnisse, die im Rahmen einer Literaturstudie [4.28] nach den Gesichtspunkten:

a) Relevanz des Faktors für die berufliche Leistungsfähigkeit (in der Montage) und

b) Vorliegen von Erkenntnissen über die Altersveränderlichkeit

ausgewählt worden sind.

Wenngleich angenommen werden muß, daß es kognitive Mechanismen gibt, die bei allen Menschen einem Altersabbau unterliegen, gibt es eine erhebliche interindividuelle Variationsbreite (vgl Abb. 4.37), die vor allem auf den Einfluß der individuellen und sozialen Lebensbedingungen und der Arbeitsbedingungen zurückzuführen ist. [4.29] Altern ist kein unveränderlicher Prozeß, es ist u.a. ein Resultat menschlichen Handelns und kann durch entsprechende Maßnahmen beeinflußt werden.

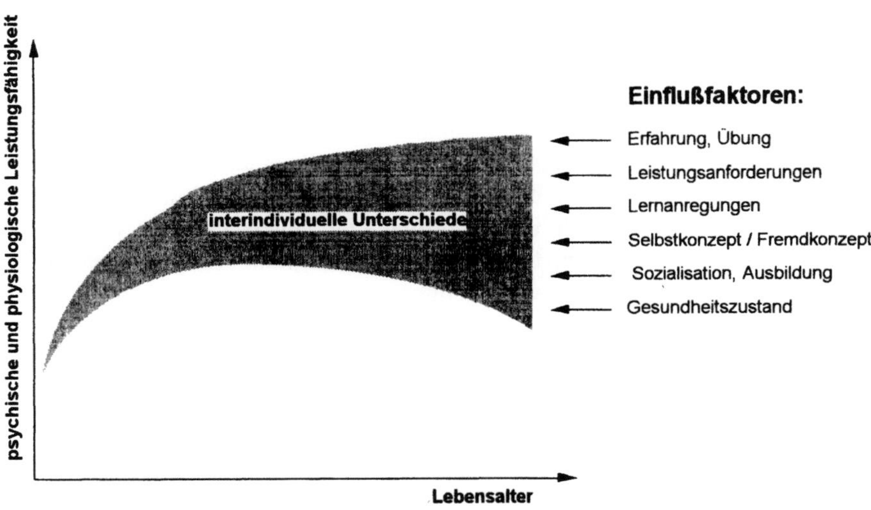

Abb.4.37. Interindividuelle Unterschiede der Leistungsfähigkeit älterer Menschen

Tabelle 4.5. Einfluß externer Faktoren auf die Ausprägung psychischer Leistungsvoraussetzungen. *Die Markierungen zeigen in der Literatur belegte Einflüsse an.*

Merkmal	Einflußfaktoren								
	Vererbung	Geschlecht	Gesundheitszustand	Sozioökonomischer Status	Ausbildung, Sozialisation	Übung, Training	Selbst-/Fremdeinschätzung	Zeitdruck	Leistungsmotivation
Reaktionsfähigkeit		■	■	■	■	■	■	■	■
Wahrnehmung	■	■	■	■	■	■	■	■	
Aufmerksamkeit	■		■				■		■
Vigilanz			■				■		
Kurzzeitgedächtnis			■			■	■	■	■
Langzeitgedächtnis			■			■	■	■	■
Lernfähigkeit	■		■	■	■	■	■	■	■
Problemlösen			■		■	■	■	■	
Kreativität			■			■	■	■	■
Intelligenz	■	■	■	■	■	■	■	■	
Soziale Kompetenzen		■	■	■	■	■			■

Bei der Betrachtung der empirischen Befunde fällt auf, daß die Studien nicht selten zu gegenläufigen Resultaten kommen. Für das Merkmal *Lernfähigkeit* beispielsweise reicht die Spannbreite der Resultate von einer deutlicher Abnahme der Leistungsfähigkeit Älterer bis hin zu einer leichten Zunahme. Hierfür sind zum Teil methodische Gründe verantwortlich - die Untersuchungen wurden mit unterschiedlicher Zielsetzung, theoretischem Hintergrund, Erhebungsmethodik, Versuchspersonenauswahl, etc. vorgenommen, zum Teil wurden inhaltlich unterschiedliche Schwerpunkte gesetzt.

Eine zentrale Erkenntnis der psychologisch-gerontologischen Forschung ist, daß Alterungsprozesse differentiell verlaufen und die Entwicklung des psychischen Leistungspotentials eines Menschen von einer Vielzahl von Faktoren beeinflußt wird (siehe Tab. 4.5).

Grob vereinfachend lassen sich aus den empirischen Untersuchungen zur psychischen Leistungsfähigkeit die folgenden Aussagen ableiten:

- Bei älteren Menschen ist häufig eine Abnahme der Reaktionsfähigkeit, der Wahrnehmungsleistung und eine Verlangsamung der kognitiven Verarbeitungsprozesse zu beobachten, diese Leistungsdefizite gilt es durch geeignete Maßnahmen der Arbeitssystemgestaltung aufzufangen.

– Leistungsvoraussetzungen wie Gedächtnis, Kreativität, Problemlösefähigkeit, Intelligenz, soziale Kompetenzen oder Copingstrategien (Streßbewältigung) sind in hohem Maße von den Anregungsbedingungen abhängig, denen ein Individuum im Laufe seines (Berufs-) Lebens ausgesetzt ist. Sie können durch gezielte Förderung erhalten beziehungsweise aufgebaut werden.

Bei der Interpretation dieser Ergebnisse ist zu beachten, daß selbst wenn bei einem älteren Menschen Defizite in einigen Leistungsmerkmalen festgestellt werden, dies nicht unbedingt bedeuten muß, daß dieser Mensch den beruflichen Aufgaben nicht mehr gewachsen ist. Leistungsdefizite aus einem Bereich können durch Fähigkeiten und Fertigkeiten aus einem anderen Bereich kompensiert werden. Eine reduzierte Gedächtnisspanne (Anzahl der Elemente, die gleichzeitig im Kurzzeitgedächtnis gehalten werden können) kann durch Chunckingstrategien (Zusammenfassung kleinerer Elemente zu größeren Merkeinheiten) ausgeglichen werden und verlangsamte kognitive Verarbeitungsprozesse lassen sich teilweise durch automatisierte Handlungsabläufe und den Einsatz von Heuristiken kompensieren.

Obgleich bezüglich der Altersveränderlichkeit psychologischer Parameter und deren Auswirkungen auf die Leistung im beruflichen Alltag noch *erheblicher Forschungsbedarf* besteht, können aus den vorliegenden empirischen Befunden erste Hinweise für eine altersadäquate Montageprozeß- und -systemgestaltung abgeleitet werden:

– Die Leistungsfähigkeit vieler Älterer ist unter Zeitdruck eingeschränkt. Um Zeitdruck zu vermeiden, dürfen sich Vorgabezeiten nicht an einer ausschließlich jungen Belegschaft ausrichten. Arbeitsplätze sollten möglichst nicht durch kontinuierliche oder getaktete Fördermittel verkettet sein. Eine Entkopplung der Arbeitskräfte vom Arbeitsmittel z.B. durch Puffer, kann dafür sorgen, daß maschinen- und taktgebundene Arbeitstempi vermieden werden.

– Bei der Aufteilung der Arbeitssystemaufgabe auf einzelne Tätigkeiten ist darauf zu achten, daß jeder Arbeitsinhalt unterschiedliche qualifikatorische Anforderungen enthält, damit die erworbenen Fähigkeiten und Fertigkeiten des Arbeitnehmers nicht verkümmern, sondern auf Dauer erhalten bleiben.

– Das Arbeitssystem muß ein Mindestmaß an Handlungs- und Entscheidungsspielräumen gewähren, damit die Erfahrung, das Wissen und die soziale Kompetenz Älterer zur Entfaltung kommen können.

– Die Lernfähigkeit eines Menschen kann nur durch kontinuierliche Übung erhalten werden. Qualifizierungsmaßnahmen sollten sich auf die gesamte Erwerbsbiographie erstrecken und nicht nur auf Jüngere konzentrieren, um Lernungewohntheit und -angst erst gar nicht aufkommen zu lassen.

Arbeitsphysiologische Leistungsvoraussetzungen

Das Risiko eines männlichen, pflichtversicherten Arbeiters vor Vollendung des 60. Lebensjahres infolge von Krankheit oder Behinderung BU/EU-berentet zu werden liegt bei 32 % (männliche Angestellte 15%). [4.30] Dieses Risiko steigt mit zunehmendem Alter steil an, wobei die Variable Alter weitgehend als Platzhalter für die Kumulation gesundheitlicher Schäden und Verschleißerscheinungen im Rahmen einer längeren Tätigkeitsausübung angesehen werden kann.

Medizinische Gründe für eine vorzeitige Erwerbs- bzw. Berufsunfähigkeitsberentung liegen bei Männern und Frauen mit jeweils über 20% in der Krankheitsgruppe des Skeletts, der Muskeln und des Bindegewebes. Weiterhin haben bei den Männern Krankheiten des Kreislaufsystems und bei den Frauen psychiatrische Krankheiten, einschließlich Suchtkrankheiten, eine erhebliche Bedeutung für das vorzeitige Ausscheiden aus dem Arbeitsleben (Abb. 4.38).

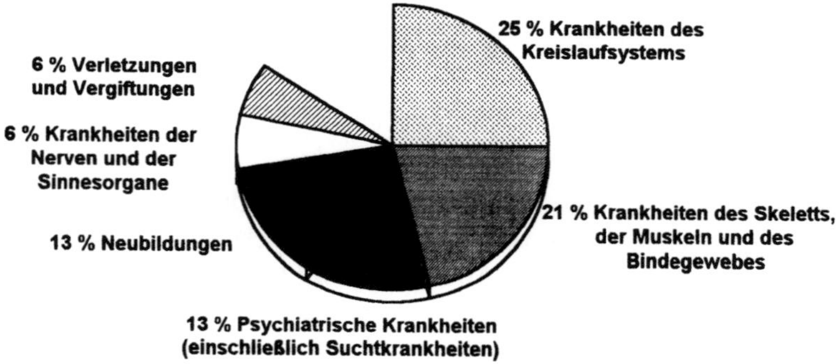

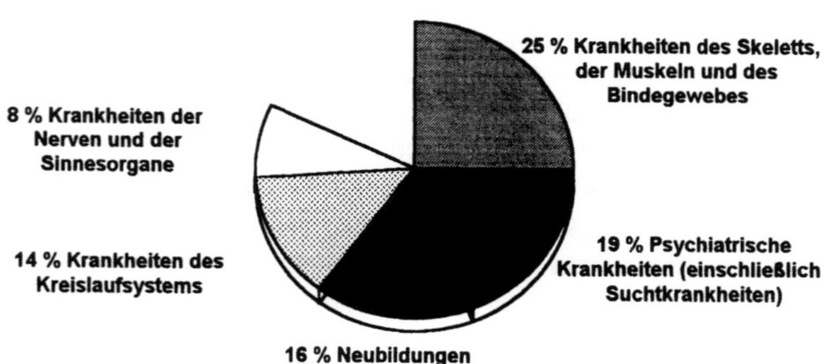

Abb.4.38. Bedeutung von Krankheitsursachen für EU/BU Verrentungen, nach dem Personenjahrkonzept (gemessen am Gesamtverlust an Erwerbsjahren bis zum Alter von 60J.), Graphik nach Schuntermann [4.30]

Präventive Arbeitsgestaltung - aus arbeitsphysiologischer Sicht - muß darauf abzielen:

- negative Beanspruchungsfolgen in Form von bleibenden Schäden und arbeitsbedingten Erkrankungen zu vermeiden und
- unter physiologisch-funktionsbezogenen Kennwerten sowie Dauerbeanspruchungs- und Schädigungsgrenzwerten im Arbeitsvollzug zu bleiben.

Generell ist mit zunehmendem Alter ein Abbau zentraler Körperfunktionen festzustellen. Dies gilt beispielsweise für die Muskelkraft, die Geschicklichkeit, das Herzminutenvolumen sowie die Seh- und Hörfähigkeit. Die Tabellen 4.6 und 4.7 zeigen einen Überblick einschlägiger physiologischer Befunde. [4.31]

Tabelle 4.6. Altersbedingte Veränderungen physiologischer Funktionen

Körperorgan bzw. Körperfunktion		Veränderungen
Stütz- und Bewegungs-system	Muskelkraft	Männer: 100% bei 20–25J., Abfall bis auf 70% bei 65J., Frauen: 100% bei 25–30J., Abfall bis auf 40% bei 65J.
	Handdruckkraft	Männer: max bei 20 J. (58 kg), min. bei 65J. (30 kg), Frauen: max bei 30 J. (30 kg), min. bei 65J. (28 kg)
	Skelettmuskulatur	Masse bei jungen Männern 36–38 kg Masse bei alten Männern 20–23 kg
	Geschicklichkeit	Männer: max. bei 25J., Abfall bis auf 60% Frauen: max. bei 40J., Abfall bis auf 75%
Herz- / Kreislaufsystem	Herzfrequenz	Männer: max. bei 30J (172/min), bei 60J. noch 146/min. Frauen: max. bei 30J. (153/min), bei 60J noch 138/min
	Herzminutenvolumen	100% bei 30 J., Abfall um 30% bei 65 J.
	Gehirndurchblutung (je 100g Gehirnsubstanz)	60ml/min bei 20-jährigen 40ml/min bei 60-jährigen
Auge / Seh-fähigkeit	Akkomodationsfähigkeit	15 Dioptrin bei 20-jährigen 2 Dioptrin bei 50-jährigen
	statische Sehschärfe	Nachlassen
	dynamische Sehschärfe	Nachlassen
	Kontrastempfindlichkeit	Nachlassen
	Blendempfindlichkeit	Ältere (60 J.) 3–4 mal blendempfindlicher
	peripheres Sehen	Einengung
	Wahrnehmungsschwelle	Faktor bei 20Jahren: < 1,2 Faktor bei 60 Jahren: 1,9
	Dunkeladaptation	Erhöhung der Gewöhnungszeit
	Tiefenwahrnehmung	Verschlechterung
	Erkrankungen	z.B. Netzhautablösung, Glaukom, Katarakt
Ohr / Hör-fähigkeit	Altersschwerhörigkeit	Hörverlust (Männer): 60dB (bei 60–65 J.) Hörverlust (Frauen): 40dB (bei 60–65 J.)

Für altersbedingte Veränderungen kommen dabei vor allem zwei Ursachen in Frage:

1. normaler altersbedingter Verschleiß (z. B. Nahpunktentfernung der Augen).
2. Belastungen während des Arbeitslebens (z. B. Wirbelsäulenschaden).

Tabelle 4.7. Auswahl physiologischer Belastungsgrenzwerte

Merkmal	Grenzwerte	Bemerkung	Quelle
Pulsfrequenz	30 Schläge/min über Ruhepuls	Ruhepuls in arbeitstyp. Stellung gemessen	Müller
	40 Schläge/min über Ruhepuls	Ruhepuls im Liegen gemessen	Rohmert Hettinger
	Männer: 35 Arbeitspulse Frauen: 30 Arbeitspulse	Ruhepuls im Sitzen gemessen	Grandjean
Energie-umsatz	Männer: 17 kJ/min Frauen: 12 kJ/min	Dauerleistungsgrenze für schwere dynamische Muskelarbeit	Lehmann
	14,7 kJ/min	bei Einsatz kleinerer Muskelgruppen	
	2116000 kJ/Jahr (230 Tage) 222650 kJ/Monat (22 Tage) 55200 kJ/Woche (5 Tage)	Maximalwerte	Lehmann
	12900 kJ/Tag (8 h) 2185 kJ/h, 538 kJ/10 min 103,7 kJ/min	Ausführbarkeitsgrenzen (keine Erträglichkeits-grenzen)	
statische Muskelarbeit	15% der Maximalkraft		Rohmert
Heben / Tragen von Lasten	Männer 15–18 kg Frauen 8–10 kg	Handhabung nicht in Rumpfbeugehaltung	Heuchert
	Männer: < 50 J. : 20–30 kg (14–21 kg), > 50 J.: 12–24 kg (8–12 kg). Frauen: < 50 J.: 12–18 kg (8–13 kg), > 50 J.: 7–14 kg (5–10 kg)	Lastgewichte für 95% der Gruppen unbedenklich Zahlenwert in Klammer gültig für häufiges Heben (> 1 mal/min)	Davis, Stubs
Lärm	a) 55 dB (A) b) 70 dB (A) c) 85 dB (A)	a) geistige Tätigkeiten b) einfache, vorwiegend mechanisierte Bürotätig-keiten, o.ä. c) sonstige Tätigkeiten	§ 15 Arbeits-stättenver-ordnung

Es wurde schon weiter vorne festgestellt, daß ein großer Teil der Arbeitsplätze in der Serienmontage in einem hohen Maß von Bewegungs- und Haltungseinförmigkeit gekennzeichnet sind. Typisch für die Serienmontage sind einseitig dynamische Muskelarbeit und ungünstige Körperhaltungen. Nur bei einem kleinen Teil der Arbeitsplätze tritt körperliche Abwechslung in Form von verschiedenen Körperhaltungen und Bewegungsformen regelmäßig auf. In der Montage ist die präventive Arbeitsgestaltung folglich schwerpunktmäßig auf die Vermeidung bzw. Minimierung negativer Beanspruchungsfolgen des Stütz- und Bewegungsapparates, des Herz-Kreislaufsystems sowie des Seh- und Hörvermögens zu richten. Grenzwerte könnten für die präventive Arbeitsgestaltung eine wichtige Orientierungshilfe darstellen (Tab. 4.7).

Über die Bedeutung und zahlenmäßige Einordnung von Grenzwerten bestehen in Fachkreisen jedoch divergierende Meinungen und häufig können angesichts der interindividuellen Verschiedenheiten (Körperbau, Trainingszustand, Arbeitsbiographie, etc.) statt Grenzwerten nur grobe Richtlinien angegeben werden.

Eine konkrete, eindeutige Festlegung allgemeingültiger Grenzwerte ist auch deshalb nicht möglich, weil in der Praxis verschiedene Belastungen (z. B. Lärm und Schwingungen, Handhaben von Lasten und Klimabedingungen) in Kombination auftreten. Inwieweit sich diese Teilbelastungen gegenseitig beeinflussen ist derzeit in der Literatur nicht dokumentiert.

Aus der arbeitsmedizinischen Forschung ist bekannt, daß einseitige Belastungen, die an sich vom Organismus toleriert werden, bei längerer Tätigkeitsdauer zu Beschwerden und Krankheiten führen (siehe Verschleißerscheinungen des Stütz- und Bewegungsapparates). Im Rahmen der Arbeitsgestaltung wird aus diesem Grund Belastungswechsel angestrebt, für dessen optimale Gestaltung liegen jedoch bisher keine für den Ingenieur handhabbaren Methoden vor. Insbesondere besteht ein Defizit bei der Beurteilung der zeitlichen Aufeinanderfolge wechselnder Belastungen. Derzeit werden hauptsächlich Dauer und Häufigkeit der Belastungen betrachtet. Inwieweit sich aufeinanderfolgende Belastungen in ihrer gesundheitlich nachteiligen Wirkung addieren oder vielleicht aufheben bleibt unberücksichtigt.

Montageplanung

Die Planung des Montageablaufes und die Gestaltung des Montagesystems erfolgt idealerweise in systematischen Schritten. Vorgehensweisen / Algorithmen zur Planung von Montageprozessen liegen von mehreren Autoren vor [4.32], [4.33], [4.34]. Den weiteren Ausführungen ist die Planungsmethodik von Schierig zugrunde gelegt.

Entsprechend unserem oben formulierten Anspruch, präventive Arbeitsgestaltung integrativ in die Entwicklungs-, Konstruktions- und Planungsphasen von Arbeitsmitteln und Arbeitsprozessen einfließen zu lassen, ist zu untersuchen, in welchen - möglichst frühen - Planungsschritten Anforderungen auf Basis vorliegender Informationen ableitbar sind und Leistungsvoraussetzungen älterer Arbeitnehmer berücksichtigt werden können. (Abb. 4.39)

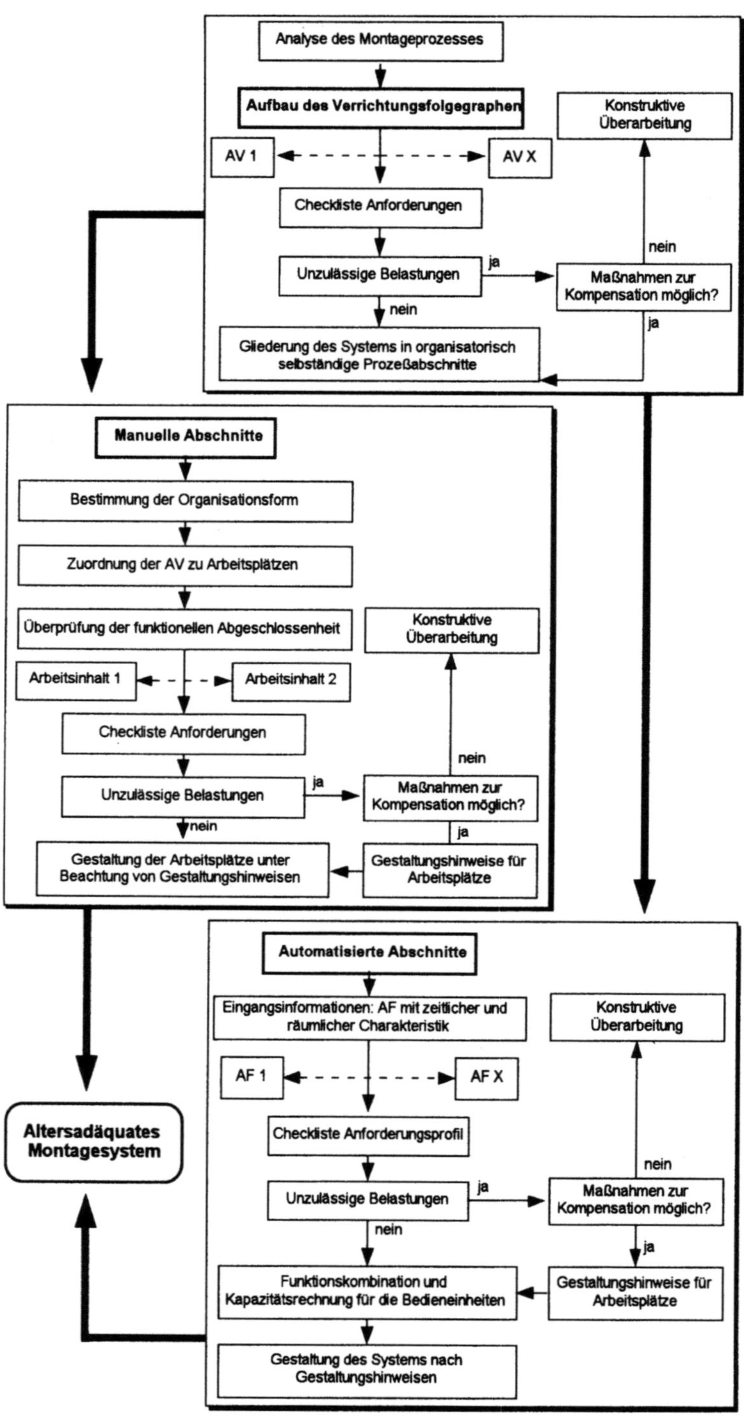

Abb.4.39. Phasen der Montageablauf- und -systemplanung

In diesem Zusammenhang muß erwähnt werden, daß die Grundlagen für die Montageplanung bereits im konstruktiven Entwicklungsprozeß des Produktes gelegt werden. Der Produktaufbau bestimmt u. a. mögliche Zusammenbaufolgen und Fügeverfahren. Gesicherte Erkenntnisse zur anforderungsgerechten Konstruktion, besonders für ältere Menschen, liegen für den Produktentwicklungsprozeß jedoch nur sporadisch vor.

In Abb. 4.40 wird beispielhaft dargestellt, wie bei der Erstellung des Verrichtungsfolgegraphen Leistungsvoraussetzungen älterer Mitarbeiter frühestens berücksichtigt werden können. Desweiteren können mit dem Ziel der Kompensation negativer Beanspruchungsfolgen erste Ableitungen zur Automatisierung und zum Einsatz spezieller Betriebsmittel getroffen werden.

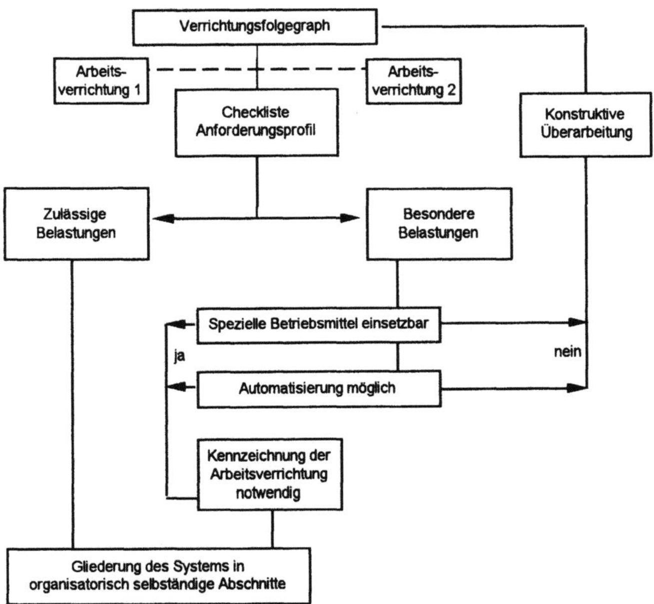

Abb.4.40. Prinzipielle Vorgehensweisen bei der Anforderungsbestimmung für im Verrichtungsfolgegraph definierte Arbeitsverrichtungen.

Zu diesem frühen Zeitpunkt der Montageplanung sind bekannt:

- alle Arbeitsverrichtungen
- Fügeverfahren für die Arbeitsverrichtungen
- Vorgabezeiten
- Fügeteile (Größe, Masse) für die Arbeitsverrichtungen
- Körperhaltungen (sitzend, stehend)

Zur Analyse von Belastungen bieten sich Checklisten wie die folgende an:

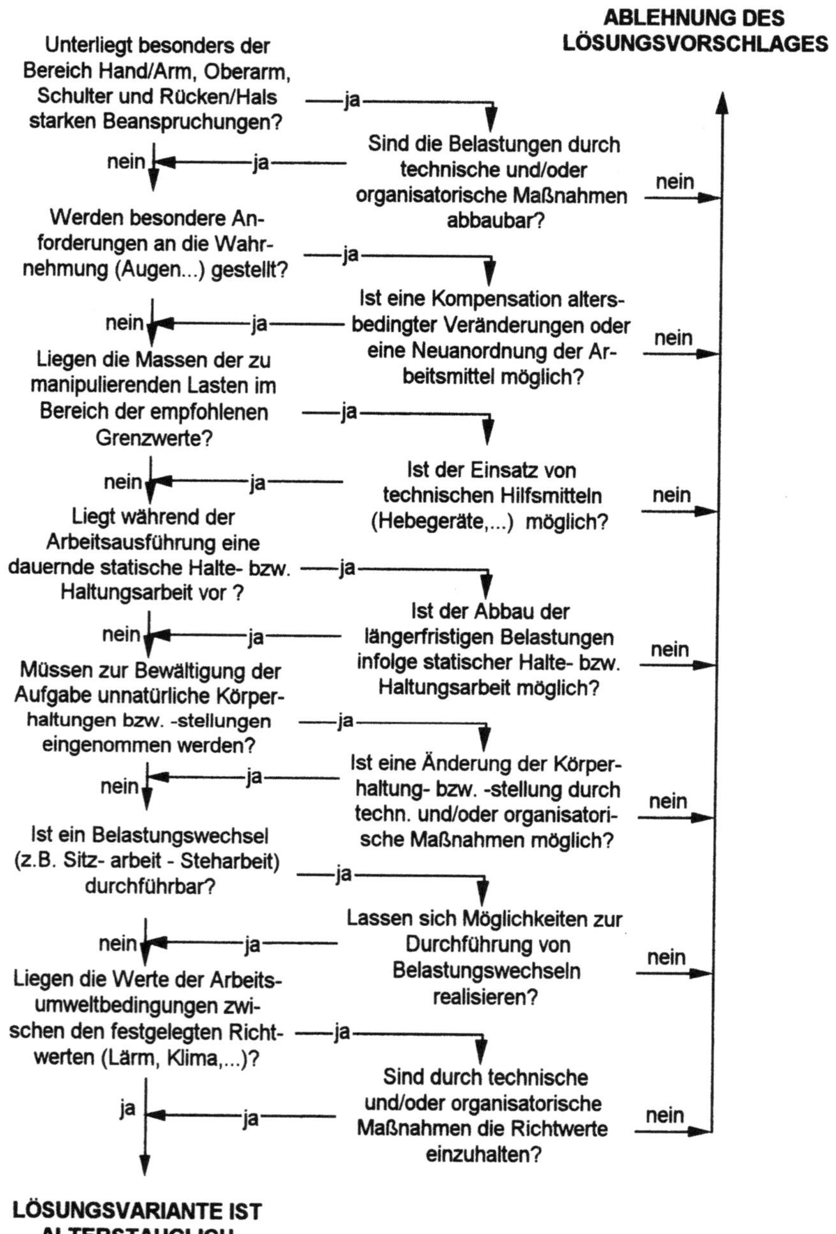

Abb.4.41. Checkliste zur präventiven Bestimmung möglicher physischer Belastung (Grundstruktur)

Aus den oben genannten Informationen können abgeleitet werden:

– die physische Belastung (Arbeitsschwere, Körperhaltungen, Umgebungsein-
flüsse)
– die psychische Belastungen (Anforderungen an die Sensumotorik, Aufmerksamkeit, Konzentration, Wahrnehmung und an das Reaktionsvermögen)
– Qualifikationsanforderungen (erforderliche Berufsausbildung, Kenntnisse)

Die Planungsmethodik nach Schierig unterscheidet in einem weiteren Schritt die
Planung manueller und teilautomatisierter Abschnitte. Die technische Gestaltung
eines Montagesystems wird hauptsächlich durch die Verkettung von Montageoperationen, die Entkopplung durch Puffer und die Gestaltung der Schnittstelle
Mensch-Maschine geprägt. Gestaltungshinweise zum Technikeinsatz sind in Tabelle 4.8 dargestellt.

Tabelle 4.8. Gestaltungshinweise zum Bereich Technik

Bereich	zu beachtender Parameter	Gestaltungshinweis	Realisierungsmöglichkeiten
T e c h n i k	Vermeidung von Zeitdruck	taktunabhängige Verkettungsmittel verwenden, getaktete Verkettungsmittel entkoppeln, optimale Entkoppelung anstreben.	Einsatz loser Verkettungsmittel (Rollenbahnen, Flurförderer, etc.), Einsatz von Puffern, ausreichende Dimensionierung von Puffern
	Verringerung physischer Belastungen	Handhabung schwerer Teile vermeiden, Vermeidung feinmotorischer nach grobmotorischer Arbeit	Einsatz von Handhabungsautomaten (Industrieroboter, Krane)
	Beachtung von veränderten Leistungsvoraussetzungen Älterer (Sehen, Tastsinn, etc.)	Altersadäquate Gestaltung der Mensch-Maschine-Schnittstellen	Gestaltung von Anzeigen, Bedienelementen (leichte Unterscheidbarkeit, nahe dem Zentrum des Sehfeldes, gute Interpretierbarkeit)

Altersrelevanz der Montageorganisation

Nach Lotter und Schilling ist die Organisationsform, die für die Montage eines
bestimmten Produktes gewählt wird, von folgenden Faktoren abhängig: Produkt-
masse, Abmessungen, Komplexität, Schwierigkeitsgrad der Montage, Montagezeit, konstruktiver Produktaufbau, Losgröße und Jahresproduktionsstückzahl.
[4.35] Nicht berücksichtigt wird, daß verschiedene Organisationsformen dem
Eignungsprofil Älterer in unterschiedlichem Maße gerecht werden.

Im Folgenden werden zwei Montageorganisationsformen in einer Strukturierung dargestellt, welche die Einflußnahmemöglichkeiten einer altersgerechten

bzw. präventiven Arbeitsgestaltung aufzeigt. Die Systematisierung der Organisationsformen folgt dabei dem Vorschlag von Schmigalla [4.36]. Die beschreibenden Merkmale sind so ausgewählt, daß die Schnittstellen zur Integration der Leistungsparameter deutlich werden (z.B. Arbeitsteilung, Zeitdruck, Arbeitsinhalt etc.).

Organisationsform: Starre Fließmontage

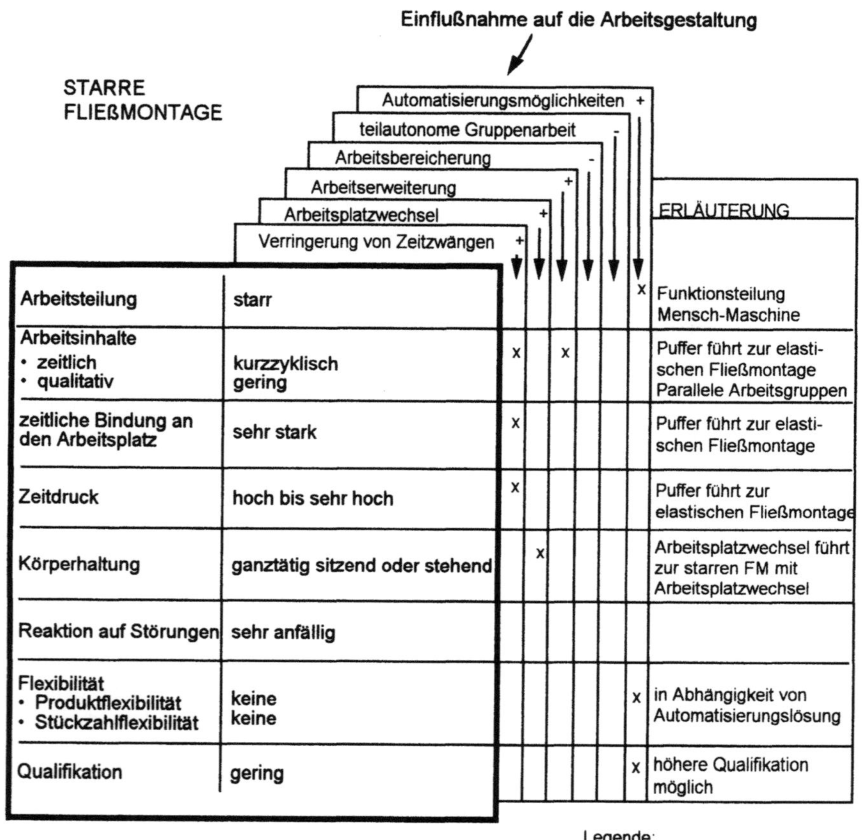

Abb.4.42. Merkmale der Organisationsform Starre Fließmontage

Definierende Merkmale der starren Fließmontage sind bewegte Montageobjekte und stationäre Arbeitsmittel/Arbeitskräfte. Abb. 4.42 zeigt die zentralen Charakteristika dieser Organisationsform.

Organisationsform: Nestmontage

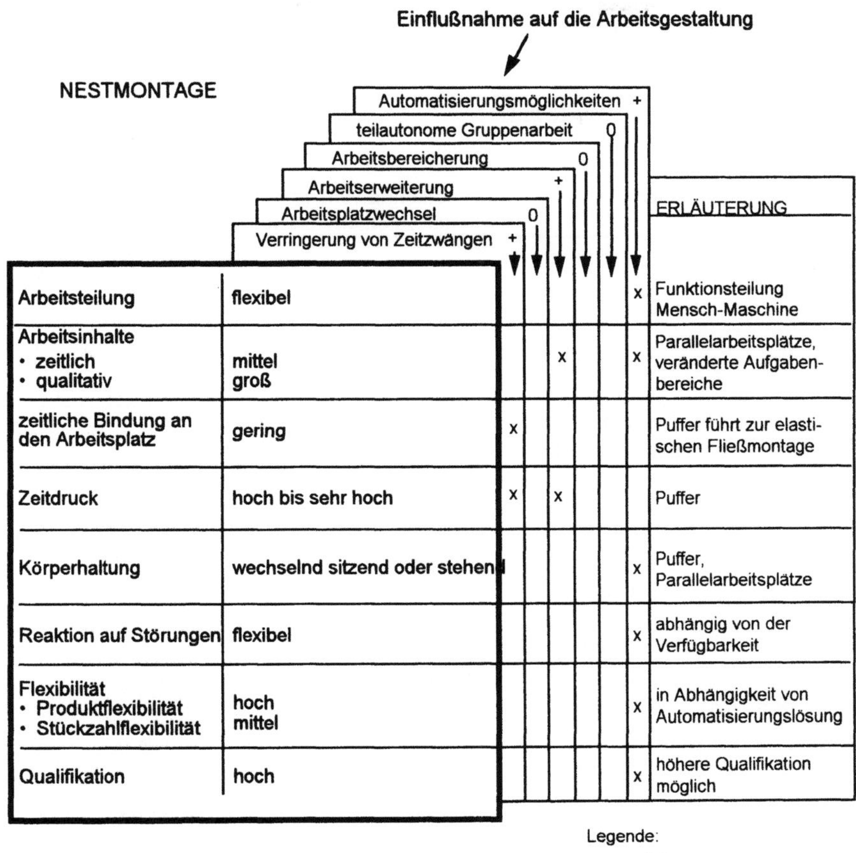

Arbeitsteilung	flexibel						x	Funktionsteilung Mensch-Maschine
Arbeitsinhalte • zeitlich • qualitativ	 mittel groß				x		x	Parallelarbeitsplätze, veränderte Aufgabenbereiche
zeitliche Bindung an den Arbeitsplatz	gering		x					Puffer führt zur elastischen Fließmontage
Zeitdruck	hoch bis sehr hoch	x	x					Puffer
Körperhaltung	wechselnd sitzend oder stehend						x	Puffer, Parallelarbeitsplätze
Reaktion auf Störungen	flexibel						x	abhängig von der Verfügbarkeit
Flexibilität • Produktflexibilität • Stückzahlflexibilität	 hoch mittel						x	in Abhängigkeit von Automatisierungslösung
Qualifikation	hoch						x	höhere Qualifikation möglich

Abb.4.43. Merkmale der Organisationsform Nestmontage

Die Nestmontage (auch *Montageinsel*) (Abb. 4.43) ist "eine arbeitsgestalterisch begründete Form der Montage, in der mit progressiven Inhalten der Arbeit sozialpsychologisch und organisatorisch begründete Kollektive in räumlich konzentrierten und abgegrenzten Arbeitsbereichen komplexe Arbeitsaufgaben in weitestgehend freier Organisation ausführen.". [4.37] Das ambulante Verhalten der Arbeitskräfte wird durch das teilautonome Verhalten der Arbeitsgruppe gesteuert. Dabei bestehen vielfältige, flexible Möglichkeiten der Arbeitsteilung.

Tabelle 4.9. Organisationsformen der Montage und ihre Altersrelevanz

	Organisationsform	Bemerkung	alters-adäquat
1.	Einzelplatzmontage manuell (teilautomatisiert)	• Sonderfall (hochspezialisierte Einzelarbeit)	●
2.	Stationäre Nestmontage		●
3.	Ambulante Nestmontage mit Arbeitsplatzwechsel		
3.1	manuell		●
3.2	teilautomatisiert	• abhängig vom Organisationsprinzip der automatisierten Bereiche	O
4.	Nestmontage		
4.1	manuell		●
4.2	teilautomatisiert	• abhängig vom Organisationsprinzip der automatisierten Bereiche	O
5.	Stationäre Reihenmontage	• Zeitdruck • fehlender Belastungswechsel	---
6.	Ambulante Reihenmontage mit Arbeitsplatzwechsel	Voraussetzung: • Anforderungsvielfalt (Arbeitserweiterung/-bereicherung)	
6.1	manuell		O
6.2	teilautomatisiert	• abhängig vom Organisationsprinzip der automatisierten Bereiche	
7.	Starre Fließmontage mit Arbeitsplatzwechsel	• Zeitdruck • fehlender Belastungswechsel • fehlender Anforderungswechsel	---
8.	Starre Fließmontage ohne Arbeitsplatzwechsel	• Zeitdruck • fehlender Anforderungswechsel	---
9.	Stationäre Fließmontage	• Zeitdruck • fehlender Belastungswechsel	---
10.	Lose Fließmontage ohne Arbeitsplatzwechsel	• fehlender Belastungswechsel • fehlender Anforderungswechsel	---
11.	Lose Fließmontage mit Arbeitsplatzwechsel	Voraussetzung: • Anforderungsvielfalt (Arbeitserweiterung/-bereicherung)	
11.1	manuell		O
11.2	teilautomatisiert	• abhängig vom Organisationsprinzip der automatisierten Bereiche	
12.	Elastische Fließmontage ohne Arbeitsplatzwechsel	• fehlender Belastungswechsel • fehlender Anforderungswechsel	---
13.	Elastische Fließmontage mit Arbeitsplatzwechsel	Voraussetzung: • Anforderungsvielfalt (Arbeitserweiterung/-bereicherung)	
13.1	manuell		O
13.2	teilautomatisiert	• abhängig vom Organisationsprinzip der automatisierten Bereiche	
14.	Kontinuierliche Fließmontage	• Zeitdruck	---
15.	Ambulante Werkstattmontage		●

● für ältere Arbeitnehmer geeignet
O für ältere Arbeitnehmer bedingt geeignet
--- für ältere Arbeitnehmer nicht geeignet

Die möglichen Organisationsformen in der Montage werden in Tabelle 4.9 hinsichtlich ihrer Eignung für ältere Arbeitnehmer eingestuft. [4.38] Hauptkriterien für die Eignung bzw. den Ausschluß sind *Belastungswechsel, Zeitdruck* und *Anforderungsvielfalt*.

Arbeitssicherheitspsychologische Aspekte

Sollen in Zukunft vermehrt ältere Mitarbeiter in der Montage eingesetzt werden, müssen die Montagearbeitsplätze den spezifischen Anforderungen und Leistungsvoraussetzungen Älterer angepaßt und so gestaltet werden, daß sie älteren Mitarbeitern gestatten, sich sicher zu verhalten. Voraussetzung für sicheres Verhalten ist, daß sicherheitsrelevante Informationen wahrgenommen und erkannt werden, daß das Individuum in sicherheitskritischen Situationen entscheidungs- und handlungsfähig ist und daß die motivationale Einstellung zu sicherem Verhalten vorhanden ist. Wie bei jedem Verhalten handelt es sich dabei um ein komplexes Zusammenspiel kognitiver, emotionaler und psychomotorischer Faktoren, von Sicherheitswissen, -denken, -wollen und -können. [4.39]

Nach Hoyos und Ruppert lassen sich drei Formen *präventiven Verhaltens* unterscheiden: *Vorsorge:* (Prüfen, Sichern und Warten), *Abbau von Gefahrenpotentialen* (Tätigkeit wird unterbrochen um die Gefahr zu beseitigen) *Gefahrenmanagement* (Gefahrenkontrolle muß parallel zur eigentlichen Arbeitstätigkeit durchgeführt werden). [4.40] Ist eine Störung oder Gefahrensituation eingetreten, wird *reaktives* Verhalten notwendig. Je nach Art des Verhaltens variieren die kognitiven, psychomotorischen und motivationalen Anforderungen an den Handelnden. So spielen beispielsweise bei der Vorsorge motivationale Aspekte eine entscheidende Rolle, während das Gefahrenmanagement vorwiegend kognitive Fähigkeiten voraussetzt.

Die psychomotorischen und kognitiven Anforderungen steigen, je näher die Gefahr rückt. Präventive Maßnahmen müssen daher möglichst frühzeitig ergriffen werden, sonst drohen Gefahrenpotentiale zu kumulieren und immer größere Anteile der Leistungskapazitäten müssen auf die Kontrolle der Gefahren verwendet werden, bis schließlich das Handeln vom unmittelbaren Gefahrenmanagement völlig absorbiert wird [4.40].

Rechtzeitige Gefahrenkontrolle ist deshalb besonders für Ältere wichtig. Sie sind in Situationen, in denen sie unter Zeitdruck stehen und konkurrierende Aufgaben parallel zu bewältigen haben, schneller überfordert als jüngere Menschen. Bestätigt wird diese Einschätzung durch die Tatsache, daß sich Unfälle älterer Arbeitnehmer häufig auf Einschränkungen in der Wahrnehmung, Aufmerksamkeitseinengung, verlangsamte kognitive Verarbeitungsprozesse, nachlassende Körperkräfte und Beeinträchtigungen in der Sensomotorik zurückführen lassen.

Durch Erfahrung und Wissen lassen sich einige der genannten Einschränkungen zumindest teilweise kompensieren. Erfahrene Mitarbeiter wissen um die Gefahren, die an ihrem Arbeitsplatz üblicherweise auftreten, kennen die einschlägigen Gefahrenindikatoren und Signale, sind mit den Konsequenzen von

Verhaltensfehlern vertraut und verfügen über Heuristiken und ein Repertoir an automatisierten Handlungen, um in Gefahrensituationen schnell und sicher entscheiden und handeln zu können. Erfahrung kann sich andererseits negativ auswirken, wenn eingeschliffene Aktivitäten, zu unpassenden Zeitpunkten, an einem falschen Gerät und in der falschen Umgebung ausgeführt werden oder wenn selten auftretende Gefahren unterschätzt werden ("das mache ich schon immer so, bis jetzt ist mir nichts passiert"). [4.41]

Die 464 bereits erwähnten, von uns untersuchten Montagearbeitsplätze wurden hinsichtlich ihrer Verletzungsgefahr für unterschiedliche Gliedmaßen auf einer 6-stufigen Skala von der Ausprägung *keine Gefährdung* bis zur Ausprägung *sehr hohes Risiko* eingestuft (Abb. 4.44). Ein vorrangiges Verletzungsrisiko in der Serienmontage besteht für die Hände; typisch sind hier Schnitt- und Quetschungsgefahren. Diese Gefahren behindern nicht im engeren Sinne eine längerfristige Tätigkeitsausführung, sondern sind vorrangig als Regulationshindernis bei der Aufgabenausführung anzusehen. Da die Arbeit oftmals unter hohen Geschwindigkeitsanforderungen ausgeführt werden muß, bindet das Verletzungsrisiko Aufmerksamkeit, verhindert die psychische Automatisierung von Bewegungsabläufen und erzeugt auf diese Weise Streß.

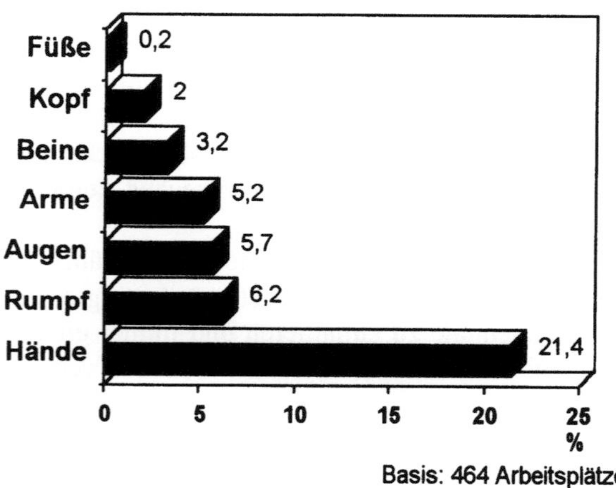

Abb.4.44. Gefährdungen und Verletzungsrisiken in der Serienmontage, mittleres bis sehr hohes Risiko

Belastungen ergeben sich in der Montage im normalen Betrieb durch mangelnde Kommunikationsmöglichkeiten, Streß durch räumliche Enge, geringe Pufferzeiten, ungünstige Arbeitshöhe, ungeeignete Anordnung im Greifraum, hohe Taktbindung, monotone Tätigkeiten, visuell anspruchsvolle Tätigkeiten oder beim Umrüsten auf neue Varianten durch Behinderung des normalen Arbeitsablaufes, Zeitdruck, veränderte Arbeitsabläufe und ergonomisch ungünstige Körperhaltungen. Prinzipielle Gefahren der Arbeit in der Montage sind [4.42]:

- Gefahren aufgrund der Rechnersteuerung (schwer voraussehbare Transportbewegungen und Programmabläufe, Fehler in der Elektronik oder Software)
- Gefahren durch Transportsysteme (Quetsch- und Scherstellen, fehlgesteuerte Montageeinheiten, Herabfallen loser Teile oder unsachgemäß auf das Transportband abgelegter Gegenstände, fehlende Überstiegsmöglichkeiten)
- Gefahren an Montagestationen (Energien, Bewegungen der Montageeinheiten, Quetsch- und Scherstellen, herabfallende Gegenstände, durch fehlende oder unzureichend gestaltete Aufstiege)
- Gefahren an Magaziniersystemen (Bewegungen innerhalb der Magaziniersysteme, manuelles Auffüllen von Magazinen wenn gleichzeitig Bauteile automatisch entnommen werden)
- Gefahren aufgrund ungünstiger räumlicher Anordnung (räumliche Enge, herausragende Baugruppen oder Gegenstände, Kollisionsgefahr bei Anlieferung und Abtransport von Teilen)
- Gefahren beim Umrüsten auf neue Varianten (räumliche Behinderungen bei sich überschneidenden Tätigkeiten, Zeitdruck, Fehldisposition von Personen, deaktivierte Sicherheitseinrichtungen)

Nach Hoyos und Ruppert können dem Beheben von Produktionsstörungen und dem Instandhalten im Gegensatz zur reinen Montageaufgabe überdurchschnittlich viele Gefahren zugeordnet werden. [4.40]

Auch für die Gestaltung von Montagearbeitsplätzen gilt das Prinzip, daß Gefährdungen grundsätzlich mit Mitteln höchster Zuverlässigkeit und Wirksamkeit ausgeschaltet bzw. minimiert werden sollten. Folglich sind zunächst *technische* (Realisierung einer gefahrlosen Technik, Anwendung sicherheitstechnischer Mittel), dann *organisatorische* und zuletzt *personenbezogene* Arbeitssicherheitsmaßnahmen (Körperschutz, Verhaltensanforderungen) zu ergreifen (*TOP*-Modell der Arbeitssicherheit. [4.43])

Stärker als bisher muß jedoch darauf geachtet werden, daß die Maßnahmen auf allen drei Ebenen auf ältere Menschen abgestimmt sind. Es sollen einerseits die Stärken Älterer (Erfahrung im Umgang mit Gefahren) genutzt und andererseits potentielle Schwächen (Wahrnehmungs- und Informationsverarbeitungsdefizite, veraltetes bzw. unvollständiges Arbeitssicherheitswissen, nachlassende Körperkraft und Beweglichkeit) aufgefangen werden. Das bedeutet z.B.:

- Optimale ergonomische Gestaltung unter Berücksichtigung der psychischen und physischen Leistungsfähigkeit Älterer (gefahrlose Technik)
- Altengerechte Gestaltung von Sicherheitstechnik (z.B. optimale Gestaltung von Anzeigen, Signalen oder notwendigen Maximalkräften)
- Einsatz Älterer unter angemessenen organisatorischen Bedingungen (Ermöglichen ausreichender Erholung, Vermeiden von Zeitdruck)

- Einsatz Älterer nur für geeignete Arbeitsaufgaben (Selektion, Plazierung/Umsetzung)
- Laufende und altersgerechte Qualifizierung in Arbeitssicherheitsbelangen und
- lebenslanges Erhalten eines guten psychophysischen Zustandes durch fordernde, aber nicht überfordernde Arbeitsbedingungen, ausreichende Gesundheitsbetreuung, etc.

Qualifikationsgerechte Arbeitssystemgestaltung

In fragmentierter und hochreglementierter Arbeit entstehende alterskorrelierte Leistungsdefizite zwischen sind oftmals das Ergebnis defizitärer Arbeits- und Lebensbedingungen, sie sind nicht unausweichlich biologisch bedingt. Sie sind durch Einflußnahme auf die Arbeits- und Lebensbedingungen vermeidbar. Die Arbeitsgestaltung sollte sich daher zukünftig nicht auch auf Ältere, sondern auch auf das Altern orientieren. [4.44]

Hacker fordert eine *lebensarbeitsspannengerechte* Arbeit, d.h. eine Arbeit, welche bis ins höhere Arbeitsalter keine Beeinträchtigungen erzeugt und gegen alterskorrelierten biologischen Abbau trainiert. In diesem Sinne sind als zentrale Forderungen einer präventiven gesundheits- und lernförderlichen Arbeitsgestaltung folgende Schwerpunkte zu berücksichtigen:

- *Tätigkeitsspielraum*, d.h. Möglichkeiten zum eigenständigen Zielsetzen und Entscheiden in zeitlicher und inhaltlicher Hinsicht.
- *Anforderungsvielfalt* in körperlicher und psychischer Hinsicht mit ausdrücklichem Einbezug nicht-algorithmischer intellektueller Denkanforderungen.
- *Lernangebote* bleibender Art.
- *Kooperations- und Kommunikationsangebote*

Die Planung und Gestaltung von Montagesystemen sollte sich gleichgewichtig auf das technische, organisatorische und soziale System erstrecken. Einen entscheidenden Beitrag für die Handlungs- und Entscheidungsspielräume der Mitarbeiter leistet die qualifikationsgerechte Gestaltung der Arbeitsaufgabe. Vollständige Arbeitsaufgaben bieten den Mitarbeitern die Möglichkeit, vorhandene Qualifikationen durch regelmäßige Nutzung zu erhalten und durch Lernanreize weiterzuentwickeln. Umgekehrt erhöhen anforderungsarme Tätigkeiten, oftmals gekennzeichnet durch einen hohen Wiederholungsgrad, hohe zeitliche Bindung und geringe Kooperations- und Kommunikationsmöglichkeiten, die Wahrscheinlichkeit, daß vorhandene Qualifikationen verfallen und daß es langfristig zu einem Abbau der geistigen Beweglichkeit kommt.

Wie schon in einem vorhergehenden Abschnitt festgestellt wurde, behindert die derzeitige Gestaltung von Arbeitsaufgaben in der Serienmontage aufgrund der niedrigen Denkanforderungen und der fehlenden Lernanreize oftmals

- die Nutzung vorhandener qualifikatorischer Ressourcen,
- eine dynamische Qualifikationserweiterung und
- die Herausbildung von Lernprozessen und -fähigkeiten.

Der langfristige Verfall nichtgenutzter Qualifikationen fällt aus Sicht des Unternehmens nicht ins Gewicht, solange es einen ständigen Nachschub an jungen und besser qualifizierten Mitarbeitern gibt. Falls allerdings die Rekrutierung junger Mitarbeiter nicht mehr gewährleistet sein sollte, fehlt die ständige qualifikatorische Auffrischung. Ein in Folge sinkendes Qualifikationspotential bei gleichbleibend niedrigen Qualifizierungsaufwendungen würde den steigenden Flexibilitätsanforderungen in der Montage zunehmend weniger gerecht (siehe Tabelle 4.10).

Tabelle 4.10. Qualifikationsanforderungen steigen mit der Flexibilität der Montagen bezüglich Varianten- und Typenvielfalt.

Varianten- /Typenvielfalt	Flexibilitätsanforderungen	Qualifikationsanforderungen / Lernanreize
gleichbleibendes Produkt, kaum montagerelevante Varianten	keine	geringe Lernanreize, geringe Denkanforderungen
Produktvarianten, welche Arbeitsablauf und -inhalt teilweise ändern	mittlere Flexibilitätsanforderungen	steigende Qualifikationsanforderungen
verschiedene montagerelevante Produkttypen, kurze Produktlebenszyklen	hohe Flexibilitätsanforderungen	hohe Lernanreize, mittlere bis hohe Qualifikationsanforderungen in Abhängigkeit vom Arbeitsumfang, von der Zyklusdauer, vom Grad der Entkopplung und der Arbeitsteilung

Gestaltungsmaßnahmen auf der Ebene des Arbeitsplatzwechsels führen nicht automatisch zu vollständigen Tätigkeiten mit qualifikationsgerechten Denkanforderungen und Lernanreizen, da diese Vorgehensweise sich meist auf einen Wechsel zwischen anforderungsähnlichen Tätigkeiten auf der rein ausführenden Ebene des Montierens beschränkt. Durch das Zusammenlegen anforderungsähnlicher Teiltätigkeiten ergibt sich allerdings aufgrund der erhöhten Zyklusdauer oftmals die Möglichkeit für einen körperlichen und psychischen Belastungswechsel. Um jedoch zu qualifikationsgerechter Arbeit zu gelangen, bedarf der Arbeitswechsel der Ergänzung durch die Integration anforderungsverschiedener lernrelevanter Teiltätigkeiten. Eine systematische Anreicherung der Montagesystemaufgaben durch die Integration zusätzlicher Funktionen bietet erhöhte Gestaltungsspielräume bei den Arbeitsinhalten. Als relativ einfach stellt sich in der Regel die Integration der vorgelagerten Materialbereitstellung und der nachgelagerten Prüf- und Nacharbeitstätigkeiten dar.

Arbeitsanreicherung kann also, wird sie richtig betrieben, dazu beitragen die Lernbereitschaft der Mitarbeiter aufrechtzuerhalten. Ergänzend hinzukommen

muß eine systematische und kontinuierliche Qualifizierung aller Mitarbeiter -
auch der älteren.

"Der ältere Arbeitnehmer kann auf Dauer nicht durch Vorruhestand entsorgt
werden, sondern sein Wissen und Können müssen so erweitert werden, daß er
sich neuen Anforderungen gewachsen fühlt. Hierfür sind besondere Methoden,
insbesondere das selbstgesteuerte Lernen und das Lernen am Arbeitsplatz weiterzuentwickeln".[4.45] Wichtige Grundprinzipien der Gestaltung eines Quali-
fizierungsprozesses sind: [4.46], [4.47]

- Erfahrungsorientierung
- tätigkeitsorientierte Aneignungslogik, ganzheitliche Lernaufgaben mit gestufter Komplexität
- tätigkeitsadäquate Lehr- und Lernmittel
- Partizipation der sich Qualifizierenden an der Lernprozeß-Gestaltung
- Individualisierung des Lehr-/Lernprozesses

Wie ein selbstgesteuerter Qualifizierungsprozeß einer Montageabeitsgruppe in
der Praxis aussehen kann, zeigt die folgende Fallstudie: Aus einer Problemanalyse ist deutlich geworden, daß in dem betreffenden Betrieb vor allem die mangelnde Einsatzfähigkeit der Mitarbeiter zu vielen Störungen der Montagearbeit
führt. Jeder Krankheitsfall und Urlaub belastet die Stabilität des Arbeitsprozesses
und führte zu Spannungen. Ziel ist es deshalb, die Linie so umzugestalten, daß
eine schrittweise Qualifizierung der Mitarbeiter parallel zur produktiven
Montagearbeit möglich wird. Die Gruppe hat dabei die Verantwortung für ihr
eigenes Qualifizierungskonzept. Desweiteren soll sie die Arbeitsorganisation
entsprechend den selbstgesetzten Lernzielen anpassen und entwickeln.

Nachdem die Gruppe die Bedeutung und Komplexität der einzelnen, in ihrem
Aufgabengebiet vorkommenden Teiltätigkeiten bewertet hat, legt sie fest, daß
jeder Mitarbeiter 70% der Gesamtaufgabe zu leisten hat, daß aber unterschiedliche Zusammensetzungen von Teiltätigkeiten möglich sein sollten. Auf der
Grundlage von realen Produktionsaufträgen erarbeiten die Mitarbeiter Lernaufgaben (siehe Kapitel 4.2), die dann selbstgesteuert, mit steigender Komplexität,
direkt in der Montage trainiert werden. Dabei wird darauf geachtet, daß immer
nur vollständige Lernaufgaben bearbeitet werden, d.h. daß jede fachliche Qualifizierung von den notwendigen methodischen und sozialen Qualifikationsschritten begleitet wird.

Die Anforderung, die Qualifizierung innerhalb der Gruppe zu realisieren,
schafft gerade für die leistungsstarken, erfahrenen Mitarbeiter neue Aufgabenfelder, weil sie ihre Kenntnisse für die Weiterbildung ihrer Kollegen einsetzen
können. Durch die Regelung, daß jeder Mitarbeiter der Gruppe 70% der Gruppenaufgaben beherrschen soll, erhalten auch ältere Mitarbeiter die Möglichkeit
sich entlang ihrer Leistungsfähigkeit und ihres Erfahrungswissens als vollwertige
Gruppenmitglieder einzubringen. Es fällt ihnen meist leichter, die Rotation
zwischen mehreren überschaubaren Tätigkeiten zu bewältigen als den Wechsel
zwischen zwei komplexen Aufgabenblöcken. Sie suchen sich deshalb bevorzugt

kleinere, abgegrenzte Tätigkeiten, die in der Summe jedoch eine äquivalente Gesamtleistung zu der Bearbeitung einer umfangreicheren und komplexen Tätigkeit darstellten.

Am Beispiel der Vormontage und Prüfung zeigt sich in diesem Beispiel, daß nicht zuletzt aufgrund unterschiedlichen Vorwissens und Geübtheit im Lernen die Qualifizierungszeit erheblich schwanken kann. Durch das Modell der selbstbestimmten Komplexitätssteigerung kann die Lerngeschwindigkeit Älterer besser berücksichtigt werden. Eine Begrenzung der Anlernzeit im engeren Sinne gibt es nicht und mit der Erfahrung, mehrere Tätigkeiten zu beherrschen, steigt das Zutrauen auch komplexere Tätigkeiten in Angriff zu nehmen. Die starke Ausdifferenzierung der Leistungs- und Lernfähigkeit Älterer wird durch eine solche selbstgesteuerte Lernorganisation abgefangen.

4.4 Literatur

4.1   Bullinger, H.J.: Einführung in das Technologiemanagement. Modelle, Methoden, Praxisbeispiele. Stuttgart: Teubner, 1994.

4.2   Bullinger, H.J.: Systematische Montageplanung. Handbuch für die Praxis. München, Wien: Hanser, 1986.

4.3   Hacker, W.; Iwanowa, A.; Richter, P.: Tätigkeitsbewertungssystem TBS, Handanweisung. Berlin, 1983.

4.4   Pack, J.; Buck, H.: Arbeitssystemgestaltung in der Serienmontage. Fortschritt-Berichte VDI, Düsseldorf: VDI-Verlag, 1992.

4.5   Dittmayer, S.: Arbeits- und Kapazitätsteilung in der Montage. Berlin: Springer, 1980.

4.6   Hacker, W.: Spezielle Arbeits- und Ingenieurpsychologie - Psychologische Bewertung von Arbeitsgestaltungsmaßnahmen. Berlin: Verlag der Wissenschaften, 1980.

4.7   Rally, P.; Schweizer, W.: Prospektive Analyse der Belastung des Menschen im Arbeitsprozeß mit Hilfe der Simulation. In: Simualtion und Fabrikbetrieb. Tagungsbericht 10./11.2.93 Aachen. Hrsg.: ASIM - Arbeitskreis für Simulation in der Fertigungstechnik. Müchen: gfmt 1993; S. 259-278.

4.8   Bauer, S.: Wirtschaftlichkeitsbetrachtungen in der flexibel automatisierten Serienmontage. Fortschritt-Berichte VDI, Düsseldorf: VDI-Verlag, 1992.

4.9   Rally, P.; Schipfer, J.: Neuplanung eines Motorenmontagesystems. In: Bullinger, H.-J. (Hrsg.): Kundenorientierte Produktion, Wettbewerbsfaktor Arbeitsorganisation. Tagungsbericht 2. IAO-Forum, Stuttgart, 1993, S. 325-340.

4.10   Bullinger, H.-J.; Schlund, M.: Gruppenarbeit als Ausgangspunkt für die Entwicklung moderner dezentraler Unternehmen. In: Antoni, C. (Hrsg.): Gruppenarbeit in Unternehmen. Weinheim: Psychologie Verlags Union, 1994, S. 344.

4.11   Diegruber, J.; Meister, Burkhard: Vorkapitel. In: Sekine, K.: Produzieren ohne Verschwendung. Landsberg: moderne industrie, 1994, S. 15.

4.12   Bungard, W.; Antoni, C. H.: Gruppenorientierte Interventionstechniken. In: Schuler, H. (Hrsg.): Organisationspsychologie. Bern u.a.: Huber, 1993, S. 382f.

4.13   Cannon-Bowers, J.; Oser, R.; Flanagan, D.: Work Teams in Industry: A Selected Review and Proposed Framework. In: Swezey, R.; Salas, E. (Ed.): Teams: Their Training and Performance. Norwood: Ablex, 1992, S. 356.

4.14   Pack, J: The Use of Human Resources in West German Serial Assembly Systems. In: Bradley, G.E.; Hendrick, H.W. (Ed.): Human Factors in Organizational Design an Management -IV. Amsterdam u.a.: Elsevier, 1994.

4.15   Hacker, W.: Geistige Arbeit und Automatisierung - einige psychologische Leitfragen. In: Arbeitswissenschaften, 34 (1990) 3, S. 162-163.

4.16   Gregor-Rauschtenberger, B.; Hansel, J.: Innovative Projektführung. Berlin u.a.: Springer, 1993.

4.17   Lüders, V.: Einführung von Gruppenarbeit. Unveröffentl. Vortragsunterlagen, Stuttgart, 1994.

4.18   Deutscher Bundestag (Hrsg.) (1994): Zwischenbericht der ENQUETE-KOM-MISSION Demographischer Wandel - Herausforderungen unserer älter werdenden Gesellschaft an den einzelnen und die Politik. Drucksache 12/7876, 14.6.1994.

4.19   Thon, M. (1991): Perspektiven des Erwerbspersonenpotentials in Gesamtdeutschland bis zum Jahre 2030. In: MittAB, 4/1991.

4.20   Fuchs, J. (1992): Zu- und Abgangsrechnung für die Erwerbstätigen nach Branchen. BeitrAB 166, Nürnberg.

4.21   Birkholz, L. B. (1993): Altersgerechte Arbeitsplatzstrukturen. In: Forschungsinstitut der Friedrich-Ebert-Stiftung (Hrsg.). Betriebliche Gesundheitspolitik auf dem Prüfstand, Sind neue Konzepte für alternde Belegschaften erforderlich? Bonn.

4.22   Bullinger, H.-J. (1993): Entwicklungstendenzen in der Montage. In: Warnecke & H.J.; Bullinger, H.-J. (Hrsg.) Integrative Gestaltung innovativer Montagesysteme. IAO-Montageforum '93, Berlin, Heidelberg: Springer.

4.23   Spöhring, W. (1989): Qualitative Sozialforschung. Stuttgart: Teubner.

4.24   Kohn, M. L.(1985): Arbeit und Persönlichkeit: ungelöste Probleme der Forschung. In: Hoff, E. H.; Lappe, L. & Lempert, W.: Arbeitsbiographie und Persönlichkeitsentwicklung: Bern: Hans Huber Verlag.

4.25   Rohmert, W. & Landau, K. (1979): Das arbeitswissenschaftliche Erhebungsverfahren zur Tätigkeitsanalyse AET, Merkmalheft. Bern.

4.26   Lehr, U. (1991): Psychologie des Alterns. 7. Auflage. Heidelberg: Quelle & Meyer Verlag.

4.27   Fillip, S.-H. (1987): Das mittlere und höhere Erwachsenenalter im Fokus entwicklungspsychologischer Forschung. In: Oerter,R. & Montada, L.: Entwicklungspsychologie: Ein Lehrbuch. 2.Aufl. München: Psychologie Verlags Union.

4.28   König, A. (1994): Psychologische Leistungsvoraussetzungen älterer Arbeitnehmer als Einflußgrößen für altersadäquate Montagestrukturen. Diplomarbeit an der TU Chemnitz-Zwickau.

4.29   Weinert, F. E. (1992): Altern in psychologischer Perspektive. In: Baltes, P.B. & Mittelstraß, J. (Hrsg.) Zukunft des Alterns und gesellschaftliche Entwicklung. Berlin: de Gruyter Verlag.

4.30   Schuntermann, M.F.(1993): Frühinvalidität als Folgerisiko chronischer Krankheiten: Zeitliche Entwicklung und Einwirkungsmöglichkeiten. In: Forschungsinstitut der Friedrich-Ebert-Stiftung (Hrsg.): Betriebliche Gesundheitspolitik auf dem Prüfstand, Sind neue Konzepte für alternde Belegschaften erforderlich? Bonn.

4.31   Teubert, J. (1994) Physiologische Leistungsvoraussetzungen älterer Arbeitnehmer als Einflußgrößen für altersadäquate Montagestrukturen. Diplomarbeit an der TU Chemnitz-Zwickau.

4.32   Schilling, W.& Brandes, H. (1989): Systematische technologische Montagevorbereitung. Wissenschaftliche Schriftenreihe der TU Karl-Marx-Stadt, 2/1989

4.33   Schierig, J.: (1988): Arbeitswissenschaftlich begründete Gestaltung teilautomatisierter Montagesysteme der Großserienfertigung. Dissertation, IHZ.

4.34   Lentes, H.P., Bender, M. & Rieth, D. (1992): Gestaltung und Beurteilung flexibler Montagesysteme. Seminarunterlagen der Technischen Akademie Esslingen.

4.35   Lotter, B.; Schilling, W. (1994): Manuelle Montage. Düsseldorf: VDI Verlag GmbH.

4.36   Schmigalla, H. (1988): Analogien und Differenzen bei der Systematisierung der Organisationsformen der Teilefertigung und der Montage. 4. Wissenschaftliche Konferenz der IHZ.

4.37   Enderlein, H. (1982): Beitrag zur Arbeitsgestaltung in Montageprozessen der Großserienmontage. Dissertation B, IHZ Zwickau.

4.38   Kempe, G. (1994): Gestaltung altersadäquater Montagestrukturtypen unter dem Aspekt technologisch- organisatorischer Entwicklungstendenzen. Diplomarbeit an der TU Chemnitz-Zwickau.

4.39   Winterfeld, U. (1994): Was ist Sicherheitsbewußtsein. In: Burkhardt, F. & Winkelmeier, C. (Hrsg.) Psychologie der Arbeitssicherheit. 7. Workshop 1993. Heidelberg: Asanger.

4.40   Hoyos, C. Graf & Ruppert, F. (1993): Der Fragebogen zur Sicherheitsdiagnose FSD. Bern: Verlag Hans Huber.

4.41   Wenninger, G. (1991. Arbeitssicherheit und Gesundheit - Psychologisches Grundwissen für betriebliche Sicherheitsexperten und Führungskräfte. Heidelberg: Asanger.

4.42   Ministerium für Arbeit, Gesundheit, Familie und Frauen Baden-Württemberg (Hrsg.) (1992): Arbeitsschutz in flexibel automatisierten Produktionssystemen: Beispielsammlung über Arbeitsschutzmaßnahmen in flexibel automatisierten Produktionssystemen, zusammengestellt vom FhG-IAO und FhG-IPA. Stuttgart, SM-9-92.

4.43   Luczak, H. (1993): Arbeitswissenschaft. Berlin: Springer Verlag.

4.44   Hacker, W. (1992): Prospektive Arbeitsgestaltung und Personaleinsatzplanung auch für ältere Arbeitnehmer. In: Hacker, W. (Hrsg.): Erwerbsarbeit der Zukunft, Prospektive Arbeitsgestaltung und Personaleinsatzplanung auch für ältere Arbeitnehmer. Teil 1, Dresden.

4.45   Schlaffke, W. (1993): Technologischer Wandel, Bevölkerungsentwicklung und Bildungsbedarf. In: Klose, H.-U. (Hrsg.): Altern hat Zukunft. Opladen: Westdeutscher Verlag.

4.46   Merboth, H. (1992): Gestaltungsleitbild zur Arbeitstätigkeit im Verwaltungsbereich als arbeitspsychologische Gestaltungsvorgabe und Bewertungsgrundlage. Wissenschaftliche Beiträge des Instituts für Psychologie der TU Dresden, Teil II, Projekt: Erwerbsarbeit der Zukunft - Prospektive Arbeitsgestaltung und Personaleinsatzplanung auch für ältere Arbeitnehmer.

4.47   Pohlandt, A. (1992): Verfahrensbatterie zur gestaltungsorientierten Datenerhebung. Wissenschaftliche Beiträge des Instituts für Psychologie der TU Dresden, Teil II, Projekt: Erwerbsarbeit der Zukunft - Prospektive Arbeitsgestaltung und Personaleinsatzplanung auch für ältere Arbeitnehmer.

4.5 Autoren

4   Personal- und Arbeitswirtschaft

4.1   Planung der Arbeitsorganisation in flexiblen Montagesystemen
        Dipl.-Ing. Peter Rally
        Institut für Arbeitswissenschaft und Technologiemanagement (IAT)
        Universität Stuttgart

4.2   Qualifikationsförderliche Arbeitssystemgestaltung
        Hartmut Buck M.A.
        Institut für Arbeitswissenschaft und Technologiemanagement (IAT)
        Universität Stuttgart
        Tina Gison-Höfling M.A.
        Fraunhofer-Institut für Arbeitswirtschaft und Organisation (IAO), Stuttgart

4.3   Betriebliche Folgen veränderter Altersstrukturen in der Montage
        Hartmut Buck M.A.
        Institut für Arbeitswissenschaft und Technologiemanagement (IAT)
        Universität Stuttgart
        Dipl.-Psych. Sibylle Hermann
        Institut für Arbeitswissenschaft und Technologiemanagement (IAT)
        Universität Stuttgart
        Dr.-Ing. Armin Reif
        Institut für Betriebswissenschaften und Fabriksysteme
        TU Chemnitz-Zwickau

5 Betriebswirtschaftliche Planung und Kostenrechnung

Die flexible Automatisierung von Montagesystemen wirft, neben technischen, auch eine Vielzahl betriebswirtschaftlicher Fragestellungen auf. Insbesondere die betriebswirtschaftliche Planung und Steuerung von modernen Produktions- und Montagesystemen gestaltet sich - angesichts veränderten Kostenstrukturen, höherer Kundenanforderungen und verschärfter Wettbewerbsbedingungen - zunehmend schwieriger. Im folgenden Kapitel 5.1 wird ein integriertes Simulations- und Lernmodellinstrumentarium vorgestellt, das strategische Entscheidungen durch den Einsatz von Simulationstechnik zu unterstützen vermag. Mit Hilfe von Lernmodellen, die auf den Simulationsmodellen aufbauen, lassen sich darüber hinaus organisationale Lernprozesse im Unternehmen initiieren und unterstützen. Den veränderten Kostenstrukturen wurde durch die Entwicklung eines neuartigen Prozeßkostenrechnungssystems für die flexible Montage Rechnung getragen. In Kapitel 5.2 wird dieses aussagefähige Kostenrechnungssystem beschrieben, das besser als traditionelle Methoden in der Lage ist, die stark angewachsenen Gemeinkosten in der Montage ergebnisorientiert zu steuern.

5.1 Simulations- und Lernmodelle zur Entscheidungsunterstützung in der flexiblen Montage

5.1.1 Erfolgsbedingungen der flexiblen Montage im Wettbewerb

Unternehmen müssen in der Marktwirtschaft ihre Wettbewerbsfähigkeit ständig neu beweisen. Marktseitige Veränderungen, wie z.B. die Entwicklung von Verkäufer- zu Käufermärkten, kürzere Produktlebenszyklen und sinkende Preise bei gleichzeitigem Ansteigen der Anforderungen hinsichtlich Produktqualität, -vielfalt und -lieferzeit, stellen existentielle Herausforderungen für die Unternehmen dar.

Um unter diesen sich weiter verschärfenden Wettbewerbsbedingungen bestehen zu können, ist es erforderlich, alle Leistungspotentiale des Unternehmens zu mobilisieren und als Wettbewerbskräfte einzusetzen.[5.1]

Der Produktion kommt in Industriebetrieben dabei eine herausragende Bedeutung zu. Entgegen dieser Einsicht wurde der Produktion und mit ihr der Montage in den letzten zwanzig bis dreißig Jahren ein eher untergeordneter Stellenwert beigemessen. Bemühungen zur Erringung von Wettbewerbsvorteilen vertrauten mehr auf Produktentwicklung, Marketingphantasie und Finanzkraft. Der Produktion wurde gewissermaßen eine wettbewerbsneutrale Rolle zugedacht, die Fabrik hatte dabei ähnlich einer Maschine möglichst störungsfrei zu funktionieren. Anstrengungen zu ihrer Verbesserung erfolgten gewöhnlich nur als "me-too-"Politik zur Sicherstellung eines Gleichstands mit der Konkurrenz. Daß Produktion und Montage eine wesentlich aktivere Rolle spielen und systematisch als *strategische Waffe* im Wettbewerb eingesetzt werden können, beweisen vor allem japanische Unternehmen.[5.1] Dabei ist zunächst sekundär, daß diese aus der Not eine Tugend gemacht haben.[5.2]

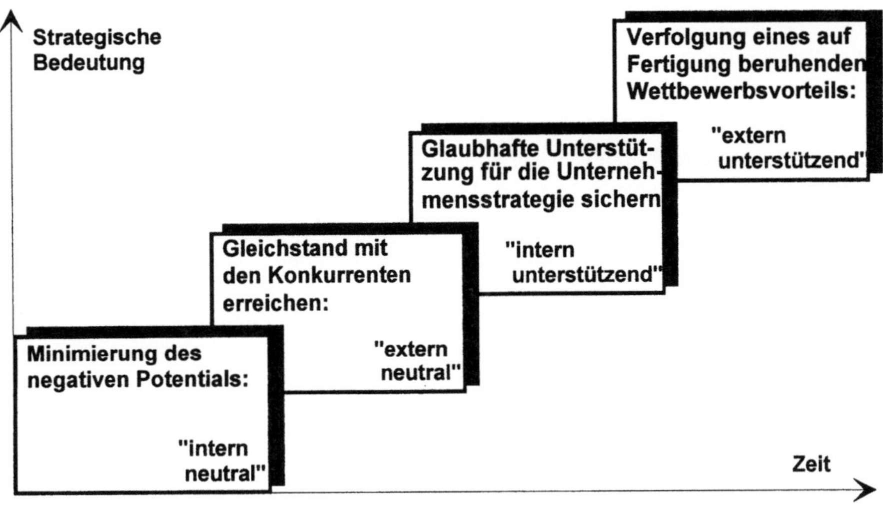

Abb.5.1. Entwicklung der Produktion zur strategischen Waffe (in Anlehnung an: [5.3])

Wie in Abb. 5.1. dargestellt, vollzieht sich dieser Veränderungsprozeß vom Kostenminimierer zum Nutzenstifter, vom operativen Erfüllungsgehilfen zum strategischen Akteur in mehreren Stufen.[5.3]

Die Montage wird sich auch in der Zukunft in einem sich verändernden Aufgabenumfeld bewähren müssen. Es spricht gegenwärtig viel dafür, daß dieses Aufgabenumfeld durch eine Erhöhung des Dienstleistungsanteils in der industriellen Produktion und einen tiefgreifenden Wandel in den übergreifenden Wertschöpfungsstrukturen der Industrien geprägt sein wird. Bislang festgefügte Wertkettensysteme vom Rohstoffveredler über den Teilefertiger und das Montageunternehmen bis zum Anwender werden brüchig. Das Rollenspiel der Akteure gerät in Bewegung. Aus Einzelkämpfern werden Partner in der Wertschöpfung.

In einer solchen Wettbewerbsumwelt kann sich die strategische Führung nicht länger auf die vorteilhafte Positionierung des Unternehmens in einer Wertkette reduzieren. Sie muß sich vielmehr auf die innovative Rollenfindung im Beziehungsgefüge veränderlicher Wertkettensysteme und auf die Neuerfindung der Wertschöpfung des Unternehmens konzentrieren.[5.1] Das oben beschriebene Szenario, das sich zu einem neuen Paradigma der industriellen Wertschöpfung entwickeln könnte, korrespondiert deshalb mit grundlegenden Veränderungen in den Unternehmen selbst, nicht zuletzt mit einer veränderlichen Definition der Rolle der Montage. Die strategische Herausforderung besteht auch hier in der permanenten Harmonisierung von Kundenforderungen und Unternehmensfähigkeiten. Flexibilität, Veränderungsbereitschaft und die grundlegende Fähigkeit zu organisationalem Lernen werden noch stärker als bisher zu den Erfolgsbedingungen der Montage.

5.1.2 Ein Konzept zur Flexibilitätsanalyse von Montagesystemen

Flexibilität rückt auf diese Weise immer mehr in den Mittelpunkt des Zielsystems von Industrieunternehmen.[5.4] Hieraus erwachsen hohe Anforderungen sowohl an das Entscheidungsverhalten der Führungskräfte, als auch an das operative Montagesystem selbst. Im Hinblick auf das *Montagesystem*, das hier als Arbeitssystem mit der Aufgabe des Zusammenbaus einer bzw. mehrerer unterschiedlicher Erzeugnisvarianten interpretiert wird [5.5], ist auf die außerordentliche Bedeutung von Innovationen auf dem Gebiet der Informations- und Produktionstechnologie hinzuweisen. Mit dem Einsatz flexibler Montagetechnologien verbinden sich potentiell eine Reihe ganz konkreter Vorteile, wie z.B.:[5.6]

– kürzere Durchlauf- und damit auch Liegezeiten,
– höhere Produktqualität und -zuverlässigkeit,
– niedrigere Herstell-, Lager- und Logistikkosten,
– bessere Nutzung der Anlagenkapazitäten,
– geringere Kapitalbindung im Umlaufvermögen und
– größere Produkt- und Mengenflexibilität.

Die anfängliche Euphorie im Hinblick auf die Wettbewerbspotentiale flexibel automatisierter Montagesysteme mußte allerdings der Erkenntnis weichen, daß zur Realisierung entsprechender Wettbewerbsvorteile eine Integration der Komponenten Technologie und Strategie, d.h. eine Anpassung des Entscheidungsverhaltens der Führungskräfte, notwendig ist.

Zur Unterstützung strategischer Montageentscheidungen wurden Simulations- und Lernmodelle entwickelt und im Rahmen verschiedener Praxisprojekte evaluiert. Voraussetzung für die Entwicklung adäquater Modellsysteme war zunächst die Operationalisierung des Flexibilitätsbegriffs für die Montage und die Entwicklung eines Konzeptes zur Flexibilitätsanalyse von Montagesystemen unter betriebswirtschaftlichen Gesichtspunkten.

Die Diskussion der Flexibilitätsproblematik in der Betriebswirtschaftslehre wird durch eine uneinheitliche Terminologie hinsichtlich des Grundbegriffs "Flexibilität" erschwert. In Abhängigkeit von den jeweiligen Untersuchungsgegenständen und Erkenntniszielen werden unterschiedliche Akzente bei den einzelnen Flexibilitätsdefinitionen gesetzt. Ausgangspunkt der meisten Definitionen bildet jedoch die Interpretation des Begriffes *"Flexibilität"* als der Fähigkeit, sich an unterschiedliche Bedingungen anzupassen. Auch die folgenden Ausführungen bauen auf diesem allgemeinen Begriffsverständnis auf, wobei verwandte Begriffe wie Elastizität, Mobilität und dgl. als Synonyme verwendet werden.[5.7; 5.8; 5.9]

Im Hinblick auf mögliche Flexibilitätsobjekte lassen sich *Produkt-* und *Prozeßflexibilität* unterscheiden, wobei sich letztere durch ihre Komponenten in technologische, strukturelle, kapazitative und personelle Flexibilität spezifizieren läßt.[5.5] Die Unterscheidung in Bestands- und Entwicklungsflexibilität [5.4; 5.10; 5.11] berücksichtigt den Anpassungszeitraum sowie die Reichweite von Flexibilisierungsmaßnahmen in Montagesystemen. *Bestandsflexibilität* ermöglicht kurzfristige Anpassungen zeitlicher, quantitativer und intensitätsmäßiger Natur im Rahmen bestehender Flexibilitätsreserven, wie z.B. die Ausdehnung der Montagezeit mit Hilfe von Überstunden. Sie ist eine notwendige Voraussetzung zur Reaktion auf Fluktuationen innerhalb turbulenter Umwelten. *Entwicklungsflexibilität* bezeichnet demgegenüber die Fähigkeit des Montagesystems, sich darüber hinaus auch durch qualitative Veränderungen langfristig an neue, möglicherweise vollkommen veränderte Situationen anzupassen. Sie umfaßt z.B. die Einführung neuer Technologien, Organisations- und Logistikkonzepte sowie Maßnahmen zur Qualifizierung des Montagepersonals und setzt insofern immer auch Veränderungsbereitschaft und organisationale Lernprozesse in der Montage voraus. Die Entwicklungsflexibilität von Montagesystemen gewinnt angesichts des oben beschriebenen Wandels in der Aufgabenumwelt immer größere Bedeutung für den Fortbestand von Industrieunternehmen.

Flexibilität in der Montage stellt keinen Selbstzweck dar. Alle entsprechenden Entscheidungen und Maßnahmen haben sich vielmehr am grundlegenden Ziel der Lebens- und Entwicklungsfähigkeit des Unternehmens und damit an seiner langfristigen Rentabilität zu orientieren. Angesichts der Flexibilitätskosten kommt der Ermittlung des *Flexibilitätsbedarfs* eine zentrale Rolle zu. Die Messung mit Hilfe von *Flexibilitätskennzahlen* [5.10] kann dazu in Einzelfällen eine brauchbare Hilfestellung leisten. Ihr Potential zur Unterstützung strategischer Entscheidungen muß jedoch insgesamt eher niedrig eingestuft werden, da sie u.a. häufig nur isolierte Teilbereiche von Montagesystemen analysieren und sich der

Nutzen von Investitionen in Flexibilität nur unzureichend quantifizieren läßt. Adäquater sind hier offenbar *Simulationsmodelle,* etwa vom Typ System Dynamics. Dafür sprechen drei Leistungspotentiale:

- Erfassung einer größeren Anzahl von Flexibilitätsdeterminanten,
- Abbildung montagespezifischer Informations- und Entscheidungsstrukturen sowie
- Simulation alternativer Anpassungsstrategien.

Voraussetzung für den Einsatz derartiger Simulationsmodelle zur Unterstützung strategischer Montageentscheidungen ist die Entwicklung einer Konzeption zur adäquaten Beschreibung der Flexibilitätsproblematik in Industrieunternehmen.[5.5; 5.11] Ausgangspunkt hierfür bildet die Frage, in welcher Form Flexibilitätsanforderungen an das Unternehmen herangetragen werden. Die vom Unternehmen erbrachte Leistung wird von den Kunden i.d.R. hinsichtlich der Kriterien Preis, Qualität und Lieferzeit beurteilt. Qualität bezieht sich hierbei nicht nur auf die Eigenschaften einzelner Produkte (Produktqualität), sondern auch auf die Breite und Individualität des gesamten Produktionsprogramms (Programmqualität). Die Angebotsgestaltung orientiert sich auch im Hinblick auf die Anpassungsfähigkeit an veränderte Rahmenbedingungen an diesen Leistungskriterien, die im folgenden als *"Flexibilitätskomponenten"* bezeichnet werden.

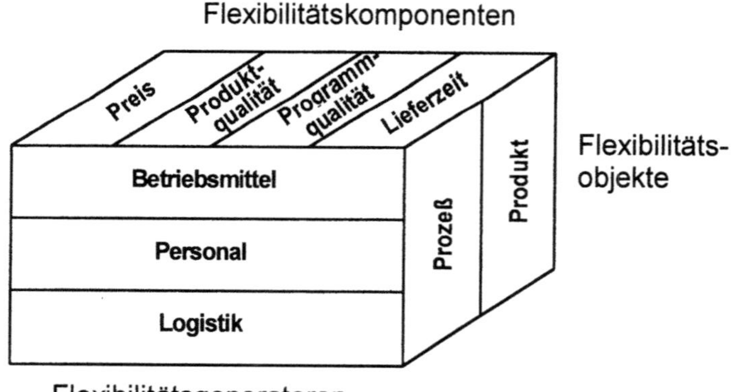

Abb.5.2. Dimensionen eines flexiblen Montagesystems (In Anlehnung an: [5.7])

Die Flexibilitätskomponenten repräsentieren damit den Zielraum für flexible Montagesysteme (vgl. Abb. 5.2.). Die Anpassung an diese Komponenten erfolgt über die Dimension der *"Flexibilitätsgeneratoren"* (Betriebsmittel, Personal, Logistik), die quasi die grundsätzlichen Handlungsfelder für Flexibilisierungsmaßnahmen in Montagesystemen beschreiben. Die dritte Dimension stellen die bereits angesprochenen *"Objekte"* flexibilitätsspezifischer Betrachtungen dar. Im

Zuge der Analyse ist dabei die Unterscheidung notwendig, ob die Flexibilitätsgeneratoren den Montageprozeß oder das Produkt bzw. Werkstück beeinflussen.

Die einzelnen Dimensionen dürfen bei einer derart strukturierten Analyse von Montagesystemen nicht isoliert gesehen werden. Vielmehr sind die Interdependenzen sowohl innerhalb, als auch zwischen den Dimensionen bei der Modellentwicklung zu identifizieren und abzubilden sowie ihre Auswirkungen auf die Elastizität von Montagesystemen im Rahmen der dynamischen Simulation offenzulegen.

5.1.3 Die flexible Montage als evolutionsfähiges System

Die Evolution von Produktion und Montage

Mit den Veränderungen in der Bedeutung von Produktion und Montage geht eine Evolution der Fabrik einher.[5.12; 5.13; 5.14] Sie ist als eine notwendige Antwort auf die Art und Geschwindigkeit des Wandels von Bedingungen, Möglichkeiten und Aufgaben zu verstehen. Neben den im folgenden dargestellten evolutionären Anpassungen bedarf es dazu zuweilen auch epochaler Umbrüche, wie dem Übergang von der handwerklichen zur industriellen Fertigung, zur mechanisierten Massenfertigung und letztlich zur computerunterstützten Produktion, welche als industrielle Revolutionen bezeichnet werden.

Die Entwicklung von Produktion und Montage ist die Geschichte von immer umfassenderen Antworten auf ständig gestiegene und zusätzliche Marktanforderungen (vgl. Abb. 5.3.).

Die einzelnen Phasen stellen dabei jeweils eine idealisierte *Typisierung* für ein Stadium dar, in dem der Produktionsbetrieb bestimmten Anforderungen gerecht werden kann. Dabei ist zu beachten, daß die tatsächliche Entwicklung vermischter und ansatzloser verläuft. Verschiedene Branchen und selbst einzelne Unternehmen können sich durchaus in unterschiedlichen Entwicklungsstadien befinden.

Vor allem in der unmittelbaren Nachkriegszeit entsprach die *"wirtschaftliche Produktion"* den Anforderungen wachsender und unterversorgter Verkäufermärkte. Dominierendes Leistungskriterium war der *Preis*. Dies wurde umgesetzt durch eine Fokussierung auf die Kosten, dem Streben nach Mengendegressionseffekten ("Economies of Scale") und einer starren Automatisierung in der Fabrik. Das Selbstverständnis der Produktion entspricht dann dem der "Produktivitätsmaschine" und ist primär operativ.

Mit den steigenden Ansprüchen der Kunden in bezug auf die *Produktqualität* verbindet sich der Wandel zur *"qualitätsbewußten Produktion"*. Mit der Verbreitung des Total Quality Management verschiebt sich innerhalb dieser Phase der Fokus von der Qualitätskontrolle der traditionellen Qualitätsphilosophie des "fit to standard" zur Fehlervermeidung und der Orientierung an den Kundenanforderungen im Sinne des "fit to (latent) need", wobei gleichzeitig eine Reduzierung der Kosten angestrebt wird.

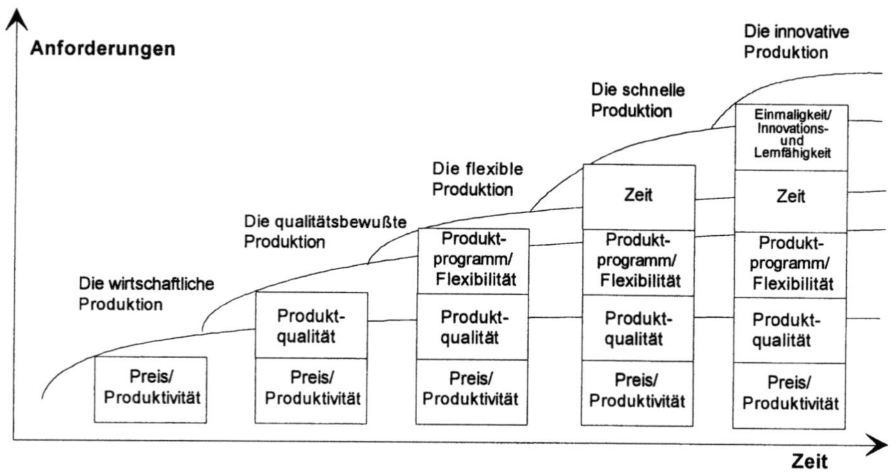

Abb.5.3. Evolution der Anforderungen an die Fabrik [5.12]

Auf der Stufe der *"flexiblen Produktion"* wird der wachsenden Individualisierung der Kundenwünsche durch mehr Produktvarianten und damit einer höheren *Programmqualität* begegnet. Der dominierende Wettbewerbsfaktor ist die wirtschaftliche Beherrschung der Vielfalt ("Economies of Scope"). Der Konflikt zwischen Flexibilität und Automation wird weitgehend durch "flexible Automatisierung" überwunden.

Nachdem sich die Potentiale der "Economies of Scale" und der "Economies of Scope" zur Generierung von Wettbewerbsvorteilen zunehmend erschöpfen, gewinnt der Faktor *Zeit* ("Economies of Speed") an Bedeutung. In der *"schnellen Produktion"* werden deshalb Kundennähe und Reaktionsfähigkeit zu den obersten Maximen, was die Dynamik in der Unternehmensumwelt noch beschleunigt. Zeitvorteile resultieren dabei aus einer Ablaufqualität, die sich an synchronisierten, aus der Marktsicht gestalteten Prozessen (im Sinne von Simultaneous und Reverse Engineering) und "robusten Produktionsverfahren" orientieren.[5.15]

Die *"innovative Produktion"* unterstellt, daß Kundenbedürfnisse aufgrund ihrer Veränderlichkeit nicht abschließend befriedigt werden können. Die wirtschaftliche Lösung immer neuer, individueller Kundenprobleme wird zum zentralen Wettbewerbsfaktor. Damit rückt die *Entwicklungsflexibilität*, im Sinne der Fähigkeit zur grundlegenden Veränderung, in den Mittelpunkt des Interesses.

Organisationales Lernen als Basiskompetenz des Veränderungsmanagements

Dauerhafte Wettbewerbsvorteile erwachsen in den Wettbewerbsarenen der Zukunft demnach immer seltener allein aus kostengünstigen und qualitativ hochwertigen Produkten. Sie erfordern vielmehr die Fähigkeit, den Wandel rechtzeitig zu antizipieren und unter Berücksichtigung der eigenen Ressourcen und

Fähigkeiten im Sinne einer Sinne einer Koevolution [5.16] proaktiv mitzugestalten. Es ist deshalb ein Trugschluß zu glauben, daß der Mitarbeiter in der modernen, zunehmend technisierten und automatisierten Produktion immer entbehrlicher wird. Das Gegenteil ist der Fall. Die wachsende Veränderungsdynamik stellt immer höhere Anforderungen an das wichtigste Potential der Unternehmen: den Menschen.

Diese Anforderungen richten sich sowohl auf die Veränderungsbereitschaft, wie auch auf die Veränderungsfähigkeit der Mitarbeiter. Die Erarbeitung neuer Führungskonzepte und Anreizsysteme, die den Bedingungen moderner Produktionsstrukturen wie der "Fraktalen Fabrik" oder dem "agile manufacturing" Rechnung tragen, sind wesentliche Voraussetzungen zur Gewährleistung der notwendigen Veränderungsbereitschaft. Die Verbesserung der Veränderungsfähigkeit kann demgegenüber nur durch die fortgesetzte Qualifizierung der Mitarbeiter erfolgen. Sie basiert stets auf der Initiierung, Gestaltung und Förderung von Lernprozessen in der Organisation.

In einer ersten Annäherung läßt sich Lernen als die Erweiterung des Potentials effektiver Handlungsweisen definieren.[5.17] Alle Organisationen lernen in diesem Sinne, unabhängig davon, ob sie Lernprozesse systematisch fördern oder diesen nur eine untergeordnete Bedeutung zumessen. Vor dem Hintergrund des skizzierten Wandels in der Wettbewerbsumwelt, der Kumulierung von Marktanforderungen und dem daraus resultierenden Druck, neue Wettbewerbspotentiale zu erschließen, stellt sich deshalb nur die Frage, wie Lernprozesse zielgerichtet und effizient gestaltet werden können.

Ausgangspunkt und Kristallisationskern ist dabei immer das Lernen einzelner Mitarbeiter. *Individuelles Lernen* ist schon seit geraumer Zeit Gegenstand psychologischer Lerntheorien. Vergröbernd lassen sich zwei Klassen theoretischer Ansätze unterscheiden, die von unterschiedlichen erkenntnistheoretischen Grundpositionen geprägt sind (einen zusammenfassenden Überblick hierzu geben z.B. [5.18; 5.19]). *Behavioristische Lerntheorien* stellen die Verknüpfung von Reizen und Reaktionen in den Vordergrund und konzentrieren sich vor allem auf Vorgänge, die einer empirischen Beobachtung zugänglich sind, also eingetretenen Verhaltensänderungen. *Kognitive Lerntheorien* interpretieren Lernen weniger als einen derartigen Versuchs-Irrtums-Prozeß, sondern als Prozeß zunehmender Einsichten in Beziehungszusammenhänge. Sie berücksichtigen deshalb explizit Wahrnehmung, Wahrnehmungsorganisation und Interpretation von Informationen als Elemente des Lernens.

Für das Lernen in sich verändernden Organisationen sind beide Aspekte von Relevanz. Es wird zu einem erheblichen Teil durch Umwelteinflüsse und wahrgenommene Konsequenzen des bisherigen Verhaltens geprägt. Menschen reagieren aber nicht mechanisch auf diese Stimuli, sondern selektieren und interpretieren Umweltinformationen im Rahmen kognitiver Prozesse. Der scheinbare Konflikt löst sich auf, wenn Lernen in einer systemorientierten Perspektive als die Modifikation mentaler Modelle in Interaktion mit der Umwelt verstanden wird.

Mentale Modelle bezeichnen vereinfachte erfahrungsbasierte Repräsentationen der Wirklichkeit, die jedem Verstehen und Entscheiden zugrunde liegen.[5.20; 5.21] Sie stellen Konzepte zur Erklärung realer Abläufe und Zusammenhänge, aber auch zur Selektion relevanter Umweltinformationen und zur Interpretation von Verhaltenswirkungen bereit. Auf individueller Ebene stellen mentale Modelle zunächst implizites, stillschweigendes Wissen oder "tacit knowledge" [5.22] dar, das einer direkten Reflektion nicht zugänglich ist. Seine Modifikation und Weiterentwicklung ist deshalb nur auf der Grundlage des Vergleichs von erwarteten und beobachteten Konsequenzen einzelner Handlungen möglich.

Unternehmen benötigen zur Gestaltung und Optimierung ihrer Geschäftsprozesse ein breites Spektrum an Wissen, das sie zur Erfüllung von Aufgaben und für Problemlösungen verwenden. Diesen Bestand an Wissen repräsentiert die *organisationale Wissensbasis*, die durch organisationale Lernvorgänge genutzt, geändert und fortentwickelt wird.[5.23] *Organisationales Lernen* setzt demnach die Bildung und Weiterentwicklung mentaler Modelle auf Unternehmensebene voraus. Das individuelle und implizite Wissen einzelner Mitarbeiter muß dazu zumindest teilweise expliziert werden, im Hinblick auf seinen Erklärungswert in Konkurrenz zueinander treten und Eingang in organisationale Handlungsroutinen, wie z.B. Standardprozeduren zur Investitionsbeurteilung oder Lieferantenauswahl, bzw. in die von den Organisationsmitgliedern geteilte Weltsicht finden.[5.17]

Trotz zahlreicher Bemühungen, eine allgemeine Theorie organisationalen Lernens aufzustellen, befindet sich dieses Wissenschaftsfeld noch in einem vorparadigmatischen Stadium. Ein fundierter und weithin akzeptierter Ansatz wurde von Argyris/Schön vorgestellt.[5.24]

Mit der *organisationalen Handlungstheorie* (Theory of Action) führen Argyris/Schön schon sehr früh einen Begriff ein, der eine terminologische Vorstufe zur organisationalen Wissensbasis darstellt.[5.25] In dieser organisationalen Handlungstheorie sind die Erwartungen der Organisationsmitglieder bezüglich der Konsequenzen ihres Handelns abgelegt. Während ihrer Wahrnehmungsprozesse überprüfen die Organisationsmitglieder diese Erwartungen mit ihren *Wirklichkeitskonstruktionen* und lernen bzw. verlernen, indem sie ihre mentalen Modelle i.S. der *Theory of Action* konstruieren, testen und rekonstruieren. Hierbei ist zu unterscheiden in:

- *Espoused Theory:* Nach außen und innen verkündete Handlungsgrundsätze einer Organisation (z.B. Leitlinien und Führungsgrundsätze).
- *Theory-in-use:* Tatsächlich handlungsleitende Theorien, die wissentlich oder unwissentlich von den Grundsätzen der *Espoused Theory* abweichen können.

Aufbauend auf diesem Begriffsschema differenzieren Argyris/Schön drei Ebenen des organisationalen Lernens:

- *Single-Loop-Learning:* Organisationsmitglieder reagieren auf wahrgenommene interne und externe Veränderungen, indem sie versuchen, Fehlerquellen zu identifizieren und zu beseitigen. Im Sinne eines Rückkopplungsprozesses handeln sie während dieses adaptiven Lernvorganges im Rahmen ihrer *Theory-in-*

use. Meßkriterium für den Erfolg derartiger Lernvorgänge ist die interne *Effizienz* (etwa im Sinne kontinuierlicher Verbesserungsprozesse).

- *Double-Loop-Learning:* Können die auftretenden Störungen durch Lernvorgänge der ersten Ebene nicht beseitigt werden, *kann* es, um die Anpassungsfähigkeit der Organisation aufrecht zu erhalten, zu einer Veränderung einer oder beider Ausprägungen der *Theory of Action* kommen. Durch die Änderung von Werten, Normen und Weltanschauungen werden grundsätzlich neue Wege gegangen, die dem Unternehmen wieder einen angemessenen Handlungsrahmen eröffnen und die *Effektivität* einer Organisation beeinflussen (etwa im Sinne einer umfassenden Erneuerung von Geschäftsprozessen).

- *Deutero-Learning:* Das "Lernen des Lernens" macht die beiden vorgenannten Lernprozesse selbst zum Betrachtungsobjekt eines übergeordneten Lernprozesses, der gegebenenfalls die *Verbesserung der organisationalen Lernfähigkeit* bewirkt. Dies geschieht insbesondere durch die Beseitigung von Lernbarrieren und das Stimulieren von Lernbereitschaft.

Inzwischen existieren eine Vielzahl von Typologisierungen, die in ähnlicher Weise nach dem Ausmaß der Veränderung geteilter mentaler Modelle differenzieren (einen zusammenfassenden Überblick hierzu geben z.B. [5.25; 5.26]). Weit weniger Arbeiten thematisieren die kritische Verbindung von individuellem und organisationalem Lernen sowie die Frage, wie sich individuelles Lernen effektiv fördern und effizient für den Veränderungsprozeß der Gesamtorganisation nutzbar machen läßt, so daß hier von einem "missing link" gesprochen werden kann. [5.17] In der unternehmerischen Praxis ist festzustellen, daß sich organisationales Lernen erheblich schwerfälliger vollzieht als auf der Ebene der einzelnen Individuen. Die Lernintensität von Gruppen, wie bspw. von Entscheidungsgremien, entspricht oft nur dem kleinsten gemeinsamen Nenner der beteiligten Individuen.[5.27] Angesichts der weiter oben skizzierten Dynamik der Umweltentwicklung erwächst daraus die Gefahr einer unzureichenden Veränderungsfähigkeit der Unternehmen.

Simulations- und Lernmodelle als Entscheidungshilfen in der Montage

Die betriebliche Produktion und Montage kann ihrer gestiegenen Bedeutung nur dann gerecht werden, wenn sie sich selbst als ein evolutionsfähiges System erweist und neue Leistungskomponenten integriert. Dieser Entwicklungsprozeß erfordert grundlegende und weitreichende Entscheidungen, wie z.B. die Beurteilung von Investitionen in moderne, flexible Montagetechnologien. Das Leistungspotential vorliegender Ansätze zur rational-analytischen Unterstützung solcher komplexen Entscheidungen, wie z.B. konventioneller Investitionsrechenverfahren, ist jedoch begrenzt.[5.28] Hierfür sind insbesondere die folgenden Ursachen zu nennen:

- unzureichende Quantifizierung von Nutzenaspekten,
- mangelnde Integration qualitativer und quantitativer Entscheidungskriterien,

– isolierende und statische Analyse vernetzter Ursache-Wirkungs-Beziehungen
  sowie
– ungenügende Förderung kollektiver Lernprozesse.

Nicht zuletzt angesichts dieser Grenzen rationaler, formalisierter Kalküle treffen
Manager strategische Montageentscheidungen oftmals intuitiv. *Intuition* basiert
auf dem im Laufe der Jahre individuell gesammelten und in Form mentaler
Modelle vorliegendem Erfahrungswissen. Einzelne Wissenselemente können
dabei aus ihren bisherigen Beziehungszusammenhängen gelöst und auf neue
Problemstellungen angewendet werden.

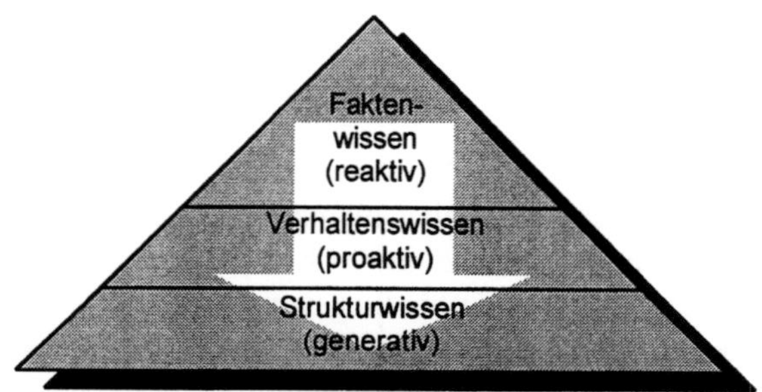

Abb.5.4. Wissen aus systemorientierter Sicht

Aus der systemorientierten Perspektive ergeben sich, wie in Abb. 5.4. dargestellt,
drei Ebenen der Erklärung komplexer Entscheidungssituationen bei der
Konstruktion von Realitäten in Gestalt mentaler Modelle.[5.29] *Faktenwissen*
umfaßt Kenntnisse über eine aktuelle Problemsituation und ggf. Fertigkeiten, um
solche Situationen *reaktiv* zu beeinflussen (z.B. Wissen über aktuelle betriebswirtschaftliche Kennzahlen wie Rentabilität, Umsatz, Kosten, etc.). *Verhaltenswissen* beinhaltet darüber hinaus Aussagen über Trendentwicklungen von
Systemvariablen und erlaubt das *proaktive* Einbeziehen dieser Erkenntnisse zur
Gestaltung zukünftiger Entwicklungspfade (z.B. Wissen über langfristige
Nachfrageentwicklungen, Konjunkturzyklen, etc.). Den größten Hebel zur
Steigerung der Qualität unternehmerischer Entscheidungen besitzt die Berücksich-
tigung von *Strukturwissen* über den Aufbau und das Zusammenwirken von
Systemen (z.B. Wissen über zentrale Einflußgrößen, Rückkopplungen, Verstär-
kungen, Abschwächungen und Zeitverzögerungen, etc.). Die Struktur eines
Systems generiert die Verhaltensmuster, die sich in den aktuellen Systemzu-
ständen manifestieren. Die durch das Strukturverständnis gewonnene Einsicht in
Systemzusammenhänge erlaubt es erst, *generativ* in die Entwicklung einzugreifen
und kreativ nach neuen Wegen zu suchen.

Intuition macht das Entscheiden schnell und einfach. Da es sich aber bei mentalen Modellen um "tacit knowledge" handelt, lassen sich die Kriterien intuitiver Entscheidungen nur sehr schwer kommunizieren. Wer intuitiv entscheidet, kann im Gegensatz zu einer formal-analytisch vorbereiteten Entscheidung seine Beweggründe nicht klar darlegen, auch wenn das Resultat brillant ist. Ein schwerwiegender Nachteil, handelt es sich doch bei strategischen Entscheidungen im Montagebereich regelmäßig um kollektive Prozesse, innerhalb derer nicht nur bestimmte Aktionen ausgelöst, sondern auch legitimiert und im Anschluß durchgesetzt werden müssen.

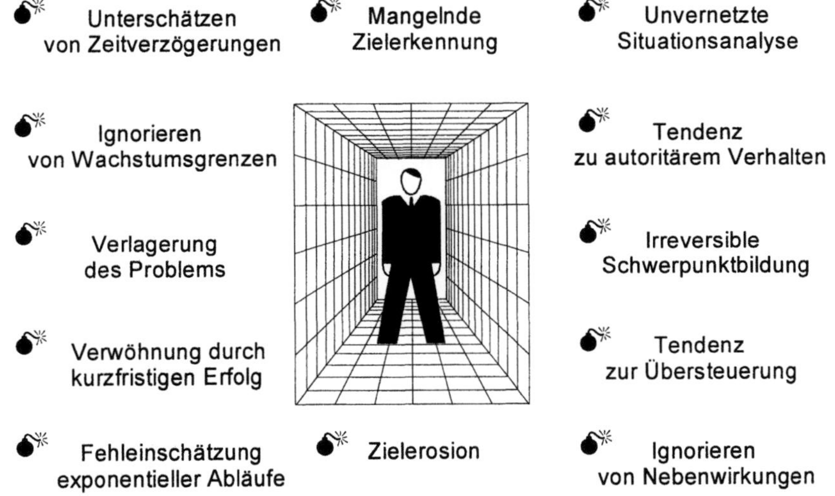

Abb.5.5. Risiken intuitiver Entscheidungen

Die Güte der Entscheidung ist darüber hinaus stark von der Qualität der mentalen Modelle abhängig. Hier ist festzustellen, daß die Anwendung von Faktenwissen überwiegt und Verhaltens-, vor allem aber Strukturwissen seltener Eingang in unternehmerische Entscheidungen findet.[5.29] Die mangelnde Berücksichtigung von Rückkopplungen und Zeitverzögerungen und die Schwierigkeit, dem menschlichen Entscheidungsverhalten als integralem Bestandteil des zu beurteilenden Systems Rechnung zu tragen, führt zu einer ganzen Reihe von Risiken intuitiver Entscheidungsfindung (vgl. Abb. 5.5.). Vor allem Dörner [5.30] hat in wissenschaftlichen Experimenten entsprechendes Fehlverhalten bei Eingriffen in komplexe Systeme nachgewiesen.

Die Schaffung des Bewußtseins für solche Fehlerquellen, hilft, diese zu vermeiden. Darüber hinaus müssen die Grundlagen intuitiver Entscheidungen expliziert und auf ihre Konsistenz geprüft werden. Nur auf diese Weise ist es möglich, wertvolle Informationen aus den mentalen Modellen der Entscheidungsträger für einen rationalen kollektiven Entscheidungsprozeß nutzbar zu machen.

Ein Werkzeug hierfür können *computergestützte Simulations- und Lernmodelle* sein. Diese basieren auf *explizierten mentalen Modellen* von Entscheidungsträgern und erlauben:

– das Bewußtmachen von grundsätzlichen Denkfehlern sowie das Training von Systemdenken;
– über den Austausch individueller Erklärungsmuster und Wissenselemente einen Konsens über spezifische Problemstrukturen herzustellen, also organisationale mentale Modelle zu generieren;
– auf der Grundlage der modellierten Systemstrukturen das Durchführen kontrollierter und risikoloser Experimente am Computer zur Unterstützung individueller *und* organisationaler Lernprozesse.

In den folgenden Abschnitten sollen deshalb die Entwicklung und der Einsatz computergestützter Simulations- und Lernmodelle zur Unterstützung strategischer Entscheidungen in der Montage vorgestellt werden.

5.1.4 Bausteine des Modellierungsansatzes

Grundlage der Modellierung

Um den formulierten Anforderungen an das Management der flexiblen Montage gerecht zu werden, bedarf es der Überprüfung der bisher eingesetzten Managementunterstützungssysteme sowie der Neu- und Weiterentwicklung geeigneter Methoden und Werkzeuge. Die Grundlage des im Projekt entwickelten Simulations- und Lernmodellinstrumentariums ist der System Dynamics-Ansatz. Diese formale Beschreibungs- und Simulationssprache erlaubt es, komplexe sozio-ökonomische Systeme abzubilden und zeitkontinuierlich zu simulieren (einen aktuellen Überblick hierzu geben [5.31]). Damit sind die Berücksichtigung interdependenter Wirkungen im Zeitablauf und die Beurteilung von Eingriffen in komplexe Systeme möglich. System Dynamics-Modelle eignen sich vor allem für langfristige Aussagen über das Verhalten komplexer Systeme. Wie langfristige Prognosen im allgemeinen erreichen sie jedoch keine Punktgenauigkeit, sondern stellen vielmehr den zeitlichen Verlauf einzelner Größen in Bandbreiten dar. Bedingt durch das Aggregationsniveau des Modells sind Simulationsstudien dieser Art zu operativ-kurzfristigen Eingriffen nicht gut geeignet.

Eine Modellierung beginnt mit der Systemabgrenzung, also der Sammlung der im Problemkontext enthaltenen Größen, und der Festlegung ihres Aggregationsniveaus. In Form von Kausaldiagrammen werden die im System enthaltenen Größen und ihre Wirkungsbeziehungen dann grafisch abgebildet. Die Vorstufe zur mathematischen Beschreibung sind sog. Flußdiagramme, die eine grafische 1:1-Abbildung der im Modell enthaltenen Größen darstellen. Vom Flußdiagramm werden unmittelbar die mathematischen Gleichungen abgeleitet.

Bisher existiert kein computergestütztes Werkzeug, das den gesamten Prozeß der Modellerstellung geeignet unterstützt. Die Entscheidungsträger, die auf der Grundlage der Ergebnisse der Simulationsstudien ihre Entscheidung fällen sollen, sind zumeist gar nicht oder nur wenig am Modellerstellungsprozeß beteiligt. Dabei ist es nicht nur das mit solchen (Prognose-) Modellen erzeugte Ergebnisszenario, sondern vor allem auch der Modellerstellungsprozeß, der wesentliche Einsichten erlaubt.[5.32] Die herkömmliche Vorgehensweise führt oftmals zu unüberschaubaren Modellen (black boxes), deren Ergebnisse dem Entscheidungsträger einen blinden Glauben an ihre Richtigkeit abverlangen und die häufig nicht zu einem besseren Verständnis der Realität beitragen. Das konzeptionelle Schwergewicht des weiter unten vorgestellten Entscheidungsunterstützungssystems liegt daher auf einer *strukturierten Modellerstellung*; sie soll eine sukzessive Generierung von Entscheidungswissen ermöglichen. Um den Modellerstellungsprozeß noch transparenter zu gestalten, wurden darüber hinaus eine *qualitative Simulationskomponente* sowie *objektorientierte Kausaldiagramme* entwickelt und in die konzipierte Vorgehensweise für die Modellierung integriert. Die Verwendung sog. *generischer Modelle* soll des weiteren einen strukturierten Einstieg in die Modellierung bieten, den gesamten Prozeß beschleunigen und verbessern. Die angesprochenen Konzepte werden im folgenden beschrieben.

Qualitative und quantitative Simulation

Die quantitative Simulation bietet sich zum Verständnis eines betrachteten Systems immer dann an, wenn das System mathematisch beschreibbar ist. Eine weitere Unterscheidung der verschiedenen quantitativen Verfahren soll an dieser Stelle nicht erfolgen (siehe hierzu bspw. [5.33]). In den folgenden Ausführungen wird der Terminus quantitative Simulation synonym zum Begriff der zeitkontinuierlichen Simulation verwendet.

Während bei der quantitativen Simulation die Systemzustände und Zustandsänderungen durch numerische Werte und mathematische Funktionen festgelegt sind, wird mit Hilfe der *qualitativen Simulation* versucht, Zustands- und Prozeßgrößen durch die Verwendung qualitativer Kategorien zu beschreiben. Auf der Grundlage von Untersuchungen der kausalen Zusammenhänge soll die Struktur eines Modells verstanden und validiert werden. Daneben wird das Ziel verfolgt, aus der qualitativen Strukturbeschreibung eines Systems auch sein qualitatives Verhalten abzuleiten, also die Grundzüge der Dynamik des modellierten Systems abzuschätzen. In den folgenden Ausführungen wird der Terminus *qualitative Vorsimulation* verwendet, um eine Abgrenzung zum bereits belegten Begriff der qualitativen Simulation (vgl. bspw. [5.34]) zu erreichen, die zur Beschreibung und dynamischen Simulation physikalischer Systeme entwickelt wurde. Die qualitative Vorsimulation erlaubt im Gegensatz dazu "nur" die Beschreibung des Systems auf natürlich-sprachlicher Basis (bspw. durch Begriffe wie positiv, negativ, etc.) und eine statische Betrachtung des Systems auf der Grundlage dieser qualitativen Systembeschreibung. Ein Beispiel für die qualitative Spezifikation einer kausalen Beziehung zwischen zwei Größen ist in Abb. 5.6. dargestellt. Für diese Form der qualitativen Darstellung konnte auf keine existierenden Hilfsmittel zurückgegriffen werden. Die entwickelte Konzeption basiert auf der objektorientierten Wissensrepräsentation, die im folgenden vorgestellt werden soll.

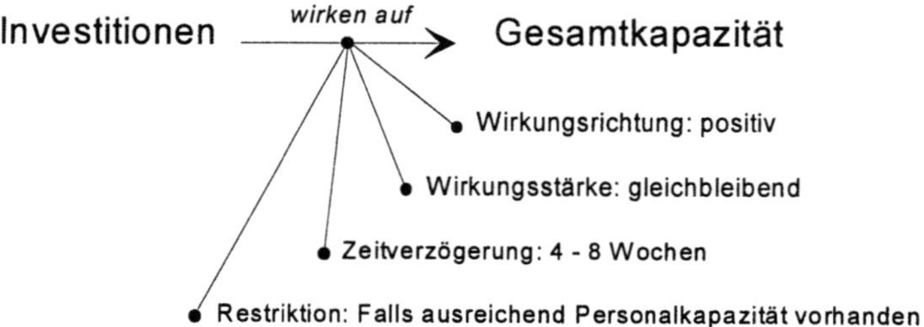

Abb.5.6. Beispiel für die qualitative Spezifikation eines kausalen Zusammenhangs

Objektorientierte Wissensrepräsentation

Die konzeptionelle Basis für die entwickelte formale Beschreibungssprache bildet die objektorientierte Wissensrepräsentation, die eine klare Darstellung von beliebigen Objekten (oder: Frames) anhand deren Eigenschaften und der auf sie anwendbaren Prozeduren erlaubt. Eigenschaften und Prozeduren sind in sogenannten *Slots* an das Objekt gebunden. Mit den Slots (engl.: Kerbe, Schlitz) besteht die Möglichkeit, Charakteristika eines Objektes im Rahmen der Modellkonzeption direkt mit dem jeweiligen Objekt zu speichern.

Wesentliches Element dieser Konzeption ist die Bildung von *Objektklassen*. Innerhalb der entstehenden Objekthierarchie erlaubt der Vererbungsmechanismus, Eigenschaften von generischen Objekten auf in der Hierarchie tieferliegende Objekte zu übertragen.[5.35] Durch die Bildung von Objektklassen braucht man die für die zugehörigen Objekte gemeinsamen Attributwerte nicht mehrfach in den Slots zu speichern. Dies bedeutet, daß ein Objekt von einem in der Hierarchie höherstehenden Objekt Charakteristika *erbt*. Ein in der Objekthierarchie tieferstehendes Objekt wird auch als eine *Instanz* eines höherstehenden Objekts bezeichnet. Der Prozeß der Bildung von Instanzen (die Instanziierung) geschieht nach zwei Prinzipien: *Konkretisierung* und *Modifikation*.[5.36] Ein Objekt wird durch die Auswahl von zulässigen Werten aus den angegebenen Wertemengen genauer beschrieben bzw. konkretisiert. Die Veränderung eines Merkmalwertes sowie das Entfernen bzw. Hinzufügen eines Merkmales entsprechen einer Modifikation.

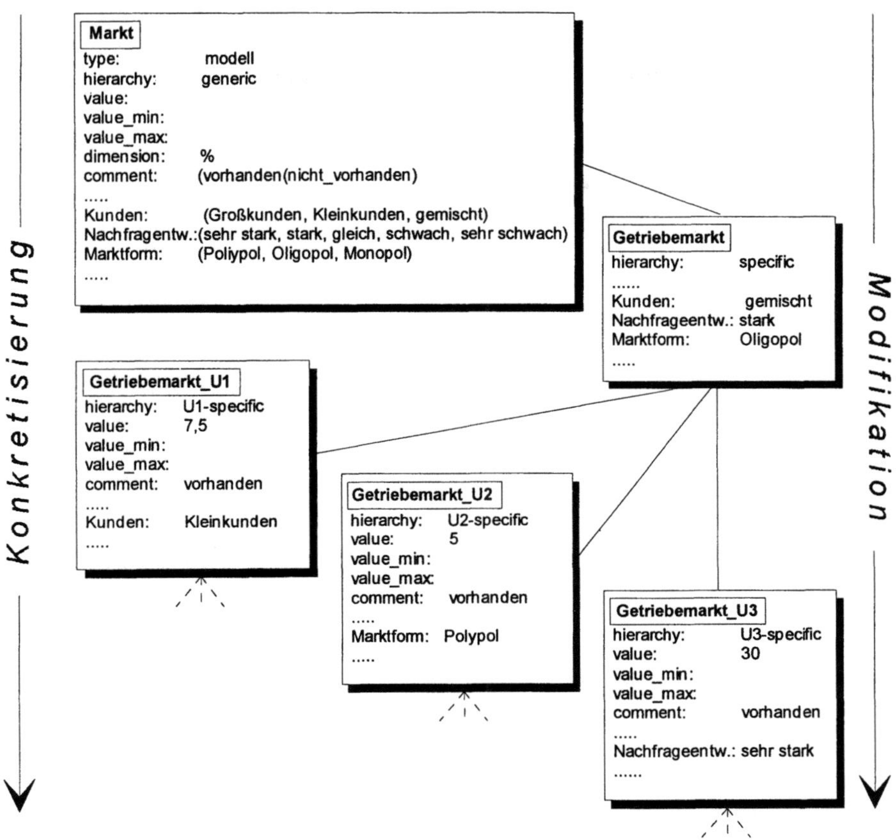

Abb.5.7. Eine Objekthierarchie

Das Beispiel in Abb. 5.7. soll die Anwendung der objektorientierten Wissensrepräsentation für betriebswirtschaftliche Zusammenhänge verdeutlichen. Der Markt ist das allgemeinste Objekt der Hierarchie. Auf dieser Ebene werden für die in einem Markt-Objekt üblicherweise anzutreffenden Merkmale und die Wertebereiche dieser Merkmale festgelegt. Diese Merkmale beziehen sich zum einen auf "technische" Eigenschaften, wie sie in jedem Objekt des Modells anzutreffen sind, wie bspw. der Typ (type) des Objektes, die Hierarchie (hierarchy) innerhalb des Objektbaumes oder der aktuelle Wert (value) in einer Simulation. Zum anderen können weitere Eigenschaften im Objekt festgehalten werden, die nicht in sämtlichen Objekten des Modells vorhanden sind, da sie sich auf eine bestimmte Klasse von Objekten beziehen. Im Beispiel in Abb. 5.7. werden Objekte aus der Klasse *Markt* durch Eigenschaften wie *Kunden, Nachfrageentwicklung* und *Marktform* genauer charakterisiert. Jedes Objekt enthält zusätzlich noch einen Slot *Kommentar*, der auf das Vorhandensein eines Erklärungstextes zum Objekt hinweist. Auf diese Erklärungstexte kann später bei der Arbeit mit dem System interaktiv zugegriffen werden.

In hierarchisch tieferliegenden Objekten sind die Merkmale konkretisiert. Der untergeordnete *Getriebemarkt* ist bspw. als *Oligopol* gekennzeichnet; die *Nachfrageentwicklung* ist üblicherweise mit *stark* umschrieben. Die Kunden lassen sich auf dieser Konkretisierungsstufe nicht klar als *Groß*- oder *Kleinkunden* identifizieren; der Eintrag ist also *gemischt*.

Der *Getriebemarkt* erbt als eine Instanz des Marktes sämtliche technische Eigenschaften, da hier noch keine genauere Spezifikation erreicht werden kann. Erst auf der nächst tieferliegenden Stufe der Instanziierung können diesbezüglich genauere Festlegungen erfolgen. Diese Objekte beziehen sich auf drei verschiedene Märkte dreier Unternehmen. Der gegenwärtige Wert (value), in diesem Fall der *Marktanteil*, ist bei diesen Objekten eingetragen; der Slot des Objektes ist also konkretisiert. Nach einer quantitativen Simulation würden auch die Slots *value_min* und *value_max* Einträge enthalten, die über den maximalen und minimalen Wert dieses Objektes in der Simulation Auskunft geben würden. Die Eigenschaft *Kunden* des *Getriebemarkt_U1* modifiziert sich auf dieser Stufe durch den Wert *Kleinkunden* von dem in der Hierarchie höherstehenden *Getriebemarkt*. Durch die Veränderung des Slotwertes wurde die Vererbung unterdrückt. Die Eigenschaften *Nachfrageentwicklung* und *Marktform* hingegen werden vom *Getriebemarkt* an das Objekt *Getriebemarkt_U1* vererbt. Ein nochmaliges Aufführen dieser Eigenschaften im Objekt erübrigt sich. Der Vererbungsmechanismus hat den Vorteil, Redundanzen und Inkonsistenzen zu vermeiden.

Weitere Instanzen dieser Objektebene der Unternehmen können nun verschiedene Märkte sein, in denen die Unternehmen tätig sind. In der hierarchischen Struktur der Objekte ließe sich eine Modellierung einfach durch die Bildung neuer Instanzen, also durch das "Anhängen" weiterer Objekte an die Objekthierarchie, erreichen.

Objektstrukturen des Modells

Sämtliche Größen des Modells lassen sich in der skizzierten Weise als Objekte darstellen. Auf der allgemeinen Ebene sind die *Modellelemente* und die *Relationen* durch Objekte beschrieben. Die Elemente entsprechen den Modellvariablen. Relationen bilden die kausalen Beziehungen zwischen den Elementen ab. Kausalketten zwischen zwei Elementen bzw. *Pfaden* und *Loops* setzen sich aus diesen beiden Basisobjekten (Elemente, Relationen) zusammen. Ihre Merkmale entstehen aus dem Zusammenwirken ihrer Teilobjekte. Ein Pfad umfaßt eine Menge von Elementen und Relationen, die eine mögliche kausale Verbindung zwischen zwei Elementen definiert (vgl. Abb. 5.8.). I.d.R. existieren mehrere Pfade, die wiederum zu einer sogenannten Pfadmenge zusammengefaßt sind. Loops sind zirkuläre Pfade bzw. Rückkopplungsschleifen von Elementen, denen durch die Rückwirkung andere Eigenschaften anhaften als den Pfaden.

Loops unterscheiden sich also von Pfaden dadurch, daß das Startelement mit dem Zielelement identisch ist.

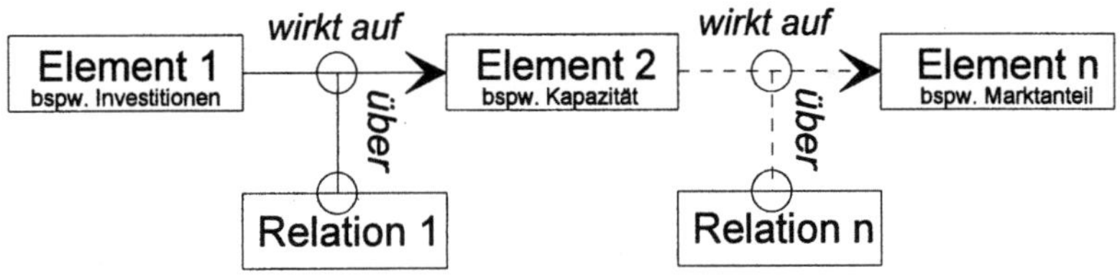

Abb.5.8. Logischer Aufbau des Objektes *Pfad*

Am Beispiel einer Relation soll das Konzept der objektorientierten Darstellung kurz erläutert werden. Abb. 5.9. zeigt dazu einen Ausschnitt der internen Objektstruktur einer Relation, wie sie im System abgebildet ist.

In den Relationen sind die kausalen Beziehungszusammenhänge zwischen den Modellgrößen festgehalten. Die zwei Eigenschaften *pred* und *succ* sind gleichsam der Mörtel, der das Modell zusammenhält. Auf den *Vorgänger* einer Relation weist *pred* (predecessor) hin, auf den Nachfolger der Slot *succ* (successor). Mit *dir* (direction) wird die Wirkungsrichtung einer Relation angezeigt. Dabei wird festgelegt, ob die Veränderung einer Modellgröße (Vorgänger) den sogenannten Nachfolger gleichgerichtet (= positiv) oder in entgegengesetzter Richtung (= negativ) beeinflußt. Für die qualitative Spezifikation *negativ* bedeutet dies, daß eine Vergrößerung der Ausgangsgröße (z.B. Kosten) eine Verkleinerung der Zielgröße (z.B. Rentabilität) zur Folge hat. Umgekehrt erzeugt die Verkleinerung der Ausgangsgröße eine Vergrößerung der Zielgröße.

In *delay_min* und *delay_max* ist die Bandbreite der Wirkungsverzögerung einer Relation definiert. Der Eintrag im Slot *force* gibt die Stärke des Einflusses eines Elementes auf ein anderes an. Mögliche Werte für *force* sind *verstärkend* (+), *gleichbleibend* (=) oder *abschwächend* (-). Daneben besteht die Möglichkeit in einem weiteren Slot verbal *Restriktionen* festzuhalten, denen die Kausalverbindung unterliegt (bspw. wirken Investitionen nur <u>dann</u> positiv auf die Gesamtkapazität, <u>wenn</u> entsprechend Personalkapazität vorhanden ist).

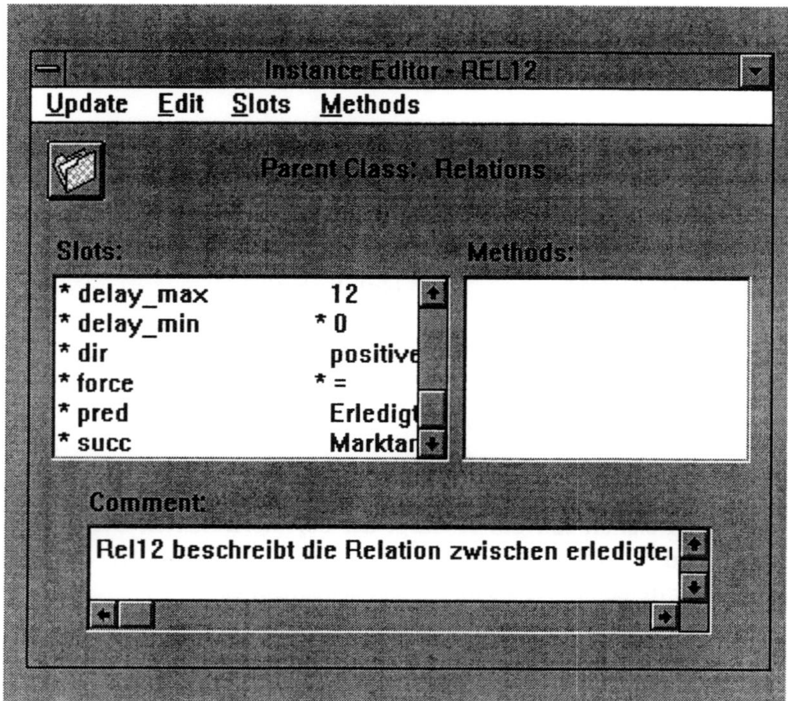

Abb.5.9. Grundstruktur der Modellobjekte am Beispiel einer Relation

5.1.5 Strukturierter Modellerstellungsprozeß

Phasenkonzept der Modellierung

Basierend auf Arbeiten zur Instrumentalisierung von Prozessen organisationalen Lernens durch den Einsatz eines *computergestützten Lernlabors* [5.37; 5.38] wurde ein *Phasenkonzept der Modellierung* entwickelt, das die beschriebenen Bausteine integriert. Die Abarbeitung der einzelnen Phasen ermöglicht es, weiche mentale Vorstellungsbilder der Entscheidungsträger im Verlaufe eines strukturierten Modellerstellungsprozesses in harte formale Aussagen über das betrachtete System zu überführen. Ziel ist die Bereitstellung eines Simulationsmodells, in dem das untersuchte wirtschaftliche Beziehungsgeflecht abgebildet ist und das bspw. die Beurteilung der Wirkungen einer Investition in ihrem zeitlichen Verlauf ermöglicht. Dieses Simulationsmodell kann abschließend in ein Lernmodell überführt werden, das der Verbreitung des im Modellierungsprozeß generierten Wissens im Unternehmen dient. Wegen seiner leichten Bedienbarkeit kann das Lernmodell auch von anderen, bis dahin im Modellerstellungsprozeß nicht beteiligten Mitarbeitern gehandhabt werden. Entscheidende Voraussetzungen für ein gleichgerichtetes, zielkonformes Handeln aller von einer Entscheidung betroffenen Mitarbeiter sind die Einsicht in die Notwendigkeit der damit verbundenen Veränderungen und gemeinsame Vorstellungen über die davon betroffenen wirtschaftlichen Zusammenhänge. Im Rahmen von Workshops dient das Lernmodell als ein Instrument, das es den von der Entscheidung Betroffenen erleichtert, in einem kollektiven Prozeß solche gemeinsamen Vorstellungen und Einsichten zu entwickeln (bzw. ein gemeinsames mentales Modell zu konstruieren; vgl auch [5.39]).

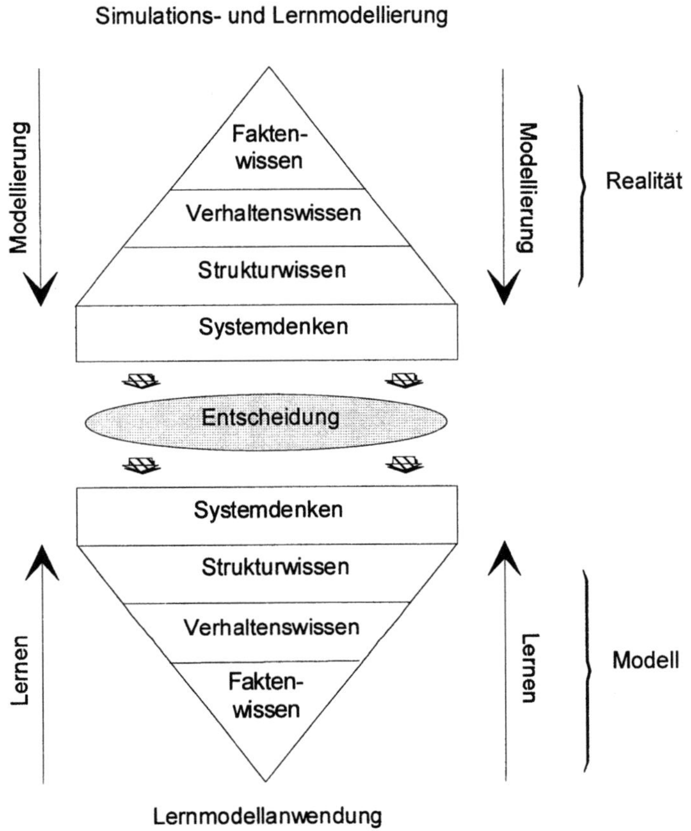

Abb.5.10. Wissen aus systemorientierter Perspektive im Lernlabor

Das Lernmodell kann darüber hinaus ein Kristallisationspunkt für Diskussionen sein, in deren Verlauf weiteres *organisationales Wissen* in das Modell eingebracht wird. Die Modellierung endet also nicht nach der Fertigstellung der ersten Modellversion, sondern wird mit einem sich verändernden Wissen ständig fortgeführt. Das aufeinander aufbauende Vorgehen besitzt den Vorteil, daß

einzelne Schritte der Modellierung auch wieder zurückgenommen und Modellgrößen im Bedarfsfall an neue Erkenntnisse angepaßt werden können.

Die Modellierung erfolgt im Rahmen von *computergestützten Sitzungen*. In
deren Verlauf werden die   relevanten Ursache-/Wirkungszusammenhänge
schrittweise systemorientiert analysiert und in einem strukturierten Prozeß
modelliert. Der Fokus liegt dabei auf der sukzessiven *Durchdringung* und *Abbildung der realen Problemsituation* unter Beteiligung einer adäquat zusammen-
gesetzten Gruppe von Organisationsmitgliedern. Neben harten, leicht zu
quantifizierenden Faktoren muß die *Modellierungsgruppe* auch weiche, schwer zu
quantifizierende Entscheidungskriterien sammeln und strukturieren, die
gewöhnlich nur im Erfahrungsschatz von Experten gespeichert sind. Dieser
intuitive Vorrat an entscheidungsrelevantem Wissen ist in Gestalt von unstruktu-
riertem Fakten-, Verhaltens- und Strukturwissen in den mentalen Modellen der
Experten enthalten. Der Modellierungsgruppe obliegt daher die Aufgabe, solches
Wissen problemgerecht zu formalisieren und in ein Simulationsmodell zu
überführen.

Die hierbei zugrunde liegende, auf dem Systemdenken beruhende Vorgehensweise der Wissensaufbereitung ist in Abb. 5.10. dargestellt. Dabei sind *drei
grundsätzliche Stadien* zu unterscheiden:

– die Modellierung des Simulations- und Lernmodells,
– das Treffen der relevanten Entscheidung bzw. die Problemlösung und
– der Einsatz des Lernmodells.

Der Fokus liegt im Verlauf der Modellierung auf der *Durchdringung* und der
Abbildung der realen Problemsituation unter Beteiligung einer adäquat zusam-
mengesetzten Gruppe von Organisationsmitgliedern. Die Modellierungsgruppe
bereitet Faktenwissen auf, leitet Verhaltenswissen über die Variablen des Problemkontextes ab und formalisiert Strukturwissen mit Hilfe von qualitativen und
quantitativen Werkzeugen. Ziel ist die Bereitstellung eines realitätskonformen
Simulationsmodells. Die Ergebnisse der Arbeit mit dem Simulationsmodell dienen als Grundlage für die im nächsten Schritt zu treffende Entscheidung. Anschließend wird das Simulationsmodell in ein computergestütztes Lernmodell
überführt. Dieses Lernmodell dient in einem dritten Schritt als Vehikel für weiterführende Prozesse organisationalen Lernens, im Rahmen derer das aufbereitete
Wissen im Unternehmen weitergegeben werden soll. Die am
Modellierungsprozeß nicht beteiligten Organisationsmitglieder erkunden den
Problemkontext anhand der nun vorhandenen *virtuellen Realität*. Dabei durchdringen sie, entsprechend dem Vorgehen der Modellierungsgruppe, die verschiedenen Wissensebenen von Faktenwissen über Verhaltenswissen bis hin zum
Strukturwissen.

Der Modellierungsprozeß beginnt, wie in Abb. 5.11. illustriert, im Rahmen
eines solchen Lernlaborkonzeptes mit der Sammlung und strukturierten
Abbildung der im Problemkontext enthaltenen Größen mit Hilfe von
Kreativitätstechniken. Im weiteren Verlauf werden einzelne Rückkopplungs-

beziehungen identifiziert und schließlich *Kausaldiagramme* erstellt. Sie stellen grafische Repräsentationen der im Problemkontext beteiligten Größen und der sie integrierenden Rückkopplungsbeziehungen dar. Diese Kausaldiagramme können am Computer interaktiv gestaltet und gespeichert werden. Ergänzt wird diese grafische Darstellung durch die Integration eines ebenfalls computerbasierten *Hypertextsystems*, in dem das Wissen der Modellierungsgruppe über die Beziehungszusammenhänge verbal abgelegt ist. Dieses Wissen steht später auch anderen Organisationsmitgliedern, die nicht am Prozeß der Modellerstellung beteiligt waren, zur Verfügung.

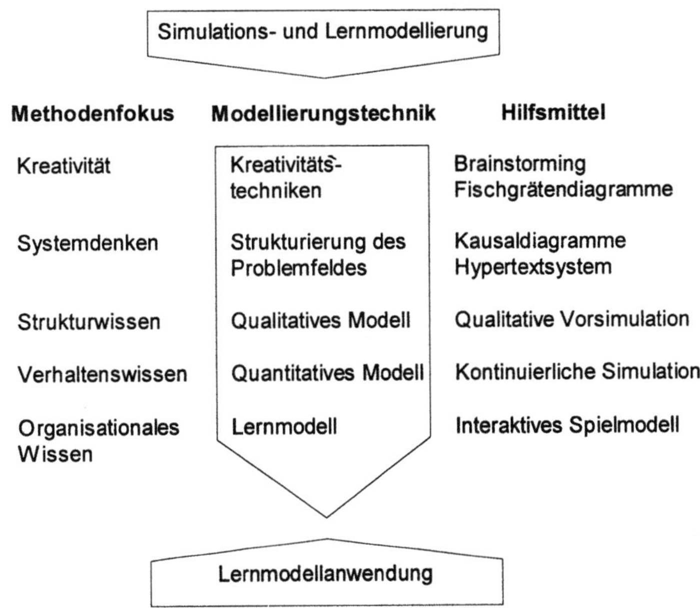

Abb.5.11. Methoden und Werkzeuge im Lernlabor

Der folgende Modellierungsschritt umfaßt die oben beschriebene *qualitative Spezifikation* der Beziehungszusammenhänge hinsichtlich Wirkungsrichtung, Wirkungsstärke, Zeitverzögerungen und bestehender Restriktionen. Auf dieser Grundlage ist die *qualitative Vorsimulation* möglich. Die *quantitative Spezifikation* des Modells erfolgt in Form mathematischer Gleichungen. Nach der Validierung des Modellverhaltens steht das Modell für Experimente anhand von Parametervariationen zur Verfügung, die letztlich die Grundlage für die zu treffende Entscheidung sind.

Ausgehend von diesem Simulationsmodell kann das *Lernmodell* mit einer entsprechenden Oberfläche gestaltet werden, welche vordefinierte veränderbare

Größen (Entscheidungen) und Auswertungsmöglichkeiten in Form von Berichten, Tabellen und Grafiken enthält. In einem unternehmensspezifischen *Lernlabor* haben die Anwender die Möglichkeit, über das Arbeiten mit dem Lernmodell hinaus die beschriebenen Werkzeuge (Hypertext, Kausaldiagramme, qualitative Vorsimulation) und das darin enthaltene Wissen mitzubenutzen. Das Lern- oder auch Spielmodell erlaubt, eine Vielzahl von Strategien auszuprobieren und so interaktiv Wissen zu generieren.

Generische und spezifische Montagestrukturen

"...the same basic structures are often found in different environments".[5.40] Diese Aussage spiegelt den Grundgedanken wider, der hinter der Konzeption der generischen Modelle steht. Problemfälle aus gleichen oder ähnlichen Anwendungsgebieten weisen meist eine gemeinsame Grundstruktur auf. Die Identifikation derartiger Grundstrukturen ermöglicht es, ein *generisches Modell* zu erstellen. Dessen Struktur ist gegenüber allen Modellen ähnlich, die auf einen konkreten Fall aus dem betrachteten Anwendungsgebiet bezogen sind. Vom generischen Modell können alle anderen Anwendungen als Spezialfälle abgeleitet werden.

Die Modellierungsgruppe macht sich mit den generischen Strukturen vertraut und erlangt ein grundsätzliches Problemverständnis, das als Basis für die weitere Vorgehensweise dienen kann. Erst dann modelliert sie aus den vorgegebenen Strukturen das spezifische Modell.[5.41] Das System stellt dem Benutzer jene Funktionen zur Verfügung, die es ihm erlauben, selbständig ein auf seine Problemsituation zugeschnittenes Modell zu erstellen. Das im Projekt entwickelte generische Modell entstand aus theoretischen Studien des Problemfeldes und der Bearbeitung zahlreicher konkreter Praxisfälle.

Mit dem generischen Modellierungsrahmen, der die Struktur eines Anwendungsgebietes allgemein beschreibt, ist kein Anspruch auf Allgemeingültigkeit verbunden. Vielmehr soll dieser als Hilfsmittel für die spezifische Modellierung dienen. Er gibt dem Benutzer eine Orientierungshilfe an die Hand, ohne ihn bei seinen Gestaltungsmöglichkeiten einzuengen. Der Modellierer paßt die generische Struktur dem konkreten (Montage-) System an. Es entsteht eine neue Anwendung, die ähnliche Strukturen aufweist wie die bisherigen. Die Neuentwicklung eines spezifischen Modells ist somit immer die Verbindung von bereits vorhandenen, in Form des generischen Modells hinterlegten Wissens mit Spezialwissen über den konkreten Fall. Unter Einbeziehung der oben vorgestellten Modellbausteine ergibt sich der in Abb. 5.12. skizzierte umfassende Modellierungsansatz.

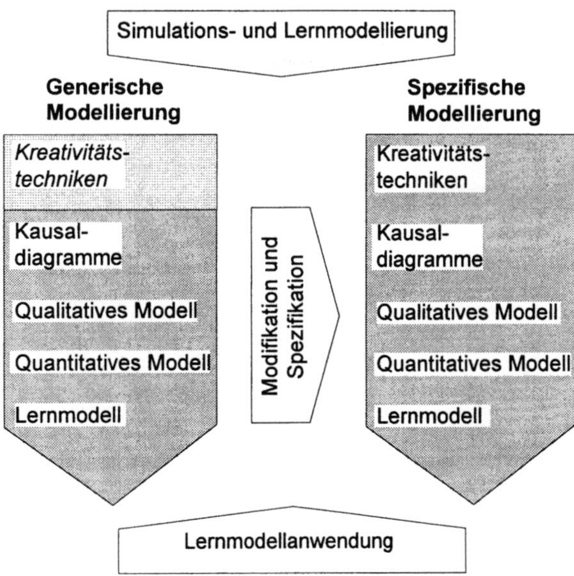

Abb.5.12. Generische und spezifische Modellierung

Ausgangspunkt der spezifischen Modellierung ist das phasenweise Durchdringen des Problemkontextes *Flexible Montage* auf der generischen Ebene. Haben die Anwender die Phasen bis zum Lernmodell durchlaufen, schließt sich die Veränderung der allgemeinen Strukturen und die Modellierung der Spezifika des eigenen Problemausschnittes an. Dabei kann die spezifische Modellierung prinzipiell auf jeder Stufe durch Konkretisierung und Modifikation des generischen Modells erfolgen. Je ähnlicher die Strukturen des Praxisfalles den Strukturen des generischen Modells sind, umso so geringer sind die Anpassungserfordernisse. Im Extremfall entsprechen sich die Strukturen, und es erfolgt lediglich eine Variation der Parameter des generischen Modells.

5.1.6 Ein integriertes Simulations- und Lerninstrumentarium für die flexible Montage

Kausaldiagramme und Erklärungsmodell

Der erste Schritt der Modellierung ist das sukzessive Durchdringen des Problemkontextes *Flexible Montage* im Sinne eines Durchlaufs des vorgestellten Phasenmodells auf der generischen Ebene. Ausgangspunkt dieses Lernprozesses ist das in Abb. 5.13. dargestellte, objektorientierte Kausaldiagramm des generischen Modells.

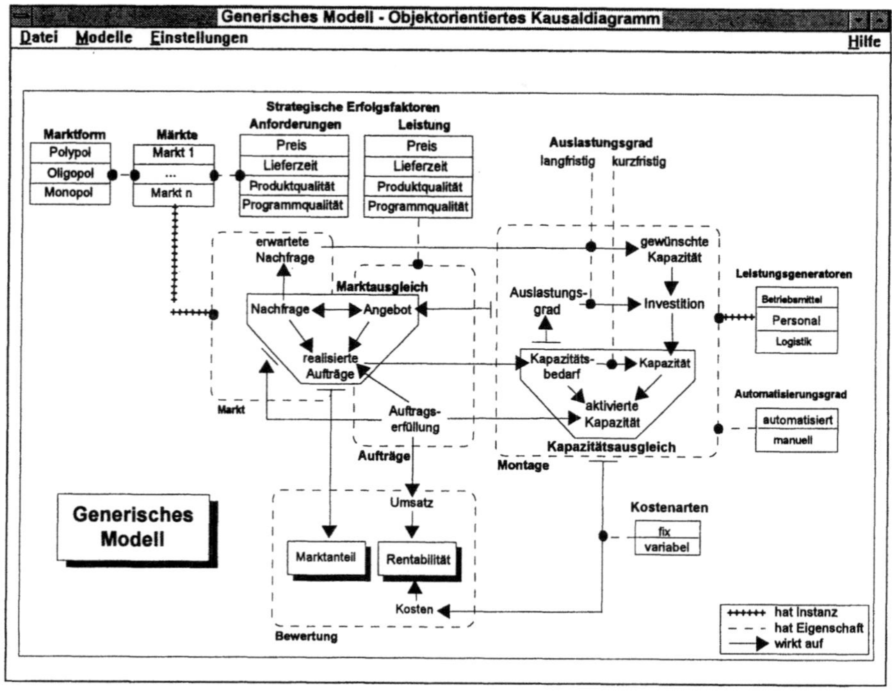

Abb.5.13. Objektorientiertes Kausaldiagramm des generischen Modells

Auf der Grundlage der in Abschnitt 5.1.5 beschriebenen, objektorientierten Wissensrepräsentation wurden *objektorientierte Kausaldiagramme* (OOK) entwickelt. Ein wesentlicher Nachteil herkömmlicher grafischer Darstellungen komplexer Systemzusammenhänge in Form von Kausaldiagrammen ist die Unübersichtlichkeit, die durch die Vielzahl der Elemente und ihrer kausalen Beziehungen entsteht. Mit Hilfe eines OOK lassen sich semantisch zusammengehörende Objekte zusammenfassen und anhand ihrer Eigenschaften beschreiben.

Das auf dem Diagramm basierende Modell dient der Unterstützung strategischer Investitions- und Automatisierungsentscheidungen im Montagebereich eines ausgewählten Unternehmens.

Das Gesamtmodell gliedert sich in die (Teil-) Modelle *Markt, Marktausgleich, Aufträge, Montage, Kapazitätsausgleich* und *Bewertung*. Der Kapazitätsausgleich ist vollständig im Montagemodell enthalten. Die Modelle Markt, Marktausgleich und Aufträge überlappen sich. Die einzelnen Teilmodelle besitzen unterschiedliche Eigenschaften. So ist der Markt charakterisiert durch seine strategischen Erfolgsfaktoren *Preis, Lieferzeit, Produkt-* und *Programmqualität*. Bei der Betrachtung der (Teil-) Modelle *Markt* und *Montage* wird das Konzept der Vererbung nochmals deutlich. Die sogenannten Flexibilitätsgeneratoren *Betriebsmittel, Personal* und *Logistik* sind Instanzen des Montagemodells und erben somit die nur einmal vorhandene Modellstruktur, die durch Elemente, Relationen und Eigenschaften vorgegeben ist. Es existieren eigentlich drei Montagemodelle, die allerdings auf Grund des Vererbungsmechanismus nicht einzeln dargestellt werden müssen.

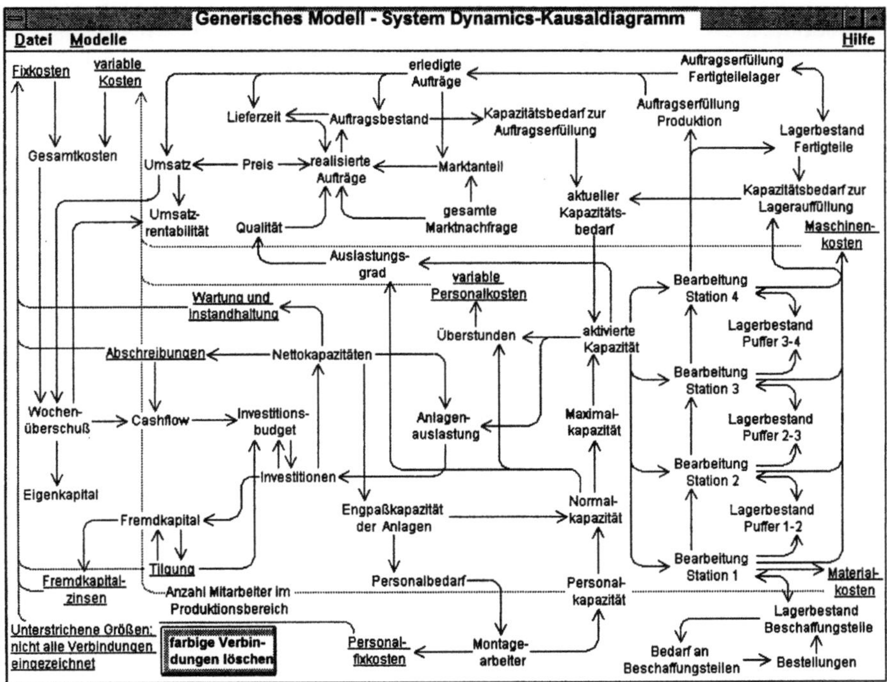

Abb.5.14. System Dynamics-Kausaldiagramm

Das objektorientierte Kausaldiagramm zeigt die Grundstrukturen von Montagesystemen in ihrem Umfeld auf. Ausgangspunkt dieses Modells ist die Gegenüberstellung von marktseitigen Anforderungen (Nachfrage) und produktionsseitigen Leistungen (Angebot). Beide können erfaßt und gemessen werden durch die strategischen Erfolgsfaktoren. Die Fähigkeit der Montage zur Erfüllung von Marktanforderungen hat signifikante Auswirkungen auf die relative Wettbewerbsposition, neben der langfristigen Rentabilität das wichtigste Bewertungskriterium für strategische Entscheidungen im Montagebereich. Der *Angebots-/Nachfrage-Block* steuert den zweiten Zentralbereich des generischen Modells, den *Produktions- und Kapazitätsblock,* wobei grundsätzlich von zwei alternativen Formen der Anpassung oder Veränderung des Montagesystems ausgegangen wird. Aktionen und Entscheidungen kurzfristiger Natur im Rahmen des vorhandenen Montagesystems (z.B. die Erhöhung der Anzahl von Überstunden) werden über den aktuellen Kapazitätsbedarf getroffen. Bei Entscheidungen und Maßnahmen langfristiger Natur, die durch eine Veränderung des Montagesystems (z.B. in Form von Investitionen, Einführung neuer Technologien oder Reorganisation der Montage) neue Potentiale schaffen, erfolgt die Steuerung zum einen über die Einschätzung der zukünftigen Nachfrageentwicklung. Zum anderen konnte auch eine Form der langfristigen Anpassung beobachtet werden, bei der Investitionen nach einem dauerhaften Überschreiten eines definierten Grenzwertes für den Auslastungsgrad erfolgen. Das Montagesystem wird durch die Bereiche Betriebsmittel, Personal und Logistik detailliert erfaßt und abgebildet. Durch substantielle Modifikation dieser Bereiche können das Angebot des Montagesystems, gemessen an den strategischen Erfolgsfaktoren, angepaßt und der Markterfolg nachhaltig beeinflußt werden.

Vom OOK wird ein Kausaldiagramm abgeleitet, wie es üblicherweise bei der Modellierung von Simulationsmodellen auf der Basis des System Dynamics Ansatzes Verwendung findet. Dieses *System Dynamics-Kausaldiagramm* (SDK) zeigt Abb. 5.14. Es stellt eine weitere Strukturierung und Spezifizierung der bereits im OOK enthaltenen Größen dar.

Sowohl über das OOK als auch über das SDK hat der Benutzer mausgesteuert Zugriff auf ein *Hypertextsystem*, in dem Wissen in Form von Erklärungstexten zu den einzelnen Elementen und Relationen netzwerkartig abgespeichert ist.

Qualitatives und quantitatives Simulationsmodell

Nach der qualitativen Spezifikation ist im System explizit und implizit qualitatives Wissen enthalten. Über einfache *Strukturanalysen* kann der Anwender das qualitative, in den Objekten hinterlegte Wissen abrufen. Daneben läßt sich zusätzliches Wissen aufbauen und in dynamisch erzeugten Objekten speichern. Bspw. generiert das System bei Bedarf die oben beschriebenen Wirkungspfade zwischen zwei Elementen, erzeugt entsprechende Objekte und speichert Ergebnisse von sog. *Pfadanalysen* dort ab. Die qualitative Gesamtwirkung einer Kausalkette zwischen zwei Elementen wird dabei über die Aggregation der Wirkungsrichtung, der Wirkungstärke, der Zeitverzögerungen und der Restriktionen der einzelnen Kausalverbindungen beschrieben (vgl. auch [5.42]).

Zwischen zwei Elementen des betrachteten Systems bestehen i.d.R. mehrere kausale Verbindungen, die zu *Pfadmengen* zusammengefaßt werden. Eine Pfadmenge zwischen zwei Elementen enthält also sämtliche kausale Wirkungsverbindungen. Mit Hilfe von *Sensitivitätsanalysen* lassen sich nun verschiedene qualitative Untersuchungen durchführen. Der Anwender kann u.a. eine Pfadmenge mit Hilfe von bestimmten Funktionen in Untermengen aufteilen. Dazu legt er einzelne oder verbundene Untersuchungskriterien fest, hinsichtlich:

– der Wirkungsrichtung (positiv/negativ),
– der Wirkungsverzögerung (schnell/langsam wirkende Kausalketten),
– der Wirkungstärke (stark/schwach),
– bestehender Restriktionen und/oder
– der Mittelbarkeit (direkt/indirekt, über "Umwege" wirkende Kausalketten).

Mit Hilfe dieser Untersuchungen kann zum einen die Struktur des Modells validiert werden. Zum anderen lassen sich allein durch diese statische Betrachtung bereits Aussagen über das spätere dynamische Verhalten des zeitkontinuierlichen Simulationsmodells ableiten. Sensitivitätsanalysen ergeben bspw. schnell wirkende, negative und langsam wirkende, positive Kausalketten zwischen den Größen Investition und Rentabilität. Solche Erkenntnisse können als Grundlage für das Verständnis der zeitlichen Verläufe von Modellgrößen dienen, wie sie durch die sich anschließende quantitative Simulation erzeugt werden.

Nach dieser qualitativen Betrachtung des Systems werden die Kausalverbindungen in Form mathematischer Gleichungen definiert. Es entsteht ein zeitkontinuierliches Simulationsmodell mit den üblichen Darstellungs- und Analysemöglichkeiten. Ausgewählte Ergebnisse spezifischer Fallstudien werden im Abschnitt 5.1.7 vorgestellt.

Lernmodell

Die hier angesprochenen Lernmodelle bauen auf den zeitkontinuierlichen Simulationsmodellen auf. Sie dienen zum einen der systematischen Einarbeitung in eine komplexe Problematik auf der generischen Ebene des vorgestellten Phasenkonzeptes. Zum anderen sind sie ein Instrument zur Weitergabe des im Modellerstellungsprozeß gewonnenen Wissens an jene Mitarbeiter, die bislang nicht am Entscheidungsprozeß beteiligt waren, jedoch von der Entscheidung betroffen sind.

Der Benutzer des Lernmodells hat während seiner Arbeit nicht auf alle Größen des vorliegenden Simulationsmodells Zugriff. Es existieren diesbezüglich vier Klassen von Modellgrößen:

– Initialisierungsgrößen,
– Entscheidungsgrößen,
– Ausgabe- bzw. Berichtsgrößen und
– kritische Größen mit Schwellenwerten.

Die *Initialisierungsgrößen* dienen später dazu, aus dem Simulationsmodell durch einfache Parametervariation verschiedene Versionen abzuleiten, die strukturell gleich oder ähnlich aufgebaut sind, sich aber dennoch in ihrem Verhalten unterscheiden, da der zeitliche Verlauf von unterschiedlichen Ausgangswerten startet. Der Anwender des Lernmodells kann zu Beginn z.B. wählen, welches Marktwachstum er durchspielen möchte, ob dabei Konjunkturschwankungen simuliert werden sollen und welche Gewichtung die kritischen Erfolgsfaktoren (Zeit, Preis, Qualität) zueinander besitzen sollen.

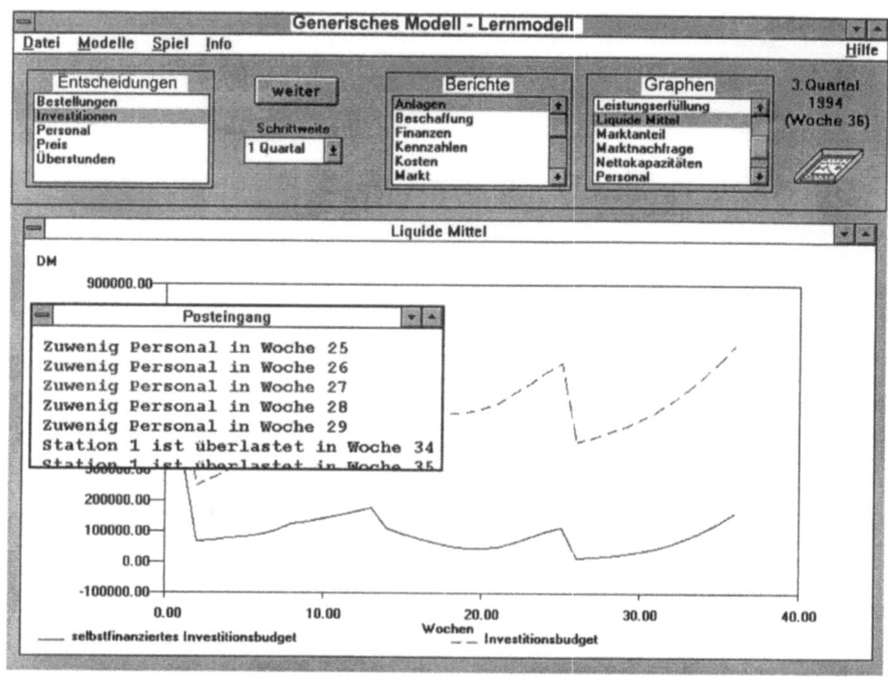

Abb.5.15. Die Benutzeroberfläche des Lernmodells

Die *Entscheidungsgrößen* sind die Stellgrößen für den Benutzer des Lernmodells. Nach einer festgelegten Anzahl von Perioden (im Modell 12 Wochen = ein Quartal) hat der Anwender jeweils Eingriffsmöglichkeiten in das System mittels der definierten Entscheidungsgrößen. Im beschriebenen Beispiel hat der Anwender folgende Optionen (vgl. Abb.5.15.):

– Bestellungen für A-, B- und C-Teile ausführen (in Stück);
– Investitionen in Montagestation 1, 2 und 3 sowie in Leitstand und Logistik durchführen (in Normstück/Stunde);
– Personal einstellen oder entlassen (in Mitarbeiter);
– Preis festlegen (in DM/Normstück);
– Überstunden zulassen oder nicht (Ja/Nein).

Hat der Anwender seine Entscheidungen getroffen, veranlaßt er die Simulation einer (oder auch mehrerer) Perioden durch einen Mausklick auf die Schaltfläche *WEITER*. Die Auswirkungen seiner Entscheidungen auf das komplexe System kann er anhand der definierten *Ausgabegrößen* ablesen, die das System in Form von schriftlichen Berichten, numerischen Tabellen und grafischen Verläufen bereithält. Des weiteren wurde ein *Postkasten* implementiert, der dem Benutzer

Hinweise auf den Zustand kritischer Größen geben soll. In Abb. 5.15. wird er auf das Fehlen von Personal und auf die Überlast von Station 1 aufmerksam gemacht.

Die *kritischen Größen* des Simulationsmodells besitzen *Schwellenwerte*, deren Unter- bzw. Überschreiten zum *virtuellen Bankrott* des modellierten Unternehmens führt. Das Arbeiten mit dem Modell endet vorzeitig, wenn entweder das Eigenkapital vollständig aufgebraucht ist (Das Unternehmen ist überschuldet.) oder keine liquiden Mittel mehr vorhanden sind (Das Unternehmen ist zahlungsunfähig.). Bei der zweiten Abbruchbedingung wird davon ausgegangen, daß ein Unternehmen sowohl eigenfinanzierte Liquidität, als auch eine Kreditlinie zur Aufnahme von Fremdkapital, die sich an der Finanzsituation des Unternehmens orientiert, besitzt (siehe den Verlauf der beiden Kurven in Abb. 5.15.). Vermeiden die Anwender diesen vorzeitigen Abbruch durch umsichtige Strategien, endet das Spiel nach 40 Quartalen, in denen jeweils gezielt auf die Entwicklung Einfluß genommen werden konnte.

5.1.7 Simulationsergebnisse spezifischer Fallstudien

Eine langfristige betriebswirtschaftliche Beurteilung montagespezifischer Entscheidungsalternativen wird im folgenden exemplarisch anhand von drei Simulationsstudien über einen Zeitraum von 300 Wochen vorgestellt (siehe dazu auch [28]). Dabei wird zunächst die Wirtschaftlichkeit eines vollautomatisierten, im Vergleich zu einem vorwiegend manuellen Montagesystem analysiert. Für den Fall einer vollautomatisierten Montage wird im Anschluß untersucht, welche Ergebniswirkungen von alternativen Arbeitszeitmodellen und Investitionsstrategien zu erwarten sind.

Das für Experimente mit dem quantitativen Modell entwickelte Simulationsinstrumentarium erlaubt über die hier vorgestellten Entscheidungsalternativen hinaus eine Vielzahl weiterer Untersuchungen ohne wesentliche Veränderungen der Modellstrukturen. Durch Parametervariation ist es möglich, unterschiedlichste Montagesysteme abzubilden. So können z.B. alle technisch realisierbaren Möglichkeiten eines Montagesystems hinsichtlich der Anzahl von Bearbeitungsstufen und deren Ausgestaltung abgebildet oder marktbezogene Merkmale, wie Marktform und -entwicklung, sowie kritische Erfolgsfaktoren variiert werden.

Die zugrunde liegende Fallstudie bezieht sich auf einen mittelständischen Hersteller von Rolladengetrieben mit folgenden Merkmalen:

- Das betrachtete Unternehmen bearbeitet zwei Produkt-Markt-Segmente mit oligopolistischen Marktstrukturen. Die kritischen Erfolgsfaktoren sind Preis und Lieferzeit.
- In beiden Segmenten wird ein Marktanteil von ca. 10% bei einem jährlichen Marktwachstum von ca. 5% erzielt. Neben konjunkturellen Schwankungen kennzeichnen saisonale Schwankungen von ca. 20% das Nachfrageverhalten. Im Marktsegment 1 werden Produkte in hohen Stückzahlen, im Marktsegment 2 in wesentlich geringeren Stückzahlen nachgefragt.

– Die wichtigsten Kosten sind Personal-, Anlage- und Materialkosten, wobei letztere mit ca. 50% der Herstellkosten den größten Einfluß haben.
– Das reale Montagesystem besteht aus vier nicht verketteten Montagestationen, an denen im Zwei-Schichtbetrieb bei einer Wochenarbeitszeit von 37,5 Stunden gearbeitet wird.

Wirtschaftlichkeitsvergleich eines manuellen mit einem vollautomatisierten Montagesystem

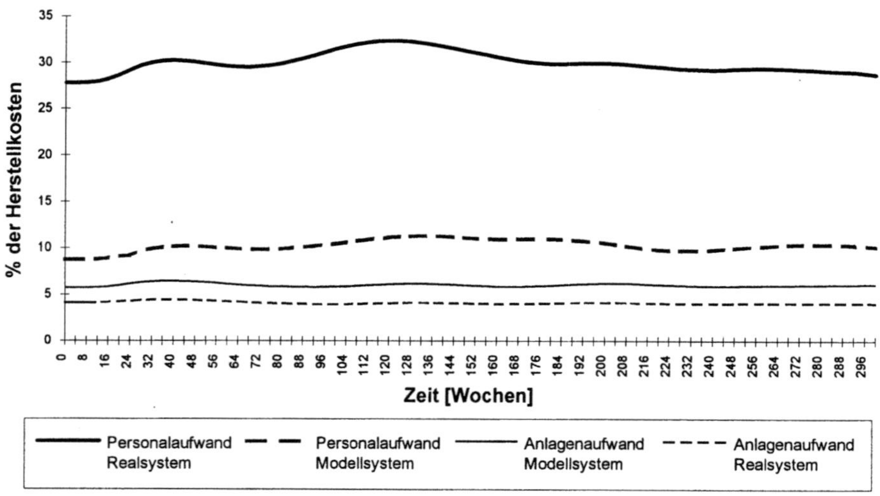

Abb.5.16. Vergleich der Kostenstrukturen von Real- und Modellsystem

Das real existierende Montagesystem des skizzierten Unternehmens (Realsystem) kann aufgrund seines hohen Anteils an Handarbeit als manuelles Montagesystem bezeichnet werden. Ihm wird eine korrespondierende, im Sonderforschungsbereich konzipierte Modellanlage (Modellsystem) gegenübergestellt, bei der von einem vollautomatisierten Montagesystem gesprochen werden kann, da lediglich eine Arbeitsstation teilautomatisiert ist. Neben der Ausgestaltung der Arbeitsstationen wird auch die Logistik durch ein fahrerloses Transportsystem und eine entsprechende Teilebereitstellung weitgehend automatisiert. Um einen Vergleich der beiden Alternativen zu ermöglichen, wurden identische Kapazitäten und konstante Preise zugrunde gelegt. Der hohe Automatisierungsgrad des Modellsystems bedingt eine hohe Kapitalintensität und ermöglicht Einsparungen im Personalbedarf (von 63 auf 12 Montagemitarbeiter) sowie Verkürzungen der Durchlaufzeiten (von ca. 12 min. auf 9 min. Montagezeit/Stück).

In der Simulation beider Alternativen schlägt sich dies in unterschiedlichen Anteilen der Anlage- und Personalkosten an den Herstellkosten nieder (vgl. Abb.

5.16.). Beide Kostenarten repräsentieren die relevanten, beeinflußbaren Kosten; die Materialkosten sind in beiden Fällen gleich hoch.Die Personalkosten im Realsystem schwanken in einem Bereich zwischen 27,5% und 32,5% der Herstellkosten, während im Modellsystem Werte von ca. 10% erreicht werden. Dieser starken Verringerung der Personalkosten steht eine nur geringe Erhöhung der Anlagenkosten gegenüber. Sie steigen von ca. 4% der Herstellkosten im Realsystem auf ca. 6,5% im Modellsystem an. Die Ursache für diese geringe Zunahme der relativen Anlagenkosten liegt in der hohen Anzahl vorhandener manueller Arbeitsstationen des Realsystems, die einen kummulierten Anlagenwert repräsentieren, der nur unwesentlich geringer als der der Modellanlage ist.

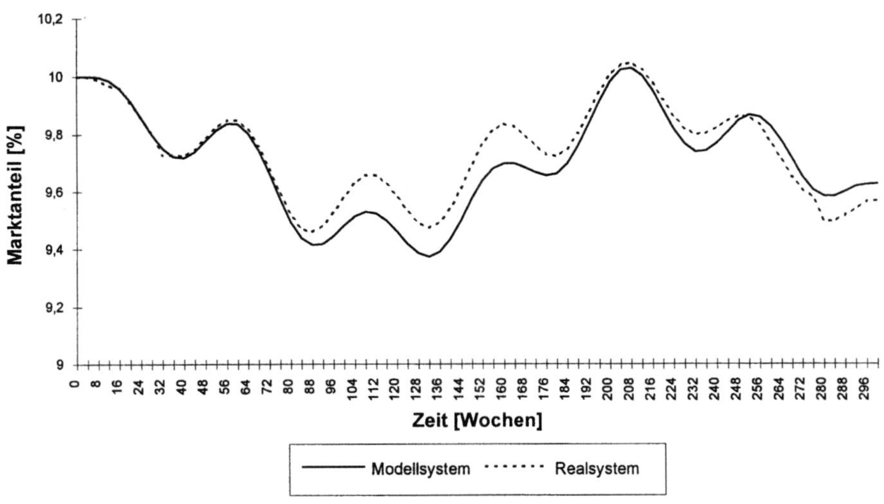

Abb.5.17. Vergleich des Markterfolges von Real- und Modellsystem

Zur betriebswirtschaftlichen Beurteilung werden die Kriterien *Rentabilität* und *Markterfolg* herangezogen. Aus Abb. 5.17. wird deutlich, daß auch bei sehr feiner Skalierung der Markterfolg, dargestellt durch den Indikator Marktanteil, für beide Montagesysteme über weite Zeitabschnitte annähernd gleich zu bewerten ist. Die wesentlich niedrigeren Personalkosten des Modellsystems schlagen sich aber in einer entsprechend besseren Rendite, gemessen am Return on Investment (ROI), nieder.

Im vorliegenden Fall, bei dem die Qualität keinen kritischen Erfolgsfaktor darstellt, ist das automatisierte Modellsystem dem manuellen Montagesystem unter Wirtschaftlichkeitsaspekten eindeutig überlegen. Angesichts der relativ einfachen Produkte und hohen Stückzahlen bestätigt dieses Ergebnis intuitives Erfahrungswissen im betrachteten Unternehmen. Weitere Untersuchungen unter

Einbeziehung der Relevanz der Qualität als kritischen Erfolgsfaktor weisen eine noch größere Überlegenheit des Modellsystems aus.

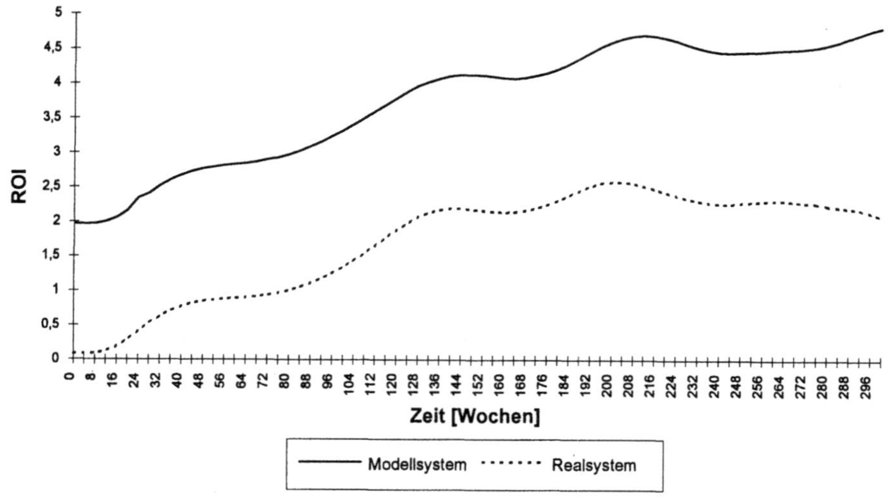

Abb.5.18. Vergleich der Rentabilität von Real- und Modellsystem

Wirtschaftlichkeitsvergleich eines Montagesystems unter dem Einfluß alternativer Arbeitszeitmodelle

Um kapitalintensive Investitionen bestmöglich zu nutzen, wird sehr häufig die Forderung nach möglichst langen Anlagenlaufzeiten erhoben. Im folgenden wird analysiert, welche Gesamtwirkungen alternative Schichtmodelle in der vollautomatisierten Modellanlage haben. Die einzelnen Schichtmodelle haben dabei die folgenden Merkmale:

- Beim *Ein-Schicht-Modell* wird eine Normalarbeitszeit von 7,5 Arbeitsstunden an fünf Arbeitstagen in der Woche unterstellt. Hieraus ergeben sich eine wöchentliche Anlagenlaufzeit von 37,5 Stunden und, wie in allen Schichtmodellen, 37,5 Wochenarbeitsstunden für das Montagepersonal. Flexibilitätspotentiale bestehen in der möglichen Erhöhung der Wochenarbeitszeit bzw. der Anlagenlaufzeit durch Überstunden.
- Beim *Zwei-Schicht-Modell* wird die Gesamtzahl der Arbeitskräfte auf zwei Schichten aufgeteilt. Bei konstanter Wochenarbeitszeit der Montagearbeiter erhöht sich dadurch die Anlagenlaufzeit auf 75 Wochenstunden. Auch im Zwei-Schicht-Modell besteht ein Flexibilitätspotential durch Überstunden.
- Im *Drei-Schicht-Modell* werden die Arbeitskräfte in drei Schichten eingeteilt. Dadurch wird für das Montagesystem eine Anlagenlaufzeit von 112,5 Stunden erreicht. Diesem Vorteil stehen als Nachteile z.B. erhöhte Löhne durch Nacht-

schichtzulagen oder der Verlust an Bestandsflexibilitätspotentialen in Form von Überstunden gegenüber.

– Beim *Vier-Schicht-Modell* wird zusätzlich das Wochenende mit einbezogen. So wird die Maschinenlaufzeit auf 150 Stunden pro Woche ausgeweitet. Die Nachteile dieses Arbeitszeitmodells stellen sich analog zum Drei-Schicht-Modell dar, allerdings in noch deutlicherer Form.

Die Untersuchungen der Ergebniswirkungen der verschiedenen Schichtmodelle konzentrieren sich im ersten Schritt auf die Entwicklung der Anlagenkapazitäten, wobei Investitionen stets engpaßorientiert erfolgen.

Wie bereits dargelegt, erhöht sich die Anlagenlaufzeit der Maschinen mit zunehmender Schichtzahl. Um dieselbe Outputmenge zu montieren, ist deshalb weniger Montagekapazität erforderlich (vgl. die Kapazitätsentwicklung der ersten Montagestation des Modellsystems in Abb. 5.19.). Mit der Veränderung der Anlagenkapazitäten geht auch eine unterschiedliche Nutzungsintensität einher, die zu anderen Investitionsintervallen führt.

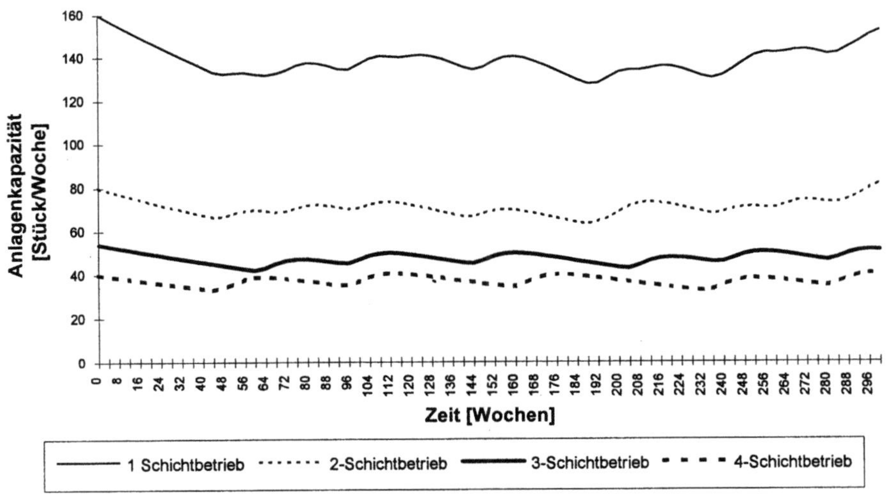

Abb.5.19. Kapazitätswirkung unterschiedlicher Arbeitszeitmodelle

Die Abnahme der erforderlichen Anlagenkapazität bei steigender Schichtanzahl wirkt sich erheblich auf die Kostenstruktur des Montagesystems aus. Dem Rückgang der Anlagenkosten steht nur eine relativ geringe Zunahme der Personalkosten durch Schichtzulagen entgegen, so daß die Gesamtkosten des Systems mit zunehmender Schichtanzahl sinken. Intuitiv wäre deshalb eine Rentabilitätsverbesserung bei zunehmender Schichtanzahl zu erwarten.

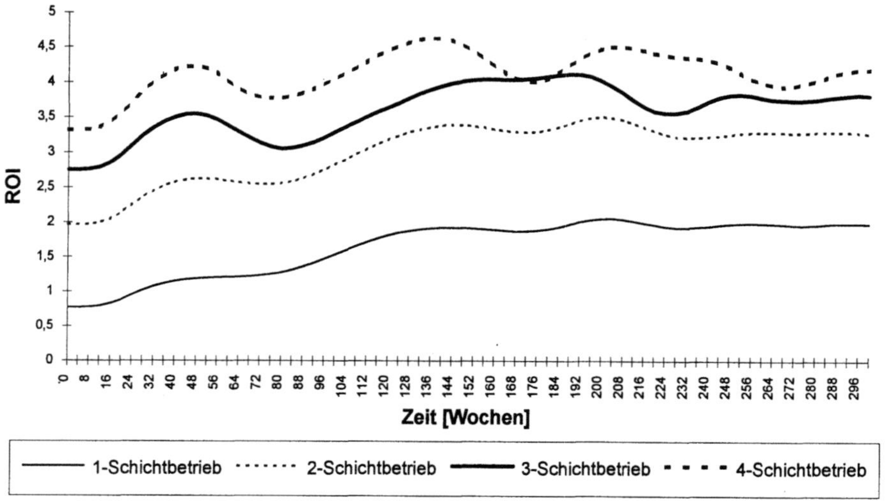

Abb.5.20. Vergleich der Rentabilität unterschiedlicher Arbeitszeitmodelle

Die Verläufe des Return on Investment (vgl. Abb. 5.20.) bestätigen diese Erwartung allerdings nicht in vollem Umfang. Zwar trifft die Annahme steigender Renditen bei zunehmender Schichtanzahl für das Ein- und Zwei-Schicht-Modell zu, im Drei- und Vier-Schicht-Betrieb treten jedoch größere Schwankungen der Renditen auf. Die Erklärung hierfür ist in den unterschiedlichen Flexibilitätspotentialen der Arbeitszeitmodelle zu finden. Sind die Marktanteilsentwicklungen im Ein- und Zwei-Schicht-Modell noch nahezu identisch, so ergeben sich beim Drei- und Vier-Schicht-Modell signifikante Marktanteilseinbußen (vgl. Abb. 5.21.). Die mangelnden Flexibilitätspotentiale des Drei- und Vier-Schicht-Modells führen in Zeiten voller Kapazitätsauslastung zu längeren Lieferzeiten als im Ein- und Zwei-Schicht-Modell. Das Überschreiten der vom Markt akzeptierten Lieferzeiten wiederum bewirkt Marktanteilsverluste. Während im Drei-Schicht-Modell die Wochenenden nicht zur Abarbeitung solcher Auftragsüberhänge genutzt werden können, ist dies beim Vier-Schicht-Modell möglich. Die beschriebenen Marktanteilsverluste wirken sich über die Verringerung der Umsätze auf die Entwicklung der Renditen aus.

Trotz dieser Einschränkung kann im zugrunde liegenden Fall, bei der spezifischen Kapitalintensität des Montageprozesses und der angenommenen Stärke der Marktreaktion auf mangelnde Flexibilität, das Vier-Schicht-Modell unter Wirtschaftlichkeitsaspekten empfohlen werden.

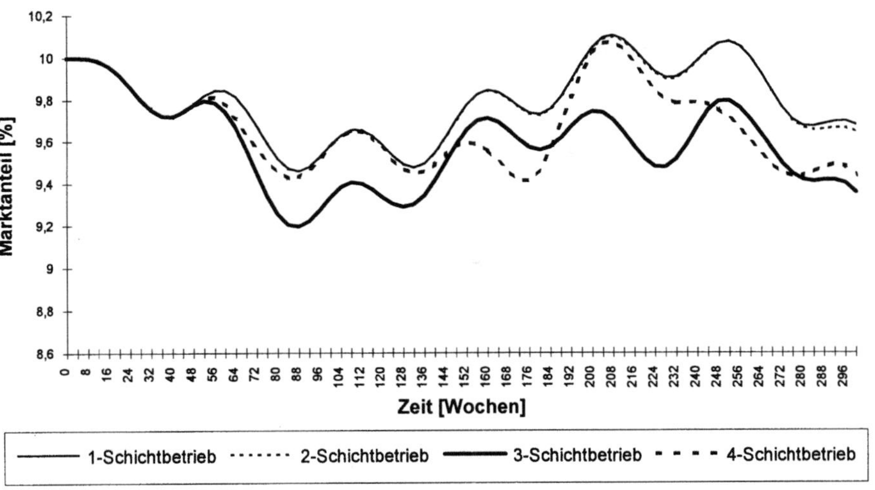

Abb.5.21. Vergleich des Markterfolges unterschiedlicher Arbeitszeitmodelle

Einfluß alternativer Investitionsstrategien auf die Wirtschaftlichkeit

Bei der Analyse der Auswirkungen alternativer Investitionsstrategien auf die Wirtschaftlichkeit von Montagesystemen werden im folgenden eine reaktive, eine aktive und eine proaktive Strategie unterschieden. Als *reaktiv* wird eine Investitionsstrategie in dieser Untersuchung bezeichnet, wenn Investitionen erst dann erfolgen, wenn bereits alle kurzfristigen Flexibilitätspotentiale, z.B. Überstunden, ausgeschöpft sind. Wird bereits investiert, wenn die Kapazitäten ohne Aktivierung von kurzfristigen Flexibilitätspotentialen voll ausgelastet sind (Kapazitätsauslastung von 100%), so soll von einer *aktiven* Investitionsstrategie gesprochen werden. Bei der *proaktiven* Investitionsstrategie werden nicht nur Zeitverzögerungen zwischen der Investitionsentscheidung und dem Kapazitätszugang berücksichtigt, sondern bereits vor der vollständigen Auslastung der Grundkapazität (Kapazitätsauslastung von 90%) Investitionen vorgenommen, um auch mögliche Nachfragespitzen abdecken zu können.

Die drei Investitionsstrategien sind hinsichtlich ihrer Kapazitätswirkung, exemplarisch für die erste Montagestation, in Abb. 5.22. dargestellt.

Die Simulation zeigt, daß die zur Verfügung stehende Kapazität des Montagesystems von der reaktiven über die aktive zur proaktiven Strategie tendenziell zunimmt. Zudem verschieben sich die Zeitpunkte der Kapazitätserhöhungen ausgehend von der reaktiven Investitionsstrategie zunehmend nach vorne. Auffallend ist, daß die Kapazitäten im Fall der reaktiven Strategie einen, von den Verläufen bei der aktiven und proaktiven Strategie abweichenden, fallenden Trend aufweisen.

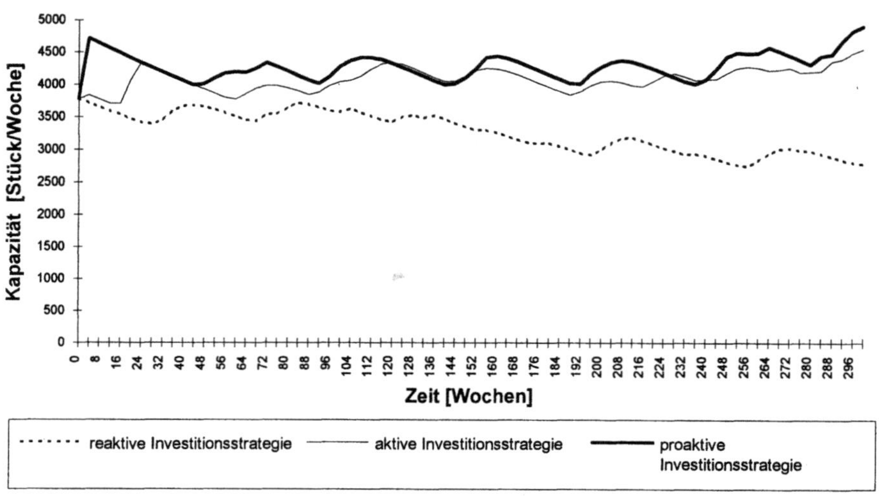

Abb.5.22. Kapazitätsentwicklung unter alternativen Investitionsstrategien

Nach weiteren Simulationen kann dies durch Marktanteilsverluste beim Verfolgen einer reaktiven Strategie erklärt werden, die über Umsatzverluste negativ auf den Kapazitätsbedarf zurückwirken. Die Ursachen dafür liegen in zwei, sich in ihrem Ausmaß verstärkenden Wirkungsketten. So führt in der vorliegenden Untersuchung die reaktive Strategie dazu, daß nahezu permanent an der Kapazitätsgrenze operiert wird. Durch die häufige Ausschöpfung aller Zusatzkapazitäten ergeben sich zum einen negative Auswirkungen auf die Verarbeitungsqualität, zum anderen werden die vom Markt akzeptierten Lieferzeiten häufig überschritten. Um am Markt erfolgreich zu sein, bedarf es demnach eines Verhaltens, das die Anpassungsträgheit des Systems, d.h. die Zeitverzögerungen zwischen den Investitionsentscheidungen und ihrem Wirksamwerden, berücksichtigt.

Auch bei der Renditeentwicklung (vgl. Abb. 5.23.) unterscheiden sich die ähnlichen Verläufe der aktiven und proaktiven Investitionsstrategie von der reaktiven Strategie. Zunächst bewirkt die reaktive Strategie bessere Renditen, da frühzeitiges Investieren das Risiko von Leerkapazitäten birgt. Diese vermeidbaren Fixkosten wirken sich negativ auf den Unternehmenserfolg aus, so daß die reaktive Strategie zunächst zu höheren Renditen führt. In der Mitte der Simulationsdauer verändert sich dieser Trend aber grundsätzlich. Die Renditen der proaktiven und aktiven Investitionsstrategie werden erheblich besser als die der reaktiven Investitionsstrategie. Langfristig bewirkt der geringere Markterfolg der reaktiven Strategie auch geringere Renditen. Defensive Maßnahmen führen demnach nur kurzfristig über Kostensenkungen zu Renditeerhöhungen.

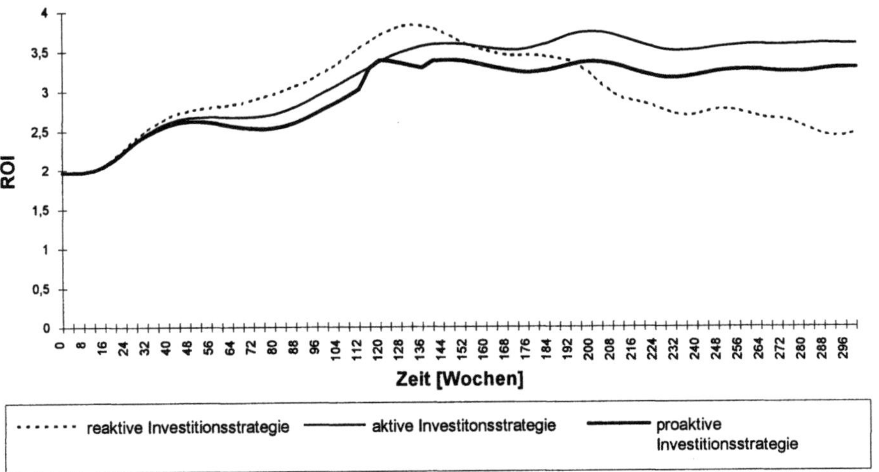

Abb.5.23. Renditeentwicklung bei alternativen Investitionsstrategien

Im untersuchten Fall sind ein proaktives und vor allem ein aktives Investitions-verhalten bei längerfristiger Betrachtung erfolgversprechendere Strategien. Gene-rell hängt die Wahl einer fallspezifisch besten Investitionsentscheidung stark von der Berücksichtigung der Zeitverzögerungen zwischen Investitionsentscheidung und -wirksamkeit ab. Zusätzlich ist das Ergebnis erheblich von der zugrundeliegenden Marktentwicklung abhängig. Weitere Untersuchungen [5.4] unter Berücksichtigung alternativer Marktwachstumsraten haben ergeben, daß reaktive Investitionsstrategien bei Marktschrumpfung und sehr geringem Marktwachstum proaktiven Strategien unter Wirtschaftlichkeitsaspekten überlegen sind. Die aktive ist der proaktiven Investitionsstrategie darüber hinaus auch bei sehr starkem Marktwachstum überlegen.

Die untersuchten Beispiele machen deutlich, daß isolierte Überlegungen oder begrenzte Rechnungen eine langfristige und ganzheitliche betriebswirtschaftliche Beurteilung von Montagesystemen nicht leisten können, sondern daß dazu eine umfassende Analyse der Auswirkungen einzelner Entscheidungsalternativen er-forderlich ist.

5.1.8 Beispielhafte Ergebnisse des Arbeitens mit einem Lernmodell

Zur Durchführung eines Lernworkshops werden die Beteiligten von einem Moderator in Gruppen zu idealerweise drei Personen eingeteilt. Für jede dieser Gruppen sollte ein computergestützter Arbeitsplatz zur Verfügung stehen.

Die Teilnehmer arbeiten sich mit Hilfe des unternehmensspezifischen Erklä-rungsmodells und der qualitativen Vorsimulation in die Problemstellung ein.

Danach folgt eine Trial-and-Error-Übung, innerhalb der die Spieler ohne Vorgaben des Moderators, auf der Grundlage ihres bisher gewonnenen Wissens, Strategien frei durchspielen können. Diese Einlernphase gibt den Spielern die Möglichkeit, die verschiedenen, im Lernmodell vordefinierten Entscheidungs- und Auswertungsgrößen kennenzulernen. Danach beginnt die realitätsbezogene Experimentier- und Lernphase. Den Teilnehmergruppen werden sogenannte *Strategiebögen* ausgeteilt, die im Sinne der Erarbeitung von Plänen vor den nächsten Durchläufen ausgefüllt werden sollten. Die Gruppen verständigen sich auf eine Strategie und halten diese auf den vorstrukturierten Bögen fest. Die Spieler einigen sich dabei auf:

- eine unternehmerische Vision (Wo wollen wir in 10 Jahren stehen ?),
- eine dafür ausgelegte Strategie
  (Wie können wir diese Vision realisieren ?),
- die kritischen Erfolgsfaktoren (KEF), die bei der Verfolgung der Strategie von
  besonderer Wichtigkeit sind sowie Meßkriterien für diese KEF und
- den erwarteten zeitlichen Verlauf dieser Meßkriterien für die KEF.

Nach diesem Planungsprozeß versuchen die Gruppen ihre Strategie am Lernmodell umzusetzen. Die Abb. 5.24. und 5.25. zeigen beispielhaft die Ergebnisse von zwei hintereinander durchgeführten Sitzungen einer Lerngruppe auf. Die Gruppe hatte bereits Fälle eines *virtuellen Bankrotts* in der *Trial-and-Error-Phase* hinter sich. In dem sich anschließenden, geplanten Vorgehen konnte die Gruppe in beiden Fällen das modellierte Unternehmen erfolgreich über die Zeit von 10 Jahren führen.

Nach dem ersten Durchlauf änderte die Gruppe ihre Investitionsstrategie, da die Liquidität (eigenfinanzierte Mittel + Kreditlinie) während der 10 simulierten Jahre einige Male beinahe die Null-Linie erreicht hatte (vgl. Abb. 5.25.). Das simulierte Unternehmen stand also zeitweilig vor dem virtuellen Bankrott. Daneben erwirtschaftete die Gruppe mit der von ihr gewählten Strategie eine trendmäßig abnehmende Umsatzrentabilität. Im Gegensatz dazu konnte sie eine Verdopplung des Marktanteils auf ihrer Erfolgsseite verbuchen (von ca. 8% auf 16%). Ihr Hauptaugenmerk richtete die Gruppe während des ersten Durchlaufs auf einen kontinuierlichen Ausbau des Marktanteils. So versuchte sie, mit den Mitteln einer Niedrigpreispolitik Marktanteile zu gewinnen. Ihre Investitionspolitik legte die Gruppe reaktiv aus: Erst wenn der Auslastungsgrad der Anlagen die 100 % - Marke erreichte, wurden Investitionen durchgeführt.

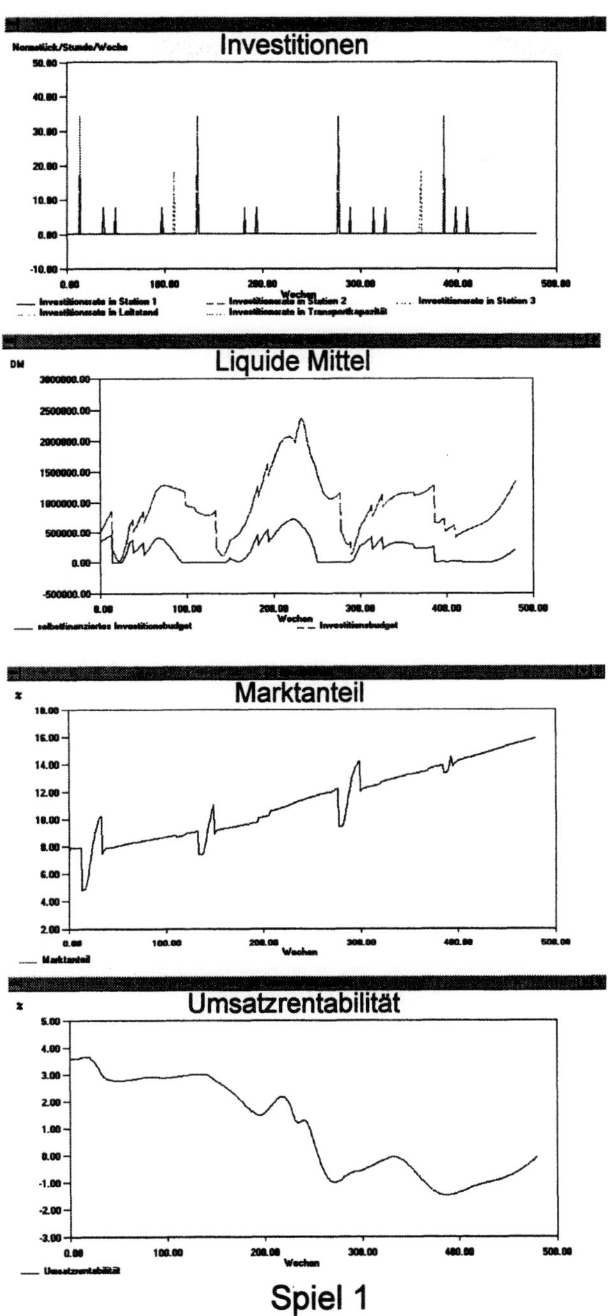

Abb.5.24. Ergebnisse des Arbeitens mit dem Lernmodell

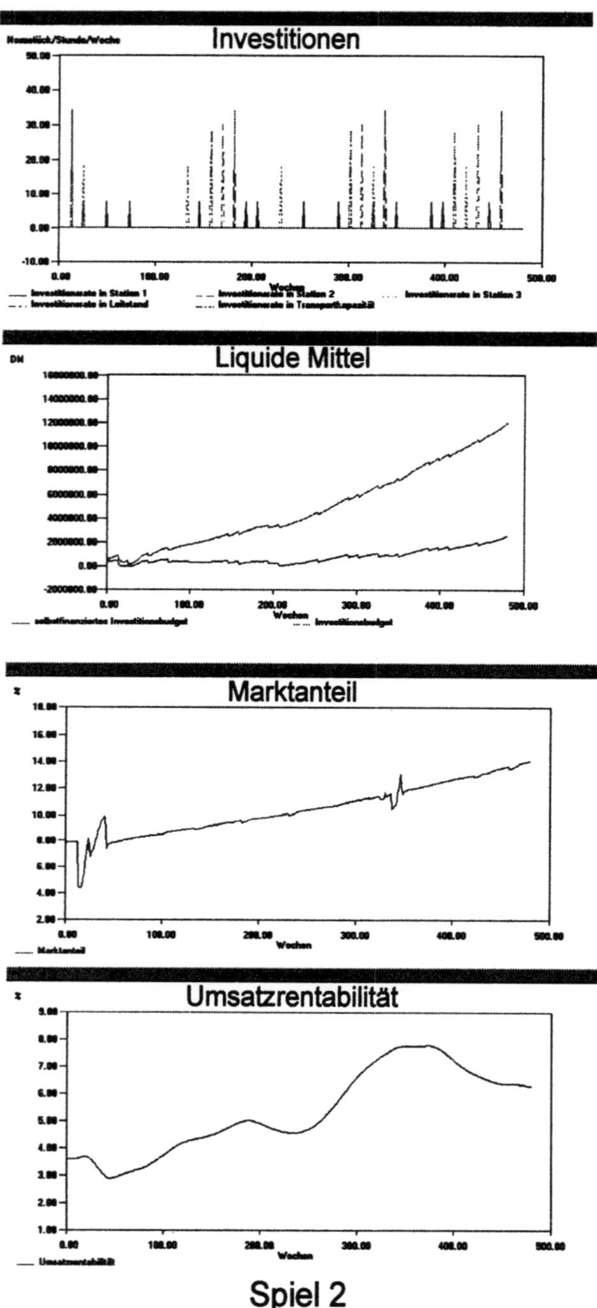

Abb.5.25. Ergebnisse des Arbeitens mit dem Lernmodell

Beim zweiten Durchlauf korrigierte die Gruppe ihre unternehmerische Vision. Sie begnügte sich jetzt damit, den Marktanteil während der Simulationsdauer deutlich zu steigern. Die Investitionsentscheidungen sollten proaktiv unter Einbeziehung der Nachfrageentwicklung erfolgen (Im zugrundeliegenden Spiel war ein stark wachsender Markt mit einem 7-jährigen Konjunkturzyklus abgebildet). Des weiteren sollten, mit Blick auf die Liquiditätslage, die Investitionen in die einzelnen Stationen jetzt zeitlich versetzt erfolgen. Ihr Hauptaugenmerk richtete die Gruppe in diesem Spiel gleichermaßen auf die überlebenswichtige Liquiditätssituation sowie auf eine Steigerung der Umsatzrentabilität.

Insgesamt konnte die Gruppe die gesetzten Ziele erreichen. Besonders die vorausschauende Investitionspolitik führte zu einem sehr guten Verlauf der Liquidität. Die Umsatzrentabilität wurde trendmäßig gesteigert, wenn auch gegen Ende der Simulation eine Stagnation eintrat. Der Marktanteil blieb gegenüber dem ersten Durchlauf etwas zurück, konnte aber - wie geplant - deutlich gesteigert werden (ca. von 8% auf 14%).

5.2 Kostenrechnung in flexiblen Montagesystemen

5.2.1 Ausgangsfragestellungen und Entwicklungslinien - von der Potentialkostenrechnung zum Strategischen Kostenmanagement für die flexible Montage

Die Entwicklung einer aussagekräftigen Kostenrechnung für flexible Montagesysteme war ein wichtiges Ziel der langjährigen Forschungsarbeiten im Rahmen des Sonderforschungsbereichs 158.

Dafür muß eine diesen Bedürfnissen entsprechende Kostenrechnung entwickelt werden. Dies ist notwendig, da viele zu Beginn des Sonderforschungsbereichs und auch heute noch vorwiegend in der betrieblichen Praxis eingesetzte Kostenrechnungssysteme diesen Anforderungen und Bedürfnissen kaum noch gerecht werden. Die Schwachstellen der traditionellen Kostenrechnungssysteme der Plankosten- und Grenzplankostenrechnung [5.43] (sich auf einen bestimmten Zeitraum beziehende Aufteilungen in fixe und variable Kosten und die Schlüsselung von Gemeinkosten) werden durch den Einsatz flexibler und automatisierter Montagesysteme noch verschärft, weil dadurch im Sinne der klassischen Kostenphilosophie zunehmend Fix- und Gemeinkosten entstehen. [5.44, 5.45]

Die klassischen Entscheidungsmodelle der Kostenrechnung basieren allerdings vorwiegend auf variablen Kosten, da nur diese veränderbar und somit für die Entscheidungen allein relevant seien.

Die fehlende Berücksichtigung von Fixkosten in Entscheidungen wurde in ersten Förderperioden als Problemstellung aufgegriffen:

Ein modifiziertes Kostenrechnungssystem auf Grundlage der Riebelschen Einzelkosten- und Deckungsbeitragsrechnung [5.46], sollte die Veränderbarkeit von Fixkosten (oder Potential- bzw. Bereitschaftskosten) aufzeigen und für Entscheidungsmodelle verwertbar machen. Dabei standen die unmittelbaren Montagekosten im Vordergrund.

Mit Hilfe einer kapazitätsorientierten Kostenrechnung konnten verschiedene Produktionsprogramm- und Anpassungsalternativen kosten- und ergebnismäßig simuliert werden (z.B. Überstunden, Zusatzschichten, Veränderung des Fremdbezugsanteils, Kapazitätsauf- und abbau u.a.m.).

Wenn z. B. nicht bekannt ist, an welchen Montagearbeitsplätzen Kapazitäten nicht optimal ausgelastet sind, kann man Kapazitätsänderungen und -anpassungen ins Auge fassen. Die kostenmäßigen Alternativen dieser Kapazitätsanpassungen (= Änderung der betrieblichen Potentiale) können mit Hilfe einer sogenannten Potentialkostenrechnung bewertet werden.

Ergänzend dazu ermöglichte die Leistungskostenrechnung die Ermittlung der Leistungskosten, welche unmittelbar durch den Montageprozeß in Abhängigkeit vom Montagevorgang und dem Ort der Durchführung entstehen.

Mit Hilfe gestufter Deckungsbeiträge waren auf Basis des Modells kosten- und ergebniswirksame Wirkungen des geplanten Produktionsprogramms und der möglichen kapazitätsmäßigen Anpassungen bewertbar.

Das Modell wurde EDV-gestützt auf einem Personalcomputer erstellt und in verschiedenen Veröffentlichungen dargestellt. [5.47, 5.48, 5.49, 5.50]

Im Laufe dieser Arbeiten wurde allerdings erkannt, daß ein solches Modell noch nicht den wachsenden theoretischen und praktischen Anforderungen gerecht werden kann:

Bei immer weiter steigenden Gemeinkosten in den indirekten Montagebereichen, verursacht durch immer differenziertere und komplexere Planungs-, Steuerungs- und Dispositionskosten, muß die Verrechnung deren Kosten bei bloßer Verrechnung der Gemeinkostenzuschläge zu strategischen Fehlentscheidungen führen. Ob einfache oder komplexe Material- und Teilestruktur, ob hoher oder niedriger Wertschöpfungsanteil, ob Großserienprodukt oder exotische Variante, ob Groß- oder Kleinauftrag - prozentuale Zuschläge ignorieren diese Unterschiede. [5.50, 5.51]

Tätigkeiten zur Planung, Steuerung, Überwachung und Koordination der Montage sind in ihrem Anfall höchst unterschiedlich. Für eine kundengewollte Variante ist sicherlich mehr (Personal-)Aufwand bezüglich dieser Tätigkeiten erforderlich als für ein Standardprodukt. Auch wird ein komplexes Produkt mehr solcher gemeinkostentreibenden Tätigkeiten beanspruchen als ein weniger komplexes Produkt.

Strategische Fehlentscheidungen (vermeintlich hochprofitable Exoten werden im Verkauf den zu teuer kalkulierten Standardprodukten vorgezogen) aufgrund ungenauer Kosteninformationen und die daraus folgenden Negativentwicklungen (die Gemeinkosten steigen immer weiter) sind daher mit Hilfe einer speziellen, auf die Gemeinkosten der Montage zugeschnittenen Kostenrechnung zu vermeiden.

Somit bestand eine große Notwendigkeit, die umfangreichen und kostenmäßig immer wichtigeren indirekten Tätigkeiten (z. B. die Arbeitsvorbeitung bzgl. der Planung aller wichtigen Montageschritte) umfassend zu planen, die Kosten zu erfassen und zu steuern.

Eine verursachungsgerechte Kostenzurechnung der Montagekosten auf die Kostenträger ist nur dann durchführbar, wenn alle die Montage betreffenden Gemeinkostenbereiche und die dort durchgeführten Prozesse definiert und einzeln bewertet werden. Nur so lassen sich z.B. Kostenkonsequenzen von kurzfristigen (aber auch langfristigen) Änderungen im Montageprogramm ableiten. Ein wichtiges unterstützendes Instrument ist hierbei die Prozeßkostenrechnung. Mit ihrer Hilfe war es möglich, den Kostenanfall in den Gemeinkostenbereichen als Folge eines bestimmten Produktions- und Montageprogramms und einer ausgewählten Ablaufstruktur zu simulieren.

Herkömmliche Kostenrechnungssysteme liefern wegen ihrer durch die pauschalen und undifferenzierten Gemeinkostenzuschläge verursachten Mängel keine entscheidungsrelevanten Daten bezüglich kurzfristiger Ablauf- und langfristiger Produktentscheidungen [5.51]. Eine verursachungsgerechte, strategische Kalkulation mit Hilfe der Prozeßkostenrechnung liefert neben wichtigen operativen Steuerungsinformationen die dringend notwendigen strategischen Entscheidungsinformationen.

Eine speziell für die Anforderungen der flexiblen Montage entwickelte Prozeßkostenrechnungskonzeption für die Montagesteuerung wird in Kap. 5.2.3 ausführlich vorgestellt und in ihren Ergebnissen bewertet.

Abb.5.26. Bisherige und zukünftige Forschungsarbeiten für ein Gesamtsystem der Montagekostenrechnung

Allerdings blieben auch nach Übernahme und Anwendung der Prozeßkosten- rechnung einige für die Montage wichtige Fragen weiter unbeantwortet:

- Welche vom Kunden gewünschten Produktfunktionen können direkt in der Montage umgesetzt werden und wie kann dies bereits in der Entwicklungs- und Konstruktionsphase sichergestellt werden?
- Wie können marktorientierte Preisvorgaben auf der Produktebene auf Montageprozesse übertragen werden?
- Welche Prozesse der Montage sind bezüglich ihres Kostenvolumens kritisch, und zu welchem Zeitpunkt sind diese am nachhaltigsten beeinflußbar?

- Wie sind die Montageprozesse im Vergleich zu jenen der Konkurrenz zu sehen,
und welche Verbesserungsmaßnahmen zur Prozeßoptimierung bieten sich an?

Die Antwort darauf kann nur ein strategisch ausgerichtetes integratives
Kostenmanagement liefern, welches strategische Fragestellungen, frühzeitige
Kostengestaltung, Markt- und Konkurrenzorientierung instrumentell unterstützt.
[5.53]
   Die wichtigsten Instrumente in diesem Zusammenhang sind das Target
Costing in Verbindung mit dem einem geeigneten Kostenforechecking-
Instrumentariums und das Benchmarking.
Diese werden in Kap. 5.2.6 bezüglich ihrer Anwendungsperspektiven in der
flexiblen Montage vorgestellt.
Abbildung 5.26 gibt einen Überblick über die geleisteten Forschungsarbeiten im
Sonderforschungsbereich.

5.2.2 Ziele, Methoden und Vorgehensweise bei der Anwendung der Prozeßkostenrechnung in der flexiblen Montage

Ziele der Prozeßkostenkonzeption

Ein Schwerpunkt der Arbeiten bei der Konzeption und EDV-technischen Reali-
sierung einer Ergebnisprojektion für die flexible Montage auf Basis der Prozeß-
kostenrechnung lag bei der Definition, Analyse und Bewertung von indirekten
Tätigkeiten bei der Planung, Steuerung und Kontrolle von Montageprozessen.
Mit dem konzipierten Kalkulations- und Erlösplanungssystem sollen wichtige
Fragestellungen aus der Praxis beantwortet werden. Diese sind z.B.:

- Wie wirtschaftlich sind zusätzliche Varianten eines Standardproduktes?
- Welchen Deckungsbeitrag erwirtschaften die sogenannten "Exoten" (= Varian-
  ten) oder "Renner" (= Standardprodukte)?
- Wie kann ein Montageprogramm ergebnisorientiert gestaltet werden?
- Wie können die entscheidungsrelevanten variantenspezifischen Kosten (z.B. für
  die Arbeitsvorbereitung oder die Konstruktion) für das Gemeinkosten-
  management und die Kalkulation sichtbar gemacht werden?
- Wie wirtschaftlich arbeiten die unterstützenden Bereiche wie z.B. die Arbeits-
  vorbereitung (Arbeitsplanung und -steuerung), die Qualitätssicherung oder die
  Logistik?

   Zur Beantwortung dieser Fragestellungen eignet sich die Methodik der Prozeßkostenrechnung.
   Mit der Prozeßkostenrechnung können je nach Anwendungszweck und speziellem Unternehmensumfeld unterschiedliche Ziele verfolgt werden. [5.51, 5.52,
5.54, 5.55]
   Speziell im Umfeld der Montage gibt es viele Argumente für die Implementierung und Anwendung der Prozeßkostenrechnung. Bei Anwendung eines flexi-

blen Montagesystems erfolgen viele produktbestimmende Entscheidungen (Variantenbildung und -vielfalt!) erst in einer sehr späten Phase, wobei jeweils unterschiedliche Montageprozesse benötigt werden. Die für die verschiedenen Varianten notwendigen Montagetätigkeiten müssen verursachungsgerecht dem Kostenträger zugerechnet werden. Dies bedingt Klarheit und Transparenz bei der Ermittlung variantenspezifischer Montagegemeinkosten für alle Produkte und Produktvarianten. Mit der traditionellen Methode (prozentuale Schlüsselung der Gemeinkosten) ist dies nicht möglich. So sind falsche Produkt- und Produktionsablaufentscheidungen unumgänglich; bei Anwendung der Prozeßkostenrechnung ist jedoch die geforderte Kostentransparenz gewährleistet. Stets sind Kosten für Standardprodukte und Varianten quantifizierbar und entsprechend kann der Montageablauf gesteuert werden.

Die besondere Notwendigkeit einer Anwendung einer verursachungsgerechten Gemeinkostenverrechnung verdeutlichen auch die besonderen Merkmale der Montage (vgl. Abb. 5.27). [5.56, 5.57]

Diese werden zunehmend zum kritischen Erfolgsfaktor für die Unternehmen. Erhebliche Schwierigkeiten bestehen in der Montage zusätzlich durch die externe Schnittstelle zu den Kunden. Weitere Schwierigkeiten kommen auf die Montage durch vorgelagerte Probleme zu (z.B. Fertigungsverzögerungen oder Lieferschwierigkeiten). Diese wirken sich erst unmittelbar in der Montage aus, die mit dem Problembündel fertigzuwerden hat.

In der heute im Maschinenbau vorherrschenden Montage existieren als Montagevorgaben oft nur grobe Arbeitsanweisungen (wie z.B. "Getriebe fertig montieren"), die Montagezeiten sind meist sehr pauschal und undifferenziert vorgegeben. [5.58, 5.59]

Die aktuelle Variantenproblematik erfordert jedoch ein Umdenken in der Montagesteuerung, will man nicht Qualitätseinbußen, Lagerteilevielfalt, Lieferzeitzuwachs und eine Abnahme des Lieferbereitschaftsgrades als den "Normalfall" akzeptieren.

Eine Lösungsmöglichkeit besteht in der Teil- oder Vollautomatisierung der Montage, was jedoch nochmals einen höheren Ressourceneinsatz der indirekten Bereiche erfordert. Dies liegt an der notwendigen Montagesystembetreuung, der detaillierteren Arbeitsplanung und -steuerung sowie den prüfenden und kontrollierenden Tätigkeiten der Qualitätssicherung [5.60]. Die indirekten Gemeinkosten für Steuerung und Koordination werden somit immer mehr zum wesentlichen Kostenblock.

Geht man vom durchschnittlichen aktuellen Kostenrechnungssystem im Maschinenbau [5.57], wird klar, daß mit solchen Systemen (meist Normalkostenrechnung oder flexible Plankostenrechnung) die steigenden Gemeinkosten nicht mehr verursachungsgerecht auf die Kostenträger verrechnet werden können. 50% der Produktgesamtkosten sind heute bereits Gemeinkosten, von diesen entfallen je nach spezieller Maschinenbaurichtung ca. 10% bis 15% auf die Montage. Daher sind besonders hier Informationen über eine varianten-spezifische Kostenentstehung mit Unterstützung der Prozeßkostenrechnung notwendig.

Varlantenblldung
durch differenziertere
Kundenwünsche trifft
schwerpunktmäßig die
Montage.

Wegen hohen
Kostenanteilen der
Montage oft noch große
Ratlonallslerungs-
potentlale.

Wertschöpfungs-
erhöhung
in der Montage
durch eine konsequente
Outsourcingstrategie.

Merkmale der
MONTAGE

Zunehmende
Automatlslerung
der Anlagen erst
in neuerer Zeit
wegen komplexen
Montageprozessen.

Notwendigkeit einer hohen
Flexlbllltät
in der Montage wg.
der Schnittstelle zum
Kunden und vorgelagerter
Funktionen.

Abb.5.27. Merkmale der Montage

Im speziellen Kontext zum Aufgabenschwerpunkt und dem ausgewählten Problembereich der vorwiegend kurzfristigen Entscheidungsunterstützung sind folgende spezifische Ziele der Konzeption zu nennen:

- Ermittlung der für die Auftragsbearbeitung notwendigen Einzelprozesse in den indirekten Bereichen,
- Aufzeigen von Abhängigkeitsbeziehungen zwischen den Maßnahmen der Produktionsplanung und -steuerung und den anfallenden Tätigkeiten in den produktionsnahen Bereichen,
- Ermittlung der ablaufbedingten Veränderung der Kapazitätsbelastung in den betroffenen indirekten Bereichen,
- kalkulatorische Berücksichtigung von. auftrags- oder kundenspezifischen Komplexitätskosten bei der Auftragsabwicklung,
- verursachungsgerechte Plan- und Istkalkulation von verschiedenen Kalkulationsobjekten (Stück, Produkt, Kunde, Produktionsprogramm) entsprechend den (ablaufbedingt) notwendigen Einzelprozessen,
- Ermittlung der Ursachen von auftretenden Kostenabweichungen,
- Bestimmung der optimalen Kombination der Steuerungsparameter durch einen Vergleich der resultierenden, prozeßorientierten Gesamtkosten bei unterschiedlichen Produktionsabläufen.

Einführung und Wirkungen der Prozeßkostenrechnung

Die Einführungsschritte der Prozeßkostenrechnung und deren Wirkungen wurden schon in zahlreichen Veröffentlichungen des Lehrstuhl Controlling (auch im Zusammenhang mit Veröffentlichungen im Rahmen des Sonderforschungsbereichs 158) beschrieben. [5.51, 5.52, 5.57, 5.61, 5.62]

Auf diese mittlerweile allgemein bekannten Dinge wird nicht weiter eingegangen, stattdessen soll die spezielle Prozeßkostenrechnungskonzeption des Teilprojektes (vgl. dazu auch die Ausgangsfragestellungen in Kap. 5.2.1) ausführlich vorgestellt und diskutiert werden. Diese fand Anwendung im Rahmen der Modellanlage und der dortigen indirekten Bereiche.

Durch die Konzeption einer Modellanlage im Sonderforschungsbereich, in der verschiedene Getriebeprodukte und -varianten montiert werden sollten, sowie durch die damit verbundene Flexibilisierungs- und Automatisierungsanforderungen, war auch die Notwendigkeit gegeben, die relevanten indirekte Bereiche zu berücksichtigen. Dies wird begründet durch den enormen Steuerungs-, Koordinations- und Dispositionsbedarf der einzelnen Montageabläufe.

In der Modellanlage des Sonderforschungsbereiches wurden die folgenden indirekten Bereiche integriert:

- *Logistik*
  (Bestandsführung, Transport, Materialdisposition)
- *Qualitätssicherung*
  (Prüfpläne bzw. -programme verwalten und bearbeiten, Prüfdaten auswerten, Prüfmittel planen, Sonderprüfungen)
- *Arbeitsvorbereitung*
  Arbeitsplanung
  (Montagepläne und Programme verwalten/bearbeiten, Betriebsmittelplanung und -konstruktion)
  Arbeitssteuerung
  (Montageaufträge steuern)
- *Instandhaltung*
  (Wartung, Inspektion, Instandsetzung und Störfallbeseitigung)

Die skizzierten Instandhaltungstätigkeiten sind zwar in den Bürotrakt der Modellanlage mit integriert, jedoch wird die Instandhaltungswerkstatt sowohl vom Fertigungs- als auch vom Montagebereich genutzt. Da jedoch hinsichtlich der Auswahlkriterien [5.62], eine Anwendung der Prozeßkostenrechnung im Instandhaltungsbereich wegen zu wenig repetitiven Tätigkeiten und geringem Produktbezug nicht angeraten ist, wurde dieser Bereich nicht in der DV-technischen Umsetzung des Teilprojektes berücksichtigt.

5.2.3 Konzeptionelle Problemlösung

Im Vordergrund der Betrachtungen stand, eine Konzeption zu entwickeln, die es ermöglicht, die Schnittstelle zwischen PPS- und Kostenrechnungssystem zu verbessern. Das Ziel war hierbei, ein wertorientiertes Instrument zur Entscheidungsunterstützung vor Ort zu entwickeln. Hiermit sollten zunächst die Kosten des Produktionsprozesses, unterstützt durch die neue Methodik der Prozeßkostenrechnung, ermitttelt werden. Anschließend war zu analysieren, welche Kosten kurzfristig noch veränderbar sind. Sind diese Daten vorhanden, können in Abhängigkeit von der jeweiligen Entscheidungssituation genau die Steuerungsparameter der Ablaufplanung bestimmt werden, die zu minimalen Gesamtkosten hinsichtlich des Montagevollzugs führen.

Das entwickelte Modell mußte somit folgende Ausgangsdaten und -abläufe integrieren:

- Detaillierte Abbildung des Auftrags- und Materialflusses innerhalb des ausgewählten flexiblen Montagesystems.
- Erfassung der produktionswirtschaftlichen Zielgrößen der Aufträge (Durchlaufzeiten und Termine) und Anlagen (Auslastung der Kapazitäten).
- Ermittlung und kostenmäßige Bewertung der aus dem vorgegebenen Montageprogramm resultierenden Mengen der direkten und indirekten Tätigkeiten.

Der Montagesteuerung vor Ort sollen somit neben Zeit- und Mengeninformationen erstmals auch Kosteninformationen als Grundlage für Ablaufentscheidungen in der Montage zur Verfügung stehen.

Merkmale des PPS-Moduls

Der wirtschaftliche Betrieb flexibler Fertigungs- und Montagesysteme kann nur durch flexible und leistungsfähige PPS-Systeme sichergestellt werden. [5.61] Diese müssen folgenden systemtechnischen Anforderungen genügen [5.61, 5.63, 5.64],

- Nutzung der produktionstechnischen Flexibilität bei der Auftragseinlastung.
- Berücksichtigung des aktuellen Kapazitätsangebots bei Auftragsfreigabe.
- Möglichkeit zur arbeitsplatzspezifischen Kapazitätsterminierung.
- Kurze Reaktionszeiten auf Änderungen und Störungen.
- Durchführung von Bestands- und Durchlaufzeitanalysen.
- Dialogfähigkeit mit Graphik-Unterstützung (Benutzerfreundlichkeit).
- Möglichkeit der Entscheidungsunterstützung vor Ort (Simulationsfähigkeit).

Die Umsetzung der Anforderungen wurde durch die nachfolgenden Gestaltungsmerkmale ermöglicht: kostenminimale Kapazitätsbelastung; Ermittlung der Kapazitäten, orientiert an der Planeinlastung des Montageprogrammes; benutzerorientierte Einplanungsmöglichkeiten von Überstunden und Sonderschichten; Anwendung verschiedener Entscheidungsregeln zur Engpaßbereinigung und Bereitstellung von Frühwarninformationen für vor- und nachgelagerte Systeme.

Verknüpfung des PPS-Moduls mit dem Kostenrechnungssystem

Neben den für die Kalkulation wichtigen Rüst- und Bearbeitungszeiten ermöglicht das Modell auch die Planung der notwendigen indirekten Prozesse. Dazu werden die ablaufabhängigen Prozesse für Transport- und Arbeitsvorbereitungstätigkeiten analytisch geplant. Insgesamt stehen dem Kostenrechnungsmodul durch dieses PPS-Modul realistische Planwerte mit Frühwarncharakter zur Verfügung. Somit ist eine deutlich verbesserte Informationsbasis für eine verursachungsgerechte Plan- und Istkalkulation von Aufträgen und ganzen Produktionsprogrammen und der geplanten Simulation geschaffen.

Merkmale des Kostenrechnungsmoduls

Eine kostenorientierte Entscheidungsunterstützung durch aktuelle und detaillierte Kosteninformationen bei der Ablaufplanung ist der Zweck des konzipierten Kostenrechnungsmoduls. Dies geschieht unter Einbeziehung der vom PPS-Modul bereitgestellten Basisinformationen und Kennzahlen.

Für die Festlegung der zeitlichen und räumlichen Systemgrenzen waren drei zentrale Fragestellungen zu beantworten:

1. Welche Kosten sind auch bei kurzfristiger Betrachtung noch veränderbar und in welchen Bereichen bzw. Kostenstellen fallen diese an?

Will man die Frage nach den kurzfristig veränderbaren Kosten beantworten, so sollte die Abhängigkeit vom Fristigkeitsgrad bei der Entscheidung über variable und fixe Kostenbestandteile für jede Kostenart separat untersucht werden. [5.43] Es wurde zwischen primären Kosten der direkten Bereiche und sekundären Kosten der indirekten Bereiche unterschieden. Während sich z.B. Materialkosten kurzfristig bei unterschiedlichen Prozeßabläufen nicht verändern und daher nur für die Produktkalkulation herangezogen werden, ist dies bei Personalkosten nicht unbedingt der Fall. Überstunden und Sonderschichten und die daraus folgenden Mehrarbeitszuschläge und Zusatzlöhne sind durch kurzfristige Prozeßentscheidungen veränderbar und somit variabel. Der Kostenanfall in den indirekten Bereichen ist zwar kurzfristig nur bedingt veränderbar, jedoch liefern die Informationen des PPS-Moduls über die erforderlichen Prozeßmengen wertvolle Hinweise für die Kosten- und Kapazitätsplanung in den indirekten Bereichen sowie für die Wirtschaftlichkeitsbeurteilung des simulierten Montageprozesses.

2. Welche Kosten können analytisch geplant werden?

Die unterschiedliche Komplexität der Auftragsbearbeitung, ein charakteristisches Merkmal der Serienmontage, führt dazu, daß keine homogene Kostenverursachung zwischen direkten und indirekten Tätigkeiten vorhanden ist. Somit besteht die Notwendigkeit einer separaten analytischen Kostenplanung der direkten und indirekten Tätigkeiten, da allein die Kenntnis der geplanten direkten Kosten keine Rückschlüsse auf die zu planenden Gemeinkosten zulassen.

Somit wurde ein dreistufiges Konzept zur analytischen Kostenplanung realisiert [5.61]:

a) Analytische Planung der direkten Kosten auf Basis der in den Arbeitsplänen enthaltenen Rüst- und Bearbeitungszeiten in Verbindung mit den arbeitsplatzbezogenen Verrechnungssätzen für Fertigungslöhne bzw. Maschinenstunden. [5.65]

b) Bei der analytischen Planung der indirekten Kosten werden direkt vom Produktionsprozeß abhängige Leistungen (z.B. Bereitstellung und Transport von Teilen) und vom Produktionsprogramm induzierte Prozeßmengen (z.B. Materialdisposition) bezüglich ihrer Mengen geplant und mit einem entsprechenden Kostensatz bewertet. [5.61]

c) Die analytische Planung der kalkulatorischen Kapitalbindungskosten wurde in einem speziellem Algorithmus mit berücksichtigt, da die Höhe des in der Fertigung und Montage gebundenen Umlaufvermögen entscheidend von den Maßnahmen der Montagesteuerung abhängt.

3. Welche Gemeinkosten können einem Kalkulationsobjekt zugerechnet werden?
Im Modell wird versucht, dem Grundsatz der verursachungsgerechten Zuordnung der Faktorverbrauchsmengen [5.43], zu entsprechen. Im Kalkulationsschema werden nun neue Kostenkategorien gebildet, die zugleich auch als eigenständige Kalkulationsobjekte angesehen werden können:

- Produkt- und auftragsorientierte Verrechnung von Gemeinkosten,
- kundenorientierte Verrechnung von Gemeinkosten und
- perioden- bzw. gesamtprogrammorientierte Verrechnung von Gemeinkosten.

Ergänzend zu der Darstellung des PPS- und des Kostenrechnungsmoduls ist anzumerken, daß Planwerte der direkten Kosten durch eine kostenminimale Arbeitsplatzzuordnung mit Hilfe der in den Stammdateien des PPS-Moduls hinterlegten Alternativ-Arbeitsplänen errechnet werden. Somit werden keine Durchschnittswerte (Standardarbeitspläne, Gemeinkostenzuschläge u.a.), sondern das anzustrebende Kostenminimum der eigentlichen Auftragsbearbeitung dargestellt. Anstelle der traditionellen Nachkalkulation stellt das Programm Istwerte bereits vor der eigentlichen Auftragsbearbeitung zur Verfügung. Die hierfür notwendigen Informationen sind das Ergebnis der vom PPS-Modul durchgeführten Simulationsläufe.

Im Vergleich zu den Planwerten können bei den Istwerten z.B. Abweichungen durch Kosten für Überstunden, durch Kosten von Verlagerungen von Arbeitsvorgängen oder durch Rüstkostenwegfall durch Zusammenfassung bzw. Rüstkostenanfall aufgrund von Arbeitsunterbrechungen entstehen.

5.2.4 Realisierte DV-Konzeption

Das konzeptionell beschriebene Modell wurde auf Basis einer relationalen Datenbank und entsprechender Auswertungsalgorithmen DV-technisch realisiert. Hierbei waren drei Entwicklungsstufen zu durchlaufen (vgl. Abb. 5.28):

In Entwicklungsstufe 1 waren die Festlegung der Modellprämissen und der Untersuchungsbereiche notwendig. Beim generellen Untersuchungsbereich handelt es sich um die bereits skizzierten Ablaufentscheidungen innerhalb flexibel automatisierter Montagesysteme. Der zur Verfügung stehende Datenkranz basiert auf den Strukturen der Modellanlage des Sonderforschungsbereiches. Darüber hinaus wurde bei der Gestaltung der Datenverwaltung, der Algorithmen und der Programmbedienung darauf geachtet, daß sowohl die Flexibilität und Anpassungsfähigkeit an veränderte Rahmenbedingungen und Hardwarevoraussetzungen als auch eine logische Datenstruktur für verschiedene betriebswirtschaftliche Auswertungen sichergestellt sind. Die relationalen Datenbanken und die Berechnungsalgorithmen wurden mit Hilfe der Standardsoftware DBASE IV plus auf einem leistungsfähigen Personal Computer implementiert.

In der Entwicklungsstufe 2 wurden die notwendige Dateienstruktur und die Berechnungs- und Auswertungsalgorithmen festgelegt. Hierbei handelt es sich um Stammdateien, Bewegungsdateien, Berechnungs- und Auswertungsalgorithmen und verschiedene Anzeige- und Auswertungsmodule.
Stammdateien sind hierbei Informationen, die nicht laufend inhaltlich veränderbar sind. Dies ist z.B. die Anlagenstruktur (abgeleitet von den Ausgangsdaten der Projekt- und Modellanlage des Sonderforschungsbereichs), die Artikelstammdaten und die ermittelten Einzelprozesse und Prozeßkostensätze. Bewegungsdateien sind kurzfristig veränderbar. Sie dokumentieren den jeweils aktuellen Kapazitäts- und Kostenstand der Anlage.

Die Berechnungs- und Auswertungsalgorithmen beinhalten die typischen PPS-Funktionen (u.a. Stücklistenauflösung und Reihenfolgeplanung) und die notwendigen betriebswirtschaftlichen Auswertungen zur Berechnung aller resultierenden Kosten des Prozeßablaufs.

Die verschiedenen Anzeige- und Auswertungsmodule des Modells ermöglichen dem Anwender gezielte Steuerungseingriffe (z.B. kurzfristige Kapazitätserhöhungen durch Sonderschichten) und Abfragen (z.B. Veränderung der Produktkosten durch geänderte Bearbeitungsreihenfolgen).

Durch Einsatz einer maskenorientierten Benutzerführung ist eine Programmbedienung auch ohne Kenntnis der Daten- und Programmstrukturen (z.B. von den Systemsteuerern) möglich.

Der Aufbau der notwendigen entscheidungsorientierten Auswertungsmodule war Inhalt der Entwicklungsstufe 3. Hierbei handelt es sich um die Module Kapazitätsbelastungsrechnung/Plankalkulation, benutzerorientierte Anpassungsmöglichkeiten, Engpaßbereinigung und Istkalkulation sowie Erlösprojektion/ Produktergebnisrechnung (vgl. Abb. 5.29).

In Programmteil *Kapazitätsbelastungsrechnung/Plankalkulation* wird das vorgegebene Produktionsprogramm in Arbeitsvorgänge aufgelöst und unter Berücksichtigung der Liefertermine auf die Arbeitsplätze eingelastet. Die Algorithmen der Ersteinlastung und Plankalkulation wurden so konzipiert, daß anhand der vordefinierten, flexiblen Arbeitspläne die kostenoptimalen Arbeitsstationen ausgewählt und belastet werden. Anschließend erfolgt die

Plankalkulation jedes einzelnen Auftrags unter der Annahme, daß keine
Engpässe, Terminverschiebungen oder Unterbrechnungen auftreten.

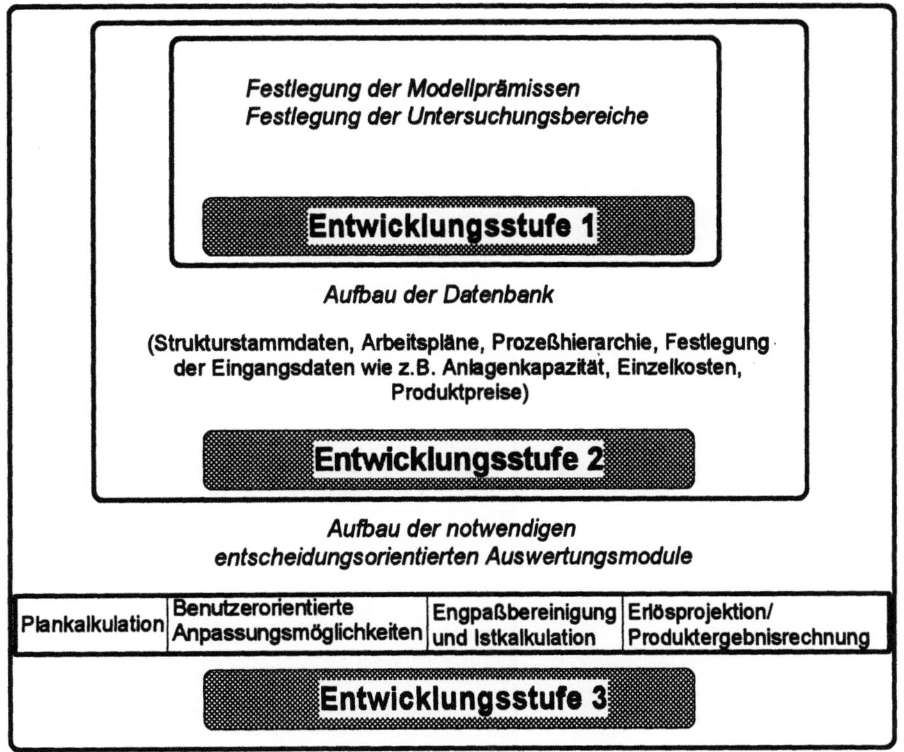

Abb.5.28. Entwicklungsstufen der DV-Konzeption

Im Anschluß an die Ersteinlastung ist eine graphische und tabellarische Darstellung der auftretenden Kapazitätsengpässe möglich. *Benutzerorientierte Anpassungsmöglichkeiten* sind nun durchführbar. Sowohl bei manuellen als auch bei
automatischen Arbeitsplätzen sind Schicht- und Stundenanpassungen möglich.

Im Rahmen des Moduls *Bereinigung von auftretenden Kapazitätsengpässen
(Isteinlastung) und Istkalkulation* werden auftretende Engpässe entweder durch
Verlagerung von Arbeitsgängen auf Ausweicharbeitsplätze oder durch Terminverschiebungen anhand von Prioritätsregeln bereinigt. Hierbei wird dem Ent-
scheider am Montagesystem neben der terminlichen Konsequenz der Kapazi-
tätsanpassung und Engpaßbereinigung auch die wirtschaftliche Konsequenz
verdeutlicht, d.h. Kostenabweichungen werden ermittelt und verglichen. Die Istkalkulation orientiert sich am Schema der Plankalkulation, so daß eine detaillierte Soll-Ist-Abweichungsanalyse möglich ist. Aus entscheidungsorientierter

Sicht ist dabei von Interesse, welche Kostenarten im Ist von den Planwerten abweichen können und wodurch die Abweichungen zustande kommen. Zusätzlich zur Plankalkulation können Montageeinzelkosten (z.B. Überstunden), zusätzliche, ablaufbedingte Prozeßkosten (z.B. induziert durch Ausweicharbeitsplätze), zusätzliche ablaufunabhängige, aber komplexitätsabhängige Prozeßkosten und zusätzliche Kapitalbindungskosten (z.B. durch zusätzliche Liegezeiten) anfallen.

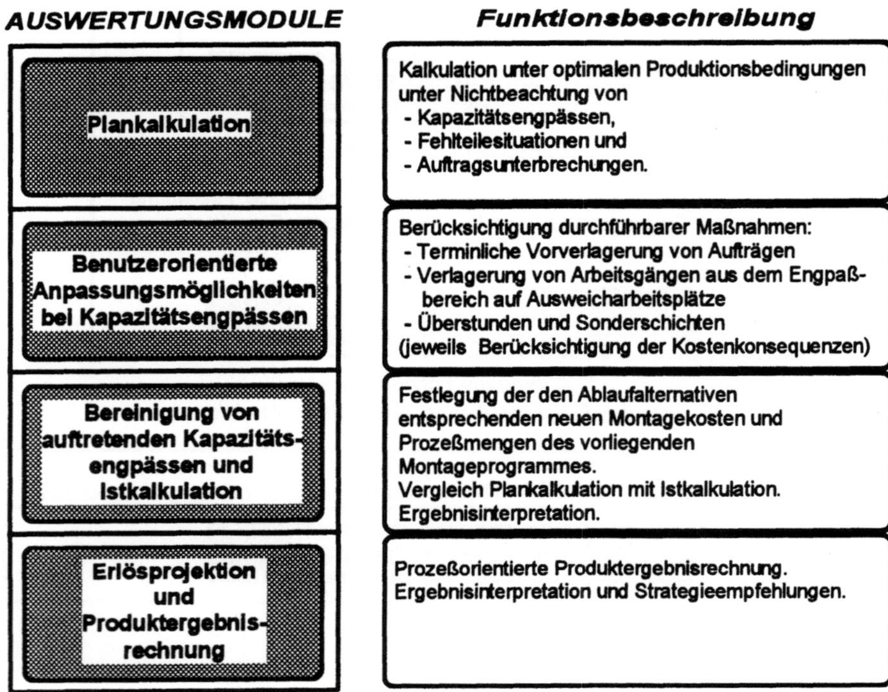

Abb.5.29. Auswertungsmodule der DV-Konzeption

Das Modul *Erlösprojektion/Produktergebnisrechnung* bedeutet eine Erweiterung der bisherigen prozeßorientierten Kalkulation hin zu einer Deckungsbeitragsrechnung. Somit stehen Informationen zu Produkt- und Auftragsergebnissen je nach Montageablauf sofort zur Verfügung. Abhängig von der Istkalkulation werden die vom Kunden gezahlten Preise und die tatsächlich verursachten direkten und indirekten Kosten zur Ermittlung der jeweiligen Produktergebnisse herangezogen. Hierbei werden Prozeßkosten mit berücksichtigt. Für zukünftige Produkt- und Produktionsentscheidungen stehen somit neben den ermittelten Kostendaten wichtige Ergebniskennzahlen zur Wirtschaftlichkeitsbeurteilung zur Verfügung.

Die beschriebenen Dateistrukturen und Algorithmen des DV-Modells erlauben die Durchführung von Modellrechnungen und Simulationen zum Untersuchungsbereich. Obgleich nur ein kurzfristiger Planungs- und Entscheidungshorizont zugrundegelegt wurde, können dennoch viele Fragen mit Hilfe des Modells beantwortet werden. So können Kosten sowohl von Standardprodukten als auch von exotischen Varianten ermittelt werden. Auch produktionswirtschaftliche Konsequenzen und der veränderte Planungs- und Steuerungsaufwand bei zunehmender Variantenvielfalt und Komplexität sind wichtige Fragestellungen innerhalb eines flexiblen Montagesystems. Aber auch eine an wirtschaftlichen Gesichtspunkten orientierte Engpaßsteuerung wird mit der DV-Konzeption verwirklicht.

5.2.5 Prozeßkostenrechnung in der flexiblen Montage -Zusammengefaßte Ergebnisse des Forschungsprojektes -

Im Rahmen der Simulation der Auswirkungen des Prozeßkostenrechnungseinsatzes in der flexiblen Montage sollten im Rahmen des Forschungsprojektes typische Fragestellungen für die Montage und deren Ablaufsteuerung beantwortet werden.

Entscheidungsunterstützung bei variierendem Produktionsprogramm ohne Engpaßsituation

- Stückkostenentwicklung bei variierenden Auftragsstückzahlen
- Stückkostenentwicklung bei variierenden Kundenwünschen
- Gesamtkostenentwicklung bei zunehmender Variantenvielfalt

Entscheidungsunterstützung bei Engpaßsituationen

- Engpaßbereinigung durch Zeitverschiebung
- Engpaßbereinigung durch Auftragsverlagerung
- Engpaßbereinigung durch Überstunden

Kostenvergleich bei Neuaufnahme von Produkten oder Varianten

- Engpaßbereinigung durch Zeitverschiebung
- Engpaßbereinigung durch Auftragsverlagerung

Abb.5.30. Ausgewählte Entscheidungssituationen für die Beispielrechnungen [5.61]

So war bspw. interessant zu erfahren, welche Kosten Aufträge mit Standardprodukten im Vergleich zu exotischen Varianten verursachen? Wie verändert
sich bei zunehmender Produktkomplexität oder einem zusätzlichen Auftrag der
Planungs- und Steuerungsaufwand in der Montage bzw. das Produktionsprogramm?

Auch die Frage, welche die wirtschaftlichste Steuerung bei einem auftretenden
Engpaß darstellt, soll beantwortet werden können.

Die im Modell computergestützt simulierbaren Entscheidungssituationen sind
in Abb. 5.30 dargestellt.

Entscheidungsunterstützung bei variierendem Produktionsprogramm ohne Engpaßsituation

Die nachfolgenden Simulationsbeispiele sind typische Anwendungsfälle einer
prozeßorientierten Kalkulation, wobei die Besonderheit darin besteht, daß die einer Kalkulation zugrundeliegenden Mengen und Zeiten (für direkte Kosten) und
Prozeßmengen (für indirekte Kosten) aus dem PPS-Modul bereitgestellt werden.

1. Stückkostenentwicklung aufgrund variierender Auftragsstückzahlen
Die Simulation dieser Fragestellung erforderte ein Auftragsprogramm von je einem Standardprodukt und einer Variante bei unterschiedlichen Stückzahlen (z.B.
500, 200, 100, 10, 1). Die prozeßorientierte Kalkulation hilft hierbei, die Fehler
traditioneller Zuschlagskalkulationen zu vermeiden. Somit lagen bei allen Auf-
tragsgrößen, wegen der weniger zeitaufwendigen Montageprozesse, die Stückkosten des Standardproduktes unter denen der Variante. Die Stückkosten bei
Kleinaufträgen sind aufgrund der auftragsbedingten Prozesse zwischen 30% und
60% höher als bei größeren Aufträgen (> 100 Stück).

Als praktische Reaktionen auf diese Kalkulationsergebnisse wären bspw. die
Ermittlung von (rentablen) Mindestauftragsgrößen oder Mindermengenauf-
schläge für Kleinaufträge denkbar.

2. Stückkostenentwicklung bei variierenden Kundenwünschen
Müssen ein Standardprodukt und eine Variante z.B. auf Kundenwusch konstruktiv abgeändert werden, sollten die zusätzlichen Planungs- und Kontrollprozesse
entsprechend in der Kalkulation berücksichtigt werden. Dies bedeutet jeweils
eine starke Erhöhung der Stückkosten, die durch die Kosten dieser zusätzlichen
Prozesse verursacht werden. In der Praxis kann der Neuentwicklungsaufwand
nicht vollständig auf den ersten Auftrag zugerechnet werden, wenn Folgeaufträge
denkbar sind. In einem solchen Fall sollten die zusätzlichen Kosten stück-
zahlorientiert umverteilt werden.

3. Gesamtkostenentwicklung bei zunehmender Variantenvielfalt
Das Ergebnis der Simulation war hierbei, daß eine kundenorientierte Montage
(kleinere Aufträge, höhere Typen- und Teilevielfalt) zu höheren Kosten in den
direkten Bereichen und zu einer verstärkten Ressourcenbelastung in den die
Montage unterstützenden, indirekten Bereichen führt. Bei Kleinaufträgen im

Vergleich zu Großaufträgen gleicher Produkte fallen mehr logistische (Transport, Teilebereitstellung) und planende/steuernde/überwachende (Kosten der Auftragsplanung und Qualitätssicherung) Kosten an. Auch eine Zunahme der Rüstkosten ist erkennbar.

Entscheidungsunterstützung bei Engpaßsituationen

Hierbei stehen die Probleme der Ablaufplanung im Vordergrund. Diese enstehen dann, wenn die Einlastung anhand der hinterlegten Arbeitspläne zu Kapazitätsengpässen an einem oder mehreren Arbeitsplätzen führt. Nachfolgend werden die Möglichkeiten des Montagesteuerers (basierend auf den Simulationsergebnissen) erörtert, welche Alternativen er bei Abweichung vom optimalen Montageverzug ergreifen kann. Das zugrundeliegende Modell kann dabei produktionswirtschaftliche Konsequenzen und entscheidungsrelevante Kostenveränderungen aufzeigen.

1. Engpaßbereinigung durch Zeitverschiebungen
Je nachdem, welche Regeln angewendet werden, sind unterschiedliche Kosten- und ablaufmäßige Konsequenzen zu erwarten:
   Bei Anwendung der KOZ-Regel . (Aufträge mit kürzerer Gesamtbearbeitungszeit werden bevorzugt) fallen z.B. zusätzliche Rüstkosten bei den unterbrochenen Aufträgen an. Dies verursacht auch zusätzliche indirekte Tätigkeiten (z.B. Materialtransport) und damit wieder zusätzliche Kosten. Die LOZ-Regel (Aufträge mit längerer Bearbeitungszeit werden bevorzugt) bringt z.B. erhebliche Durchlaufzeitzuwächse der zurückgestellten Aufträge, im Extremfall werden diese erst gar nicht bearbeitet bzw. immer weiter verschoben. Beim Simulations-Einsatz der Schlupfzeitregel (es wird jeweils der Arbeitsvorgang bevorzugt, der den früheren Starttermin besitzt) waren bei einfachen Produktionsprogrammen außer zusätzlichen Rüstkosten und wenig veränderter Prozeßkosten keine gravierenden Kostenabweichungen festzustellen.

2. Engpaßbereinigung durch Auftragsverlagerungen
Steht der Termingedanke im Vordergrund, besteht die Möglichkeit der Auslagerung von Arbeitsvorgängen auf Ausweicharbeitsplätze. Diese Möglichkeit ist im Modell mitberücksichtigt. Je nach Anwendung der verschiedenen Prioritätsregeln gibt es unterschiedliche Auswirkungen auf das Kostengerüst der simulierten Aufträge. Diese können z.B. aus zusätzlichen Rüstzeiten, längeren Bearbeitungszeiten oder anderen Arbeitsprozessen bei den Aufträgen mit unterschiedlicher Bearbeitungspriorität führen. Die verschiedenen Simulationsläufe brachten zum Ergebnis, daß der Wunsch nach weitergehender Termineinhaltung teurer ist, als eine Beibehaltung der kostengünstigsten Anlagenbelastung unter Vernachlässigung der Terminsituation.

3. Engpaßbereinigung durch Überstunden.
Abhängig von den Möglichkeiten die Kapazitäten kurzfristig durch Überstunden
zu erhöhen, entstehen zusätzliche Kosten für die betroffenen Aufträge in Höhe
von ca. 25% des ursprünglichen Stundensatzes je Produkt.

Kostenvergleich bei Neuaufnahme von Produkten oder Varianten

Ein wichtiger Problembereich der Montageplanung und -steuerung ist die Frage
nach den wirtschaftlichen und terminlichen Konsequenzen, die durch die Her-
einnahme eines eiligen Zusatzauftrages in ein bestehendes, geglättetes Produktionsprogramm enstehen. Die dabei entstehenden Engpässe können durch Zeitverschiebungen oder durch Auftragsverlagerungen behoben werden. Je nach
Anwendung der unterschiedlichen Prioritätsregeln des PPS-Moduls (KOZ, LOZ,
SZ) gibt es unterschiedliche Kostenkonsequenzen für die einzelnen Aufträge.
Will man z.B. Engpässe durch Auftragsverlagerungen unter Anwendung der
KOZ-Regel umgehen, so entstehen bei vollständiger Auslastung der automatischen Montageeinheiten zum einen längere Bearbeitungszeiten im manuellen
Teil, zum anderen höheren Kosten. In der Simulation wurde dabei deutlich, daß
die Bevorzugung von Kleinaufträgen auf Automatenstationen die größten Un-
wirtschaftlichkeiten im gesamten Produktionsprozeß hervorruft.

Zusammenfassung der Simulationsergebnisse

- Variantenabhängige Kosten fallen nicht nur im F+E-Bereich an, sondern auch
  in der Produktion und den sie unterstützenden indirekten Funktionsbereichen.
  Die notwendige verursachungsgerechte Kalkulation ist bei Anwendung von
  Prozeßkosten im Modell integriert.
- Bei Kapazitätsengpässen an manuellen Arbeitsstationen ist es häufig wirtschaftlicher, Kleinaufträge auf Automatenstationen zu verlagern, oder Überstunden einzuplanen.
- Die Anwendung der verschiedenen Prioritätsregeln bringen unterschiedliche
  Auswirkungen. Die KOZ-Regel bringt z.B. weniger Durchlaufzeitabweichun-
  gen, aber aufgrund von Arbeitsunterbrechnungen höhere Rüstzeiten und Prozeßmengen. Die LOZ-Regel verursacht dahingegen höhere Durchlaufzeiten und
  Bestandskosten. Die SZ-Regel bringt oft bessere Ergebnisse als die anderen
  beiden, jedoch ist deren praktische Anwendung nicht unproblematisch, da ein
  leistungsfähiges PPS-System erforderlich ist.
- Eine Zunahme der Kleinaufträge verursacht im Vergleich zu großen Aufträgen
  mit gleicher Stückzahl zwar nicht mehr direkte Kosten, jedoch fällt ein erheblicher Mehraufwand in den indirekten Bereichen an.
- Bei Integration des entwickelten prozeßorientierten Instrumentariums in bestehende PPS- und Kostenrechnungssysteme können vermutlich erhebliche
  Rationalisierungspotentiale erschlossen werden, da bis zu 10%ige Kostenabweichungen bei falscher Wahl der Steuerungsparameter möglich sind. Richtige
  Kosten- und Deckungsbeitragsinformationen vor Ort sind die wichtige Basis für

richtige kurzfristige und zukünftige Produktionsablauf-, Produktionsstruktur- und Produktentscheidungen.

5.2.6 Weiterentwicklungsansätze und -notwendigkeiten

Um ein Gesamtsystem der Montagekosten- und -erlösrechnung zu erhalten, stellen sich noch weitere Fragen (vgl. dazu die Ausführungen in Kap. 5.2.1).

So wurden mit Hilfe der Prozeßkostenrechnung wichtige Hinweise darüber erhalten, wie sich durch kurzfristige Ablaufentscheidungen Komplexität aufbaut und sich durch die dadurch entstehenden Kosten die Vorteilhaftigkeit einer Produktvariante unter wirtschaftlichen Gesichtspunkten gestaltet. Die Frage der zukünftigen Umsetzung eines wirtschaftlich vorteilhafteren Produktprogramms mit Unterstützung des Kostenmanagements bleibt noch zu beantworten. Notwendig ist hier, bereits in der Konstruktionsphase Gestaltungsalternativen für die Montageabläufe unter dem Kriterium später (also in der Montagephase) anfallender Kosten zu bewerten.

Im einzelnen stellen sich folgende Fragen und Weiterentwicklungsnotwendigkeiten:

- *Marktanforderungen in das Unternehmen transportieren*
  Wie können produktorientierte Kostenvorgaben des Marktes in frühen Phasen und detailliert für die Montage gemacht werden, und in welchem Zusammenhang stehen sie mit der Gestaltung des Montagesystems und den dort ablaufenden Montageprozessen sowie deren Kosten?
- *Frühzeitige Montagekostenschätzung und -gestaltung*
  Welche Verfahren unterstützen die Schätzung der Einzel- und Gemeinkosten der Montage bereits in frühen Phasen der Produktentwicklung?

- *Kontinuierliches Prozeßkostenmanagement*
  Welche Prozesse des Montagesystems sind in bezug auf ihr Kostenvolumen kritisch, und zu welchem Zeitpunkt sind sie beeinflußbar?
- *Konkurrenzinformationen nützen*
  Wie sind die Montageprozesse und die begleitenden Prozesse indirekter Bereiche im Vergleich zu jenen der Konkurrenz zu sehen, und welche Verbesserungsmaßnahmen zur Prozeßoptimierung bieten sich an?

Im Sinne eines strategischen Kostenmanagements, welches strategische Fragestellungen und deren Kostenunterstützung mehr in den Vordergrund rückt und das intern und operativ ausgerichtete Management Accounting abgelöst hat [5.66], ist die Einbeziehung obiger Forderungen Voraussetzung für ein erfolgreiches Kostenmanagement im Umfeld flexibler Montagesysteme.

Neben der Prozeßkostenrechnung, die ein wichtiges Modul des strategischen Kostenmanagement darstellt und oben in ihrer Wirkung dargestellt wurde, ist die

Integration des Target Costing, des Benchmarking und eines begleitenden Kostenforechecking notwendig.

Umsetzung von Target Costing und Kostenforechecking in der flexiblen Montage

Target Costing [5.67, 5.68, 5.69] ist eine aus Japan stammende Methodik des Kostenmanagements, bei der das Produkt im Mittelpunkt der Kostenplanung steht. Ausgehend von dem am Markt erzielbaren Preis, der vom Marketing oder dem Vertrieb ermittelt werden muß, werden Zielkosten abgeleitet. Diese können produktbezogen auf Produktfunktionen und Komponenten heruntergebrochen werden. Auf dieser Ebene muß ein unternehmensinterner „Knetprozeß" einsetzen, da die Zielkosten meist über den aktuellen Kosten im Unternehmen (Standardkosten) liegen. Ziel des Target Costing ist ein markgerechtes Produkt, daß den Kundenanforderungen bezüglich Preis und Produktfunktionen ent-spricht. Eine Umsetzung des Target Costing für die Montage erfordert eine mon-tagegerechte Zielkostenspaltung, d.h. die Montagekostenanteile des Produkte sind direkt von den Zielkosten abzuleiten, und entsprechen dann den zu real-isierenden Bereichskostenvorgaben für die Montage-bereiche. [5.57]

Eine frühzeitige Abschätzung der Montagekosten in den Phasen der Produktentwicklung ist begleitend zum Target Costing notwendig, um die Kostenvorgaben (Montage-Zielkosten) mit den jeweils aktuellen realisierbaren Kostenwerten (Montage-Standardkosten) abzugleichen und ggfs. weiterführende Maßnahmen einzuleiten. Dafür eignet sich die klassische Kostenrechnung nicht. Vielmehr müssen hier moderne Verfahren der kostengünstigen Konstruktion Anwendung finden, sollen die Kosten noch frühzeitig im Sinne eines Kostenforechecking gesamt- und lebenszyklusbezogen gestaltet werden. [5.70]

Die herkömmlichen quantitativen Verfahren der Kostenschätzung sind stark einzelkostenfixiert und somit für eine Schätzung der gesamten zu erwartenden Montagekosten untauglich. In zwei aktuellen Kostenschätzmodellen für frühe Produktentwicklungsstadien sind diese Mängel bereits erkannt und mit Hilfe komplexer DV-Programme Lösungen der Probleme realisiert [5.71, 5.72]. Der Marktfokus (Preiserwartungen der Kunden, Produktmerkmale, von der Montage aus Kundensicht zu erfüllende Funktionen des Produktes) wurde jedoch dabei nicht oder nur wenig berücksichtigt.

Als einfache, leicht verständliche und pflegbare Verfahren zur Montagekostenschätzung und -senkung eignen sie sich jedoch auch in Verbindung mit der Prozeßkostenrechnung (die eine Schätzung der Montagegemeinkosten auf Basis hinterlegter Montageprozesse erlaubt) die in Japan sehr häufig eingesetzten Cost Tables [5.73]. Diese zeigen die Kostenwirkungen unterschiedliche Produkt- und Produktherstellungsalternativen schnell und übersichtlich kostenmäßig auf.

Cost Tables können im Rahmen des Target Costing zwei wichtige Funktionen erfüllen:

Zum einen eignen sich sich hervorragend zur Kostenschätzung der zu erwartenden Montagekosten eines neuen Produktes, zum anderen geben sie wichtige Anregungen für Kostensenkungsmaßnahmen in der Montage.

Ein Beispiel für ein einfaches montagebezogenes Cost Table zeigt Abb. 5.31:

Produkt: Werkzeugmaschine
Tätigkeit: Einbau der Getriebeeinheit

Einbaualternativen	Manuelle Montage		Halbautomatische Montage		Vollautomatische Montage	
	Einzelmontage	Teammontage	Automatisierte Vormontage, manuelle Komplettierung		Flexible, computergesteuerte Zelle	
Anfallende Kosten für die Tätigkeit:			Eigener Standard	Technisch möglich	Eigener Standard	Technisch möglich
Personalkosten	250,–	225,-		140,--		80,-
Abschreibungen	45,–	50,–	zur Zeit im Unternehmen noch nicht möglich	155,--	zur Zeit im Unternehmen noch nicht möglich	195,–
AV-Kosten	75,–	90,–		110,--		125,–
QS-Kosten	65,–	65,-		50,-		30,-
Logistikkosten	75,–	70,-		60,-		55,-
Gesamtkosten	510,–	500,-		515,-		485,–

Abb.5.31. Cost Table für eine Montagetätigkeit

Mit Hilfe dieses Cost Tables können frühzeitig Kosten für verschiedene Montagealternativen im Rahmen des Target Costing geschätzt werden. Dies gilt sowohl für bereits realisierte Montagelösungen als auch für mögliche weitere technische Lösungen, die erst Investitionen oder Umstrukturierungen erfordern würden.

Umsetzung von Benchmarking in der flexiblen Montage

Konkurrenzinformationen lassen sich mit Unterstützung des Benchmarking auch montagebezogen nutzen [5.74]. Das Benchmarking verfolgt dabei die Zielsetzungen, Strategien, Funktionen oder Prozesse mit dem jeweiligen "best-practice"-Unternehmen in bzw. außerhalb der Branche zu vergleichen. [5.75]

Dabei wird aus Sicht des durchführenden Unternehmens die eigene Wettbewerbssituation ständig hinterfragt, potentielle Verbesserungen sind zu eruieren und erfolgsversprechende Neuerungen zu implementieren. Abb. 5.32 zeigt Ansatzpunkte für ein prozeßbezogenes Benchmarking in der Montage: Das vergleichende Unternehmen orientiert sich dabei am Branchen-führer oder den

Besten anderer Branchen. Nach Analyse der Ursachen für den Rückstand gegenüber den Besten werden von den Benchmarking bereibenden Unternehmen "close-the-gap"-Programme initiiert, um möglichst bald gleich-zuziehen bzw. die Besten zu überholen.

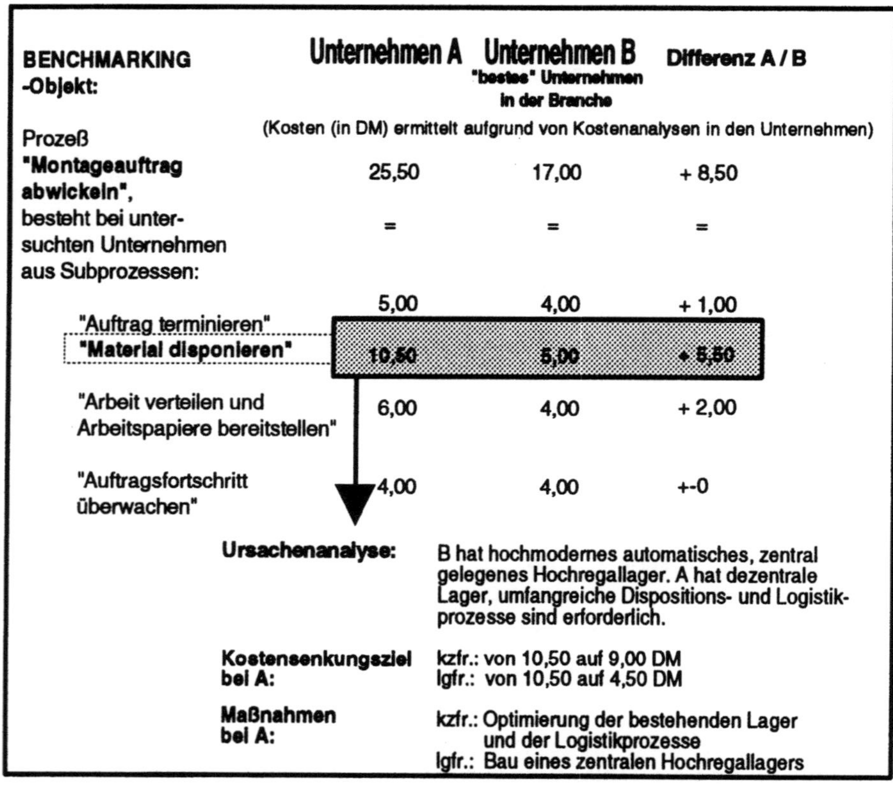

Abb.5.32. Benchmarking innerhalb der Branche bezogen auf Montageprozesse [5.57]

5.3 Literatur

5.1   Zahn, E.: Produktion als Wettbewerbskraft. In: Corsten, H. (Hrsg), Handbuch Produktionsmanagement, Wiesbaden 1994, S. 241-258.

5.2   Womack, J.P.; Jonas, D.T.; Roos, D.: The Machine that Changed the World, New York 1990, deutsche Ausgabe "Die zweite Revolution in der Automobilindustrie, Frankfurt/New York 1991.

5.3   Hayes, R.H.; Wheelwright, S.C.; Clark, K.B.: Dynamic Manufacturing - Creating the Learning Organization, New York, London 1988.

5.4   Foschiani, S.: Strategisches Produktionsmanagement: Ein Modellsystem zur Unterstützung produktionsstrategischer Entscheidungen, Frankfurt a.M. u.a. 1995.

5.5   Bunz, A.: Strategieunterstützungsmodelle für Montageplanungen: System Dynamics-Modelle zur Analyse und Gestaltung der Flexibilität von Montagesystemen, Frankfurt a.M. u.a. 1988.

5.6   Zahn, E.: Produktionsstrategie. In: Henzler, H. (Hrsg.): Handbuch Strategische Führung, Wiesbaden 1988, S. 515-542.

5.7   Bunz, A.; Hopfmann, L.: Simulationsmodelle vom Typ System Dynamics zur strategischen Planung flexibler Montagesysteme. In: Biethan, J.; Schimidt, B. (Hrsg.): Simulation als betriebliche Entscheidungshilfe, Berlin u.a., S. 213-224.

5.8   Zahn, E.; Bunz, A.; Hopfmann, L.: System Dynamics Models: A Tool for Strategic Planning of Flexible Assembly Systems. In: System Dynamics Review, 3, 1987, 2, S. 150-155.

5.9   Kaluza, B.: Flexibilität, betriebliche. In: Wittmann, W.; Kern, W.; Köhler, R. u.a. (Hrsg): Handwörterbuch der Betriebswirtschaftslehre, 5. Aufl., Stuttgart 1993, Sp. 1173-1184.

5.10   Jacob, H.: Unsicherheit und Flexibilität - Zur Theorie der Planung bei Unsicherheit. In: Zeitschrift für Betriebswirtschaft, 44, 1974, 5, S. 299-326.

5.11   Hopfmann, L.: Flexibilität im Produktionsbereich: ein dynamisches Modell zur Analyse und Bewertung von Flexibilitätspotentialen, Frankfurt a.M. u.a. 1988.

5.12   Zahn, E.; Foschiani, S.; Greschner, J.: Systeme zur Unterstützung der strategischen Planung von Produktionssystemen. In: VDI-Z, 134, 1992, 6, S. 32-39.

5.13   Zahn, E.; Dillerup, R.: Fabrikstrategien und -strukturen im Wandel. In: Zülch, G. (Hrsg.): Vereinfachen und Verkleinern: die neuen Strategien in der Produktion, Stuttgart 1994, S. 15-51.

5.14   Zahn, E.: Produktion als Wettbewerbskraft. In: Corsten, H. (Hrsg.): Handbuch Produktionsmanagement, Wiesbaden 1994, S. 241-258.

5.15   Blaxill, M.F.; Hout, Th.M.: Hersteller brauchen vor allem robuste Produktionsverfahren. In: HARVARDmanager, 14, 1992, 1, S. 84-93.

5.16   Mauthe, K.D.: Strategische Analyse, München 1984.

5.17   Kim, D.H.: The Link between Individual and Organizational Learning. In: Sloan Management Review, 1993, 3, S. 37-50.

5.18   Bower, G.H.; Hilgard, E.R.: Theorien des Lernens I, 5. Aufl., Stuttgart 1983.

5.19   Bower, G.H.; Hilgard, E.R.: Theorien des Lernens II, 3. Aufl., Stuttgart 1984.

5.20   Zahn, E.: Die strategische Renaissance des Unternehmens. In: Zahn, E. (Hrsg.): Fit machen für den Wettbewerb, Stuttgart 1993, S. 2-49.

5.21   Senge, P.M.: The Fifth Discipline - The Art and Practice of the Learning Organization, New York 1990.

5.22   Nonaka, I.: Wie japanische Konzerne Wissen erzeugen. In: HARVARDmanager, 14, 1992, 2, S. 95-103.

5.23   Pautzke, G.: Die Evolution der organisatorischen Wissensbasis, München 1989.

5.24   Argyris, C.; Schön, D.A.: Organizational Learning: A theory af action perspective, Reading, Menlo Park, London u.a. 1978.

5.25   Pawlowsky, P.: Betriebliche Qualifikationsstrategien und organisationales Lernen. In: Staehle, W.H.; Conrad, P. (Hrsg.): Managementforschung 2, Berlin, New York 1992, S. 177-238.

5.26   Barr, P.; Stimpert, J.L.; Huff, A.S.: Cognitive Change, Strategic Action, And Orgaizational Renewal. In: Strategic Management Journal, 13, 1992, S. 15-36.

5.27   de Geus, A.P.: Unternehmensplaner können Lernprozesse beschleunigen. In: HARVARDmanager, 11, 1989, 1, S. 28-34.

5.28   Dillerup, R.; Greschner, J.; Weidler, A.: Flexible Montagesysteme auf dem Prüfstand: Wirtschaftlichkeitsbeurteilung auf der Basis harter und weicher Entscheidungskriterien. In: Tagungsband zum Industriekolloquium 1994 des SFB 158 der DFG, S. 243 - 274.

5.29   Senge, P.M.: The Fifth Discipline - The Art and Practice of the Learning Organization, New York 1990.

5.30   Dörner, D.: Die Logik des Mißlingens, Reinbek 1989.

5.31   Morecroft, J.D.W.; Sterman, D. (Hrsg.): Modeling for Learning Organizations. Boston 1994.

5.32   Vennix, J.A.M.; Scheeper, W.J.: Modeling as Organizational Learning: An Empirical Perspective. In: Proceedings of the 1990 International Conference of the System Dynamics Society, Boston, S. 1199 - 1210.

5.33   Craemer, D.: Mathematisches Modellieren dynamischer Systeme. Stuttgart 1985.

5.34   Kuipers, B.: Qualitative Simulation. In: Artificial Intelligence, 29, 1986, 3, S. 89 - 328.

5.35   Harmon, D.; Maus, R.; Morrissey, W.: Expertensysteme: Werkzeuge und Anwendungen. München u.a. 1986.

5.36   Zahn, E.; Foschiani, S.; Kleinhans, A.M.: Strategieunterstützungsmodelle in der Produktion. In: Zahn, E. (Hrsg.): Organisationsstrategie und Produktion, München 1990, S.113 - 150.

5.37   Senge, P.M.: The Fifth Discipline - The Art and Practice of the Learning Organization, New York 1990.

5.38   Kim, D.: Total Quality and System Dynamics: Complementary Approaches to Organizational Learning. System Dynamics Group Workpaper D-4162, MIT, Sloan School of Management, Cambridge, Mass. 1990.

5.39   Zahn, E.; Foschiani, S.; Greschner, J.: Systeme zur strategischen Planung von Produktionssystemen. In: VDI-Zeitschrift, o. Jg., 1992, Nr. 6, S. 32 - 39.

5.40   Gould, J.M.:Artificial Intelligence: A Tool for System Dynamics. In: Proceedings of the 1985 International Conference of the System Dynamics Society, Keystone, Colorado, S. 317 - 330.

5.41   Aracil, J.; Toro, M.: Generic Qualitative Behavior of Elementary System Dynamics Structures. In: Proceedings of the 1989 International Conference of the System Dynamics Society, Stuttgart, S. 239 - 245.

5.42   Zahn, E.; Greschner, J.: Model-Based Planning for Strategic Management: An Integrated Simulation and Learning Toolkit. In: Zepeda, E.; Machuca J. A. D. (Hrsg.) The Role of Strategic Modelling in International Competitiveness, Cancun, Mex. 1993, S. 621 - 629.

5.43   Kilger, W.: Flexible Plankostenrechnung und Deckungsbeitragsrechnung, 10. Auflage, 1993.

5.44   Laßmann, G.: Aktuelle Probleme der Kosten- und Erlösrechnungg sowie des Jahresabschlusses bei weitgehend automatisierter Serienfertigung. In: ZfbF 36 (1984) 11, S. 959-978.

5.45   Dilts, D.M.: Accounting for the Factory of the Future. In: Management Accounting 10 (1984) 4, S. 34-40.

5.46   Riebel, P.: Einzelkosten- und Deckungsbeitragsrechnung, 5. Aufl., Wiesbaden 1985.

5.47   Horváth, P; Kleiner; F., Mayer, R.: Differenzierte Kosteninformationen zur Entscheidungsunterstützung in der flexiblen Montage. In: Kostenrechnungspraxis 30 (1986) 4, S. 133-139.

5.48   Horváth, P.; Kleiner, F.; Mayer, R.: Zweckneutrale Kostenerfassung in der flexiblen Montage mit Hilfe von Datenbanken. In: Kostenrechnungspraxis 31 (1987) 2, S. 93-104.

5.49   Horváth, P.; Mayer, R.: Zur Rolle der Kostenrechnung in einer computerunterstützen Produktion. In: Planung und Produktion 35 (1987) 12, S. 18-21.

5.50   Kleiner, F.: Kostenrechnung bei flexibler Automatisierung, München 1991.

5.51   Horváth,P.; Renner, A.: Prozeßkostenrechnung - Konzepte, Realisierungsschritte und erste Erfahrungen. In: FB/IE 39 (1990) 3, S. 100-107.

5.52   Horváth, P.; Mayer, R.: Prozeßkostenrechnung. In: Controlling 1 (1989) 4, S. 214-219.

5.53   Horváth, P.: Revolution im Rechnungswesen: Strategisches Kostenmanagement. In: Horváth, P. (Hrsg.), Strategieunterstützung durch das Controlling: Revolution im Rechnungswesen, Stuttgart 1990, S. 175-193.

5.54   Johnson, H.T.; Kaplan, R.S.: Relevance Lost - The Rise and Fall of Management Accounting, Boston, Massachusetts, 1987.

5.55   Franz, K.-P.: Die Prozeßkostenrechnung im Vergleich mit der Plankosten- und Deckungsbeitragsrechnung. In: Horváth, P., Strategieunterstützung durch das Controlling, Stuttgart, 1990, S. 195-204.

5.56   Horváth, P.; Gleich, R.; Lamla, J.: Kostenrechnung in flexiblen Montagesystemen bei hoher Variantenvielfalt. In: WISU 22 (1993) 3, S. 206-215.

5.57   Gleich, R.: Die Umsetzung von Target Costing in der Montage von Unternehmen der Antriebstechnik, Controlling-Forschungsbericht Nr. 36, Lehrstuhl Controlling der Universität Stuttgart, Stuttgart 1993.

5.58   Becker, P.; Knauss, D.; Vogel, A.: Einführung der Montageplanung im Maschinenbau - ein wichtiger Schritt zur Steigerung der Produktivität. In: AV 23 (1986), S. 122-124.

5.59   Ungeheur, U.; Kosmas, I.: Montagevorbereitung in der Einzel- und Kleinserienproduktion: In: AV 22 (1985) 4, S. 133-139.

5.60   Buck, H.; Gison-Höfling, T.; Rally, P.: Anforderungen an das Personal, seine Qualifikationen und die Arbeitsinhalte in der flexiblen Montage. In: Sonderforschungsbereich 158 "Die Montage im flexiblen Produktionsbetrieb", Tagungsband zum Kolloquium 1991, Stuttgart 1991, S. 173-214.

5.61   Renner, A.: Kostenorientierte Produktionssteuerung, München 1991.

5.62   IFUA Horváth & Partner: Prozeßkostenmanagement, München 1991.

5.63   Eidenmüller, B.: Neue Planungs- und Steuerungskonzepte bei flexibler Serienfertigung - dargestellt an Beispielen aus der Elektroindustrie. In: zfbf, 38 (1986) 7/8, S. 618-634.

5.64   Finkin, E.F.: Strategies for More Efficient Manufacturing Operations. In: The Journal of Business Strategy, 11 (1990) 5, S. 56-59.

5.65   Schweitzer, M.; Küpper, H.U.: Systeme der Kostenrechnung, 4. Auflage, Landsberg a.L., 1986.

5.66   Horváth, P.: Revolution im Rechnungswesen: Strategisches Kostenmanagement. In: Horváth, P. (Hrsg., 1990), Strategieunterstützung durch das Controlling: Revolution im Rechnungswesen?, Stuttgart 1990, S. 175-194.

5.67   Sakurai, M.: Target Costing and How to use it. In: Journal of Cost Management 3 (1989) 2, S. 39-50.

5.68   Seidenschwarz, W.: Target Costing, München 1993.

5.69   Horváth, P.: Target Costing, Stuttgart 1993.

5.70   Gleich, R.: Kostenforechecking. In: Controlling 6 (1994) 1, S. 48-50.

5.71   Hartmann, M.: Entwicklung eines Kostenmodells für die Montage, Aachen 1993.

5.72   Fischer, J.; Koch, R.; Schmidt-Faber, B.; Hauschulte, K.-B.: Gemeinkosten vermeiden durch entwicklungsbegleitende Prozeßkostenkalkulation - Ein Ansatz zur konstruktionssynchronen Prognose von Produktlebenszykluskosten. In: Horváth, P. (Hrsg., 1993), Marktnähe und Kosteneffizienz schaffen, Stuttgart 1993, S. 259-274.

5.73   Yoshikawa, T.; Innes, J.; Mitchell, F.: Cost Tables. A Foundation of Japanese Cost Management. In: Journal of Cost Management (1990) Fall, S. 30-36.

5.74   Lamla, J.: Umsetzung des Benchmarking in der Antriebstechnikbranche, Forschungsbericht des Lehrstuhls Controlling der Universität Stuttgart, Stuttgart 1993.

5.75   Horváth, P.; Herter, R.: Benchmarking. In: Controlling 4 (1992) 1, S. 4-11.

5.4 Autoren

Teil C. Erfahrungen mit den entwickelten Technologien

1 Zusammenwirken der technischen Komponenten in einer Pilotanlage

Das Ziel bei der Entwicklung von flexiblen Montagesystemen ist es, eine hohe Auslastung und Verfügbarkeit bei einem möglichst großen Produktspektrum zu erreichen. Die Auslastung ist hierbei abhängig von der effektiv genutzten und potentiellen Kapazität des Systems. Um eine hohe Auslastung bei größeren Arbeitsinhalten und steigender Anzahl der Produktvarianten zu erhalten, müssen mehrere Montagevorgänge bereitgestellt werden.

Die Probleme in der Montage, die sich aus kleinen Stückzahlen bei großem Variantenspektrum, hoher Produktvielfalt und komplexen Fügebewegungen ergeben, können durch den Einsatz von Industrierobotern bewältigt werden. In zunehmendem Maße werden Industrieroboter daher in flexiblen Montagesystemen eingesetzt, die als Einzelsysteme, wie Insel- oder Zellenlösungen, oder in Montagelinien, d.h. verketteten Gesamtsystemen realisiert sind. In den folgenden Beispielen wird das Zusammenwirken von Einzelsystemen, die für unterschiedliche Produktspektren oder Aufgabenbereiche ausgelegt sind, in dem Gesamtsystem einer Pilotanlage dargestellt.

1.1 Werkstücke und Materialfluß

In einer Pilotanlage, die im Rahmen des Sonderforschungsbereichs 158 aufgebaut wurde, werden unterschiedlichste Produkte von kleinen, mittelständischen und großen Unternehmen exemplarisch untersucht und bearbeitet. Das Werkstückspektrum reicht hierbei von komplexen mechanischen, feingliedrigen Produkten mit engsten Fügetoleranzen bis hin zu Großserienbauteilen mit höchsten Qualitätsanforderungen. Die Produkte durchlaufen die vier Hauptbereiche der Pilotanlage, Montagezelle MAX, Schneckengetriebemontagezelle, Ordnungszelle und Prüfzelle, wie in Abbildung 1.1 dargestellt. Diese vier Bereiche und der Montageablauf der Produkte werden im weiteren näher erläutert.

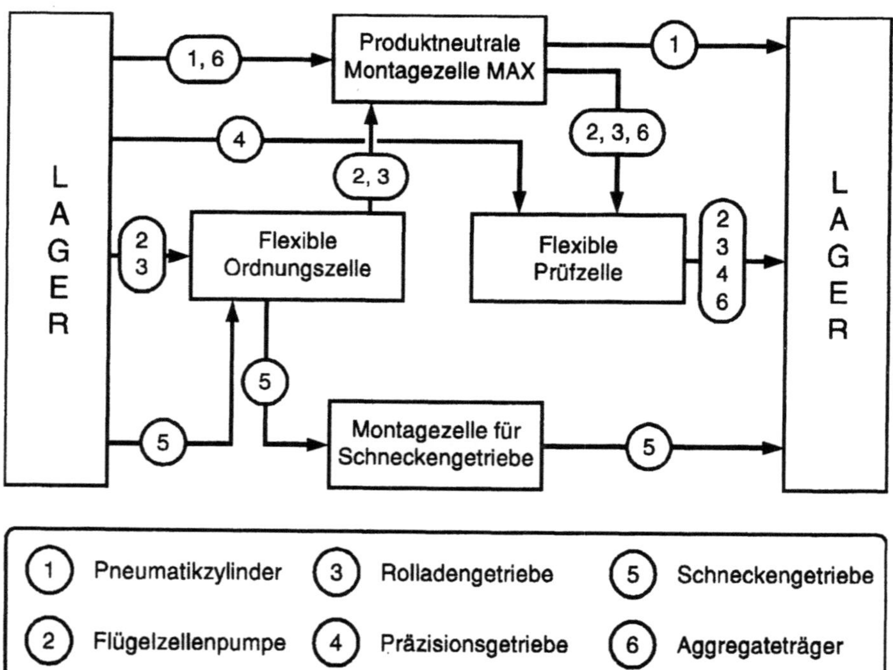

Abb.1.1. Werkstücke und Materialfluß in der Pilotanlage

Pneumatikzylinder. Die Pneumatikzylinder werden am Kommissionierplatz in sechs Werkstückaufnahmen mit je drei Einzelaufnahmen auf der Palette eingesetzt. Anschließend erfolgt der Transport der Palette durch ein fahrerloses Transportsystem (FTS) zur Bandanlage der Montagezelle MAX. Hier erfolgt das Umsetzen von jeweils drei Zylindern auf einen Werkstückträger. In jeden Zylinder werden zwei Nippel in der Montagestation eingeschraubt. Im zweiten Arbeitsgang werden auf die Nippel die vorkonfektionierten Schlauchstücke gefügt. Die korrekte Lage der Schläuche wird in der Prüfzelle überprüft und die komplett montierten Zylinder werden zum weiteren auf die Palette umgeladen.

Flügelzellenpumpe. Die Gehäuse der Flügelzellenpumpen werden vormontiert mit Wellendichtring und O-Ringen zu je vier Stück auf einer Palette in die Wellenkomplettierungszelle transportiert. Hier werden die Wellen mit Lager und Sicherungsring komplettiert und in das Pumpengehäuse eingesetzt. Die Pumpen werden nach dem Transport zur Bandanlage auf Werkstückträger umgesetzt und nach der Ventilvormontage gemeinsam mit dem auf dem Werkstückträger eingesetzten Ventilkörper zur Prüfstation weitergeleitet. Dort werden die Anwesenheit der O-Ringe und eventuelle Beschädigungen der Oberfläche der Ventilpaßflächen festgestellt. Bei positivem Prüfergebnis wird das Ventil komplett in das Pumpengehäuse montiert. Die Pumpe wird je nach Variante vor oder nach der Ventilmontage gewendet, so daß die Antriebsseite nach oben zu liegen kommt und das Drehmoment im zweiten Prüfgang kontrolliert werden kann. Die so montierten Pumpen gehen zum Kommissionierplatz, wo die Betriebsdatenerfassung (BDE) über eventuelle Nacharbeit informiert.

Rolladengetriebe. Die Rolladengetriebe werden als konstruktiv einfache, mit hohen Toleranzen behaftete, kostengünstige Planetengetriebe für elektrische Rolladenantriebe eingesetzt, da für diese Anwendung eine hohe Untersetzung und eine koaxiale Bauweise gefordert werden. Die in der Montagezelle MAX montierte Getriebeart umfaßt zwei Typen mit je drei Varianten. Die durchgeführten Montagevorgänge betreffen ausschließlich das axiale Fügen von Zahnrädern, wobei diese Fügevorgänge durch Mehrstellenkontakt erschwert werden.

Präzisionsgetriebe. Eine andere Bauform von Planetengetrieben stellt das Präzisionsgetriebe dar. Diese hochpräzisen, spielarmen Industriegetriebe werden in geringen Stückzahlen bisher ausschließlich manuell montiert. Einen sehr zeitaufwendigen Vorgang stellt bei dieser Montage das Läppen der Zahnräder im zusammengebauten Zustand dar. Das entwickelte Toleranzmodell ermöglicht eine Verringerung der Montagezeit um bis zu 50 Prozent. Einen abschließenden Meßvorgang zur Überprüfung des Umkehrspiels führt die flexible Prüfzelle aus.

Schneckengetriebe. Die Einzelteile der Schneckengetriebe werden in der Ordnungszelle auf Paletten bereitgestellt und mit dem FTS zu Montagezelle für Schneckengetriebe transportiert. Die Schneckengetriebe müssen, im Gegensatz zu den bereits genannten Getriebearten, bei der Montage justiert werden. Mit Hilfe von Paßscheiben wird die axiale Lage der Getriebewellen zueinander sowie deren axiales Spiel eingestellt, um ein optimales Tragbild zu erhalten. Dabei wird eine spezielle Justagestrategie angewendet. Die Getriebe werden in drei Baugrößen und jeweils drei Varianten komplett automatisch montiert. Durch eine Änderung der Produktkonstruktion wurde es möglich, das Justagemaß bei teilmontierten Getrieben zu ermitteln. Damit konnten redundante Handhabungsvorgänge eingespart werden. Weitere Schwerpunkte lagen bei der Entwicklung von Strategien zum automatisierten Einkämmen von Verzahnungen und bei der Entwicklung neuer Greifersysteme. Dabei konnten mit Hilfe eines neu entwickelten flexiblen Drehbackengreifers die Montagezeiten bei der Schneckengetriebemontage erheblich verringert werden.

Aggregateträger. Der neu entwickelte Aggregateträger ist aus zwei Blechhalbschalen zusammengesetzt und dient zur Aufnahme von Bauteilen für eine PKW-Fahrzeugtür. Die beiden Blechschalen aus AlMg5Mn werden bei einer Vordertür mit 39 Druckfügeverbindungen und bei einer Hintertür mit 32 Druckfügeverbindungen zu einem Hohlkörper verbunden. Bei der Fertigung von weit über 1000 Fahrzeugen pro Tag führt die technisch problemlose Anwendung der Druckfügetechnik nicht nur zu einem Investitionsvorteil gegenüber herkömmlichen Verbindungstechniken, sondern auch zu einer erheblichen Energieeinsparung im Vergleich zum Widerstandspunktschweißen.

1.2 Ordnungszelle

Die Ordnungszelle nimmt innerhalb der Pilotanlage eine zentrale Stellung ein. Die aus der Fertigung angelieferten Werkstücke werden als Schüttgut oder in teilgeordnetem Zustand in Behältern angeliefert.

Entsprechend dem generierten Auftrag durch das Produktionsplanungssystem stellt die Ordnungszelle eine Kommission der Werkstücke zusammen. Die Werkstücke werden dabei montagegerecht, d.h. in Lage und Orientierung ausgerichteten Positionen auf den Werkstückträgern bereitgestellt. Abbildung 1.2 zeigt den Industrieroboter bei der Bestückung eines Werkstückträgers für Planetengetriebe. Dieser Werkstückträger kann die Bauteile zweier Getriebe aufnehmen. Er ist werkstückneutral ausgelegt und kann so mit allen Getriebevarianten bestückt werden. Dies vereinfacht einerseits den logistischen Aufwand, andererseits fordert es ein exaktes Ablegen der Werkstücke, die über eine Adhäsionsfolie in ihrer Lage und Orientierung auf dem Werkstückträger fixiert werden.

Abb.1.2. Bestückung eines Werkstückträgers

Der Werkstückträger für das Schneckengetriebe ist formatspezifisch ausgelegt. Hier werden die Gehäuseteile des Getriebes durch die Ordnungszelle definiert bereitgestellt und der Montagezelle über ein fahrerloses Transportsystem (FTS) zugeführt.

Durch die unmittelbar vorgelagerte Ordnungs- und Kommissionierzelle werden die Montagezellen von Bereitstellungsarbeiten befreit. Darüberhinaus erlaubt die funktionsredundante Auslegung der Montagezellen bei stark schwankender Produktnachfrage eine optimale Kapazitätsauslastung. Die Ordnungszelle beliefert entsprechend dem Prozeßzustand ereignisgesteuert die Montagezellen.

Abbildung 1.3 zeigt die materialfluß- und informationsflußtechnische Integration der Ordnungszelle innerhalb der Pilotanlage.

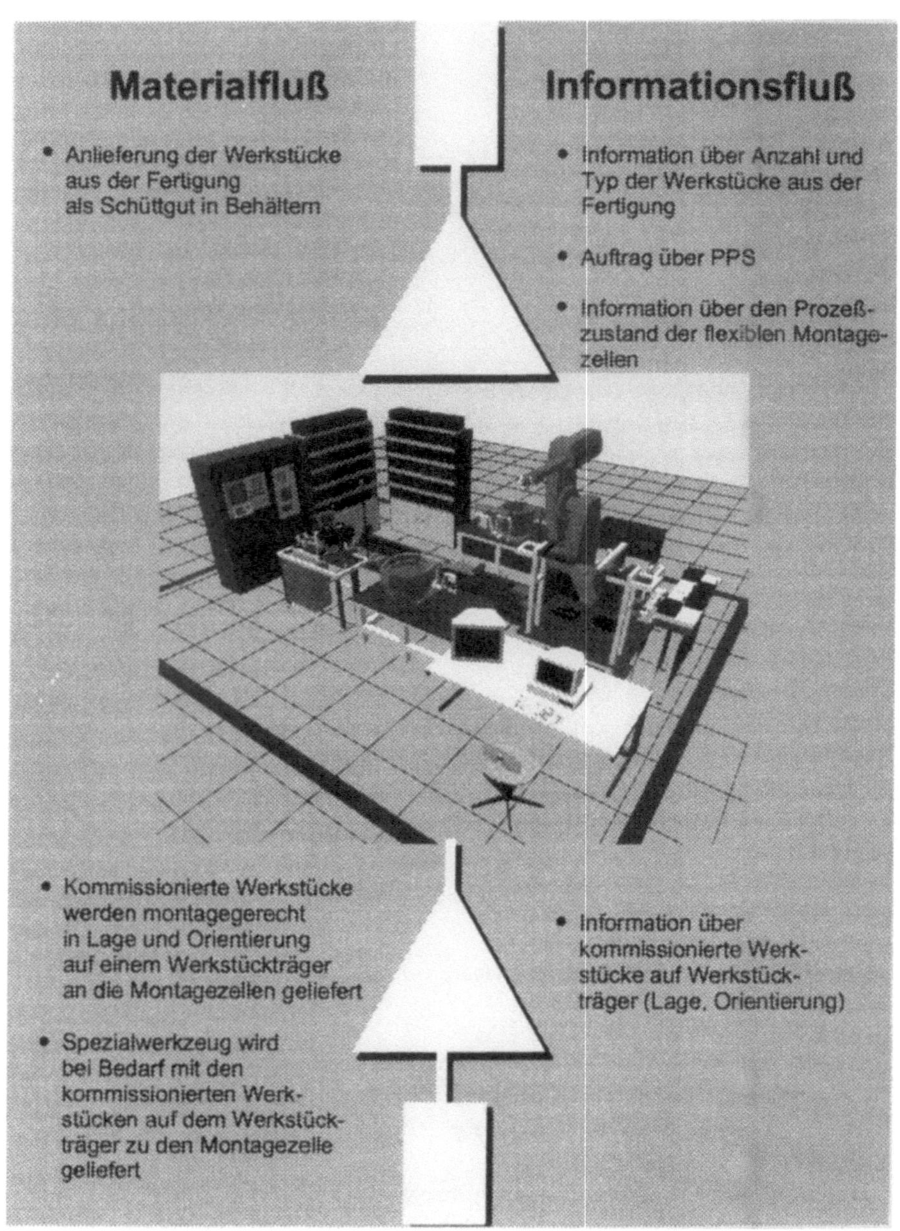

Abb.1.3. Integration der Ordnungszelle innerhalb der Pilotanlage

1.3 Produktneutrale Montagezelle MAX

In der Montagezelle MAX (**Modular Assembly Example**) sind die Technologien Druckfügen, Einpressen, Schrauben, Fügen mit Mehrstellenkontakt, Hand-in-Hand-Montage sowie unterschiedlichste Teilebereitstellungs- und Handhabungsvorgänge mit Industrierobotern realisiert (Abb. 1.4). Ein an einer siebten Achse installierter Knickarmroboter kann mit den vier anderen, in der Montagezelle integrierten Industrierobotern, redundante Montageaufgaben erfüllen und als alternatives Materialflußsystem zu den auf der Doppelgurt-Bandanlage frei verfahrenden Werkstückträgern eingesetzt werden. Es besteht somit die Möglichkeit, Qualitäts-, Logistik- und Steuerungskonzepte der Zellensteuerung mit redundanten Systemen in überlappenden Arbeitsräumen zu testen. Darüber hinaus ist eine dynamisch modellierte Off-line-Programmierumgebung integriert, die bei neuen Produktvarianten oder Störfällen neue Roboterprogramme generiert, welche dann von der Zellensteuerung zur Auftragsdurchsetzung genutzt werden können.

Abb.1.4. Produktneutrale Montagezelle MAX (**Modular Assembly Example**)

In den folgenden Abschnitten wird die Aufteilung der Gesamtzelle in einzelne Teilzellen und deren Aufgabe innerhalb des Gesamtsystems beschrieben.

- Teilzelle 1: Zu dieser Teilzelle gehört die Anbindung an den externen Materialfluß. In dieser Teilzelle werden Flügelzellenpumpen, Planetengetriebe und O-Ringe montiert.
- Teilzelle 2: Diese Teilzelle dient zum Einpressen von Kegel- und Zylinderrollenlagern auf Getriebewellen.
- Teilzelle 3: Hier werden der Aggregateträger einer PKW-Hintertür und als Off-line-Beispiel Tangrams druckgefügt. Ein flexibles Vorrichtungssystem kann in dieser Teilzelle konfiguriert werden.
- Teilzelle 4: Der in dieser Teilzelle integrierte Roboter ist überkopf an einer Linearachse aufgehängt. Diese Teilzelle wird im zelleninternen Materialfluß eingesetzt und transportiert die vom FTS in der Teilzelle 1 angelieferten Paletten zu den Montageteilzellen innerhalb des Systems. Die Teile für die Off-line Anwendung Tangram können von dieser Teilzelle gelegt werden. Außerdem kann auch das Vorrichtungssystem konfiguriert, Aggregateträger eingelegt und gespannt werden. Als weitere Off-line Anwendung ist in die Zelle eine *Autogrammwand* integriert. Hierzu wird eine beliebige Unterschrift mittels eines Digitizerboardes digitalisiert, das die genaue Position des Stiftes in konstanten Zeitschritten ermittelt. Hieraus wird dann ein Roboterprogramm generiert, mit dem die Unterschrift an die Autogrammwand gezeichnet wird.
- Teilzelle 5: Diese Teilzelle ist eine reine Materialflußzelle. Sie besteht aus einem Doppelgurtband im Nebenschluß, auf dem codierte Werkstückträger umlaufen.

In den folgenden Abschnitten werden die einzelnen, in die Montagezelle integrierten Montageeinrichtungen und ihre Anforderungen an den Zellenrechner kurz beschrieben.

Beim Druckfügen handelt es sich um ein Verfahren aus dem Bereich *Durchsetzfügen*. Mit dem Druckfügen nach DIN 8593 ist es möglich, kostengünstig Blechverbindungen ohne Fügehilfsteile herzustellen. Durch einen lokalen Umformvorgang an der Fügestelle entsteht eine kraft- und formschlüssige Verbindung. Verschiedene Fügematerialien und verschiedene Materialstärken erfordern eine freiprogrammierbare Fügekraft und verschiedene Werkzeugeinsätze in der Zange. Die Werkzeugeinsätze können automatisch in einer Art Werkzeugbahnhof gewechselt werden. Die Auswahl des Werkzeugeinsatzes und die Bestimmung der Fügeparameter (Fügekraft, Fügegeschwindigkeit und Fügedauer) werden der Werkzeugsteuerung durch den Zellenrechner vorgeschrieben. Die im Werkzeug integrierte Sensorik übermittelt dem Zellenrechner alle relevanten Prozeßdaten. Dieser kann somit die Fügequalität kontrollieren und gegebenenfalls die Fügeparameter variieren.

Der Entwicklungschwerpunkt in der Werkzeugregelung ist die Integration von Regelkreisen auf Prozeß- und Roboterebene. Die auf der Werkzeugebene durch Auswertung der integrierten Sensorik entstehenden Prozeßdaten, z.B. der Kraft-

Weg-, bzw. der Kraft-Zeit-Verlauf des Werkzeuges, werden bei jedem Montage-
schritt während der Herstellung eines einzelnen Fügeelements vom Werkzeug als
Prozeßinformationen an den Regelkreis des zugeordneten Steuerungsbausteins
gesendet. Dieser verarbeitet die Daten und zieht Rückschlüsse für die sich daraus
ergebenden Einflußparameter auf die Fügequalität. Regelnde Eingriffe, die ggf.
erforderlich sind lassen sich in zwei Klassen unterteilen:

- Prozeßregelung auf Werkzeugebene:
  Darunter versteht man Regelungsvorgänge, die während des Fügeprozesses
  bzw. für das Durchsetzfügen zwischen zwei Montageschritten erfolgen. Bei-
  spielsweise kann die Annäherung des Kraft-Weg-Verlaufs an
  Toleranzgrenzen über diesen Parameter beim ersten Druckfügevorgang eine
  Veränderung des Stempelhubes für den zweiten Druckfügevorgang bewirken.
- Hierarchieübergreifende Prozeßregelung:
  Können qualitätsrelevante Parameter nicht auf der selben Ebene beeinflußt
  werden, auf der ihre Ausprägungen auftreten, so erfolgt eine Rückmeldung an
  die nächsthöhere Ebene.

Ist zum Beispiel eine Annäherung an die Toleranzgrenzen des Kraft-Weg-
Verlaufs durch die Veränderung des Werkzeughubs nicht mehr zu erreichen, so
muß dieses frühzeitig an die übergeodnete Steuerungsebene gemeldet werden.
Ein eventuell erforderlicher Werkzeugwechsel wird hier als Prozeßverbesse-
rungsmaßnahme veranlaßt, die die Auftragsgenerierung durch die Ergänzung der
entsprechenden Teilverrichtung im Auftrag für den Roboter erzeugt. Somit werden alle Teilaufträge an die aktuellen Montagezustände angepaßt.

Für die Fügetechnologie *Einpressen* wurde ein freiprogrammierbares, comput-
ergesteuertes Roboterwerkzeug mit einem pneumatischem Schlaghammer entwickelt und in die Montagezelle integriert. Die Schlagkraft, die Schlagfrequenz
und somit die Schlagleistung können durch den Zellenrechner vorgegeben werden. Auch die Einpreßtiefe kann vorgegeben werden. Wie bereits beim
Druckfügen werden alle prozeßbestimmenden Daten erfaßt und dem Steuerungsbaustein übermittelt. Dieser kann dann wiederum die Fügeparameter variieren
um den Fügeprozeß an die Toleranzgrenzen anzupassen.

Das Montagesystem MAX wurde in einer CAD-Umgebung modelliert. In dieser Umgebung können Arbeitsabläufe in der Montagezelle formuliert und auf
Kollisionsfreiheit überprüft werden. Anschließend werden aus den Daten automatisch Off-line Programme erstellt und über ein LAN dem Zellenleitrechner
eingelastet. Der Zeitpunkt der Einlastung und die benötigten Teilzellen sind
dabei der Zellensteuerung nicht bekannt. Ebenso ist die Auftragsbearbeitungs-
dauer und der Auftragsumfang nicht bekannt oder vorhersehbar. Aus diesen
Gründen ist eine Vorplanung nicht möglich.

Um Werkstücke für den Montagevorgang definiert fixieren zu können, wurde
in das Montagesystem ein flexibles Vorrichtungssystem integriert. Die verwendeten Baukastenelemente können mit einem Schraubwerkzeug mit integrierter
Greifeinrichtung unter Verwendung eines Industrieroboters frei auf einer T-
Nuten Grundplatte positioniert und verdreht werden. Desweiteren sind die Ele-

mente an ihrer Oberseite mit einer T-Nut versehen, um die Möglichkeit zu erhalten, die Elemente zu stapeln und damit höhere Vorrichtungen zu erhalten. Das Befestigen der Elemente in der T-Nute, die Höheneinstellung des Spannprismas, und das Spannen erfolgt mittels des programmierbaren Industrieschraubers mit eigener Schraubersteuerung. Der Zellenrechner muß den genauen Ort und Ausrichtung der Elemente kennen und verwalten, um, an den jeweiligen Montageauftrag angepaßt, die richtige Vorrichtungskonfiguration aufzubauen.

Unter Ausnutzung der überlappenden Arbeitsräume einzelner Teilzellen, wurde zur Verbesserung der Taktzeiten und damit der Auftragsdurchsetzung die Hand-in-Hand-Montage integriert. Ein wesentlicher Vorteil besteht darin, daß durch die gleichzeitige Bearbeitung mit mehreren Robotern häufige Greiferwechsel vermieden werden. Im folgenden werden die einzelnen Hand-in-Hand Anwendungen beschrieben.

- Wellenmontage: Der Roboter der Teilzelle 4 greift die zu montierende Welle von einer Palette und transportiert sie zur Teilzelle 2. Nachdem er sie in die Montageposition gebracht hat, werden die Lager durch den Roboter der Teilzelle 2 aufgepreßt. Anschließend lagert der Roboter der Teilzelle 4 die gefügte Welle wieder aus.
- Off-line Beispiel Tangram: Der Roboter der Teilzelle 4 holt die einzelnen Tangramteile und legt sie auf einer Grundplatte ab. Während er die Distanz zwischen Materiallagerungsort und Fügeort zurücklegt, fügt der Roboter der Teilzelle 3 das zuletzt gebrachte Teil.
- Aggregateträger: Der Roboter der Teilzelle 4 konfiguriert das Vorrichtungssystem, legt den Aggregateträger ein und spannt diesen. Nach dem Fügen des Aggregateträgers durch die Teilzelle 3 wird die Vorrichtung wiederum durch den Roboter der Teilzelle 4 geöffnet und der fertig gefügte Aggregateträger ausgelagert.

Entsprechend der Beschreibung der einzelnen Teilzellen, ist nicht nur eine Hand-in-Hand-Montage möglich, sondern die Überlappung ermöglicht wegen des einheitlichen Werkzeugwechselsystems mit Belegungsumschaltung der Ein- und Ausgänge auch die alternative Ausführung einer Teilverrichtung durch verschiedene Teilzellen. Bei der Übergabe der Werkzeuge von einer Teilzelle an eine andere wird auch die logische Kontrolle der Werkzeuge übergeben. Im folgenden werden einige Beispiele für das alternative Bearbeiten und das gemeinsame Nutzen der Werkzeuge zwischen einzelnen Teilzellen beschrieben:

- Handhabung der Paletten: Der zur Handhabung der Paletten benötigten Palettengreifer wird sowohl von der Teilzelle 1 zum Ein- und Auslagern der Paletten benötigt, wie auch von der Teilzelle 4 um die Paletten an ihren Bestimmungsort zu transportieren (Abb 1.5).
- Konfigurieren, Spannen und Öffnen des Vorrichtungssystems: Alternativ zur Teilzelle 4 kann die Teilzelle 3 auch selbst das Vorrichtungssystem bedienen. Das hierfür benötigte Schraubwerkzeug ist zwei Teilzellen zugeordnet. Vor der Ausführung durch eine dieser Teilzellen wird von der Auftragsgenerierung geprüft, welche der beiden Ausführungsalternativen zum gegebenen

Zeitpunkt die bessere ist. Dementsprechend wird das Werkzeug dann dieser Teilzelle zugeordnet.

Abb.1.5. Handhabung der Paletten

1.4 Flexible Montagezelle für Schneckengetriebe

Das Ziel bei der flexiblen Automatisierung komplexer Montageaufgaben ist es, Anlagen und Komponenten mit hoher Produktivität und Wirtschaftlichkeit zu entwickeln. Dazu müssen Montage-, Justage- und Prüfaufgaben in einer Anlage so aufeinander abgestimmt werden, daß möglichst wenige Handhabungsvorgänge zur Komplettmontage eines Produktes ausreichen, um kleine Taktzeiten und hohen Durchsatz zu erreichen. Eine wichtige Voraussetzung ist dabei auch die montagegerechte Produktkonstruktion.

In einer Montagezelle zur Komplettmontage von Schneckengetrieben, die gemeinsam von drei Teilprojekten im Rahmen des Sonderforschungsbereichs 158 entwickelt wurde, konnten verschiedene Konzepte und flexible Werkzeuge zur automatisierten Montage und Justage von Schneckengetrieben erprobt werden (Abb. 1.6).

Abb.1.6. Flexibel automatisierte Montagezelle für Schneckengetriebe

Das Ziel war es, eine flexible Roboterarbeitsstation zu entwickeln und aufzubauen, mit der mehrere Varianten eines Schneckengetriebes montiert und im montierten Zustand justiert werden können. Dabei stand die Forderung nach kurzen Taktzeiten, die bei flexiblen Montagezellen bisher meist nicht erreicht werden, im Mittelpunkt der Forschungsarbeiten.

Bei automatisierten Montageabläufen müssen redundante Handhabungs- und Fügevorgänge vermieden werden, um kurze Taktzeiten und damit den wirtschaftlichen Betrieb einer Anlage sicherzustellen. Schneckengetriebe werden bisher bei der manuellen Montage zur Justage tuschiert, montiert, auf einem

Prüfstand durchgedreht und danach wieder demontiert, um über die Lage der in
der Tusche abgebildeten Kontaktfläche das Justagemaß für ein optimales Tragbild zu bestimmen. Bei diesem Vorgehen wird das Getriebe mehrfach montiert
und demontiert. Die damit entstehenden redundanten Handhabungs- und Montagevorgänge können vermieden werden, indem das Getriebe im montierten
Zustand justiert wird. Hierfür wurde die Konstruktion des Getriebes angepaßt
und ein robotergeführtes Justagewerkzeug entwickelt, bei dem mit Hilfe eines
programmierbaren Laser-Triangulationssensors hohe Einstellgenauigkeiten
erzielt werden können.

Verbesserte Strategien und Werkzeuge in drei Zentralbereichender Schneckengetriebemontage (Tabelle 1.1) führen zu höherer Wirtschaftlichkeit und hoher
Produktivität.

Tabelle 1.1. Wichtige Ziele, Maßnahmen und deren Realisierung bei der flexibel automatisierten Montage und Justage von Schneckengetrieben.

Bereich	*Ziel*	*Maßnahme*	*Realisierung*
Montage- und Greifwerkzeuge	Verkürzen der Taktzeiten	Wechselzeiten vermeiden	Flexible Werkzeuge mit hoher Funktions-integration *(Teil B, Kap. 1.3)*
		Einstellzeiten für Werkzeuge parallel zu Handhabungszeiten	Flexible Werkzeuge mit dezentraler Steuerung *(Teil B, Kap. 1.1 und Kap. 1.3)*
Fügen von Verzahnungen	Verringern des Bereitstellungs-aufwands	Ermitteln der Zahn-orientierung während der Montage	Einsatz von berüh-rungslos und taktil messenden Sensoren *(Teil B, Kap. 1.4.3)*
Justage für optimales Tragbild	Verringern redundanter Handhabungs-vorgänge	Justage des Getriebes im montierten Zustand	Änderung der Produktkonstruktion
	Senken der Kosten für Peripherie-komponenten	Nutzung der vorhandenen Roboterflexibilität	Robotergeführtes Justagewerkzeug *(Teil B, Kap. 3.2.2)*
		Vermieden von Wechsel- und Anpaßzeiten für Meßsysteme	Programmierbarer Lasertriangulations-sensor *(Teil B, Kap. 3.4.4)*

Eine hohe Funktionsintegration bei Montagewerkzeugen und Greifern sowie die volle Nutzung der Flexibilität eines Industrieroboters können Peripheriekosten erheblich verringern. Zusätzlich verringert sich dadurch die Anzahl der Werkstückübergaben und Handhabungsvorgänge.

Bei der Montage von Schneckengetrieben können die Wechselzeiten für Montagewerkzeuge und Greifer bis zu 30 Prozent der Taktzeit verursachen. Durch Einsatz von flexiblen Montagewerkzeugen, die sich durch hohe Funktionsintegration auszeichnen, vermindern sich die Einstell- und Wechselzeiten erheblich.

Die Schneckengetriebe können in drei unterschiedlichen Größen und in jeweils drei unterschiedlichen Varianten montiert werden. Der prinzipielle Aufbau und die Einzelteile der Getriebe sind in Abb. 1.7 dargestellt.

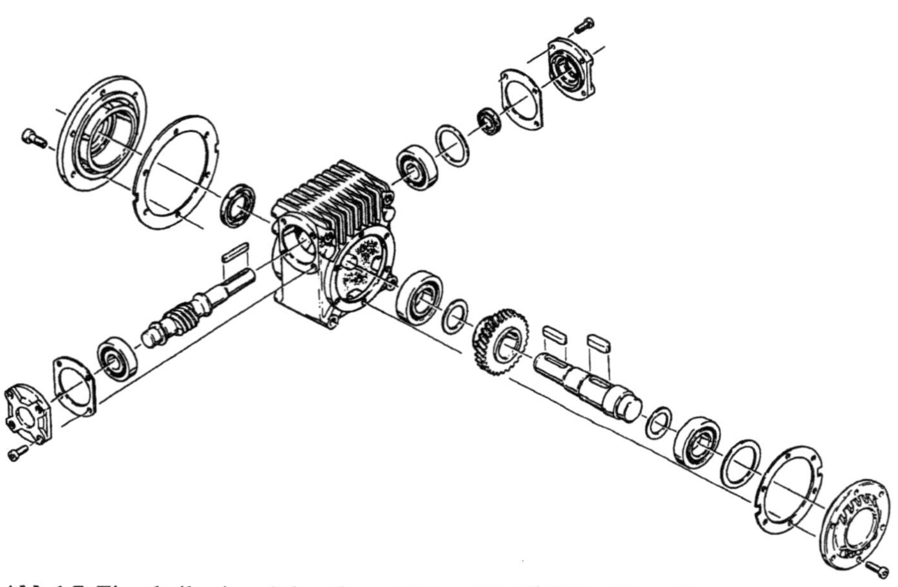

Abb.1.7. Einzelteile eines Schneckengetriebes (Werkbild der Firma Lenze)

Es wird davon ausgegangen, daß sämtliche Getriebeteile und Baugruppen vorkommissioniert auf einer Palette pro Getriebe in die Montagezelle eingebracht werden (Abb 1.8). Schneckenwelle und Schneckenradwelle sind bereits vormontiert, d.h. die Lager oder Lagerringe sowie das Schneckenrad sind auf die Wellen aufgepreßt. Die Lagerdeckel werden ebenfalls mit bereits vormontierten O-Ringdichtungen angeliefert. Kleinteile wie Schrauben und Sicherungsringe unterschiedlicher Größen können aus Kleinteilemagazinen in der Peripherie der Roboterstation entnommen werden.

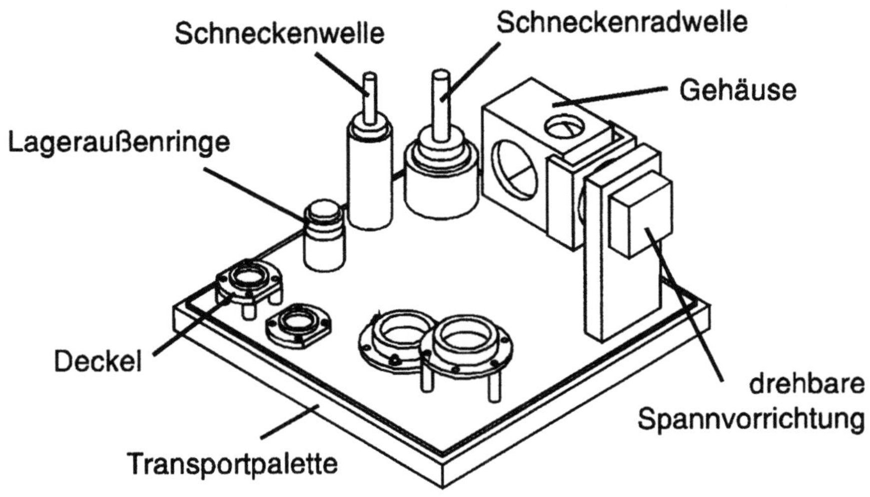

Abb.1.8. Vorkommissionierte Palette mit teilweise vormontierten Baugruppen und Teilen eines Schneckengetriebes.

Der Montageablauf für die Schneckengetriebe ist weitgehend sequentiell. Zunächst wird die Schneckenwelle komplett mit Lagerdeckeln eingebaut. Um ein gewünschtes Axialspiel der Schneckenwelle einzustellen wird zunächst das Justagemaß mit Hilfe des robotergeführten Justagewerkzeugs und des Laser-Triangulationssensors ermittelt. Anschließend wird vom Roboter mit Hilfe eines flexiblen Vakuumgreifers eine anhand des gemessenen Axialspiels errechnete Anzahl Paßscheiben eingelegt und die Schneckenwelle mit einem Sicherungsring in ihrer axialen Lage fixiert. Zur Abdichtung des Getriebes wird eine Radialwellendichtung eingebaut.

Im nächsten Schritt wird die Schneckenradwelle montiert. Dazu wird zunächst ein Deckel auf die bereits vormontierten Lager der Radwelle gepreßt. Die Radwelle wird zusammen mit dem Deckel in das Getriebegehäuse eingesetzt. Dabei müssen die Verzahnungen von Schneckenrad und Schneckenwelle eingekämmt werden. Für diesen Einkämmvorgang stehen verschiedene Möglichkeiten zur Orientierung der Verzahnungen vor oder im Fügevorgang zu Auswahl. Z.B. kann mit einem am Roboter montierten Kraftsensor die Orientierung des Schneckenrades beim Fügen aufgrund gemessener Fügekraftkomponenten iterativ korrigiert werden. Der Einbau der Schneckenradwelle wird abgeschlossen, indem der zweite Deckel montiert und verschraubt wird.

Die Schneckenradwelle ist in diesem Zustand in axialer Richtung verschiebbar. Um die Lage der Schneckenradwelle für ein optimales Tragbild einzustellen, wird die Schneckenradwelle in horizontaler Lage mit Hilfe des robotergeführten Justagewerkzeugs und des Laser-Triangulationssensors justiert.

Der Zellenrechner der Roboterstation errechnet aufgrund der bei der Justage ermittelten Soll-Lage der Schneckenradwelle die notwendige Anzahl und Dicke der Paßscheiben, die an den entsprechenden Lagerstellen eingelegt werden müssen. Nach der Montage der Paßscheiben wird die Stellung der Schneckenradwelle mit Sichungsringen, die in die Getriebedeckel eingespreizt werden, festgelegt. Abschließend werden, wie bei der Schneckenwelle, Kunststoffdeckel und Radialwellendichtung eingepreßt.

1.5 Flexible Prüfzelle

Allgemeines

Die flexible Prüfzelle dient innerhalb der Pilotanlage zur Qualtitätsüberprüfung von Einzelteilen, Baugruppen und Fertigprodukten. Die eingesetzten Sensorsysteme ermöglichen Geometrie-, Funktions- und Vollständigkeitsprüfungen an den in der Pilotanlage zu montierenden Produkten. Des weiteren wurden in der Prüfzelle Sensorsysteme erprobt, die später in Montagezellen zum Einsatz kamen. Die nachfolgende Tabelle 1.2 zeigt beispielhaft einige der in der Prüfzelle realisierten Prüfaufgaben.

Tabelle 1.2. Realisierte Prüfaufgaben

Prüfobjekt	*Prüfmerkmal*	*Sensorsystem*
Rolladengetriebe (2 Varianten)	Position der Getriebeachse	CCD-Matrixkamera mit Infrarot-Lichtquelle und Bildverarbeitungssystem
Präzisionsgetriebe	Umkehrspiel US in Grad	Kraft-Momenten-Sensor mit Wegmeßsystem
Aggregateträger	Tiefe T des Druckfüge-elements in mm	3D-Kamera mit strukturierter Beleuchtung
Rolladengetriebe (2 Varianten)	Schallintensität SI in dB Stromaufnahme I in mA (Ersatzgröße für Gängigkeit)	Geräuschprüfsystem mit Mikrofon mit Antriebsmotoren

Zum besseren Verständnis der Prüfzelle werden im folgenden der Funktionsablauf, die Komponenten, die eingesetzten Sensorsysteme beschrieben und beispielhaft eine realisierte Prüfaufgabe erläutert. Anhand von diesen Erläuterungen kann zum einen die Flexibilität und zum anderen die Integration der flexiblen Prüfzelle in die Pilotanlage aufgezeigt werden. Im Teil B, Kapitel 3.3.1 ist das Layout der zentralen, flexiblen Prüfzelle wiedergegeben.

Funktionsablauf

Das vom Leitrechner aktivierte fahrerlose Transportsystem (FTS) bringt die auf der Palette aufgespannten Prüfobjekte zur Prüfzelle und transportiert diese nach Abschluß der Prüfvorgänge zur nächsten Montagezelle oder ins Lager. Der Prüfzellenrechner erhält über das Qualitätsinterface die Art und die Anzahl der Prüfobjekte auf der Palette. Nach dem Prüfvorgang meldet der Prüfzellenrechner dem Qualitätsinterface die Anzahl und den Ort der auf der Palette befindlichen i.O. und n.i.O. Prüfobjekte. Bei jedem Prüfvorgang entnimmt das Sensorhandhabunbssystem aus dem Sensormagazin den geeigneten Sensor, bringt ihn in Prüfposition und legt ihn nach Abschluß des Prüfvorganges wieder in das Magazin zurück. Parallel zur Bewegung des Sensorhandhabungssystems findet die Auswertung der Meßergebnisse statt. Mit Hilfe des verfahrbaren Palettenbahnhofs kann die Palette mit den zu prüfenden Prüfobjekten in den Arbeitsraum des Sensorhandhabungssystems gefahren werden. Das vom Prüfzellenrechner erstellte Datenfile, das die prüfobjektspezifischen Daten enthält wird der Qualitätsplanung über das Qualitätsinterface zur Verfügung gestellt.

Komponenten

Sensormagazin. Das in Abb. 1.9 dargestellte Sensormagazin ist so realisiert, daß in der momentanen Ausbaustufe maximal sechs Magazinplätze verfügbar sind. Im folgenden wird der 1D-Triangulationssensor und der Kraft-Momenten-Sensor beschrieben. Die anderen Sensorsysteme werden in den angegebenen Kapiteln ausführlich beschrieben.

Rechnerkonfiguration. Der in das lokale Netzwerk intergrierte Prüfzellenrechner übernimmt in der Prüfzelle die Kommunikation mit den Komponenten über den Terminalserver. Die Kommunikation erfolgt über mehrere serielle Schnittstellen. Die Erfassung und Auswertung der Meßdaten findet dagegen jeweils in den entsprechenden Sensorrechnern statt. Aus diesem Grunde müssen nur Kommandos und Meßergebnisse über die seriellen Schnittstellen dem Prüfzellenrechner übermittelt werden. Über den Netzanschluß kommuniziert der Prüfzellenrechner mit dem Leitrechner. Alle Programme des Prüfzellenrechners sind in der Programmiersprache PASCAL geschrieben. Das multitaskingfähige Betriebssystem VMS ermöglicht den Ablauf von parallelen Echtzeitprogrammen. Die Prüfsoftware für die Sensoren besteht jeweils aus dem Signaltreiber und der Auswerteroutine.

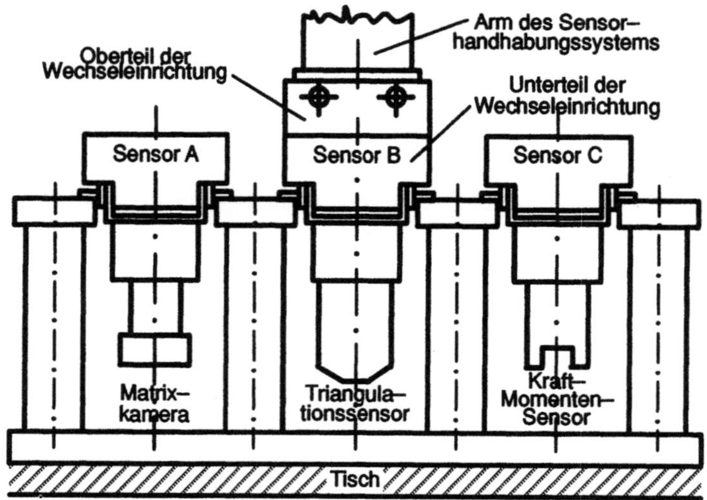

Abb.1.9. Sensormagazin: *A* Matrixkamera mit Infrarot-Lichtquelle und Bildverarbeitungssystem (siehe Teil B, Kapitel 3.4), *B* 1D-Triangulationssensor, *C* Kraft-Momenten-Sensor, *D* 3D-Kamera mit strukturierter Beleuchtung (siehe Teil B, Kap. 3.4.2), *E* Geräuschprüfsystem mit Mikrofon und Antriebsmotoren (siehe Teil B, Kap. 3.3.1), Sensoren *D–E* sind räumlich hinter *A–C* angeordnet .

Sensorhandhabungssystem. Das Sensorhandhabungssystem ist ein nach dem Schwenkarmprinzip (Scaraprinzip) arbeitender Roboter mit insgesamt 5 Achsen. Die Positionierunsicherheit beträgt 0,05 mm bei einer maximalen Last von 5 kg. Für die Handhabung der verschiedenen Sensoren ist eine Wechseleinrichtung am Arm des Roboters befestigt. Diese Wechseleinrichtung bestehend aus Unter- und Oberteil ermöglicht den Austausch der Sensoren durch das Handhabungssystem (Abb.1.10). Alle Versorgungs- und Meßsignalleitungen der Sensoren sind über Steckkontakte an der Wechseleinrichtung mit den stationären Einrichtungen verbunden.

Sensorsysteme

Triangulationssensor. Optoelektronische Abstandsmeßsystem die nach dem Triangulationsprinzip arbeiten, werden in letzter Zeit verstärkt zur Profilmessung eingesetzt. Bei der Aufnahme von Profilkurven muß der Sensor mit Hilfe des Sensorhandhabungssystems definiert über die Oberfläche bewegt werden. Der Sensor ist u.a. für Vollständigkeitsprüfungen hervorragend einsetzbar, sofern das Prüfobjekt in einer Profilkurve erkennbar ist.

Beim eingesetzten 1D-Triangulationssensor wird ein gebündelter Laserstrahl senkrecht auf die Werkstückoberfläche gerichtet und der diffus unter einem Winkel von ca. 30 Grad reflektierte Strahl wird mit Hilfe einer Optik auf einem Empfängerelement abgebildet (Abb. 1.10).

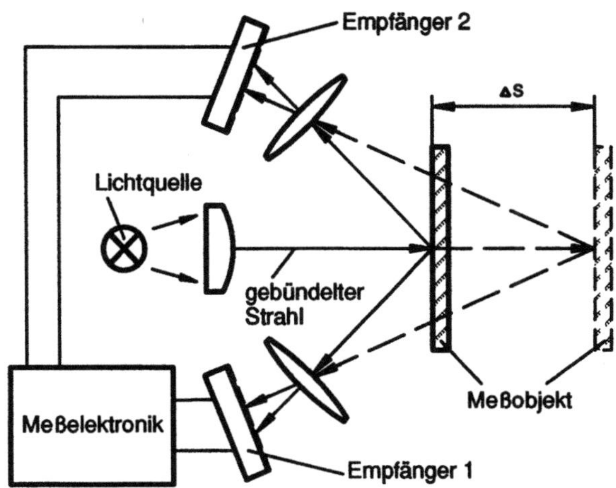

Abb.1.10. Triangulationssensor zur Abstandsmessung

Verschiebt sich nun die Oberfläche in Richtung des Beleuchtungsstrahls, so wird der empfangene Strahl abgelenkt und auf einer anderen Stelle im Empfänger abgebildet. Als Empfänger dienen im allgemeinen Diodenzeilen. Die Verschiebung des Bildpunktes auf der Diodenzeile entspricht der Verschiebung der Werkstückoberfläche.

Kraft-Momenten-Sensor. Für mechanische Funktionsprüfungen, zu denen Kraft- und Momentenmessungen zählen, sind taktile Sensoren geeignet. Mit Hilfe dieser Sensoren können definierte Kräfte und Momente in das Prüfobjekt zur Prüfdurchführung eingeleitet werden. Für die Funktionsprüfung innerhalb der Prüfzelle wurde der Kraft-Momenten-Sensor zwischen Werkzeug und Arm des Sensorhandhabungssystems eingebaut. Die Integration des Sensors in den Kraftfluß ermöglicht die Messung der Reaktionskräfte und -momente am Prüfobjekt.

Der 6-dimensionale Kraft-Momenten-Sensor besteht aus einem Basisring, von dem auf gleicher Ebene vier Speichen zu einem Kern in der Mitte gehen. Über vier Stützen ist der Kern mit einem zweiten oberen Ring verbunden. Treten zwischen dem oberen und dem unteren Ring Kräfte oder Momente auf, bewirken sie je nach Richtung in zwei oder mehr Speichen oder Stützen geringe mechanische Verformungen (Stauchung oder Dehnung), die mittels acht Paaren von Dehnungsmeßstreifen erfaßt werden. Die Meßsignale von den Dehnungsstreifen werden in einer 6x8 Matrix-Vektor-Multiplikation im Sensorrechner in Kräfte und Momente umgerechnet und abgespeichert.

Funktionsprüfung des Rolladengetriebes mit dem Geräuschprüfsystem

Die Rolladengetriebe werden innerhalb der Pilotanlage nach der selektiven Montagemethode montiert. Die Getriebe kommmen auf dem Kleinteileträger positioniert mit den Paletten zur Prüfzelle. Um einerseits eine fehlerfreie Funktion und andererseits eine minimale Geräuschabstrahung zu gewährleisten, ist die Prüfung in der Prüfzelle notwendig. Das gemessene Geräusch ermöglicht eine Bewertung der selektiven Montage. In Abb. 1.11 ist die Funktionsprüfung des Rolladengetriebes dargestellt. Bei der automatischen Montage des Rolladengetriebes in der Montagezelle wird dies exakt auf dem Kleinteileträger positioniert.

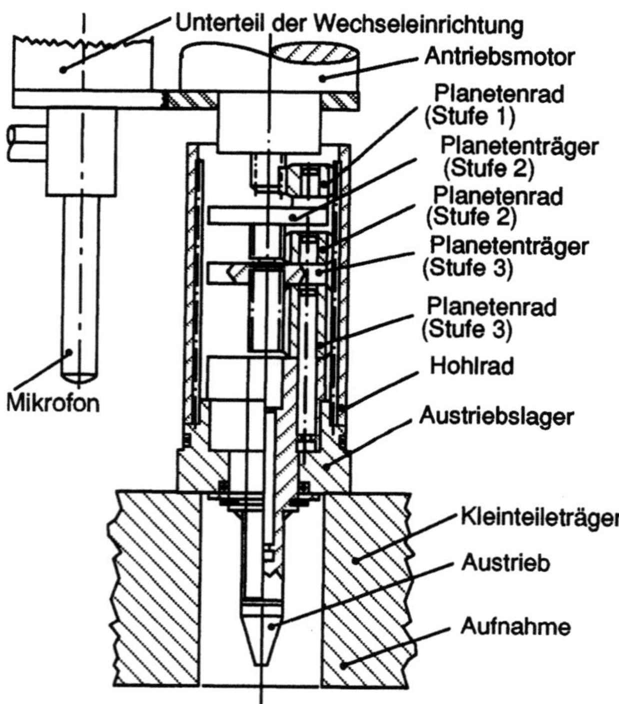

Abb.1.11. Funktonsprüfung der Rolladengetriebe

Durch diese Maßnahme ist sichergestellt, daß das Ritzel immer in der richtigen Position in die Planetenräder der Stufe 1 eintaucht. Zentrierring und Abstützplatte fixieren das Getriebe während der Prüfung. Die Geräuschmessung mit dem Geräuschprüfsystem erfolgt mit einem Mikrofon bei konstanter Drehzahl ($n=2600$ min^{-1}) des Motors über eine definierte Zeit. In Abb. 1.12 ist die Schallintensität über der Zeit aufgetragen. Damit das Antriebsritzel störungsfrei in die Planetenräder eintauchen kann, wird es während dem Eintauchvorgang langsam gedreht. Erst nach Erreichen der vorgeschriebenen Eintauchtiefe wird die Drehzahl auf n=2600 min⁻¹ hochgeschaltet. Abbildung 1.12 zeigt den Verlauf bei selektiver Montage des Getriebes.

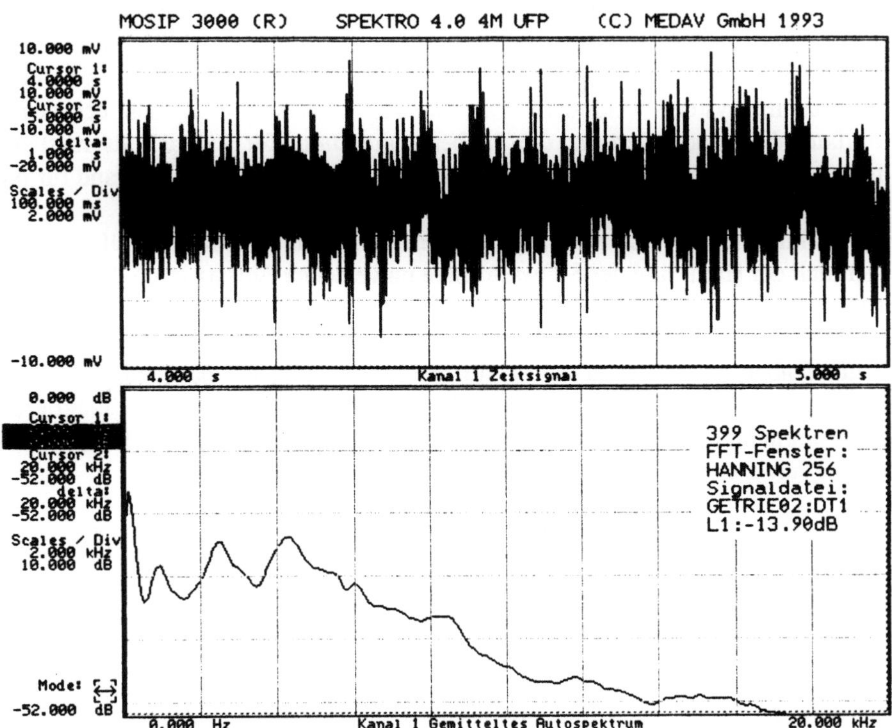

Abb.1.12. Schall- und Zeitsignal und Spektrum bei selektiver Montage des Getriebes

Das Meßprotokoll *selektiv montiert* (Abb.1.12) zeigt in der oberen Darstellung das Geräusch-Zeitsignal und in der unteren das Spektrum des dargestellten Signalabschnittes.

Anhand der Geräuschmessung wurde eine qualitative Bewertung der Veränderungen nach selektiver Montage durchgeführt. Der Vergleich der Ergebnisse zeigt, daß bei den Getrieben der gewünschte Effekt erreicht wurde. Im Spektrum der Signale zeigt sich nach der selektiven Montage eine deutliche Reduzierung der Pegel in einem großen Frequenzbereich.

Die Messung der Stromaufnahme der Antriebsmotoren während der Gräuschmessung lieferte zusätzlich eine qualitative Bewertung der Gängigkeit der Getriebe.

Ausblick

Die Erprobung der Prüfzelle innerhalb der Pilotanlage zeigte deutlich deren Leistungsfähigkeit im Hinblick auf die Lösung zukünftiger Prüfaufgaben. So ist z.B. der Einsatz anderer Sensorsysteme nur von den räumlichen Abmessungen des Sensormagazins und von der Tragkraft des Sensorhandhabungssystem abhängig. Bei berührungslosen optoelektronischen Sensorsystemen muß allerdings der Arbeitsabstand zum Prüfobjekt hinsichtlich des Hubes der z-Achse des Sensorhandhabungssystems beachtet werden. Die Größe der Prüfobjekte ist durch die Abmessung der Palette begrenzt. Der Prüfablauf, d.h. die Einsatzablauffolge der Sensoren läßt sich durch eine Modifiktion des Steuerungsprogramms des Sensorhandhabungssystems verändern. Die Auswertealgorithmen müssen bei neuen Prüfaufgaben modifiziert und die Treiberprogrammme für andere Sensorsysteme neu erstellt werden. Diese Modifikationsmaßnahmen zeigen den Aufwand für die weiteren Einsatzmöglichkeiten der flexiblen Prüfzelle.

Abschließend läßt sich noch sagen, daß der modulare Aufbau der Prüfzelle hinsichtlich der Hard- und der Software einen universellen Einsatz ermöglicht. Dazu gehört z.B. der Anbau an eine Bandstrecke oder die Erprobung von Sensorsystemen für den Einbau in Montagezellen. Die Prüfzelle hat die gestellten Prüfaufgaben hervorragend gelöst, für die Prüfplanung die notwendigen Daten bereitgestellt, war problemlos in den Materialfluß der Pilotanlage zu integrieren und kommunizierte mit dem Leitrechner. Bei diesem Einsatz innerhalb der Pilotanlage zeigte sie klar und deutlich ihr Flexibilitätsspektrum.

1.6 Leittechnik

Aufgabe der technischen und organisatorischen Montagesteuerung ist es, die zuvor beschriebenen vier Hauptbereiche der Pilotanlage zu koordineren.

Die Aufgabe der Leitebene ist es, von der übergeordneten Planungsebene (vgl. Abb. 2.28, Kapitel 2) Montageaufträge und Montageablaufpläne zu übernehmen und die untergeordneten Zellensteuerungen zu beauftragen.

Dazu wird auf Leitebene eine Auftragsfeinplanung durchgeführt welche die Zellenbelegung festlegt. Die Auftragsdurchsetzung, bestehend aus Durchsetzungsplanung und Aktionskettenabarbeitung, setzt die Ergebnisse der Feinplanung unter Berücksichtigung der aktuellen Systemdaten in Befehle für die Materialflußsteuerung und Montage-DNC um. Die für den Montageprozeß notwendigen Hilfsmittel werden auf Leitebene disponiert. Anschließend werden die entsprechenden Bereitstellungsaufträge generiert und die Montagehilfsmittelbereitstellung wird beauftragt.

Über die Montage-DNC werden die Zellen mit entsprechenden Steuerungsprogrammen versorgt. Darüberhinaus ist es Aufgabe der Leitebene, den zellenübergreifenden Materialfluß zwischen den vier Hauptbereichen zu steuern und zu überwachen.

Die Auftragsdurchsetzung des Leitsystems hat die Aufgabe, die Planungsvorgabe (Kapazitätsbelegungsplan) durchzusetzen. Dafür sind in Abhängigkeit von Ereignissen in der Anlage (z.B. Montageauftragsende) für die Durchsetzungseinheiten (Paletten) die entsprechenden Folgeaktionen (z.B. Transport, Montage-, Kommisionieraufträge) zu bilden.

Durch die mögliche Anzahl, Art und Anordnung von Montagezellen ergeben sich unterschiedliche Montagesysteme. Dies hat Auswirkungen auf die Feinplanung, die zellenübergreifende Auftragsdurchsetzung sowie den Materialfluß. Das für die Leitebene eingesetzte Adaptierbare Leitsystem ALSYS kommt diesen Anforderungen mehrfach entgegen durch

– Einsatz eines offenen Kommunikationssystems sowohl zur systemexternen als auch zur systeminternen Kommunikation,
– modularen Aufbau des Steuerungssystems unter Beachtung des Baukastengedankens,
– Adaptierbarkeit an unterschiedlichste Anlagen über Konfigurationsdaten und
– Adaptierbarkeit an unterschiedlichste Ablaufstrategien über Ablaufregeln.

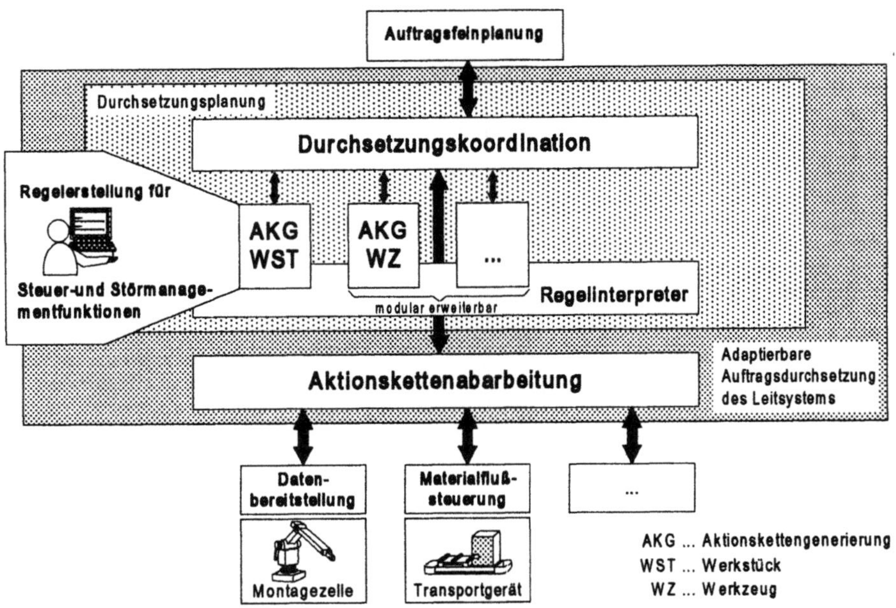

Abb.1.13 Adaptierbare Auftragsdurchsetzung

Für die adaptierbare Auftragsdurchsetzung wird eine ablauforientierte Beschreibungsmethode auf der Basis von Ablaufregeln verwendet (Abb. 1.13). Die Ablaufregeln werden in einer Regelbibliothek abgelegt. Sie beinhalten die Steuerungsstrategie, die damit aus dem Programmcode herausgelöst ist.

Die Ablaufregeln werden vom Systementwickler editiert. Ein Regelinterpreter liest diese Files und generiert daraus zur Laufzeit des technischen Montagesteuerungssystems die entprechenden Folgeaktionen. In der Regel ist jeweils eine

Versorgungs- sowie Entsorgungsregel von Kapazitätseinheiten (z.B. Montagezel-len) erforderlich, um ereignisorientiert die Folgeaktionen erzeugen zu können.

1.7 Autoren

1.   Zusammenwirken der technischen Komponenten in einer Pilotanlage

1.1   Werkstücke und Materialfluß
         Dipl.-Ing. Ralf Grau
         Institut für Industrielle Fertigung und Fabrikbetrieb (IFF)

1.2   Ordnungszelle
         Dipl.-Ing. Norbert Lay
         Institut für Industrielle Fertigung und Fabrikbetrieb (IFF)

1.3   Produktneutrale Montagezelle MAX
         Dipl.-Ing. Ralf Grau
         Institut für Industrielle Fertigung und Fabrikbetrieb (IFF)

1.4   Flexible Montagezelle für Schneckengetriebe
         Dipl.-Ing. M. Sc. Frank Richter
         Institut für Werkzeugmaschinen (IfW)

1.5   Flexible Prüfzelle
         Dipl.-Ing. Gerhard Kuhn
         Institut für Industrielle Fertigung und Fabrikbetrieb (IFF)

1.6   Leittechnik
         Dipl.-Ing. Lothar Kaiser
         Insitut für Steuerungstechnik der Werkzeugmaschinen und
         Fertigungseinrichtungen (ISW)

2 Interdisziplinäre Konzeption eines flexiblen Montagesystems in Form einer Modellanlage

2.1 Problemlage

Im Hinblick auf die Globalisierung der Märkte und den dadurch härter werdenden Konkurrenzkampf ist und bleibt die Thematik flexibler und innovativer Strukturen in der Montage hochaktuell. So rückt die konsequente Ausrichtung der Kosten und der Montageprozesse am Markt, die Integration und Selbstorganisationsfähigkeit von Montagestrukturen, die Einbeziehung der Mitarbeiter in die Problemlösungsprozesse und die Gestaltung von adäquaten Kooperations- und Kommunikationsstrukturen verstärkt in den Mittelpunkt der Diskussion.

Im folgenden wird ein Montageszenario (Modellanlage) dargestellt, welches auf dem Produktionsprogramm von drei Unternehmen basiert, die Rolladen-, Schnecken- und Präzisionsplanetengetriebe produzieren. Hierbei werden die unterschiedlichen Anforderungen, die durch die verschiedenen Marktsegmente und Produkteigenschaften gegeben sind, berücksichtigt. Im Vordergrund des Planungsprozesses steht die interdisziplinäre Zusammenarbeit zur Integration von technischen, betriebswirtschaftlichen und arbeitswissenschaftlichen Fragestellungen. Eine solche integrierte Vorgehensweise, bei der die Bereiche Technik, Wirtschaftlichkeit, Organisation und Personal und ihre Interdependenzen gleichgewichtig berücksichtigt werden, unterscheidet sich vom immer noch üblichen technikzentrierten Planungsansatz vieler Betriebe.

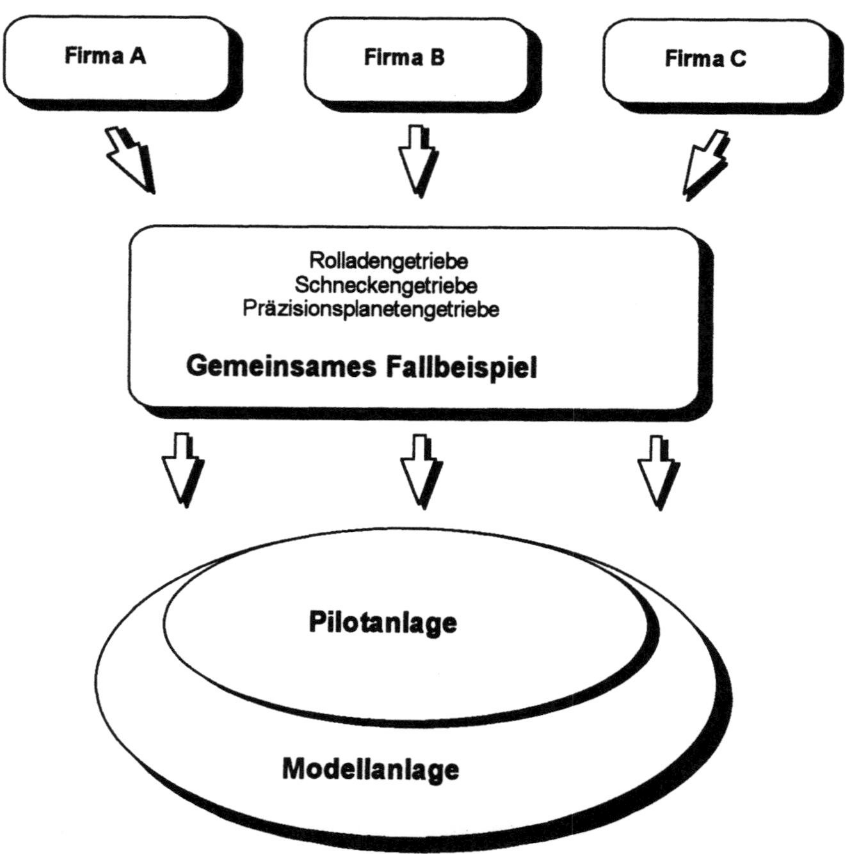

Abb.2.1. Vorgehensweise bei der Konzeption der Modellanlage

2.2 Ausgangssituation

Um an betriebliche Problemstellungen anzuknüpfen und eine realistische Basis
für die Planung der Modellanlage zu erhalten, werden in einem ersten Schritt
mehrere Fallstudien durchgeführt. Hierbei wird ein breites Spektrum an Daten
für die Felder Produkt, Montagesystem, Personal, Logistik, Materialfluß und
Marktbeziehungen erhoben. Die Fallstudienbetriebe und das ausgewählte Pro-
duktsegment sind in Tabelle 2.1 charakterisiert.

Tabelle 2.1. Struktur der Fallbeispiele

Produkt	Rolladengetriebe	Schnecken-getriebe	Präzisions-planetengetriebe
Abnehmer	Fachhandel	Maschinenbau	Maschinenbau
Marktanteil (Deutschland/alt)	ca. 10%	ca. 10%	ca. 30%
Fertigungstiefe	hoch	hoch	hoch
Stückzahl/Jahr	ca. 130.000 Stck.	ca. 40.000 Stck.	ca. 8.000 Stck.
Varianten	mittel	hoch	hoch
Montageumfang	1,3–1,9 min	30–60 min	1–4 Std
Montagepersonal	ca. 1-2 MA und Heimarbeit	ca. 15 MA	ca. 20 MA
Qualifikation	Angelernt	Facharbeiter	Facharbeiter
Automatisierung	nein	nein	nein

Die Montage in allen drei Betrieben ist nach dem Werkstattprinzip aufgebaut. In die Montage der Schnecken- und Präzisionsplanetengetriebe sind große Prüf- und Justageanteile integriert. Die relativ großen Montageumfänge werden von Facharbeitern durchgeführt.

Für die Planung ist von Bedeutung, daß von seiten des Marktes erhebliche Flexibilitätsanforderungen an die betrachteten Montagen gestellt werden. Dies gilt insbesondere für die Anforderungen hinsichtlich der Ausbringungsmenge (Stückzahlflexibilität). Hier sind, neben saisonalen Nachfrageschwankungen, die in einigen Montagebereichen um bis zu 20% betragen können, jährliche Wachstumsraten zwischen 5 und 10% zu erwarten. Auch die Anforderungen hinsichtlich der Variantenvielfalt sind erheblich. Sie machen in einigen Produktsegmenten eine Einzel- bzw. Kleinserienfertigung erforderlich. Darüber hinaus muß mit einer weiteren tendenziellen Steigerung der nachgefragten Variantenzahlen gerechnet werden.

In den beteiligten Firmen gibt es unterschiedliche Ansätze der Organisation und Integration der indirekten Bereiche. Nur eine Firma hat produktionsnahe indirekte Bereiche definiert. Konkret sind dies die Qualitätssicherung, die Arbeitsvorbereitung, die Produktionsplanung und -steuerung und die Materialwirtschaft. In den beiden anderen Firmen werden die indirekten Tätigkeiten oft vom Montagepersonal mitbetreut bzw. verrichtet. Dies ändert jedoch nichts an der problematischen Verrechnung der Kosten dieser Tätigkeiten, denn eine Proportionalisierung dieser Aufwände bezüglich der direkten Kosten ist nur in Ausnahmefällen verursachungsgerecht möglich.

Alle drei Firmen haben ein Ansteigen der indirekten Kosten zu verzeichnen, wobei deren Verrechnung und Umverteilung im Rahmen der Abrechnungsstufen der Kostenrechnung große Probleme bereitet. Im Rahmen der Kalkulation, die in allen Fällen einer pauschalen Zuschlagskalkulation entspricht, werden die indirekten Kosten verhältnisgemäß den direkten Kosten zugeschlagen. Eine verursachungsgerechte Zurechnung der indirekten Kosten anhand empfangener indirekter Leistungen wird nicht durchgeführt, d.h. sowohl Standardprodukte als auch Varianten werden mit konstanten prozentualen Zuschlägen kalkuliert. Es entsteht folgendes Problem: Standardprodukte werden zu teuer, Varianten mit eher kleineren Stückzahlen zu billig kalkuliert. Diese Problematik kann bei steigenden Varianten- und Typenzahlen an Brisanz gewinnen.

2.3 Planungsleitlinien

Neben der Art und Weise, wie Planungsprozesse durchzuführen sind, spielt die strategische Orientierung der Montagegestaltung eine entscheidende Rolle für die Entwicklung von effizienten und flexiblen Lösungen. Eine ausschließlich auf die Technik ausgerichtete Planung von Montagesystemen generiert einseitige Lösungen, welche oft zu ungeplanten und erheblichen Mehraufwänden insbesondere im Personalbereich führen. Die Planung eines Montagesystems sollte sich deshalb an den nachfolgenden Leitlinien orientieren.

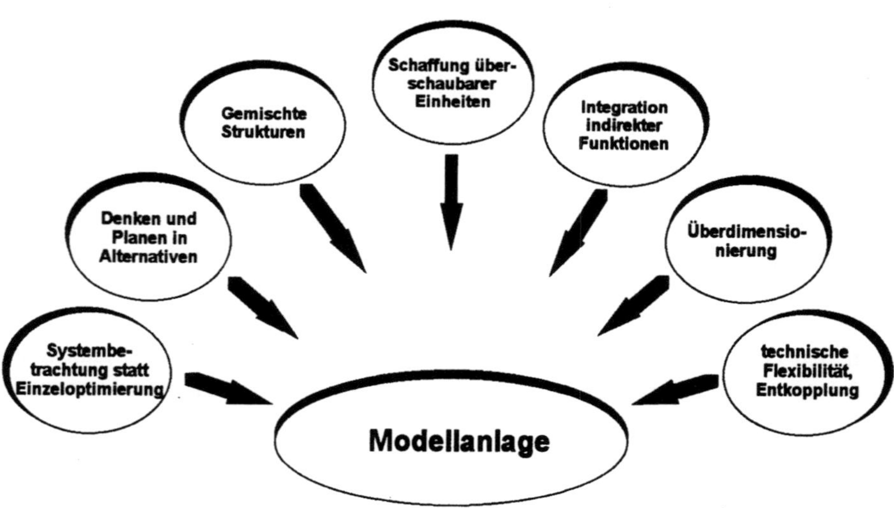

Abb.2.2. Leitlinien bei der Planung der Modellanlage

Systembetrachtung statt Einzeloptimierung

Bei der Gestaltung von Montagesystemen sollte das Zusammenspiel aller Einflußfaktoren beachtet werden, um eine sinnvolle Gesamtlösung zu erreichen. Die Überbetonung einer einzigen Zielgröße erweist sich in den wenigsten Fällen als sinnvoll. Die relative Unwirtschaftlichkeit einer Einzelkomponente darf z.B. nicht verhindern, daß eine Montage mit insgesamt positiven Systemeigenschaften realisiert wird. In der Planung sollte eine breite Aufgabenstellung verfolgt werden. Der Montageablauf, die Montageverfahren und die Arbeitsaufgabenbildung sind simultan mit Fragestellungen der Qualitätssicherung, der Fertigungssteuerung, mit Möglichkeiten der Höherqualifizierung und der Integration von indirekten Bereichen wie Instandhaltung oder Wartung zu verfolgen.

Denken und Planen in Alternativen

Im Planungsprozess sollte nicht nur eine Lösung konzipiert und konkretisiert werden. Diese Vorgehensweise würde zumeist eine Modifikation bereits bestehender Strukturen bewirken. Aufgrund der durchgängigen Entwicklung von alternativen Konzepten und Teilaspekten lassen sich erst die Vor- und Nachteile von einzelnen Komponenten und von Gesamtlösungen erkennen und bewerten.

Gemischte Strukturen

Die Montageaufgabe ist oftmals nicht durch ein einheitliches Strukturprinzip sinnvoll und effizient zu lösen, da die Montage eine Vielzahl von unterschiedlichen Problemen und vielschichtigen Anforderungen zu bewältigen hat. Es macht bei einem heterogenen Produktspektrum vielmehr Sinn, die Montageaufgabe nach mengen- und ablauforientierten Kriterien zu analysieren und gegebenenfalls unterschiedliche Teilsysteme zu realisieren. Bei der Kapazitätsteilung kann z.B. ein automatisiertes System für Produkte mit hoher Stückzahl und relativ gleichbleibender Auslastung (Rennerlinie) und ein manuelles Teilsystem für Produkte mit vielen Varianten und geringen Losgrößen konzipiert werden. Mit dieser gemischten Struktur lassen sich sowohl Kapazitätsspitzen abfangen als auch unterschiedliche Arbeitsinhalte verwirklichen.

Wenn die Rennerlinie beispielsweise in Form einer Fließfertigung mit artteiliger Kapazitätsteilung konzipiert wird, und die Montage der Exoten in Form einer Gruppenmontage erfolgt, so kann das Gesamtsystem Arbeitsplätze mit unterschiedlichen Qualifikationsanforderungen bieten. Gruppenarbeit ist z.B in Arbeitssystemen mit hohen Flexibilitätsanforderungen so anspruchsvoll, daß auch höherqualifizierte Mitarbeiter adäquate Arbeitsplätze finden. Bei gemischten Strukturen ist durch einen Bereichswechsel des Mitarbeiters eine Fachkarriere innerhalb eines Montagesystems möglich.

Schaffung überschaubarer Einheiten

Durch die Schaffung überschaubarer Einheiten mit kurzen Regelkreisen gewinnt die Montage an Flexibilität und Transparenz. Systematische Montagefehler können z.B. wesentlich früher erkannt und behoben werden, als bei einer ausgelagerten Endprüfung. Die Mitarbeiter erhalten wesentlich eher eine Rückmeldung über ihr Arbeitsergebnis. In Organisationseinheiten, welche für die Mitarbeiter überschaubar sind, fällt es bei entsprechender Verlagerung von Entscheidungskompetenzen leichter, Verantwortung für Produktquantität und -qualität zu übernehmen.

Integration indirekter Funktionen

Die Schaffung dezentraler Einheiten erfordert die Integration von indirekten Funktionen. Von den jeweiligen Randbedingungen ist es abhängig, inwieweit die indirekt-produktiven Bereiche organisatorisch in das Montagesystem eingebunden werden können. Die Integration von indirekten Funktionen, wie Auftragssteuerung, Materialdisposition oder Prüfung, reduziert durch den Wegfall von Schnittstellen den bisherigen Anteil von Informationsbeschaffungs-, Koordinierungs- und Kontrollaufgaben zwischen verschiedenen Abteilungen. Entscheidend ist die Möglichkeit, auf diese Weise bei gleichzeitiger Reduktion der Schnittstellen die Arbeitsaufgaben im Montagesystem bereichern und vervollständigen zu können. Durch die Integration indirekter Funktionen wird bei entsprechender Gestaltung einerseits die Arbeit sinnvoller und attraktiver, andererseits werden Reibungsverluste im Ablauf reduziert.

Überdimensionierung, Entkopplung und technische Flexibilität

Bei hoher Kundenorientierung gewinnen die Durchlaufzeiten und Ausliefertermine erheblich an Bedeutung. Eine in der herkömmlichen Betrachtungsweise vorliegende Überdimensionierung der technischen Einrichtungen eröffnet die notwendigen Freiheitsgrade hinsichtlich der Reihenfolgeoptimierung der Auftragsbearbeitung.

Spielräume hinsichtlich der Gestaltung der Arbeitsorganisation qualifikationsförderlicher Arbeitsaufgaben ergeben sich insbesondere durch die Entkopplung der Montagemitarbeiter vom Maschinentakt. Dispositve Tätigkeiten können nur dann durchgeführt werden, wenn der Mitarbeiter nicht in unmittelbarem Taktzwang steht.

Weiterhin ermöglicht eine technische Flexibilisierung von automatisierten Montagesystemen die Vermeidung von Restarbeitsplätzen. Es kommt nicht zu Automatisierungslücken, welche manuell ausgefüllt werden müssen. Restarbeitsplätze sind in der Regel von einseitigen Anforderungen gekennzeichnet. Sie führen aufgrund ihres extrem engen Tätigkeitszuschnitts langfristig zu Dequalifizierungserscheinungen und zu einseitigen körperlichen Belastungen.

2.4 Konzeption der Modellanlage

Aufgrund der Abschätzung der künftigen Marktentwicklung steht zu einem frühen Zeitpunkt fest, daß die Montage der Rolladen- und Schneckengetriebe aufgrund der steigenden Stückzahlen automatisiert werden soll. Die Montage der Präzisionsplanetengetriebe soll weiterhin manuell erfolgen, da hier besonders hohe Flexibilitätsanforderungen bestehen. Dort sind Getriebe bei sehr hoher Variantenzahl in sehr kleinen Losgrößen zu montieren.

Nachdem diese Grundsatzentscheidung gefallen ist, erfolgt die Grobplanung des Gesamtsystems, welches die drei genannten Produktbereiche umfaßt, hinsichtlich unterschiedlicher Zielgrößen. Für jede der zu planenden Alternativen gelten folgende Anforderungen:

- Anpassungsfähigkeit an den sich wandelnden Markt (Stückzahl- und Variantenflexibilität)
- und maximale Qualität der Produkte.

Da die Montage nach verschiedenen Zielkriterien zu gestalten ist, werden vier Arbeitsgruppen gebildet, welche die Modellanlage jeweils hinsichtlich eines Zielkriteriums zu optimieren haben. Zu gestalten sind *Alternativen* des Gesamtsystems im Hinblick auf Ziele:

- einer hochflexiblen Lösung
- einer möglichst wirtschaftlichen Lösung
- einer möglichst mitarbeitergerechten Lösung
- einer maximal automatisierten Lösung

Mit der durchgängigen Entwicklung alternativer Konzepte ist gewährleistet, daß sich die Planung nicht zu früh auf ein Modell konzentriert und unkonventionelle Lösungswege allzu schnell verworfen werden. Erhebliche Variationen ergeben sich auf diese Weise insbesondere hinsichtlich der Logik und Realisierung des Materialflußes, des Arbeitszeitmodells und der Arbeitsteilung im System. Eine Detaillierung und Konkretisierung erfolgt erst nach einer Bewertung der Vor- und Nachteile der verschiedenen Alternativen.

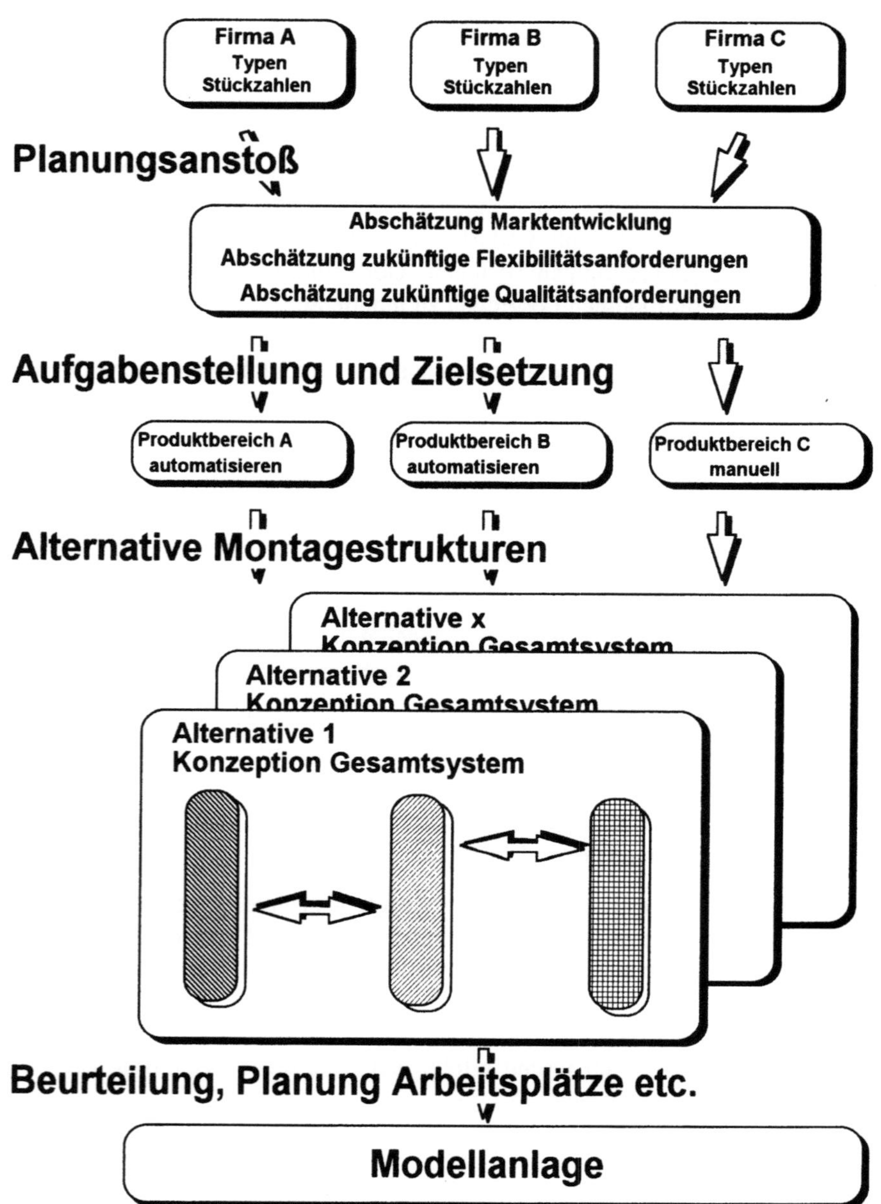

Abb.2.3. Planungsablauf

Im Ergebnis führen die unterschiedlichen Flexibilitäts- und Stückzahlanforderungen zur Konzeption einer *gemischten Montagestruktur*. Die Montage der Rolladen- und Schneckengetriebe wird automatisiert, während für die Präzisionsplanetengetriebe eine manuelle Montageinsel konzipiert wird.

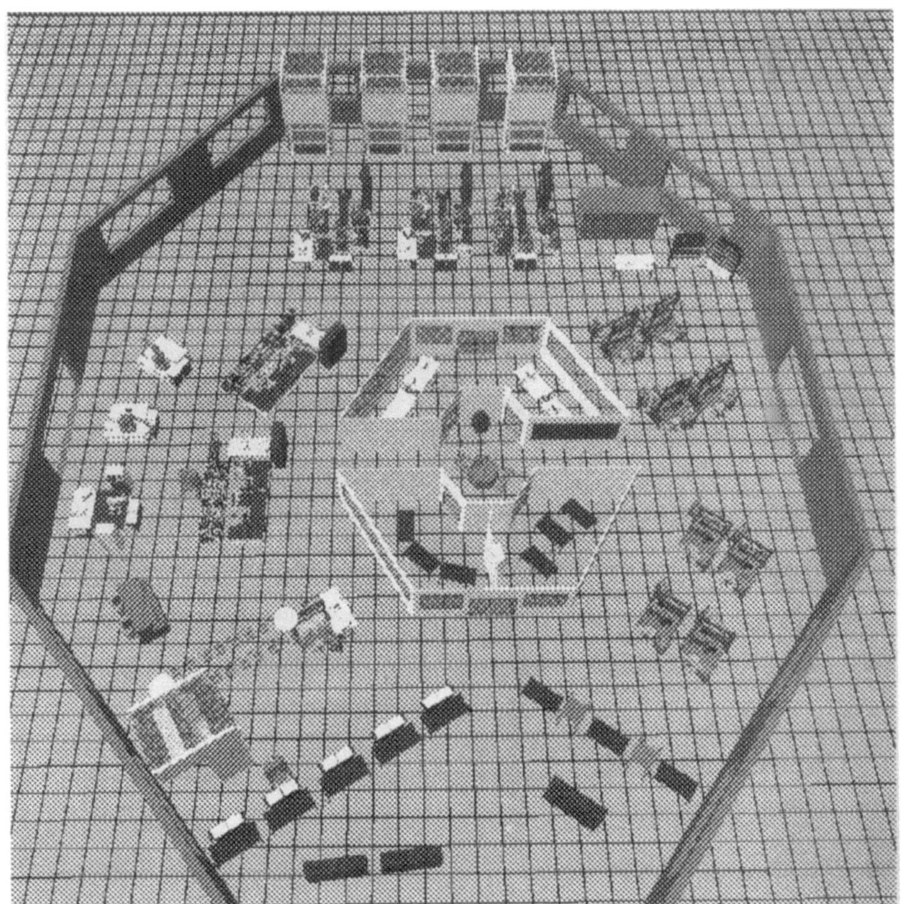

Abb.2.4. Modellanlage

Die Modellanlage verfügt über einen durchgängig strukturierten Materialfluß in der Reihenfolge Lager, Kommissionierung, Montage und Prüfung, Verpackung und Warenausgang. Die verschiedenen Produktbereiche sind eindeutig getrennt, sodaß sich *überschaubare Einheiten* mit kurzen Regelkreisen ergeben. Um einen möglichst durchgängigen und störungsarmen Ablauf zu gewährleisten, werden alle für die Produkterstellung notwendigen *Funktionen* in das Montagesystem *integriert.*

Für die Präzisionsplanetengetriebe mit geringer Stückzahl, kleinen Losgrößen und hoher Variantenvielfalt ist eine flexible manuelle Montage nach dem Inselprinzip vorgesehen (rechter Bereich), in der die Mitarbeiter einen Auftrag komplett vom Kommissionieren bis zur Verpackung bearbeiten. Auf diese Weise läßt sich in diesem Bereich eine ganzheitliche Aufgabenstruktur gestalten.

Der automatisierte Bereich (linker Bereich) ist durch eine modulare Automatisierungsstrategie gekennzeichnet, die durch eine redundante Auslegung der einzelnen automatisierten Zellen die Auswirkungen von Störungen auf das Gesamtsystem minimiert. Der Materialfluß zwischen den flexiblen Montage- und Kommissionierzellen wird durch ein fahrerloses Transportsysteme realisiert. Für die Betreuung des automatischen Bereiches und die Verpackungsarbeitsplätze, welche sich an die automatischen Abschnitte anschließen, wird aufgrund der kleineren Arbeitsinhalte und den teilweise niedrigen Qualifikationsanforderungen der Aufgaben, Gruppenarbeit mit job-rotation vorgesehen, um einen Anforderungs- und Belastungswechsel zu ermöglichen. Organisatorisch gehören die Arbeitsvorbereiter und die Instandhalter zu diesem Betreuungsteam der automatischen Montage, um die gemeinsame Verantwortung für das Ergebnis dieses Bereiches zu verdeutlichen.

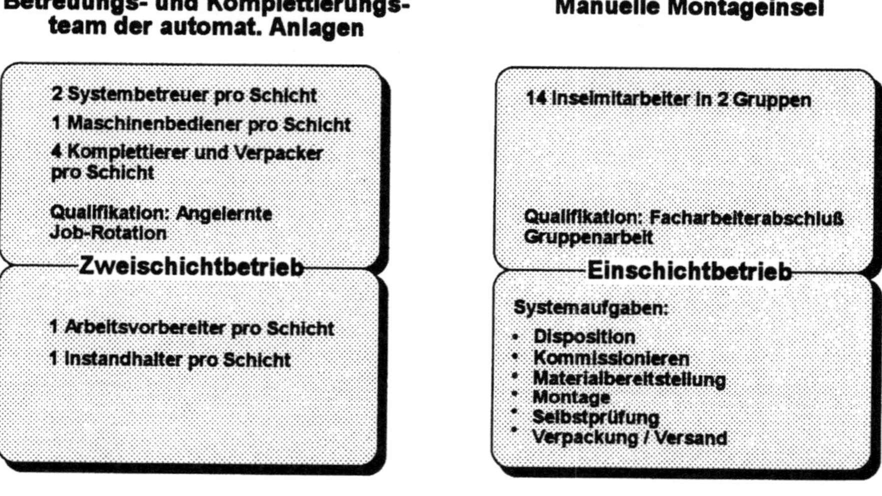

Abb.2.5. Personal- und Aufgabenstruktur

Durch die Anordnung des Büros sowie des Gruppen- und Pausenraums in der Mitte der Fabrik werden zwei Effekte erreicht. Einmal wird der automatisierte Bereich räumlich von der manuellen Montage getrennt. Der von den mechanischen Anlagen ausgehende Lärm wird vermindert. Zum anderen wird durch die zentrale Lage die Bedeutung und Zugänglichkeit des Kommunikations- und Planungszentrums betont. Die Trennung in verschiedene produktbezogene Verantwortungsbereiche wird auf diese Weise partiell wieder aufgehoben. Es gibt ein gemeinsames Zentrum der Gesamtmontage, welches bereichsübergreifende Kooperation und Kommunikation durch seine räumliche Lage ermöglicht.

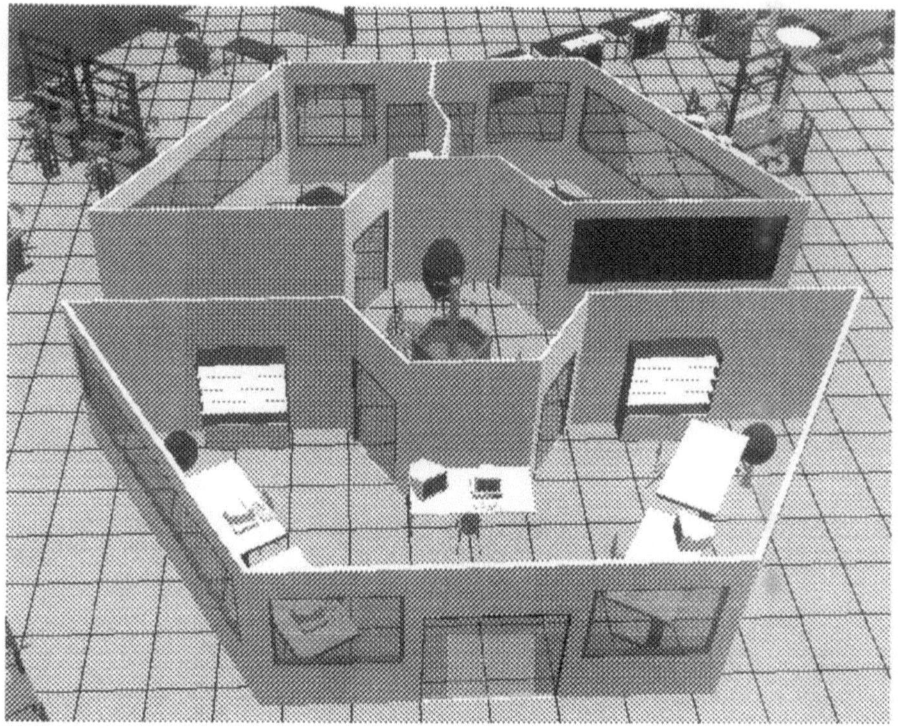

Abb.2.6. Planungs- und Kommunikationszentrum

Das *Rolladengetriebe* wird in einer Prozeßstufe vollautomatisch montiert und in einem zweiten Schritt automatisch geprüft. Nach Abschluß der Getriebemontage wird der gesamte Rolladenantrieb mit Getriebe, Motor, Schaltereinheit und Trägerrohr verpreßt und auf seine Funktion überprüft. Diese endgültige Fertigstellung sowie die Endprüfung mit Motor wird zwar an Automaten durchgeführt, die jedoch einen Bediener erfordern. Für die Betreuung der automatisierten Montage ist ein Systembetreuer erforderlich. In der Endmontage der Rolladenantriebe, für welche die übrigen vormontierten Baugruppen vom FTS aus dem Lager gebracht werden, ist ein weiterer Anlagenbediener pro Schicht vorgesehen. Der Bediener ist für die Auswahl des Materials bei der Fertigstellung, für die eigenen Maschinen sowie für Kleinstörungen an den vorgelagerten Roboterstationen verantwortlich. Um die einseitigen Belastungen und die niedrigen Qualifikationsanforderungen an diesem Arbeitsplatz zu kompensieren, ist ein ständiger Arbeitsplatzwechsel zwischen den verschiedenen Tätigkeiten im automatisierten Bereich notwendig. Den Montageanlagen nachgeschaltet sind zwei Verpackungsplätze, an denen neben den Verpackungsarbeiten noch geringfügige kundenspezifische Anpassungen vorgenommen werden.

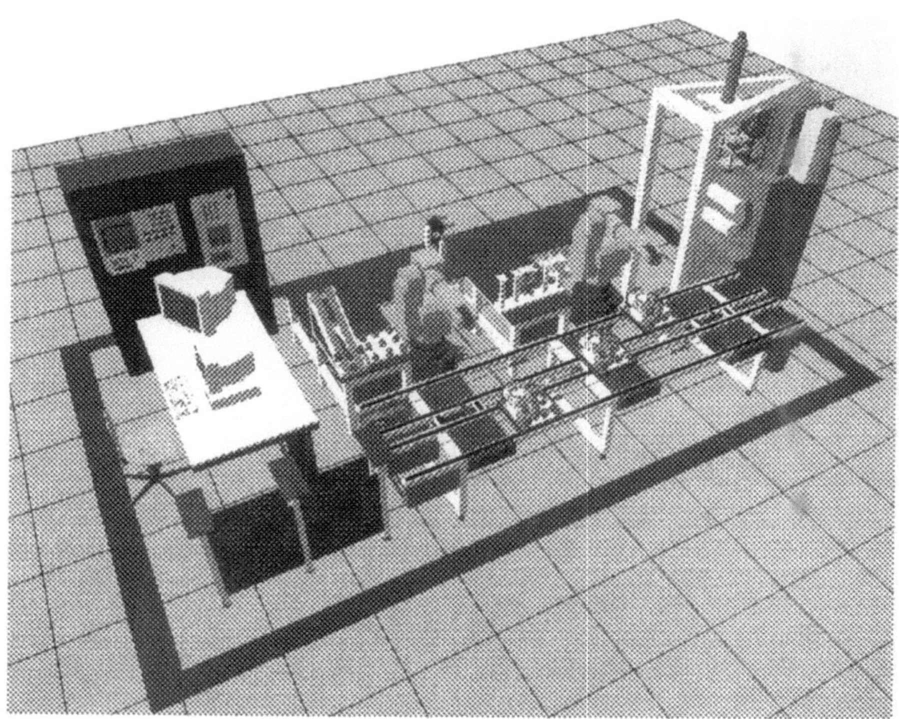

Abb.2.7. Montagezelle Schneckengetriebe

Die Montage der *Schneckengetriebe* gliedert sich in die Schritte:

– Anlieferung vormontierte Wellenbaugruppen
– automatisierte Komplettmontage des Getriebes mit integrierter Justage
– manuelle Montage von Anbauteilen (Paßfeder An-/Abtrieb, Schutzkappen, Flansche)

Für die Montage der Schneckengetriebe wurde ein Systemaufbau gewählt, der die hochflexiblen Automatikstationen und die Handarbeitsplätze zur Komplettierung entkoppelt. Die Handarbeitsplätze sind zur Entkopplung des Personals vom Systemtakt an einem Werkstückträgerumlauf angeordnet, wodurch eine zeitliche Pufferung von ca. 1 Stunde nutzbar ist. Durch diese Entkopplung ist es den Mitarbeitern möglich, sich neben der Komplettierungsarbeit um kleinere Störungen an den Automatikstationen zu kümmern. An diesen Arbeitsplätzen werden die verschiedenen kundenseitig gewünschten Anbauten an das Grundgetriebe anmontiert. Bis zur manuellen Komplettierung laufen alle Schritte automatisiert ab. Die Komplettierer sind für die richtige Auswahl der Anbauteile nach Stückliste und die Qualität der Lackierung (Abkleben) verantwortlich. Daneben müssen sie Kleinstörungen in der Automatenlinie beheben und darauf achten, daß die Montagestationen genügend Material zum Verbauen haben (z.B. Vibrationsförderer auffüllen). Die Nachlieferung z.B. von Schrauben aus dem Lager wird von den Komplettierern veranlaßt. Nach der Lackierung werden an den Komplettierarbeitsplätzen die Abklebungen an den Getrieben beseitigt und es erfolgt der Weitertransport an die Verpackungsarbeitsplätze.

Der gesamte manuelle Bereich für die Montage der *Präzisionsplanetengetriebe* ist als Montageinsel organisiert, deren Mitglieder für die ordnungsgemäße Fertigstellung der Produkte von der Auftragsplanung bis zum Warenausgang selbst verantwortlich sind. In dem Referenzunternehmen wird zwar schon teilweise eine Komplettmontage durchgeführt, der Aufgabenumfang beschränkt sich aber auf die Ausführung der direkten Montagetätigkeiten. In die Gesamtaufgabe der Montageinsel sind nun die Kommissioniertätigkeiten, vorher ausgelagerte Qualitätssicherungsmaßnahmen und die Verpackung integriert. Auf diese Weise können Schnittstellen und damit Durchlaufzeiten reduziert werde. Ebenso wird eine ganzheitliche Arbeitsaufgabe geschaffen, welche vorbereitende, durchführende, prüfende, nachbearbeitende und dispositive Teiltätigkeiten enthält.

Durch die Zusammenfassung von jeweils vier Arbeitstischen zu einem Block haben die Werker die Möglichkeit innerhalb eines solchen Blockes je nach Losgröße unterschiedliche Formen und Umfänge der Arbeitsteilung selbst vorzunehmen. Diese Anordnung erleichtert sowohl die aufgabenbezogene als auch die informelle Kommunikation zwischen den Mitarbeitern.

In die Werkbank ist ein höhenverstellbarer Handwagen integriert mit dem die Teile geholt werden und die Getriebe zu verschiedenen Bearbeitungspunkten transportiert werden können. Größere Betriebsmittel, welche nur einmal pro Montage benutzt werden, sind zentral zwischen den vier Werkbänken angeordnet. Der Zugriff auf diese Betriebsmittel sowie die Prüfzelle muß zwischen den Mitarbeitern abgestimmt werden.

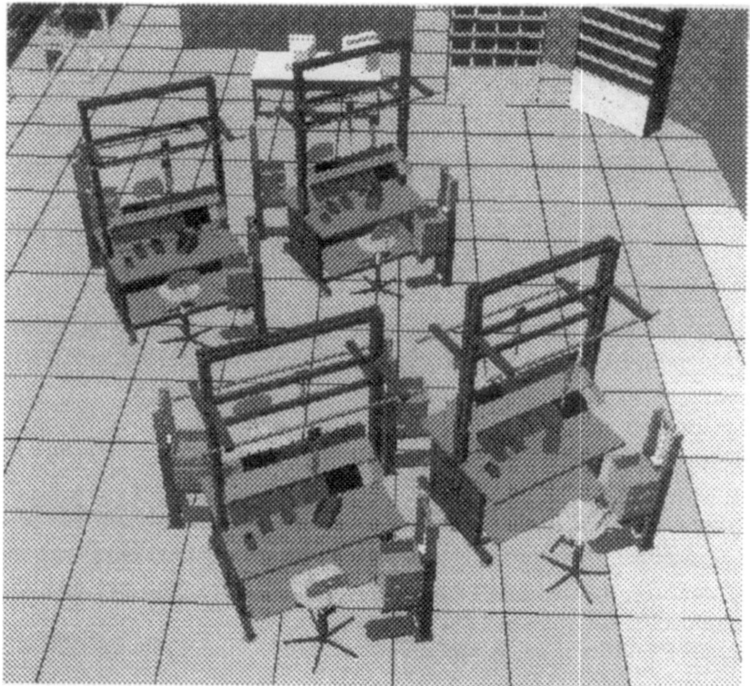

Abb.2.8. Montageinsel

2.5 Kritische Würdigung

In der Modellanlage ist das Prinzip der Montageinsel im Produktbereich Präzisionsplanetengetriebe realisiert. Die manuellen Montage der Präzisionsplanetengetriebe wird in Gruppenarbeit mit Funktionsintegration betrieben. Zusätzliche Arbeitsaufgaben zu den direkten Montagetätigkeiten im Ausgangszustand bestehen nun in der Kommisionierung, der Endprüfung mit der flexiblen Prüfzelle und der Verpackung. Da die Systembelegung bei 14 Mitarbeitern liegt, werden zwei Gruppen gebildet, um kurze Rückkopplungskreise zu ermöglichen.

Die Montageinsel hat die Disposition über ein einwöchiges Auftragsvolumen. Bei der Montage größerer Serien kann es sich anbieten arbeitsteilig vorzugehen. Die Form und der Grad der Arbeitsteilung in der Gruppe kann selbst gewählt werden. Durch die Dispositionsmöglichkeiten ergeben sich neue soziale Anforderungen an die Mitarbeiter, welche vorher an Einzelarbeitsplätzen gearbeitet haben. Um diese neuen Anforderungen zu bewältigen ist ein Teamtraining notwendig. Die Aneignung zusätzlicher fachlicher Qualifikationen wird hingegen durch die Gruppenarbeit erleichtert. Ein gegenseitiges bzw. gemeinsames Lernen in der Arbeit ist durch die Anordnung der Arbeitsplätze möglich.

Eine Analyse der Montagetätigkeit im Fallstudienbetrieb ergab insbesondere Gestaltungsdefizite im Bereich der aufgabenbedingten Kooperation und Kommunikation sowie der Lernerfordernisse (vgl. Abb. 2.9). Durch die Einführung von Gruppenarbeit werden die Qualifikationsanforderungen in diesen Bereichen erhöht. Durch die Integration zusätzlicher Aufgaben ist davon auszugehen, daß die berufliche Vorbildung der Mitarbeiter (Facharbeiter im Metallbereich) stärker in Anspruch genommen wird. Der Gefahr erworbene Qualifikationen in der Arbeit zu verlieren kann so besser begegnet werden.

Im automatisierten Montagesystem war es ein Hauptanliegen, Restarbeitsplätze mit hochrepetitiven Teiltätigkeiten zu vermeiden, wie sie aufgrund von Automatisierungslücken in teilautomatisierten Montagesystemen oftmals vorkommen, da keine Blockbildung bzw. Entkopplung zwischen automatischem und manuellem Bereich vorgenommen wird.

In der Betreuungsgruppe der automatischen Montage sind die Teiltätigkeiten Systembetreuung (umfangreichere Störungen, Grundeinstellungen), Maschinenbedienung, manuelle Komplettierung und Verpackung zu bewältigen. Die einzelnen Teiltätigkeiten - mit Ausnahme der Systembetreuung - sind für sich genommen relativ anforderungsarm und unvollständig. Erst durch den regelmäßigen Wechsel zwischen den Arbeitstätigkeiten dieser Gruppe steigen die Qualifikationsanforderungen und es ist ein Belastungswechsel möglich. Dieser Wechsel kann nach Absprache vorgenommen werden, ist aber zwingend notwendig, um Monotonie zu vermeiden. Darüber hinaus ist kann der einzelne Mitarbeiter dieser Gruppe erst durch die Arbeit in den verschiedenen Tätigkeiten Verantwortungsgefühl für den gesamten Bereich entwickeln.

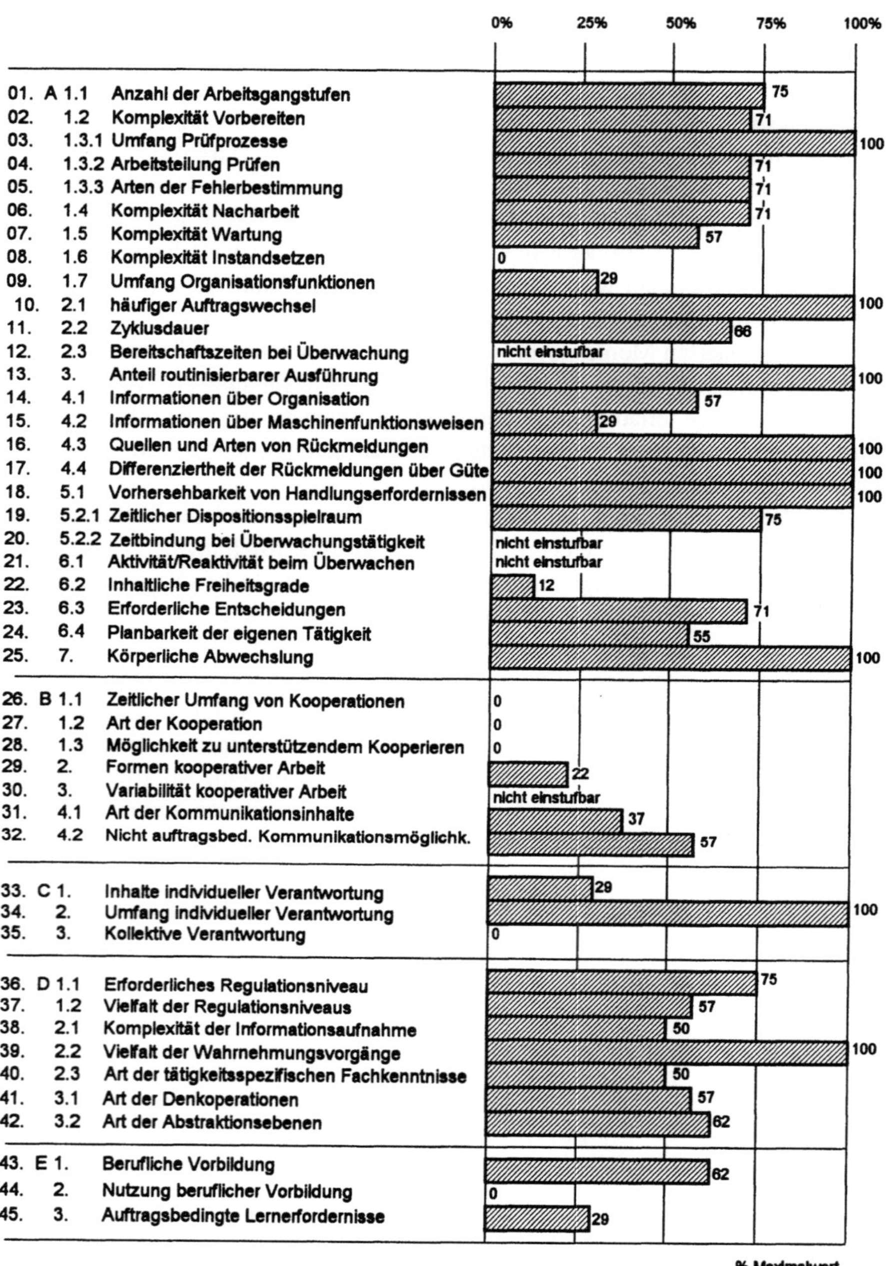

Abb.2.9. Arbeitsanalyse der direkten Montagetätigkeiten Präzisionsplanetengetriebe

Mit Ausnahme der Maschinenbedienung bei der Endmontage der Rolladengetriebe (ein Handlinggerät wäre zu teuer gewesen) sind ausreichende Puffer vorgesehen und die Arbeitsplätze kapazitiv überdimensioniert, um der Gruppe ausreichende Dispositionsspielräume zu eröffnen. Beispielsweise ermöglicht der Umlaufpuffer an den Komplettierarbeitsplätzen der Schneckengetriebemontage den Mitarbeitern ausreichende zeitliche Spielräume für die Versorgung der automatischen Anlage mit Kleinteilen und die Behebung von kleineren Störungen.

Da es in der manuellen Montage nahezu keine Abhängigkeiten der Einzelarbeitsplätze voneinander gibt, können hier quasi beliebige Arbeitszeitmodelle realisiert werden. In den Bereichen der automatisierten Montage sind erhebliche Restriktionen durch wechselseitige Abhängigkeiten vorhanden. Hier spielt die Personaleinsatzflexibilität, in Abhängigkeit von den vorhandene Qualifikationen, eine wesentliche Rolle für die Möglichkeiten der Arbeitszeitgestaltung.

Die hier dargestellte Modellanlage ist insbesondere auf die wachsenden Flexibilitätsanforderungen hin konzipiert. Das Montagesystem ist so ausgelegt, daß es in der vorliegenden Form ausreichende Kapazitäten zur Verfügung stellt, um die mengenmäßige Nachfrage in allen Bereichen voll zu befriedigen. Besonders im Hinblick auf die zu erwartenden, erheblichen Nachfragesteigerungen bietet das Layout ausreichende Möglichkeiten, die Kapazität des Montagesystems den zukünftigen Gegebenheiten anzupassen. Neben rein hardwaretechnischen Erweiterungen gibt es eine Reihe von Möglichkeiten die Nutzungszeiten an den Arbeitsplätzen und Betriebsmitteln zu steigern. Dies können einfache Überstundenregelungen sein, die den Vorteil haben, daß die vorhandene Personalstärke nicht beeinflußt wird und die somit für die Bewältigung kurzfristiger Veränderungen in der Auftragslage gut geeignet sind. Es sind aber auch Jahresarbeitszeitmodelle zum Ausgleich saisonaler Nachfrageschwankungen oder Mehrfachbesetzungssysteme zur Erhöhung der Betriebszeit denkbar.

Das dargestellte Montageszenario entspricht aufgrund seiner dezentralen, funktionsintegrierten Struktur folgenden Anforderungen:

- Flexibilität bezüglich Stückzahl-, Varianten- und Typenänderungen.

- Kostenreduktion und -transparenz sowie erhöhte Anpassungsgeschwindigkeit durch den Wegfall von Schnittstellen.

- Reduzierung einseitiger Belastungen.

- Qualifikationsförderliche Arbeitsanforderungen.

2.6 Autor

2   Interdisziplinäre Konzeption eines flexiblen Montagesystems
     Hartmut Buck M.A.
     Insitut für Arbeitswissenschaften und Technologiemanagement (IAT)

Teil D. Perspektiven

1 Trends in der Montage

Die ständigen Veränderungen des Marktes, wie wachsende oder fallende Stückzahlen, neue Produkte sowie sich verändernde Losgrößen, stellen auch laufend wechselnde Anforderungen an die Montage. Zukünftig werden dynamische Strukturen eine ebenfalls dynamische Steuerung erfordern, deren Methoden und Parameter sich kontinuierlich an den wechselnden Markt anpassen können. Die Steigerung der Produktivität pro Arbeitsstunde wird auch zukünftig eine Rationalisierung und Automatisierung der Abläufe in der Montage sowie das Montieren selbst erforderlich machen. Die Frage, wieviel Automatisierung tatsächlich nötig und wieviel Flexibilität erforderlich ist, wird auch zukünftig unternehmerische Entscheidungen erfordern. Die dezentrale Steuerung und Koordination über Kunden-Lieferanten-Beziehungen sowie die Einbindung von Lieferanten, sowohl räumlich als auch organisatorisch, in den Montageprozeß wird sich verstärken. Eine Kommunikation über Hochleistungsnetze sowie mehrsprachige Informationssysteme, die sich automatisch an den jeweiligen Benutzer anpassen, mit überregionaler Personalentwicklung und Personaleinsatzplanung sind bereits greifbare Visionen für das Jahr 2000.

Aufgrund marktseitiger Veränderungen wurde in der Vergangenheit die Flexibilität eines Unternehmens zum strategischen Erfolgsfakor. Vor allem japanische Unternehmen bewiesen, daß Fertigung und Montage dabei eine aktive Rolle spielen und systematisch als strategische Größe im Wettbewerb eingesetzt werden können. Den in den Fertigungs- und Montagebereichen zu treffenden Entscheidungen kommt aus diesem Grund eine besondere Bedeutung zu. Solche Entscheidungen, wie beispielsweise die Beurteilung von Investitionsalternativen für flexible Montagesysteme, sind wegen der hohen Komplexität der einfließenden Faktoren schwierig. Die Frage der angepaßten Flexibilität sowie der angewandten Höhe der Automatisierung erfordern ein hohes Maß an Planungssicherheit, die in dem turbulenten Marktumfeld nur mit dynamischen computergestützten Simulationsinstrumentarien möglich ist.

Es wird in Zukunft eine angepaßte Flexibilität zu planen und einzusetzen sein, die manuelle und automatische Bereiche produkt- und losgrößenabhängig variiert und so zu betriebswirtschaftlich sinnvollen ganzheitlichen Lösungen führt. Trotz aller Maßnahmen zur Optimierung von Fertigung und Montage ist der ausreichend große Markt und damit der Absatz für die Produkte das ausschlaggebende Kriterium. Kurz- oder mittelfristige Konjunktureinflüsse sowie die Verlagerung in Niedriglohnländer ändern nichts an einer langfristigen Ausrichtung auf eine rationelle und zumindest in weiten Bereichen automatisierte Montage, die wir am Standort Deutschland zum Erhalt unserer Arbeitsplätze dringend benötigen.

Der wesentliche Schritt zur kostengünstigen und rationellen Montage liegt nicht in der Technik, sondern vor allem in der Konzeption und Konstruktion der Produkte sowie in der Organisation des optimalen Gesamtsystems. Die Flucht in Niedriglohnländer oder die Flucht in Dienstleistungsbereiche hat inzwischen einen Punkt erreicht, bei dem trotz Wirtschaftswachstum steigende Arbeitslosenzahlen befürchtet werden müssen. Dies zeigt, daß die Abwanderung der Wertschöpfung unbedingt verhindert werden muß. Die Wertschöpfung kann in einem Hochlohnland, das Deutschland sicher bleiben wird, nur mit einer äußerst rationellen Produktion gehalten werden. Neue Organisationsformen werden einen Teil dazu beitragen können, um die Marktführerschaft bei neuen Produkten und Technologien wiederzugewinnen. In der Kombination flexible Automatisierung, neue Organisationsformen und entsprechenden montagefreundlich gestalteten Produkten ist die Möglichkeit gegeben, die Wettbewerbsfähigkeit unserer Unternehmen auch für die Zukunft zu sichern.

Modellsysteme zur betriebswirtschaftlichen Planung flexibler Montagesysteme sollen nicht nur die Kostenseite betrachten, sondern auch den Nutzen der Anlagen adäquat quantifizieren und bewerten. Die dafür entwickelten computergestützten Simulations- und Lernmodellinstrumentarien werden den Anforderungen besser gerecht als herkömmliche Methoden, und die Entscheidungsunterstützung in diesem sensiblen Bereich ist deutlich verbessert. Diese Modellsysteme werden darüber hinaus ermöglichen, Prozesse des organisationalen Lernens zu initiieren und zu unterstützen.

Die strategischen Herausforderungen werden sich weiter in Richtung einer permanenten Harmonisierung von Kundenforderungen und Unternehmensfähigkeiten entwickeln. Unternehmen müssen sich deshalb nicht nur ständig selbst verbessern, sondern auch grundlegend erneuern. Die Notwendigkeit für die Unternehmen, ihre organisationale Lernfähigkeit auf allen hierarchischen Ebenen zu steigern, wird weiter zunehmen. Kollektives Lernen innerhalb einer Gruppe und zwischen Gruppen ist noch nicht ausreichend erforscht und bleibt aus diesem Grund auch zukünftig ein aktuelles Forschungsthema. Die Entwicklung eines Gesamtkonzepts für ein computergestütztes Instrumentarium zur Unterstützung unternehmensweiter Lernprozesse würde eine konsequente Fortsetzung bisheriger Arbeiten darstellen.

Gerade in der flexiblen Montage, die in einigen Bereichen nicht vollständig automatisierbar sein wird, erwächst daneben die Anforderung, geeignete Führungssysteme zu entwickeln, die den Mitarbeiter auch mit strategisch relevanten

Daten versorgen können. Mit traditionellen Führungssystemen im Sinne von Planungs-, Controlling- und Informationssystemen wird diese Aufgabe nur unbefriedigend gelöst. Die modernen Unternehmensstrukturen, die z.B. mit dem Begriff Fraktale Fabrik umschrieben werden, bedürfen adäquater Führungssysteme, die in der Lage sind, den stetigen Wandel zu unterstützen, selbstorganisatorische Prozesse einzubeziehen und ganzheitliche Problemlösungen zu fördern.

Neben betriebswirtschaftlichen Planungsaspekten spielt auch die Kostenrechnung in der flexiblen Montage zukünftig eine entscheidende Rolle. Die zunehmende Komplexität der Produkte und der innerbetrieblichen Abläufe sowie die schwierige Beherrschbarkeit der Märkte erfordern eine stetige Anpassung im Bereich der Kostenrechnung. Diese hat sich daher über die Betrachtung und bessere Steuerung der direkten Montagekosten und Kapazitäten zu einer prozeßorientierten Kostenrechnung entwickelt, um den negativen Kostenentwicklungen im Gemeinkostenbereich zu begegnen. Mit Hilfe einer rechnergestützten speziellen Kostenkonzeption ist es möglich, Aussagen über die tatsächlich verursachten indirekten Kostenanteile eines Produkts, eines Auftrags oder einer Baugruppe zu machen. Neben der verbesserten Kalkulation auf Prozeßkostenbasis ermöglicht diese Prozeßkostenrechnung in der flexiblen Montage auch eine Gemeinkostentransparenz, die Ansatzpunkte für kostensenkende Reorganisationsmaßnahmen liefern kann. Zukünftige Entwicklungsschritte werden in der Kostenrechnung zu einem strategisch ausgerichteten Kostenmanagement führen, um die wenig erfolgversprechende, strategisch kaum aussagekräftige herkömmliche Kostenrechnung marktorientiert und wettbewerbsbezogen zu ergänzen. Mit der Entwicklung der montagespezifischen Prozeßkostenrechnungskonzeption ist zwar ein wichtiger Schritt zu einem neuen Kostenmanagement und einem Kostenfocus auch in der Montage getan, weitere Schritte müssen jedoch folgen.

1.1 Montagetechnik

Viele Einflüsse auf die Montage liegen außerhalb des produktionstechnischen Bereichs, sind also organisatorischer oder konstruktiver Natur, trotzdem wird die Weiterentwicklung der reinen Montagetechnik auch für die Zukunft eine wesentliche Rolle spielen. Es sind zukünftig Montagearbeiten in unterschiedlichsten Branchen zu realisieren, in denen heute die Montagetechnik mit einfachsten Hilfsmitteln auskommt und rein manuell ausgeführt wird. Dies wird zukünftig aus wirtschaftlichen Gründen nicht mehr möglich sein, so muß z.B. im Bereich der Holzverarbeitung auch die komplexe Aufgabe der Montage von Möbeln aus Holz oder Metall und Holz rationeller gestaltet werden, obwohl hier allerhöchste Flexibilität, beeinflußt durch Modetrends und Geschmacksrichtungen, gewährleistet bleiben muß. Für große Strukturen, wie sie im Baugewerbe üblich sind, z.B. die Montage von Gerüsten oder gar der Innenausbau von Häusern, der durchaus auch zur Montage zählen kann, sind heute kaum automatische Montagetechniken vorstellbar, trotzdem werden diese Tätigkeiten zukünftig zumindest teilweise automatisch ablaufen müssen. Im Gegensatz zu großen Strukturen im Baubereich wird auch die Montage sehr kleiner Geräte in der Feingerätetechnik und mit Sicherheit in der Mikromontage ein Entwicklungsziel der Montagetechnik werden. Sehr feine Strukturen in der Mikromontage können nicht mehr manuell montiert werden, zumindest nicht in größeren Serien, so daß hier technische Hilfsmittel entwickelt werden müssen, um zukünftig mikrosystemtechnische Produkte kostengünstig für den Markt herstellen zu können. Die Mikromontage und zum Teil auch die Montage feinwerktechnischer Geräte, z.B. im medizinischen Bereich oder optische Systeme, erfordern neue Technologien in bezug auf die Montagetechnik sowie die Verbindungstechnik, und auch die gesamte Peripherie muß auf Mikrostrukturen abgestimmt werden. Dies könnten z.B. neue Sensorsysteme sein, wo automatisierte Justageprozesse auch im Mikromontagebereich durchgeführt werden müssen, und es müssen neue Aufbau- und Verbindungstechniken für Mikrosysteme entwickelt werden.

Die Fügetechnologie von kleinsten Bauelementen bedarf grundlegend neuer Ansätze, um Fügeaufgaben in der industriellen Serienproduktion durchführen zu können. Hierzu zählen sowohl die Greifertechnologie, die als Querschnittsaufgabe der Montage und Handhabung elementare Bedeutung hat, sowie die Gestaltung von Mikrosystemen, für die ebenfalls grundlegend neue Ansätze für die Montage und Fertigungstechnik gefunden werden müssen. Im Spannungsfeld einer weitgehend unzureichenden Montagetechnologie einerseits und gleichzeitiger Schlüsselfunktion für zukünftige industrielle Produktion andererseits ist hier ein großer Entwicklungsbedarf für die Zukunft zu sehen. Die Produktfelder, in denen mikrosystemtechnische Produkte eingesetzt werden können, sind: Automobiltechnik, Kommunikationstechnik, optische Informationsübertragung, Meß- und Sensortechnik, Medizintechnik sowie die Luft- und Raumfahrttechnik. Auch die gesamte Montage- und Fügetechnologie sowie die Montierbarkeit und die Fertigbarkeit von Mikrosystemen wird zukünftig zu einem wesentlichen Entwicklungsgegenstand werden. Neben den Entwicklungen im Montagebereich werden aus Umweltgründen die Demontageaspekte eine wesentliche Rolle spielen. Dabei kommen z.T. Techniken und Technologien zum Einsatz, die im Montagebereich bereits erprobt wurden, aber es ergeben sich völlig neue Randbedingungen, wenn Produkte teilweise demontiert werden, um Komponenten oder Materialien weiter zu verwenden.

1.2 Qualitätsmanagement in der flexiblen Montage der Zukunft

Präventive Maßnahmen zur Erfüllung der Qualitätsforderungen nehmen an Bedeutung zu; Paradigmen wie *0-Fehler-Fertigung* oder *right the first time* werden in industrielle Realität umgesetzt. Dabei muß *Qualität* mehr und mehr unternehmensübergreifend betrachtet werden (Systemlieferanten, Zulieferer), was zu einer hohen Komplexität der Planungsaufgaben führt (hier ist z.B. der Ansatz der Qualitätsplanung mit Hilfe von genetischen Algorithmen und Fuzzy Logik als vielversprechend zu betrachten). Entsprechend nimmt die Bedeutung von Konzepten zur qualitätsgerechten Gestaltung aller Elemente des Produktlebenslaufs (von der Idee bis zum Recycling) zu (Qualitätsregelkreise, qualitätsgerechte Auslegung von Prozessen etc.). Die Montage muß in solche Konzepte eingebunden werden. In diesem Zusammenhang gewinnt die richtige Nutzung von Qualitätsinformationen an Bedeutung. Erste Ansätze zu deren konsequenter Nutzung (Q-Interface) sind weiter zu entwickeln und in die Praxis zu überführen. Prüfung wird weniger ein Standardelement des Qualitätsmanagement sein, sondern eher für Ausnahmefälle (z.B. Sicherheitsteile) eingesetzt. Wenn geprüft wird, dann ist mit komplexen Prüfaufgaben zu rechnen; entsprechende Methoden und Mittel zur Planung und Durchführung der Prüfung sind weiter zu entwickeln (etwa auf neuronalen Netzen basierende Verfahren).

1.3 Simulation

Bei hohem Investitionsvolumen, komplexen Fragestellungen oder großen, unübersichtlichen Montagesystemen wird es zunehmend notwendig, auf die Simulation als Hilfsmittel zurückzugreifen. Aus arbeitswissenschaftlicher Sicht sollten diese Simulationsinstrumente technische und personelle Fragestellungen gleichgewichtig behandeln können. Hierzu ist es notwendig, technische Komponenten und das Personal als eigenständige Modellelemente abzubilden. Es ist zu erwarten, daß es zu einer sukzessiven Integration arbeitswissenschaftlicher Bewertungsinstrumente in bestehende personalorientierte Simulationssysteme kommen wird. Dadurch kann eine verbesserte humanzentrierte Planungsgüte erreicht werden. Von besonderem Interesse können für kleinere und mittlere Unternehmen aus der Simulation abgeleitete Optimierungsstrategien für ein bedarfsorientiertes Arbeitszeitmanagement und einen ressourcenorientierten Personaleinsatz sein.

1.4 Personal- und Organisationsentwicklung

Die organisatorische Entwicklung der Serienmontage ist durch eine verstärkte produkt- und auftragsbezogene Prozeßorientierung und durch den Trend hin zu dezentralen Strukturen gekennzeichnet. Die räumliche und organisatorische Integration indirekter Funktionen in die Montagearbeit reduziert Schnittstellen und erlaubt die Gestaltung vollständiger Arbeitsaufgaben mit planenden, vorbereitenden, durchführenden und kontrollierenden Anteilen. Die durch verkürzte Produktlebenszyklen und steigende Anforderungen an die Typen- und Variantenflexibilität erzwungene Renaissance der Gruppenarbeit hat zu einem deutlichen Aufschwung in der inner- und zwischenbetrieblichen Diskussion mitarbeiterorientierter Gestaltungskonzepte geführt. Es ist derzeit allerdings sehr schwierig, über den Diffusionsgrad von Gruppen- und Teamarbeit sowie über die Effektivität und Stabilität ihrer betrieblichen Umsetzungen valide Aussagen zu machen.

Der bisherige niedrige innerbetriebliche Status der Montagearbeit gründet nicht zuletzt in der qualifikatorischen Unterforderung, den geringen Handlungs- und Entscheidungsspielräumen bei gleichzeitig hoher Verantwortung für Qualität und Quantität der Produkte. Mit der Integration bisher indirekter Funktionen wird bei Reduzierung der Arbeitsteilung das qualifikatorische Anforderungsniveau der Montagearbeit steigen. Konzepte und Maßnahmen der Qualifikations- bzw. der Personalentwicklung gewinnen zunehmend an Bedeutung. Allerdings ist es mit einzelnen *Motivations*-Seminaren oder *Problemlösungs*-Workshops nicht getan. Ohne direkte Beteiligung der Mitarbeiter am Reorganisationsprozeß und ohne Gestaltungsfreiräume im eigenen Arbeitsbereich werden unternehmerisches Denken und Eigenverantwortung der Mitarbeiter Wunschträume bleiben.

Ob im Jahr 2000 bereits virtuelle Fabriken im Unternehmensverbund, z.B. Montage hier und Teilefertigung dort oder umgekehrt, oder gar vagabundierende Unternehmen, die selbsttätig den Standort wechseln und sich die jeweils notwendigen Ressourcen, z.B. Dienstleistungen, vor Ort holen, zum Stand der Technik gehören, darf bezweifelt werden. Eine höhere Flexibilität und Dynamik in unseren Unternehmen – das ist sicher – wird der Markt vom Unternehmen fordern. Entscheidend für die Zukunft wird sein, die richtigen Produkte zum richtigen Zeitpunkt mit höchstmöglicher Flexibilität und Produktivität in einem turbulenter werdenden Umfeld zu produzieren.

1.5 Autor

Dr.-Ing. Manfred Schweizer
Fraunhofer-Institut für Produktionstechnik und Automatisierung

Springer-Verlag und Umwelt

Als internationaler wissenschaftlicher Verlag sind wir uns unserer besonderen Verpflichtung der Umwelt gegenüber bewußt und beziehen .umweltorientierte Grundsätze in Unternehmensentscheidungen mit ein.

Von unseren Geschäftspartnern (Druckereien, Papierfabriken, Verpackungsherstellern usw.) verlangen wir, daß sie sowohl beim Herstellungsprozeß selbst als auch beim Einsatz der zur Verwendung kommenden Materialien ökologische Gesichtspunkte berücksichtigen.

Das für dieses Buch verwendete Papier ist aus chlorfrei bzw. chlorarm hergestelltem Zellstoff gefertigt und im pH-Wert neutral.